W. Hausmann, K. Diener, J. Käsler

**Derivate, Arbitrage und
Portfolio-Selection**

Aus dem Programm Finanzmathematik

Finanzmathematik für Einsteiger
Eine Einführung für Studierende, Schüler und Lehrer
von M. Adelmeyer und E. Warmuth

Einführung in die Finanzmathematik
Klassische Verfahren und neuere Entwicklungen:
Effektivzins- und Renditeberechnung,
Investitionsrechnung, Derivative Finanzinstrumente
von J. Tietze

Übungsbuch zur Finanzmathematik
Aufgaben, Testklausuren und Lösungen
von J. Tietze

Übungsbuch zur Finanzmathematik
Aufgaben und Lösungen mit Effektivzinssatzberechnung,
Renten und Annuitäten
von J. Herzberger

Derivate, Arbitrage und Portfolio-Selection
Stochastische Finanzmarktmodelle
und ihre Anwendungen
von W. Hausmann, K. Diener und J. Käsler

Optionsbewertung und Portfolio-Optimierung
Moderne Methoden der Finanzmathematik
von R. und E. Korn

vieweg

Wilfried Hausmann
Kathrin Diener
Joachim Käsler

Derivate, Arbitrage und Portfolio-Selection

Stochastische Finanzmarktmodelle
und ihre Anwendungen

Die Deutsche Bibliothek – CIP-Einheitsaufnahme
Ein Titeldatensatz für diese Publikation ist bei
Der Deutschen Bibliothek erhältlich.

Prof. Dr. Wilfried Hausmann
Fachhochschule Gießen-Friedberg
Fachbereich Mathematik, Naturwissenschaften und Datenverarbeitung
Wilhelm-Leuschner-Str. 13
61169 Friedberg
E-Mail: Wilfried.Hausmann@mnd.fh-friedberg.de

Dr. Kathrin Diener
ING BHF-BANK
Financial Engineering
Bockenheimer Landstraße 10
60323 Frankfurt am Main
E-Mail: Kathrin.Diener@bhf.ing.com

Dr. Joachim Käsler
ING BHF-BANK
Financial Engineering
Bockenheimer Landstraße 10
60323 Frankfurt am Main
E-Mail: Joachim.Kaesler@bhf.ing.com

1. Auflage Oktober 2002

Alle Rechte vorbehalten
© Friedr. Vieweg & Sohn Verlagsgesellschaft mbH, Braunschweig/Wiesbaden, 2002

Der Vieweg Verlag ist ein Unternehmen der Fachverlagsgruppe BertelsmannSpringer.
www.vieweg.de

Das Werk einschließlich aller seiner Teile ist urheberrechtlich geschützt. Jede Verwertung außerhalb der engen Grenzen des Urheberrechtsgesetzes ist ohne Zustimmung des Verlags unzulässig und strafbar. Das gilt insbesondere für Vervielfältigungen, Übersetzungen, Mikroverfilmungen und die Einspeicherung und Verarbeitung in elektronischen Systemen.

Umschlaggestaltung: Ulrike Weigel, www.CorporateDesignGroup.de
Druck und buchbinderische Verarbeitung: Lengericher Handelsdruckerei, Lengerich
Gedruckt auf säurefreiem und chlorfrei gebleichtem Papier.
Printed in Germany

ISBN 3-528-03169-7

Vorwort

Wovon handelt dieses Buch? Hauptanliegen ist eine gründliche einführende Darstellung der Prinzipien und Methoden der Derivatebewertung und der damit zusammenhängenden Absicherungsstrategien (Hedging), wobei großer Wert darauf gelegt wird, dass das fundamentale Prinzip der arbitragefreien Bewertung immer klar erkennbar ist - beginnend bei den ersten elementaren Arbitrageargumenten über diskrete Modelle und das Black-Scholes-Modell bis hin zu allgemeinen stetigen Modellen. Verbunden ist diese Darstellung mit einer elementaren Einführung in die Welt der Derivate - von Terminkontrakten und einfachen Call- und Put-Optionen europäischen Typs zu amerikanischen Optionen und vielfältigen Exoten sowie strukturierten Produkten. Vorneweg - je nach Sichtweise als Basiswissen oder sinnvolle Ergänzung - enthält das Buch zusätzlich eine Darstellung der thematisch verwandten „klassischen" Portfolio-Selection-Theorie.

Für wen ist das Buch gedacht? Die zunehmende Verbreitung von Derivaten hat einen neuen Beruf erzeugt, den des *Financial Engineers*. Dessen Aufgabe ist es, neue Finanzprodukte mit für die Kunden maßgeschneiderten Profilen zu entwickeln und zu bewerten, die damit verbundenen Risiken aufzuzeigen und ebenfalls zu bewerten, sowie Strategien der Risikobegrenzung zu entwickeln und umzusetzen - eine ideale Aufgabe für einen Mathematiker, der sich in der Theorie stochastischer Prozesse gut auskennt, sofern er auch die praktischen Aspekte und die mit der Anwendung einer Theorie notwendig verbundenen Kompromisse beherrscht. Vielleicht ist aber auch derjenige für diese Tätigkeit bestens geeignet, der in der Finanzwelt zu Hause ist und der sich die Mathematik soweit aneignet, dass er die Grundideen versteht und den technischen Umgang mit den Modellen beherrscht.

Wie dem auch sei: Die angehenden und auch die bereits aktiven „Finanzingenieure" bilden eine Kernzielgruppe des Buches. Eine weitere sind Studierende der Mathematik und der Wirtschaftswissenschaften einer Universität, Fachhochschule oder ähnlichen, aber privaten Institution. Mit diesen Gruppen sollte der Leserkreis aber nicht erschöpft sein. Das Buch richtet sich an alle, die ein vertieftes Verständnis des Themengebiets anstreben - sei es als Einsteiger oder auch als Fortgeschrittene (dies wird weiter unten genauer erläutert). Als Voraussetzung sind lediglich solide Grundstudiumskenntnisse in Mathematik erforderlich, so wie sie in den meisten wirtschaftlichen oder technisch-naturwissenschaftlichen Studienfächern gelehrt werden. Spezialkenntnisse in z.B. Finanzmathematik oder maßtheoretischer Wahrscheinlichkeitstheorie sind nicht erforderlich. Auch spezielles Bankfachwissen wird nicht vorausgesetzt.

Besonderheiten? Der Umgang mit der Mathematik und die sich daraus ergebenden Möglichkeiten für die Leser sind eine wichtige Besonderheit des Buches. Um dies zu erläutern, ist es sinnvoll, etwas weiter auszuholen.

„Wie viel Mathematik soll die Darstellung enthalten?" und „Welche Kenntnisse sollen vorausgesetzt werden?" sind Fragen, mit denen sich jeder Autor auseinander setzen muss, der ein Buch über Derivatebewertung schreiben will. Denn eine besondere Schwierigkeit, aber auch ein besonderer Reiz dieser Thematik liegt in dem Aufeinandertreffen von Finanzwelt und anspruchsvoller Mathematik. „Die Anforderungen der Praxis an die Mathematik sind trivial oder unlösbar." ist ein gängiger Spruch unter (zum Understatement neigenden) Mathematikern, die Anwendbarkeit ihrer Wissenschaft betreffend. Aber hier liegt eine der (natürlich gar nicht so seltenen) Ausnahmen vor. Prozent- und Zinsrechnung, die nach landläufiger Ansicht die Finanzmathematik ausmachen, reichen nämlich für die Derivatebewertung nicht aus. Um zu Optionspreisen zu gelangen, wird die Theorie stochastischer Prozesse eingesetzt, die ursprünglich ausgehend von physikalischen Fragestellungen im Zusammenhang mit der Bewegung molekular kleiner Teilchen in Flüssigkeiten und Gasen entwickelt wurde.

Bei der Frage, inwieweit es für eine Darstellung der Derivatebewertung erforderlich ist, auf die mathematische Begründung der Theorie der arbitragefreien Preise einzugehen, scheiden sich die Geister. Entsprechend kann die vorhandene Literatur überwiegend grob in zwei Kategorien eingeteilt werden. Da sind zum einen die leichter zugänglichen eher praxisbezogenen oder strikt ökonomisch orientierten Bücher, die die abstrakte Mathematik möglichst vermeiden, und zum anderen die mathematisch strengen Abhandlungen, die einen theoretischeren Charakter haben und erhebliche mathematische Vorbildung verlangen. Welcher Kategorie ein Buch zuzuordnen ist, kann man leicht daran erkennen, wie oft der Begriff „Martingal" in ihm vorkommt. Kommt er so gut wie nicht vor, hat man es mit einem Buch zu tun, das die rigorosen mathematischen Aspekte ausklammert.

Dieses Buch versucht einen Kompromiss zwischen den beiden Ansätzen zu finden, oder besser gesagt, es überlässt es den Lesern, den jeweils individuell passenden Standpunkt einzunehmen. Es erlaubt den Lesern auch, ihren Standpunkt nachträglich zu ändern. Es sollte durchaus möglich sein, beim ersten Durchlesen mit wenig Mathematik zu einem durchaus passablen Verständnis des Black-Scholes-Modells zu gelangen, um dann später die vielleicht bei der Lektüre weiterführender Literatur oder der Konfrontation mit einer fortgeschrittenen Fragestellung aufgefallenen Lücken durch einen erneuten Blick in dieses Buch zu schließen.

Ein unabdingbarer Bestandteil des Verstehens des Prinzips der arbitragefreien Bewertung dürfte das Verständnis der endlichen Baummodelle sein. Diese werden in den den Kapiteln 5 und 6 ausführlich und elementar erörtert. Der Spezialfall der Binomialmodelle führt mit Hilfe der Cox-Ross-Rubinstein-Modelle über einen Grenzprozess bereits zum Black-Scholes-Modell. Dieser Weg der Annäherung reicht aus, um das stetige Black-Scholes-Modell in einfacher Form zu verstehen und Standardoptionen zu bewerten. Bewegt man sich aber auf exotische Optionen und Zinsderivate zu, benötigt man ein etwas breiteres Verständnis. Aufgrund der Erläuterung der endlichen Modelle und der dort schon vorgestellten Begriffsbildungen können diese allgemeinen Prinzipien in Kapitel 9 in Ergebnisform vorgestellt und in den dann folgenden beiden Kapiteln benutzt werden. Ist man soweit gekommen, beherrscht man schon weitgehend die Tastatur der Derivatebewertung - deckt die mathematische Basis der stetigen Modelle aber noch überwiegend nur durch Plausibilitätsbetrachtungen ab. Wem das nicht genügt - und dem anspruchsvollen Financial Engineer sollte das auf Dauer nicht genügen - der findet im letzten Kapitel den Einstieg in diese nicht ganz zu Unrecht als ziemlich technisch und abstrakt verrufene Welt. Durch die vorangegangen Kapitel sollten die Leser auf die Fragestellungen des Kapitels schon eingestimmt sein. Viele Begriffe sind bereits durch die diskreten Modelle bekannt oder können mit Hilfe von ihnen veranschaulicht werden. Sofern die Bereitschaft besteht, sich auf die mathematische Sicht einzulassen, sollte man mit diesem Kapitel die folgenden Ziele erreichen können:

- **Man erlernt die Sprache der Martingaldarstellung und versteht die Aussagen der fundamentalen Ergebnisse.** Auf diese Weise wird man in die Lage versetzt, die Originalliteratur zu lesen, in der in vielen Fällen die Martingalsprache benutzt wird (auch in anwendungsorientierten Artikeln).

- Die gewonnene Sicherheit im Umgang mit der Theorie erlaubt eine **souveräne eigenständige Tätigkeit als Financial Engineer**.

- Man erlangt das erforderliche **Basiswissen zum Einstieg in die mathematisch orientierte Literatur**.

Der letzte Punkt mag etwas ernüchternd klingen: Nur der Einstieg und nicht die komplette Theorie? Ja, so ist es, die mathematische Spezialliteratur wird dadurch nicht überflüssig. Aber gerade dieser Einstieg ist für den Nichtspezialisten in Maßtheorie und mathematischer Wahrscheinlichkeitstheorie häufig unendlich schwer. Wie oft mag es wohl schon passiert sein, dass jemand, der eigentlich schon mit Derivaten vertraut war, sich voller Schwung und Lernbereitschaft eines(n) der „Martingal"-Bücher/-Artikel vornahm, um sich dann zu fühlen wie ein Kletterer am Fuß einer senkrechten Wand ohne Griffe?

Und warum ist dieser Einstieg so schwer? Weil Spezialabhandlungen von Spezialisten für Spezialisten geschrieben werden. Da ist keine Zeit und auch kein Platz (und auch nicht unbedingt ein Wille), die Grundlagen ausführlich darzustellen. Die kennen schließlich die Spezialisten und werden deshalb allenfalls am Anfang knapp zusammengefasst. Genau da ist der Ansatzpunkt unseres letzten Kapitels: Eben diese Grundlagen werden dort vergleichsweise ausführlich dargestellt und illustriert, wohingegen die späteren Hauptergebnisse vor allem in ihrer Aussage diskutiert werden. Auf die in der Spezialliteratur (zu Recht!) die Seiten füllenden Beweise gehen wir nur punktuell ein. Um bei dem obigen alpinen Bild zu bleiben: Das letzte Kapitel soll so etwas wie ein „gesicherter Klettersteig" durch die „Wand der Martingaltheorie in der Finanzwelt" sein, der - so ist zu hoffen - es vielen Nichtkletterern erlauben wird, sich sicher in der Wand zu bewegen.

Auf zwei weitere besondere Aspekte dieses Buches soll an dieser Stelle hingewiesen werden. Der erste ist die Darstellung der Beziehung zwischen der Mathematik und der eigentlich interessierenden Anwendung. Es wird durchgehend versucht, bei den mathematischen Beweisen und Begriffsbildungen den Bezug zu der zugrunde liegenden Fragestellung der Anwendung nicht aus den Augen zu verlieren. Als Beispiele hierzu seien an dieser Stelle auf die Herleitung des Fundamentallemmas der Wertpapierbewertung für endliche Einperiodensysteme (siehe Seite 121ff) und die Einführung der Handelsstrategien im stetigen Fall (Abschnitt 12.4.3) verwiesen. Der zweite Aspekt betrifft die Diskussion der Praktikabilität der dargestellten theoretischen Ergebnisse, die an zahlreichen Stellen in Form von Bemerkungen oder eigenen Abschnitten erfolgt (s. z.B. Abschnitt 6.2.3).

Dieses Buch hat drei Autoren und ich möchte an dieser Stelle meinen beiden Koautoren Kathrin Diener und Joachim Käsler für ihre engagierte Mitarbeit ganz herzlich danken. Die Kapitel 4 und 11 bzw. 3 und 10 wurden weitgehend von ihnen erstellt und die Überarbeitung des gesamten Textes wurde von uns dreien gemeinschaftlich durchgeführt. Danken möchte ich darüber hinaus Hanns-Jürgen Roland, ohne den diese Autorengemeinschaft wohl nicht zusammen gefunden hätte. Ein besonderer Dank gebührt Ulrike Schmickler-Hirzebruch vom Vieweg-Verlag, auf deren Initiative es zurückzuführen ist, dass aus einer vorhandenen vagen Idee ohne konkreten Zeithorizont ein reales Buchprojekt wurde. Auch all denjenigen sei herzlich gedankt, die daran mitgeholfen haben, die Anzahl der Schreib-, Rechen- und sonstigen Fehler in diesem Buch zu reduzieren. Hier möchte ich insbesondere meine beiden ehemaligen Diplomanden Alexandra Hoff und Markus Belz sowie Herrn Walter Scheuer vom Vieweg-Verlag erwähnen. Schließlich - last und überhaupt nicht least - danke ich meiner Frau Kerstin und meinen beiden Söhnen Markus und Gordon für das mir gegenüber aufgebrachte Verständnis für den mit dem Buchschreiben verbundenen Zeitaufwand sowie das Erdulden meiner vielleicht nicht immer so guten Laune, wenn das Projekt sich einmal nicht so ganz planmäßig entwickelte.

... und noch eine Entschuldigung: Wie in vielen anderen Bereichen auch ist die Sprache der Derivatewelt durchsetzt mit englischen Fachausdrücken, deren Übersetzung ins Deutsche in der täglichen Praxis kaum gebraucht wird oder noch nicht einmal existiert. Die Folge hiervon ist ein deutsch-englisches Kauderwelsch, das Sprachästheten erschauern lassen müsste. Die Autoren dieses Buches sind sich dessen bewusst, konnten und wollten sich im Sinne der Praxisnähe diesem Sprachgebrauch aber nicht entziehen. Wo immer möglich haben wir allerdings bei neu eingeführten Begriffen sowohl die deutsche als auch die englische Form angegeben und auch in der Folge nicht nur die üblichere englische benutzt. So möge man uns gelegentliche Formulierungen wie „*... ein Call mit Strike K auf das Underlying ...*" verzeihen.

im Juni 2002   Wilfried Hausmann

Inhaltsverzeichnis

1	**Einführung**	**1**
2	**Das Capital Asset Pricing Model (CAPM)**	**6**
2.1	Portfolio-Selection	7
	2.1.1 Die Beurteilung einzelner Anlageformen	7
	2.1.2 Effiziente Portfolios	14
	2.1.3 Die Ermittlung der effizienten Menge	23
2.2	Risikoloses Leihen und Verleihen	25
	2.2.1 Die risikolose Anlageform A_f	25
	2.2.2 Risikoloses Leihen	27
2.3	Ein Einfaktor-Marktmodell	33
	2.3.1 Ein Marktmodell	33
	2.3.2 Der EGP-Algorithmus	37
2.4	Der Gleichgewichtszustand	39
	2.4.1 Das universelle Separationstheorem für vollkommene Kapitalmärkte	39
	2.4.2 Das Marktportfolio und die Kapitalmarktlinie	40
2.5	Risikobehaftete Wertpapiere und die Fundamentalgleichung des CAPM	42
	2.5.1 Die Fundamentalgleichung und die Wertpapiermarktgerade	42
	2.5.2 Anlagestrategien	47
3	**Arbitrage und elementare Derivatebewertung**	**49**
3.1	Arbitrage und Beinahe-Arbitrage	49
	3.1.1 Arbitrageportfolios	49
	3.1.2 Beinahe-Arbitrage und die Arbitrage-Preistheorie	52
3.2	Elementare Derivate	57
	3.2.1 Termingeschäfte	58
	Grundbegriffe	58
	Marktteilnehmer	60
	Kreditrisiken aus Derivaten	62
	3.2.2 Futures	63
	Grundlegendes	63
	Clearingstellen und Market-Maker	65
	Margins	66
3.3	Arbitragefreie Terminpreise	69
	3.3.1 Einige finanzmathematische Begriffe und Systemvoraussetzungen	69
	Zinsen, insbesondere stetige Verzinsung	69
	Der Barwert einer Zahlungsreihe	71
	Leerverkauf und Wertpapierleihe	72
	Systemvoraussetzungen und Standardbezeichnungen	73
	3.3.2 Forwardpreise	74
	3.3.3 Bewertung von laufenden Termingeschäften	78

	3.3.4	Futurepreis = Forwardpreis	79
	3.3.5	Spezielle Terminkontrakte	81
		Futures auf Aktienindizes	81
		Devisentermingeschäfte	82
		Zinstermingeschäfte	83
	3.3.6	Aspekte von Warentermingeschäften	83
		Cost-Of-Carry	84
	3.3.7	Forwardpreis vs. Erwartungswert des zukünftigen Preises	84

4 Optionen 86
4.1   Grundlegendes zu Optionen 86
4.2   Eigenschaften von Optionspreisen 90
       4.2.1   Grundsätzliche Annahmen und Notationen 90
       4.2.2   Faktoren, die den Optionspreis beeinflussen 91
       4.2.3   Schranken für Optionspreise 94
       4.2.4   Optimaler Ausübungszeitpunkt und Preisgrenzen bei amerikanischen Optionen 96
       4.2.5   Put-Call-Parität 100
4.3   Optionsstrategien 103
       4.3.1   Strategien mit einer Option und dem Underlying 103
       4.3.2   Spreads 105
               Bull-Spread 105
               Bear-Spread 106
               Butterfly-Spread 107
               Time-Spread 107
               Weitere Spreads 108
       4.3.3   Kombinationen 109
               Straddle 109
               Strangle 111
4.4   Fazit und Ausblick 112

5 Endliche arbitragefreie Systeme 114
5.1   Arbitragefreie Einperiodensysteme 115
       5.1.1   Das Einperioden-Binomialmodell 116
       5.1.2   Allgemeine Einperiodensysteme 121
5.2   Ein einfaches Mehrperiodensystem 128
5.3   Arbitragefreie Mehrperiodensysteme 132
       5.3.1   Der Systemrahmen 132
       5.3.2   Selbstfinanzierende Handelsstrategien 134
       5.3.3   Charakterisierung arbitragefreier Systeme 135
5.4   Vollständige arbitragefreie Mehrperiodensysteme 140
       5.4.1   Vollständigkeit 140
       5.4.2   Binomialmodelle 143
5.5   Mathematische Gestaltungsmöglichkeiten 143
       5.5.1   Die zugehörige Baumdarstellung 143
       5.5.2   Numeraire und Diskontierung 145
               Numerairewechsel 149

6 Binomialmodelle — 151
- 6.1 Die Bewertung europäischer Optionen mit Binomialbäumen — 151
  - 6.1.1 Bewertung in Einperiodenmodellen — 151
  - 6.1.2 Bewertung in Mehrperiodenmodellen — 155
- 6.2 Das Cox-Ross-Rubinstein-Modell — 161
  - 6.2.1 Einführung — 161
  - 6.2.2 Bewertungsformeln — 163
  - 6.2.3 Zur Praxistauglichkeit der Baummodelle — 165
  - 6.2.4 Grenzwertbetrachtungen zum CRR-Modell — 169
  - 6.2.5 Beweis der Sätze 137 und 140 — 174
  - 6.2.6 Die Black-Scholes-Formel — 176

7 Das Black-Scholes-Modell — 181
- 7.1 Ein Modell für den Kursverlauf einer Aktie — 182
  - 7.1.1 Anforderungen — 182
  - 7.1.2 Der Wiener-Prozess und verwandte stochastische Prozesse — 185
  - 7.1.3 Die Itô-Formel — 189
  - 7.1.4 Schätzwerte der Parameter — 195
- 7.2 Derivatebewertung — 198
  - 7.2.1 Die Black-Scholes-Differentialgleichung und die risikoneutrale Bewertung — 198
  - 7.2.2 Die Black-Scholes-Formel — 203
    - Grenzwerte — 205
    - Abhängigkeit von der Volatilität — 207
    - Die implizite Volatilität — 208
  - 7.2.3 Vorgehensweise bei Dividenden — 210
- 7.3 Hedging und die griechischen Buchstaben — 211
  - 7.3.1 Gedeckter und ungedeckter Call, Stop-Loss-Strategie — 212
  - 7.3.2 Delta-Hedging — 214
  - 7.3.3 Weitere griechische Buchstaben — 220
    - Gamma — 220
    - Theta — 222
    - Beziehung zwischen Δ, Γ und Θ — 224
    - Lambda (Vega) und Rho — 225

8 Amerikanische Optionen — 228
- 8.1 Bewertung in Binomialmodellen — 228
- 8.2 Der Zuschlag für das Recht der vorzeitigen Ausübung — 236
- 8.3 Amerikanische Puts im Black-Scholes-Modell — 242
- 8.4 Berücksichtigung von Dividenden — 244

9 Das allgemeine Bewertungsprinzip — 249
- 9.1 Die risikoneutrale Welt und das äquivalente Martingalmaß — 249
- 9.2 Der Marktpreis des Risikos — 252
- 9.3 Währungsderivate — 253
- 9.4 Die Sicht des US-Investors - Numerairewechsel — 255
- 9.5 Quantos — 257

10 Zinsderivate — 263

- 10.1 Die Zinsstruktur 263
  - 10.1.1 Zerobonds 264
  - 10.1.2 Forwardraten 265
- 10.2 Einige gebräuchliche Zinsderivate 267
  - 10.2.1 Termingeschäfte 267
    - OTC-Zinsderivate 267
    - Zins-Futures 270
  - 10.2.2 Optionsgeschäfte 274
  - 10.2.3 Exotische Varianten 275
- 10.3 Die Bewertung von Zinsoptionen mit dem Black-Scholes-Modell 275
  - 10.3.1 Optionen auf Zerobonds 275
  - 10.3.2 Zinsoptionen 279
- 10.4 Diskrete Zinsmodelle 281
- 10.5 Stetige Modelle für den kurzfristigen Zinssatz 287
  - 10.5.1 Das Modell von Ho und Lee 288
  - 10.5.2 Das Modell von Vasicek / Hull und White 289
  - 10.5.3 Das Modell von Cox-Ingersoll-Ross (CIR) 291
  - 10.5.4 Das Modell von Black-Karasinski 292
  - 10.5.5 Fazit 292
- 10.6 Das Heath-Jarrow-Morton-Modell (HJM) 293
  - 10.6.1 Einfaktor-Modelle 294
  - 10.6.2 Mehrfaktor-HJM-Modelle 297
    - Ein zweidimensionales HJM-Modell 298
    - Das LIBOR-Markt-Modell (BGM-Modell) 299

11 Exotische Optionen und strukturierte Produkte — 302

- 11.1 Pfadunabhängige univariate exotische Optionen 303
  - 11.1.1 Digitals 303
  - 11.1.2 Power-Optionen 306
  - 11.1.3 Compound-Optionen 308
  - 11.1.4 Chooser-Optionen 310
- 11.2 Pfadabhängige exotische Optionen 311
  - 11.2.1 Barrier-Optionen 311
    - Single-Barrier-Optionen 312
    - Double Barriers 318
    - Digitale Barrier-Optionen 319
  - 11.2.2 Asiatische Optionen 321
    - Average-Price-Optionen 321
    - Average-Strike-Optionen 322
  - 11.2.3 Lookback-Optionen 323
    - Floating-Strike-Lookbacks 324
    - Floating-Rate-Lookbacks 325
- 11.3 Multivariate Optionen 327
  - 11.3.1 Bewertungsansatz im Black-Scholes-Modell 327
  - 11.3.2 Tauschoptionen 330
  - 11.3.3 Weitere multivariate Optionen 333

11.4	Strukurierte Produkte	335
	11.4.1 DAX-Garantiefonds	336
	11.4.2 Aktienanleihen	338
	Doppel-Aktienanleihen	341
	Aktienanleihen mit Mindestrückzahlung	341
	Aktienanleihen mit Deaktivierungsschwelle	342
	Aktienanleihen mit Aktivierungsschwelle	342
	Diskont-Varianten	342
	11.4.3 Gap-Optionen	343

12 Die mathematische Theorie stochastischer Finanzmarktprozesse   346

12.1	Einige Grundbegriffe der Wahrscheinlichkeitstheorie	347
	12.1.1 Das Axiomensystem von Kolmogorov, Filtrationen und äquivalente Wahrscheinlichkeitsmaße	347
	12.1.2 Zufallsvariablen	356
	12.1.3 Folgen und Konvergenz	357
	12.1.4 Integration von Zufallsvariablen	358
	12.1.5 Der bedingte Erwartungswert	361
	12.1.6 Unabhängigkeit	366
12.2	Stochastische Prozesse	367
	12.2.1 Grundlegendes	367
	12.2.2 Eigenschaften zeitstetiger Prozesse	370
	12.2.3 Martingale und Stoppzeiten	372
	12.2.4 Brownsche Bewegungen	377
12.3	Stochastische Integration	381
	12.3.1 Einführende Diskussion	381
	12.3.2 Das Lebesgue-Stieltjes-Integral für stochastische Prozesse	383
	12.3.3 Das Itô-Integral	387
	12.3.4 Stochastische Differentialgleichungen	394
	12.3.5 Die quadratische Variation	396
	12.3.6 Die Itô-Formel	398
12.4	Arbitragefreiheit und Vollständigkeit	404
	12.4.1 Die Brownsche Filtration und der Martingal-Darstellungssatz	404
	12.4.2 Der Satz von Girsanov und das äquivalente Martingalmaß	406
	12.4.3 Handelsstrategien und Arbitragefreiheit	411
	12.4.4 Optionsbewertung und Vollständigkeit	414
	12.4.5 Mehrfaktormodelle	418

Literaturverzeichnis   **422**

Index   **426**

Abbildungsverzeichnis

2.1 Der Südostbereich einer Anlageform 9
2.2 Einfluss der Risikopräferenz auf die Investitionsentscheidung 12
2.3 Indifferenzlinien eines risikoneutralen Investors 13
2.4 Die zulässige und die effiziente Menge bei beliebig kombinierbaren risikohaften Anlageformen 18
2.5 Ermittlung des optimalen Portfolios eines Investors 23
2.6 Gestalt der effizienten Menge bei Vorhandensein einer risikolosen Anlageform 28
2.7 Die effiziente Menge bei risikolosem Leihen und Verleihen 30
2.8 Die effiziente Menge bei ungleichen Soll- und Habenzinsen 32
2.9 Zusammenhang zwischen der Rendite der Anlageform A_i und der Indexrendite 33
2.10 Die Kapitalmarktlinie oder charakteristische Marktgerade 41
2.11 Die charakteristische Wertpapiermarktgerade 46

3.1 Funktionsweise einer Clearingstelle 65

4.1 Payoff und P&L-Profil eines Calls 88
4.2 Payoff und P&L-Profil eines Puts 89
4.3 Preisgrenze für einen Call 95
4.4 Preisgrenzen für einen europäischen Put 97
4.5 Preisgrenzen für einen amerikanischen Put 99
4.6 P&L-Diagramm Aktie (long) und Option 104
4.7 P&L-Diagramm Aktie (short) und Option 104
4.8 P&L-Profil eines Bull-Spreads (Aufbau über 2 Calls) 106
4.9 P&L-Profil eines Bear-Spreads 107
4.10 P&L-Diagramm eines Long-Butterfly-Spreads 108
4.11 Condor und Call-Ratio-Spread 108
4.12 P&L-Profil eines Straddles 110
4.13 P&L-Profil eines Strangles 112

5.1 Ein arbitragefreies Dreiperiodensystem mit zwei Anlageformen und stochastischer risikoloser Rendite 138

6.1 Kalkulierter und tatsächlicher Kursverlauf 168
6.2 CRR-Modelle mit $n = 1,2$ und 3 zu vorgegebenen Werten μ und σ 171

7.1 Pfad einer Brownschen Bewegung 186
7.2 Pfad einer verallgemeinerten Brownschen Bewegung $dX = a \cdot dt + b \cdot dW$ 187
7.3 Möglicher Kursverlauf einer Aktie 188
7.4 Kursverlauf einer Aktie und erwartete mittlere Werte 194
7.5 Black-Scholes-Preise und zugehörige Zeitwerte in Abhängigkeit von S/K . 206
7.6 Lokale Approximation einer Funktion durch eine Tangente 215

7.7 Das Delta eines europäischen Calls 217
7.8 Der Theta-Wert europäischer Calls und Puts in Abhängigkeit von S/K . 223
7.9 Theta in Relation zum Black-Scholes-Preis 224
7.10 Zeitliche Entwicklung des Zeitwerts europäischer Call- und Put-Optionen 224
7.11 Gamma und Vega 226

8.1 Typische Lage des Bereichs mit vorteilhafter sofortiger Ausübung bei einem amerikanischen Put 241

10.1 Zinsstrukturkurven 264
10.2 Ertrag aus FRA-Verkauf und Verkauf des exakten Future-Hedge 273
10.3 Pull-to-Par von Zerobondpreisen 277
10.4 Ein Trinomialmodell für den risikoneutralen Prozess des kurzfristigen Zinssatzes 285
10.5 Abgeleitete Bondpreise 286

11.1 Long-Position eines Digital-Calls bzw. Digital-Puts 304
11.2 Payoff von Power-Optionen 307
11.3 Down-and-In-Put ohne Rebate 314
11.4 Up-and-Out-Call mit Rebate at hit bzw. at expiry 314
11.5 Payoff von Lookback-Optionen des Floating-Strike-Typs 325
11.6 Payoffs von Lookforward-Optionen 326
11.7 Rendite einer Aktienanleihe im Vergleich zu Anlagealternativen 339
11.8 Payoff-Profil eines Gap-Calls 344
11.9 P&L-Profile von Gap-Calls 345

12.1 Zu einem Ereignis gehörende Elementarereignisse 351
12.2 Atomare Mengen einer aufsteigenden Folge von σ-Algebren (=Filtration) 352
12.3 Zwei äquivalente diskrete Wahrscheinlichkeitsverteilungen 355
12.4 Definitionsbereiche der Pfade und Zufallsvariablen eines stochastischen Prozesses 368
12.5 Pfad eines zeitstetigen Prozesses 369
12.6 Originalprozess und gestoppter Prozess 375
12.7 Veränderte Erwartungswerte eines Martingals im Lauf der Zeit 377
12.8 Eine messbare Menge stetiger Funktionen 379
12.9 Beispiel einer Funktion mit unendlicher Variation 385
12.10 Eine linksseitig stetige Treppenfunktion mit Sprungstellen $t_1, ..., t_4$ 388

1 Einführung

Derivate wie Optionen und Futures sind heute feste Bestandteile der Finanzwelt. Das war nicht immer so, obwohl sie bereits eine recht lange Historie haben. Berichte über die Geschichte des Optionshandels führen in der Regel den Tulpenhandel in Holland zu Beginn des 17. Jahrhunderts als erste Blütezeit an. In jener Zeit der Tulpenmanie sicherten sich Tulpenzüchter durch den Kauf von Verkaufsoptionen gegen fallende Preise ab. Aber die Sicherheit erwies sich als trügerisch, als der Tulpenmarkt 1637 zusammenbrach und die Optionsverkäufer ihre Verpflichtungen nicht erfüllen konnten. In der Folgezeit erlosch der Optionshandel zwar nicht ganz, hatte aber über lange Zeit in Europa einen schlechten Ruf. Aufgrund fehlender gesetzlicher Bestimmungen war er immer wieder von Unregelmäßigkeiten begleitet und in einzelnen Ländern (u.a. Deutschland) war er zeitweise sogar verboten. Der große Aufschwung kam in den siebziger Jahren des zwanzigsten Jahrhunderts. Eine besondere Bedeutung hat hierbei das Jahr 1973. In dieses Jahr fällt sowohl die für die Verbreitung des Optionshandels sehr wichtige Eröffnung der amerikanischen Terminbörse CBOE (Chicago Board Options Exchange) als auch die Veröffentlichung der berühmten Arbeit von Fischer Black und Myron Scholes [6], die für die Optionspreisfindung den Durchbruch bedeutete und für die Myron Scholes zusammen mit Robert Merton 1997 den Nobelpreis erhielt (F. Black war da bereits verstorben). In der Folge kam es zu einer raschen Ausweitung des Derivatehandels und am Ende des Jahres 2000 konnte die bedeutendste europäische Terminbörse EUREX auf 454 Millionen abgeschlossenen Kontrakte zurückblicken (Eigenangabe Eurex).

Was sind Derivate? Es sind Finanzinstrumente, deren Wert sich von einem anderen Gut, dem Basiswert oder Underlying ableiten lässt. Eines der einfachsten Derivate ist ein Termingeschäft oder Forwardkontrakt. Hierunter versteht man die verbindliche Vereinbarung zwischen zwei Geschäftspartnern über den Kauf einer bestimmte Menge einer bestimmten Ware zu einem bestimmten Zeitpunkt und zu einem festgelegten Preis. Die dem Vertrag zu Grunde liegende Ware ist hier also der Basiswert. Basiswerte können Wertpapiere wie Aktien oder Renten, Devisen, Edelmetalle wie Gold und Silber oder Konsumgüter wie Weizen, Sojabohnen, Holz oder Öl sein. Termingeschäfte werden in der Regel als individuelle Vereinbarungen geschlossen. Die börsengehandelte Form des Forwardkontrakts ist der Future. Futures unterscheiden sich von Forwards durch eine normierte Gestaltung des Vertrags und des Vertragsgegenstands. Sie sind ferner verbunden mit bestimmten Regularien zur Minimierung des mit dem Ausfall eines Partners verbundenen Risikos.

Warum werden Termingeschäfte abgeschlossen? Als Unvoreingenommener denkt man zunächst unwillkürlich an Spekulation oder Lotteriespiel, an eine Wette auf steigende oder fallende Kurse. Im Rückblick ist es in der Tat nicht schwer, sich auszumalen, welche horrenden Gewinne man gemacht hätte, wenn man die richtigen Terminkontrakte abgeschlossen hätte. Für den etwaigen Geschäftspartner hätte das allerdings Verluste in der gleichen Höhe bedeutet. Sind Termingeschäfte also eine Form des Glücksspiels? Für manche sicherlich ja, aber es gibt auch genau entgegengesetzte Motive. Plant man z.B eine Reise in die USA in einem halben Jahr und glaubt, dass der Dollar aktuell recht günstig steht, so wäre der Abschluss eines Forward-Kontrakts eine Möglichkeit, sich den aktuell günstigen Kurs (annähernd) zu sichern, vorausgesetzt, man hat eine präzise Vorstellung von der Höhe der Reisekosten. Die gleichen Sorgen - nur in größerem Stil - hat ein Importunternehmen, das seine Importe in Dollar bezahlen muss. Entgegengesetzte Probleme hat ein europäisches Exportunternehmen, das sich z.B. bei einem aktuellen Wechselkurs von 1 Euro je US-Dollar berechtigte Hoffnungen machen kann, im Verlauf des kommenden Jahres Waren im Wert von 10 Mio. USD in den Vereinigten Staaten abzusetzen und dabei einen Deckungsbeitrag von 2 Mio. Euro zu erzielen. Für ein solches Unternehmen wäre ein Absinken des Dollarkurses auf z.B. 80 Cent eine äußerst ungünstige Entwicklung, entweder verbunden mit einem hohen Verlust an Deckungsbeitrag oder mit Umsatzeinbrüchen in den USA auf Grund von Preiserhöhungen. Eine bedeutend sicherere Geschäftsbasis hat ein solches Unternehmen, wenn es sich im Vorhinein auf einen bestimmten Dollarkurs verlassen kann, selbst wenn dieser Kurs etwas ungünstiger ist als der aktuelle Kassakurs (was nicht unbedingt der Fall sein muss). Durch Abschluss eines Termingeschäfts über den Kauf/Verkauf von US-Dollars können das Import- und das Exportunternehmen sich somit gegenseitig absichern, wenn ihr Geschäftsvolumen annähernd gleich groß ist. Man sieht also, dass ein Forward-Kontrakt von beiden Geschäftspartnern aus Gründen der Absicherung geschlossen werden kann. Termingeschäfte haben also ihre Berechtigung vorrangig als Instrumente zur Risikobegrenzung, was nicht ausschließt, dass sie auch zu Spekulationszwecken wirkungsvoll genutzt werden können und werden.

Während Termingeschäfte symmetrische Derivate sind, d.h. am Fälligkeitstag des Geschäfts müssen beide Partner die vereinbarte Leistung erbringen - der Verkäufer muss die Ware bereitstellen, der Käufer das Geld - sind Optionen asymmetrische Derivate. Der Käufer einer Option erwirbt damit das Recht, ein bestimmtes Geschäft zu einem bestimmten Zeitpunkt (oder über einen bestimmten Zeitraum) auszuüben, verpflichtet ist er dazu nicht. Es gibt zwei Grundformen von Optionen. Eine Call-Option berechtigt ihren Besitzer dazu, eine Ware zu festgelegten Bedingungen zu kaufen, eine Put-Option berechtigt zum Verkauf eines bestimmten Guts (zu ebenfalls vorher festgelegten Konditionen). In dem Beispiel im vorigen Abschnitt wäre für den Exporteur der Kauf eines Dollar-Puts eine Alternative zum Abschluss eines Termingeschäftes. Das hätte für ihn den Vorteil, dass er nach wie vor gegen einen fallenden Dollarkurs geschützt ist, aber von einem steigenden Kurs profitieren kann. Der Importeur könnte dann aber nicht mehr der Geschäftspartner sein, denn gerade in dem für ihn wichtigen Fall eines steigenden Dollarkurses käme das avisierte Termingeschäft nicht zur Ausübung. Der Importeur könnte sich seinerseits allerdings durch den Kauf eines Dollar-Calls gegen einen steigenden Dollarkurs absichern und sich zugleich die Möglichkeit erhalten, von fallenden Dollarkursen zu profitieren.

Da der Besitz einer Option nur Vorteile mit sich bringt, kostet es etwas, eine Option zu erwerben. Eine Frage, die sich unmittelbar aufdrängt, ist die nach dem „richtigen" oder „fairen" Preis einer Option. Gibt es rationale Argumente für eine bestimmte Preisgestaltung? Auch bei Terminkontrakten stellt sich diese Frage nach dem Preis - zwar nicht in Form eines sofort zu zahlenden Betrags (es kostet in der Regel nichts, einen Terminkontrakt abzuschließen), aber in Form der Frage, welcher Preis bei Auslieferung des Basiswerts zu zahlen ist.

In den einfachsten Fällen von Termingeschäften lässt sich die Frage nach dem richtigen Preis elementar und überzeugend beantworten. In diesen Fällen steht dem Käufer eines Forwards alternativ die Möglichkeit offen, die Ware direkt zu kaufen und über den Zeitraum zu besitzen - mit allen damit verbundenen Kosten und Erträgen. In dem Beispiel des USA-Reisenden würde diese Alternative das sofortige Umtauschen des Geldes bedeuten oder - besser - die Anlage der Reisekasse in eine festverzinsliche Dollaranlageform. Durch Vergleich der beiden Möglichkeiten gelangt man in der Tat zu einem eindeutigen Forwardpreis.

Anders sieht es bei Optionen aus. Hier sind zur rationalen Preisfindung mathematisch tiefer greifende Theorien erforderlich, um auf Basis einer ebenfalls einsichtigen Grundidee zu einem eindeutigen Preis zu gelangen. Diese Theorien sind anfechtbar, denn sie erfordern gewisse Voraussetzungen über den zukünftigen Kursverlauf des Basiswerts. Diese Voraussetzungen sind zwar nicht derart, dass man vorhersehen muss, ob der Kurs fällt oder steigt, aber sie beinhalten Kenntnisse über das zukünftige Schwankungsverhalten des Kurses, die im Vorhinein nicht mit absoluter Sicherheit vorhanden sein können. Dennoch werden täglich Millionen von Optionen zu Preisen gehandelt, die auf diese Art ermittelt wurden - die Finanzwelt hat also offensichtlich keine ernsthaften Probleme, die Theorien trotz der etwas unsicheren Grundlage in die Praxis umzusetzen. Und nicht nur das - sie reizt die Möglichkeiten der Theorie voll aus. In Form von exotischen Optionen und strukturierten Produkten werden von *Financial Engineers* („Finanz-Ingenieuren") Wertpapiere mit den unterschiedlichsten Auszahlungsprofilen kreiert und in individuellen OTC-Geschäften (OTC = over the counter) gehandelt oder einem breiten Publikum als attraktive Anlageformen offeriert. In die erste Kategorie fallen z.B. die *Chooser-Optionen*, das sind Optionen auf den Erwerb von Optionen, bei denen der Käufer zum Ausübungszeitpunkt wählen kann, ob er einen Put oder einen Call haben will. Beispiele zur zweiten Kategorie sind die seit Ende der 90er-Jahre populären *Reverse Convertibles*. Das sind Wertpapiere, deren Auszahlung entweder in Form von Geld oder Aktien erfolgt, wobei zumindest aus Sicht des Ausgabezeitpunkts beide Möglichkeiten sehr attraktiv erscheinen (die Rendite der festverzinslichen Anlageform liegt z.B. in der Regel über 10% p.a.).

Die Preisfindung ist nur ein Aspekt von Derivaten. Ein anderer ist die Absicherung des Risikos, das mit bestimmten Positionen verbunden ist. Es ist unrealistisch anzunehmen, dass sich wie in dem Exporteur-/Importeurbeispiel zu jedem Wunsch nach einem bestimmten Derivat immer ein „natürlicher" Geschäftspartner findet, so dass durch den Abschluss nur vorhandenene Risiken eliminiert werden. Will man also einen liquiden Derivatemarkt, so muss es für institutionelle Anbieter möglich sein, eine Position auch ohne vorhandenenes Eigeninteresse einzugehen. Das darf nicht mit einem unbeherrschbaren Risiko verbunden sein. Die Frage ist also, wie das durch z.B. den Verkauf einer Option eingegangene Risiko ausgeglichen (*gehedgt*) werden kann. Glücklicherweise zeigt sich, dass beide Aspekte - Preisfindung und Absicherung (Hedging) - eng miteinander verknüpft sind. Aus der Preisermittlung lässt sich in der Regel auch eine Hedgingstrategie ableiten.

Preisfindung von Derivaten sowie Risikoabschätzung und -begrenzung von Derivatepositionen sind der Hauptgegenstand dieses Buches, sie machen etwa neunzig Prozent des Inhalts aus. Wir beginnen aber mit etwas ganz anderem: der in der Mitte des 20. Jahrhunderts entwickelten Theorie der Portfolio-Selection. Diese Theorie untersucht im Rahmen eines Einperiodenmodells rationales Investitionsverhalten, wobei davon ausgegangen wird, dass Erwartungswert und Streuung der Rendite von Anlageformen die entscheidenden Daten für Investoren sind. Die Überlegungen kulminieren im *Capital Asset Pricing Model (CAPM)*, einem Modell für den Gleichgewichtszustand eines idealen Kapitalmarkts. Die Kenntnis der Portfolio-Selection-Theorie und des CAPM ist keine unverzichtbare Voraussetzung für das Verständnis der Derivatebewertung, aber es ist eine sehr sinnvolle Ergänzung. Es gibt vielfache Querbezüge zwischen den Theorien, aber auch Quellen für Missverständnisse. Die für dieses Buch wichtigste Verbindung liefert das Prinzip der „risikoneutralen Bewertung" für Derivate. Zum richtigen Verständnis der Derivatebewertung ist es wichtig zu erkennen, dass dieses globale Bewertungsprinzip nicht eine auf (spieltheoretischen) Fairnessanforderungen beruhende Begründung und Rechtfertigung der Preise darstellt, sondern auf rein technischem Weg nachgelagert zu den fundamentalen Arbitrageargumenten auftaucht. Wer die Grundideen der Portfolio-Selection verstanden und akzeptiert hat, dem sollte klar sein, dass Investoren dem Prinzip der Risikoneutralität eher ablehnend gegenüber stehen. Ein Missverständnis ist es allerdings auch, Derivate grundsätzlich als besonders gewinnversprechende, aber auch besonders riskante Anlageformen anzusehen. Das können sie sein, müssen es aber nicht.

Im nächsten Kapitel werden also die Grundzüge der Portfolio-Selection dargelegt, die konsequent zu Ende gedacht zu dem vollkommenen Kapitalmarkt des Capital Asset Pricing Model (CAPM) führen. In Kapitel 3 wird der für die Derivatebewertung fundamentale Begriff der Arbitrage vorgestellt. Die hiervon abgeleitete Arbitrage-Preistheorie ist wie das CAPM eine Kapitalmarkttheorie. So ergibt sich eine natürliche Verbindung zum vorhergehenden Kapitel. Darüber hinaus werden in diesem Kapitel aber auch schon Termingeschäfte, also Forwards und Futures als einfachste Formen von Derivaten vorgestellt und mit Hilfe elementarer Arbitrageargumente bewertet.

In Kapitel 4 werden Optionen eingeführt und ihre Eigenschaften besprochen. Neben elementaren Preisschranken und -beziehungen wird auch das weite Spektrum der sich mit Hilfe von Optionen ergebenden Handelsstrategien beleuchtet. Wie in Kapitel 3 werden die wesentlichen Aussagen durch Arbitrageargumente begründet. Im Gegensatz zu den Termingeschäften gelingt bei Optionen hiermit aber noch keine eindeutige Preisbestimmung.

In Kapitel 5 wird die Frage nach Arbitragefreiheit für endliche diskrete Modelle zunächst im Einperiodenfall und dann ganz allgemein angegangen und beantwortet. Als Anwendung dieser Ergebnisse in einem Spezialfall können in Kapitel 6 Bewertungsformeln für europäische Optionen in Binomialmodellen (für den Aktienkursverlauf) hergeleitet werden. Ein solches Modell ist das Cox-Ross-Rubinstein-Modell, das über einen Grenzprozess zum Black-Scholes-Modell und der Black-Scholes-Formel führt. Diese berühmte Formel leiten wir also am Ende von Kapitel 6 zum ersten Mal her. Eine zweite Herleitung findet man in dem folgenden 7. Kapitel, in dem das Black-Scholes-Modell als stetiges Modell für den Aktienkursverlauf eingeführt wird. Die Darstellung in diesem Kapitel vermeidet eine allzu abstrakte mathematische Darstellung und verzichtet insbesondere auf die Terminologie der Martingaltheorie. Als Konsequenz hiervon sind an einigen Stellen nur Plausibilitätsargumente möglich (aber siehe den letzten Absatz dieser Einleitung). Ein wichtiger Bestandteil des Kapitels sind weitergehende Untersuchungen der Black-Scholes-Formel und Überlegungen zum Hedging, der Absicherung von Risiken.

Kapitel 8 ist den amerikanischen Optionen, insbesondere den Puts gewidmet. Sie werden in Binomialmodellen und dem Black–Scholes-Modell besprochen. Neben der Vorgehensweise zur Bewertung wird auch die strukturelle Zusammensetzung des Preises einer amerikanischen Option aus dem Preis der entsprechenden europäischen Option und einem Zuschlag für das „Recht der vorzeitigen Ausübung" herausgearbeitet.

In Kapitel 9 werden die allgemeinen Prinzipien der Derivatebewertung in stetigen Modellen dargestellt. Jetzt wird auch für diese Modelle in gewissem Rahmen auf die Martingaltheorie eingegangen und insbesondere die Terminologie und die fundamentalen Ergebnisse erläutert. Dies ist erforderlich, damit in Kapitel 10 nach einer Einführung in Zinsen und Zinsderivate komplexere Zinsstrukturmodelle behandelt werden können. Auch um die in Kapitel 11 behandelten exotischen Optionen bewerten (und hedgen) zu können, ist es notwendig, die allgemeinen Aussagen von Kapitel 9 verarbeitet zu haben. Das Spektrum der vorgestellten Derivate wird schließlich vervollständigt durch die Diskussion einiger strukturierter Produkte.

In Kapitel 12 schließlich wird zum Teil nachgeholt, was in Kapitel 7 vermieden wird. Es enthält eine Einführung in die mathematische Theorie der stochastischen Prozesse und insbesondere den Itô-Kalkül. Obwohl die ersten elf stärker anwendungsbezogenen Kapitel unabhängig von diesem letzten Kapitel gelesen werden können, ist es dennoch nicht als Anhang gedacht, sondern - wie im Vorwort geschildert - ein wichtiges Anliegen des Buches.

2 Das Capital Asset Pricing Model (CAPM)

Das Capital Asset Pricing Model (CAPM) ist ein Modell zur Erklärung der Preisbildung aller Anlageformen in einem sogenannten vollkommenen Kapitalmarkt. Es geht auf die bahnbrechenden Ideen von Harry Markowitz (Nobelpreis 1990) und - vermutlich unabhängig von ihm - Andrew Roy aus dem Jahre 1952 zurück, die häufig als Basis der moderenen Portfoliotheorie angesehen werden. Kernpunkt dieser Theorie ist der Ansatz, eine Anlageform aufgrund des Erwartungswertes und der Varianz ihrer Rendite zu beurteilen. Ein weiterer wesentlicher Punkt ist die vereinfachende Beschränkung auf ein Einperiodenmodell. Dies ermöglicht es, das Modell überschaubar zu halten und die wesentlichen Ergebnisse klar herauszuarbeiten. An der Weiterentwicklung des Markowitzschen Ansatzes zum CAPM waren eine Reihe hochrangiger Wissenschaftler beteiligt. Erwähnt seien an dieser Stelle James Tobin (Nobelpreis 1981) und William Sharpe (Nobelpreis 1990). Auf William Sharpe ist auch noch aus einem anderen Grund hinzuweisen. Sein Buch *Investments* [54] bietet eine auch didaktisch hervorragende Darstellung des CAPM und ist als Lektüre zur Vertiefung unserer Ausführungen, die seinem logischen Aufbau folgen, unbedingt zu empfehlen.

Für einen Leser, der nur an der Bewertung von Derivaten interessiert ist, ist die Kenntnis des CAPM nicht unabdingbar. Preise von Derivaten werden hauptsächlich mit Hilfe des im nächsten Kapitel dargestellten Arbitragebegriffs begründet. Aufgrund ihres enorm wichtigen Beitrags zur Portfoliotheorie sollte man die Gedankenwelt des CAPM aber zumindest im Grundsatz verstanden haben, wenn man sich mit Derivaten beschäftigt. Vor allem sollte man sich bei der Lektüre der späteren Kapitel immer mal wieder fragen, wie denn die hergeleiteten Ergebnisse zum CAPM passen. Auf einen wichtigen Unterschied im Ansatz sei allerdings hier schon hingewiesen: Während beim CAPM davon ausgegangen wird, dass sich die einzelnen Anlageformen gegenseitig im Preis beeinflussen und so im Idealfall schließlich ein Gleichgewichtszustand erreicht wird, wird bei der Derivatebewertung nur darauf geachtet, wie sich die Preise der Derivate widerspruchsfrei in das gegebene Preisgefüge der „originären" Anlageformen einbinden lassen. Kommt z.B. eine neue Aktie auf den Markt, so steht sie in Konkurrenz zu den bereits vorhandenen Aktien und anderen Wertpapieren. Ihr Marktpreis wird von den Kursen der anderen Werte beeinflusst und sie selbst beeinflusst deren Kurse. Will man hingegen den Preis einer Option oder eines Futures auf eine Aktie bestimmen, so erfolgt diese Bestimmung ausgehend vom aktuellen Kurs der Aktie. Kurs und Kursentwicklung von Option und Future sind aus der Kursentwicklung der Aktie ableitbar. Dass das Vorhandensein von Derivaten auf eine Aktie deren Kurs beeinflussen kann, ist hierbei nicht ausgeschlossen, spielt aber für die Argumentation zu ihrer Bewertung keine Rolle.

2.1 Portfolio-Selection

Im Ansatz von Markowitz ([42], siehe auch [44]) wird von der Situation ausgegangen, dass ein Investor einen Betrag über einen gewissen Zeitraum, eine Periode, anlegen will. Die Länge der Periode ist hierbei beliebig, es kann sich um mehrere Jahre oder auch nur ein paar Tage handeln. Am Ende des Zeitraums will er jedenfalls über den dann vorhandenen Betrag verfügen können, sei es zu Konsumzwecken oder zur erneuten Anlage in Wertpapieren. Es stehen ihm eine Reihe von Anlageformen zur Auswahl: festverzinsliche Wertpapiere unterschiedlicher Laufzeit, Währung und Bonität, in- und ausländische Aktien, alle möglichen Arten von Fonds usw. Angesichts dieser großen Zahl von Möglichkeiten stellt sich die Frage, welche Anlageform er in welchem Umfang auswählen sollte. Diese Fragestellung nennt man das **Portfolio-Selection-Problem.**

2.1.1 Die Beurteilung einzelner Anlageformen

Die zu betrachtende Periode beginne mit dem Zeitpunkt t_0 und ende mit dem Zeitpunkt T. Die Periode ist also gleich dem Zeitintervall $[t_0, T]$. Wir nummerieren die vorhandenen Anlageformen und nennen sie im Folgenden $A_1, A_2, ..., A_m$. Eine beliebige dieser Anlageformen bezeichnen wir mit A_i ($i \in \{1, ..., m\}$). Daneben verwenden wir ebenfalls Bezeichnungen ohne Indizierung wie z.B. A, B, C, insbesondere bei der Betrachtung von Beispielen.

Naheliegenderweise wird ein Investor bemüht sein, sein Vermögen möglichst zu vergrößern, d.h. er strebt eine möglichst hohe Rendite an. Hierbei ist die **Rendite** oder **Performance** (engl. auch **rate of return**) r_i einer Anlageform A_i definiert durch

$$r_i = \frac{A_i(T) - A_i(t_0)}{A_i(t_0)},$$

wobei $A_i(t_0)$ der Wert oder Preis einer Einheit A_i zum Periodenbeginn und $A_i(T)$ der entsprechende Preis zum Periodenende ist[1]. Das Problem ist nun, dass die Preise vieler Anlageformen wie z.B. Aktien für einen zukünftigen Zeitpunkt nicht mit Sicherheit vorhergesagt werden können. Allerdings dürfte ein Investor eine Anlageform kaum in Betracht ziehen, bei der er überhaupt keine Meinung zu der zukünftigen Preisentwicklung hat. Er wird in der Regel schon gewisse, häufig sogar quantifizierte Vorstellungen haben, wobei aber auch unsichere Faktoren eine Rolle spielen. Hierzu passt das mathematische Modell, die Rendite einer solchen Anlageform über eine Periode als **Zufallsvariable** anzusehen, deren Verteilung man mehr oder weniger präzise kennt, von der man aber zu Periodenbeginn nicht weiß, welcher Wert am Periodenende tatsächlich realisiert wird.

Die Forderung, dass der Investor gewisse Vorstellungen von der Rendite der Anlageformen A_i haben muss, präzisieren wir nun dahingehend, dass wir voraussetzen, er kenne **Erwartungswert** $\mathbf{E}(r_i) = \overline{r_i}$ und **Varianz** $\mathbf{V}(r_i) = \sigma_i^2$ der Rendite zumindest annähernd. Wir interessieren uns darüberhinaus vorerst nur für **risikobehaftete Anlageformen**, d.h. wir nehmen an, dass die Varianz einen positiven Wert hat.

---
[1] In diesem Kontext verwenden wir den Begriff Rendite also im Sinne einer Periodenrendite. Es handelt sich somit in der Regel nicht um die in der Praxis übliche Jahresrendite.

Die beiden Größen Erwartungswert und Varianz liefern wichtige Anhaltspunkte zur Einschätzung einer Anlageform. Hierzu ein Beispiel: Zwei Anlageformen A und B mögen mit den in den folgenden Tabellen angegebenen Wahrscheinlichkeiten p die möglichen Renditen r_A bzw. r_B liefern:

p	r_A	p	r_B
0,3	8%	0,3	5%
0,4	10%	0,4	10%
0,3	12%	0,3	20%

Anlageform A verspricht eine Rendite zwischen 8 und 12 Prozent, mit B hingegen kann möglicherweise sogar eine Rendite von 20% erzielt werden. Hat der Investor Pech, sind es allerdings nur 5%. B beinhaltet also höhere Renditechancen bei höherem Risiko. Erwartungswert und Varianz haben die folgenden Werte:

$$\overline{r_A} = 0{,}3 \cdot 0{,}08 + 0{,}4 \cdot 0{,}1 + 0{,}3 \cdot 0{,}12 = 10\%$$
$$\overline{r_B} = 0{,}3 \cdot 0{,}05 + 0{,}4 \cdot 0{,}1 + 0{,}3 \cdot 0{,}20 = 11{,}5\%$$

$$\sigma_A^2 = 0{,}3(0{,}08 - 0{,}1)^2 + 0{,}4(0{,}1 - 0{,}1)^2 + 0{,}3(0{,}12 - 0{,}1)^2 = 0{,}00024$$
$$\sigma_B^2 = 0{,}3(0{,}05 - 0{,}115)^2 + 0{,}4(0{,}1 - 0{,}115)^2 + 0{,}3(0{,}2 - 0{,}115)^2 = 0{,}003525$$

Dass B die höhere Rendite verspricht als A, drückt sich durch $\overline{r_B} = 11{,}5\% > 10\% = \overline{r_A}$ aus, wohingegen $\sigma_A^2 < \sigma_B^2$ widerspiegelt, dass die Rendite von B größeren Schwankungen unterworfen ist als die von A. Die Varianz ihrer Rendite kann also als Maß für das Risiko einer Anlageform angesehen werden. Äquivalent hierzu kann natürlich auch die positive Wurzel aus der Varianz, die **Standardabweichung** oder **Streuung der Rendite** als Maß für Risiko angesehen werden. Die Werte in dem Beispiel sind $\sigma_A = \sqrt{0{,}00024} = 1{,}5492\%$ und $\sigma_B = \sqrt{0{,}003525} = 5{,}9372\%$.

Dies ist nun genau der Standpunkt, der im Folgenden eingenommen wird: Für eine Anlageform A_i betrachten wir

- den Erwartungswert $\overline{r_i}$ der Rendite als ausschlaggebendes Maß für die Beurteilung der Höhe der voraussichtlichen Rendite und

- die Standardabweichung σ_i der Rendite als Maß für das Risiko von A_i.

Um nun bezüglich der Portfolio-Selection zu Ergebnissen zu kommen, ist es zunächst erforderlich, sich zu überlegen, nach welchen Grundregeln ein vernünftiger Investor handeln sollte. Die folgenden beiden Annahmen werden getroffen:

- Investoren streben eine **maximale Rendite** an, d.h. wenn sie die Wahl zwischen zwei ansonsten gleichen Anlageformen haben, wählen sie die mit der höheren zu erwartenden Rendite.

- Investoren scheuen **unnötiges Risiko**, d.h. wenn sie zwei Anlageformen zur Auswahl haben, die sich nur bezüglich des Risikos unterscheiden, so wählen sie diejenige mit dem geringeren Risiko.

Nimmt man nun, wie wir es ja tun wollen, Erwartungswert und Varianz der Rendite einer Anlageform als auschlaggebende Größen zu ihrer Charakterisierung, so bedeuten diese beiden Annahmen:

2.1 Portfolio-Selection

- Hat ein Investor die Wahl zwischen zwei Anlageformen A und B, für die $\sigma_A = \sigma_B$ und $\overline{r_A} > \overline{r_B}$ gilt, so wird er sich für A entscheiden. Dies gilt natürlich erst recht, wenn sogar $\sigma_A < \sigma_B$ gilt.

- Hat ein Investor die Wahl zwischen zwei Anlageformen A und B, für die $\overline{r_A} = \overline{r_B}$ und $\sigma_A < \sigma_B$ gilt, so wird er sich für A entscheiden.

Diese wichtigen Grundregeln kann man auch geometrisch darstellen. Führt man in der Ebene ein kartesisches Koordinatensystem ein, in dem auf der einen Achse (Ordinate) die Streuung der Rendite und auf der anderen Achse der Erwartungswert der Rendite abgetragen wird, so lässt sich jede Anlageform A durch einen Punkt in der Ebene repräsentieren, eben den Punkt mit den Koordinaten $(\sigma_A, \overline{r_A})$. Die erste Regel besagt dann, dass eine Anlageform jeder anderen Anlageform vorzuziehen ist, die bei dieser Repräsentation in der Ebene direkt „südlich" von ihr liegt, und die zweite Regel besagt, dass sie auch allen Anlageformen vorzuziehen ist, die „östlich" von ihr liegen. Da natürlich im Falle $\sigma_A < \sigma_B$ und $\overline{r_A} > \overline{r_B}$ die Argumente für A noch überzeugender sind, ist A auch jeder Anlageform überlegen, die „südöstlich" liegt. Abbildung 2.1 illustriert diese Überlegungen.

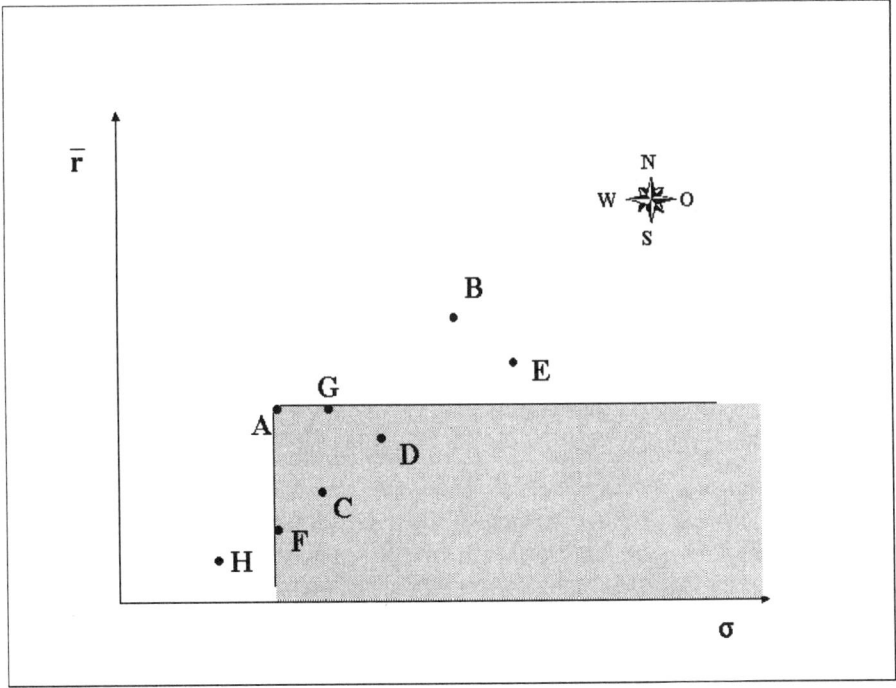

Abbildung 2.1 Die Anlageformen C, D, F und G liegen im Südostbereich von A, die anderen drei Punkte nicht. E liegt allerdings südöstlich von B.

Im Beispiel von Seite 8 reichen die beiden Regeln nicht aus, um zu sagen, dass eine der beiden Anlageformen eindeutig besser ist als die andere. Hätte die Rendite von

B nur eine Streuung von höchstens 1,5492%, so wäre für jeden rational entscheidenden Investor B die bessere Anlageform. Hätte A einen Erwartungswert der Rendite von 11,5% oder mehr, so wäre eindeutig A als weniger riskante Anlageform vorzuziehen. So wie die Werte allerdings sind, liegt keine der Anlageformen südöstlich der anderen. B hat den höheren Erwartungswert der Rendite, dafür aber auch das höhere Risiko. Für den einen Investor mag der Aspekt der höheren Rendite ausschlaggebend sein, sich für B zu entscheiden, für einen anderen mögen Sicherheitsaspekte eine Entscheidung zugunsten von A bewirken. Für einen dritten Investor schließlich mögen beide Anlageformen nach wie vor gleichwertig erscheinen.

Diese Vielfalt akzeptieren wir! Menschen haben unterschiedliche Persönlichkeitsstrukturen und somit eine unterschiedliche Bereitschaft, Risiken einzugehen, d.h. sie haben eine individuelle **Risikopräferenz**. Im $(\sigma,\bar{r})$-Kontext lässt sich eine solche Risikopräferenz durch eine Abbildung

$$f_{RP} : [0,\infty) \times (0,\infty) \to \mathbb{R}$$

beschreiben, die jeder denkbaren Kombination $(\sigma,\bar{r})$ von Streuung und Erwartungswert der Rendite einen Zahlenwert $f_{RP}(\sigma,\bar{r})$ zuordnet, der die Attraktivität dieser Kombination für diesen speziellen Investor ausdrückt. Hierbei bedeutet $f_{RP}(\sigma_1,\bar{r_1}) < f_{RP}(\sigma_2,\bar{r_2})$, dass der Investor die Kombination $(\sigma_2,\bar{r_2})$ der Kombination $(\sigma_1,\bar{r_1})$ vorzieht. Bei Gleichheit $f_{RP}(\sigma_1,\bar{r_1}) = f_{RP}(\sigma_2,\bar{r_2})$ sieht er die beiden Kombinationen als gleichwertig an. Fasst man alle gleichwertigen Kombinationen zusammen, erhält man sogenannte Indifferenzkurven.

Definition 1 *Eine (Risiko-)**Indifferenzkurve** eines Investors ist die Zusammenfassung aller $(\sigma,\bar{r})$-Kombinationen, die aus Sicht des Investors gleichwertig sind. Eine Indifferenzkurve ist also eine Menge der Art*

$$\{(\sigma,\bar{r}) \in [0,\infty) \times (0,\infty) \mid f_{RP}(\sigma,\bar{r}) = z\}$$

mit $z \in \mathbb{R}$.

Eigentlich müsste man zunächst von Indifferenzmengen sprechen, aber die Annahme, dass ein Investor seine Rendite maximieren will, garantiert, dass jede Parallele zur $\bar{r}$-Achse nur einen Schnittpunkt mit einer Indifferenzmenge haben kann, d.h. also, dass jede Indifferenzmenge Graph einer Funktion in einer Variablen ist.

Beispiel 2 *Eine gebräuchliche Risikopräferenzfunktion ist $f_{RP}(\sigma,\bar{r}) = \bar{r} - \frac{a}{2}\sigma^2$ (s. 17.1 in [55]). Hierbei ist $a > 0$ ein Parameter, der die Risikobereitschaft ausdrückt. Sie ist umso höher, je näher a bei null liegt. Die Indifferenzkurve zum Wert z hat die Funktionsgleichung $\bar{r} = z + \frac{a}{2}\sigma^2$.*

Unmittelbar klar ist, dass jeder Investor unendlich viele Indifferenzkurven hat, die sich untereinander nicht schneiden, und dass jede $(\sigma,\bar{r})$-Kombination auf einer Indifferenzkurve liegt.

Die Annahme des Vermeidens unnötiger Risiken hat zur Folge, dass Indifferenzkurven streng monoton steigend sind, denn der „Südost-Bereich" eines jeden Punktes der Kurve darf keinen Schnittpunkt mit der Kurve haben. Dieses Ansteigen der Indifferenzkurven kann man auch wie folgt begründen: Jeder Investor möchte seine erwartete Rendite möglichst sicher haben, d.h. er ist nur dann bereit, ein höheres Risiko einzugehen, wenn er als Entschädigung dafür eine zu erwartende Renditeprämie erhält.

2.1 Portfolio-Selection

In der Regel wird die Investoren unterstellte Risikoscheu noch etwas weitreichender angesetzt als wir es bisher getan haben. Es ist z.B. wenig einleuchtend, dass ein Investor, der für die Erhöhung seines Risikos von $\sigma = 5\%$ auf $\sigma = 6\%$ eine zu erwartende Rendite-Prämie von 5% verlangt, eine Erhöhung des Risikos von 6% auf 7% für nur weitere 2% zusätzlich zu erwartender Rendite akzeptiert. Plausibel ist vielmehr, dass es immer schwieriger wird, einen Investor zu noch mehr Risiko zu überreden, je höher das Risiko bereits ist. Dies bedeutet aber für die Indifferenzkurven, dass sie nicht nur streng monoton steigend, sondern auch konvex sind. Fassen wir zusammen:

Annahme 3 *Die Indifferenzkurven eines Investors, der den Erwartungswert der Rendite maximieren und dabei möglichst wenig Risiko eingehen will, sind streng monoton steigend und konvex. Jede mögliche $(\sigma, \bar{r})$-Kombination liegt hierbei auf einer Indifferenzkurve und zwei unterschiedliche Indifferenzkurven haben keine gemeinsamen Punkte.*

Indifferenzkurven verschiedener Investoren können jedoch sehr unterschiedlich sein. Je risikoscheuer ein Investor ist, desto steiler steigen seine Indifferenzkurven an. Die folgende Abbildung zeigt links Indifferenzkurven eines stärker risikofreudigen Investors als rechts.

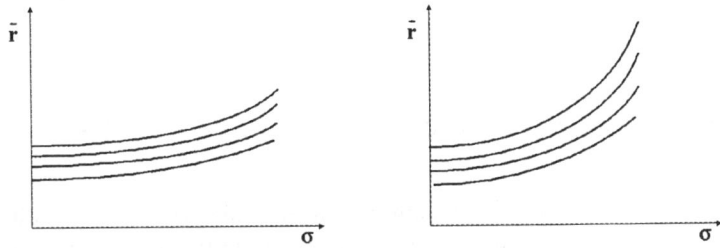

Kennt man die Indifferenzkurven eines Investors, so kann man daraus in der Regel herleiten, welche Anlageform er auswählen wird, wenn mehrere Möglichkeiten vorhanden sind: Er wird sich für die Anlageform entscheiden, die unter der Risikopräferenzabbildung den höchsten Wert hat. Geometrisch bedeutet das, dass er die Anlageform auswählt, deren Indifferenzkurve am meisten „nordwestlich" liegt. Liegen zufälligerweise zwei Anlageformen auf der gleichen Indifferenzkurve, so kann man allerdings nicht sagen, welche der Investor davon auswählt, denn wie der Name schon sagt steht er den beiden Anlageformen ja indifferent gegenüber.

Je nach Gestalt der Indifferenzkurven können unterschiedliche Investoren zu sehr unterschiedlichen Entscheidungen gelangen. In Abbildung 2.2 mit den Investitionsmöglichkeiten A, B, C und D wird sich der risikofreudigere Investor für eine der beiden aus seiner Sicht gleichwertigen Anlageformen A und C entscheiden, wohingegen der risikoscheuere Investor mit den steiler ansteigenden Indifferenzkurven sich für A entscheiden wird. C ist für ihn gleichwertig mit B. Die Anlageform D hingegen wird niemand auswählen, der bei klarem Verstand ist, denn D liegt im Südostbereich sowohl von A als auch von C. Auf einen Grenzfall von Indifferenzlinien soll jetzt noch eingegangen werden, nämlich auf die eines **risikoneutralen** Investors. Je risikofreudiger ein Investor ist,

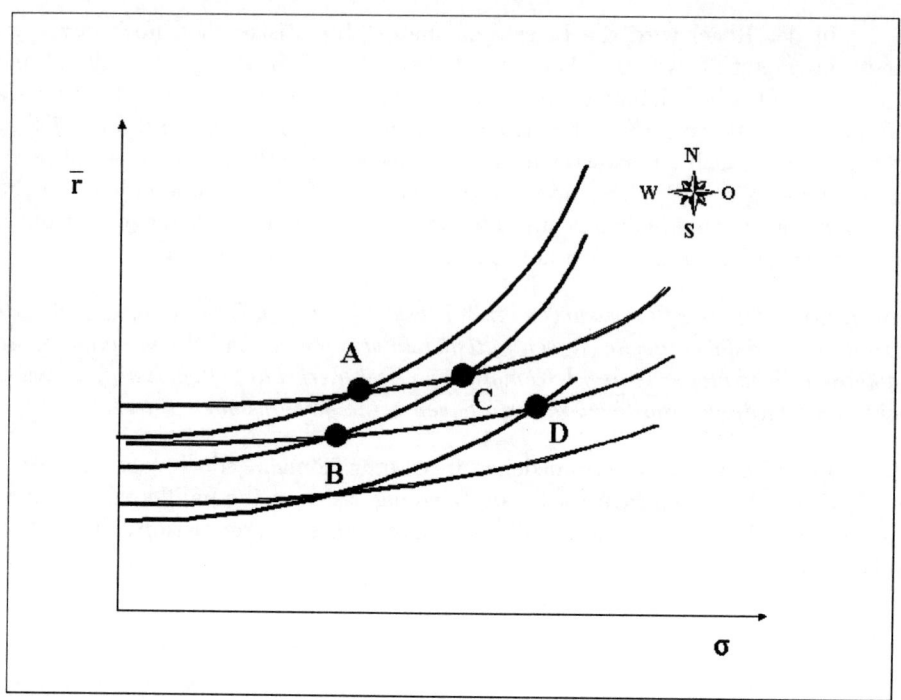

Abbildung 2.2 Einfluss der Risikopräferenz auf die Investitionsentscheidung

desto flacher steigen seine Indifferenzkurven an, und als Grenzwert erhält man Indifferenzlinien, die parallel zur σ-Achse verlaufen. Ein Investor, der solche Indifferenzlinien hat, interessiert sich nur für den Erwartungswert der Rendite, das Risiko ist ihm völlig egal, er ist eben risikoneutral. Folgerichtig wird er sich für C entscheiden, wenn er die Wahl hat zwischen A, B, C und D wie in Abbildung 2.3 dargestellt. Solch einen Investor gibt es nach unseren Annahmen nicht, und diese Meinung behalten wir auch bei. Dennoch wird die Risikoneutralität in einem technischen Sinn in späteren Kapiteln eine wichtige Rolle spielen.

Bemerkung 4 *So unmittelbar einleuchtend die Auswahl von $\bar{r}$ und σ als entscheidende Größen zur Beurteilung einer Anlageform auch wirken mag, und so überzeugend das einführende Zahlenbeispiel vielleicht auch ist, so kann man doch einige Einwände vor allem gegen die Streuung als Maß für das Risiko vorbringen. Die Varianz einer Zufallsvariablen ist ein Maß für die Neigung der Zufallsvariablen zu Schwankungen, d.h zu Abweichungen vom Erwartungswert nach unten **und nach oben**. Als Risiko einer Anlageform wird man normalerweise aber nur die Gefahr eines Verlusts empfinden, nicht aber die Möglichkeit eines unerwarteten Gewinns. Mit welcher Berechtigung werden also auch mögliche positive Abweichungen als Risiko bezeichnet? Antwort: mit keiner! Es ist allerdings so, dass bei symmetrischen Verteilungen ein Maß für die Gesamtschwankungen gleichzeitig auch ein Maß für die Schwankungen nach unten ist. In diesem Fall, der bei vielen Anlageformen zumindest näherungsweise gegeben ist, ist es also vollkommen gerechtfertigt, die*

2.1 Portfolio-Selection

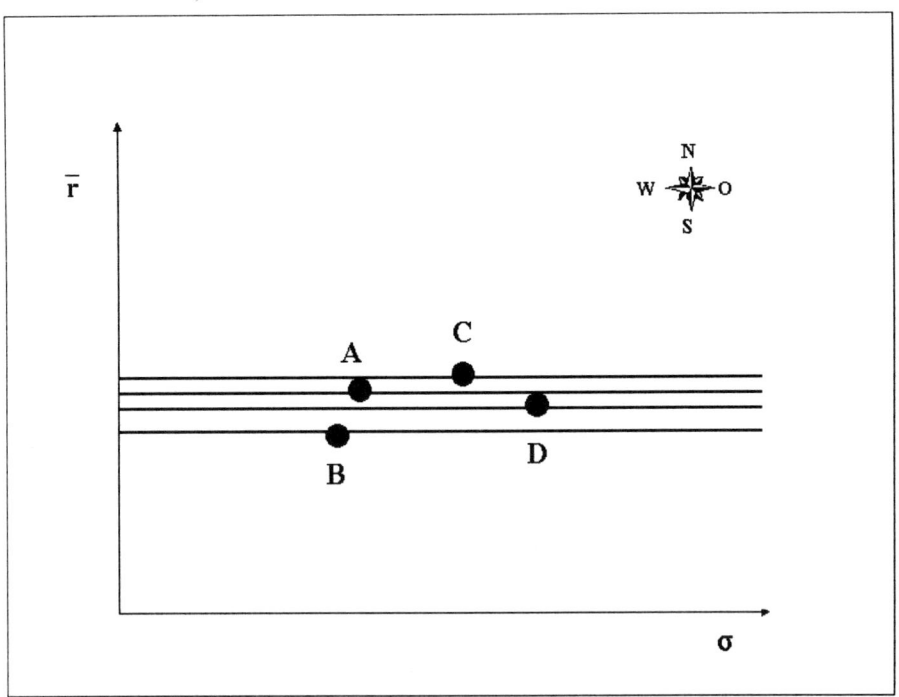

Abbildung 2.3 Indifferenzlinien eines risikoneutralen Investors

Varianz als Maß für Risiko zu nehmen. Hinzu kommt, dass leider auch kein Maß für die Abweichungen einer Zufallsvariablen „nach unten" bekannt ist, das auch nur annähernd die gutmütigen mathematischen Eigenschaften der Varianz hätte. Es ist also auch im Hinblick darauf, dass man ein Modell erhält, mit dem man gut umgehen kann, ein sinnvoller Kompromiss, die Varianz oder deren Wurzel als Maß für Risiko zu akzeptieren. Der Preis hierfür ist, dass das Modell auf Anlageformen mit extrem asymmetrischer Verteilung der Rendite nicht anwendbar ist. Beispiele solcher Anlageformen kennt jeder aus dem täglichen Leben. Glücksspiele wie Lotto oder Roulette gehören dazu, aber auch so seriöse Geschäfte wie das Abschließen eines Versicherungsvertrages. Hier akzeptiert der Anleger sogar einen negativen Erwartungswert der Rendite. Bei den Glücksspielen tut er das aufgrund eines zwar unwahrscheinlichen, aber möglichen Gewinns, der seine finanzielle Situation schlagartig wesentlich verbessern würde. Dem gegenüber steht zwar der sehr wahrscheinliche Ausgang des Spiels mit Verlust, aber dieser Verlust ist vergleichsweise gering und verschmerzbar. Hinzu kommt natürlich der Reiz des Nervenkitzels. Bei Versicherungen sind es die gleichen Motive, nur gewissermaßen negativ ausgeprägt. Wer z.B. eine Gebäudeversicherung abschließt, nimmt einen sicheren, aber geringen Verlust in Form der zu zahlenden Prämien in Kauf, um bei dramatischen Ereignissen wie z.B. der Zerstörung des versicherten Hauses durch einen von einem Sturm entwurzelten Baum finanziell abgesichert zu sein. An die Stelle des Nervenkitzels bei Glücksspielen tritt hier das wohlige Gefühl, aufgrund der Absicherung beruhigt schlafen zu können.

2.1.2 Effiziente Portfolios

Bisher haben wir nur einzelne Anlageformen betrachtet, natürlich kann man aber auch mehrere kombinieren. Es stellt sich also die Frage, wie man die erwartete Rendite $\overline{r_P}$ und die Streuung der Rendite σ_P für ein zusammengesetztes Portfolio P berechnet. Hierzu zunächst eine kleine Wiederholung aus der Wahrscheinlichkeitsrechnung:

X und Y seien (auf dem gleichen Wahrscheinlichkeitsraum definierte) Zufallsvariablen mit den Erwartungswerten $\mathbf{E}(X)$ bzw. $\mathbf{E}(Y)$ und den Varianzen $\mathbf{V}(X)$ bzw. $\mathbf{V}(Y)$. Dann kann man von X und Y die Summe $X+Y$ bilden, die auch eine Zufallsvariable ist. Bezüglich des Erwartungswerts dieser Zufallsvariablen gilt immer

$$\mathbf{E}(X+Y) = \mathbf{E}(X) + \mathbf{E}(Y),$$

wohingegen für die Varianz die entsprechende Gleichung $\mathbf{V}(X+Y) = \mathbf{V}(X) + \mathbf{V}(Y)$ nur richtig ist, wenn X und Y unkorreliert sind. Im Allgemeinfall gilt (unter Berücksichtigung der allgemeingültigen Beziehung $\mathbf{V}(Z) = \mathbf{E}(Z^2) - \mathbf{E}^2(Z)$ für Zufallsvariablen Z):

$$\begin{aligned}\mathbf{V}(X+Y) &= \mathbf{E}\left((X+Y)^2\right) - \mathbf{E}^2(X+Y) \\ &= \mathbf{E}\left(X^2\right) + \mathbf{E}(2XY) + \mathbf{E}\left(Y^2\right) - \mathbf{E}^2(X) - 2\mathbf{E}(X)\mathbf{E}(Y) - \mathbf{E}^2(Y) \\ &= \mathbf{V}(X) + \mathbf{V}(Y) + 2\left(\mathbf{E}(XY) - \mathbf{E}(X)\mathbf{E}(Y)\right) \\ &= \mathbf{V}(X) + \mathbf{V}(Y) + 2\mathrm{Cov}(X,Y)\end{aligned}$$

Die Größe $\mathrm{Cov}(X,Y) = \mathbf{E}(XY) - \mathbf{E}(X)\mathbf{E}(Y)$ heißt **Kovarianz** von X und Y. Der Quotient

$$\rho_{X,Y} = \frac{\mathrm{Cov}(X,Y)}{\sqrt{\mathbf{V}(X) \cdot \mathbf{V}(Y)}}$$

ist der **Korrelationskoeffizient** von X und Y. Er ist definiert, wenn X und Y beide positive Varianzen haben und es gilt dann immer

$$-1 \leq \rho_{X,Y} \leq 1.$$

Die bisherigen Ergebnisse verallgemeinern sich in naheliegender Weise auf die Summe $X_1 + ... + X_m$ von m Zufallsvariablen $X_1, ..., X_m$:

$$\begin{aligned}\mathbf{E}(X_1 + ... + X_m) &= \mathbf{E}(X_1) + ... + \mathbf{E}(X_m) \\ \mathbf{V}(X_1 + ... + X_m) &= \sum_{i=1}^{m} \mathbf{V}(X_i) + 2\sum_{i<j} \mathrm{Cov}(X_i, X_j)\end{aligned}$$

Setzt man nun $\sigma_{i,j} := \mathrm{Cov}(X_i, X_j)$ falls $i \neq j$ und $\sigma_{i,i} = \mathbf{V}(X_i)$, so lässt sich die zweite Zeile unter Berücksichtigung von $\mathrm{Cov}(X_i, X_j) = \mathrm{Cov}(X_j, X_i)$ auch so schreiben:

$$\mathbf{V}(X_1 + ... + X_m) = \sum_{i=1}^{m}\sum_{j=1}^{m} \sigma_{i,j}$$

Schließlich kann man auch noch Linearkombinationen $x_1 X_1 + ... + x_m X_m$ mit $x_1, ..., x_m \in \mathbb{R}$ betrachten und erhält:

$$\begin{aligned}\mathbf{E}(x_1 X_1 + ... + x_m X_m) &= \sum_{i=1}^{m} x_i \mathbf{E}(X_i) \\ \mathbf{V}(x_1 X_1 + ... + x_m X_m) &= \sum_{i=1}^{m}\sum_{j=1}^{m} x_i x_j \sigma_{i,j}\end{aligned}$$

2.1 Portfolio-Selection

Die Gleichung für die Varianz lässt sich auch in Matrixform schreiben:

$$\mathbf{V}(x_1 X_1 + ... + x_m X_m) = (x_1,...,x_m) \begin{pmatrix} \sigma_{1,1} & ... & \sigma_{1,m} \\ ... & & ... \\ \sigma_{m,1} & ... & \sigma_{m,m} \end{pmatrix} \begin{pmatrix} x_1 \\ ... \\ x_m \end{pmatrix} \quad (2.1)$$

Die quadratische Matrix $(\sigma_{i,j})_{i,j=1,...,m}$ nennt man auch **Varianz-Kovarianz-Matrix**. Sie ist **symmetrisch**, d.h. es gilt $\sigma_{i,j} = \sigma_{j,i}$. Außerdem hat sie eine weitere mathematische Eigenschaft: sie ist **positiv semidefinit**. Dies bedeutet nichts anderes, als dass der Ausdruck 2.1 niemals negativ ist. Das ist klar, denn die Varianz einer Zufallsvariablen ist nie negativ. Gilt sogar, dass die Varianz jeder Linearkombination der X_i, in der nicht alle Koeffizienten x_i null sind, größer als null ist, so ist die Varianz-Kovarianz-Matrix **positiv definit**. Dann lassen sich die X_i nicht so kombinieren, dass sich ihre Unsicherheit komplett gegenseitig aufhebt. Ein Standardergebnis der Linearen Algebra (Hauptachsentransformation oder Spektralsatz) besagt, dass eine positiv semidefinite symmetrische Matrix genau dann positiv definit ist, wenn ihre Determinante ungleich null ist, d.h. wenn sie invertierbar ist.

Kommen wir nun zu der Situation, dass ein Investor seinen Investitionsbetrag auf die Anlageformen $A_1,...,A_m$ verteilen kann und somit ein zusammengesetztes **Portfolio** oder **Portefeuille** P bildet. Es gibt nun mehrere Möglichkeiten, P zu beschreiben. Die erste besteht darin, die Zusammensetzung von P in absoluten Größen anzugeben:

$$P = x_1 A_1 + ... + x_m A_m \quad (2.2)$$

Dies soll bedeuten, dass P x_1 Einheiten A_1, x_2 Einheiten A_2 usw. enthält. Eine weitere Möglichkeit besteht darin, die wertmäßige Aufteilung von P anzugeben:

$$[P] = y_1 [A_1] + ... + y_m [A_m] \quad (2.3)$$

Dies bedeutet, dass Anlageform A_i einen Anteil von $100 \cdot y_i\%$ des Portfoliowerts ausmacht. Bei dieser Darstellung ist die Summe der Koeffizienten immer eins: $\sum_{i=1}^m y_i = 1$. Aufgrund von Kursschwankungen ändert sich die wertmäßige Aufteilung eines Portfolios in der Realität fortwährend, ist also zeitabhängig. Für die Untersuchungen dieses Kapitels werden allerdings nur die beiden Zeitpunkte Periodenbeginn und -ende betrachtet, so dass dieser Aspekt nur eine untergeordnete Rolle spielt. Zu Periodenbeginn gibt die wertmäßige Aufteilung zu jeder Anlageform A_i an, welcher Anteil des insgesamt anzulegenden Betrags in A_i investiert wurde.

Wir werden beide Darstellungsformen benutzen, je nachdem, welche im jeweiligen Zusammenhang zweckmäßiger ist. Es ist kein Problem, zwischen den beiden Formen zu wechseln. Die Umrechnungsformeln sind zu Periodenbeginn

$$y_i = \frac{x_i A_i(t_0)}{\sum_{j=1}^m x_j A_j(t_0)} = x_i \frac{A_i(t_0)}{P(t_0)} \text{ und folglich } x_i = y_i \frac{P(t_0)}{A_i(t_0)}, \quad (2.4)$$

wobei $P(t_0)$ der Wert des Portfolios zu Beginn der Periode ist, also der anzulegende Betrag.

Bezeichnung 5 *Zur klaren Unterscheidung wird eine Darstellung der wertmäßigen Zusammensetzung immer wie oben durch eckige Klammern gekennzeichnet. Die Variablennamen x_i, y_i hingegen sind nicht für eine bestimmte Darstellungsform reserviert.*

Für Renditebetrachtungen ist die wertmäßige Zusammensetzung die sinnvollere Darstellung, denn die Rendite gibt an, um welchen Prozentsatz sich jede in die Anlageform eingesetzte Geldeinheit vermehrt. Also gilt: hat A_i die Rendite r_i und gilt zu Periodenbeginn $[P] = \sum_{i=1}^{m} x_i [A_i]$, so berechnet sich die Rendite r_P von P wie folgt:

$$r_P = \sum_{i=1}^{m} x_i r_i$$

Diese Gleichung überträgt sich direkt auf den Erwartungswert der Rendite

$$\overline{r_P} = \sum_{i=1}^{m} x_i \overline{r_i} \qquad (2.5)$$

Zur Bestimmung der Varianz σ_P^2 der Rendite von P benötigt man außer den Varianzen $\sigma_{i,i}$ der Renditen der A_i für alle i und j die Kovarianz $\sigma_{i,j}$ zwischen der Rendite von A_i und der von A_j:

$$\sigma_P^2 = \sum_{i=1}^{m} \sum_{j=1}^{m} x_i x_j \sigma_{i,j} \qquad (2.6)$$

Die Streuung σ_P der Rendite von P berechnet sich dann natürlich gemäß

$$\sigma_P = \left(\sum_{i=1}^{m} \sum_{j=1}^{m} x_i x_j \sigma_{i,j} \right)^{1/2}$$

Beispiel 6 *Ein Portfolio P setzt sich aus 100 Aktien A und 80 Aktien B zusammen. Der aktuelle Kurs von A ist 200 Euro, der von B 375 Euro. Über die betrachtete Periode lässt A eine Rendite von 20% bei einer Streuung von 10% erwarten, bei B ist von einer Rendite von 25% bei einer Streuung von 15% auszugehen. Der Korrelationskoeffizient $\rho_{A,B}$ wird zwischen $-0{,}1$ und $+0{,}1$ vermutet, d.h. die Entwicklung von A und B wird als weitgehend unabhängig angesehen.*
Die Aufgabe ist nun, die zu erwartende Rendite und die Streuung der Rendite von P für die drei Werte $\rho_{A,B} = -1/10$, 0 und $+1/10$ zu bestimmen.
Lösung: Das Portfolio $P = 100A + 80B$ hat die wertmäßige Zusammensetzung

$$[P] = \frac{2}{5}[A] + \frac{3}{5}[B],$$

denn der Gesamtbestand an A hat den Wert $100 \cdot 200 = 20.000$ Euro und der an B $80 \cdot 375 = 30.000$ Euro. Unabhängig von dem Wert von $\rho_{A,B}$ gilt für die zu erwartende Rendite

$$\overline{r_P} = \frac{2}{5} 0{,}2 + \frac{3}{5} 0{,}25 = 23\%$$

Um die Varianz σ_P^2 zu bestimmen, muss zunächst die Kovarianz $\sigma_{A,B}$ aus dem Korrelationskoeffizienten $\rho_{A,B}$ und den Streuungen $\sigma_A = 0{,}1$ und $\sigma_B = 0{,}15$ gemäß der Formel $\sigma_{A,B} = \rho_{A,B} \cdot \sigma_A \cdot \sigma_B$ ermittelt werden. Es ergeben sich die Werte $-0{,}0015$ ($\rho_{A,B} = -0{,}1$), 0 ($\rho_{A,B} = 0$) und $0{,}0015$ ($\rho_{A,B} = 0{,}1$). Hieraus lässt sich jetzt σ_P^2 bestimmen:

2.1 Portfolio-Selection

$$\begin{aligned}
\rho_{A,B} = -0{,}1 &\quad : \quad \sigma_P^2 = \tfrac{4}{25} 0{,}01 - \tfrac{12}{25} 0{,}0015 + \tfrac{9}{25} 0{,}0225 = 0{,}00898 \\
\rho_{A,B} = 0 &\quad : \quad \sigma_P^2 = \tfrac{4}{25} 0{,}01 + \tfrac{9}{25} 0{,}0225 = 0{,}0097 \\
\rho_{A,B} = 0{,}1 &\quad : \quad \sigma_P^2 = \tfrac{4}{25} 0{,}01 + \tfrac{12}{25} 0{,}0015 + \tfrac{9}{25} 0{,}0225 = 0{,}01042
\end{aligned}$$

Für die Streuung der Rendite ergeben sich dann die Werte $\sigma_P = 9{,}48\%$ bzw. $9{,}85\%$ bzw. $10{,}21\%$. Man beachte, wie verhältnismäßig klein diese Werte sind!

Wie soll sich ein Investor nun entscheiden? Mag es auch schon sehr mühsam sein, für m Anlageformen Erwartungswert und Streuung der Rendite treffend zu schätzen, und mag es ebenfalls schon nicht ganz leicht sein, sich über die eigene Risikopräferenz klar zu werden, so wird die Situation durch die Möglichkeit der Kombination von Anlageformen noch unübersichtlicher. Schon wenn lediglich zwei Anlageformen vorhanden sind, gibt es (theoretisch) unendlich viele Kombinationsmöglichkeiten.

Aufgrund unterschiedlicher Risikopräferenzen wird sicher nicht jeder Investor die gleiche Entscheidung treffen wollen, aber es stellt sich die Frage, ob es möglich ist nachzuweisen, dass unabhängig von der Risikopräferenz der Investoren bestimmte Portefeuilles besser sind als andere. Dies ist in der Tat möglich, wenn man annimmt (wie wir es ja tun), dass Investoren a) eine möglichst hohe Rendite wollen und b) Risiko möglichst zu vermeiden suchen. Dann ergibt sich nämlich nach der bereits im vorigen Abschnitt angewandten Argumentation, dass ein Investor nur sogenannte **effiziente Portfolios** in Erwägung ziehen sollte, wobei ein Portfolio P mit den Werten $\overline{r_P}$ und σ_P **effizient** heißt, wenn

- unter allen Portfolios gleichen Risikos σ_P die zu erwartende Rendite $\overline{r_P}$ maximal ist

und

- unter allen Portfolios mit gleicher erwarteter Rendite $\overline{r_P}$ das Risiko σ_P minimal ist.

Die Menge aller effizienten Portfolios nennt man auch **effiziente Menge**. Sie ist eine Teilmenge der **zulässigen Menge**, der Menge aller möglichen Portfolios. Geometrisch bildet die effiziente Menge die „Nordwestseite" der zulässigen Menge. Dies ergibt sich daraus, dass die Portefeuilles mit maximaler zu erwartender Rendite bei vorgegebenem Risiko die Nordseite bilden und die Portfolios mit geringstem Risiko bei vorgegebenem Erwartungswert der Rendite die Westseite. Abbildung 2.4 zeigt ein typisches Aussehen der zulässigen und der effizienten Menge bei positiv definiter Varianz-Kovarianz-Matrix. Die zulässige Menge hat typischerweise eine „Regenschirmgestalt", die daraus resultiert, dass die Menge der Kombinationsmöglichkeiten zwischen zwei Anlageformen (und damit auch zwischen zwei beliebigen Portfolios) eine konkave, d.h. rechtsgekrümmte Kurve bildet. Dies soll jetzt hergeleitet werden. Wir beginnen mit der Betrachtung der Kombinationsmöglichkeiten $[P] = x_1 [A_1] + x_2 [A_2]$ ($0 \le x_1 \le 1$; $x_2 = 1 - x_1$) einer Anlageform A_1 (Werte $\overline{r_1}$ und σ_1) mit einer Anlageform A_2 (Werte $\overline{r_2}$ und σ_2). Nach den Gleichungen 2.5 und 2.6 gilt:

$$\begin{aligned}
\overline{r_P} &= x_1 \overline{r_1} + x_2 \overline{r_2} \\
\sigma_P^2 &= x_1^2 \sigma_1^2 + x_2^2 \sigma_2^2 + 2 x_1 x_2 \sigma_{1,2}
\end{aligned} \tag{2.7}$$

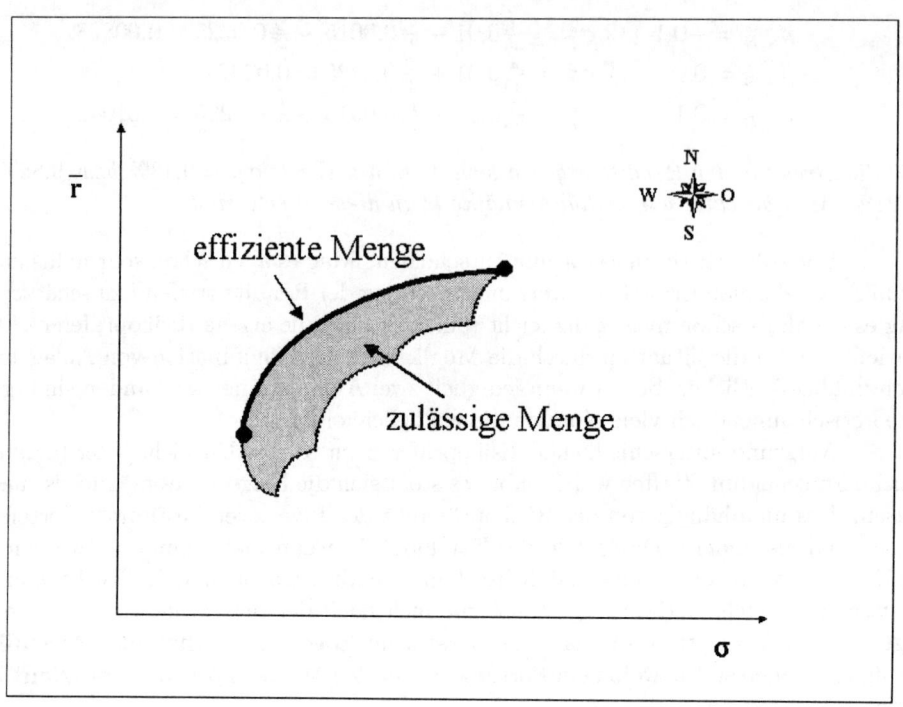

Abbildung 2.4 Die zulässige und die effiziente Menge bei beliebig kombinierbaren risikohaften Anlageformen

Unter Ausnutzung von $x_2 = 1 - x_1$ ergibt sich hieraus folgende Beziehung zwischen $\overline{r_P}$ und σ_P^2:

$$\sigma_P^2 = \left(\frac{\overline{r_P} - \overline{r_2}}{\overline{r_1} - \overline{r_2}}\right)^2 \sigma_1^2 + \left(\frac{\overline{r_P} - \overline{r_1}}{\overline{r_2} - \overline{r_1}}\right)^2 \sigma_2^2 - 2\frac{(\overline{r_P} - \overline{r_2})(\overline{r_P} - \overline{r_1})}{(\overline{r_1} - \overline{r_2})^2}\sigma_{1,2}$$

Es ist sehr aufschlussreich, die Menge dieser Kombinationen für verschiedene Werte des Korrelationskoeffizienten $\rho_{1,2} = \sigma_{1,2}/(\sigma_1\sigma_2)$ anhand eines Zahlenbeispiels in einem $(\sigma, \overline{r})$-Graphen zu betrachten. Wir tun das für die Werte $\rho_{1,2} = 1$, $1/2$, 0, $-1/2$ und -1. Wir setzen dabei jeweils $\overline{r_1} = 0{,}2$, $\sigma_1 = 0{,}1$ sowie $\overline{r_2} = 0{,}3$ und $\sigma_2 = 0{,}2$:
Beginnen wir mit $\rho_{1,2} = 1$ (links) und $\rho_{1,2} = 1/2$:

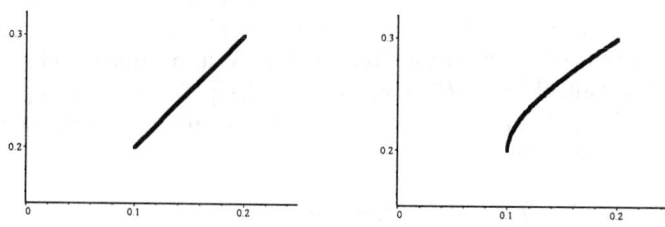

Im ersten Fall bildet die Menge der Kombinationsmöglichkeiten die Verbindungsgerade zwischen A_1 (Punkt (0,1; 0,2)) und A_2 (Punkt (0,2; 0,3)). Durch Erhöhung des A_2-Anteils im Portfolio nehmen Renditechance und Risiko proportional zu. Für $\rho_{1,2} = 1/2$ erhält man ebenfalls eine Linie, die A_1 mit A_2 verbindet, es ist jetzt aber eine rechtsgekrümmte Kurve, die oberhalb der Verbindungsgeraden liegt. Auch hier nehmen mit dem A_2-Anteil Erwartungswert der Rendite und Risiko zu, aber die Zunahme ist nicht proportional. Das Verhältnis Rendite zu Risiko ist durchweg günstiger als bei der proportionalen Zunahme in der linken Grafik.

Die folgenden Grafiken zeigen die Fälle $\rho_{1,2} = 0$ und $\rho_{1,2} = -1/2$:

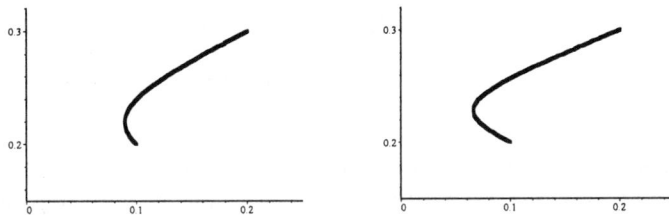

Beide Kurven sind recht ähnlich. Wie im Beispiel $\rho_{1,2} = 1/2$ verlaufen sie oberhalb der Verbindungsstrecke der Randpunkte A_1 und A_2. Hier ist es aber in beiden Fällen sogar so, dass man durch Beimischung von A_2 zu einem Portfolio, das nur A_1 enthält, die Renditechance erhöhen und gleichzeitig das Risiko senken kann. Bei $\rho_{1,2} = -1/2$ ist dieser Effekt stärker ausgeprägt als im unkorrelierten Fall. Der nun folgende Fall $\rho_{1,2} = -1$ schließlich ist diesbezüglich ganz extrem:

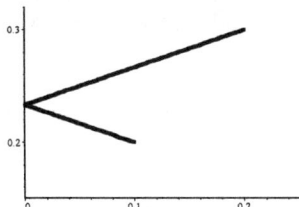

Glaubt man dem optischen Eindruck, so ist es hier sogar möglich, durch Kombination von A_1 und A_2 jegliches Risiko auszuschalten und dabei noch eine höhere Rendite als $\overline{r_1}$ zu erhalten. Und in der Tat, das Portfolio $[P] = 2/3\,[A_1] + 1/3\,[A_2]$ hat eine erwartete Rendite $\overline{r_P} = 7/30 \approx 23{,}3\%$ und die Varianz der Rendite ist

$$\sigma_P^2 = \begin{pmatrix} 2/3 & 1/3 \end{pmatrix} \begin{pmatrix} 0{,}01 & -0{,}02 \\ -0{,}02 & 0{,}04 \end{pmatrix} \begin{pmatrix} 2/3 \\ 1/3 \end{pmatrix} = 0.$$

Diese vollkommene Risikolosigkeit ist nur möglich, weil bei $\rho_{1,2} = -1$ (genauso wie bei $\rho_{1,2} = 1$) die Renditerisiken von A_1 und A_2 miteinander starr und linear verbunden sind. Dies hat die Konsequenz, dass die Varianz-Kovarianz-Matrix die Determinante null hat, also nicht positiv definit, sondern nur semidefinit ist.

Die folgende Proposition stellt zusammen mit dem danach folgenden Satz 9 die Beobachtungen des Beispiels in einen allgemeinen Zusammenhang. Es werden hierbei nicht nur die Kombinationen von zwei Anlageformen, sondern allgemein von zwei Portfolios betrachtet.

Proposition 7 P_1 und P_2 seien beliebige Portefeuilles mit Erwartungswerten $\overline{r_1}$ und $\overline{r_2}$ der Renditen und Streuungen $\sigma_1 = \sqrt{\sigma_{1,1}}$ und $\sigma_2 = \sqrt{\sigma_{2,2}}$ der Renditen. $\sigma_{1,2}$ sei die Kovarianz der Renditen. Dann gilt für jede Kombination P von P_1 und P_2 mit der wertmäßigen Zusammensetzung $[P] = x_1 [P_1] + x_2 [P_2]$ $(0 \leq x_1, x_2; x_1 + x_2 = 1)$:

$$\overline{r_P} = x_1 \overline{r_1} + x_2 \overline{r_2}$$
$$\sigma_P \leq x_1 \sigma_1 + x_2 \sigma_2$$

In der zweiten Zeile gilt sogar „<", wenn der Korrelationskoeffizient von r_1 und r_2 kleiner als eins ist und $x_1 \neq 0 \neq x_2$ gilt.

Beweis. Die Behauptung über den Erwartungswert der Rendite von P ist wegen Gleichung 2.5 klar. Das Quadrat der Standardabweichung σ_P hat entsprechend Gleichung 2.7 den Wert

$$\sigma_P^2 = x_1^2 \sigma_{1,1} + x_2^2 \sigma_{2,2} + 2 x_1 x_2 \sigma_{1,2}$$

Für das Quadrat der rechten Seite der zu beweisenden Ungleichung gilt:

$$(x_1 \sigma_1 + x_2 \sigma_2)^2 = x_1^2 \sigma_{1,1} + x_2^2 \sigma_{2,2} + 2 x_1 x_2 \sigma_1 \sigma_2$$

Beide Ausdrücke unterscheiden sich also lediglich in dem letzten Summanden. Die Behauptung folgt nun daraus, dass (falls $\sigma_1 \sigma_2 \neq 0$) der Quotient $\sigma_{1,2}/(\sigma_1 \sigma_2)$ gerade der Korrelationskoeffizient von r_1 und r_2 ist, und Korrelationskoeffizienten haben bekanntlich immer einen Wert, der kleiner oder gleich 1 ist. Außerdem ist $\sigma_1 \sigma_2$ niemals negativ.
∎

Bemerkung 8 Man beachte, dass aus dem soeben Bewiesenen folgt, dass Diversifikation, d.h. die Streuung des Vermögens auf mehrere Anlageformen, grundsätzlich das Risiko senkt, es gilt z.B. immer

$$\sigma_P \leq \max(\sigma_1, \sigma_2)$$

(Bezeichnungen wie in der Proposition).

Als direkte Folgerung ergibt sich aus der Proposition:

Satz 9 Die Menge der $(\sigma, \overline{r})$-Werte der Kombinationsmöglichkeiten zweier Anlageformen (und damit auch allgemein zweier Portefeuilles) bildet eine Kurve, deren Verlauf aus Sicht des Randpunktes mit dem kleineren $\overline{r}$-Wert konkav, d.h. rechtsgekrümmt ist.[2]

---

[2] Leider ist es üblich, $\overline{r}$ die Ordinate zuzuordnen. Würde man die beiden Koordinaten σ und $\overline{r}$ vertauschen, so könnte man abgesehen von dem Ausnahmefall $\overline{r_1} = \overline{r_2}$ die Aussage des Satzes einfach so formulieren: 'Die Menge der Kombinationsmöglichkeiten bildet den Graphen einer konvexen Funktion.'

2.1 Portfolio-Selection

Beweis. Zu zeigen ist, dass bei Durchlaufen der Kurve ausgehend von dem Randpunkt mit dem kleineren $\bar{r}$-Wert die Sekanten, d.h. Verbindungsstrecken zu Punkten des weiteren Kurvenverlaufs, niemals auf der linken Seite der Kurve verlaufen. Dies wird aber gerade durch die Proposition ausgedrückt, denn die Verbindungsstrecke von $(\sigma_1, \bar{r_1})$ und $(\sigma_2, \bar{r_2})$ ist gerade die Menge der Punkte $(x_1\sigma_1 + x_2\sigma_2, x_1\bar{r_1} + x_2\bar{r_2}) \in \mathbb{R}^2$ mit $0 \leq x_1, x_2$ und $x_1 + x_2 = 1$.

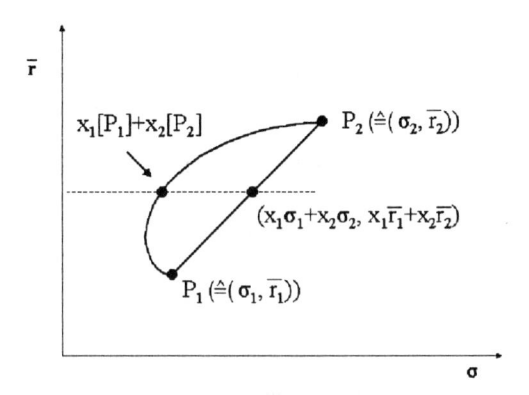

Damit folgt zunächst allerdings nur, dass diese eine Sekante auf der richtigen Seite der Kurve liegt. Da die Proposition aber für beliebige Portfolios gilt, gilt sie auch für Kombinationen von Kombinationen von P_1 und P_2 und somit ergibt sich die Behauptung für alle Sekanten. ∎

Bemerkung 10 *1.) Abgesehen von Sonderfällen ist der Verlauf der Kurve sogar immer streng konkav, d.h. bei einer Wanderung längs der Kurve von dem Randpunkt mit dem kleineren $\bar{r}$-Wert aus sieht man stets den restlichen Weg zur rechten Hand liegen. Die Sonderfälle sind (bei $\sigma_1\sigma_2 \neq 0$) gegeben, wenn $\bar{r_1}$ und $\bar{r_2}$ gleich sind (dann läuft man nur auf einer Geraden entlang, muss sich aber evtl. einmal umdrehen) oder wenn der Korrelationskoeffizient ρ von r_1 und r_2 den Wert ± 1 hat. Wie im Beispiel gesehen durchläuft man im Falle $\rho = 1$ einfach eine gerade Strecke und im Fall $\rho = -1$ zunächst auf einer geraden Linie zu einem Punkt auf der $\bar{r}$-Achse und anschließend von dort geradewegs auf den zweiten Randpunkt zu. In diesem Fall, der bei einer positiv definiten Varianz-Kovarianz-Matrix der Anlageformen $A_1, ..., A_m$ nicht vorkommen kann, ist es also möglich, ein risikoloses Portefeuille zu konstruieren. In diesem speziellen Punkt ist dann die Kurve auch nicht differenzierbar (also eigentlich gar keine Kurve), denn die Wurzelfunktion ist im Nullpunkt nicht differenzierbar.*

2.) Wie es schon das Beispiel zeigt, ist die betrachtete Kurve nicht unbedingt Graph einer Funktion in der Variablen σ. Sie ist es nämlich dann nicht, wenn es Kombinationen gibt, deren Risiko σ kleiner ist als das jeder der Komponenten. Insofern ist der hier benutzte Begriff der Konkavität nicht identisch mit dem für Funktionen einer reellen Variablen. Die Umkehrzuordnung $\bar{r} \to \sigma$ ist allerdings eine konvexe Funktion im „klassischen Sinn" (s. Fußnote zu Satz 9).

Es folgt nun auch die Behauptung über die Regenschirmgestalt der zulässigen Menge bei positiv definiter Varianz-Kovarianz-Matrix. Denn die zulässige Menge setzt sich aus Kurven wie soeben betrachtet zusammen. Zunächst gehören die Kombinationen von je zwei Anlageformen A_i dazu, dann die Kombinationen zweier solcher Portfolios (z.B. $0{,}24\,[A_1] + 0{,}06\,[A_2] + 0{,}42\,[A_3] + 0{,}28\,[A_4] = 0{,}3(0{,}8\,[A_1] + 0{,}2\,[A_2]) + 0{,}7(0{,}6\,[A_3] + 0{,}4\,[A_4])$), dann deren Kombinationen usw. Zu je zwei zulässigen Portfolios gehört auch die Menge ihrer Kombinationsmöglichkeiten dazu. Alle diese Verbindungskurven genügen der Aussage von Satz 9. Insbesondere setzt sich also auch der Rand der zulässigen Menge aus konkaven Kurven zusammen.

Die Eigenschaft der Konkavität überträgt sich schließlich auch auf die effiziente Menge, die Kurve der effizienten Portfolios, die aus den Anlageformen $A_1, ..., A_m$ gebildet werden können. Wäre sie nämlich nicht konkav, so gäbe es eine Sekante, die strikt linkerhand dieser Kurve läge (bei Durchlaufen der Kurve in der Richtung aufsteigender $\bar{r}$-Werte). Wenn P_1 und P_2 die Schnittpunkte dieser Sekante mit der Kurve sind, so liegen deren Kombinationen nordwestlich der Sekante, also erst recht nordwestlich der Kurve zwischen diesen beiden Punkten. Dies widerspricht aber der Definition der effizienten Menge.

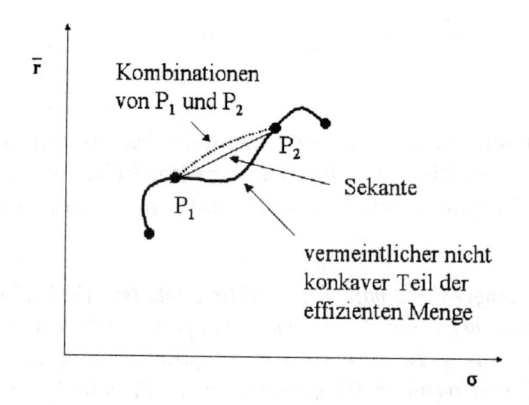

Somit haben wir gezeigt:

Korollar 11 *Die effiziente Menge ist konkav, d.h. Graph einer konkaven Funktion, die die beiden Punkte W (=„westlichster" Punkt der effizienten Menge) und N (=„nördlichster" Punkt) verbindet. Hierbei ist N eine reine Anlageform, nämlich dasjenige A_i mit dem höchsten Erwartungswert der Rendite $\bar{r}_i$. W ist das Portfolio mit dem kleinsten Risiko unter allen Kombinationen von $A_1, ..., A_m$. In der Regel ist W ein zusammengesetztes Portfolio.*

Kennt man die effiziente Menge, so ist klar, was ein Investor zu tun hat, um sein optimales Portfolio zu ermitteln. Abbildung 2.5 zeigt die Situation. Der Investor wird bestrebt sein, ein effizientes Portfolio zu finden, das gemäß seiner individuellen Risikopräferenz optimal ist, d.h. das auf einer möglichst weit „nordwestlich" gelegenen Indifferenzkurve liegt. Da Indifferenzkurven konvex sind und die effiziente Menge eine konkav verlaufende Kurve ist, heißt das, dass er diejenige Indifferenzkurve finden muss,

2.1 Portfolio-Selection

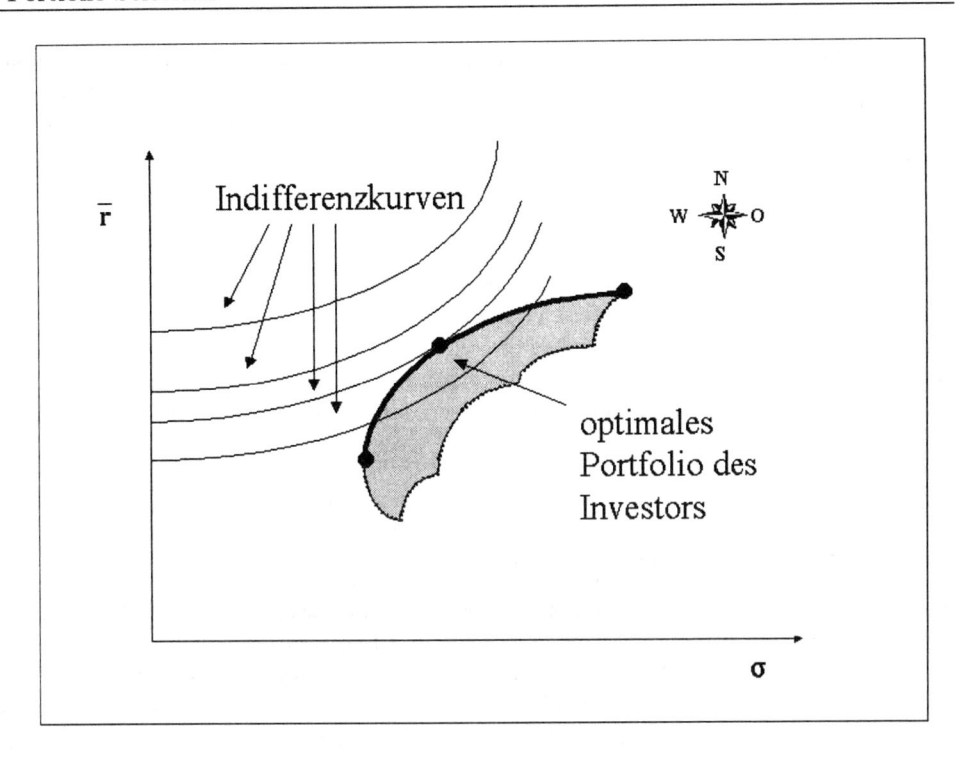

Abbildung 2.5 Ermittlung des optimalen Portfolios eines Investors

die die effiziente Menge berührt, aber nicht schneidet. Sind beide Kurven differenzierbar, so bedeutet das, dass er einen Punkt der effizienten Menge sucht, so dass die Tangente an die effiziente Menge in diesem Punkt auch Tangente einer Indifferenzkurve ist.

Wie ermittelt man aber nun die effiziente Menge? In einem ersten Schritt benötigt man zu den vorhandenen Anlageformen $A_1,..., A_m$ natürlich Schätzwerte für die Größen $\overline{r_i}$ und $\sigma_{i,j}$. Diese kann man z.B. durch Analyse der historischen Werte ermitteln, aber diese Methode ist nicht unumstritten, denn sie setzt voraus, dass die zukünftige Entwicklung ähnlich sein wird wie die der Vergangenheit.

Hat man diesen ersten Schritt aber ausgeführt, so ist der erforderliche zweite Schritt zur Ermittlung der effizienten Menge nur noch ein rein mathematisches Problem. Mathematisch Interessierte finden im folgenden Unterabschnitt eine kurze Skizze eines möglichen Lösungsverfahrens.

2.1.3 Die Ermittlung der effizienten Menge

Naheliegende Ansätze zur Bestimmung der effizienten Menge sind, die Optimierungsprobleme

- Maximiere $\overline{r_P}$ zu jedem möglichen Wert für σ_P^2 oder
- Minimiere σ_P^2 zu jedem möglichen Wert für $\overline{r_P}$

zu lösen. Während der erste Ansatz zu Schwierigkeiten führt, kann der zweite mit Standardmethoden der Optimierung gelöst werden. Es ist für jeden vorgegebenen Wert von $\overline{r_P}$ ein quadratisches Optimierungsproblem mit positiv semidefiniter Zielfunktionsmatrix und linearen Nebenbedingungen. Denn zu einem zusammengesetzten Portfolio $[P] = x_1[A_1] + ... + x_n[A_m]$ berechnet sich nach Gleichung 2.5 der Erwartungswert der Rendite gemäß der Formel $\overline{r_P} = \sum_{i=1}^{m} x_i \overline{r_i}$ und die Varianz der Rendite hat nach Gleichung 2.6 den Wert $\sigma_P^2 = \sum_{i=1}^{m} \sum_{j=1}^{m} x_i x_j \sigma_{i,j}$.

Wir modifizieren den zweiten Ansatz ein wenig und ersparen uns so die Teilaufgabe, uns Gedanken über den Bereich der in der effizienten Menge vorkommenden Werte für $\overline{r_P}$ machen zu müssen. Man erhält die effiziente Menge nämlich auch, wenn man für jedes $t \in [0,1]$ das folgende quadratische Optimierungsproblem mit konkaver (und im Fall einer positiv definiten Varianz-Kovarianz-Matrix und $t \neq 0$ sogar streng konkaver) Zielfunktion löst:

$$\text{Maximiere } Z = (1-t)\overline{r_P} - t\sigma_P^2$$
unter den Nebenbedingungen
$$x_1 + ... + x_m = 1$$
und $x_i \geq 0$ für $i = 1,...,m$

Man denke sich hierbei t als einen Zeiger, der alle Himmelsrichtungen zwischen Nord ($t = 0$) und West ($t = 1$) durchläuft (wenn auch nicht mit konstanter Winkelgeschwindigkeit)[3]. Für $t = 0$ degeneriert das Problem zu einem linearen Optimierungsproblem.

Es scheint nun vielleicht noch nicht viel gewonnen zu sein, denn es sind unendlich viele Optimierungsprobleme zu lösen. Tatsächlich gibt es aber unter den effizienten Portefeuilles endlich viele sogenannte Eckpunktlösungen, so dass jedes effiziente Portfolio eine Kombinationen seiner beiden räumlich benachbarten Eckpunktlösungen ist und umgekehrt jede Kombination räumlich benachbarter Eckpunktlösungen effizient ist. In den Eckpunktlösungen verändern sich die Bestandteile der effizienten Portfolios, d.h. es ändert sich die Menge der überhaupt in ihnen enthaltenen A_i. Zwischen zwei benachbarten Eckpunktlösungen ist das nicht der Fall. Hier ändern sich nur die positiven prozentualen Anteile. Die folgende Grafik illustriert die Situation:

---

[3] Um die Wirkungsweise der Zielfunktion zu verstehen, mache man sich Folgendes klar: zu $t \in (0,1)$ und vorgegebenem $c \in \mathbb{R}$ definiert die Bedingung $(1-t)\overline{r_P} - t\sigma_P^2 = c$ eine Parabel $\overline{r_P} = t\sigma_P^2/(1-t) + c/(1-t)$ in der $(\sigma, \overline{r})$-Ebene, die umso weiter geöffnet ist, je kleiner t ist.

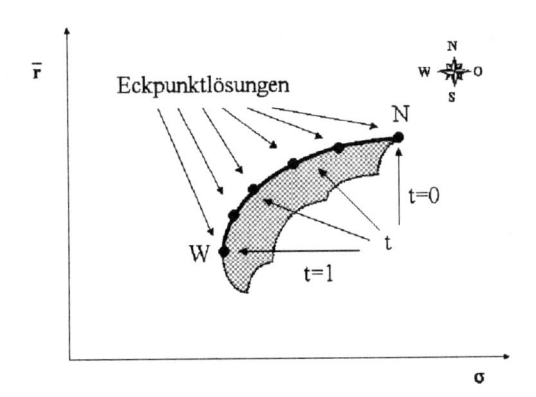

Das Problem kann jetzt z.B mit Hilfe einer Kombination des Algorithmus von Wolfe zur Lösung quadratischer Optimierungsprobleme (eine Modifikation des Simplexverfahrens der linearen Optimierung) mit der Methode der parametrischen linearen Programmierung gelöst werden (s. z.B. [27] 14.7 (Algorithmus von Wolfe)und 9.3 (systematische Veränderung der Parameter der Zielfunktion)).

Bemerkung 12 *Numerisch vorteilhafte Algorithmen zur Lösung quadratischer Optimierungsprobleme findet man z.B. in [19] und [20]. Hingewiesen sei an dieser Stelle auch auf den von Markowitz selbst in [43] angegebenen Algorithmus der quadratischen Programmierung zur Bestimmung der effizienten Menge.*

2.2 Risikoloses Leihen und Verleihen

2.2.1 Die risikolose Anlageform A_f

Bisher waren alle betrachteten Anlageformen mit Risiko behaftet, d.h. ihre Rendite hatte eine positive Standardabweichung. Jetzt soll das Modell dahingehend erweitert werden, dass auch Anlageformen in die Überlegungen mit einbezogen werden, die keinerlei Risiko beinhalten, deren Rendite zu Beginn der Periode also sicher feststeht. Gibt es mehrere solche Anlageformen, so ist nach unserer „Nordwestregel" (hier ist es eigentlich nur eine „Nordregel") unmittelbar klar, dass sich unter diesen nur diejenigen durchsetzen können, deren Rendite maximal ist. Dies gilt zumindest in der Theorie und bei Vernachlässigung von Sondereffekten, die durch Steuern u.ä. verursacht sind. Wir gehen also (vereinfachend) davon aus, dass es nur eine solche Anlageform gibt und diese wollen wir mit A_f bezeichnen. Die Rendite von A_f bezeichnen wir mit r_f.

Bemerkung 13 *Es stellt sich die Frage, welche reale Anlageform als risikolos angesehen werden könnte. Unmittelbar denkt man an festverzinsliche Wertpapiere, aber auch die sind nicht unbedingt völlig risikolos. Sind es Wertpapiere in einer Fremdwährung, so sind sie mit dem Wechselkursrisiko behaftet. Es müssen also festverzinsliche Wertpapiere* in der Währung des Investors sein. Darüber hinaus müssen sie genau zum Periodenende auslaufen, da ihr Kurs sonst abhängig wäre von dem dann gültigen Zinsniveau. Aber selbst wenn diese beiden Bedingungen erfüllt sind, ist eine festverzinsliche Anlagemöglichkeit noch nicht zwangsläufig risikofrei. Es besteht die Möglichkeit, dass der Schuldner zahlungsunfähig wird und alle Sicherungen wie z.B. Bürgschaften ebenfalls ganz oder zumindest teilweise ausfallen. Diese Gefahr ist am geringsten bei Staatsanleihen oder sonstigen Anleihen, für die der Staat bürgt (Anleihen aus dem „emerging markets"-Segment sind hierbei auszuklammern). Diese werden als risikolos angesehen, obwohl natürlich auch das nicht in einem absoluten Sinn stimmt.

Für kurze Laufzeiten ist es in der Praxis üblich, als risikolose Rendite die Rendite anzusehen, die sich aus den Zinssätzen ergibt, zu denen die Banken bereit sind, untereinander Geld zu verleihen. Solche Referenzzinssätze sind der von einer großen Zahl namhafter europäischer Banken quotierte EURIBOR (=EURopean InterBank Offered Rate) und der EURO-LIBOR (=EURO- London InterBank Offered Rate).

Gibt es nun eine solche Anlageform A_f, so liegt sie in dem $(\sigma, \overline{r})$-Schema auf der $\overline{r}$-Achse und bietet zusammen mit der Gesamtheit der Portefeuilles, die sich aus risikobehafteten Anlageformen zusammensetzen, zunächst ein Bild der folgenden Art:

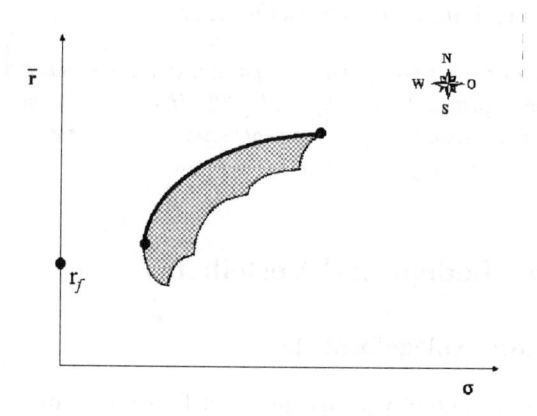

Natürlich kann man auch einen Teil seines Geldes in A_f anlegen statt alles in die verschiedenen risikobehafteten Anlageformen A_i zu investieren. $[P] = x_1[A_f] + x_2[P_r]$ ($0 \leq x_1, x_2 \leq 1; x_1 + x_2 = 1$) sei ein solches Portfolio, das sich aus A_f und einem Risiko-Portfolio P_r zusammensetzt, das aus einer Kombination von $A_1, ..., A_m$ besteht. P_r habe die erwartete Rendite $\overline{r_r}$ und die Standardabweichung σ_r. Man berechnet

$$\begin{aligned} \overline{r_P} &= x_1 r_f + x_2 \overline{r_r} \\ \sigma_P &= x_2 \sigma_r \end{aligned} \quad (2.8)$$

Hierbei ist die erste Gleichung offensichtlich, die zweite folgt daraus, dass die Rendite r_f von A_f sicher ist, also Varianz 0 hat. Damit ist aber auch die Kovarianz von r_f und r_r null (denn $\mathbf{Cov}(r_f, r_r) = \mathbf{E}(r_f r_r) - \mathbf{E}(r_f)\mathbf{E}(r_r) = r_f \mathbf{E}(r_r) - r_f \mathbf{E}(r_r)$) und folglich gilt

$$\sigma_P^2 = x_1^2 \sigma_f^2 + x_2^2 \sigma_r^2 + 2 x_1 x_2 \mathbf{Cov}(r_f, r_r) = x_2^2 \sigma_r^2$$

2.2 Risikoloses Leihen und Verleihen

Die Gleichung für $\overline{r_P}$ in 2.8 kann man umformen:

$$\begin{aligned}\overline{r_P} &= (x_1 - 1)r_f + r_f + x_2 \overline{r_r} \\ &= r_f + (\overline{r_r} - r_f) x_2 \\ &= r_f + \frac{(\overline{r_r} - r_f)}{\sigma_r} \sigma_P\end{aligned}$$

Das bedeutet aber, dass das Paar $(\sigma_P, \overline{r_P})$ für jeden Wert von x_1 auf der Geraden mit Steigung $(\overline{r_r} - r_f)/\sigma_r$ und konstantem Glied r_f liegt. Betrachtet man die Gesamtheit dieser Portfolios, so erhält man einen Teilbereich dieser Geraden, nämlich die Verbindungsstrecke von $(0, r_f)$ und $(\sigma_r, \overline{r_r})$.

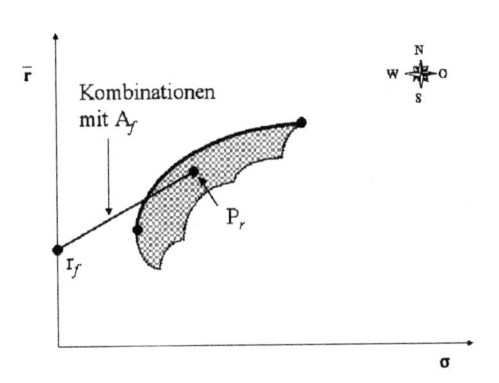

Halten wir das bisher Gezeigte fest:

Proposition 14 *Durch eine geeignete Aufteilung des Anlagebetrages auf die risikolose Anlageform A_f mit Rendite r_f und eine risikobehaftete Anlageform P_r mit den Werten $\overline{r_r}$ und σ_r kann man jede $(\sigma, \overline{r})$-Kombination erzielen, die auf der Verbindungsstrecke von $(0, r_f)$ und $(\sigma_r, \overline{r_r})$ liegt.*

Dass die Kombinationen der beiden Anlageformen in der $(\sigma, \overline{r})$-Ebene gerade die Verbindugsstrecke der beiden Portefeuilles bilden, ist eine Besonderheit der risikolosen Anlageform A_f (vgl. Satz 9 und die anschließende Bemerkung).

Proposition 14 hat ganz offensichtlich Auswirkungen auf die effiziente Menge, denn jetzt konkurrieren ja auch noch die teilweise risikolosen Portfolios mit denen der bisherigen effizienten Menge. Nach der Nordwestregel ist es aber nicht schwer, die neue effiziente Menge zu bestimmen. Vom Punkt $(0, r_f)$ aus ist eine Tangente an die alte effiziente Menge zu legen. Diese Tangente löst in dem Bereich bis zum Tangentialpunkt T die bisherige effiziente Menge ab. Ab diesem Punkt (d.h. für größere σ-Werte) bleibt alles beim Alten (s. Abbildung 2.6).

2.2.2 Risikoloses Leihen

Als nächstes erweitern wir das Modell dahingehend, dass es nicht nur durch die Anlageform A_f die Möglichkeit gibt, Geld risikolos zu verleihen, sondern dass ein Investor sich

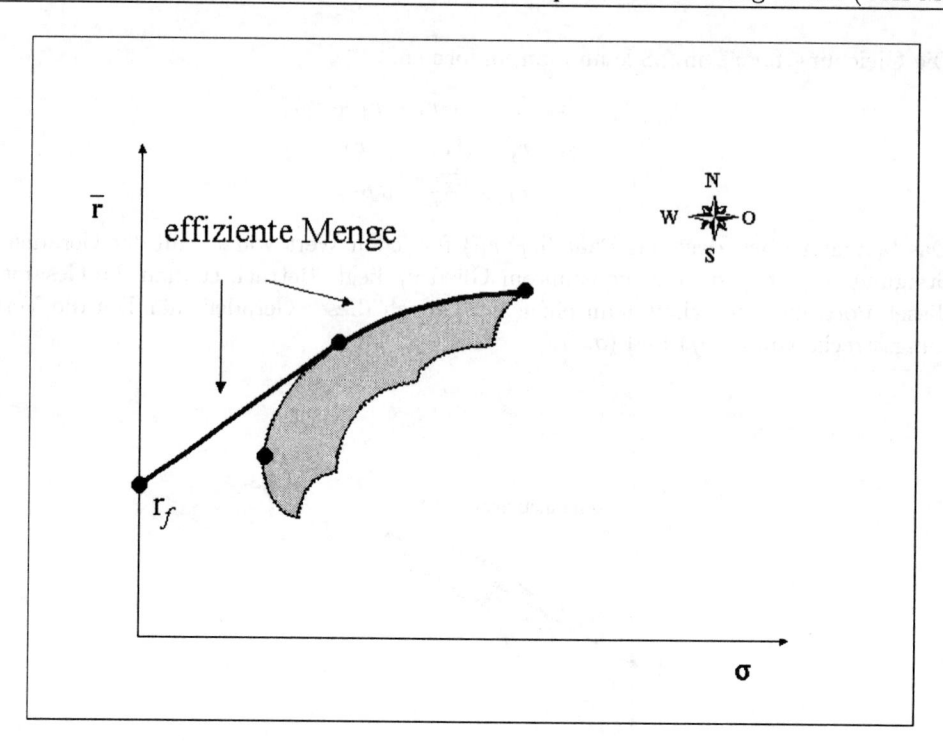

Abbildung 2.6 Gestalt der effizienten Menge bei Vorhandensein einer risikolosen Anlageform

auch zu den gleichen Konditionen Geld leihen kann. Dies eröffnet ihm die Möglichkeit, den Betrag, den er investieren will, durch geliehenes Geld zu erhöhen. Das macht natürlich nur dann Sinn, wenn er ausschließlich in risikobehaftete Anlageformen investieren will, da Leihen (zu den Konditionen von A_f) und Verleihen (zu den gleichen Konditionen) sich gegenseitig aufheben.

Bemerkung 15 *Es stellt sich erneut die Frage nach dem Praxisbezug. Dass ein Investor Geld leihen und verleihen kann, ist nichts Ungewöhnliches, dass er es aber zu den gleichen Konditionen tun können soll, schon. Ein Staat mit Währungshoheit ist dazu grundsätzlich in der Lage. Aber auch den großen Geldinstituten steht diese Möglichkeit näherungsweise offen. Für sie betrug die Differenz im Geldmarkt im Jahr 2002 z.B. ca. 1/8 Prozent p.a. Bei Privatpersonen hingegen ist der Unterschied zwischen Soll- und Habenzinsen in der Regel recht erheblich. Am Ende dieses Abschnitts wird auf die Frage eingegangen, welche Auswirkungen es auf das Modell hat, wenn Soll- und Habenzinsen nicht gleich sind.*

Das folgende Verhalten eines wenig risikoscheuen Investors soll nun analysiert werden: Es reicht ihm nicht, seinen gesamten Anlagebetrag in risikobehaftete Anlageformen zu investieren, er möchte sich zusätzlich noch Geld leihen, um einen höheren Betrag einsetzen zu können. Diese Vorgehensweise kann formal wie folgt beschrieben werden: Er investiert einen Anteil $x_2 > 1$ seines Anlagebetrages in ein aus risikobehafteten Anlageform zusammengesetztes Portfolio P_r (mit den Werten σ_r und r_r), wobei er den

2.2 Risikoloses Leihen und Verleihen

fehlenden Betrag zu den risikolosen Konditionen von A_f leiht. In Verallgemeinerung der Darstellung der wertmäßigen Anteile (s. Formel 2.3 auf Seite 15) kann dieses Portfolio P beschrieben werden durch

$$[P] = x_1 [A_f] + x_2 [P_r]$$

mit $0 > x_1 = 1 - x_2$. Der Koeffizient x_1 von $[A_f]$ ist jetzt also negativ, aber die gewohnte Identität $x_1 + x_2 = 1$ gilt nach wie vor. Bestimmen wir die Daten des Portfolios. Die zu erwartende Rendite ergibt sich als Differenz aus dem Erwartungswert der Rendite des Engagements in P_r und den für das geliehene Geld zu zahlenden Zinsen:

$$\overline{r_P} = x_2 \overline{r_r} - |x_1| r_f = x_1 r_f + x_2 \overline{r_r}.$$

Es gilt also die gleiche Formel wie oben. Dies gilt auch für Standardabweichung und Varianz der Rendite, denn genau wie oben hat der zu A_f gehörende Anteil des Portfolios hierauf keinen Einfluss:

$$\sigma_P = x_2 \sigma_r$$

Beide Gleichungen zusammen ergeben zunächst

$$\overline{r_P} = (1 - x_2) r_f + x_2 \overline{r_r} = r_f + (\overline{r_r} - r_f) \sigma_P / \sigma_r$$

und zeigen somit, dass (erneut wie oben) das Paar $(\sigma_P, \overline{r_P})$ auf der Geraden mit der Steigung $(\overline{r_r} - r_f)/\sigma_r$ und konstantem Glied r_f liegt. Die Gesamtheit dieser Punkte $(\sigma_P, \overline{r_P})$ bildet jetzt aber natürlich einen anderen Teil dieser Geraden, nämlich den Strahl, der von $(\sigma_r, \overline{r_r})$ $(\widehat{=} P_r)$ aus in nordöstlicher Richtung verläuft.

Für die effiziente Menge bedeuten die Überlegungen dieses Abschnitts insgesamt, dass sie jetzt die Gestalt einer in $(0, r_f)$ beginnenden Halbgeraden annimmt, die die alte effiziente Menge in einem Punkt T berührt, dem **Tangentialportfolio** (s. Abbildung 2.7). Mit „alte effiziente Menge" ist hierbei die effiziente Menge gemeint, wie sie sich darstellt, wenn risikoloses Leihen und Verleihen nicht möglich ist. Dann hat sie ja die Gestalt einer streng konkaven Kurve. Wir haben somit gezeigt:

Satz 16 *Falls risikoloses Leihen und Verleihen (zu den gleichen Konditionen) möglich ist, setzt sich jedes effiziente Portfolio zusammen aus*
a) einem Anteil eines ganz bestimmten Risiko-Portfolios T und
b) einem Anteil aus entweder risikolosem Leihen oder risikolosem Verleihen.

Das Erstaunliche an dem Ergebnis ist, dass T für alle Risikopräferenzen gleich ist. Unterschiedliche Risikopräferenzen schlagen sich nur in einem unterschiedlichen Anteil risikolosen Leihens bzw. Verleihens des Portfolios nieder. Ein stark risikoscheuer Investor wird sich ein Portefeuille zusammenstellen, das hauptsächlich aus A_f besteht und nur zu einem geringen Teil aus T. Mit zunehmender Risikofreudigkeit wird der Anteil von T zu Lasten des Anteils von A_f wachsen, bis schließlich im Punkt T kein Cent mehr risikolos angelegt wird. Noch risikofreudigere Investoren werden sogar einen Betrag aufnehmen, um noch mehr Anteile T kaufen zu können als es ihr verfügbarer Betrag ermöglichen würde. Auf die Rolle dieses ominösen Tangentialportfolios T werden wir in Abschnitt 2.4 noch ausführlicher eingehen. Zunächst einmal soll die Frage der rein rechentechnischen Bestimmung dieses Portfolios diskutiert werden.

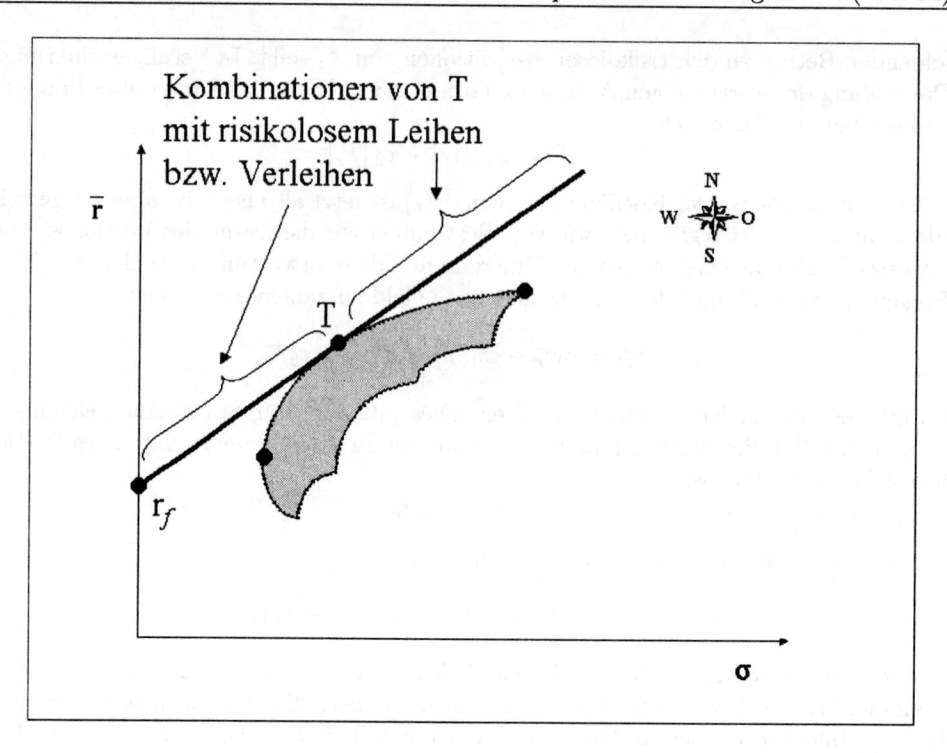

Abbildung 2.7 Die effiziente Menge bei risikolosem Leihen und Verleihen

Als erstes ist festzustellen, dass die Gerade, die $(0, r_f)$ mit T verbindet, unter allen Verbindungsstrecken von $(0, r_f)$ zu einem Portfolio P mit ausschließlich risikobehafteten Komponenten die größte Steigung hat, d.h. das Tangentialportfolio maximiert den Ausdruck

$$\frac{\overline{r_P} - r_f}{\sigma_P} \qquad (2.9)$$

Die „alte" effiziente Menge (alt = ohne risikoloses Leihen/Verleihen) ist eine Kurve, die in konkaver Form vom westlichsten Punkt W zum nördlichsten Punkt N verläuft. Läuft man auf dieser Kurve von W nach N und misst dabei stets die Steigung der Verbindungsstrecke zu $(0, r_f)$, so wird man bis zum Punkt T monoton steigende Werte registrieren und danach fallende. Wie am Ende von Abschnitt 2.1.3 skizziert, setzt sich die alte effiziente Menge aus mehreren in sogenannten Eckpunkten aneinandergefügten differenzierbaren konkaven Kurven zusammen.

2.2 Risikoloses Leihen und Verleihen

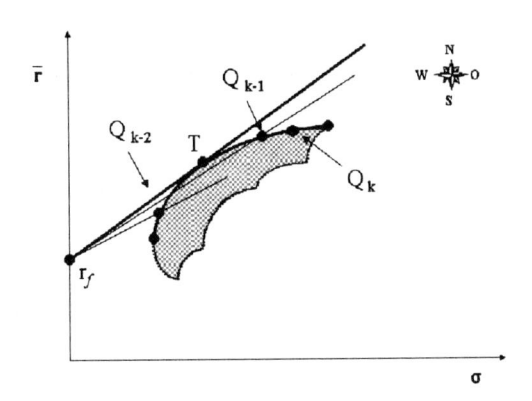

Der dort beschriebene Algorithmus liefert diese Eckpunkte. Sortiert man nun die Eckpunkte aufsteigend nach ihrem σ-Wert und ermittelt jeweils den Wert des Ausdrucks 2.9, so weiß man, wenn man den ersten Eckpunkt Q_k gefunden hat, dessen Wert gemäß 2.9 nicht den des Vorgängers übersteigt, dass T zwischen Q_{k-2} und Q_k liegen muss. Man überprüft nun, ob zwischen Q_{k-2} und Q_{k-1} oder zwischen Q_{k-1} und Q_k eine Tangente der Kurve durch den Punkt $(0, r_f)$ verläuft. Dies ist möglich, denn der Algorithmus aus Abschnitt 2.1.3 liefert die Funktionsgleichungen der Kurven zwischen den Eckpunkten. Existiert eine solche Tangente, dann gehört sie zu dem Tangentialportfolio. Gibt es keine, so gilt $T = Q_{k-1}$.

In Spezialfällen ist eine explizitere Beschreibung möglich. Ist z.B. jede der risikobehafteten Anlageformen A_i im Tangentialportfolio $[T] = x_1 [A_1] + ... + x_m [A_m]$ enthalten, sind also alle $x_i > 0$, so lässt sich zeigen (s.u.), dass es eine Zahl $\alpha > 0$ gibt, so dass das lineare Gleichungssystem

$$\alpha \begin{pmatrix} \sigma_{1,1} & ... & \sigma_{1,m} \\ ... & & ... \\ \sigma_{m,1} & ... & \sigma_{m,m} \end{pmatrix} \begin{pmatrix} x_1 \\ ... \\ x_m \end{pmatrix} = \begin{pmatrix} \overline{r_1} - r_f \\ ... \\ \overline{r_m} - r_f \end{pmatrix} \qquad (2.10)$$

erfüllt ist. Dies reduziert die Aufgabe, das Tangentialportfolio zu bestimmen, auf die Lösung eines linearen Gleichungssystems. Ist die Varianz-Kovarianz-Matrix $(\sigma_{i,j})$ invertierbar, also positiv definit, so gibt es zu jedem Wert von α genau eine Lösung des Gleichungssystems. Die Unbekannte α ist dann durch die zusätzliche Gleichung $x_1 + ... + x_m = 1$ eindeutig bestimmt.

Bemerkung 17 *Gleichung 2.10 kann elegant mit Hilfe der Risikopräferenzfunktionen*

$$f_{RP}(\sigma, \overline{r}) = \overline{r} - \frac{a}{2}\sigma^2$$

aus Beispiel 2 auf S. 10 hergeleitet werden. Kleine Werte von a stehen für risikofreudige, große für risikoscheue Investoren. Für genau einen Wert α des Parameters a ist das optimale Portfolio gerade das Tangentialportfolio. Dieses optimale Portfolio ist Lösung der Optimierungsaufgabe

$$\text{Maximiere } f_{RP}(\sigma,\overline{r}) = (1 - \sum_{i=1}^{m} x_i)r_f + \sum_{i=1}^{m} x_i\overline{r}_i - \frac{\alpha}{2} \sum_{i=1}^{m}\sum_{j=1}^{m} \sigma_{i,j} x_i x_j$$

in den Variablen $x_1,...,x_m$, wobei zunächst nur die Nebenbedingung zu erfüllen ist, dass die Variablen $x_i \geq 0$ sein müssen. Aus der Annahme, dass jedes der A_i in T vorkommt, folgt, dass in der optimalen Lösung alle x_i sogar positiv sind. Das bedeutet, dass die optimale Lösung ein kritischer Punkt von f_{RP} ist. Nullsetzen der partiellen Ableitungen $\partial/\partial x_i$ von f_{RP} ergibt dann Gleichung 2.10 (s. auch [55] Kap. 17, 18). Die Summe der x_i muss eins sein, da das optimale Portfolio für $a = \alpha$ weder risikoloses Leihen noch Verleihen beinhaltet.

Zum Abschluss dieses Abschnitts sei kurz darauf eingegangen, wie die effiziente Menge aussieht, wenn Soll- und Habenzinsen nicht gleich sind, wenn also das Leihen von Geld nur zu einem Zinssatz möglich ist, der einer Rendite $r_l > r_f$ entspricht. Es ist dann nach wie vor richtig, dass die Tangente von $(r_f, 0)$ an die alte effiziente Menge bis zum Tangentialpunkt T_f die effizienten Portefeuilles mit kleinem σ beschreibt. Richtig bleibt auch, dass risikoreiche Portefeuilles sich aus einem speziellen Portfolio T_l und geliehenem Geld zusammensetzen. T_f und T_l sind aber jetzt nicht mehr identisch, T_l ist vielmehr der Tangentialpunkt der Tangente von $(r_l, 0)$ aus und liegt nordöstlich von T_f. Im Bereich zwischen diesen beiden Portefeuilles bleibt weiterhin die alte effiziente Menge gültig. Abbildung 2.8 zeigt die Situation.

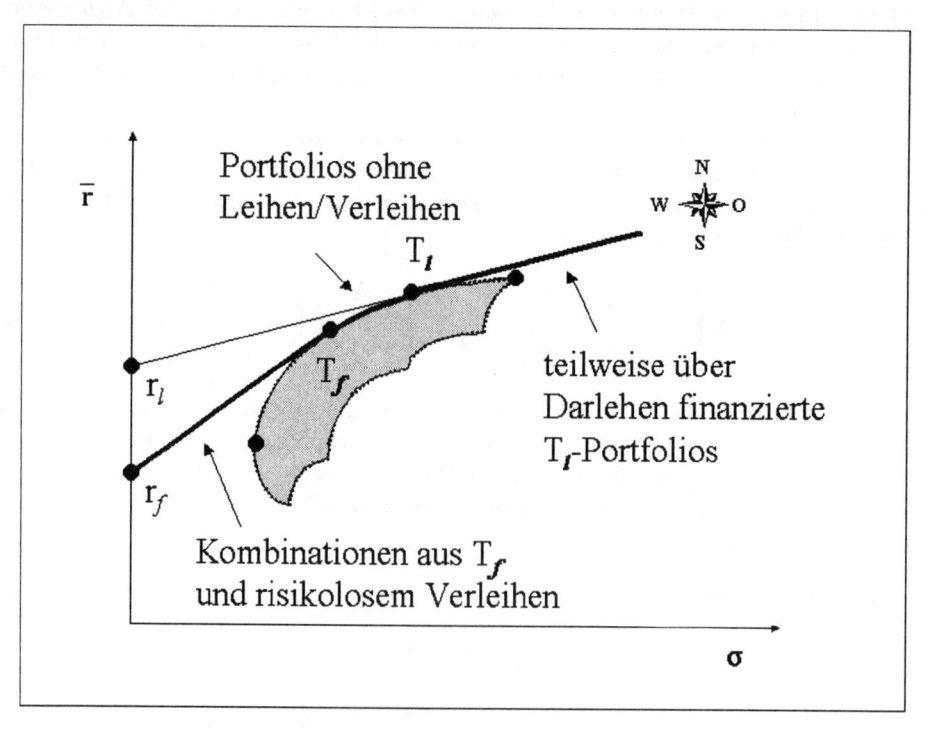

Abbildung 2.8 Die effiziente Menge bei ungleichen Soll- und Habenzinsen

2.3 Ein Einfaktor-Marktmodell

Wir verlassen nun vorübergehend die allgemeine Linie der bisherigen Abschnitte und stellen ein spezielles Marktmodell vor, den einfachsten Fall eines Faktormodells. Anhand der spezifischen Eigenschaften dieses Modells können dann die allgemeinen Prinzipien dieses Kapitels noch einmal überprüft und nachvollzogen werden. Schließlich wird ein Algorithmus angegeben, der es erlaubt, im Rahmen dieses Modells schnell und einfach das Tangentialportfolio zu ermitteln.

2.3.1 Ein Marktmodell

Ein gebräuchlicher Ansatz, alle Anlageformen eines bestimmten Marktes oder Marktsegments in einem beherrschbaren Modell darzustellen, besteht darin, diese Anlageformen in Beziehung zu ein paar wenigen Faktoren zu setzen, mit Hilfe derer die Preisentwicklung der Anlageformen im wesentlichen, d.h. bis auf vergleichsweise kleine individuelle Komponenten, erklärt werden kann. Im einfachsten Fall eines solchen Modells wird nur ein einziger erklärender Faktor verwendet. Beispielsweise kann man versuchen, die Kursentwicklung einer Aktie durch die Entwicklung eines zugehörigen Marktindexes wie z.B. DAX, Dow-Jones, S&P500 oder Nasdaq zu erklären.

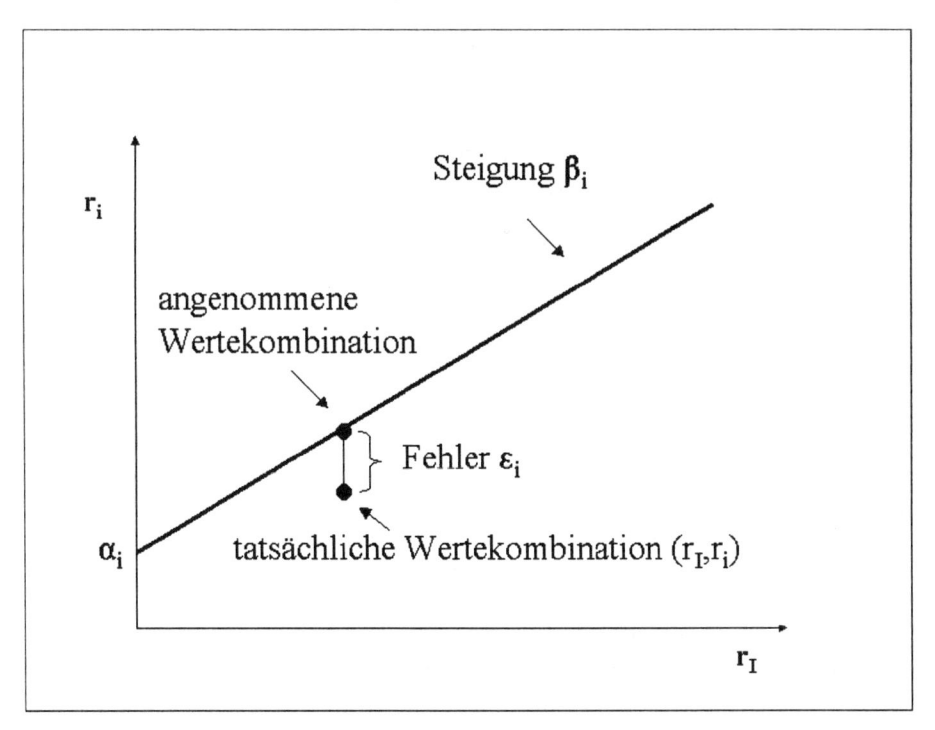

Abbildung 2.9 Zusammenhang zwischen der Rendite der Anlageform A_i und der Indexrendite

Eine solche Beziehung könnte sich dadurch ausdrücken, dass für jedes einzelne Wertpapier A_i ein linearer Zusammenhang mit dem Marktindex wie folgt besteht:

$$r_i = \alpha_i + \beta_i r_I + \varepsilon_i \qquad (2.11)$$

Die Bedeutung der vorkommenden Symbole:

r_i Rendite von Wertpapier A_i über eine Periode
r_I Rendite (Performance) des Marktindexes über eine Periode
α_i, β_i Modellparameter, also Konstanten, $\beta_i > 0$
ε_i zufälliger Fehler

Der zufällige Fehler ε_i ist hierbei (genau wie r_i und r_I) eine Zufallsvariable. Er dient der Erklärung, warum die eigentlich gesuchte Beziehung $r_i = \alpha_i + \beta_i r_I$ nicht exakt gilt und sollte die Eigenschaften haben, die man üblicherweise von einem wahrscheinlichkeitstheoretischen Zufallsfehler verlangt: ε_i sollte unabhängig von r_I sein, der Erwartungswert sollte null sein und die Varianz klein verglichen mit der von r_i und r_I. Unter diesen Voraussetzungen gilt dann

$$\overline{r_i} = \alpha_i + \beta_i \overline{r_I} \qquad (2.12)$$

und die Kovarianz von r_i und r_I berechnet sich wie folgt:

$$
\begin{aligned}
\mathbf{Cov}(r_i, r_I) &= \mathbf{E}(r_i r_I) - \mathbf{E}(r_i)\mathbf{E}(r_I) \\
&= \mathbf{E}(\alpha_i r_I + \beta_i r_I^2 + \varepsilon_i r_I) - \mathbf{E}(\alpha_i + \beta_i r_I + \varepsilon_i)\overline{r_I} \\
&= \alpha_i \overline{r_I} + \beta_i \mathbf{E}(r_I^2) + \mathbf{E}(\varepsilon_i)\overline{r_I} \\
&\quad - \alpha_i \overline{r_I} - \beta_i \overline{r_I}^2 - \mathbf{E}(\varepsilon_i)\overline{r_I} \\
&= \beta_i \left(\mathbf{E}(r_I^2) - \overline{r_I}^2\right) \\
&= \beta_i \mathbf{V}(r_I) \\
&= \beta_i \sigma_I^2
\end{aligned}
$$

Es besteht also die Beziehung

$$\beta_i = \frac{\mathbf{Cov}(r_i, r_I)}{\sigma_I^2} \qquad (2.13)$$

zwischen dem Systemparameter β_i, der Steigung der durch die Gleichung $y = \alpha_i + \beta_i x$ gegebenen Geraden, und der Kovarianz zwischen der Rendite des Wertpapiers A_i und der Rendite des Marktindexes. Der zur Bezeichnung gewählte griechische Buchstabe hat sich so eingebürgert, dass β_i auch (ausgeschrieben) **Beta-Faktor** des Wertpapiers A_i heißt. Er ist ein Maß für die Sensitivität der Rendite von A_i bezüglich der Marktentwicklung. $\beta_i = 1$ z.B. bedeutet, dass die Gerade $\alpha_i + \beta_i x$ die Steigung 1 hat. Das besagt, dass sich die Rendite von A_i abgesehen von (kleinen) Zufallsschwankungen und dem „Sockelwert" α_i wie der durch den Index repräsentierte Markt entwickelt. Man beachte, dass gilt:

$$\beta_i = \frac{\sigma_i}{\sigma_I} \rho_{i,I}$$

(σ_i = Standardabweichung von r_i, $\rho_{i,I}$ = Korrelationskoeffizient von r_i und r_I). Da $\rho_{i,I}$ als Korrelationskoeffizient höchstens den Wert eins haben kann, folgt aus dieser Beziehung

2.3 Ein Einfaktor-Marktmodell

$$\beta_i > 1 \implies \sigma_i > \sigma_I.$$

Man bezeichnet A_i dann als **aggressives Wertpapier**, es verspricht eine höhere Rendite als der Markt (zumindest falls $\alpha_i \geq 0$), birgt aber auch ein größeres Risiko. Umgekehrt bezeichnet man ein Wertpapier A_i mit $\beta_i < 1$ als **defensiv**.

Bemerkung 18 *Die Neigung eines Wertpapiers zu Kursschwankungen bezeichnet man auch als* **Volatilität**. *Je höher der Beta-Faktor eines Wertpapiers ist, desto höher ist also seine Volatilität. Wir werden diesen Begriff später noch präzisieren.*

Greifen wir nun die Gleichung $r_i = \alpha_i + \beta_i r_I + \varepsilon_i$ noch einmal auf. Bezeichnet man mit $\sigma_{\varepsilon_i}^2$ die Varianz von ε_i, so ergibt sich unter Berücksichtigung der angenommenen Unabhängigkeit von r_I und ε_i für die Varianz σ_i^2 von r_i:

$$\sigma_i^2 = \beta_i^2 \sigma_I^2 + \sigma_{\varepsilon_i}^2$$

Das mit A_i verbundene Risiko stellt sich also als Summe eines **systematischen Risikos** oder **Marktrisikos** $\beta_i^2 \sigma_I^2$ und eines **individuellen** oder **unsystematischen Risikos** $\sigma_{\varepsilon_i}^2$ dar. Ein hohes systematische Risiko berechtigt wegen Gleichung 2.12 zu der Hoffnung auf eine höhere Rendite, ein hohes individuelles tut es nicht.

Betrachten wir nun ein Portfolio P, das sich aus mehren Anlageformen A_i zusammensetzt, die alle in einer Beziehung 2.11 zu dem gleichen Marktindex stehen. Die wertmäßige Zusammensetzung von P sei wie üblich durch $[P] = \sum_{i=1}^m x_i [A_i]$ gegeben. Dann gilt für die Rendite r_P von P

$$\begin{aligned} r_P &= \sum_{i=1}^m x_i r_i \\ &= \underbrace{\sum_{i=1}^m x_i \alpha_i}_{\alpha_P} + \underbrace{\left(\sum_{i=1}^m x_i \beta_i\right)}_{\beta_P} r_I + \underbrace{\sum_{i=1}^m x_i \varepsilon_i}_{\varepsilon_P} \end{aligned}$$

Ist ε_i wirklich - wie das Modell vorgibt - individuelles Risiko von Wertpapier A_i, so ist es plausibel, die ε_i nicht nur unabhängig von r_I, sondern auch untereinander als paarweise unabhängig anzunehmen. Das bedeutet für die Kovarianz $\sigma_{i,j}$ von A_i und A_j mit $i \neq j$ analog zu Gleichung 2.13

$$\mathbf{Cov}(r_i, r_j) = \beta_i \beta_j \sigma_I^2 \qquad (2.14)$$

und für die Varianz σ_P^2 von P:

$$\sigma_P^2 = \beta_P^2 \sigma_I^2 + \sum_{i=1}^m x_i^2 \sigma_{\varepsilon_i}^2. \qquad (2.15)$$

Mit Hilfe von

$$\beta_i \beta_j \sigma_I^2 \leq \sqrt{\beta_i^2 \sigma_I^2 + \sigma_{\varepsilon_i}^2} \sqrt{\beta_j^2 \sigma_I^2 + \sigma_{\varepsilon_j}^2} = \sigma_i \sigma_j$$

folgt nun nach einer kleinen Rechnung die Ungleichung

$$\sigma_P^2 \leq \left(\sum_{i=1}^m x_i \sigma_i\right)^2$$

Somit gilt:

Proposition 19 *Im Einfaktor-Marktmodell genügt die Streuung σ_P der Rendite eines Portfolios $[P] = \sum_{i=1}^{m} x_i [A_i]$ (alle $x_i \geq 0$, $x_1 + ... + x_m = 1$) der Ungleichung*

$$\sigma_P \leq \sum_{i=1}^{m} x_i \sigma_i.$$

Erneut stellen wir also das Ergebnis von Proposition 7 fest, dass Diversifikation insgesamt das Risiko verringert. Im Einfaktor-Marktmodell heißt das genauer:

- sie führt zu einer Durchschnittbildung des systematischen Risikos
- und verringert den Einfluss des individuellen Risikos.

Beispiel 20 *Es seien drei Anlageformen A_1, A_2 und A_3 gegeben. Die Daten seien*

i	α_i	β_i	σ_{ε_i}
1	0,01	2	0,04
2	0,003	0,6	0,01
3	0,005	1	0,03

Der Marktindex I habe einen Erwartungswert der Rendite von 10% bei einer Standardabweichung von $\sigma_I = 0,07$. Aus $\overline{r_i} = \alpha_i + \beta_i \overline{r_I}$ und $\sigma_i^2 = \beta_i^2 \sigma_I^2 + \sigma_{\varepsilon_i}^2$ folgen für den Erwartungswert und die Streuung der Rendite der einzelnen Wertpapiere die gerundeten Werte

i	$\overline{r_i}$	$\beta_i^2 \sigma_I^2$	$\sigma_{\varepsilon_i}^2$	σ_i^2	σ_i
1	21,0%	0,0196	0,0016	0,0212	14,56%
2	6,3%	0,0018	0,0001	0,0019	4,32%
3	10,5%	0,0049	0,0009	0,0058	7,62%

Es sollen nun die beiden Portfolios P_1 und P_2 betrachtet werden mit $[P_1] = 0,3 [A_1] + 0,7 [A_2]$ und $[P_2] = 0,15 [A_1] + 0,35 [A_2] + 0,5 [A_3]$. Durch Einsetzen in die Formeln erhält man

	α_P	β_P	$\overline{r_P}$	$\beta_P^2 \sigma_I^2$	$\sigma_{\varepsilon_P}^2$	σ_P^2	σ_P
P_1	0,00510	1,02	10,710%	0,0050980	0,00019	0,005291	7,27%
P_2	0,00505	1,01	10,605%	0,0049985	0,00027	0,005272	7,26%

Man sieht, dass beide Portefeuilles besser sind als Wertpapier A_3, das in etwa die gleiche Rendite verspricht. Auf den ersten Blick nicht ins Bild passend ist vielleicht, dass P_2 verglichen mit P_1 trotz größerer Diversifikation recht ungünstig erscheint. Die Ursache hierfür ist, dass P_1 einen sehr hohen Anteil der Anlageform A_2 mit sehr geringem individuellem Risiko enthält. Dies dominiert in dem Beispiel über den dennoch vorhandenen Effekt, dass Diversifikation das individuelle Risiko vermindert. Hierbei sind aber alle Komponenten eines Portfolios zu berücksichtigen, im Beispiel also bei P_2 auch der A_3-Anteil. Anhand der Darstellung $[P_2] = 0,5 [P_1] + 0,5 [A_3]$ sieht man, wie gering das individuelle Risiko von P_2 (0,00027) im Vergleich zur gewichteten Summe der individuellen Risiken der beiden Komponenten ($= 0,5 \cdot 0,00019 + 0,5 \cdot 0,0009 = 0,000545$) ist. Das systematische Risiko ist bei P_1, P_2 und A_3 fast gleich.

2.3.2 Der EGP-Algorithmus

Wir betrachten weiterhin das im vorigen Abschnitt beschriebene Einfaktor-Marktmodell. Gegeben seien also m Anlageformen $A_1,\ldots,A_m$, die sich auf einen Marktindex I in der Form $r_i = \alpha_i + \beta_i r_I + \varepsilon_i$ beziehen (vgl. 2.11). Die Zufallsfehler ε_i werden wieder als paarweise unabhängig und unabhängig von r_I angenommen. In diesem Abschnitt wollen wir uns der Frage zuwenden, wie in dem Modell die effiziente Menge und das Tangentialportfolio aussieht.

Da die β_i alle als positiv angenommen werden, zeigt Gleichung 2.15, dass es nicht möglich ist, allein aus den A_i ein vollkommen risikoloses Portfolio zu konstruieren. Wenn rikoloses Leihen und Verleihen nicht möglich ist, hat die effiziente Menge die Regenschirmgestalt[4]. Kein Punkt auf der $\bar{r}$-Achse gehört zu ihr.

Ist risikoloses Leihen und Verleihen zur Rendite r_f möglich, so ist als erstes festzustellen, dass nur Anlageformen A_i mit $\bar{r}_i > r_f$ zum Tangentialportfolio gehören können (das gilt bei erlaubtem negativen Beta nicht notwendigerweise, s. Bemerkung 26). Um das zu sehen betrachte man Gleichung 2.10 auf Seite 31. Diese Darstellung muss nämlich für die Elemente des Tangentialportfolios und die zu ihnen gehörende Untermatrix der Varianz-Kovarianz-Matrix gelten. Da nach Gleichung 2.14 die Varianz-Kovarianz-Matrix nur positive Koeffizienten hat, muss für die vorkommenden A_i der Ausdruck $\bar{r}_i - r_f$ positiv sein.

Die Ermittlung des Tangentialportfolios im Einfaktor-Marktmodell ist vergleichsweise einfach. Wir stellen jetzt ohne Beweis ein solches Verfahren „kochrezeptartig" vor. Es geht auf Elton, Gruber und Padberg zurück ([16], siehe auch [54] S. 255ff) und heißt daher **EGP-Algorithmus**. Es sei darauf hingewiesen, dass alternativ zu den Schritten 4 und 5 des Verfahrens auch (mit mehr Aufwand) das lineare Gleichungssystem 2.10 gelöst werden kann.

1. Schritt Man ermittle je Anlage A_i den folgenden Quotienten (**reward-to-volatility ratio**), der angibt, mit wieviel Renditesteigerung A_i das enthaltene systematische Risiko belohnt:

$$RVOL_i = \frac{\bar{r}_i - r_f}{\beta_i}$$

Je größer $RVOL_i$ ist, desto größer sind die Chancen von A_i, im Tangentialportfolio vorzukommen. Daher sortiere man die A_i absteigend nach dieser Größe. Aus Notationsgründen nehmen wir für die Formulierung der folgenden Schritte an, dass die ursprüngliche Reihenfolge bereits mit der Sortierreihenfolge übereinstimmt.

2. Schritt Man berechne für jedes i die Größe

$$y_i = \sigma_I^2 \frac{\sum_{j=1}^{i} \frac{\bar{r}_j - r_f}{\sigma_{\varepsilon_j}^2} \beta_j}{1 + \sigma_I^2 \sum_{j=1}^{i} \frac{\beta_j^2}{\sigma_{\varepsilon_j}^2}}$$

Zumindest für $i=1$ gilt $RVOL_i > y_i$.

3. Schritt Man ermittle das größte $k \in \{1,\ldots,m\}$, so dass für alle $i \leq k$ die Ungleichung $RVOL_i > y_i$ richtig ist. k ist also wie folgt definiert:

---

[4] Dies bedeutet aber nicht, dass die Varianz-Kovarianz-Matrix immer positiv definit ist. Das ist nur der Fall, wenn höchstens ein σ_{ε_i} gleich null ist (Beweis als Übung für mathematisch Interessierte).

$$k = \max(i | \forall_{j \leq i} RVOL_j > y_j)$$

Es steht damit bereits fest, dass $A_1, ..., A_k$ Komponenten des Tangentialportfolios sind, die anderen A_i nicht. Die letzten beiden Schritte dienen nur noch der Bestimmung der Anteile von $A_1, ..., A_k$ im Tangentialportfolio.

4. Schritt   Für alle $i \leq k$ berechne man

$$z_i = \frac{\beta_i}{\sigma_{\varepsilon_i}^2} (RVOL_i - y_k)$$

z_i hat immer einen positiven Wert.

5. Schritt   Jetzt setze man noch für $i = 1, ..., k$

$$x_i = \frac{z_i}{\sum_{j=1}^{k} z_j}$$

dann ist das Tangentialportfolio gefunden:

$$[T] = \sum_{i=1}^{k} x_i [A_i]$$

Beispiel 21 *Wir greifen das Beispiel 20 wieder auf. Die riskolose Rendite sei $r_f = 4\%$. Dann gibt die folgende Tabelle die durch den Algorithmus ermittelten Werte an (gerundet):*

i	$\overline{r_i}$	$RVOL_i$	y_i	z_i	x_i
1	21,0%	0,085	0,079	8,02	1
3	10,5%	0,065	0,075	–	–
2	6,3%	0,038	0,057	–	–

Die ursprüngliche Reihenfolge stimmt hier also nicht mit der absteigenden Reihenfolge bezüglich $RVOL_i$ überein, A_2 und A_3 mussten ihre Plätze tauschen. Dies ist hier allerdings vergleichsweise unwichtig, denn lediglich A_1 erfüllt das Kriterium gemäß Schritt 3, es ist also $k = 1$. Damit ist nach Schritt 3 schon klar, dass das Tangentialportfolio zu 100 Prozent aus A_1 besteht, die Berechnung von z_1 ist also in diesem Fall überflüssig. Erweitern wir das Beispiel jetzt um eine weitere Anlageform A_4 mit den Daten $\overline{r_4} = 16\%$, $\beta_4 = 1,5$ und $\sigma_{\varepsilon_4} = 0,05$. Dann ergibt sich die folgende Tabelle (in der richtigen Sortierreihenfolge):

i	$\overline{r_i}$	$RVOL_i$	y_i	z_i	x_i
1	21,0%	0,085	0,0786	7,577	0,922
4	16,0%	0,080	0,0789	0,637	0,078
3	10,5%	0,065	0,0757	–	–
2	6,3%	0,038	0,0595	–	–

Jetzt ist also $k = 2$, denn auch A_4, die Anlageform mit dem zweithöchsten Wert für $RVOL_i$, erfüllt das Kriterium aus Schritt 3. Nach wie vor kommen A_2 und A_3 nicht im Tangentialportfolio vor, das jetzt aber außer A_1 immerhin 7,8% wertmäßigen Anteil A_4 enthält.

2.4 Der Gleichgewichtszustand

2.4.1 Das universelle Separationstheorem für vollkommene Kapitalmärkte

Wir kehren jetzt wieder zu den allgemeinen Betrachtungen zurück. Das Marktmodell des vorigen Abschnitts kann - muss aber nicht - gegeben sein. Das **Capital Asset Pricing Model**, abgekürzt **CAPM** ist ein Modell zur Preisbildung in einem Kapitalmarkt, in dem sich alle Investoren gemäß der von uns aufgestellten Regeln verhalten und alle die gleichen Bedingungen vorfinden. Präziser bedeutet dies, dass dem Modell die folgenden Annahmen zu Grunde liegen:

- Für alle Investoren sind Erwartungswert und Standardabweichung der Rendite die allein maßgeblichen Größen eines Portfolios.

- Alle Investoren wollen eine maximale Rendite bei möglichst kleinem Risiko, dürfen aber unterschiedliche individuelle Risikopräferenzen haben.

- Alle Investoren sind vollständig informiert und haben die gleichen Einschätzungen bezüglich der Werte $\overline{r_i}$, $\sigma_{i,i}$ und $\sigma_{i,j}$ der vorhandenen risikobehafteten Anlageformen A_i (und A_j).

- Alle Investoren planen für die gleiche Periode.

- Alle Investoren haben den gleichen risikolosen Zinssatz, zu dem sie Geld leihen und verleihen können.

- Jedes Wertpapier kann in beliebig kleinem Umfang gekauft werden.

- Steuern und Transaktionskosten (d.h. mit Kauf oder Verkauf verbundene Kosten) gibt es nicht oder sind zumindest für die Anlagestrategien der Investoren unerheblich.

Ein Kapitalmarkt mit diesen Eigenschaften heißt auch **vollkommener Kapitalmarkt**. Dies ist natürlich eine sehr idealisierte Welt, aber für eine Reihe großer und marktbestimmender Investoren können die Bedingungen als annähernd gegeben angesehen werden. Gelten die Bedingungen, so folgt nach den Überlegungen dieses Kapitels das auf J. Tobin zurückgehende Ergebnis

Satz 22 *(Universelles Separationstheorem) Die optimale Kombination risikobehafteter Wertpapiere eines Investors ist für alle Investoren gleich und kann somit bestimmt werden ohne die Risikopräferenz des Investors zu kennen.*

Der Name des Satzes kommt daher, dass die beiden Fragen a) nach dem optimalen Portfolio eines Investors und b) nach der Struktur des risikobehafteten Teils seines Portefeuilles getrennt, also separat betrachtet werden können.

2.4.2 Das Marktportfolio und die Kapitalmarktlinie

Unter den Voraussetzungen des CAPM hat also bei allen Investoren der risikobehaftete Anteil ihres Portfolios die gleiche Struktur, nämlich die des Tangentialportfolios T. Dies erscheint zunächst sehr kurios. Wie soll das funktionieren? Es wäre schon ein arger Zufall, wenn es von jeder Anlageform genau passend viele Anteile gäbe. Und außerdem: Was ist mit den Anlageformen, die nicht in T enthalten sind? Besitzt die niemand?

Nehmen wir einmal an, der Kapitalmarkt sei momentan irgendwie strukturiert, aber plötzlich würden schlagartig die Voraussetzungen des CAPM eintreten. Was würde passieren? Jeder Investor würde sein Portfolio überprüfen und versuchen, den risikobehafteten Anteil dem Tangentialportfolio anzupassen. Er würde also versuchen, Anlageformen, die er verglichen mit dem Tangentialportfolio in zu geringem Umfang hält, zu kaufen und andere, die in seinem Portefeuille überrepräsentiert sind, zu verkaufen. Dies hätte zur Folge, dass bei Anlageformen, die insgesamt nicht in genügend hohem Umfang vorhanden sind, um jedem Investor den erstrebenswerten Anteil in seinem Portfolio zu ermöglichen, eine erhöhte Nachfrage entstehen würde, und umgekehrt bei Anlageformen, von denen mehr Anteile als erwünscht vorhanden sind, ein erhöhtes Angebot entstehen würde. Eine erhöhte Nachfrage bei einem nur begrenzt vorhandenen Gut führt aber zu erhöhten Preisen und das bedeutet in Bezug auf eine Anlageform, dass sich ihre Rendite verschlechtert. Denn aus einer momentan erhöhten Nachfrage kann nicht geschlossen werden, dass sich auch am Ende der Periode höhere Werte ergeben werden. Umgekehrt steigt bei fallenden Preisen die zu erwartende Rendite, so dass sich durch den Handel mit den Preisen auch ständig das Tangentialportfolio ändert, und zwar in dem Sinne, dass bisher unattraktive Titel immer beliebter werden und bisher attraktive Anlageformen an Reiz verlieren. Dieser Preisanpassungsprozess würde erst dann zum Stillstand kommen, wenn alle Investoren mit ihrem Portfolio zufrieden sind, d.h. wenn der Risikoanteil mit dem Tangentialportfolio übereinstimmt. In dieser Situation nennen wir das Tangentialportfolio ab jetzt auch **Marktportfolio** und bezeichnen es mit M.

Satz 23 *Im Gleichgewichtszustand eines vollkommenen Kapitalmarkts besteht das Portfolio eines jeden Investors aus einem individuellen Anteil risikofrei geliehenen oder verliehenen Geldes und einem in seiner Zusammensetzung für alle Investoren gleichen Marktportfolio M. Das Marktportfolio enthält alle risikobehafteten Anlageformen, die es gibt. Der relative Anteil einer Anlageform an M ist gleich dem Gesamtwert aller Einheiten der Anlageform dividiert durch den Gesamtwert aller Risikoanlageformen des Marktes.*

Bemerkung 24 *Als Konsequenz des Satzes kann das Marktportfolio im Gleichgewichtszustand immer gemäß 2.10 (Seite 31) ermittelt werden. Andererseits ermöglicht es der vorige Satz auch, das Tangentialportfolio ohne Kenntnis irgendwelcher Erwartungswerte, Varianzen und Kovarianzen von Renditen zu ermitteln, vorausgesetzt, man ist sich sicher, dass der Gleichgewichtszustand gegeben ist.*

Beispiel 25 *Nehmen wir an, es gebe nur drei Anlagemöglichkeiten A, B und C. Von A gebe es 12 Mio. Einheiten, von B 20 Mio. und von C 17 Mio. Die Preise je Einheit seien 40 Euro (A), 30 Euro (B) und 20 Euro (C). Dann ist der Gesamtwert der Anlageform A $12 Mio. \cdot 40$ Euro $= 480.000.000$ Euro, bei B sind es $600.000.000$ Euro und bei C $340.000.000$ Euro. Der Gesamtwert des Marktes beträgt also $1,42$ Mrd. Euro. Das Marktportfolio M hat dann die Zusammensetzung $[M] = \frac{480}{1420}[A] + \frac{600}{1420}[B] + \frac{340}{1420}[C] \approx$*

2.4 Der Gleichgewichtszustand

0,34 [A] + 0,42 [B] + 0,24 [C]. *Ist dies das Marktportfolio in einem vollkommenen Kapitalmarkt im Gleichgewichtszustand, so ist also der risikobehaftete Anteil eines jeden effizienten Portfolios wertmäßig zu 34% aus A, zu 42% aus B und zu 24% aus C zusammengesetzt.*

Die effiziente Menge ist in einem vollkomenen Kapitalmarkt im Gleichgewichtszustand also durch die Gerade gegeben, die durch das Marktportfolio M mit den Werten σ_M und $\overline{r_M}$ und die risikolose Anlageform A_f (Punkt $(0, r_f)$) verläuft. Diese Gerade wird als **charakteristische Marktgerade** oder **Kapitalmarktlinie** (engl. **Capital Market Line (CML)**) bezeichnet. Die Steigung der Geraden ist $(\overline{r_M} - r_f)/\sigma_M$, der **Marktpreis des Risikos**, und der konstante Term ist r_f, das als **Marktpreis der Zeit** angesehen werden kann.

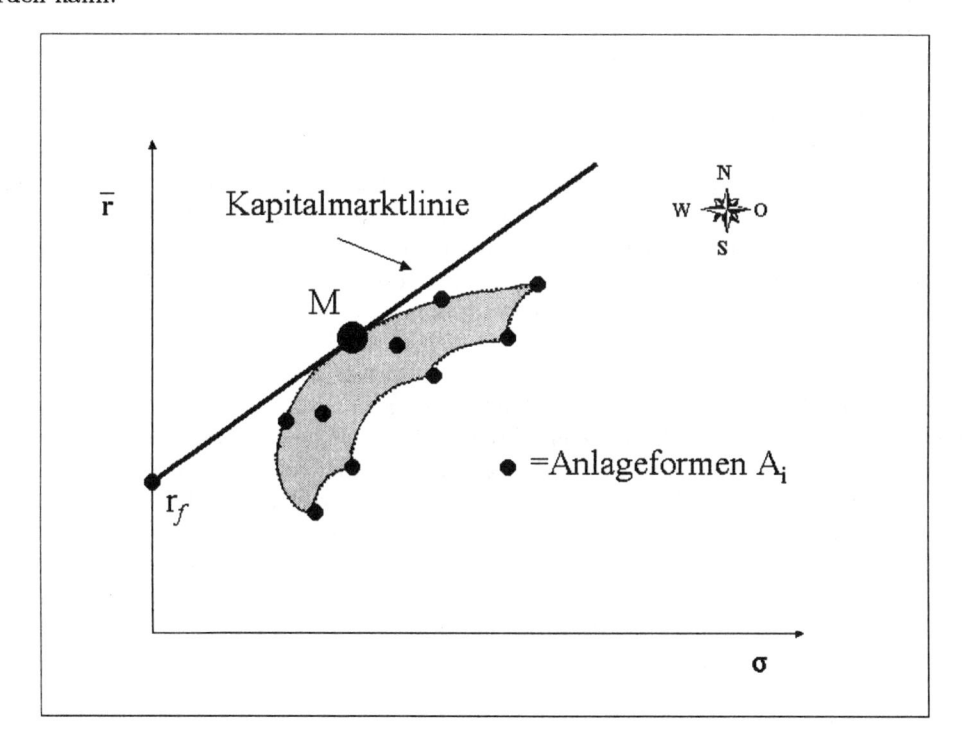

Abbildung 2.10 Die Kapitalmarktlinie oder charakteristische Marktgerade

Bemerkung 26 *Es ist eine Fehlinterpretation der Herleitung von Satz 23, anzunehmen, dass der Anpassungsprozess, der zum Gleichgewichtszustand führt, bewirkt, dass alle Anlageformen ein attraktives Rendite-Risiko-Verhältnis erhalten. Eine Anlageform kann auch dadurch attraktiv sein, dass sie in Kombination mit den anderen Anlageformen Risiko senkt. Dies zeigt das folgende Beispiel:*
Es gebe nur zwei Anlageformen A_1 und A_2. A_1 habe die zu erwartende Rendite $\overline{r_1} = 9\%$ mit einer Varianz $\sigma_{1,1} = 0{,}01$, A_2 habe die Werte $\overline{r_2} = 3\%$ und $\sigma_{2,2} = 0{,}009$. Die Kovarianz der Renditen habe den Wert $\sigma_{1,2} = -0{,}005$ und die risikolose Rendite sei

$r_f = 4\%$. Dann hat das Tangentialportfolio nach 2.10 die Zusammensetzung $[M] = 0{,}7273\,[A_1] + 0{,}2727\,[A_2]$. Es hat die erwartete Rendite $\overline{r_M} = 7{,}36\%$ mit einer Varianz $\sigma_M^2 \approx 0{,}004$. Obwohl A_2 noch nicht einmal die risikolose Rendite r_f verspricht, ist es zu mehr als 25% Bestandteil des Marktportfolios.

Was ist das Marktportfolio? Es stellt sich die Frage, welches Portfolio in der Praxis als Marktportfolio angesehen werden könnte. Nimmt man das CAPM als universelles Preisbildungsgesetz wörtlich, so müsste es alle mit Risiko behafteten Anlageformen auf allen Märkten enthalten, und zwar im weitesten Sinne, also nicht nur Aktien, sondern auch Immobilien, Beteiligungen usw. Auch Sammelobjekte wie Kunstwerke oder Briefmarken können als Anlageformen angesehen werden, ebenso die Förderung von Talenten in z.B. Sport, Musik oder Wissenschaft oder auch - bei weitsichtiger Betrachtungsweise - Investitionen in Umwelt- und Naturschutz oder soziale Einrichtungen. Eine solche riesige Menge von Anlageformen ist aber völlig unübersichtlich und unmöglich in den Griff zu bekommen. In der Praxis werden daher häufig und eigentlich recht willkürlich vereinfachend gängige Marktindizes wie z.B. in Deutschland der DAX oder der REX als Marktportfolio verwendet.

Praxisnähe des CAPM Eine weitere naheliegende Frage ist, ob in der Wirklichkeit der Gleichgewichtszustand des CAPM zumindest näherungsweise als gegeben angesehen werden kann. Allein im Hinblick auf Bemerkung 24 wäre das sehr nützlich. Tatsache ist aber, dass es mit Sicherheit keinen einzigen Investor gibt, der das theoretische Marktportfolio hält, ja es gibt noch nicht einmal einen, der es kennt! Insofern ist die Beweisführung zu Satz 23 nicht auf die reale Welt anwendbar, ganz abgesehen davon, dass auch die anderen Voraussetzungen eines vollkommenen Kapitalmarkts höchstens näherungsweise zutreffend sind. Dennoch könnte es sein, dass die realen Investoren mit ihrer heterogenen und individuell eingeschränkten Sicht der Dinge und ihren mehr oder weniger erfolgreichen Bemühungen, ihre Rendite zu maximieren, Teile eines Prozesses sind, der zwar komplexer abläuft als oben geschildert, der aber letztlich denselben Gleichgewichtszustand anstrebt. Hierzu gibt es zahlreiche theoretische Überlegungen und praktische Untersuchungen (s. [54], [55] und die dort angebenene Literatur). Die Ergebnisse sind nicht einheitlich. Es gibt Autoren, die der Meinung sind, dass das CAPM grundsätzlich nicht verifizierbar ist, da das wirkliche Marktportfolio nicht greifbar ist. Wie dem auch sei, selbst wenn die Realität weit entfernt vom Gleichgewichtszustand sein sollte, so sind die zur Herleitung des CAPM aufgestellten Überlegungen zum Portfolio-Selection-Problem dennoch richtig und infolgedessen unter Berücksichtigung der angenommenen Voraussetzungen auch in der Praxis nutzbar.

2.5 Risikobehaftete Wertpapiere und die Fundamentalgleichung des CAPM

2.5.1 Die Fundamentalgleichung und die Wertpapiermarktgerade

Die einzelnen Anlageformen A_i sind nach den Ergebnissen des letzten Abschnitts für sich allein genommen allesamt ineffizient, d.h. die zugehörigen Punkte $(\sigma_i, \overline{r_i})$ liegen unterhalb der Kapitalmarktlinie (s. obige Grafik). Es gilt somit für alle $i \in \{1,...,m\}$

2.5 Risikobehaftete Wertpapiere und die Fundamentalgleichung des CAPM

$$\frac{\overline{r_i} - r_f}{\sigma_i} < \frac{\overline{r_M} - r_f}{\sigma_M} \text{ also } \sigma_i > \frac{\overline{r_i} - r_f}{\overline{r_M} - r_f}\sigma_M$$

Die Frage ist nun, wodurch sich begründen und wie sich präzisieren lässt, dass auf dem Markt Risiko für A_i nicht in dem gleichen Maß honoriert wird wie für M. Eine Antwort hierauf ergibt die Analyse der Beziehung von A_i zum Marktportfolio M.

Es sei $[M] = \sum_{i=1}^{m} x_i [A_i]$. Dann berechnet sich die Varianz der Rendite von M gemäß

$$\begin{aligned} \sigma_M^2 &= \sum_{i,j=1}^{m} x_i x_j \sigma_{i,j} \\ &= \sum_{i=1}^{m} x_i \sum_{j=1}^{m} x_j \sigma_{i,j} \\ &= \sum_{i=1}^{m} x_i \sigma_{i,M} \end{aligned}$$

wobei $\sigma_{i,M}$ die Kovarianz von r_i und r_M ist. Dies erlaubt zunächst die Interpretation, dass $\sigma_{i,M}$ ein Maß ist für den Beitrag von A_i zum Risiko des Marktportfolios. Wichtiger ist aber noch die Erkenntnis, dass es nur dieser Beitrag ist, der die Höhe der mit A_i verbundenen Renditeerwartung begründet:

Satz 27 *(Fundamentalgleichung des CAPM) Im Gleichgewichtszustand eines vollkommenen Kapitalmarkts gilt für jede risikobehaftete Anlageform A_i*

$$\overline{r_i} = r_f + \frac{\overline{r_M} - r_f}{\sigma_M} \cdot \frac{\sigma_{i,M}}{\sigma_M} = r_f + (\overline{r_M} - r_f)\beta_{i,M}$$

*Hierbei ist der **Beta-Faktor** $\beta_{i,M}$ von A_i definiert durch*

$$\beta_{i,M} = \frac{\sigma_{i,M}}{\sigma_M^2}$$

Beweis. Zu zeigen ist natürlich nur die erste Gleichung. Sie beruht auf einer hübschen geometrischen Überlegung. Es sei M' das Portfolio, das man erhält, wenn man die Anteile an A_i aus M entfernt. Nun betrachte man die Menge aller Portefeuilles $[P] = x_1 [M'] + x_2 [A_i]$, die man durch Kombinationen von M' und A_i erhalten kann. Sie bilden in der $(\sigma, \overline{r})$-Ebene eine Kurve, die M' mit A_i verbindet. M liegt auf dieser Kurve. Also muss die Marktgerade Tangente dieser Kurve in M sein, d.h. in dem Punkt M hat die Kurve die Steigung $(\overline{r_M} - r_f)/\sigma_M$.

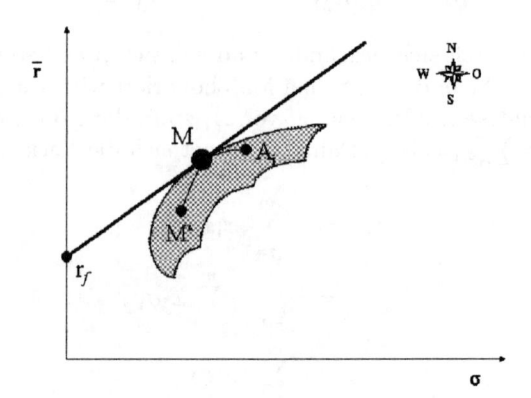

Diese Identität führt zur Behauptung des Satzes. Um das zu sehen, ist es zweckmäßig, die durch $t \mapsto (\sigma_{Pt}, \overline{r_{Pt}})$ mit $[P_t] = (1-t)[M] + t[A_i]$ gegebene Parametrisierung des Teilstücks der Kurve zu betrachten, das M mit A_i verbindet. Die Ausführung der Umformungen sei den Lesern als Übung empfohlen (s. Beweis zu Proposition 7 auf Seite 20). ∎

Bemerkung 28 *Man beachte, dass der Beweis immer dann funktioniert, wenn A_i im Tangentialportfolio enthalten ist. Ist das nicht der Fall, so stößt die oben konstruierte Kurve in der Regel in einem Winkel auf die Marktgerade.*

Eine ähnliche Gleichung wie in Satz 27 hatten wir schon beim Einfaktormarktmodell gesehen. Und genauso wie dort lässt sich das Risiko von A_i aufspalten in die Summe von systematischem und unsystematischem Risiko. Nach Definition des Korrelationskoeffizienten $\rho_{i,M} = \sigma_{i,M}/(\sigma_i \sigma_M)$ gilt nämlich (man beachte $|\rho_{i,M}| \leq 1$)

$$\begin{aligned}
\sigma_i^2 &= \rho_{i,M}^2 \sigma_i^2 + \left(1 - \rho_{i,M}^2\right)\sigma_i^2 \\
&= \sigma_{i,M}^2/\sigma_M^2 + \left(1 - \rho_{i,M}^2\right)\sigma_i^2 \\
&= \beta_{i,M}^2 \sigma_M^2 + \left(1 - \rho_{i,M}^2\right)\sigma_i^2 \\
&= \text{systematisches} + \text{unsystematisches Risiko}
\end{aligned}$$

Nach der Aussage der Fundamentalgleichung wird nur das systematische Risiko mit einer Renditeprämie belohnt. Die Begründung hierfür ist klar: Das unsystematische Risiko kann durch Diversifikation eliminiert werden.

Bemerkung 29 *Die Ähnlichkeit eines vollkommenen Kapitalmarkts im Gleichgewicht zum Einfaktor-Marktmodell ist augenscheinlich. In beiden Systemen gibt es Beta-Werte und in beiden Systemen lässt sich das Risiko eines Wertpapiers aufteilen in systematisches und unsystematisches Risiko. Dennoch sind beide Modelle in der Theorie nicht identisch. Im Einfaktormodell (oder auch in Mehrfaktormodellen) sind die Faktoren im Ansatz erklärende Größen, die bis auf möglichst kleine individuelle Zufallsabweichungen die Entwicklung eines Wertpapiers begründen sollen. Im CAPM ergibt sich das Marktportfolio als Ergebnis eines Prozesses, der einen Gleichgewichtszustand anstrebt. Es ist*

2.5 Risikobehaftete Wertpapiere und die Fundamentalgleichung des CAPM

also Ergebnis und nicht Ausgangspunkt oder Begründung einer Entwicklung. In der Praxis jedoch ist der Unterschied weit geringer. Da nimmt man, wie schon oben gesagt, z.B. einen Aktienindex als Marktportfolio, da das tatsächliche Marktportfolio nicht wirklich greifbar ist. Andererseits ist natürlich naheliegend, einen Aktienindex als Maßgröße für die industrielle Entwicklung (evtl. eines Marktsegments) anzusehen, so dass er also auch als Faktor eines Faktormodells in Frage kommt. Man beachte bezüglich der Beziehung CAPM zu Einfaktor-Marktmodell auch das Beispiel am Ende dieses Abschnitts, das zeigt, dass selbst in einer Situation, in der beide Modelle Gültigkeit haben, Begriffe wie „Beta" und „systematisches Risiko" dennoch unterschiedliche Bedeutung haben, wenn nicht das Marktportfolio selbst der Faktor des Einfaktormodells ist.

Die Definition des Beta-Koeffizienten im CAPM lässt sich auf beliebige Portefeuilles P durch

$$\beta_{P,M} := \frac{\mathbf{Cov}(r_P, r_M)}{\sigma_M^2}$$

ausdehnen. Aus der Bilinearität der Kovarianz ($\mathbf{Cov}(aX + bY, Z) = a\mathbf{Cov}(X,Z) + b\mathbf{Cov}(Y,Z)$ für beliebige Zufallsvariablen X, Y, Z und Zahlen a, b) folgt unmittelbar, dass die Fundamentalgleichung auch dann noch gilt:

$$\overline{r_P} = r_f + (\overline{r_M} - r_f)\beta_{P,M}$$

Das bedeutet aber, dass im Gleichgewichtszustand des CAPM für jedes Portfolio P der Punkt $(\beta_{P,M}, \overline{r_P})$ auf der Geraden mit Steigung $(\overline{r_M} - r_f)$ und konstantem Term r_f liegt. Diese Gerade heißt **charakteristische Wertpapiermarktgerade**.

Beispiel 30 *Zum Abschluss des Abschnitts noch ein umfangreicheres Beispiel. Ausgangspunkt ist das Einfaktormodell mit vier Anlagemöglichkeiten $A_1, ..., A_4$. Die Werte der Anlageformen seien wie folgt:*

i	α_i	$\beta_{i,I}$	σ_{ε_i}
1	0,02	1,8	0,07
2	0,02	1,5	0,06
3	0,04	0,4	0,02
4	0,02	1,0	0,04

Hierbei wird bei dem Beta-Faktor zur Unterscheidung vom Beta-Faktor des CAPM der zusätzliche Index I verwandt. Der Faktor I habe eine erwartete Rendite von 10% bei einer Streuung von $0,06 = 6\%$. Die Rendite der risikolosen Anlageform sei $r_f = 5\%$. Es ergeben sich dann die Erwartungswerte, Streuungen und Varianzen der Renditen wie in der folgenden Tabelle (gerundet)

i	$\overline{r_i}$	σ_i	σ_i^2
1	0,20	0,1287	0,0166
2	0,17	0,1082	0,0117
3	0,08	0,0312	0,0010
4	0,12	0,0721	0,0052

Mit Hilfe des EGP-Algorithmus zeigt man, dass alle vier Anlageformen im Tangentialportfolio vorkommen und dass es die folgende Gestalt hat (erneut gerundet):

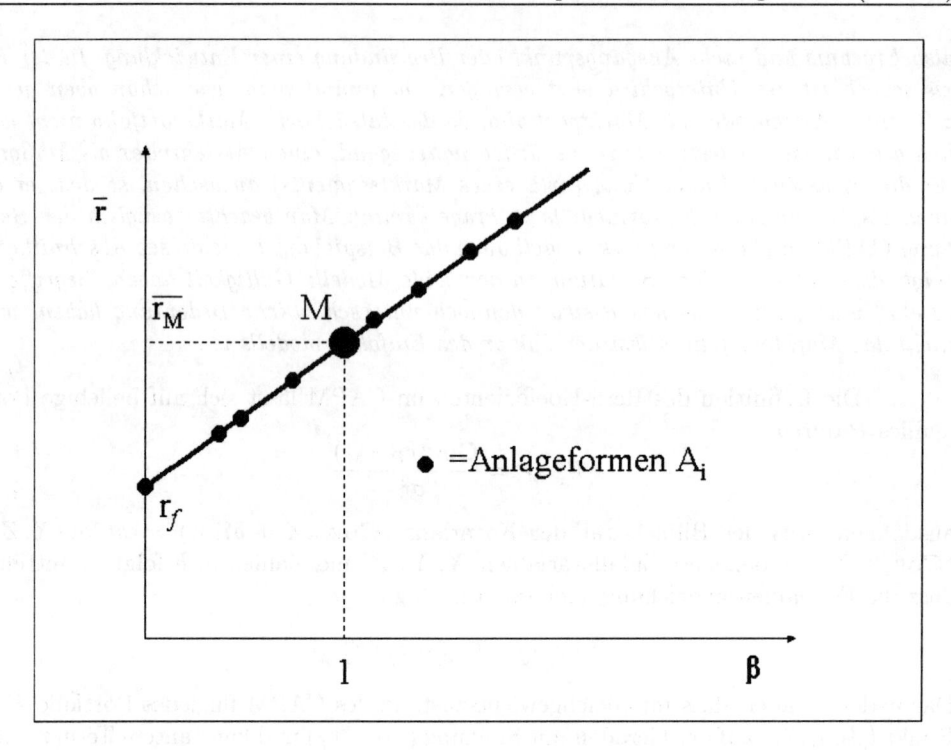

Abbildung 2.11 Die charakteristische Wertpapiermarktgerade

$$[M] = 0{,}32\,[A_1] + 0{,}28\,[A_2] + 0{,}36\,[A_3] + 0{,}04\,[A_4]$$

Es kann somit der Gleichgewichtszustand gegeben sein, zwangsläufig ist das aber keineswegs der Fall. Wir gehen aber davon aus, dass M tatsächlich das Marktportfolio ist. M hat eine erwartete Rendite von $\overline{r_M} = 0{,}1452 = 14{,}52\%$. Mit Hilfe der Varianz-Kovarianz-Matrix der A_i

$$\begin{pmatrix} 0{,}0166 & 0{,}0097 & 0{,}0026 & 0{,}0065 \\ 0{,}0097 & 0{,}0117 & 0{,}0022 & 0{,}0054 \\ 0{,}0026 & 0{,}0022 & 0{,}0010 & 0{,}0014 \\ 0{,}0065 & 0{,}0054 & 0{,}0014 & 0{,}0052 \end{pmatrix}$$

(Werte auf vier Stellen gerundet) bestimmt man nun die Werte $\sigma_{i,M} = \sum_{j=1}^{4} x_j \sigma_{i,j}$ (s.u.) und die Varianz der Rendite des Marktportfolios $\sigma_M^2 = \sum_{i,j=1}^{4} x_i x_j \sigma_{i,j} = 0{,}005846$. Also gilt $\sigma_M = 0{,}07646$. Somit hat der Marktpreis des Risikos den Wert

$$\frac{\overline{r_M} - r_f}{\sigma_M} = 1{,}24$$

Es ist jetzt auch möglich, die Beta-Faktoren der A_i bezüglich des Marktportfolios zu berechnen:

2.5 Risikobehaftete Wertpapiere und die Fundamentalgleichung des CAPM

i	$\sigma_{i,M}$	$\beta_{i,M}$
1	0,0092	1,5763
2	0,0074	1,2610
3	0,0018	0,3153
4	0,0043	0,7356

Man sieht, dass die Werte von denen der $\beta_{i,I}$ abweichen. Die Fundamentalgleichung des CAPM kann nun auch überprüft werden:

i	$\overline{r_i}$	$r_f + (\overline{r_M} - r_f)\beta_{i,M}$
1	0,20	$= 0,05 + 0,0952 \cdot 1,5763$
2	0,17	$= 0,05 + 0,0952 \cdot 1,2610$
3	0,08	$= 0,05 + 0,0952 \cdot 0,3153$
4	0,12	$= 0,05 + 0,0952 \cdot 0,7356$

Schließlich berechnet man noch die unsystematischen Risiken der A_i als Differenz aus der Varianz σ_i^2 und dem Produkt $\beta_{i,M}^2 \sigma_M^2$ und erhält die Werte 0,002038 0,002404 0,000395 und 0,002037, deren Wurzeln deutlich von den am Anfang des Beispiels angegebenen Werten σ_{ε_i} abweichen.

2.5.2 Anlagestrategien

Der Beta-Faktor ist eine wichtige Kennzahl der technischen Aktienanalyse. Wie schon im Einfaktormodell ist Beta eine Maßzahl für die Aggressivität eines Wertpapiers. Es stellt sich aber dennoch die Frage, welcher Nutzen in Bezug auf Anlagestrategien sich aus Beta ziehen lässt. Eigentlich ist die Botschaft dieses Kapitels ja klar: Ein Anleger sollte immer versuchen, sein Portefeuille dem Marktportfolio anzupassen (kombiniert mit risikolosem Leihen oder Verleihen) und dies gilt auch, wenn der Gleichgewichtszustand nicht gegeben ist, wobei dann aber das Marktportfolio durch das Tangentialportfolio zu ersetzen ist. Es gibt dennoch Gründe, sich situativ anders zu verhalten.

Diese Gründe können z.B. Probleme sein, das CAPM umzusetzen und das Tangentialportfolio zu ermitteln. Dies gilt selbst dann, wenn man seine Betrachtungen auf einen speziellen Aktienmakt beschränkt. Im Gleichgewichtszustand ist es zwar zumindest grundsätzlich kein Problem, das Marktportfolio zu bestimmen (vgl. Bemerkung 24), ist der aber nicht gegeben, so muss man zur Bestimmung des Tangentialportfolios alle Werte $\sigma_{i,j}$ schätzen. Da ist es zur Beurteilung eines Wertpapiers A_i vergleichsweise einfacher, lediglich für $\beta_{i,M}$ und $\sigma_{i,i}$ passende Schätzwerte zu ermitteln, obwohl auch das schon schwer genug ist. Man beachte hierzu, dass die Fundamentalgleichung für die Anlageform A_i auch dann gilt, wenn der Gleichgewichtszustand nicht gegeben ist, A_i aber im Tangentialportfolio enthalten ist (vgl. Bemerkung 28).

Die Betrachtung einzelner Wertpapiere kann auch dann interessant sein, wenn für einen Investor die Voraussetzungen des CAPM nicht gegeben sind, wenn für ihn z.B. Sollzinsen nicht gleich Habenzinsen sind oder es ihm nicht möglich ist, Geld in dem zu seiner Risikobereitschaft passenden Umfang zu leihen. Ferner ist es auch nicht jedermanns Sache, Geld für Aktienkäufe zu leihen. In diesen Fällen kann die eigentlich suboptimale Lösung angemessen sein, eine hohe Risikobereitschaft durch den Kauf von Wertpapieren mit hohen Betawerten und niedrigem unsystematischem Risiko umzusetzen.

Schließlich können die Betafaktoren auch genutzt werden, um spekulative Positionen umzusetzen. Rechnet ein Investor z.B. mit einer Hausse, so kann er versuchen, daran überdurchschnittlich zu verdienen, indem er vorrangig Aktien mit hohen Betawerten hält. Im umgekehrten Fall der Erwartung einer Baisse kann eine Umschichtung seines Portefeuilles hin zu Aktien mit niedrigen Betawerten Verluste minimieren (sofern er bei dieser Erwartungshaltung überhaupt noch Aktien halten will).

Über all diesen Überlegungen, die Erkenntnisse des CAPM in der Praxis umzusetzen, steht die Frage, wie man zu verlässlichen Schätzungen der Systemparameter, vor allem der σ-Werte kommt. Naheliegend und einfach umzusetzen ist der Ansatz, aus den Vergangenheitswerten Durchschnittswerte zu ermitteln und diese in die Zukunft zu projezieren. Dies ist aber nur dann passend, wenn diese Werte konstant bleiben, was aber zunehmend kritisch gesehen wird.

Modularität und partieller Einsatz des CAPM Will man das CAPM in der Praxis einsetzen, bleibt einem nichts anderes übrig, als sich auf die Betrachtung einer Teilmenge der Anlageformen, z.B. einen bestimmten Aktienmarkt zu beschränken. Was hat das für Auswirkungen? Zunächst einmal gelten die Überlegungen zur Portfolio-Selection innerhalb des selbst gesetzten Rahmens, d.h. jeder Investor, der ausschließt, in eine andere Anlageform investieren zu wollen, findet in dem Tangentialportfolio zusammen mit risikolosem Leihen oder Verleihen sein optimales Portfolio. Es gibt dann aber keinen Grund, anzunehmen, dass dieses Portfolio insgesamt gesehen optimal ist. Es muss noch nicht einmal die Gewichtung innerhalb der einzelnen betrachteten Anlageformen optimal sein, d.h. wenn es in dem betrachteten Markt optimal ist, Aktie A in doppeltem Umfang zu halten wie Aktie B, so muss das global gesehen keineswegs richtig sein. Auch die in dem Rahmen ermittelten Beta-Faktoren müssen nicht mit den Beta-Faktoren im Bezug zu dem „richtigen" Marktportfolio übereinstimmen. Die Gleichung von Satz 27 ist aber nach Bemerkung 28 für eine Anlageform A_i in Bezug zum Tangentialportfolio richtig, sobald A_i darin enthalten ist.

Dies alles ist so, da das CAPM wenig modular ist. Lediglich wenn zwei oder mehrere Märkte vollständig unabhängig voneinander sind, d.h. wenn die Rendite jeder Anlageform des einen Marktes unkorreliert ist zu der Rendite jeder Anlageform des anderen Marktes, ist eine Ausnahme gegeben. Dann hat die Varianz-Kovarianz-Matrix nämlich Blockgestalt. Dies bedeutet, wie man aus 2.10 ersieht, dass man zunächst für jeden der Märkte isoliert das Tangentialportfolio ermitteln kann und dann in einem zweiten Schritt nur noch die Gewichtung zwischen den Märkten bestimmen muss. Allerdings: Wo gibt es in einer globalen Handelswelt voneinander unabhängige Märkte?

3 Arbitrage und elementare Derivatebewertung

In diesem Kapitel wird nach der Definition des Begriffs der Arbitrage zunächst die Arbitrage-Preistheorie vorgestellt, die wie das CAPM ein Kapitalmarktpreismodell ist. Der nächste Abschnitt leitet dann aber schon zum Hauptanliegen dieses Buches über, der Bewertung von Derivaten. Hierzu werden zunächst Forwards und Futures vorgestellt und anschließend mit Hilfe elementarer Arbitrageargumente bewertet. Hierbei kommt der Arbitragebegriff in seiner rigorosen Form zur Anwendung, wohingegen er in der Arbitrage-Preistheorie sehr weitläufig ausgelegt wird.

3.1 Arbitrage und Beinahe-Arbitrage

3.1.1 Arbitrageportfolios

Das im vorigen Kapitel besprochene CAPM ist ein Modell zur Preisbildung in einem abstrakten vollkommenen Kapitalmarkt. Es hat den Nachteil, dass es auf einer umfangreichen Liste von Systemvoraussetzungen basiert, die in dieser reinen Form in der Wirklichkeit allenfalls näherungsweise gegeben sind. Die **Arbitrage-Preistheorie** (**APT**) ist ein weiteres Modell zur Preisbildung, das mit weniger Systemvoraussetzungen auskommt und das auch lokaler, d.h. in Teilbereichen eines Gesamtmarkts, einsetzbar ist. Die beiden Modelle stehen nicht im Widerspruch zueinander. Wichtiger als die Arbitrage-Preistheorie selbst ist für dieses Buch allerdings die Einsetzbarkeit des Arbitragegedankens zur Bewertung von Derivaten wie Optionen und Futures.

Die APT geht von einem Faktormarktmodell aus (mit in der Regel mehreren Faktoren) und basiert ansonsten auf der Grundidee, dass ein Markt im Gleichgewichtszustand keine Arbitragemöglichkeiten enthält. Hierbei versteht man unter Arbitrage die folgende verlockende Art, zu Geld zu kommen:

Arbitrage = risikoloser Gewinn durch die Ausnutzung unterschiedlicher Preise

Beispiel 31 *Eine Person A möchte gerne zu einer Musikveranstaltung gehen, die aber bereits ausverkauft ist. A ist bereit, für eine Karte 80 Euro zu bezahlen. B kennt A und eine Person C, die eine Karte besitzt und für 60 Euro verkaufen würde. B kauft die Karte von C und verkauft sie an A und erzielt dadurch einen risikolosen Gewinn von 20 Euro.*

Beispiel 32 *Eine Aktie kostet an der Frankfurter Börse 110 Euro. Die gleiche Aktie wird in New York für 100$ gehandelt und aktuell kostet 1 Dollar 1,02 Euro. Dann ergibt jede Aktie, die in New York gekauft und sofort wieder in Frankfurt verkauft wird, einen Arbitragegewinn von $110 - 100 \cdot 1{,}02 = 8$ Euro.*

Im Gegensatz zu früher wird heute, im Zeitalter der elektronischen Medien mit weltweit jederzeit aktuell abrufbaren Börsenkursen eine Arbitragemöglichkeit wie im zweiten Beispiel kaum zu finden sein. Auf jeden Fall wird sie nicht lange existieren, denn eine steigende Zahl von Anlegern wird die Arbitragemöglichkeit entdecken und versuchen, sie auszunutzen. So entsteht in New York eine erhöhte Nachfrage und in Frankfurt ein erhöhtes Angebot. Als Folge davon wird der Kurs der Aktie in New York steigen und in Frankfurt sinken. Dadurch wird der zu erzielende Arbitragegewinn immer kleiner, bis er schließlich auf null geschrumpft und die Arbitragemöglichkeit damit erloschen ist.

Diese Argumentation zeigt bereits den grundlegenden Mechanismus: Weil (fast) jeder eine sich ihm bietende Arbitragemöglichkeit mit Freuden nutzen würde, kann sie nicht von langer Dauer sein. Denn durch ihre Ausnutzung trägt man zum Verschwinden einer Arbitragemöglichkeit bei. Etwas gewichtiger ausgedrückt: Setzt man das Verhalten voraus:

Annahme 33 *Hat ein Investor die Möglichkeit, seinen Gewinn zu erhöhen, ohne sein Risiko zu erhöhen, so nutzt er diese Möglichkeit.*

hat das zur Folge, dass Arbitragemöglichkeiten immer nur über einen kurzen Zeitraum gegeben sein können. Also gilt:

Schlussfolgerung 34 *In einem Wertpapiermarkt im Gleichgewichtszustand gibt es keine Arbitragemöglichkeiten.*

Diese Erkenntnis führt, wie oben schon erwähnt, nicht nur zur APT, sondern ist auch der wesentliche Ansatzpunkt zur Bewertung von Derivaten, dem Hauptanliegen dieses Buches. Dies ist auch nicht verwunderlich, denn Arbitragemöglichkeiten wird man vor allem bei Wertpapieren vermuten, die in einem engen Zusammenhang miteinander stehen.

Bemerkung 35 *Die bisherigen Ausführungen können vielleicht zu dem Eindruck verleiten, dass es heutzutage keine Arbitragemöglichkeiten mehr gibt. In der Form wie in den frühen Zeiten der Börse ist das auch sicher nicht mehr der Fall. Dennoch gibt es auch jetzt noch gelegentlich überraschende Preisdifferenzen, zum Teil vielleicht auch deshalb, weil keiner mehr damit rechnet, dass es noch offensichtliche Arbitragemöglichkeiten gibt.*

Der Begriff der Arbitrage soll jetzt präzisiert werden. In den obigen, sehr einfachen Beispielen ging es jeweils nur um die gleiche Ware, die auf unterschiedlichen Märkten zu unterschiedlichen Preisen gehandelt wurde. Dies ist sozusagen die einfachste Form von Arbitrage, deren Nichtvorhandensein aber auch schon gravierende Konsequenzen hat, z.B. sind Mengenrabatte in einem arbitragefreien Markt nicht möglich (warum?). Denkbar ist aber auch, dass sich risikoloser Gewinn durch ein geschickt zusammengesetztes Portfolio erzielen lässt, in dem sich die Risiken der einzelnen Komponenten gegenseitig aufheben. Auch dies soll Arbitrage heißen und ein solches Portefeuille heißt daher auch **Arbitrageportfolio**.

3.1 Arbitrage und Beinahe-Arbitrage

Wir betrachten die Situation des Einperiodenwertpapiermarkts. Es gibt also m risikobehaftete Anlageformen $A_1,..., A_m$, deren Preise zu Periodenbeginn $A_1(t_0),..., A_m(t_0)$ sind (Preis einer Einheit) und deren mögliche Werte zum Ende T der Periode durch Zufallsvariablen $A_1(T),..., A_m(T)$ beschrieben werden. Wir gehen ferner davon aus, dass es möglich ist, Geld zu einer sicheren Rendite r_f anzulegen und zu den gleichen Bedingungen, d.h. zum gleichen Zinssatz, zu leihen. Die Anlageform A_f repräsentiere diese Möglichkeit (s. auch Abschnitt 2.2.1). Hierbei sei A_f so normiert, dass der Preis einer Einheit zu Beginn der Periode eine Geldeinheit (z.B. Euro) ist. Schließlich nehmen wir noch an, dass alle Anlageformen den Investoren in beliebiger Höhe und beliebig teilbar zur Verfügung stehen. Ein Portfolio P ist dann eine Linearkombination

$$P = x_0 A_f + \sum_{i=1}^{m} x_i A_i$$

wobei die x_i reelle Zahlen sind, die angeben, wie viele Einheiten der Anlageform A_i bzw. A_f in dem Portefeuille enthalten sind. In Erweiterung der Definition zu Gleichung 2.2 dürfen die x_i auch negativ sein. Ein negatives x_i bedeutet, dass zum Aufbau des Portefeuilles $|x_i|$ Einheiten A_i zu verkaufen statt zu kaufen sind. Auf die Problematik, wie ein Investor $|x_i|$ Einheiten von A_i verkaufen soll, wenn er gar nicht so viele hat, soll an dieser Stelle noch nicht eingegangen werden (s. Seite 72). Wir nehmen einfach an, dass er genügend Einheiten besitzt. Der Koeffizient x_0 von A_f besagt, welcher Betrag zu risikolosen Bedingungen verliehen ($x_0 > 0$) bzw. geliehen ($x_0 < 0$) wird.

Ein Portefeuille soll Arbitrageportfolio heißen, wenn es risikolosen Gewinn über die Rendite r_f hinaus erzielt. Durch eventuelle Kombination mit A_f bleibt diese Eigenschaft erhalten, d.h. durch Abänderung von x_0 kann man immer oBdA[1] erreichen, dass das Portfolio zu Beginn der Periode den Wert null hat. Wir betrachten daher ab jetzt nur solche auf den aktuellen Wert $P(t_0) = 0$ normierten Portfolios. Die Forderung der Risikolosigkeit bedeutet für ein solches Portefeuille, dass es mit Sicherheit (= mit Wahrscheinlichkeit 1) am Ende der Periode einen nichtnegativen Wert hat. Dass es sogar Gewinn verspricht, lässt sich schließlich dadurch ausdrücken, dass $P(T)$ mit positiver Wahrscheinlichkeit einen positiven Wert hat. Äquivalent hierzu ist die Forderung nach einem positiven Erwartungswert.

Definition 36 *Ein Portfolio $P = x_0 A_f + \sum_{i=1}^{m} x_i A_i$ ist ein **Arbitrageportfolio**[2], wenn die folgenden drei Bedingungen erfüllt sind:*
a) P erfordert keinen Kapitaleinsatz:

$$x_0 + \sum_{i=1}^{m} x_i A_i(t_0) = 0$$

b) P ist risikolos:

$$\mathbf{P}\left((1+r_f)x_0 + \sum_{i=1}^{m} x_i A_i(T) \geq 0\right) = 1$$

($\mathbf{P}(\ ) = $ *Wahrscheinlichkeit*)

---
[1] oBdA = ohne Beschränkung der Allgemeinheit
[2] In der Literatur wird teilweise noch zwischen 'schwacher' und 'starker' Arbitrage unterschieden. Unsere Definition entspricht der schwachen Arbitrage. Bei starker Arbitrage muss der Arbitragegewinn nicht nur sicher, sondern sofort schon realisiert sein.

c) P hat einen positiven Erwartungswert:

$$\mathbf{E}\left((1+r_f)x_0 + \sum_{i=1}^{m} x_i A_i(T)\right) > 0$$

Die Bedingung c) kann wie schon oben gesagt durch die äquivalente Bedingung

$$\mathbf{P}\left((1+r_f)x_0 + \sum_{i=1}^{m} x_i A_i(T) > 0\right) > 0$$

ersetzt werden.

In Abschnitt 3.3 werden wir mit Hilfe von Arbitrageportfolios Forward- und Futurepreise bestimmen und im übernächsten Kapitel werden wir ganz allgemein untersuchen, unter welchen Voraussetzungen an die Zufallsvariablen $A_i(T)$ ein Einperiodenwertpapiermarkt arbitragefrei ist. Dort findet man auch eine Reihe Beispiele dazu. Für den Rest dieses Abschnitts wollen wir uns aber mit einem noch etwas weiter gefassten gängigen Arbitragebegriff beschäftigen, der im Zusammenhang mit der APT Anwendung findet, der sogenannten **Beinahe-Arbitrage**. Für den weiteren Aufbau des Buches sind diese Ausführungen nicht unbedingte Voraussetzungen, so dass ein eiliger Leser, der sich vor allem für die Bewertung von Derivaten interessiert, zum nächsten Abschnitt vorblättern kann.

3.1.2 Beinahe-Arbitrage und die Arbitrage-Preistheorie

Beinahe-Arbitrage unterscheidet sich von Arbitrage gemäß Definition 36 durch die Abschwächung der zweiten Bedingung. Ein Beinahe-Arbitrageportfolio muss nicht *völlig*, sondern nur *fast* risikolos sein. Der Begriff ist nicht unproblematisch: je großzügiger man das „fast" versteht, desto unpassender ist die Bezeichnung „Arbitrage". Es sei daher bereits an dieser Stelle mit Nachdruck auf Bemerkung 37 auf Seite 56 verwiesen.

Der schwammige Begriff „fast" wird in der Situation eines Ein- oder Mehrfaktormodells (vgl. Abschnitt 2.3) üblicherweise so präzisiert, dass man von einem Beinahe-Arbitrageportfolio spricht, wenn das Portefeuille kein Marktrisiko enthält, die (vermeintlich) kleinen individuellen Risiken ε_i sind erlaubt. Ein einfaches Beispiel im Rahmen des in Abschnitt 2.3 vorgestellten Einfaktormodells soll dies erläutern. Es seien drei Anlageformen A_1, A_2 und A_3 gegeben, die so normiert seien, dass eine Einheit zu Beginn der Periode jeweils den Wert 1 hat. Die Renditen

$$r_i = \frac{A_i(T) - A_i(t_0)}{A_i(t_0)} = A_i(T) - 1$$

der A_i ($i = 1, 2, 3$) mögen in der folgenden Beziehung zu einem Marktindex I stehen:

$$r_i = \alpha_i + \beta_i r_I + \varepsilon_i$$

In dieser Gleichung sind r_i, r_I und ε_i Zufallsvariablen, α_i und β_i sind Zahlen. Wir nehmen an, dass die ε_i paarweise unabhängig sind, ihr Erwartungswert null und ihre Varianz $\sigma^2_{\varepsilon_i}$ „klein" ist. Außerdem setzen wir die ε_i als unabhängig von der Rendite r_I des Marktindexes voraus.

3.1 Arbitrage und Beinahe-Arbitrage

Damit nun ein aus den A_i und der risikolosen Anlageform A_f gebildetes Portfolio $AP = x_0 A_f + x_1 A_1 + x_2 A_2 + x_3 A_3$ ein **Beinahe-Arbitrageportfolio** ist, müssen in Anlehnung an Definition 36 die folgenden Eigenschaften erfüllt sein:

- Es ist kein Kapitaleinsatz erforderlich. Wegen $A_i(t_0) = 1$ ist dies gleichbedeutend mit
$$x_0 + x_1 + x_2 + x_3 = 0$$

- AP enthält kein Marktrisiko. Dazu muss AP ein Beta von null haben, d.h. es muss gelten
$$\beta_1 x_1 + \beta_2 x_2 + \beta_3 x_3 = 0$$

- AP hat eine positive Gewinnerwartung:
$$\mathbf{E}\left(x_1 A_1(T) + x_2 A_2(T) + x_3 A_3(T)\right) > -(1 + r_f) x_0$$

Setzt sich das Beinahe-Arbitrageportfolio allein aus den Anlageformen $A_1, ..., A_3$ zusammen, gilt also $x_0 = 0$, so kann man die dritte Bedingung durch die Forderung

$$\overline{r_{AP}} > 0$$

ersetzen, wobei man $\overline{r_{AP}}$ durch die Gleichung

$$\overline{r_{AP}} = x_1 \overline{r_1} + x_2 \overline{r_2} + x_3 \overline{r_3}$$

definiert. Man beachte hierbei: $\overline{r_{AP}}$ ist keine erwartete Rendite, denn ein Portfolio mit Wert 0 hat keine Rendite! Dass die beiden Bedingungen äquivalent sind, folgt aus den Annahmen $A_1(t_0) = A_2(t_0) = A_3(t_0) = 1$ und $x_1 + x_2 + x_3 = 0$, wie man mit Hilfe der folgenden Umformungen sieht:

$$\begin{aligned}
& x_1 A_1(T) + x_2 A_2(T) + x_3 A_3(T) \\
= & x_1 A_1(T) + x_2 A_2(T) + x_3 A_3(T) - x_1 A_1(t_0) - x_2 A_2(t_0) - x_3 A_3(t_0) \\
= & x_1 \left(A_1(T) - A_1(t_0)\right) + x_2 \left(A_2(T) - A_2(t_0)\right) + x_3 \left(A_3(T) - A_3(t_0)\right) \\
= & x_1 \tfrac{A_1(T) - A_1(t_0)}{A_1(t_0)} + x_2 \tfrac{A_2(T) - A_2(t_0)}{A_2(t_0)} + x_3 \tfrac{A_3(T) - A_3(t_0)}{A_3(t_0)} \\
= & x_1 r_1 + x_2 r_2 + x_3 r_3
\end{aligned}$$

Betrachten wir nun ein Zahlenbeispiel. Für die Betas β_i und die erwarteten Renditen $\overline{r_i}$ der A_i seien die folgenden Werte gegeben:

i	β_i	$\overline{r_i}$
1	2,0	20%
2	0,9	12%
3	1,4	18%

Wir betrachten ein beliebiges aus den A_i gebildetes Portfolio $P = x_1 A_1 + x_2 A_2 + x_3 A_3$. Um die ersten beiden Beinahe-Arbitrage-Bedingungen zu erfüllen, ist ein lineares Gleichungssystem mit zwei Gleichungen und drei Unbekannten zu lösen. Ein solches Gleichungssystem hat im Normalfall (und der ist hier gegeben) unendlich viele Lösungen. Da mit P offensichtlich auch $k \cdot P$, mit $k > 0$ beliebig, ein Beinahe-Arbitrageportfolio ist und wir nur irgendein solches Portfolio suchen, setzen wir willkürlich $x_1 = 1$. Dann bestimmen die ersten beiden Gleichungen x_2 und x_3 eindeutig: $x_2 = 1{,}2$ und $x_3 = -2{,}2$. Es bleibt noch die dritte Bedingung, bei deren Überprüfung man aber leider feststellen muss, dass sie nicht erfüllt ist:

$$\overline{r_P} = x_1 \overline{r_1} + x_2 \overline{r_2} + x_3 \overline{r_3} = 1 \cdot 0{,}2 + 1{,}2 \cdot 0{,}12 - 2{,}2 \cdot 0{,}18 = -0{,}052.$$

$A_1 + 1{,}2 A_2 - 2{,}2 A_3$ ist also kein Beinahe-Arbitrageportfolio, sondern das genaue Gegenteil: es erwirtschaftet fast sicher Verlust! Damit sind wir aber dennoch fast am Ziel, denn wenn eine Position Verlust bringt, bedeutet das für die Gegenposition Gewinn. Es müssen also nur die Vorzeichen geändert werden:

$$AP := -P = -A_1 - 1{,}2 A_2 + 2{,}2 A_3$$

ist ein Beinahe-Arbitrageportfolio. Es hat einen erwarteten Gewinn von 0,052 Geldeinheiten mit einer „kleinen" Varianz des Gewinns:

$$\begin{aligned}\sigma_{AP}^2 &= (-2 - 1{,}2 \cdot 0{,}9 + 2{,}2 \cdot 1{,}4)^2 \sigma_I^2 + 1^2 \sigma_{\varepsilon_1}^2 + 1{,}2^2 \sigma_{\varepsilon_2}^2 + 2{,}2^2 \sigma_{\varepsilon_3}^2 \\ &= \sigma_{\varepsilon_1}^2 + 1{,}44 \sigma_{\varepsilon_2}^2 + 4{,}84 \sigma_{\varepsilon_3}^2\end{aligned}$$

Wie kann man nun dieses Portefeuille nutzen, um sein eigenes zu verbessern? Nehmen wir z.B. an, ein Investor besitze momentan ein Portfolio P_0, das aus jeweils 3.400 Einheiten der Anlageformen A_1, A_2 und A_3 besteht:

$$P_0 = 3.400 A_1 + 3.400 A_2 + 3.400 A_3$$

Dann verbessert jede Addition eines positiven Vielfachen $k \cdot AP$ von AP die Struktur seines Portfolios, d.h. sie erhöht die zu erwartende Rendite, ohne das systematische Risiko zu erhöhen. Dieser Effekt ist umso stärker, je größer k ist. Nehmen wir an, der Investor wolle aus irgendwelchen übergeordneten Gründen von jeder Anlageform mindestens 1.000 Einheiten behalten. Das hat zur Folge, dass er maximal 2.400 Einheiten A_2 verkaufen kann, und das bedeutet, dass er höchstens $2.000 AP$ zu seinem Portfolio addieren kann. Diese Aktion soll jetzt in ihren Auswirkungen untersucht werden.

Die Addition von $2.000 AP$ bedeutet, dass der Investor folgende Transaktionen durchführen muss:

alter Bestand	Aktion	Erlös	neuer Bestand
$3.400 A_1$	Verkauf von 2.000 Einheiten A_1	2.000	$1.400 A_1$
$3.400 A_2$	Verkauf von 2.400 Einheiten A_2	2.400	$1.000 A_2$
$3.400 A_3$	Kauf von 4.400 Einheiten A_3	-4.400	$7.800 A_3$
	Summe	0	

Die Transaktionen kosten also in der Summe nichts. Dies entspricht der Tatsache, dass AP keinen Kapitaleinsatz erfordert. Der Investor besitzt jetzt das Portefeuille

$$P_1 = P_0 + 2.000 \, AP = 1.400 A_1 + 1.000 A_2 + 7.800 A_3$$

Die wertmäßige Struktur seines Portfolios hat sich von

$$[P_0] = \frac{1}{3}[A_1] + \frac{1}{3}[A_2] + \frac{1}{3}[A_3]$$

zu

$$[P_1] = \frac{7}{51}[A_1] + \frac{5}{51}[A_2] + \frac{39}{51}[A_3] \approx 0{,}137\,[A_1] + 0{,}098\,[A_2] + 0{,}765\,[A_3]$$

gewandelt. Für die zu erwartenden Renditen berechnet man:

$$\overline{r_{P_0}} = \frac{1}{3}(0{,}2 + 0{,}12 + 0{,}18) = \frac{0{,}50}{3} \approx 16{,}7\%$$

$$\overline{r_{P_1}} = \frac{7}{51} 0{,}2 + \frac{5}{51} 0{,}12 + \frac{39}{51} 0{,}18 = \frac{9{,}02}{51} \approx 17{,}7\%$$

Die Varianzen der Rendite der beiden Portefeuilles schließlich sind:

$$\sigma^2_{P_0} = \left(\frac{\beta_1 + \beta_2 + \beta_3}{3}\right)^2 \sigma^2_I + \frac{1}{9}\sigma^2_{\varepsilon_1} + \frac{1}{9}\sigma^2_{\varepsilon_2} + \frac{1}{9}\sigma^2_{\varepsilon_3}$$
$$\approx 2{,}054 \sigma^2_I + 0{,}111 \sigma^2_{\varepsilon_1} + 0{,}111 \sigma^2_{\varepsilon_2} + 0{,}111 \sigma^2_{\varepsilon_3}$$

$$\sigma^2_{P_1} = \left(\frac{7\beta_1}{51} + \frac{5\beta_2}{51} + \frac{39\beta_3}{51}\right)^2 \sigma^2_I + \left(\frac{7}{51}\right)^2 \sigma^2_{\varepsilon_1} + \left(\frac{5}{51}\right)^2 \sigma^2_{\varepsilon_2} + \left(\frac{39}{51}\right)^2 \sigma^2_{\varepsilon_3}$$
$$\approx 2{,}054 \sigma^2_I + 0{,}019 \sigma^2_{\varepsilon_1} + 0{,}010 \sigma^2_{\varepsilon_2} + 0{,}585 \sigma^2_{\varepsilon_3}$$

Das systematische Risiko beider Portfolios ist also gleich, sie unterscheiden sich lediglich in den durch die $\sigma^2_{\varepsilon_i}$ ausgedrückten individuellen Risiken.

Die Arbitrage-Preistheorie (APT) besagt nun, dass in einer Situation wie in dem Beispiel viele Investoren diese Beinahe-Arbitragemöglichkeit nutzen werden. Als Folge davon werden die Preise von A_1 und A_2 sinken und der von A_3 steigen. Dies bewirkt dann, dass sich die zu erwartende Rendite von A_1 und A_2 erhöht, wohingegen die von A_3 sinken wird. Dadurch wird die Arbitragemöglichkeit rasch verschwinden.

Es stellt sich nun die Frage, wie denn im Rahmen der APT ein Gleichgewichtszustand aussieht, d.h. wodurch ein Wertpapiermarkt charakterisiert ist, der keine Beinahe-Arbitragemöglichkeiten beinhaltet. Im Einfaktormodell ist die Antwort wie folgt (ohne Beweis): Es muss eine Zahl λ_1 geben, so dass (zumindest näherungsweise) für alle Anlageformen A_i gilt:

$$\overline{r_i} = r_f + \lambda_1 \beta_i$$

Hierbei ist wie üblich $\overline{r_i}$ die erwartete Rendite von A_i und r_f die risikolose Rendite.

Dieses Ergebnis verallgemeinert sich auf naheliegende Weise auf sogenannte Mehrfaktormodelle: Ausgehend von einem Ansatz

$$r_i = \alpha_i + \beta_{i,1} F_1 + \ldots + \beta_{i,r} F_r + \varepsilon_i$$

für die Rendite der Anlageform A_i in Abhängigkeit von r Faktoren $F_1, \ldots, F_r$ und der Rendite r_f einer risikolosen Anlageform gelangt man für den Gleichgewichtszustand zu der Gleichung

$$\overline{r_i} = r_f + \lambda_1 \beta_{i,1} + \ldots + \lambda_r \beta_{i,r}$$

mit von A_i unabhängigen Werten für $\lambda_1, ..., \lambda_r$.

Will man die APT in der Praxis erfolgreich einsetzen, so muss man die richtigen Marktfaktoren finden. Es hat dazu Untersuchungen mehrerer Autoren mit z.T. deutlich unterschiedlichen Ergebnissen gegeben. Vorgeschlagen werden meistens drei bis fünf Faktoren wie z.B.

- industrielle Wachstumsraten
- Zinssätze (kurz-, langfristig)
- Zinsdifferenzen (z.B. zwischen Anleihen niedriger und hoher Bonität)
- Inflationsraten
- sonstige ökonomische Daten wie z.B. die Veränderungsrate der Ölpreise

Hat man sich auf die Marktfaktoren festgelegt, besteht das nächste Problem in der Bestimmung der zu erwartenden Entwicklung der Faktoren und der Koeffizienten $\beta_{i,j}$, die die Sensitivität der Anlageformen A_i bezüglich der Faktoren F_j ausdrücken. Hierzu werden in der Regel komplexe Computerprogramme eingesetzt, die versuchen, diese Werte möglichst zuverlässig durch die Analyse einer enormen Menge von Vergangenheitsdaten zu erhalten. Dies macht es in der Summe recht schwer, die APT in der Praxis einzusetzen. Ein Aktienfondsmanager hingegen, der in Vereinfachung des CAPM das Marktportfolio mit einem Aktienindex wie beispielweise dem S&P500 oder dem DAX gleichsetzt, hat es da vergleichsweise leichter.

So geht denn auch der konsequenteste bekannte Vorstoß, Fondsmanagement mit Hilfe der APT zu betreiben, auf Stephen Ross, den Erfinder der Arbitragepreistheorie zurück (Roll & Ross Asset Management Corporation, gegründet 1986). Eine ausführlichere Darstellung der APT, in der auch auf die Beziehung zwischen APT und CAPM, die nebeneinander ihre Gültigkeit haben können, eingegangen wird, findet man in [54] und der dort angegebenen weiterführenden Literatur.

Bemerkung 37 *Der Begriff der Arbitrage steht eigentlich für risikolosen Gewinn. „Beinahe-Arbitrage" schwächt diesen Begriff schon ab, indem ein vermeintlich vernachlässigbares Restrisiko akzeptiert wird. In der Praxis (nicht unbedingt der APT) wird dieser Begriff häufig noch weiter abgeschwächt und kann manchmal schon fast als Synonym für Spekulation angesehen werden. Beispiele dafür gibt es genug. Nick Leeson z.B., der mit seinen Transaktionen 1995 die renommierte Barings Bank in den Ruin führte, hatte die Aufgabe, Arbitrage zu betreiben.*
Das Risiko ist hierbei auch in dem Wesen der Arbitrage begründet. Reale Arbitragemöglichkeiten oder Beinahe-Arbitragemöglichkeiten haben in der Regel nur eine kleine Gewinnspanne, so dass der Einsatz sehr hoher Beträge erforderlich ist, um ein nennenswertes Plus zu erzielen. Dies bedeutet aber, dass aus dem vermeintlich kleinen Restrisiko durch einen großen Faktor möglicherweise ein extrem hohes Risiko entstehen kann. Dies musste auch schon so mancher hochqualifizierte Wissenschaftler erfahren, der versuchte, seine Erkenntniss in der Praxis gewinnbringend einzusetzen. Ein Paradebeispiel hierzu lieferten die beiden Nobelpreisträger R. Merton und M. Scholes, deren zusammen mit F. Black entwickelte Ideen Hauptthema dieses Buches sind. Sie gehörten zu den Entwicklern

der Strategie des Long-Term Capital Management (LTCM), einem sogenannten Hedge-Fonds, der sich zum Ziel gesetzt hatte, risikolos hohe Gewinne zu erzielen. Von 1994 bis 1997 funktionierte dies auch fantastisch. Nahezu gleichmäßig konnte in diesem Zeitraum das von den Investoren eingesetzte Vermögen fast verdreifacht werden, bis dann im Jahr 1998 der große Einbruch kam. Im August kam es zu einem Verlust von 44% des Fondvermögens und am 23. September 1998 konnte der Konkurs des Unternehmens nur durch massive Hilfe von Großbanken und nur um den Preis des Verlusts der Selbstständigkeit der Firma verhindert werden.

So faszinierend der Gedanke auch ist, durch ein hochwissenschaftliches Modell mit komplizierten Computerprogrammen unabhängig von der Marktentwicklung fast risikolos Gewinne zu erwirtschaften, so trügerisch kann sich ein solches Modell der Beinahe-Arbitrage auch erweisen, denn - wie schon oben gesagt - die Grenzen zwischen Beinahe-Arbitrage und Spekulation sind fließend. Jedem solchen Modell liegen Systemannahmen zugrunde und die Risikolosigkeit eines Portfolios ist in der Regel nur gegeben, wenn die Systemannahmen stimmen. So ist eine Beinahe-Arbitragestrategie möglicherweise nicht spekulativ in Bezug auf eine Marktentwicklung im Sinne steigender oder fallender Aktienkurse oder Zinsen, aber sie ist sehr wohl spekulativ in Bezug auf die Aussagekraft der Systemvoraussetzungen und die haben in der Regel nicht annähernd die Evidenz von Naturgesetzen. Zur Ehrenrettung der APT ist allerdings zu sagen, dass im Gegensatz zu LTCM Roll & Ross die Turbulenzen des August 1998 gut überstanden haben, und zur Ehrenrettung dieses Buches ist zu sagen, dass es nicht die Anwendung der hier in den kommenden Kapiteln dargestellten Ergebnisse von Merton, Scholes (und Black) war, die LTCM ins Verderben stürzte.

3.2 Elementare Derivate

Wir verlassen nun das Gebiet der Kapitalmarkttheorien wie CAPM oder APT und wenden uns den Derivaten zu. Gleichzeitig geben wir damit die bisher eingenommene strikte Einperiodensicht auf, was nicht ausschließt, dass wir immer wieder Situationen antreffen werden, in denen es zweckmäßig ist, bestimmte Zeiträume als Perioden anzusehen. Verbindendes Glied zwischen den beiden Teilen dieses Kapitels ist der Begriff der Arbitrage. Der Arbitragegedanke oder vielmehr die Überlegung, dass ein Kapitalmarkt im Gleichgewichtszustand keine Arbitragemöglichkeiten enthalten kann, ist fundamental für die Bewertung von Derivaten, die grundsätzlich verschieden ist von der Bewertung „eigenständiger" Wertpapiere. Während der Kurs einer Aktie sich aus der Einschätzung des wirtschaftlichen Werts des zugehörigen Unternehmens durch die Marktteilnehmer ergibt, ist der Schlüssel für die Derivatebewertung allein die (zumindest zu einem Zeitpunkt gegebene) eindeutige Abhängigkeit des Derivatwerts von überprüfbaren Daten des Basiswerts wie zum Beispiel dem Preis. Dies ermöglicht es, unterschiedliche Portfolios (allgemeiner: Handelsstrategien) zusammenzustellen, die zu einem bestimmten Zeitpunkt mit Sicherheit den gleichen Wert haben werden. Daraus folgt, dass sie zu jedem früheren Zeitpunkt auch den gleichen Wert haben müssen. Wäre das nämlich nicht der Fall, so ließe sich durch Kauf des billigeren und Verkauf des teureren Portfolios ein Arbitragegewinn erzielen. Bei einfachen Derivaten wie Forwards und Futures gelangt man (unter nur wenigen erforderlichen Voraussetzungen) auf diese Weise zu einem eindeutigen Preis. Beginnen wir also mit der Vorstellung dieser fundamentalen Derivate und einiger grundlegender Begriffe zu Derivaten allgemein!

3.2.1 Termingeschäfte

Grundbegriffe

Ein **Finanz-Derivat (Derivat, derivatives Instrument)** ist ein Finanzinstrument, dessen Wert von einem anderen Finanzinstrument abhängig ist. Dieses andere Instrument wird als **Basisinstrument** oder **Basiswert (underlying, underlying instrument)** bezeichnet. Derivate beinhalten ein Recht oder eine Verpflichtung in Bezug auf ihr Basisinstrument.

Ein derivatives Geschäft wird zwischen zwei Vertragspartnern mit gegenläufigen Interessen geschlossen. Durch die Erfüllung des Geschäfts werden üblicherweise nur die Vermögensverhältnisse dieser beiden Geschäftspartner berührt. Es findet eine reine Umverteilung zunächst von Risikopositionen und anschließend von Vermögenswerten zwischen diesen beiden Partnern statt. Dem Markt werden keine neuen Vermögenswerte hinzugefügt oder weggenommen.

Eine wichtige Unterscheidung liegt darin, ob nur ein Recht (und somit für den Geschäftspartner nur eine Verpflichtung) Gegenstand des Geschäfts ist, oder ob sowohl Recht als auch Pflicht Grundlage des Geschäfts sind. Wenn beide Seiten betroffen sind, handelt es sich bei dem Derivat um ein „Termingeschäft":

Definition 38 *Ein **Termingeschäft** ist eine verbindliche Vereinbarung zwischen zwei Partnern über den Kauf einer bestimmten Ware, dem **Basiswert**, in einer festgelegten Menge zu einem bestimmten Preis (**Ausübungspreis**) zu einem bestimmten zukünftigen Zeitpunkt, dem **Fälligkeitstermin**.*

Für die vorgestellten Begriffe sind eine Reihe weiterer Bezeichnungen üblich. Anstelle von einem Termingeschäft spricht man auch von einem **Forward(kontrakt)** oder von einem **Terminkauf** bzw. **Terminverkauf**. Der Basiswert wird auch als **Basisinstrument** oder **Underlying** bezeichnet. Der Ausübungspreis (engl. **delivery price**) heißt auch **Basispreis**, und für den Fälligkeitstermin ist auch die englische Bezeichnung **maturity** üblich.

Grundsätzlich sind Termingeschäfte für beliebige Basisinstrumente denkbar. Zunächst denkt man im Finanzbereich an Termingeschäfte, denen die klassischen Finanzmarktinstrumente wie Aktien, Zinsen oder Devisen zugrunde liegen. Darüber hinaus sind allerdings häufig Waren (engl. *commodities*) - wie Zucker, Kupfer, Aluminium, die berühmten Schweinebäuche und viele weitere - Basisinstrumente für Termingeschäfte. Auf die Motive der Marktteilnehmer, die zum Abschluss von Termingeschäften führen, werden wir später eingehen.

Beispiel 39 *Die Telekom-Aktie hat am 13.8. den Kurs 19,80 €. Die Partner A und B vereinbaren, dass A an B am 10.7. des Folgejahrs 10.000 Telekom-Aktien zum Preis von 21 € je Aktie verkauft.*

3.2 Elementare Derivate

Bei Termingeschäften wird in der Regel bei Geschäftsabschluss keine Zahlung geleistet. Alle mit dem Geschäft verbundenen Zahlungen und Lieferungen finden bei Fälligkeit, am vereinbarten Termin statt.

Forward-Kontrakte werden häufig auch als **symmetrische Derivate** bezeichnet, weil beide Vertragspartner sowohl Gewinnchancen als auch Verlustrisiken in Bezug auf den bei Geschäftsabschluss ungewissen Gegenwert des Basisinstruments bei der Erfüllung des Geschäfts tragen. Trotz dieser Symmetrie gibt es unterschiedliche Namen für die beiden Vertragspartner. Der Verkäufer, also derjenige, der den Basiswert zum Fälligkeitstermin bereitstellen muss, hat die sogenannte **Short-Position**, wohingegen der zukünftige Käufer des Underlyings die **Long-Position** einnimmt. Diesen Bezeichnungen liegt die Vorstellung zugrunde, dass der Käufer (trotz der Symmetrie) am längeren Hebel sitzt. Denn sein Risiko ist in der Höhe begrenzt durch den vereinbarten Basispreis. Der aus seiner Sicht schlimmste Fall tritt ein, wenn zum Fälligkeitstag der Basiswert völlig wertlos ist, also auf dem Markt umsonst erhalten werden kann. Dem gegenüber hat der Verkäufer ein unbegrenztes Verlustrisiko, wenn der Kurs des Basisinstruments ins Unermessliche wächst und man ihm unterstellt, dass er sich die Ware erst bei Fälligkeit auf dem Markt besorgt. Bezeichnet man den vereinbarten Basispreis mit K und den Wert des Underlyings S am Fälligkeitstag T mit $S(T)$, so ergibt sich als Wert (**Payoff**) der Long-Position an diesem Tag die Größe $S(T) - K$. Für die Short-Position ist es bis auf das Vorzeichen der gleiche Wert $K - S(T)$, denn selbstverständlich sind Gewinn des einen und Verlust des anderen Vertragspartners genau gegenläufig. Die folgende Grafik zeigt die beiden Gewinn-/Verlustprofile in Abhängigkeit von $S(T)$ (links Short-Position, rechts Long-Position). Beide Geraden schneiden bei $K = S(T)$ die x-Achse.

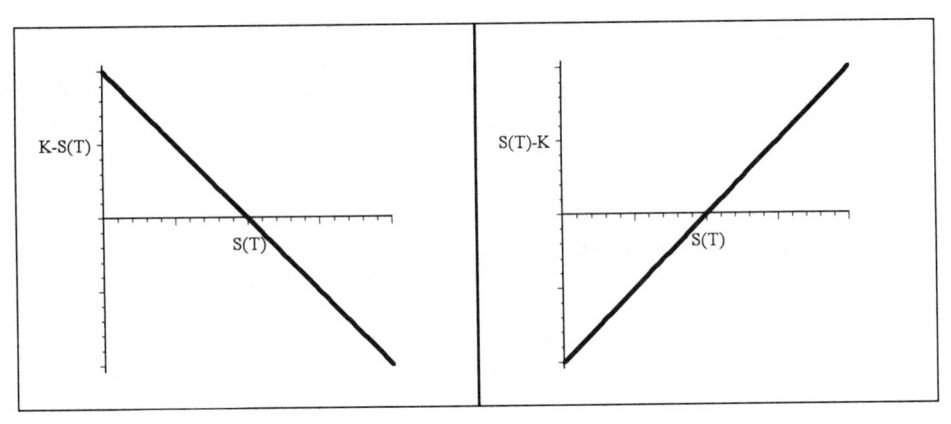

Die naheliegende Frage zur Beurteilung von Termingeschäften ist, welchen Basispreis man denn vereinbaren sollte. Genauer: Gibt es objektive Kriterien, die es ermöglichen, einen eindeutigen „richtigen" oder „fairen" Preis zu vereinbaren? Wir werden in Abschnitt 3.3 sehen, dass das in vielen Fällen mit Hilfe elementarer Arbitrageargumente in der Tat möglich ist und führen schon an dieser Stelle eine Bezeichnung für diesen fairen Preis ein:

Definition 40 *Der **Forwardpreis** oder **Terminpreis** zum Fälligkeitstermin T einer Ware S im Zeitpunkt t ist der zum Zeitpunkt t in einem fairen Termingeschäft mit Fälligkeit T zu vereinbarende Ausübungspreis für eine Einheit S.*

Man kann auch sagen, der Forwardpreis einer Ware ist der Basispreis, der einem Forward-Kontrakt mit diesem Basispreis den aktuellen Wert null gibt. Dass ein Forward-Kontrakt den Wert null hat, ist in der Regel aber nur für eine kurze Zeit der Fall, denn der Forwardpreis ändert sich laufend, abhängig von den Kursschwankungen des Underlyings. Hieraus folgt, dass ein Termingeschäft meistens nur zum Zeitpunkt des Abschlusses den Wert null hat. Danach entwickelt sich ein positiver oder negativer Wert, wobei die beiden Positionen „long" und „short" natürlich immer den genau gegenläufigen Wert haben.

Forward-Kontrakte sind in der Regel individuelle Vereinbarungen (**OTC-Geschäfte**, OTC = over the counter). Um die Liquidität in Termingeschäften zu erhöhen und sie börslich handelbar zu machen, müssen sie standardisiert werden. Darüber hinaus sind Vorkehrungen erforderlich, die das Risiko minimieren, dass der Geschäftspartner seine Verpflichtungen nicht erfüllt oder nicht erfüllen kann (**Adressausfallrisiko**). Diese standardisierten Termingeschäfte werden als **Futures** bezeichnet. Sie werden in Abschnitt 3.2.2 genauer vorgestellt.

Im Gegensatz bzw. in Erweiterung zu den Termingeschäften wird bei sogenannten **Optionen** (engl. **options**) für eine der beiden Parteien nur das Recht (Käufer der Option) und für den Geschäftspartner nur die Verpflichtung zur Erfüllung des später eventuell anfallenden Geschäfts vereinbart.

Beispiel 41 *A erhält das Recht, von B die SAP-Aktie in einem Jahr zum Preis von 135 Euro zu kaufen. Dann wird A dieses Recht nur ausüben, wenn der Kurs der Aktie in einem Jahr größer als 135 Euro ist, anderfalls kann er die Aktie am Markt billiger erwerben und lässt sein Optionsrecht gegenüber B verfallen.*

Diese Derivate werden auch als **bedingte Termingeschäfte** oder engl. **contingent claims** bezeichnet, da die Erfüllung zum vereinbarten Termin nur bei Eintritt einer bestimmten Bedingung stattfindet. Andernfalls verfällt das Optionsrecht. Im Gegensatz zu den Forwards kann man aufgrund der gravierenden Asymmetrie der Risikoverteilung zwischen den Vertragspartnern eine Option nicht umsonst erwerben. Der Käufer des Optionsrechts muss daher in der Regel bereits bei Abschluss der Vereinbarung den Verkäufer für das von diesem übernommene Risiko entschädigen. Dieser Kaufpreis einer Option heißt auch **Optionsprämie**.

Auf Optionen werden wir im nächsten Kapitel ausführlich eingehen. Wir werden sehen, dass die elementaren Arbitrageargumente, die bei Terminkontrakten zur exakten Preisbestimmung ausreichen, bei Optionen nur zu Schranken für ihre Preise führen. Zu ihrer punktgenauen Bewertung sind weitergehende Annahmen in Kombination mit weitergehenden Arbitragetechniken erforderlich. Dies wird Thema aller danach folgenden Kapitel sein.

In den Kapitalmärkten hat sich inzwischen eine Vielzahl von Derivaten entwickelt, die prinzipiell alle auf die beiden o.a. Formen zurückgehen, andererseits aber durch bestimmte Feinheiten in einzelnen Marktsegmenten zu unterscheiden sind. Einige Sonderformen, sogenannte exotische Derivate, werden wir in Kapitel 11 vorstellen.

Marktteilnehmer

Bei einem Termingeschäft erhalten beide Vertragspartner bereits heute Sicherheit über die Höhe des Preises, der für das zugrunde liegende Basisinstrument am vereinbarten

3.2 Elementare Derivate

Termin zu zahlen ist. So kann sich z.B. der Produzent eines bestimmten Gutes vor Produktionsbeginn einen festen Preis sichern und erhält dadurch eine entsprechende Planungsgrundlage, der er die Kosten des Produktionsprozesses gegenüber stellen kann. Um zu ermessen, wie nützlich dies sein kann, versetze man sich z.B. gedanklich in die Lage eines Anlagenbauers, der Saudi-Arabien ein Angebot für den Bau etwa eines großen Kraftwerks unterbreiten soll. Solche Angebote sind üblicherweise in US-$ zu erstellen und mit der Bezahlung kann erst zu einem sehr viel späteren Zeitpunkt gerechnet werden. Selbst bei einer frühzeitigen Bezahlung nach Fertigstellung einzelner Bauabschnitte besteht ein erhebliches Währungsrisiko, das durch den Zeitraum zwischen Angebotserstellung und Auftragsvergabe noch erhöht wird. Dieses Risiko kann mit Hilfe von Termingeschäften (oder auch Optionen) minimiert werden.

Aber auch Privatpersonen können von Termingeschäften profitieren. Bei Hypothekendarlehen zur Finanzierung von Hauskäufen werden in der Regel die Zinsen nur über einen Zeitraum von höchstens zehn Jahren festgeschrieben. Nach Ablauf dieser Zeit werden die Konditionen an die dann aktuellen Marktgegebenheiten angepasst und erneut für einen gewissen Zeitraum festgeschrieben. Das kann für den Hauseigentümer bei gestiegenen Zinsen sehr unangenehm sein, so dass sich sicher so mancher aus Angst vor steigenden Zinsen gerne frühzeitig akzeptable Zinsen sichert. Dies wird den Darlehensnehmern von vielen Hypothekenbanken auch angeboten.

Damit ist bereits eines der Motive für Termingeschäfte und Derivate allgemein genannt: Das Absichern (engl. **Hedgen**) eines Risikos. Das zweite Motiv ist das, an das man wohl als erstes denkt, wenn man zum ersten Mal von Derivaten hört: **Spekulation**. In der Tat ermöglichen Derivate die Teilnahme an zukünftigen Preisbewegungen bei vergleichsweise geringem oder sogar keinem Kapitaleinsatz. Hierzu zwei Beispiele:

Beispiel 42 *Hat eine Aktie am 15. August einen Kurs von 545 €, so kann - abhängig von den Marktparametern - z.B. 552 € der Terminpreis der Aktie für den 10. Dezember sein. Hat die Aktie dann am 10. Dezember den Kurs 600 (das ist eine Steigerung von ca. 10 Prozent), so muss jemand, der am 15.8. eine Long-Position in einem Forward über 1.000 Aktien eingegangen ist, lediglich 552.000 € für die Aktien bezahlen, die er sofort wieder für 600.000 € an der Börse verkaufen kann - und das ohne vorherigen Kapitaleinsatz (sofern keine Sicherheiten zu hinterlegen sind). Fällt der Kurs der Aktie hingegen auf z.B. 500, so ist ein Verlust in Höhe von 52.000 € zu verkraften.*

Beispiel 43 *Noch attraktiver für Spekulanten sind Optionen. An der Terminbörse EUREX Deutschland konnte man z.B. am 15.8.2001 eine Option, die das Recht beinhaltete, eine Volkswagenaktie im Dezember zum Preis von 46 € zu kaufen, für 8,09 € erwerben. Der Kurs der Aktie am gleichen Tag war 52,10 €. Steigt der Kurs der Aktie nun bis zum Dezember um 10 Prozent auf 57,31 €, so führt die Ausübung der Option zusammen mit dem sofortigen Verkauf der Aktie zu einem Erlös von 11,31 €. Dies ergibt für das eingesetzte Kapital (die Optionsprämie) eine Performance von 39,8%. Ist der Aktienkurs im Dezember niedriger, fällt die Rendite natürlich entsprechend geringer aus bzw. ist sogar negativ. Ist der Aktienkurs nicht höher als 46 €, ist das gesamte eingesetzte Kapital verloren. Immerhin kann der Optionskäufer aber pro Aktie nicht mehr als die Optionsprämie verlieren.*

Den Effekt, dass sich Preisbewegungen in Optionen und Derivaten allgemein überproportional niederschlagen, nennt man auch **Hebelwirkung** oder **Leverageeffekt**.

Auch wenn Spekulation nicht unbedingt als die moralisch hochwertigste Form des Broterwerbs gilt, so ist immerhin zu bedenken, dass es für einen Marktteilnehmer nur dann möglich ist, sein Risiko zu senken, wenn ein anderer dafür bereit ist, dieses Risiko zu übernehmen. Dass er das nur bei einer Aussicht auf eine entsprechende Rendite tun wird, ist naheliegend. Natürlich gibt es auch Situationen, in denen Marktteilnehmer gegenläufige Risiken haben, so dass also auch zwei Hedger als Vertragspartner eines Terminkontraktes denkbar sind. In jedem Fall gilt aber, dass ein Markt umso liquider ist, je mehr Teilnehmer er hat.

Die dritte Gruppe von Marktteilnehmern sind die **Arbitrageure**, d.h. die Personen, die nach Arbitragemöglichkeiten suchen und sie ausnutzen, wenn sie welche finden. Auch diesen Marktteilnehmern sei ihr risikoloser Gewinn gegönnt, denn sie sorgen für rationale Preise. Ohne die Annahme nämlich, dass Arbitragemöglichkeiten erkannt und ausgenutzt werden, werden alle in diesem Buch noch folgenden Preisüberlegungen hinfällig.

Kreditrisiken aus Derivaten

Terminkontrakte enthalten neben dem bewusst von den beteiligten Parteien in Kauf genommenen Kursrisiko des Basiswerts weitere Risiken. Hat A z.B. mit B auf naive Art ein Termingeschäft über eine große Anzahl einer bestimmten Aktie abgeschlossen und steigt der Kurs dieser Aktie in unermessliche Höhen, so wird sich mit Näherrücken des Fälligkeitstermins bei A neben der Freude über den Aktienkurs zunehmend die Sorge einstellen, ob denn B seine Verpflichtungen auch erfüllen wird. Selbst wenn B aufgrund gültiger Gesetzesbestimmungen dazu gezwungen ist, bleibt noch die Frage, ob er es überhaupt kann. Die Verpflichtung eines Vertragspartners, bei Fälligkeit eine bestimmte Leistung zu erbringen, stellt für sein Gegenüber das gleiche Ausfallrisiko wie bei der Gewährung eines Kredits dar. Beim Abschluss von OTC-Geschäften ist also grundsätzlich zu beachten, dass die jeweiligen Vertragsparteien entsprechende Kreditlinien füreinander benötigen.

Diese Linien werden mit jedem weiteren Geschäft mehr belastet. Um die Auslastung der Kreditlinien zu reduzieren gibt es unterschiedliche Ansätze. So werden z.B. zunächst im Rahmen sogenannter **Netting-Vereinbarungen** die gegenseitigen Ansprüche aus einem Geschäft miteinander verrechnet, so dass nur die Netto-Verbindlichkeit zu begleichen bleibt. Eine solche Verrechnung ist z.B. bei sog. Zinsswaps üblich, bei denen beide Parteien zu Zinszahlungen, allerdings in unterschiedlicher Höhe verpflichtet sind. Für jeden Zahlungszeitpunkt werden die sich gegenüberstehenden Zinszahlungen miteinander verrechnet.

Ein Netting ist allerdings nur bei reinen Zahlungsverpflichtungen in derselben Währung möglich. Wenn eine der beiden Seiten Geld und die andere das Underlying - wie z.B. Aktien, Waren oder eine andere Währung - liefern muss, scheidet die Möglichkeit des Netting aus.

Eine zweite Stufe der Verrechnung ist die Kompensation verschiedener, gegenläufiger Geschäfte mit demselben Counterpart. Durch Verrechnung der gegenseitigen Zahlungsansprüche wird der Gesamtbetrag der Forderungen meist erheblich verringert.

Wenn trotzdem eine der beiden Parteien eine Nettoverbindlichkeit aufweist, die durch die Kreditlinien der Gegenseite nicht abgedeckt werden, kann diese Partei zur Absicherung des Ausfallrisikos z.B. Wertpapiere auf einem Depot bei dem Gläubiger hinterlegen. Solche Vereinbarungen werden als **Collaterals** bezeichnet.

Eine letzte Möglichkeit zur Verringerung des Kreditrisikos ist der tägliche Ausgleich der durch veränderte Marktwerte hervorgerufenen Schwankungen der Verbindlichkeiten. Diese Ausgleichszahlungen werden als **Margins** bezeichnet. Diese Methode ist die übliche für börsengehandelte Derivate. Sie wird in dem folgenden Abschnitt über Futures detailliert beschrieben.

3.2.2 Futures

Grundlegendes

Da Forwards in der Regel zwischen zwei Vertragspartnern als sogenanntes OTC-Geschäft abgeschlossen werden, muss für jedes Geschäft individuell ein Geschäftspartner gefunden werden. Dies beinhaltet die jeweils neue Diskussion und Festlegung einer Reihe von Details und ist entsprechend aufwendig. Mit dem Abschluss des Kontrakts sind die Probleme nicht vorbei. Will man z.B. ein bestehendes Geschäft vorzeitig auflösen, so muss der ursprüngliche Counterpart erneut angesprochen und für das Vorhaben gewonnen werden.

Um diese Probleme zu umgehen, werden Termingeschäfte auch an Börsen gehandelt. Die Börsen erfüllen dabei insbesondere die Funktion, eine höhere Liquidität in den einzelnen Kontrakten herzustellen. Es entfallen mühsame Detailverhandlungen zwischen den Vertragspartnern, weil die Standardisierung des von der Börse quasi vorgeschlagenen Termingeschäfts den Marktteilnehmern ausreicht. Der Marktteilnehmer verzichtet auf die maßgeschneiderte Lösung zu Gunsten der Einfachheit der Abwicklung, höheren Liquidität und Preistransparenz.

Liquidität erhöht grundsätzlich die Attraktivität eines Marktes. Eine Situation, in der die Marktteilnehmer weitgehend sicher sein können, die gehandelten Produkte jederzeit zu den dann fairen Marktpreisen kaufen und verkaufen zu können, ist für die Teilnehmer äußerst beruhigend. Jeder, der einmal privat in der Situation war, ein Haus oder einen Gebrauchtwagen verkaufen zu müssen, weiß, wie mühsam und nervenaufreibend es sein kann, auf einem illiquiden Markt zu agieren.

Standardisierte Terminkontrakte, die an Börsen gehandelt werden, heißen **Futures** (auch präziser **Financial Futures** wenn der Basiswert ein Finanzinstrument ist). Sie werden in der Regel an speziellen Börsen, sogenannten **Terminbörsen** gehandelt. Wichtige Beispiele für Terminbörsen sind in den USA die *Chicago Board of Trade* (CBOT) und die *Chicago Mercantile Exchange* (CME) und in Deutschland die *Deutsche Terminbörse* (DTB), die seit der Fusion mit der Schweizer SOFFEX (*Swiss Options and Financial Futures Exchange*) zur *Eurex* den Namen *Eurex Deutschland* trägt. An der Eurex Deutschland werden eine Reihe Futures zu Finanzmarktinstrumenten gehandelt, zum Beispiel ein DAX-Future (DAX = Aktienindex basierend auf 30 führenden deutschen Aktien), Geldmarktfutures (z.B. Einmonats-EURIBOR-Future) und diverse Zins-Futures (z.B. Euro-BUND-Future).

Beispiel 44 *Am 21.8.2001 notierte der DAX zum Schluss bei 5216,11. Am gleichen Tag hatten September- und Dezember-Future die Kurse 5250,50 bzw. 5305,50.*

Das Problem bei der Vereinheitlichung von Termingeschäften liegt darin, einen für alle Marktteilnehmer akzeptablen Standard zu finden. Es sind vor allem die folgenden Größen festzulegen:

- **Basiswert:** genaue Spezifikation des Underlyings

- **Kontraktgröße:** Festlegung der kleinsten zu handelnden Einheit; es können nur Vielfache dieser Größe gehandelt werden

- **Auslieferungsbedingungen:** Wann, wo und in welcher Form ist der Basiswert bereitzustellen?

- **Laufzeit:** Zeitraum, in dem der Future gehandelt wird

- **Preis:** Im Gegensatz zu einem Forwardkontrakt wird im Future kein fester Basispreis vereinbart. Als Abrechnungspreis gilt im Grunde stets der aktuell an der Börse gehandelte Kurs des Futures, den wir deshalb mit Futurepreis bezeichnen (vgl. die Ausführungen zu Margins, S. 66f).

Alle diese Punkte erfordern je nach Typ des Underlyings mehr oder weniger komplizierte Regelungen. Die Spezifikation des Basiswerts ist bei Aktien und Aktienindizes einfach, bei Zinsprodukten schon etwas aufwendiger und erfordert bei Handelsware die Angabe präziser Qualitätsanforderungen (s. z.B. [29]).

Die kleinste handelbare Einheit (**Kontraktgröße**) wird in Anpassung an das jeweilige Underlying festgelegt. Beim DAX-Future der Eurex beträgt sie z.B. 25 € je Indexpunkt (Stand: August 2001). Damit hat bei einem DAX-Kurs von 5.200 bereits die kleinstmögliche Future-Position ein Volumen von 130.000 €. Bei einer Notierung bis zu einem halben Punkt als kleinster Einheit ist der Gegenwert der kleinsten Kursbewegung somit 12,50 €.

Bei einem Euro-BUND-Future entspricht die Kontraktgröße 100.000 € nominal einer (hypothetischen) 6%-Bundesanleihe mit einer Restlaufzeit zwischen $8\frac{1}{2}$ - $10\frac{1}{2}$ Jahren. Der zunächst möglicherweise entstehende Eindruck sehr großer Kontraktgrößen relativiert sich schnell, wenn man bedenkt, dass es letztlich nur um die Kursveränderungen geht (s. Erläuterungen zum Marginssystem).

Die Auslieferungsbedingungen sind vor allem bei Termingeschäften zu Waren problematisch, deren Bereitstellung, Lagerung und Transport aufwendig ist. So ist es häufig nicht praktikabel, einen genauen Auslieferungszeitpunkt zu bestimmen. Es wird dann lediglich ein Auslieferungszeitraum festgelegt, den der Verkäufer der Ware zu seinen Gunsten nutzen kann, der aber die korrekte Preisfindung erschwert.

Bei der Standardisierung der für die Termingeschäfte zu Finanzinstrumenten relevanten Termine wird häufig eine Staffelung von Monaten und im mittelfristigen Bereich ein dreimonatiger Rhytmus gewählt. Für das konkrete Datum innerhalb des Monats wird nach Tagen gesucht, die möglichst selten durch Feiertage und sonstige Ereignisse berührt werden, die zu Verschiebungen bzw. Korrekturen bei den zu standardisierenden Termingeschäften führen würden. Aus diesem Grund hat man sich z.B. an der Chicago Mercantile Exchange im Geldmarktbereich *International Money Market* für den jeweils dritten Mittwoch im Monat als Standard-Fälligkeitstag entschieden. Diese Tage werden als sogenannte *IMM-Dates* bezeichnet und dienen inzwischen vielen standardisierten Finanzkontrakten auch außerhalb des Geldmarkts als Grundlage.

3.2 Elementare Derivate

Die Auslieferung kann sehr vereinfacht werden, indem an Stelle der Bereitstellung des Basiswerts ein **Barausgleich** vereinbart wird. Das bedeutet, dass der Verkäufer des Termingeschäfts dem Käufer am Fälligkeitstermin die Differenz zwischen dem vereinbarten Preis und dem aktuellen Marktpreis zahlt (ist die Differenz negativ, so bedeutet das natürlich eine Zahlung in der umgekehrten Richtung). Ist das Basisinstrument zum Beispiel ein Index, so ist dieses Verfahren sehr viel unkomplizierter als die (exakt gar nicht mögliche) Übergabe der in dem Index enthaltenen Werte in der genau richtigen Zusammensetzung. Bei Index-Futures ist daher der Barausgleich die Regel. In Kombination mit den Marginzahlungen bewirkt dies, dass am Fälligkeitstag eigentlich gar nichts passiert außer dass die Marginzahlungen mit dem Folgetag aufhören (s.u.).

Clearingstellen und Market-Maker

Die Börsen, an denen Futures gehandelt werden, fungieren in der Regel als sogenannte **Clearingstellen**, d.h. sie sind so aufgebaut, dass zum Abschluss eines Kontrakts kein direkter Kontakt zwischen den beiden Vertragspartnern erforderlich ist. Es kommt noch nicht einmal zu einem Vertrag zwischen den beiden. Stattdessen werden zwei Verträge mit der Clearingstelle abgeschlossen. Dies funktioniert wie folgt: Nehmen wir an, es gibt einen Interessenten für eine Long-Position in einem bestimmten Future und einen Interessenten an der Short-Position in dem gleichen Future. Beide melden (unabhängig voneinander) ihr Interesse bei der Clearingstelle in Form eines in der Regel mit einem Preislimit versehenen Gebots an. Passen die Preisvorstellungen zusammen (und gibt es auf keiner der beiden Seiten weitere, besser passende Interessenten), so schließt nun die Clearingstelle mit beiden Interessenten je einen Vertrag gleichen Inhalts ab, wobei sie einmal die Short- und einmal die Long-Position einnimmt, so dass sich die beiden Positionen also exakt ausgleichen.

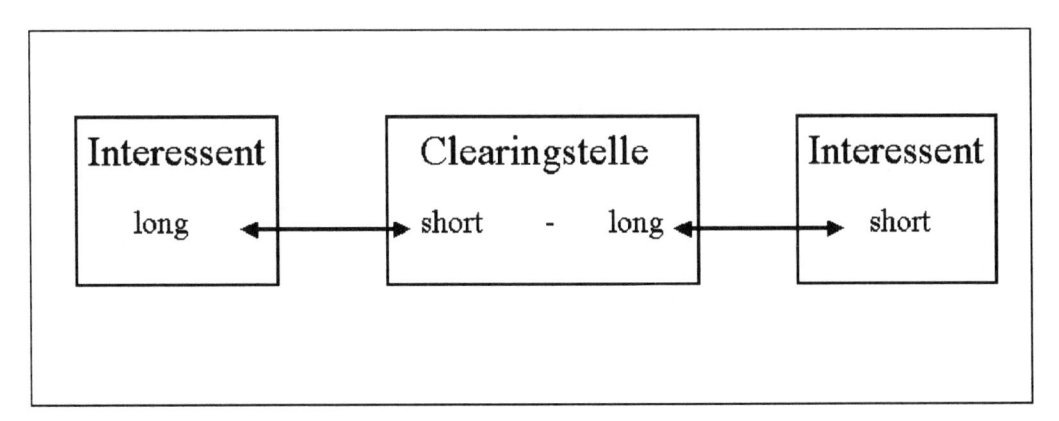

Abbildung 3.1 Funktionsweise einer Clearingstelle

Auf diese Weise kann während der Laufzeit des Futures die eine oder die andere Vertragsseite ein- oder mehrmals wechseln, ohne dass der andere davon erfährt oder sich sogar damit auseinander setzen muss. Durch eine Order der gegenseitigen Position mit dem Vermerk „schließen" hat so jeder Partner auch stets die Möglichkeit, seine Position zu schließen (man sagt auch glattzustellen), sofern sich ein Marktteilnehmer passend zu seinen Preisvorstellungen findet.

Da jeder „echte" Marktteilnehmer nur einen Vertrag mit der Clearingstelle, also der Terminbörse hat, braucht er sich auch keine Sorgen um das mit dem Terminkontrakt verbundene Kredit- oder Erfüllungsrisiko zu machen. Clearingstellen haben nämlich sogenannte **Teilnehmer** (Banken und andere große Geldinstitute), die hohe Sicherheiten aufzubringen haben. Nur diese Teilnehmer dürfen direkt Handel über die Clearingstelle betreiben, es ist ihnen aber erlaubt, Nichtteilnehmern den Handel über sie zu ermöglichen. Hierbei sind von den Nichtteilnehmern Sicherheitsleistungen zu erbringen, die einen von der Clearingstelle vorgegebenen Mindeststandard nicht unterschreiten dürfen. Diese Sicherheitsleistungen sind in der Regel die bereits mehrfach zitierten Margins.

Das System der Clearingstellen leistet also einen wesentlichen Beitrag zur Steigerung der Markteffizienz und der Erfüllungssicherheit. Dadurch fördert es natürlich auch die Liquidität des Marktes. Dennoch kann es sein, dass zu einem bestimmten Zeitpunkt kein Marktteilnehmer Interesse an einer bestimmten Position eines bestimmten Kontrakts hat. Für diese Situation gibt es sogenannte **Market-Maker**. Dies sind Händler, die sich gegenüber der Clearingstelle verpflichtet haben, bei Anfragen zu bestimmten Derivaten immer einen Preis zu stellen. Um möglichst faire Preise zu fördern, sieht das System vor, dass ein Market-Maker bei einer Anfrage nicht weiss, ob Interesse an einem Kauf oder einem Verkauf besteht. Er muss also sowohl einen Kauf- als auch einen Verkaufspreis stellen, wobei ihm eine gewisse Marge zugebilligt wird. Normalerweise funktioniert dieses System recht gut, aber in spannenden Zeiten weiß natürlich jeder Händler, welche Marktseite unter Druck steht und kann dies bei der Preisbildung berücksichtigen. Und wenn es ganz turbulent zugeht, ist es manchem vielleicht lieber, den Status und die Privilegien eines Market-Makers zu verlieren als enorme Verluste einzufahren.

Margins

Margins sind Beträge, die zur Sicherung der Zahlungsverpflichtungen aus einem Kontrakt auf einem dafür speziell eingerichteten Konto einzuzahlen sind. Üblicherweise wird ein gemischtes System aus „Initial-Margins" und „Variation-Margins" angewandt. Die **Initial-Margin** wird bei Geschäftsabschluss sofort fällig, um bereits vor dem Auftreten der ersten Bewertungsschwankungen einen Sicherheitspuffer aufzubauen. Die **Variation-Margin** stellt nun die laufende Anpassung der Margin an die aktuelle Marktbewertung unter Berücksichtigung des bereits vorhandenen Puffers dar. Der Puffer kann sich im Zeitablauf je nach Entwicklung der Bewertung des Termingeschäfts erhöhen oder verringern.

Typischerweise sieht dies bei einem Financial Future unabhängig davon, ob man eine Short- oder Long-Position einnimmt so aus: Bei Eingehen einer Future-Position, die ja abgesehen von Transaktionskosten zunächst keinen Kapitaleinsatz erfordert, muss das Marginkonto die gemäß der vereinbarten (d.h. von der Bank oder indirekt der Clearingstelle vorgeschriebenen) Initial-Margin erforderliche Deckung aufweisen. Am Abend des Tages ist dann schon die erste Variation-Margin in Form eines **Mark-to-Market**[3] fällig. Der Kauf- bzw. Verkaufspreis des Futures wird mit dem **Settlementpreis** verglichen.

---
[3] Mark-to-Market = Bewertung der Position zum Marktpreis

3.2 Elementare Derivate

Dies ist der in der letzten Phase des Börsentages typischerweise gehandelte Preis. Die sich ergebende Differenz wird dem Marginkonto entnommen bzw. gutgeschrieben. Es wird im Grunde so getan, als ob die Future-Position zum Settlementpreis glattgestellt und sofort wieder neu eröffnet würde. Dieses Mark-to-Market-Verfahren wird nun an jedem folgenden Börsentag wiederholt, wobei jetzt immer der aktuelle Settlementpreis mit dem des Vortages verglichen wird. Hierbei ändert sich laufend der Kontostand des Marginkontos. Bei einer ungünstigen Entwicklung kann es nun (u.U. mehrfach) passieren, dass dieser Kontostand unter eine bestimmte, vorher festgelegte kritische Grenze (**Maintenance-Margin**) sinkt, d.h. es droht, dass der hinterlegte Sicherheitsbetrag nicht ausreicht, um die Verluste abzudecken. In dieser Situation erfolgt von der Bank an den Kunden ein **Margin-Call**. Das ist die Aufforderung, das Marginkonto wieder bis zur Höhe der Initial-Margin aufzufüllen. Kommt der Kunde dieser Aufforderung nicht in kurzer Zeit nach, schließt die Bank eigenmächtig den Future-Kontrakt.

Umgekehrt kann eine günstige Entwicklung dazu führen, dass der Kontostand des Marginkontos über die Höhe der Initial-Margin hinaus steigt. Dann ist der Kunde berechtigt, über diesen überschüssigen Betrag frei zu verfügen.

Für die vorzeitige Schließung des Kontrakts ist in der Regel kein großer Betrag erforderlich, denn es ist immer nur die Differenz zwischen dem aktuell gültigen Futurepreis und dem Settlementpreis des Vortages zu zahlen. Das gleiche gilt, wenn der Future regulär ausläuft. Mit abnehmender Restlaufzeit nähert sich der Futurepreis immer mehr dem Kassakurs des Underlyings an (s. Preisformeln unten) und gleicht diesem am Fälligkeitstag trivialerweise völlig. Ist für den Kontrakt Barausgleich vereinbart, so ist beim Auslaufen also nur noch einmal ein Mark-to-Market in Höhe der Differenz zwischen Kassakurs des Basiswerts und dem Settlementpreis des Vortages erforderlich.

Zusammenfassend ist zu sagen: Durch das Mark-to-Market-System entsteht bei einem Future ein Zahlungsstrom, der der folgenden Vorgehensweise entspricht:

- Abschluss eines Termingeschäfts

- beim ersten Mark-to-Market: Schließen des bestehenden Termingeschäfts bei gleichzeitiger Neueröffnung eines Termingeschäfts jeweils zum Settlementpreis

- usw. bei jedem weiteren Mark-to-Market-Termin; beim letzten Mark-to-Market am Fälligkeitstag, das in der Regel schon mittags erfolgt, entfällt die Neueröffnung

Man beachte insbesondere, dass der beim Abschluss des Futurekontrakts gehandelte Preis nur für die erste Variation-Margin von Bedeutung ist. Insofern ist es auch völlig unproblematisch, zu einem späteren Zeitpunkt verschiedene Futures mit gleichem Fälligkeitstermin gegeneinander aufzurechnen.

Beispiel 45 *A glaubt an ein kräftiges Wachstum des DAX und geht daher am 18. Juli über seine Bank an der Eurex eine Futureposition (long) im Gesamtvolumen von 200 € je Indexpunkt (das sind acht Kontrakte) zur Fälligkeit Dezember zum Preis 5.100,00 ein. Er muss hierzu ein Initial-Margin in Höhe von 100.000 € erbringen, die Maintenance-Margin beträgt 60.000 €. Da der Settlementpreis des Futures am 18.7. den Wert 5.111,50 hat, werden seinem Marginkonto 200 €·11,50 = 2.300 € gutgeschrieben. Am nächsten Tag steigt der DAX weiter, so dass am Abend der Settlementpreis des Futures 5.138,00 beträgt. Das bedeutet eine erneute Gutschrift in Höhe von 5.300 €. A beschließt, das Marginkonto*

auf die Höhe der Initial-Margin zu reduzieren und bucht daher 7.600 € ab. An den folgenden Börsentagen geht es dann aber abwärts. Die Settlementpreise 5.070,50, 5066,00, 4990,50 und 4921,50 verursachen Marginzahlungen in Höhe von 13.500, 900, 15.100 und 13.800 €. Damit sinkt der Kontostand des Marginkontos auf 56.700 € und somit unter die Maintenance-Margin. Aufgrund des nun erfolgenden Margin-Calls überweist A 43.300 € und stockt sein Marginkonto damit wieder auf die Höhe der Initial-Margin auf. Es folgt eine Phase mit kleineren Auf- und Abbewegungen des DAX und damit des DAX-Futures, doch nach einer erneuten Abschwungphase hat der Future am 24.8. den Settlementpreis 4.733,00 und am Folgetag sogar nur 4.703,50. Damit fällt der Kontostand des Marginkontos wieder unter die kritische Grenze und es ergeht erneut ein Margin-Call an A. Doch der ist in Urlaub gefahren und hat seiner Bank für diesen Fall keine Instruktionen hinterlassen. Der Bank bleibt daher nichts anderes übrig, als die Futureposition am Folgetag zu schließen. Da der DAX erneut fällt, geht das nur zu dem niedrigen Kurs 4.695,00. Damit ist noch einmal eine Abbuchung von 1.700 € fällig, danach ist das Geschäft abgeschlossen. Nach seinem Urlaub muss A feststellen, dass er leider an der zwischenzeitlichen deutlichen Erholung des DAX nicht partizipiert hat.
Die folgende Tabelle zeigt die Entwicklung des Marginkontos (ohne Berücksichtigung etwaiger Zinsen) (Set.preis = Settlementpreis des Futures, V. Margin = Variation-Margin, Summe = Summe der Variaton-Margins, Konto = Kontostand Marginkonto, E/A = Ein-/Auszahlungen des Marginkontos).

Datum	Set.preis	V. Margin	Summe	Konto	E/A
Mi 18.7.	5.111,50	2.300	2.300	102.300	100.000
Do 19.7.	5.138,00	5.300	7.600	107.600	
Fr 20.7.	5.070,50	−13.500	−5.900	86.500	−7.600
Mo 23.7.	5.066,00	−900	−6.800	85.600	
Di 24.7.	4.990,50	−15.100	−21.900	70.500	
Mi 25.7.	4.921,50	−13.800	−35.700	56.700	
Do 26.7.					43.300
...					
Fr 24.8.	4.733,00		−73.400	62.300	
Mo 27.8.	4.703.50	−5.900	−79.300	56.400	
Di 28.8.		−1.700	−81.000	54.700	

Einige sich aufdrängende Fragen sind noch völlig unbeantwortet: Welcher Preis ist der „richtige" Futurepreis? Kann man ohne Annahmen über den zukünftigen Kurs des Underlyings einen eindeutigen Preis bestimmen? Und welche Beziehung besteht zwischen Future- und Forwardpreis? Sind beide Preise gleich oder verursachen die vorgezogenen Zahlungen bei einem Future Zinseffekte, die zu einem abweichenden Preis führen? Diesen Fragen wenden wir uns im folgenden Abschnitt zu.

3.3 Arbitragefreie Terminpreise

3.3.1 Einige finanzmathematische Begriffe und Systemvoraussetzungen

Zinsen, insbesondere stetige Verzinsung

In ihrer eigentlichen Bedeutung sind Zinsen Entgelte für geliehene Geldbeträge. Im Rahmen dieses Buches sehen wir sie aber nur als eine Möglichkeit an, Renditen zu beschreiben. Legt man heute einen Betrag A in eine Anlageform an und erhält nach einem Jahr den Betrag $(1+R)A$ zurück, so hat man eine **effektive Verzinsung** (Jahresrendite) zum **Zinssatz** (engl. **interest rate**) R erzielt, z.B. $R = 5\%$ p.a. Das Kürzel „p.a." (= pro anno) gibt hierbei an, dass der Bezugszeitraum für die Zinsen ein Jahr ist.

Verspricht eine festverzinsliche Anlageform eine jährliche prozentuale Ausschüttung in Höhe von R und legt man das erhaltene Geld jedesmal wieder in der Anlageform an, so hat man nach n Jahren den Betrag $(1+R)^n A$, wenn A der anfängliche Anlagebetrag ist[4]. Erfolgt die Zinszahlung nicht nur einmal, sondern in gleichmäßigen Abständen zu m Zeitpunkten im Jahr in Höhe von R/m (Zinssatz R mit m-tel-jährlicher Verrechnung), so ergibt sich bei gleicher Vorgehensweise aufgrund der Zinseszinseffekte nach n Jahren der Betrag $(1+R/m)^{nm} A$. Für $m_1 > m_2$ gilt immer

$$(1+R/m_1)^{nm_1} > (1+R/m_2)^{nm_2},$$

d.h. bei gleichem nominalem Zinssatz R (p.a.) fallen bei konsequenter Wiederanlage der Zinserträge umso mehr Zinsen an, je mehr Zinstermine vorhanden sind. Der Ausdruck $(1+R/m)^{nm}$ strebt aber mit wachsendem m nicht gegen unendlich, sondern konvergiert gegen einen endlichen Wert:

$$\lim_{m \to \infty} (1+R/m)^{nm} = e^{Rn}$$

(da ganz allgemein $\lim_{m\to\infty}(1+x/m)^m = e^x$ gilt, wobei $e = 2{,}718\ldots$ die Eulersche Zahl ist). Dies entspricht der sogenannten **stetigen Verzinsung** (engl.: **continuous compounding**) zum Zinssatz R: Zinsen fließen jederzeit, also stetig, und werden immer vollständig wieder in die Anlageform investiert. Ein Anlagebetrag A, der zum stetigen Zinssatz R verzinst wird, ist nach t Jahren auf den Betrag $e^{Rt}A$ angewachsen. Dies gilt nicht nur für ganzzahlige Werte von t (also Jahreszeiträume), sondern für alle $t \geq 0$. Bei stetiger Verzinsung können Zinsen also für beliebige Zeiträume auf besonders einfache Art ermittelt werden. Dies ist auch der Grund, warum stetige Verzinsung für theoretische Betrachtungen besonders gut geeignet ist. In der Praxis sind stetige Zinssätze (leider) nicht üblich, tägliche Zinsverrechnung kommt der stetigen Verzinsung aber schon recht nahe. Für $R = 10\%$ z.B. unterscheiden sich

$$e^R = 1{,}1051709\ldots \quad \text{und} \quad \left(1+\frac{R}{365}\right)^{365} = 1{,}1051557\ldots$$

erst ab der 5. Stelle hinter dem Komma.

---
[4] Dies setzt allerdings voraus, dass man immer wieder zu den gleichen Konditionen in die Anlageform investieren kann, was bei börsengehandelten Anleihen in der Regel nicht der Fall ist.

Wie werden in diesem Buch überwiegend mit der theoretisch am leichtesten zu handhabenden stetigen Verzinsung arbeiten. Ein bestimmtes jährliches Wachstum lässt sich aber in jeder der angegebenen Zinsformen darstellen: Über die Gleichung

$$e^{R_1} = \left(1 + \frac{R_2}{m}\right)^m$$

ergeben sich die Umrechnungsformeln zwischen stetigem Zinssatz R_1 und Zinssatz R_2 bei m-tel-jährlicher Verrechnung:

$$R_1 = m \ln\left(1 + \frac{R_2}{m}\right) \quad \text{und} \quad R_2 = m\left(e^{R_1/m} - 1\right)$$

Beispiel 46 *Der Zinssatz $R_1 = 3{,}3\%$ p.a. bei vierteljährlicher Verrechnung entspricht dem stetigen Zinssatz $R_2 = 4\ln(1 + 0{,}033/4) \approx 3{,}286\%$ und dem Zinssatz $R_3 = e^{R_2} - 1 \approx 3{,}3411\%$ p.a. bei jährlicher Zinsverrechnung.*

Anstelle der bisher vorgestellten **effektiven** Zinssätze werden in der Praxis für die Beschreibung der Zinszahlungen für unterjährige Zinsperioden überwiegend **nominale** Jahreszinssätze mit anteiliger Verrechnung verwendet, d.h. die Zinsberechnung erfolgt gemäß der Formel

Zinsen = Nominalbetrag · nominaler Zinssatz · Länge der Zinsperiode,

die eine leichte Berechnung der Zinsen ermöglicht, aber zu einer Differenz zwischen nominalem und effektivem Jahreszinssatz führt. Zusätzlich ist zu beachten, dass es verschiedene Berechnungsmethoden für die Länge der Zinsperiode gibt.. Eine häufig verwendete Konvention ist zum Beispiel, die tatsächliche Anzahl Tage der Zinsperiode durch 360 (nicht 365) zu dividieren. Ist z.B. eine Zinszahlung von 7,5% p.a. für ein Darlehen über eine Mio. Euro für eine Dreimonatsperiode vereinbart, so bedeutet dies, dass bei einem Bezugszeitraum April-Juni am Ende Zinsen in Höhe von

$$7{,}5\% \cdot \frac{91}{360} \cdot 1.000.000 = 18.958{,}33 \text{ €}$$

zu zahlen sind, wohingegen es bei einem Zeitraum Juli-September

$$7{,}5\% \cdot \frac{92}{360} \cdot 1.000.000 = 19.166{,}67 \text{ €}$$

sind. Obwohl in beiden Fällen der nominale Zinssatz 7,5% p.a. beträgt, sind die zugehörigen effektiven Zinssätze aufgrund der unterschiedlichen Periodenlängen nicht genau gleich. Die Verwendung von 360 Tagen als Bezugsgröße bewirkt außerdem jeweils, dass der zugehörige effektive Zinssatz höher ist als der nominale, was bei korrekter Verrechnung nie vorkommen kann (s.o.). Im ersten Fall ist der entsprechende stetige (p.a.-)Zinssatz

$$r = \frac{365}{91} \ln 1{,}01895833 = 7{,}53298...\%,$$

im zweiten Fall ist es

$$r = \frac{365}{92} \ln 1{,}01916667 = 7{,}53221...\%.$$

Dies ergibt die effektiven Jahreszinssätze 7,82397...% und 7,82314...%.

3.3 Arbitragefreie Terminpreise

Der Barwert einer Zahlungsreihe

Nehmen wir an, dass es analog zu der risikolosen Anlageform A_f in Einperiodenmodellen einen stetigen Zinssatz r gibt, zu dem man zu jedem Zeitpunkt über einen beliebig langen Zeitraum Geld in jeder Höhe leihen und verleihen kann. Dann ist es möglich, den heutigen (Zeitpunkt t_0) Wert eines Betrages Z anzugeben, den man zum Zeitpunkt T erhalten wird: $e^{-r(T-t_0)}Z$. Denn legt man jetzt einen Betrag in Höhe von $e^{-r(T-t_0)}Z$ über den Zeitraum von t_0 bis T an, so erhält man zum Zeitpunkt T den Wert $e^{r(T-t_0)}e^{-r(T-t_0)}Z = Z$. Es ist also gleichwertig, momentan den Betrag $e^{-r(T-t_0)}Z$ zu besitzen oder zum Zeitpunkt T den Betrag Z zu erhalten. Man kann auch so argumentieren: Leiht man sich aktuell den Betrag $e^{-r(T-t_0)}Z$, so muss man zum Zeitpunkt T die Summe Z für Tilgung und Zinsen aufbringen. Man nennt $e^{-r(T-t_0)}Z$ auch den auf den Zeitpunkt t_0 **diskontierten Wert** des Betrags Z zum Zeitpunkt T. Die Umrechnung selbst nennt man **Diskontierung**.

Diese Überlegungen funktionieren nicht nur für eine einzelne Zahlung, sondern erlauben, den aktuellen Wert einer ganzen Sequenz von Zahlungen oder Einnahmen Z_i zu Zeitpunkten t_i ($i=1,...,n$) zu bestimmen:

$$BW(t_0) := \sum_{i=1}^{n} e^{-r(t_i-t_0)} Z_i$$

heißt **Barwert** der Zahlungsreihe $Z_1,..., Z_n$ bezogen (diskontiert) auf den Zeitpunkt t_0. Er ist die Summe der auf den Zeitpunkt t_0 diskontierten Werte der einzelnen Zahlungen bzw. Einnahmen. Der Barwert ermöglicht es, verschiedene Zahlungsreihen mit unterschiedlichen Zahlungszeitpunkten und Beträgen zu vergleichen.

Beispiel 47 *Eine Anlageform A_1 mit einer Laufzeit von zwei Jahren zahlt nach einem Jahr 10% Zinsen aus und nach dem zweiten Jahr 5,5%. Eine zweite Anlageform A_2 mit der gleichen Laufzeit zahlt erstmals nach eineinhalb Jahren Zinsen in Höhe von 6% aus und bei Fälligkeit noch einmal 10%. Der stetige risikolose Zinssatz beträgt $r = 7\%$. Welche Anlageform ist die günstigere?*
Antwort: Eine Investition von (z.B.) 1.000 € in Anlageform A_1 führt zu folgender Zahlungsreihe: -1.000 € ($t_1 = t_0 = 0$), 100 € ($t_2 = 1$), 1.055 € ($t_3 = 2$). Dies ergibt den Barwert

$$BW_1(t_0) = -1.000 + e^{-0,07} \cdot 100 + e^{-2 \cdot 0,07} \cdot 1.055 \approx 10{,}41 €$$

Anlageform A_2 hat entsprechend die Zahlungsreihe -1.000 € ($t_1 = t_0 = 0$), 60 € ($t_2 = 1{,}5$), 1.100 € ($t_3 = 2$), die den Barwert $BW_2(t_0) \approx 10{,}31$ € hat. A_1 ist also die günstigere Anlageform.
Dieses Ergebnis ist abhängig von dem Wert von r. Hätte r z.B. den Wert 6,5%, so wäre das Ergebnis umgekehrt. Dann errechnet man nämlich die Barwerte $BW_1(t_0) = 20{,}10$ € und $BW_2(t_0) = 20{,}33$ €. Bei diesem niedrigeren Wert für r wiegt die absolut höhere Gesamtzinszahlung von A_2 also mehr als die frühe und hohe Zinszahlung bei A_1.

In der Definition des Barwerts ist es nicht wesentlich, dass der Zeitpunkt t_0 vor den Zahlungszeitpunkten t_i liegt. Eine Zahlungsreihe kann (mit der gleichen Formel) auf jeden beliebigen Zeitpunkt t_0 auf der Zeitachse diskontiert werden, egal ob er vor, nach oder zwischen den t_i liegt. Der Barwert einer Zahlungsreihe bezüglich t_0 unterscheidet sich von dem Barwert bezüglich eines anderen Zeitpunkts t'_0 nur um den Faktor $e^{-r(t_0-t'_0)}$. Für den Vergleich zweier Zahlungsreihen ist der gewählte Diskontierungszeitpunkt also unerheblich.

Bemerkung 48 *Die Voraussetzung eines Zinssatzes r, der für jeden Zeitraum gleich ist, ist für die Existenz des Barwerts nicht unbedingt erforderlich. Wichtig ist lediglich, dass es für jeden Zeitraum von t_0 nach t_i einen Zinssatz gibt. Allerdings können unterschiedliche Zinssätze für unterschiedliche Zeiträume dazu führen, dass verschiedene Diskontierungszeitpunkte beim Vergleich mehrerer Zahlungsreihen gegenteilige Ergebnisse liefern.*

Leerverkauf und Wertpapierleihe

Bei der Betrachtung von Arbitrageportfolios haben wir Handelsstrategien betrachtet, die den Verkauf von Wertpapieren vorsahen. Nach landläufigem Verständnis kann man aber nur etwas verkaufen, was man auch besitzt. Dies stellt eine - zumindest aus theoretischer Sicht - unschöne Asymmetrie zwischen Kaufen und Verkaufen dar und schränkt die Möglichkeit der Ausübung von Strategien u.U. stark ein. Um dem abzuhelfen, gibt es die Konstruktion des **Leerverkaufs** (engl. **short selling**). Die wesentliche Idee des Leerverkaufs liegt darin, dass ein Marktteilnehmer bezüglich zu erzielender Gewinne oder auch Verluste die gegensätzliche Position zu dem Käufer eines bestimmten Wertpapiers einnehmen kann.

Hierzu sei noch einmal kurz zusammengefasst, wodurch sich der Kauf eines Wertpapiers auszeichnet: Der Käufer eines Wertpapiers zahlt bei Erwerb den aktuellen Kurs und gewinnt ab diesem Zeitpunkt bei Kurssteigerungen. Außerdem erhält er alle zwischenzeitlichen Ausschüttungen aus dem Wertpapier wie z.B. Kupons oder Dividenen. Im Fall von Aktien kann der Inhaber außerdem von seinem Stimmrecht Gebrauch machen.

Der Leerverkäufer will an fallenden Kursen partizipieren. Dafür muss er den aktuellen Kurs des Wertpapiers bereits heute erhalten und anschließend das Wertpapier nach einiger Zeit (und zu hoffentlich tatsächlich gefallenen Kursen) am Markt erwerben. Jetzt erst liefert er es in den Leerverkauf ein.

Um ein solches Geschäft tatsächlich durchzuführen, muss sich der Leerverkäufer das Wertpapier leihen. Das geliehene Wertpapier verkauft er dann tatsächlich an einen anderen Marktteilnehmer und erhält somit den aktuellen Kurs des Wertpapiers. Der „Leerkäufer" weiß nicht, dass er ein geliehenes Wertpapier erwirbt. Für ihn besteht kein Unterschied darin, ob der Verkäufer ein eigenes oder ein geliehenes Wertpapier veräußert.

Der Rest der vom Leerverkäufer gewünschten Risikoposition wird durch die Vereinbarung mit dem Verleiher dargestellt. Der Entleiher verfügt während der Leihperiode über alle Rechte an dem Wertpapier, inklusive der Ausschüttungen und der Möglichkeit, gegebenenfalls sein Stimmrecht auszuüben. Alle diese Vorzüge werden durch die Leihgebühr abgegolten. Insbesondere, wenn z.B. die Leihe über einen Dividendentermin läuft, enthält die Gebühr auch den Gegenwert dieser Dividende.

Da der Entleiher frei über das Wertpapier verfügen kann, muss er dem Verleiher entsprechende Sicherheiten für den Fall stellen, dass er das Wertpapier bei Beendigung des Leihgeschäfts nicht beschaffen kann. Als Sicherheit kann eine Kreditlinie dienen oder der Entleiher hinterlegt andere Wertpapiere auf einem Sperrdepot beim Verleiher.

3.3 Arbitragefreie Terminpreise

In den USA gibt die Aufsichtsbehörde SEC (Securities and Exchange Commission) vor, dass mit Hilfe der geliehenen Wertpapiere keine Manipulation der Wertpapierkurse in fallende Richtung betrieben wird. Dazu müssen beim Verkauf der geliehenen Wertpapiere im Markt bestimmte Regeln eingehalten werden. Verantwortlich für deren Einhaltung kann nur die depotführende Bank sein, da weder der Käufer des Wertpapiers noch die Börse wissen, dass es sich um geliehene Wertpapiere handelt.

In Deutschland gibt es vergleichbare Auflagen im Rahmen von Leerverkäufen nicht. Daher sind in Deutschland der „Leerverkauf" und die Wertpapierleihe voneinander unabhängige Geschäftsvorfälle. Ein Kunde leiht sich im Markt Wertpapiere und kann mit diesen Papieren machen was er will. Die Wertpapierleihe hat sich in Verbindung mit der Eröffnung der Deutschen Termin Börse (DTB, heute EUREX) seit dem Jahr 1991 im außerbörslichen Bereich (over the counter) entwickelt.

Für unsere Überlegungen gehen wir davon aus, dass die Wertpapierleihe kostenneutral durchführbar ist, so dass der Ablauf eines Leerverkaufs mit anschließender Glattstellung (Kauf der Aktie auf dem Markt und Rückgabe an den Verleiher) wie in dem folgenden Beispiel betrachtet werden kann:

Beispiel 49 *Leerverkauf von 1.000 Commerzbankaktien am 10.2. und Glattstellung am 30.10. Der Aktienkurs beträgt am 15.2. 34 €, am 30.10. 29 €. Am 15.5. erfolgt eine Dividendenzahlung in Höhe von 0,8 € je Aktie. Dann finden folgende Zahlungsströme statt:*

15.2.: 34.000 € *von der Bank an den Leerverkäufer*
15.5.: 800 € *von dem Leerverkäufer an die Bank (und weiter zu dem ursprünglichen Besitzer der Aktien)*
30.10.: 29.000 € *von dem Leerverkäufer an die Bank*

Systemvoraussetzungen und Standardbezeichnungen

Wie bei den Überlegungen zum CAPM und zur APT sind die auf den nächsten Seiten folgenden Argumente zu Preisen von Forwards und Futures an gewisse idealisierende Voraussetzungen geknüpft. Es sind die folgenden:

Annahme 50 *1.) Es gibt keine Transaktionskosten.*
2.) Steuerliche Aspekte sind nicht vorhanden oder spielen zumindest keine Rolle.
3.) Geld kann zu einem risikolosen stetigen Zinssatz r über jeden Zeitraum und in beliebiger Höhe geliehen und verliehen werden.
4.) Arbitragemöglichkeiten werden - wo immer sie auftauchen - erkannt und genutzt.

Bezeichnung 51 *Die folgenden Bezeichnungen werden für den Rest dieses Kapitels durchgehend benutzt:*

t_0	aktueller Zeitpunkt, „jetzt"
T	Fälligkeitstermin (also Restlaufzeit $= T - t_0$)
t	(beliebiger) Zeitpunkt vor der Endfälligkeit, also ein Punkt aus dem Zeitintervall $[t_0, T)$
S	Basiswert
$S(t), P(t), \ldots$	Wert einer Einheit S bzw. eines Portfolios P zum Zeitpunkt t
K	Basispreis eines Termingeschäfts
$F(t)$	Forwardpreis zum Zeitpunkt t
F	Kurzschreibweise für $F(t_0)$, den aktuellen Forwardpreis
$F_K(t)$	Wert eines Termingeschäfts zum Basispreis K im Zeitpunkt t (Long-Position)
r	risikoloser stetiger Zinssatz
A_f	risikolose Anlageform, die sich gemäß r verzinst ($A_f(t_0) = 1$) (wird in späteren Kapiteln als „Cashbond" bezeichnet)

3.3.2 Forwardpreise

Die Preisbestimmung von nicht standardisierten Termingeschäften ist einfacher als die von Futures, da bei ihnen kein tägliches Mark-to-Market zu berücksichtigen ist. Am unkompliziertesten ist die Situation bei Basisinstrumenten, deren Besitz weder Kosten verursacht noch Einkünfte erzielt. Ein solches Basisinstrument ist z.B. eine Aktie, die während der Laufzeit des Kontrakts keine Dividende ausschüttet.

Satz 52 *Der Forwardpreis eines Wertpapiers S mit aktuellem Kurs $S(t_0)$, das während der Laufzeit $[t_0, T]$ des Forwards keine Kosten verursacht und keine Erlöse erbringt, beträgt*

$$F = F(t_0) = e^{r(T-t_0)} S(t_0)$$

Der Nachweis der Behauptung erfolgt durch Gegenüberstellung zweier Portfolios, aus denen sich eine Arbitragemöglichkeit konstruieren lässt, wenn die Gleichheit nicht gilt:

- Portfolio A: 1 Forward (long) sowie Bargeld in Höhe von $e^{-r(T-t_0)} F$

- Portfolio B: 1 Einheit des Basiswerts

Sofern der Betrag $e^{-r(T-t_0)} F$ zum Zinssatz r angelegt wird, wovon wir ausgehen, haben beide Portfolios zum Zeitpunkt T den gleichen Wert $A(T) = B(T) = S(T)$, denn der verzinste Bargeldbetrag aus Portfolio A reicht exakt aus, um den Basiswert zum vereinbarten Preis $K = F$ zu kaufen. Also hat das Portfolio $A - B$ zum Zeitpunkt T mit Sicherheit den Wert null. Wenn es keine Arbitragemöglichkeiten gibt, muss dann aber auch der aktuelle Wert null sein, also

$$S(t_0) = B(t_0) = A(t_0) = 0 + e^{-r(T-t_0)} F$$

und somit $F = e^{r(T-t_0)} S(t_0)$.

3.3 Arbitragefreie Terminpreise

Bemerkung 53 *Gibt es keinen einheitlichen Zinssatz, der für jeden Zeitraum gilt, so bleibt die Formel richtig, wenn man den für das Zeitintervall von t_0 bis T gültigen Zinssatz einsetzt. Der Beweis funktioniert dann auf die gleiche Weise, denn es muss nur über diesen Zeitraum Geld geliehen oder angelegt werden.*

Es ist wichtig, sich klar zu machen, wieso jeder andere vereinbarte Basispreis zu einer Arbitragemöglichkeit führt und wie diese ausgenutzt werden kann:

$\mathbf{K > e^{r(T-t_0)} S(t_0)}$. Dann ist der Basispreis zu hoch. Den möglichen Arbitragegewinn erzielt man, indem man eine Short-Position im Forward einnimmt, sich $S(t_0)$ (Euro) leiht und damit eine Einheit des Basiswerts kauft:

$$AP_1 := -S(t_0) \cdot A_f - 1 \cdot Forward + 1 \cdot S$$

ist dann ein Arbitrageportfolio im Sinne von Definition 36, wenn man den Zeitraum $[t_0, T]$ als Periode ansieht. Zum Zeitpunkt T ist der Betrag $e^{r(T-t_0)} S(t_0)$ für Zinsen und Tilgung des Darlehens in Höhe von $S(t_0)$ erforderlich, die Differenz $K - F(t_0) = K - e^{r(T-t_0)} S(t_0)$ ist der Arbitragegewinn.

$\mathbf{e^{r(T-t_0)} S(t_0) > K}$. Der Basispreis ist zu niedrig. Also ist es vorteilhaft, eine Long-Position im Forward in Kombination mit einem Leerverkauf des Basiswerts einzunehmen, wobei der aus dem Leerverkauf erzielte Betrag $S(t_0)$ zum Zinssatz r angelegt wird:

$$AP_2 := S(t_0) \cdot A_f + 1 \cdot Forward - 1 \cdot S$$

ist ein Arbitrageportfolio. Zum Zeitpunkt T verfügt sein Besitzer über einen Betrag von $e^{r(T-t_0)} S(t_0)$, mit Hilfe dessen er die Zahlungsverpflichtung aus dem Forward-Kontrakt in Höhe von K erfüllen kann. Die dafür erhaltene Einheit S stellt die Short-Position im Basiswert glatt und die Differenz $e^{r(T-t_0)} S(t_0) - K$ verbleibt als Arbitragegewinn.

Beispiel 54 *Ein einfaches Rechenbeispiel: Die Lufthansa-Aktie hat am 14. August den Kurs 18,70 € und der risikolose Zinssatz beträgt $r = 3,5\%$. Dann hat der Forwardpreis für den Fälligkeitstermin $T = 14$. November den Wert $F = e^{0,035/4} \cdot 18,70 = 18,86$ (€).*

Nur leicht komplizierter ist die Situation, wenn die Aktie während der Laufzeit des Forward-Kontrakts eine (oder mehrere) Dividenden ausschüttet.

Satz 55 *Der Forwardpreis eines Wertpapiers S mit aktuellem Kurs $S(t_0)$, das während der Laufzeit $[t_0, T]$ des Termingeschäfts Ausschüttungen hat, beträgt*

$$F(t_0) = e^{r(T-t_0)} \left(S(t_0) - D \right)$$

Hierbei ist D der Barwert sämtlicher Ausschüttungen im Zeitraum $[t_0, T]$ diskontiert auf den Zeitpunkt t_0.

Der Beweis dieses Satzes ist ganz ähnlich dem vorigen Beweis. Es werden wieder zwei Portfolios aufgestellt, die zum Zeitpunkt T mit Sicherheit den gleichen Wert haben und somit auch zum Zeitpunkt t_0 gleichwertig sein müssen:

- Portfolio A: 1 Forward (long) und Bargeld in Höhe von $e^{-r(T-t_0)} F$

- Portfolio B': 1 Einheit des Basiswerts und Schulden in Höhe von D (also $B' = S - D \cdot A_f$)

Die Schulden bei Portfolio B' können durch die mit dem Besitz des Basiswerts verbundenenen Ausschüttungen getilgt werden, so dass beide Portfolios zum Zeitpunkt T aus einer Einheit S bestehen. Die Gleichung $A(t_0) = B(t_0)$ führt nun zur Behauptung.

Beispiel 56 *Der risikolose Zinssatz r hat den Wert $r = 0{,}04$ (stetig). Eine bestimmte Aktie S hat am 15. Februar ($= t_0$) den Kurs $S(t_0) = 35$ €. Am 15. Mai erfolgt eine Ausschüttung in Höhe von $0{,}8$ € je Aktie. Diskontiert auf den Zeitpunkt t_0 ergibt das $D = e^{-0{,}04/4} \cdot 0{,}8 = 0{,}7920$ €. Dann hat der Forwardpreis für eine Aktie zu dem Termin $T = 15$. August den Wert $F(t_0) = 34{,}208 \cdot e^{0{,}04/2} = 34{,}899$ (€).*

Der Forwardpreis kann also nur dann exakt bestimmt werden, wenn die Ausschüttungen während der Laufzeit im Vorhinein bekannt sind, was bei Laufzeiten von nur mehreren Monaten in der Regel der Fall ist. Sind die Ausschüttungen nicht bekannt, so muss man sie schätzen, wenn man einen Forwardpreis stellen will.

Zur Übung soll auch in diesem Fall noch einmal dargestellt werden, wie die sich aus einem abweichenden Preis ergebende Arbitragemöglichkeit ausgenutzt werden kann.

$\mathbf{K} > \mathbf{e}^{r(T-t_0)}(\mathbf{S(t_0)} - \mathbf{D})$. Da der Basispreis K zu hoch ist, ist eine Short-Position im Forward angeraten. Das Kursrisiko wird erneut durch den Kauf einer Einheit S ausgeglichen, das zum Kauf erforderliche Geld wird geliehen. Die folgende Tabelle zeigt die Werte der einzelnen Bestandteile des Arbitrageportfolios zu den Zeitpunkten t_0 und T:

	t_0	T
Forward (short)	0	$K - S(T)$
S (long)	$S(t_0)$	$S(T)$
Ausschüttungen		$e^{r(T-t_0)}D$
Barbestand	$-S(t_0)$	$-e^{r(T-t_0)}S(t_0)$
Saldo		$K - e^{r(T-t_0)}(S(t_0) - D)$

$\mathbf{K} < \mathbf{e}^{r(T-t_0)}(\mathbf{S(t_0)} - \mathbf{D})$. Da der Basispreis zu niedrig ist, wird jetzt eine Long-Position im Forward eingenommen und eine Short-Position in S. Man beachte, dass eine Short-Position in der Aktie bedeutet, dass man für die entgangene Dividende aufkommen muss.

	t_0	T
Forward (long)	0	$S(T) - K$
S (short)	$-S(t_0)$	$-S(T)$
Ausschüttungen		$-e^{r(T-t_0)}D$
Barbestand	$S(t_0)$	$e^{r(T-t_0)}S(t_0)$
Saldo		$e^{r(T-t_0)}(S(t_0) - D) - K$

Manchmal kann man im Vorhinein den Wert der Ausschüttung eines Wertpapiers nicht absolut, sondern nur relativ als Prozentsatz des Werts des Underlyings (zum Zeitpunkt der Auschüttung) angeben. Dies ist bei einer Anlageform mit variablem Kurs der Fall, die eine Ausschüttung in Form von Anlageanteilen anstatt von Bargeld vorsieht. Auch ein festverzinsliches Wertpapier in einer Fremdwährung kann als eine solche Anlageform angesehen werden, wenn für die Fremdwährung ein konstantes Zinsniveau

3.3 Arbitragefreie Terminpreise

unterstellt wird. Bei einem solchen Papier weiss man, dass es zu einem bestimmten Zeitpunkt x Einheiten der Fremdwährung an Zinsen zahlen wird, man weiss aber aufgrund des unsicheren Wechselkurses nicht, welchen Wert das in.der Heimatwährung darstellen wird. Aufgrund des unterstellten konstanten Zinsniveaus können diese Zinsen aber in prozentuale Anteile des Wertpapierkurses (in der Fremdwährung) umgerechnet werden.

Auch in dieser Situation kann ein Forwardpreis ermittelt werden. Der Schlüssel zu seiner Bestimmung ergibt sich aus der Handlungsweise, Ausschüttungen sofort und vollständig wieder in den Basiswert zu investieren. Auf diese Weise vollziehen die Ausschüttungen in der Zeit zwischen Ausschüttungstermin und Fälligkeit des Forwards die gleichen Kursschwankungen wie der Basiswert. Nehmen wir zum Beispiel an, zu einem Zeitpunkt während der Laufzeit eines Forward-Kontrakts schüttet eine Anlageform je 100 Anteilen 5 neue Anteile an die Anteilseigner aus, so benötigt man zum Zeitpunkt t_0 nur $1/1{,}05 \approx 0{,}952$ Einheiten der Anlageform, um bei der oben geschilderten Handlungsweise zum Zeitpunkt T eine Einheit zu besitzen. Dies führt zu dem gesuchten Ergebnis, wobei es zweckmäßig ist, die zu erzielende Verzinsung in einen stetigen Zinssatz umzurechnen (im Beispiel $q = 2\ln(1{,}05) \approx 9{,}758\%$ bei einem angenommenen Wert von $T - t_0 = 1/2$).

Satz 57 *Der Forwardpreis eines Wertpapiers S mit aktuellem Kurs $S(t_0)$, das während der Laufzeit $[t_0, T]$ des Forwards Ausschüttungen in prozentualer Höhe entsprechend dem stetigen Zinssatz q hat (engl. **dividend yield**), beträgt*

$$F(t_0) = e^{(r-q)(T-t_0)} S(t_0).$$

Der Beweis dieses Satzes ist auf die nun bereits gewohnte Art möglich. Dem Portfolio A, das wie in den bisherigen beiden Fällen aus einem Forward (long) und Bargeld in Höhe von $e^{-r(T-t_0)}F$ besteht, ist das Portfolio B'' gegenüber zu stellen, das $e^{-q(T-t_0)}$ Einheiten des Underlyings enthält (und sonst nichts). Beide Portfolios führen zu dem Besitz von einer Einheit des Basiswerts im Zeitpunkt T, woraus die Wertgleichheit im Zeitpunkt t_0 folgt:

$$e^{-q(T-t_0)} S(t_0) = e^{-r(T-t_0)} F(t_0).$$

Hieraus ergibt sich sofort die Behauptung.

Übung 58 *Man stelle für die Fälle unkorrekter Forwardpreise $K > e^{(r-q)(T-t_0)}S(t_0)$ und $K < e^{(r-q)(T-t_0)}S(t_0)$ Arbitrageportfolios auf.*

Übung 59 *Man zeige, dass sich die Preisformel aus Satz 55 auch in der Form*

$$F(t_0) = e^{(r-q)(T-t_0)} S(t_0)$$

mit einem geeigneten q darstellen lässt.

Beispiel 60 *Am 15. August soll der Terminpreis einer USD-Anleihe zum 15. Februar des nächsten Jahres bestimmt werden. Die Anleihe wird zu 104% gehandelt und zahlt am 15. Oktober und am 15. Januar jeweils vier Prozent Zinsen auf den Nominalbetrag. Da die Anlage eine sehr lange Restlaufzeit hat und sich das Zinsniveau in den USA während der Laufzeit des Forwards voraussichtlich nicht ändern wird, darf angenommen werden, dass der Kurs der Anleihe zu den beiden Zinsterminen ebenfalls näherungsweise 104% betragen wird. Der aktuelle Wert eines Dollars beträgt 1,08 € und der risikolose Zinssatz*

im Euro-Raum beträgt 6% (stetig).
Lösung: Der aktuelle Preis einer Einheit der Anleihe beträgt $S(t_0) = 1{,}04 \cdot 1{,}08$ € $= 1{,}1232$ €. Die Zinszahlungen belaufen sich auf jeweils $4/104 \approx 3{,}8462\%$ des Anlagekurses. q berechnet sich also gemäß $q = 2\ln(1{,}038462^2) \approx 0{,}150963$, denn $T - t_0$ hat den Wert $1/2$. Einsetzen ergibt den Wert

$$F = e^{(0{,}06-0{,}150963)/2} \cdot 1{,}1232 \text{€} = 1{,}0733 \text{€}.$$

Man beachte, dass aufgrund der erheblich höheren US-Zinsen der Forwardpreis deutlich niedriger ist als der aktuelle Kassapreis.

3.3.3 Bewertung von laufenden Termingeschäften

Der Forwardpreis ist so definiert, dass der Kontrakt zum Abschlusszeitpunkt den Wert null hat. Das bedeutet aber nicht, dass ein zu diesem Preis abgeschlossenes Termingeschäft während seiner gesamten Laufzeit immer diesen Wert behält. Es wird ganz im Gegenteil in der Regel schon kurz nach seinem Abschluss je nach Kursentwicklung des Basiswerts positiven oder negativen Wert entwickeln. Der folgende Satz beschreibt die Beziehung zwischen dem Wert eines Forward-Kontrakts mit Basispreis K und dem zugehörigen Forwardpreis. Er gilt in völliger Allgemeinheit, also nicht nur, wenn der Basiswert ein Wertpapier ist.

Satz 61 *Ein (zum Zeitpunkt t_0 abgeschlossener) Forward-Kontrakt mit Basispreis K und Fälligkeit T hat zum Zeitpunkt $t \in [t_0, T]$ den Wert*

$$F_K(t) = e^{-r(T-t)}\left(F(t) - K\right),$$

wobei $F(t)$ der zum Zeitpunkt t aktuelle Forwardpreis des Underlyings mit gleicher Fälligkeit T ist.

Jeder andere Preis erlaubt nämlich Arbitrage zwischen dem Forward-Kontrakt zum Basispreis K und einem „frischen" Forward-Kontrakt zum Basispreis $F(t)$. Hat man z.B. die Möglichkeit, den Forward zum Basispreis K zu einem Preis $F_K(t)$, der geringer ist als $e^{-r(T-t)}\left(F(t) - K\right)$, zu erwerben, so tue man das und gehe gleichzeitig eine Short-Position in einen Forward-Kontrakt zum aktuellen Forwardpreis $F(t)$ des Zeitpunkts t ein. Leiht man sich den erforderlichen Betrag $F_K(t)$ zum Zinssatz r (bzw. verleiht ihn, falls $F_K(t) < 0$), so ist zur Tilgung im Zeitpunkt T eine Summe in Höhe von $e^{r(T-t)}F_K(t)$ erforderlich, die geringer ist als der Saldo $F(t) - K$ der Erfüllung der beiden Forward-Kontrakte.

Übung 62 *Man weise nach, dass auch im Fall $F_K(t) > e^{-r(T-t)}\left(F(t) - K\right)$ Arbitragegewinn möglich ist.*

Beispiel 63 *A hat mit B am 1. Juni zum damals korrekten Forwardpreis 45 € einen Terminkaufvertrag über die Linde-Aktie mit Fälligkeit $T = 15$. September geschlossen. Diesen Vertrag möchte A am 15. August $(= t)$ auflösen. Die Linde-Aktie hat an diesem Tag einen Kurs von 47,50 €. Da in der nächsten Zeit keine Dividenden vorgesehen sind, ist der Terminpreis der Aktie zum 15. September bei einem stetigen Zinssatz von $r = 0{,}045$ gleich $F(t) = 47{,}50 \cdot e^{0{,}045/12} = 47{,}68$ (€). Ein Forward-Kontrakt zum Basispreis $K = 45$ € hat somit am 15. August den Wert $F_K(t) = e^{-0{,}045/12}(47{,}68 - 45)$ €$= 2{,}67$ €. Dies ist also der faire Preis, den A von B zur Auflösung des Vertrages erhalten sollte.*

3.3 Arbitragefreie Terminpreise

Alternativ kann der Terminkäufer in dem Beispiel wie im Beweis oben ein Gegengeschäft zum aktuellen Terminpreis abschließen, wenn er das ursprüngliche Geschäft glattstellen möchte. Er verkauft seinerseits die Aktie an einen weiteren Marktteilnehmer zum jetzt gültigen Terminpreis von 47,68 Euro. Dadurch erzielt er zwar keine sofortige Einzahlung, erhält dafür aber bei Fälligkeit der beiden Geschäfte in einem Monat einen Gewinn von 2,68 Euro. Dieser ergibt sich, da er aus dem neuen Geschäft 47,68 Euro erhält und aus dem ursprünglichen Geschäft nur 45,00 Euro zu zahlen hat. Die erhaltene Aktie aus dem Altgeschäft wird einfach in das neue Geschäft geliefert.

Der Gegenwert der Zahlungen aus den Alternativen „Glattstellen des Altgeschäfts" und „Abschluss eines Neugeschäfts" ist identisch. Allerdings ergibt sich bei Abschluss des Neugeschäfts ein zusätzlicher Aufbau von Kreditrisiken und die damit verbundene Ausnutzung von Kreditlinien. Wenn einer der beiden Vertragspartner bei Fälligkeit seine vereinbarte Leistung nicht erbringen kann, so trifft dieser Ausfall unseren Marktteilnehmer und er kann diesen Verlust nicht an den anderen Marktteilnehmer des Gegengeschäfts weitergeben. Somit ist von den beiden Möglichkeiten grundsätzlich das Schließen des Altgeschäfts vorzuziehen.

Bemerkung 64 *Ein interessanter - wenn auch nicht praxisrelevanter - Spezialfall der Preisformel dieses Abschnitts ist durch den Wert $K = 0$ gegeben. Dann beinhaltet die Terminvereinbarung, dass der Käufer das Basisinstrument zum Zeitpunkt T umsonst erhält. Nach Satz 61 ergibt sich der Wert $F_0(t) = e^{-r(T-t)}F(t)$ und dies ist gerade der diskontierte Forwardpreis. Handelt es sich bei dem Basisinstrument um eine Aktie ohne Dividende, so folgt hieraus außerdem $F_0(t) = S(t)$, d.h. es ist gleich viel wert, die Aktie zu kaufen oder sich das Recht zu sichern, sie zu einem späteren Zeitpunkt umsonst zu erhalten.*

3.3.4 Futurepreis = Forwardpreis

Futures unterliegen dem Mark-to-Market. Die Veränderungen des Future-Kurses werden in Form der Variation-Margins börsentäglich abgeglichen. Eine Future-Position ist somit mit ganz anderen Zahlungsströmen verbunden als die entsprechende Forward-Position. Dennoch gilt:

Satz 65 *Unter der Voraussetzung, dass für jeden Zeitraum während der Laufzeit der gleiche stetige Zinssatz r gilt, ist der Futurepreis gleich dem Forwardpreis.*

Beweis. Wir nehmen vereinfachend an, dass der Future-Kontrakt zu dem Settlementkurs des Tages abgeschlossen wird. $t_0 (=$ heute$), t_1, ..., t_n (=$ Fälligkeitstag des Futures$)$ seien die Börsentage bis zur Fälligkeit des Futures. Mit $q(i, j)$ bezeichnen wir den Aufzinsungsfaktor für den Zeitraum $[t_i, t_j]$, also $q(i,j) = e^{r(t_j - t_i)}$. Es gilt dann offensichtlich
$$q(i,j)q(j,k) = q(i,k).$$
Der Nachweis der Preisgleichheit gelingt nun mit Hilfe der folgenden Strategie:

Tag t_0: Gehe eine Long-Position im Future in $q(0,1)$ Einheiten ein
Tag t_1: Erhöhe die Position zum Settlementkurs auf $q(0,2)$ Einheiten

...

Tag t_i: Erhöhe die Position zum Settlementkurs auf $q(0, i+1)$ Einheiten

...

Tag t_{n-1}: Erhöhe die Position zum Settlementkurs auf $q(0,n)$ Einheiten

Bezeichnet man mit $Fu(i)$ den Future-Schlusskurs am Tag t_i, so belaufen sich die Margin-Zahlungen am Tag t_1 auf $q(0,1)\,(Fu(1) - Fu(0))$, am nächsten Tag auf $q(0,2)(Fu(2) - Fu(1))$ und allgemein am Tag t_i ($1 \leq i \leq n$) auf $q(0,i)\,(Fu(i) - Fu(i-1))$. Verzinst man diese Werte auf den Fälligkeitstag t_n und bildet die Summe, so erhält man den Wert

$$q(0,1)q(1,n)\,(Fu(1) - Fu(0)) + q(0,2)q(2,n)\,(Fu(2) - Fu(1)) + ...$$
$$... + q(0,n-1)q(n-1,n)\,(Fu(n-1) - Fu(n-2)) + q(0,n)\,(Fu(n) - Fu(n-1))$$
$$= q(0,n)\,(Fu(1) - Fu(0)) + ... + q(0,n)\,(Fu(n) - Fu(n-1))$$
$$= q(0,n)\,(Fu(1) - Fu(0) + Fu(2) - Fu(1) + ... + Fu(n) - Fu(n-1))$$
$$= q(0,n)(Fu(n) - Fu(0))$$
$$= e^{r(t_n - t_0)}(S(t_n) - Fu(0))$$

Die letzte Gleichung gilt, da der Futurepreis am Fälligkeitstag dem Preis des Underlyings gleicht. Da der Erwerb eines Futures und damit auch die Erhöhung (oder Verringerung) einer bestehenden Position nichts kostet (und auch keine Erlöse erzielt), ist der in der letzten Zeile angegebene Wert das Endvermögen, das man mit der angegebenen Strategie zum Zeitpunkt t_n erreicht (ausgehend von 0).

Nun zum Forward: Eine Short-Position in einem Forward-Kontrakt in $e^{r(t_n - t_0)}$ Einheiten des gleichen Basiswerts, die man zum Zeitpunkt t_0 zum dann gültigen Forwardpreis $F(t_0)$ eingeht, ergibt zum Zeitpunkt t_n das Vermögen

$$e^{r(t_n - t_0)}(F(t_0) - S(t_n)).$$

Folglich erreicht man durch Kombination beider Strategien ohne erforderlichen Kapitaleinsatz zum Zeitpunkt t_n mit Sicherheit das Vermögen

$$e^{r(t_n - t_0)}(S(t_n) - Fu(0) + F(t_0) - S(t_n)) = e^{r(t_n - t_0)}(F(t_0) - Fu(0)),$$

woraus $Fu(0) = F(t_0)$ folgt, sofern keine Arbitragemöglichkeiten vorhanden sein sollen.
∎

Bemerkung 66 *Die in der Formulierung des Satzes noch einmal angeführte Voraussetzung des im Vorhinein bekannten und für alle Zeiträume gleichen Zinssatzes r kann abgeschwächt werden. Zinssätze für unterschiedliche Zeiträume müssen nicht unbedingt gleich sein. Es genügt zu verlangen, dass im Zeitpunkt t_i immer der Zinssatz für den Zeitraum $[t_{i+1}, t_n]$ bekannt ist. Dann funktioniert der Beweis nämlich auf die gleiche Weise, wenn man die angegebene Strategie dahingehend ändert, dass man die Future-Position im Zeitpunkt t_i immer auf $q(t_0, t_n)/q(t_{i+1}, t_n)$ Einheiten adjustiert (Bezeichnungen wie im Beweis). Da t_{i+1} der auf t_i folgende Börsentag ist, erscheint es vertretbar, diese Bedingung in der Wirklichkeit als näherungsweise gegeben anzusehen. Aber Vorsicht ist geboten. Nur wenn das Underlying nicht oder nur schwach mit dem Zinsniveau und vor allem kurzfristigen Zinsschwankungen korreliert ist (wie z.B. bei Aktien), kann man von*

3.3 Arbitragefreie Terminpreise

der Gleichheit von Forward- und Futurepreis ausgehen.
Andernfalls können die beiden Preise unterschiedlich sein. Ist z.B. der Wert des Underlyings stark positiv korreliert mit dem Zinsniveau, so ist in der Regel der Futurepreis höher als der Forwardpreis. Denn dann können die Margin-Gewinne zu vergleichsweise hohen Zinsen angelegt werden, wohingegen für die Margin-Verluste niedrigere Zinsen zu zahlen sind. Empirische Studien belegen diesen Zusammenhang, der vor allem bei Forwards und Futures langer Laufzeit gut zu erkennen ist (s. [29] und die dort angegebenen Quellen).

Bei Laufzeiten von nur mehreren Monaten wird man in der Regel kaum Unterschiede zwischen Forward- und Futurepreisen feststellen können, wenn der Basiswert ein Investmenttitel ist. Wir werden daher im Folgenden immer von der Preisgleichheit ausgehen.

3.3.5 Spezielle Terminkontrakte

Futures auf Aktienindizes

Aktienindizes werden aufgestellt, um das Kursniveau der Gesamtheit aller Aktien eines bestimmten Marktsegments durch eine einzelne Zahl zu charakterisieren. Doch es werden nicht alle Indizes nach der gleichen Rechenvorschrift gebildet. Man unterscheidet grundsätzlich zwischen zwei Typen von Indizes:
Ein **Kursindex** wie der S&P500 oder der EUROSTOXX50 berechnet sich einfach dadurch, dass die aktuellen Kurse der enthaltenen Aktienwerte - mit einem gewissen konstanten Gewicht multipliziert - aufaddiert werden. Dieser Gewichtungsfaktor kann z.B. proportional zur Gesamtanzahl der jeweiligen Aktien sein. Da Dividendenausschüttungen zu Kursabschlägen bei den einzelnen Aktien führen, verringern sie auch den Kursindex, der die Aktie enthält. Diesen Effekt versucht man bei **Performance-Indizes** wie z.B. dem DAX zu vermeiden. Hier soll der gesamte Ertrag - inklusive Dividenden - erfasst werden. Der Index wird daher so berechnet, als würden die Dividenden sofort wieder in den Basiswert investiert. Damit kann ein Performance-Index wie ein Wertpapier ohne Dividende angesehen werden. Der Futurepreis berechnet sich aus dem aktuellen Kurs $S(t_0)$ des Indexes also gemäß $F = e^{r(T-t_0)} S(t_0)$, wobei r der für das Zeitintervall von t_0 bis T gültige stetige Zinssatz ist.

Beispiel 67 *Der Schlusskurs des DAX-Dezember-Futures am 15. August 2001 war 5.537,00 bei einem Settlementkurs des DAX von 5.455,44. Der Zeitraum bis zur Fälligkeit des Futures war (näherungsweise) $T-t_0 = 1/3$. Setzt man diese Werte in der Formel für den Futurepreis ein, so verbleibt einzig der stetige Zinssatz r als Unbekannte. Man berechnet $r = 0{,}04452$. Verwendet man den exakten Wert für die Laufzeit $T-t_0 = 127/365$, so erhält man $r = 0{,}04265$. Dies entspricht einem nichtstetigen effektiven Zinssatz von $4{,}357\%$ p.a. oder einem nominalen Jahreszins von*

$$\left(\frac{5.537{,}00}{5.455{,}44} - 1\right) \frac{360}{127} = \left(e^{0{,}04265 \cdot 127/365} - 1\right) \frac{360}{127} = 4{,}2379\,\%,$$

was zwischen dem damaligen Dreimonats-Euro-Libor (4,362) und dem Sechsmonats-Euro-Libor (4,218) liegt.

Es ist allerdings anzumerken, dass Dividendenausschüttungen auch (von der aktuell gültigen Steuergesetzgebung abhängige) steuerliche Aspekte haben können, die bewirken, dass der Besitzer eines Index-Partizipationsscheins dem Besitzer der Aktien nicht völlig gleich gestellt ist. Dies kann sich durchaus erkennbar in den Futurepreisen niederschlagen, wenn die Dividendensaison Mai-Juli in die Laufzeit fällt.

Futures auf Kursindizes können bei bekannten Dividendenzahlungen grundsätzlich nach der Formel aus Satz 55 oder Übung 59 bewertet werden. Verteilen sich die Dividendenzahlungen allerdings gleichmäßig auf das ganze Jahr (viele amerikanische Unternehmen schütten vierteljährlich eine Dividende aus) und enthält der Index viele Aktienwerte (wie z.B. der S&P500), so kann es vertretbar sein, auf die mühsame exakte Berücksichtigung aller Dividendenzahlungen zu verzichten und stattdessen die Terminpreisformel für ein Wertpapier mit prozentualer Ausschüttung mit einem geschätzten, im Durchschnitt zutreffenden q einzusetzen. Dies gilt insbesondere, wenn die Dividendenzahlungen noch nicht alle bekannt sind.

Bemerkung 68 *Alles oben Genannte gilt allerdings nur für Futures (oder Forwards) in der Heimatwährung des Indexes. Eine Vereinbarung über die Zahlung von z.B. x Euro mit $x =$ „Dow-Jones-Kurs eines zukünftigen Zeitpunkts" ist ein sogenannter Quanto-Forward und wesentlich schwieriger zu bewerten (siehe Abschnitt 9.5). Der Grund hierfür liegt darin, dass die angegebene Strategie zur Absicherung des Forwards für einen Quanto-Forward nicht funktioniert.*

Devisentermingeschäfte

Bei Devisentermingeschäften sind die Zinssätze in beiden Währungen zu berücksichtigen. Die Alternative zu dem Abschluss eines Forward-Kontrakts ist:

- Sofortiger Kauf der Fremdwährung und Anlage des Betrages zum risikolosen Zinssatz q der Fremdwährung

- Kreditaufnahme des zum Kauf der Fremdwährung erforderlichen Betrages, wofür Zinszahlungen gemäß des Zinssatzes r der Heimatwährung zu entrichten sind.

Eine Fremdwährung kann somit als ein Wertpapier mit bekannter prozentualer Verzinsung angesehen werden, der Forwardpreis zu einem Zeitpunkt t_0 ist also

$$F(t_0) = e^{(r-q)(T-t_0)} S(t_0),$$

wobei $S(t_0)$ der Wechselkurs der Fremdwährung zum Zeitpunkt t_0 ist.

Beispiel 69 *Kauf eines US-Dollars auf Termin. Der aktuelle Kurs ist 0,93 USD je EUR, die Zinssätze sind 5% in Euro und 6% in USD (stetige Zinssätze). Überbrückt werden soll ein Zeitraum von einem Jahr. Dann ergibt sich der Terminpreis*

$$F = (1/0{,}93) \cdot e^{(0{,}05-0{,}06)1} = 1{,}0646 \; (\text{€})$$

Hier ist der Forwardpreis also niedriger als der aktuelle Kassakurs von 1,0753 EUR je USD. Dies ist immer dann der Fall, wenn der Zinssatz der Fremdwährung höher ist als der eigene Zinssatz.

3.3 Arbitragefreie Terminpreise

Zinstermingeschäfte

Zinstermingeschäfte sind natürlich nur dann sinnvoll, wenn zukünftige Zinssätze nicht im Vorhinein bekannt und für alle Zeitintervalle gleich sind. Insofern muss man von dieser Generalvoraussssetzung dieses Abschnitts abrücken, wenn man sich mit Zins-Forwards oder -Futures beschäftigen will. Dennoch ist es (zumindest im theoretischen Ansatz) nicht schwer, den fairen Forwardpreis im aktuellen Zeitpunkt t_0 einer festverzinslichen Anlageform für den Zeitraum $[t_1, T]$ zu ermitteln. Die naheliegende Handlungsweise zur Bestimmung des Preises ist

- Sofortiger Kauf einer festverzinslichen Anlageform für den Zeitraum $[t_0, T]$
- Kreditaufnahme des erforderlichen Betrags für den Zeitraum $[t_0, t_1]$

Hieraus ergibt sich auf die gewohnte Weise der Forwardpreis sowie der ihm entsprechende Zinssatz, der Forward-Zinssatz. Grundsätzlich gibt es im Rahmen der Zinstermingeschäfte ebenfalls die bereits in den Abschnitten 3.2.1 und 3.2.2 erwähnte Unterscheidung in OTC-Termingeschäfte und standardisierte Termingeschäfte, sogenannte Zins-Futures. Der Übergang von Zinssätzen zu Kursen bzw. Preisen ist allerdings bei den Zinsderivaten nicht so einfach wie bei Aktien- oder Devisenderivaten. Daher werden diese Instrumente erst in Abschnitt 10.2 über gebräuchliche Zinsderivate vorgestellt.

3.3.6 Aspekte von Warentermingeschäften

Bisher haben wir uns ausschließlich mit Termingeschäften zu Wertpapieren beschäftigt. Jetzt sollen kurz Aspekte von Warentermingeschäften diskutiert werden. Es ist hier zunächst noch einmal zu unterscheiden zwischen Waren, die in großem Umfang vor allem für Investmentzwecke gekauft werden wie z.B. Gold oder Silber, und Waren, die hauptsächlich für den Verbrauch bestimmt sind (Rohstoffe, Getreide ....). Im ersten Fall ist im Unterschied zu Finanzinstrumenten der Besitz des Underlyings in der Regel mit Lagerkosten verbunden. Diese können als negative Rendite angesehen werden, die - je nach Zweckmäßigkeit - als stetiger Zinssatz $u > 0$ oder als fester Betrag $U > 0$ (diskontiert auf t_0) beschrieben werden können. Dies führt entsprechend der Sätze 55 und 57 zu den Formeln

$$F(t_0) = e^{(r+u)(T-t_0)} S(t_0) \text{ bzw. } F(t_0) = e^{r(T-t_0)} \left(S(t_0) + U \right).$$

Die Argumentation zu diesen Preisformeln kann allerdings nicht völlig unverändert übernommen werden, denn Leerverkäufe in diesen Basiswerten sind in der Regel nicht möglich. Aber man kann sich wieder mit dem Ansatz helfen, dass es genügend marktbestimmende Investoren gibt, die das Underlying in großem Umfang besitzen und jederzeit bereit sind, sich zumindest teilweise von ihren Beständen zu trennen, wenn sich Arbitragemöglichkeiten auftun.

Anders ist die Situation bei Waren, die wirklich benötigt werden. Hier gibt es eine „Vorliebe" der Marktteilnehmer für den physischen Besitz der Ware. Daher ist der Terminpreis tendenziell kleiner als der faire Wert, d.h. es gilt in der Regel nur noch

$$F(t_0) < e^{(r+u)(T-t_0)} S(t_0).$$

Der Preisabschlag für den Forward wird begründet durch die Sicherheit vor Lieferengpässen, die mit dem Besitz der Ware verbunden ist. Die sich ergebende Differenz zwischen theoretischem und tatsächlichem Forwardpreis kann durch die sogenannte **convenience yield** γ charakterisiert werden, die durch die Gleichung

$$e^{\gamma(T-t_0)} F(t_0) = e^{(r+u)(T-t_0)} S(t_0)$$

implizit definiert ist.

Cost-Of-Carry

Alle bisherigen Preisargumente zu Termingeschäften basieren auf dem Prinzip des **Cost-Of-Carry**. Hierunter versteht man die Kosten und den Nutzen, die mit dem Erwerb der Ware zum Zeitpunkt t_0 und dem Besitz der Ware über den Zeitraum $[t_0, T]$ verbunden ist. Zu den Kosten gehören z.B. Lagerkosten und entgangene Zinsen (Opportunitätskosten), denen Nutzen in Form von Erträgen des Basiswerts (z.B. Dividenden) gegenüberstehen. Fasst man diesen Cost-Of-Carry in einem stetigen Zinssatz c zusammen, so sind mit einer Ausnahme alle vorgestellten Preisformeln von der Form

$$F(t_0) = e^{c(T-t_0)} S(t_0)$$

Die Ausnahme bilden die Termingeschäfte zu Verbrauchsgütern, bei denen zusätzlich noch die nicht unmittelbar messbare Größe der convenience yield y abzuziehen ist:

$$F(t_0) = e^{(c-y)(T-t_0)} S(t_0)$$

Das Prinzip des Cost-Of-Carry lässt sich auch so ausdrücken: *Die Long-Position im Future (Forward) muss dem Erwerb und Besitz des Basiswerts über den Zeitraum von t_0 bis T finanziell gleichwertig sein, wenn es keine Arbitragemöglichkeiten geben soll.*

Da dieses Prinzip Basis all unserer Aussagen zu Forwardpreisen ist, ist auch klar, dass wir keinerlei Argumente zu Forwardpreisen von Gütern zur Verfügung gestellt haben, die man momentan noch nicht kaufen kann (weil es sie möglicherweise noch gar nicht gibt). Es ist also auf diese Art und Weise z.B. nicht möglich, einen Forwardpreis für den Wein eines bestimmten zukünftigen Jahrgangs anzugeben. Die Fragestellung nach dem fairen Terminpreis kann man erst dann mit Arbitrageargumenten in Angriff nehmen, wenn es mindestens einen verlässlichen Marktpreis gibt, zu dem man eine Beziehung konstruieren kann (siehe Abschnitt 9.2).

3.3.7 Forwardpreis vs. Erwartungswert des zukünftigen Preises

Beabsichtigt man, eine bestimmte Ware S zu einem zukünftigen Zeitpunkt zu kaufen, so hat man (u.a.) die Möglichkeit, einen Terminkontrakt abzuschließen oder alternativ einfach zu warten. Sieht man einmal von dem Sicherheitsaspekt ab, stellt sich die Frage, ob eine der Vorgehensweisen auf Dauer günstiger ist als die andere oder ob sie im Durchschnitt auf das gleiche hinauslaufen. Letzteres wäre gleichbedeutend mit

$$F = \mathbf{E}(S(T)),$$

d.h. der Erwartungswert des Kassakurses zum Zeitpunkt T ist gleich dem Forwardpreis. In völliger Allgemeinheit kann diese Frage natürlich nicht beantwortet werden, aber man kann sich fragen, wie die Situation in einem vollkommenen Kapitalmarkt im Sinne des CAPM aussieht, wenn der Zeitraum $[t_0, T]$ gerade die betrachtete Planungsperiode ist. Nehmen wir hierzu an, dass der Basiswert S ein Wertpapier ist, das während dieses Zeitraums keine Dividenden ausschüttet und keine Zinsen zahlt, dessen Rendite sich also ausschließlich in Kurssteigerungen ausdrückt, also

$$r_S = \frac{S(T) - S(t_0)}{S(t_0)} \quad \text{und somit} \quad \overline{r_S} = \frac{\mathbf{E}(S(T)) - S(t_0)}{S(t_0)}$$

Nach Satz 27 (S. 43) steht der Erwartungswert der Rendite von S in folgendem Zusammenhang mit der Rendite des Marktportfolios:

$$\overline{r_S} = r_f + (\overline{r_M} - r_f)\beta_{S,M}$$

($\overline{r_M}$ = erwartete Rendite des Marktportfolios, $\beta_{S,M}$ = Beta der Anlageform S, r_f = risikolose Rendite). Die risikolose Rendite ergibt sich aus unserem risikolosen stetigen Zinssatz r wie folgt:

$$1 + r_f = e^{r(T-t_0)} \quad \text{also} \quad r_f = e^{r(T-t_0)} - 1.$$

Da der Forwardpreis von S den Wert $F = e^{r(T-t_0)}S(t_0)$ hat, erhält man insgesamt

$$\mathbf{E}(S(T)) = \overline{r_S}S(t_0) + S(t_0) = F + (\overline{r_M} - r_f)\beta_{S,M}S(t_0)$$

Das bedeutet, dass nur für Wertpapiere, die unkorreliert zum Marktportfolio sind (also $\beta_{S,M} = 0$) der Forwardpreis gleich dem Erwartungswert des Kassakurses ist. Für jedes Wertpapier mit einem positiven β gilt

$$\mathbf{E}(S(T)) > F$$

und bei negativer Korrelation gilt

$$\mathbf{E}(S(T)) < F.$$

Bemerkung 70 *$\beta < 0$? Gibt es das? Warum nicht, eine reine Anlageform mit $\beta < 0$ findet man z.B. auf Seite 41. Darüber hinaus eröffnen die Leerverkäufe (die wir bei der Diskussion des CAPM nicht zugelassen haben) mannigfache Möglichkeiten, Portfolios mit negativem Beta zu bilden.*

Bemerkung 71 *In diesem Kapitel haben wir öfters von „fairen Preisen" gesprochen. Auch in der Spieltheorie gibt es diesen Begriff. Er leitet sich dort von dem Begriff des „fairen Spiels" ab, wobei ein Spiel fair heißt, wenn alle Spielteilnehmer die gleichen Chancen im Sinne eines Erwartungswerts haben. Die Argumentation dieses Abschnitts hat also gezeigt, dass die mit Hilfe von Arbitrageargumenten ermittelten „fairen Preise" im Sinne der Spieltheorie nicht fair sein müssen und es in der Regel auch nicht sind, wenn das CAPM zugrunde gelegt wird.*

4 Optionen

4.1 Grundlegendes zu Optionen

Optionen sind - wie der Name bereits andeutet - vertraglich vereinbarte Rechte, die der Optionskäufer vom Optionsverkäufer, dem sogenannten **Stillhalter**, erwirbt. Im Gegensatz zu unbedingten Termingeschäften, wie Futures und Forwards, für die zu Beginn der Laufzeit keine Prämienzahlung erforderlich ist, handelt es sich bei Optionen um **bedingte Termingeschäfte (contingent claims)**, denn der Optionskäufer kann auf die Ausübung seines Rechts verzichten. Da also mit dem Erwerb einer Option seitens des Käufers nur Rechte aber keine Pflichten verbunden sind, zahlt der Optionskäufer dem Stillhalter für die eingeräumten Rechte eine Prämie.

Es gibt zwei Grundtypen von Optionen: Kauf- und Verkaufsoptionen. Eine **Kaufoption**, auch **Call-Option** oder kurz **Call** genannt, erlaubt ihrem Besitzer, ein bestimmtes, dem Vertrag zugrunde liegendes Gut künftig zu einem vereinbarten Preis zu kaufen. Eine **Verkaufsoption**, auch **Put-Option** oder kurz **Put** genannt, erlaubt ihrem Besitzer das zugrunde liegende Gut künftig zu einem vereinbarten Preis zu verkaufen. Der Verkäufer einer Call- (Put-)Option, also der Stillhalter, ist entsprechend verpflichtet, dem Optionskäufer das Gut zum vereinbarten Preis zu überlassen (abzunehmen), wenn der Optionskäufer von seinem Recht Gebrauch machen möchte. Das einer Option zugrunde liegende Gut bezeichnet man wie bei Termingeschäften als **Underlying** oder **Basisinstrument (Basiswert)**, den vereinbarten Preis als **Basispreis, Bezugspreis** oder **Strike Price** bzw. kurz **Strike**. Als Underlying kann z.B. eine Aktie, ein Aktienindex, eine Devise, ein Zinssatz oder ein Future-Kontrakt auftreten. An der Eurex Deutschland z.B. werden Optionen auf Aktien, Aktienindizes und Zins-Futures gehandelt (Stand: August 2001). Sofern nichts anderes explizit vorausgesetzt wird, gehen wir jedoch im Folgenden von Aktien- oder Aktienindexoptionen aus.

Neben der zugrundeliegenden Ware, dem Optionstyp (Call oder Put) und dem Basispreis ist insbesondere noch die Laufzeit bzw. Fälligkeit der Option vertraglich festgelegt. Hier gibt es im Vergleich zu den Termingeschäften eine weitere Variante. Man kann bei Optionen vereinbaren, dass der Optionskäufer wie bei Termingeschäften sein Recht nur am Ende der Laufzeit ausüben kann, man kann ihm aber auch zugestehen, dass er von diesem Recht *jederzeit* bis zum Fälligkeitstermin Gebrauch machen kann. Abhängig davon spricht man von **europäischen** bzw. **amerikanischen** Optionen (**american** bzw. **european style** options). Bei europäischen Optionen kann also nur am Ende, bei amerikanischen hingegen während der gesamten Laufzeit ausgeübt werden. Es ist zu betonen, dass mit dieser Bezeichnung keine geografischen Aussagen verbunden sind: Sowohl in Europa als auch in Amerika (und allen weiteren Erdteilen) werden sowohl amerikanische als auch europäische Optionen gehandelt.

Desweiteren enthält die Optionsvereinbarung die Festlegung, ob bei einer etwaigen Optionsausübung das Underlying tatsächlich geliefert werden soll (**physical delive-

4.1 Grundlegendes zu Optionen

ry) oder ob ein Barausgleich in entsprechender Höhe erfolgen soll (**cash settlement**).

Im Folgenden bezeichne K den Basispreis, T die Fälligkeit einer europäischen Option und $S(T)$ den Preis des zu Grunde liegenden Gutes am Verfallstag, der auch Ausübungs- oder Settlementpreis genannt wird. Der Käufer eines Calls übt also seine Option genau dann aus, falls $S(T) > K$ erfüllt ist. Entsprechend übt der Käufer eines Puts seine Option aus, wenn $S(T) < K$ gilt. Den Wert eines europäischen Calls $C_e(T)$ bzw. Puts $P_e(T)$ bei Endfälligkeit bezeichnet man auch als **Payoff**, die grafische Darstellung des Payoffs in Abhängigkeit vom Settlementpreis als Auszahlungs- oder Payoff-Profil. Formal stellt sich der Payoff eines Calls bzw. Puts folgendermaßen dar:

$$C_e(T) = (S(T) - K)^+ = \begin{cases} S(T) - K & \text{falls } S(T) > K \\ 0 & \text{falls } S(T) \leq K \end{cases} \quad (4.1)$$

$$P_e(T) = (K - S(T))^+ = \begin{cases} K - S(T) & \text{falls } S(T) < K \\ 0 & \text{falls } S(T) \geq K \end{cases} \quad (4.2)$$

(Hierbei ist für eine Zahl x der Wert x^+ als das Maximum von x und 0 definiert).

Beispiel 72 *Für einen Call auf die DaimlerChrysler-Aktie mit einem Strike von 50 Euro zeigt nachstehende Grafik das Auszahlungsprofil des Calls in Abhängigkeit von dem Kurs der DaimlerChrysler-Aktie am Ende der Optionslaufzeit.*

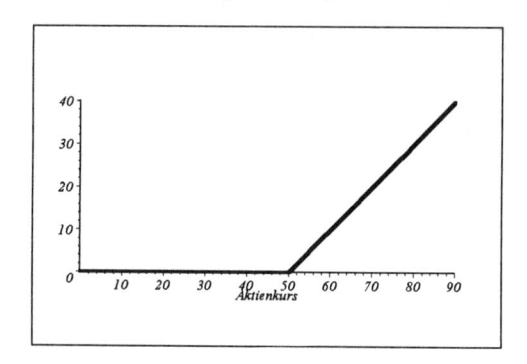

Beispiel 73 *Für einen Put auf die DaimlerChrysler-Aktie mit einem Strike von 40 € ergibt sich das Auszahlungsprofil in Abhängigkeit von dem Aktienkurs am Ende der Optionslaufzeit wie folgt:*

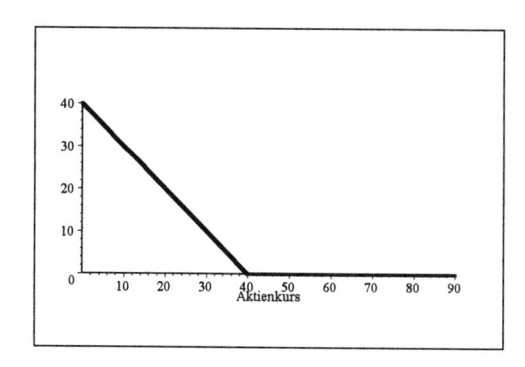

Unter einer **Long-Position** in der Option versteht man die Position des Optionskäufers, unter der **Short-Position** entsprechend die des Optionsverkäufers. Der Verkauf einer Option wird auch mit **Schreiben einer Option** bezeichnet. Insgesamt können mit den beiden Grundtypen Call und Put also vier Positionen eingenommen werden:

- Long-Call-Position, d.h. Kauf eines Calls
- Short-Call-Position, d.h. Verkauf eines Calls
- Long-Put-Position, d.h. Kauf eines Puts
- Short-Put-Position, d.h. Verkauf eines Puts

Bemerkung 74 *Man beachte, dass sich die Begriffe „long" und „short" auf den Kauf bzw. Verkauf der Option und nicht des Basiswerts beziehen. Der Inhaber einer Short-Position in einem Put ist bei Ausübung der Option der Käufer des Basisinstruments, nicht der Verkäufer. Bei Ausübung eines Puts nimmt also der Besitzer der Short-Position in der Option eine Long-Position im Underlying ein und aus der Long-Position im Put wird eine Short-Position im Basisinstrument.*

In Abhängigkeit vom Settlementpreis zeigt Abbildung 4.1 das Auszahlungsprofil und den Gewinn aus der Long-Call- bzw. Short-Call-Position. Die gestrichelte Linie gibt den Payoff, die durchgezogene Linie den **Gewinn und Verlust** (engl.: **Profit&Loss** bzw. kurz: **P&L**) der Positionen an. Für die Betrachtung von Gewinn und Verlust ist natürlich neben dem Auszahlungsprofil die anfänglich eingesetzte und auf die Endfälligkeit der Option aufgezinste Prämie c_0 relevant. Im Fall einer Long-Position wird das Payoff-Profil um die Prämie verringert, im Fall einer Short-Position erhöht sich entsprechend das Payoff-Profil.

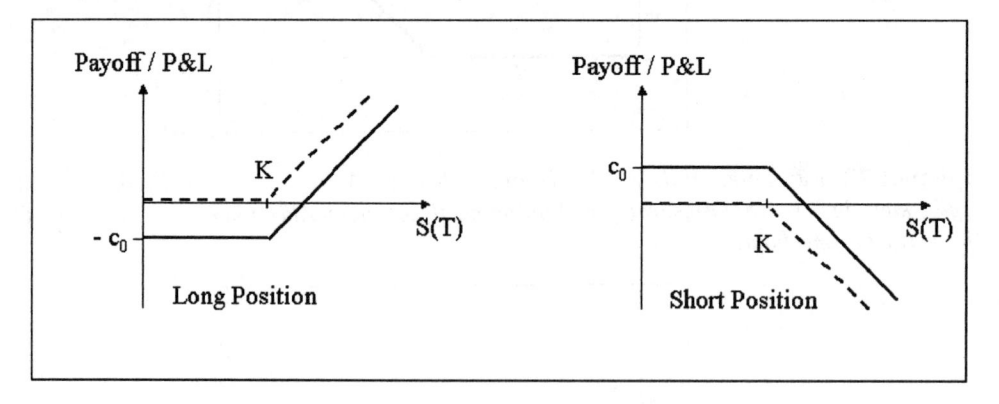

Abbildung 4.1 Payoff und P&L-Profil eines Calls

Analog zu Abbildung 4.1 zeigt Abbildung 4.2 den Payoff und das P&L-Profil eines Puts, wobei mit p_0 der verzinste Kaufpreis des Puts bezeichnet ist.

4.1 Grundlegendes zu Optionen

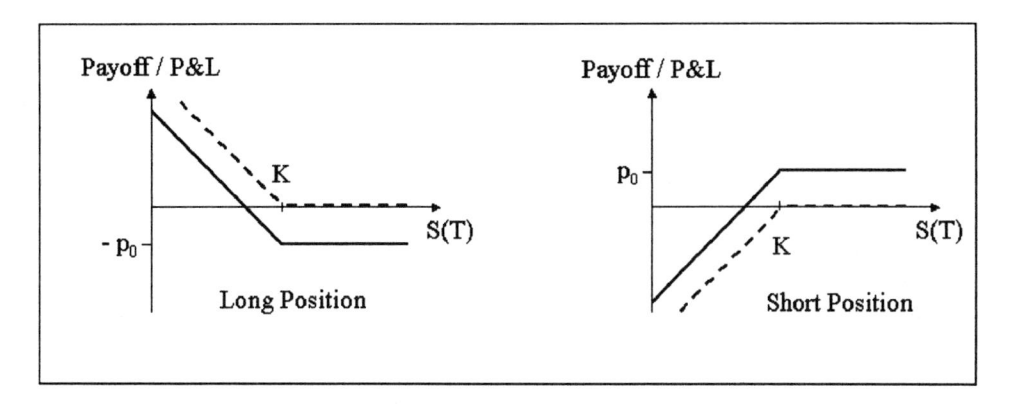

```
    Payoff / P&L                          Payoff / P&L
         |\                                    |
         | \                                   |
         |  \                                  |     p₀ ┤
         |   \   K                             |        _____
         |    _____                      |       /
    _____|_____ S(T)            _____|_____/_____ S(T)
         |                                     |   /  K
     -p₀ ┤                                     |  /
         |                                     | /
         |                                     |/
         |   Long Position                     |   Short Position
```

Abbildung 4.2 Payoff und P&L-Profil eines Puts

Wie man in beiden Abbildungen leicht erkennt, ist bei den Long-Positionen der maximal eintretende Verlust auf den verzinsten Prämieneinsatz begrenzt. Im Falle der Short-Positionen ist zu differenzieren: Der im Falle einer Short-Call-Position maximal auftretende Verlust ist unbegrenzt, wohingegen der mit einer Short-Put-Position verbundene mögliche Verlust den Strike K nicht überschreiten kann, da das Basisinstrument in der Regel keinen negativen Wert annehmen kann. Allerdings ist das Verlustpotential auch in einer Short-Put-Position deutlich größer als in einer entsprechenden Long-Position. Das Bild des langen und des kurzen Hebels ist bei Optionen also noch viel passender als bei Termingeschäften.

Es sind noch einige gebräuchliche Begriffe im Zusammenhang mit Optionen vorzustellen. Als **innerer Wert** einer Option zu einem Zeitpunkt t bezeichnet man den Payoff, den man erzielen würde, wenn man die Option nur sofort oder nie ausüben könnte. Bezeichnet man mit $S(t)$ den aktuellen Kurs des Basiswerts, so ergibt sich als innerer Wert eines Calls die Größe $(S(t) - K)^+$ und für einen Put $(K - S(t))^+$. Nur in seltenen Fällen ist der aktuelle Wert einer Option gleich ihrem inneren Wert. Der Wert einer Option setzt sich also zusammen aus dem inneren Wert und einer weiteren Größe, die **Zeitwert** genannt wird. Es gilt also für jede Option die Gleichung

$$\text{Wert der Option} = \text{innerer Wert} + \text{Zeitwert} \tag{4.3}$$

Der Zeitwert ist also sozusagen die Bewertung des zeitlichen Abstands zwischen dem aktuellen Datum und der Fälligkeit der Option. Am Fälligkeitstag geht der Zeitwert gegen null, vorher ist er meist positiv und nur in Ausnahmefällen kann er negative Werte annehmen, z.B. im Fall tief im Geld liegender Put-Optionen (s. Abb. 7.10 auf S. 224).

Ist der innere Wert einer Option größer als null, sagt man, die Option ist **im Geld** (engl. **in the money**). Ist der Basispreis ungefähr gleich dem aktuellen Kurs, spricht man von einer Option **am Geld** (**at the money**). Ist noch eine große Kursbewegung erforderlich, damit eine Option inneren Wert erlangt, so ist die Option momentan **aus dem Geld** (**out of the money**). Diese Einstufungen lassen sich anhand des Strikes K und des Preises $S(t)$ des Basiswerts auch wie folgt beschreiben:

	Call	Put
im Geld	$S(t) > K$	$S(t) < K$
am Geld	$S(t) \approx K$	$S(t) \approx K$
aus dem Geld	$S(t) < K$	$S(t) > K$

Bemerkung 75 *Die angegebene (und übliche) Definition von innerem Wert und Zeitwert einer Option ist vor allem für den Vergleich europäischer und amerikanischer Optionen nützlich (s. z.B. Abb. 4.5). Betrachtet man ausschließlich europäische Optionen, so ist es eigentlich sinnvoller, als inneren Wert den Wert des entsprechenden Termingeschäfts zu definieren, sofern dieser positiv ist. Nach Satz 61 würde das für einen Call zum Strike K auf eine Aktie ohne Dividende bedeuten:*

$$(innerer\ Wert\ zum\ Zeitpunkt\ t) = \left(S(t) - e^{-r(T-t)}K\right)^+$$

Für einen Put ergibt sich entsprechend der Wert $\left(e^{-r(T-t)}K - S(t)\right)^+$. Definiert man den Zeitwert wieder über Gleichung 4.3, so ergibt sich die bemerkenswerte Beziehung, dass Call und Put bei gleichem Strike K und gleicher Fälligkeit T identische innere Werte haben (folgt leicht aus der Put-Call-Parität (Satz 87)). Insbesondere hat dann auch ein Put niemals einen negativen Zeitwert (s. Satz 80).

4.2 Eigenschaften von Optionspreisen

Da es bedeutend schwieriger ist, Preise von Optionen als von Termingeschäften zu bestimmen, nähern wir uns diesem Thema ganz behutsam und beginnen mit einer Analyse der Faktoren, die die Preise von Aktienoptionen bestimmen. In 4.2.3 setzen wir die Methodik des vorigen Kapitels, also einfache Arbitrageargumente ein, um zumindest zu Schranken für die Optionspreise zu gelangen. Im Anschluss daran widmen wir uns in Abschnitt 4.2.4 der Frage nach dem optimalen Ausübungszeitpunkt amerikanischer Optionen. In 4.2.5 schließlich gehen wir auf eine ganz wesentliche Beziehung zwischen Calls und Puts ein, die unter dem Begriff Put-Call-Parität bekannt ist.

4.2.1 Grundsätzliche Annahmen und Notationen

Für die Aussagen dieses Kapitels zu Optionspreisen sind keinerlei Voraussetzungen über die Stochastik der Aktienkurse erforderlich, aber es werden die gleichen idealisierten Voraussetzungen wie bei den Preisuntersuchungen zu Termingeschäften benötigt (s. S. 73), nämlich, dass es keine Arbitragemöglichkeiten gibt, dass die Märkte „friktionslos" sind (keine Transaktionskosten, keine institutionellen Beschränkungen und alle Gewinne und Verluste unterliegen der gleichen Besteuerung, so dass die Steuern die Preise nicht beeinflussen) und dass jeder Marktteilnehmer zum gleichen risikolosen stetigen Zinssatz Geld leihen kann. In den Formeln gehen wir immer davon aus, dass dieser Zinssatz für alle Zeitintervalle gleich ist. Dies ist aber wie bei den Termingeschäften in vielen Fällen nicht unbedingt notwendig und mehr aus Gründen der Übersichtlichkeit und Einheitlichkeit (und zugegebenermaßen auch der Bequemlichkeit) so gehalten worden. Vor allem die Aussagen über europäische Optionen bleiben auch bei laufzeitabhängigen Zinssätzen richtig,

4.2 Eigenschaften von Optionspreisen

wenn man als Zinssatz den für die Restlaufzeit der Option gültigen einsetzt. So wird es auch ohne weiteren Kommentar in den Beispielen getan. Bei amerikanischen Optionen können in einzelnen Argumenten nicht vorhersehbare zukünftige Zinssätze Probleme bereiten.

Die gewählten Bezeichnungen sind weitgehend analog zum vorigen Kapitel:

T die Endfälligkeit der Option
t_0 aktueller Zeitpunkt, „jetzt"
t ein beliebiger Zeitpunkt vor Endfälligkeit der Option
$S(t)$ der Aktienkurs im Zeitpunkt t, analog $S(T)$, $S(t_0)$, ...
K der Strike
$C_e(t)$ der Wert eines europäischen Calls auf eine Aktie im Zeitpunkt t
$C_a(t)$ der Wert eines amerikanischen Calls auf eine Aktie bei Endfälligkeit
$P_e(t)$ der Wert eines europäischen Puts auf eine Aktie im Zeitpunkt t
$P_a(t)$ der Wert eines amerikanischen Puts auf eine Aktie im Zeitpunkt t
r der (für alle Zeiträume gleiche) risikolose stetige Zinssatz

Noch ein paar Worte zu den Zeitvariablen t und t_0: Für die in diesem Kapitel noch folgenden Betrachtungen gibt es nur selten einen Grund, zwischen dem aktuellen Zeitpunkt und einem beliebigen Zeitpunkt vor der Endfälligkeit zu unterscheiden. Wir werden daher in der Regel die Variable t und nicht t_0 einsetzen. In späteren Kapiteln werden wir dann wieder häufiger t_0 benutzen, da wir dann verstärkt das gesamte Zeitintervall von jetzt bis zur Fälligkeit betrachten, dessen Anfangspunkt t_0 markiert.

4.2.2 Faktoren, die den Optionspreis beeinflussen

Erinnern wir uns an die einfachste Form des Forward-Preises, nämlich des Terminpreises einer Aktie ohne Dividende im Zeitpunkt t:

$$F(t) = e^{r(T-t)} S(t)$$

und der Bewertung eines Termingeschäfts mit vereinbartem Basispreis K

$$F_K(t) = e^{-r(T-t)} \left(F(t) - K \right).$$

Aus diesen Formeln ist ersichtlich, dass die folgenden Größen den Wert eines Terminkontrakts beeinflussen: der aktuelle Aktienkurs $S(t)$, der Basispreis K, der Zinssatz r und die Restlaufzeit $T-t$. Ferner haben wir gesehen (Sätze 55 und 57), dass Dividendenzahlungen Forwardpreise beeinflussen. Es ist naheliegend, dass diese Größen auch die Preise von Optionen mitbestimmen. Wir wollen jetzt anhand elementarer Überlegungen untersuchen, wie sie die aktuellen Preise europäischer und amerikanischer Calls ($C_e(t)$ bzw. $C_a(t)$) sowie europäischer und amerikanischer Puts ($P_e(t)$ bzw. $P_a(t)$) beeinflussen. Die Überlegungen sind nicht quantitativ, sondern beschreiben lediglich die tendenzielle Auswirkung der Veränderung jeweils einer Größe. Sie sind „ceteris paribus" zu verstehen, d.h. es wird angenommen, dass alle anderen Einflussgrößen unverändert bleiben. Ein „+" bedeutet, dass eine Erhöhung des Werts der Einflussgröße auch den entsprechenden Optionspreis erhöht, ein „−" bedeutet, dass der Optionspreis sinkt.

- **Aktienkurs, Basispreis** und **Dividenden**. Diese Größen sind einfach einzuordnen, denn sie beeinflussen mittelbar oder unmittelbar den Payoff. Je höher der Basispreis ist, desto niedriger ist $S(T)-K$ (Payoff Call) und desto höher ist $K-S(T)$ (Payoff Put). Das Entsprechende gilt für alle Zeitpunkte bis zur Fälligkeit. Dividendenzahlungen senken den Aktienkurs am Ex-Tag, führen also tendenziell zu einer Verringerung der Differenz aus Aktienkurs und Basispreis. Bezüglich des Aktienkurses selbst ist es naheliegend, zu vermuten, dass ein höherer aktueller Wert eine bessere Ausgangsposition für einen höheren zukünftigen Wert ist. Von einer Aktie, die momentan den Kurs 200 € hat, wird man eher annehmen, dass sie in einem halben Jahr mindestens den Kurs 150 € hat als von einer Aktie, die aktuell mit 20 € notiert wird. Es ergibt sich also folgendes Bild:

	$C_e(t)$	$C_a(t)$	$P_e(t)$	$P_a(t)$
Basispreis	-	-	+	+
Aktienkurs	+	+	-	-
Dividende	-	-	+	+

Man beachte aber, dass die aufgeführten Argumente zumindest auf den ersten Blick unterschiedliche Überzeugungskraft haben. Der Einfluss des Basispreises kann über ein unumstößliches elementares Arbitrageargument nachgewiesen werden (Übung), bei Dividendenzahlungen kann man ökonomisch überzeugend argumentieren, dass Dividendenzahlungen einem Unternehmen Substanz entnehmen und es folglich wirtschaftlich schwächen. Dass jedoch ein aktuell höherer Aktienkurs immer auch einen höheren Aktienkurs zu späteren Zeitpunkten verspricht, ist als generelle Aussage doch recht fraglich. Dies ist aber auch gar nicht gemeint, man muss das „ceteris paribus" richtig verstehen. Ein treffendes Bild erhält man, wenn sich vorstellt, dass es zu einem Unternehmen sowohl Aktien im Nennwert von 5,- € als auch im Nennwert von 50,- € gibt. Dann ist klar (und wieder durch ein Arbitrageargument felsenfest zu untermauern), dass ein Call zum Strike 60,- € für den zweiten Typ Aktien mehr wert sein muss als ein Call zum gleichen Strike für die Aktien vom ersten Typ.

- **Laufzeit**. Für amerikanische Optionen ist der Einfluss offensichtlich: Je länger die Laufzeit ist, desto größer sind die Handlungsmöglichkeiten des Optionskäufers. Die längere Laufzeit bringt ihm nur Vorteile und keine Nachteile (es sei denn, man sieht in der „Qual der Wahl" einen Nachteil). Bei europäischen Optionen ergibt sich allerdings kein einheitliches Bild: Eine lange Restlaufzeit wird man sicherlich begrüßen, wenn die Option aktuell nicht im Geld ist. Ist aber z.B. eine Call-Option aktuell im Geld und nähert sich ein Dividendentermin, so ist eine Fälligkeit kurz vor diesem Termin zweifellos einer Fälligkeit kurz danach vorzuziehen. Also:

	$C_e(t)$	$C_a(t)$	$P_e(t)$	$P_a(t)$
Laufzeit	?	+	?	+

Für europäische Call-Optionen auf eine Aktie ohne Dividende werden wir aber noch in diesem Kapitel mit Hilfe elementarer Arbitrageargumente in Abschnitt 4.2.4 indirekt sehen, dass auch für sie eine längere Restlaufzeit werterhöhend wirkt.

4.2 Eigenschaften von Optionspreisen

- **Zinsen.** Der Einfluss einer Zinserhöhung auf Optionspreise ist elementar nicht vollständig bestimmbar. Zunächst ist festzustellen, dass eine Zinserhöhung zukünftige Zahlungen entwertet, da sich der Diskontfaktor $e^{-r(T-t)}$ verringert. Dies spricht für eine Preissenkung der Optionen. Zinserhöhungen haben aber auch einen ökonomischen Effekt. Wenn sich die Rendite der risikolosen Anlageform erhöht, müssen sich die anderen Anlageformen wie z.B. Aktien „anstrengen", um für Anleger attraktiv zu bleiben, d.h. sie müssen ebenfalls eine höhere Rendite versprechen (vgl. CAPM). Aufgrund unserer „ceteris paribus"-Annahme kann dies nicht dadurch geschehen, dass die aktuellen Kurse sinken (wie es nach einer alten Börsenweisheit in der Realität bei steigenden Zinsen häufig der Fall ist). Also müssen sich die Erwartungswerte zukünftiger Kurse erhöhen. Dies kann man nun bei Puts als weiteren entwertenden Faktor interpretieren, bei Calls sollte sich das aber werterhöhend auswirken. Für Puts sprechen beide Aspekte also für eine Preissenkung, bei Calls stellt sich die Frage, welcher der beiden Einflüsse größer ist. Im Standardmodell für die Optionsbewertung, dem Black-Scholes-Modell ist immer der Einfluss des zweiten Faktors größer (s. S. 225), so dass dort die folgende Tabelle zutreffend ist:

	$C_e(t)$	$C_a(t)$	$P_e(t)$	$P_a(t)$
Zinsen	+	+	-	-

Diese fünf Einflussgrößen, die alle den Vorteil haben, dass ihre Werte immer den aktuellen Marktdaten entnommen werden können, reichen nun leider nicht aus, um Optionspreise vollständig zu bestimmen. Es ist darüber hinaus erforderlich, die „Neigung einer Aktie zu Kursschwankungen" zu charakterisieren und zu berücksichtigen. Dies führt zu einer sechsten Einflussgröße, auf die wir erst in späteren Kapiteln ausführlich eingehen werden, die aber der Vollständigkeit halber hier ebenfalls aufgelistet wird:

- **Volatilität.** Im Black-Scholes-Modell gelingt es, die Neigung einer Aktie zu Kursschwankungen durch eine einzige positive Zahl auszudrücken, die Volatilität. Diese Größe ist den Begriffen Standardabweichung/Varianz der Statistik nahe verwandt. Je größer die Volatilität eine Aktie ist, desto mehr neigt sie zu Kursschwankungen. Eine Erhöhung der Volatilität wirkt sich im Black-Scholes-Modell immer preiserhöhend auf Calls und Puts aus:

	$C_e(t)$	$C_a(t)$	$P_e(t)$	$P_a(t)$
Volatilität	+	+	+	+

Im Gegensatz zu den anderen Einflussgrößen kann die Volatilität einer Aktie dem Markt nicht unmittelbar entnommen werden, was sicher ein Nachteil ist. Aber auch schon bei der Erörterung der Portfolio-Selection haben wir akzeptiert, dass zur Beurteilung einer Anlageform A Daten erforderlich sind, die nicht völlig offensichtlich sind, nämlich Erwartungswert $\overline{r_A}$ und Standardabweichung σ_A der zukünftigen Periodenrendite. Insofern wäre es eigentlich nicht sonderlich überraschend, wenn zur Bewertung von Optionen ebenfalls diese beiden Größen unverzichtbar wären - aber sie sind es nicht! Das wichtigste Ergebnis der modernen Optionspreistheorie ist, dass zwar die Varianz bzw. Volatilität des Basisinstruments den Optionspreis beeinflusst, nicht aber der Erwartungswert der Rendite. Da sich die Risikopräferenz von Investoren (s. Abschnitt 2.1.1) nur an der Kombination $(\sigma_A, \overline{r_A})$ und nicht an den einzelnen Komponenten $\overline{r_A}$ oder σ_A allein orientieren kann, sagt man auch, dass Optionen **präferenzfrei** bewertet werden können. Es ergibt sich hier eine bemerkenswerte Parallele zum Gleichgewichtszustand des CAPM, in dem die Zusammensetzung des risikobehafteten Anteils des Portfolios eines Investors ebenfalls unabhängig von seiner Risikopräferenz ist. Diese präferenzfreie Bewertung bedeutet auch, dass zwei Investoren zu dem gleichen Optionspreis gelangen, wenn sie bezüglich σ_A übereinstimmen, ihre Beurteilung von $\overline{r_A}$ kann durchaus unterschiedlich sein (auch wenn diese unterschiedliche Meinung über die zu erwartende Rendite einer unserer Grundannahmen der Portfolio-Selection widerspricht).

4.2.3 Schranken für Optionspreise

In diesem Abschnitt untersuchen wir, inwieweit die Optionspreise durch elementare Arbitrageargumente eingegrenzt werden können. Da es keinen Grund gibt, eine Option zu dem Zeitpunkt, in dem der Optionsvertrag geschlossen wird, nach anderen Kriterien zu beurteilen als zu einem beliebigen Zeitpunkt während der Laufzeit, unterscheiden wir im Folgenden nicht zwischen dem Preis einer Option, die neu abgeschlossen wird und der Bewertung einer Option während ihrer Laufzeit.

Wir beginnen mit den einfachen Abschätzungen

$$0 \leq C_e(t) \leq C_a(t) \leq S(t) \qquad (4.4)$$

sowie

$$0 \leq P_e(t) \leq e^{-r(T-t)}K \quad \text{und} \quad P_e(t) \leq P_a(t) \leq K \qquad (4.5)$$

die zu jedem Zeitpunkt t während der Laufzeit gelten. Denn wäre ein Call teurer als der Basiswert, könnte man sich den stattdessen kaufen. Damit stünde man bei Fälligkeit nicht schlechter da, egal wie sich der Kurs entwickelt. Die Ungleichungen zu 4.5 folgen daraus, dass ein Put nicht mehr wert sein kann als der maximale Payoff. Beim europäischen Put ist zudem zu berücksichtigen, dass man diesen Betrag nicht vor der Endfälligkeit erhalten wird, er somit abgezinst zu bewerten ist. Offensichtlich ist, dass eine Option niemals einen negativen Wert haben kann und dass eine amerikanische Option immer mindestens soviel wert ist wie die entsprechende europäische.

Die Ungleichung 4.4 lässt sich für Aktien mit Dividendenausschüttungen wie folgt verschärfen:

$$C_e(t) \leq S(t) - D,$$

wobei D der Barwert der Dividendenzahlungen während der Restlaufzeit ist. Denn zum Erwerb der Aktie zum Zeitpunkt t ist nur ein Betrag in Höhe von $S(t) - D$ erforderlich, da ein Darlehen in Höhe von D bis zur Fälligkeit durch die Dividenden getilgt werden kann.

Etwas mehr Aufwand erfordern schon die nächsten Abschätzungen:

Satz 76 a) *Für einen europäischen Call auf eine Aktie ohne Dividendenausschüttung während der Restlaufzeit gilt*

$$C_e(t) \geq S(t) - e^{-r(T-t)}K$$

b) *Erfolgen Dividendenausschüttungen im Zeitraum $[t, T]$ und haben diese bezogen auf t den Barwert D, so gilt*

$$C_e(t) \geq S(t) - D - e^{-r(T-t)}K$$

4.2 Eigenschaften von Optionspreisen

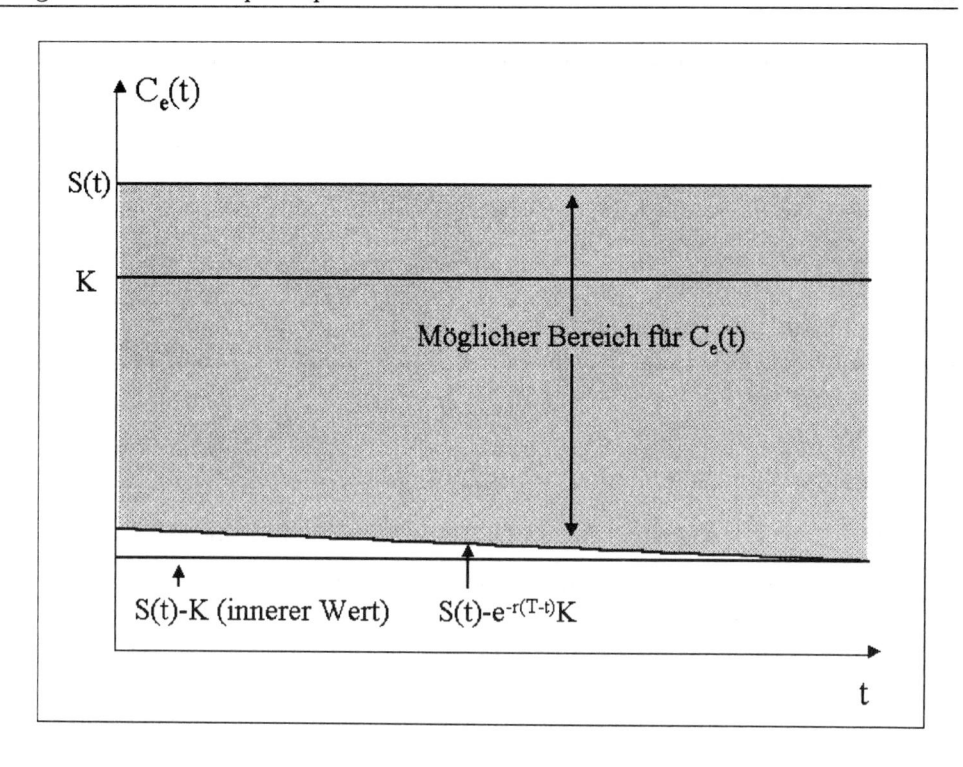

Abbildung 4.3 Preisgrenzen für einen Call auf eine Aktie ohne Dividende

Beweis. Der Nachweis erfolgt analog zu den Argumentationen zu Forward-Preisen im vorigen Kapitel durch Gegenüberstellung zweier Portfolios:
Portfolio A: 1 europäischer Call und Bargeld in Höhe von $e^{-r(T-t)}K$
Portfolio B: 1 Aktie
Die folgende Tabelle zeigt die Werte der beiden Portfolios zu den Zeitpunkten t und T:

	t	T
Portfolio A	$C_e(t) + e^{-r(T-t)}K$	$\max(S(T), K)$
Portfolio B	$S(t)$	$S(T)$

Der Wert von Portfolio A zum Zeitpunkt T ergibt sich hierbei wie folgt: Endet die Option im Geld, so reicht der aufgezinste Bargeldbetrag genau aus, um die Option auszuüben. Damit besitzt der Optionskäufer dann eine Aktie, Portfolio A hat also in dieser Situation den Wert $S(T)$. Gilt allerdings $S(T) < K$, so lässt der Optionskäufer seine Option verfallen, er behält also den aufgezinsten Barbetrag, der den Wert K hat.
Aus der Ungleichung
$$\max(S(T), K) \geq S(T)$$
folgt, dass Portfolio A zum Zeitpunkt T mit Sicherheit mindestens soviel wert ist wie Portfolio B. Damit muss A auch zum Zeitpunkt t ebenfalls mindestens soviel wert sein wie Portfolio B, denn sonst führt $A-B$ unmittelbar zu einem Arbitrageportfolio. $A(t) \geq B(t)$

ist aber gleichbedeutend mit der behaupteten Ungleichung $C_e(t) \geq S(t) - e^{-r(T-t)}K$. Damit ist Teil a) bewiesen, Teil b) zeigt man analog. ∎

Übung 77 *a) Man überlege sich, wie man im Falle $C_e(t) < S(t) - e^{-r(T-t)}K$ Arbitragegewinn erzielen kann.*
b) Beweisen Sie Teil b des Satzes (Hinweis: Beweis von Satz 55).

Beispiel 78 *Die BMW-Aktie hat Mitte August einen Schlusskurs von 38,10 €. Der Settlementpreis des Calls mit Strike 36 € zum Dezemberfälligkeitstermin ist 4,25 €. Bei einem stetigen Zinssatz von $r = 4,21\%$ und $T - t = 4/12$ berechnet man $e^{-r(T-t)}K \approx 35,498$ €. Da $38,10 - 35,498 = 2,602$ kleiner ist als 4,25, ergibt sich aus diesem Preis keine Arbitragemöglichkeit.*

Übung 79 *Man konstruiere ein Arbitrageportfolio, wenn die Option des vorigen Beispiels zum Preis von 2,5 € an Stelle von 4,25 € gehandelt würde.*

Satz 80 *a) Für einen europäischen Put auf eine Aktie ohne Dividendenausschüttung gilt*

$$P_e(t) \geq e^{-r(T-t)}K - S(t)$$

b) Erfolgen Dividendenausschüttungen während der Restlaufzeit nach dem Zeitpunkt t und haben diese bezogen auf t den Barwert D, so gilt

$$P_e(t) \geq D + e^{-r(T-t)}K - S(t)$$

Auch diese Ungleichungen lassen sich durch Gegenüberstellung geeigneter Portfolios nachweisen. Wir zeigen diesmal Teil b), von dem a) ohnehin nur ein Spezialfall ist ($D = 0$).

Portfolio A': 1 Put + 1 Aktie + Schulden in Höhe von D
Portfolio B': Bargeld in Höhe von $e^{-r(T-t)}K$

Die Gegenüberstellung der Werte der beiden Portfolios zu den Zeitpunkten t und T führt zu folgendem Ergebnis:

	t	T
Portfolio A'	$P_e(t) + S(t) - D$	$\max(S(T), K)$
Portfolio B'	$e^{-r(T-t)}K$	K

Hierbei wird natürlich wieder unterstellt, dass die Option nur dann ausgeübt wird, wenn sie zur Fälligkeit einen positiven inneren Wert besitzt. Erneut sieht man, dass Portfolio A' zum Zeitpunkt T mindestens den Wert von Portfolio B' hat, also muss das auch für den Zeitpunkt t gelten, wenn keine Arbitragemöglichkeiten vorhanden sein sollen. Hieraus ergibt sich sofort die behauptete Ungleichung.

4.2.4 Optimaler Ausübungszeitpunkt und Preisgrenzen bei amerikanischen Optionen

Satz 76 hat eine bemerkenswerte Konsequenz.

4.2 Eigenschaften von Optionspreisen

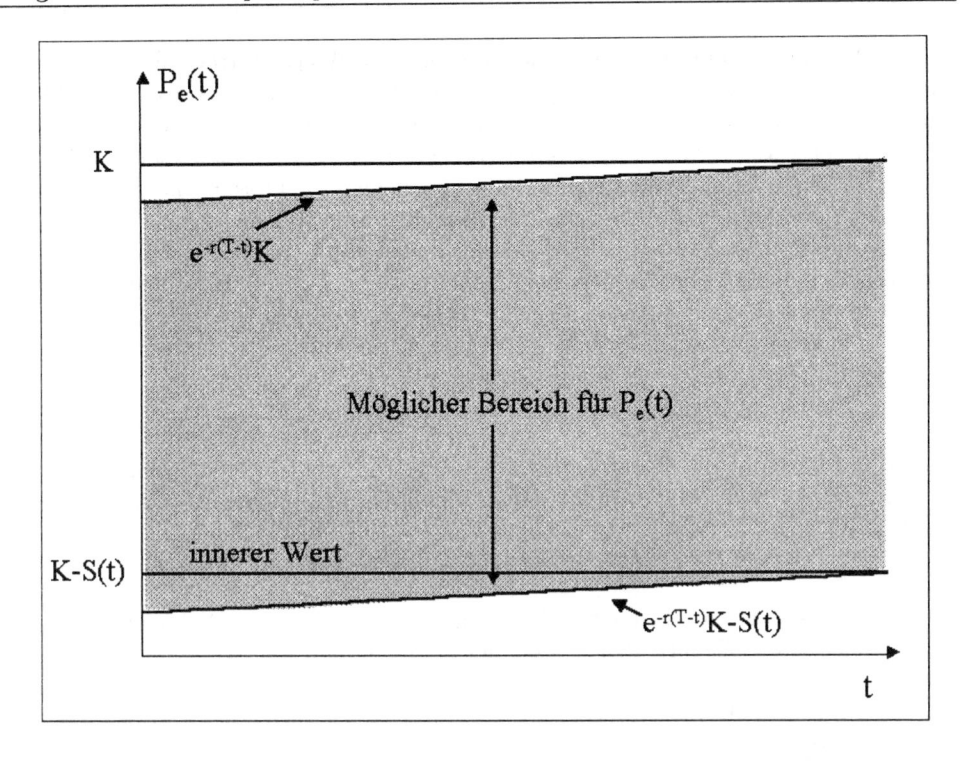

Abbildung 4.4 Preisgrenzen für einen europäischen Put auf eine Aktie ohne Dividende

Satz 81 *Für eine Call-Option zum Strike $K > 0$ auf eine Aktie ohne Dividende ist es niemals vorteilhaft, die Option vorzeitig auszuüben.*

Dieses Ergebnis heißt auch *Satz von Merton*, was aber eigentlich keine angemessene Würdigung der großen Verdienste von Merton um die Optionsbewertung ist, denn der Beweis ist formal sehr einfach:

$$C_e(t) \geq S(t) - e^{-r(T-t)}K > S(t) - K$$

Die linke Ungleichung folgt aus Satz 76 und die zweite ist trivial. $S(t) - K$ ist nun aber gerade der Wert der Optionsausübung zum Zeitpunkt t.

Auch wenn der Beweis dieses Satzes so einfach ist, so ist es doch recht überraschend zu erfahren, dass die Freiheit, einen Call jederzeit ausüben zu können, gar nichts wert sein soll. Versuchen wir also, das Ergebnis auch abseits des formalen Beweises zu verstehen!

Wann kauft man eine Option? Entweder wenn man das Underlying tatsächlich benötigt und man sich bezüglich des Kaufpreises absichern will oder aus spekulativen Gründen.

Im ersten Fall ist es leicht einzusehen, dass es ungünstig ist, vorzeitig auszuüben. Denn auch zum Zeitpunkt T muss man für die Aktie nicht mehr als K bezahlen (vielleicht sogar weniger) und aus Zinsgründen ist es vorteilhaft, möglichst spät zu bezahlen.

Was aber, wenn man die Aktie momentan für überbewertet hält und befürchtet, dass ihr Kurs bald deutlich fallen wird? Dann ist es günstiger, an Stelle der Aktie die Option zu verkaufen. Dann erhält man außer dem inneren Wert auch noch den stets positiven Zeitwert (s. Abb. 4.3). Aber was macht man, wenn man keinen Käufer für die Option zu einem fairen Preis findet? Dann behält man die Option und geht eine Short-Position in der Aktie ein. Den Erlös $S(t)$ legt man zum Zinssatz r an. Gilt $S(T) > K$, so kann man den Leerverkauf der Aktie im Zeitpunkt T durch Ausübung der Option glattstellen. Es bleibt ein Überschuss in Höhe von $e^{r(T-t)}S(t) - K$. Übt man die Option hingegen sofort aus und legt den Erlös risikolos an, so ergibt das zum Fälligkeitstag T nur den kleineren Betrag $e^{r(T-t)}(S(t) - K)$. Sinkt der Aktienkurs unter den Wert K, so schneidet die vorzeitige Ausübung sogar noch ungünstiger ab.

Eine unmittelbare Konsequenz des Satzes ist

Korollar 82 *Ist der Basiswert einer Call-Option eine Aktie ohne Dividende während der Laufzeit, so haben zu jedem Zeitpunkt t amerikanischer und europäischer Call den gleichen Wert:*

$$C_e(t) = C_a(t)$$

Dieses Ergebnis ist nur richtig, wenn für die Aktie keine Dividenden vorgesehen sind. Aufgrund des Effekts, den Dividendenzahlungen auf den Aktienkurs haben, kann es vorteilhaft sein, einen Call unmittelbar vor einem Ex-Tag auszuüben.

Bei Puts sieht die Situation grundsätzlich ganz anders aus. Klar sind die beiden Ungleichungen

$$P_a(t) \geq K - S(t) \quad \text{und} \quad P_a(t) \geq P_e(t),$$

denn eine amerikanische Option ist immer mindestens soviel wert wie ihr innerer Wert, und eine europäische Option kann niemals mehr wert sein als eine ansonsten gleiche amerikanische Option. Im Gegensatz zu den Call-Optionen gilt hier aber häufig „>". In dem Extremfall, dass die Aktie auf den Wert null gesunken ist, ist das auch leicht zu sehen: Mehr als den Strike K kann die Ausübung der Option nicht erbringen. Übt man sie sofort aus, so erhält man im Vergleich zur späteren Ausübung zusätzliche Zinsen. Außerdem vermeidet man das Risiko, dass der Kurs der Aktie doch wieder steigt (dieser vermeintliche Vorteil lässt sich allerdings durch eine geschickte Handelsstrategie neutralisieren, wie der Beweis von Satz 84 zeigen wird).

Bemerkung 83 *Die Frage, wann bei amerikanischen Put-Optionen sofortige Ausübung vorteilhaft ist, werden wir in dem Kapitel über amerikanische Optionen ausführlich untersuchen. Dort werden wir sehen, dass es unter gewissen, für eine präzise Optionsbewertung erforderlichen zusätzlichen Voraussetzungen zu jedem Zeitpunkt t einen Wert $G(t)$ gibt, so dass sofortige Ausübung vorteilhaft ist, wenn $S(t) < G(t)$ gilt und es bei $S(t) > G(t)$ angeraten ist, die Option zu behalten. Bei Gleichheit sind beide Verhaltensweisen gleichwertig. Es gilt also*

$$P_a(t) \begin{cases} > & K - S(t) \quad \text{falls } S(t) > G(t) \\ = & K - S(t) \quad \text{falls } S(t) \leq G(t) \end{cases}$$

Der Wert $G(t)$ ist umso höher, je kürzer die Restlaufzeit ist. Im Grenzfall $t \to T$ nähert er sich dem Strike K (s. Abb. 8.1 auf S. 241).

4.2 Eigenschaften von Optionspreisen

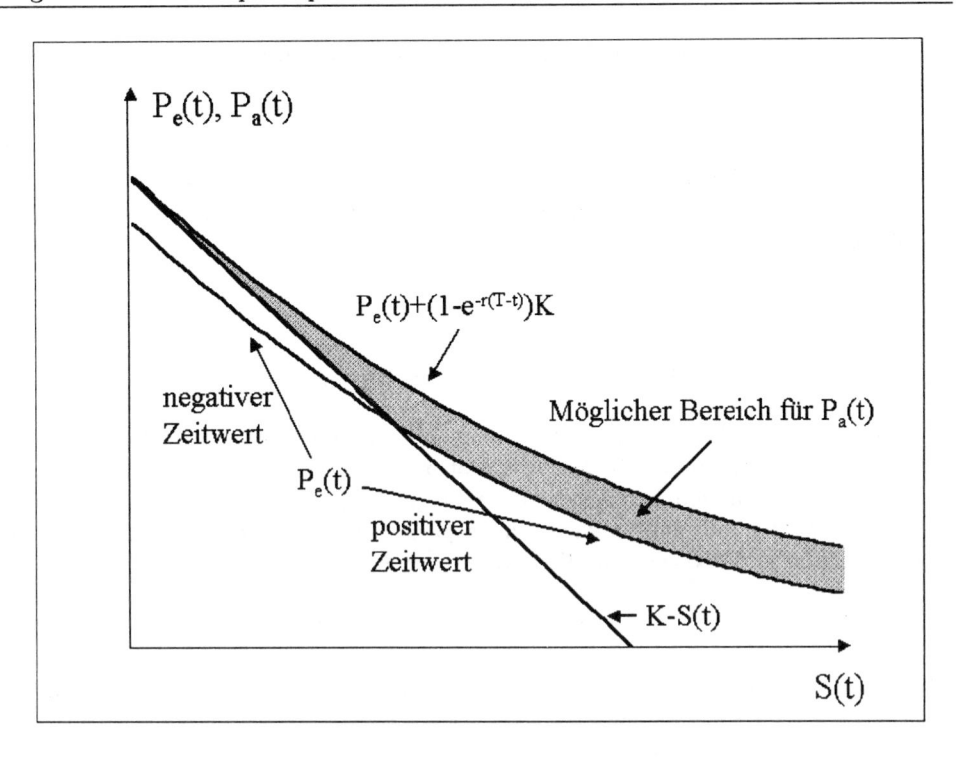

Abbildung 4.5 Preisgrenzen für einen amerikanischen Put bei bekanntem Preis $P_e(t)$ des zugehörigen europäischen Puts

Abbildung 4.5 zeigt die Beziehung zwischen dem Wert eines amerikanischen Puts und dem eines ansonsten identischen europäischen Puts in Abhängigkeit vom Aktienkurs $S(t)$. Man beachte, dass in den Situationen, in denen vorzeitige Ausübung für eine amerikanische Option angeraten ist, die entsprechende europäische einen negativen Zeitwert hat. Denn ihr innerer Wert gleicht dann dem aktuellen Wert der amerikanischen Option. Aber auch wenn aktuell vorzeitige Ausübung nicht vorteilhaft ist, ist der amerikanische Put in der Regel mehr wert als der gleichartige europäische, denn er enthält ja noch die Chance, dass zu einem späteren Zeitpunkt sofortige Ausübung vorteilhaft sein kann. Dennoch kann der amerikanische Put im Vergleich zum europäischen nicht einen beliebig hohen Wert haben. Der folgende Satz zeigt, dass der amerikanische Put gegenüber dem europäischen lediglich einen Zinsvorteil beinhaltet:

Satz 84 *Der Preis eines amerikanischen Puts auf eine Aktie ohne Dividende genügt im Vergleich zu dem ansonsten identischen europäischen Put den Ungleichungen*

$$P_e(t) \leq P_a(t) \leq P_e(t) + (1 - e^{-r(T-t)})K$$

Beweis. Zu zeigen ist natürlich nur noch die rechte Ungleichung. Der Beweis erfolgt erneut über ein elementares Arbitrageargument, erfordert aber nicht nur den Vergleich zweier Portfolios, sondern - als für uns neue Methodik - die Beurteilung von Handelsstrategien. Wir betrachten zunächst

Portfolio A: ein europäischer Put und eine Aktie

Zum Zeitpunkt T sind zwei Fälle zu unterscheiden: Ist der Aktienkurs höher als K, lässt man die Option verfallen und besitzt die Aktie im Wert von $S(T)$. Andernfalls übt man die Option aus und verkauft die Aktie zum Kurs K. Dies ergibt als Wert des Portfolios zum Zeitpunkt T:

$$A(T) = \max(K, S(T))$$

Nun betrachte man

Portfolio B: ein amerikanischer Put und eine Aktie

Verzichtet man auf die vorzeitige Ausübung, hat das Portfolio zur Fälligkeit den gleichen Wert wie Portfolio A. Übt man die Option vorzeitig aus, so verliert man dadurch die Aktie und erhält den Betrag X, den man jetzt bis zum Zeitpunkt T risikolos anlegen muss, wenn man eine möglichst hohe garantierte Mindestverzinsung haben will. Günstigstenfalls ergibt das einen Wert von $e^{r(T-t)}K$ im Zeitpunkt T. Also

$$B(T) \leq A(T) + \left(e^{r(T-t)} - 1\right)K$$

Bezogen auf den Zeitpunkt t hat das zur Folge (Diskontierung des letzten Summanden beachten)

$$B(t) \leq A(t) + e^{-r(T-t)}\left(e^{r(T-t)} - 1\right)K$$

also

$$P_a(t) + S(t) \leq P_e(t) + S(t) + e^{-r(T-t)}\left(e^{r(T-t)} - 1\right)K$$

und somit

$$P_a(t) \leq P_e(t) + \left(1 - e^{-r(T-t)}\right)K$$

∎

Übung 85 *Zu einer bestimmten Aktie werden europäische Puts zum Strike $K = 45$ € mit einer Restlaufzeit von zwei Monaten zum Preis $p_e = 20$ € gehandelt, der Marktpreis entsprechender amerikanischer Optionen ist $p_a = 20{,}50$ €. Der stetige risikolose Zinssatz beträgt $r = 2\%$. Wie lässt sich in dieser Situation Arbitragegewinn erzielen?*

Übung 86 *Der Besitzer eines europäischen Puts mit Strike $K = 50$ € zu einer Aktie ohne Dividende glaubt, dass der Aktienkurs momentan mit $S(t) = 28$ € seinen Tiefststand erreicht hat. Wie kann er aus der Situation trotz einer Restlaufzeit des Puts von vier Monaten Nutzen ziehen? Welcher Gewinn kann mit Sicherheit erzielt werden, wenn der stetige risikolose Zinssatz den Wert $r = 4{,}5\%$ hat?*

4.2.5 Put-Call-Parität

Auch ohne die Preise von Calls und Puts exakt bestimmen zu können, kann man mit Hilfe einer elementaren Portfoliostrategie nachweisen, dass eine direkte Beziehung zwischen ihnen besteht.

4.2 Eigenschaften von Optionspreisen

Satz 87 *(Put-Call-Parität für eine Aktie ohne Dividende) Der Preis $C_e(t)$ eines Calls mit Basispreis K und Fälligkeit T und der Preis $P_e(t)$ des europäischen Puts mit gleichem Strike und gleicher Fälligkeit erfüllen die Gleichung*

$$C_e(t) + e^{-r(T-t)}K = P_e(t) + S(t)$$

Beweis. Erneut werden zum Beweis zwei Portfolios gegenüber gestellt:
Portfolio A: ein Call und Bargeld in Höhe von $e^{-r(T-t)}K$
Portfolio B: ein Put und eine Aktie
Die folgende Tabelle zeigt die Werte der beiden Portfolios zu den Zeitpunkten t und T:

	t	T
Portfolio A	$C_e(t) + e^{-r(T-t)}K$	$\max(S(T), K)$
Portfolio B	$P_e(t) + S(t)$	$\max(S(T), K)$

Die Werte zum Zeitpunkt T ergeben sich wie üblich daraus, dass die Optionen nur ausgeübt werden, wenn sie im Geld sind.
Aus der sicheren Wertgleichheit im Zeitpunkt T ergibt sich auf die inzwischen gewohnte Art die Wertgleichheit im Zeipunkt t. ∎

Beispiel 88 *Nach dem risikolosen Zinssatz r aufgelöst liest sich die Put-Call-Parität wie folgt:*

$$r = \frac{-\ln\left[(P_e(t) - C_e(t) + S(t))/K\right]}{T-t}$$

Die folgende Tabelle zeigt, welche rechnerischen Werte diese Formel für den Zinssatz r ergibt, wenn man die Settlementpreise einiger DAX-Optionen der Eurex am 15.08.01 einsetzt. Der Settlementkurs des DAX war an diesem Tag 5.455,44. Für die Dezember-Optionen wurde für $T-t$ vereinfacht mit $1/3$ und für die März-Optionen mit $T-t = 7/12$ gerechnet.

K	T	$C_e(t)$	$P_e(t)$	r
5.000	Dez 01	639,60	111,80	0,0437
5.200	Dez 01	490,70	159,90	0,0438
5.400	Dez 01	359,80	226,00	0,0439
5.600	Dez 01	250,30	313,60	0,0439
5.800	Dez 01	162,80	423,10	0,0439
6.000	Dez 01	99,40	556,60	0,0440
5.000	Mar 02	739,90	170,20	0,0396
5.200	Mar 02	599,30	224,80	0,0397
5.400	Mar 02	471,50	292,20	0,0398
5.600	Mar 02	359,50	375,40	0,0398
5.800	Mar 02	266,30	477,30	0,0399
6.000	Mar 02	187,60	593,70	0,0400

*Man beachte die „inverse" Zinsstruktur. Der Zinssatz für den längeren Zeitraum ist niedriger als der für den kürzeren.
Der Vergleich der errechneten Zinssätze mit den damaligen Standard-Referenzinssätzen aus Beispiel 67 (S. 81) sei den Lesern als Übung empfohlen.*

Indem man Portfolio B aus dem vorigen Beweis noch um Schulden in Höhe der diskontierten Dividenden D ergänzt, erhält man die Put-Call-Parität für Aktien mit Dividendenzahlungen:

Satz 89 *(Put-Call-Parität für eine Aktie mit Dividende) Der Preis $C_e(t)$ eines Calls mit Basispreis K und Fälligkeit T und der Preis $P_e(t)$ des europäischen Puts mit gleichem Strike und gleicher Fälligkeit erfüllen die Gleichung*

$$C_e(t) + e^{-r(T-t)}K = P_e(t) + S(t) - D$$

Hierbei ist D der auf den Zeitpunkt t diskontierte Wert der Dividenden im Zeitraum von t bis zur Fälligkeit.

Bei amerikanischen Optionen gibt es die Put-Call-Parität nicht in Gleichungsform. Denn sonst könnte man den Wert eines amerikanischen Puts direkt aus den Preisen der europäischen Optionen herleiten. Aber es lassen sich zumindest Ungleichungen aufstellen:

Satz 90 *(Put-Call-Ungleichung für amerikanische Optionen) a) Bei einer Aktie ohne Dividende erfüllt die Differenz aus dem Preis $C_a(t)$ eines Calls mit Basispreis K und Fälligkeit T und dem Preis $P_a(t)$ des amerikanischen Puts mit gleichem Strike und gleicher Fälligkeit die Ungleichungen*

$$S(t) - K \leq C_a(t) - P_a(t) \leq S(t) - e^{-r(T-t)}K$$

b) Hat die Aktie während der Laufzeit Dividendenausschüttungen, so gelten die Ungleichungen

$$S(t) - D - K \leq C_a(t) - P_a(t) \leq S(t) - e^{-r(T-t)}K$$

Hierbei ist D der auf den Zeitpunkt t diskontierte Wert der Dividenden im Zeitraum bis zur Fälligkeit.

Beweis. Wir beschränken uns auf den Nachweis von a). Teil b) ist als Übung empfohlen. Aus

$$C_a(t) = C_e(t) \quad \text{und} \quad P_a(t) \geq P_e(t)$$

folgt zusammen mit der Put-Call-Parität für europäische Optionen die rechte Ungleichung

$$C_a(t) - P_a(t) \leq S(t) - e^{-r(T-t)}K.$$

Für die andere Ungleichung ergibt Satz 84 zunächst die Abschätzung

$$C_a(t) - P_e(t) - (1 - e^{-r(T-t)})K \leq C_a(t) - P_a(t).$$

Berücksichtigt man nun $C_a(t) = C_e(t)$, so liefert die Put-Call-Parität für europäische Optionen die Behauptung:

$$S(t) - e^{-r(T-t)}K - (1 - e^{-r(T-t)})K \leq C_a(t) - P_a(t)$$

∎

Beispiel 91 *Untersuchen wir die Settlementpreise einiger SAP-Optionen der Eurex vom 15.8.2001 mit Fälligkeit Dezember (T − t = 1/3). Der Settlementpreis des Aktienkurses betrug 160,80 €. Die folgende Tabelle zeigt, dass mit einem stetigen Zinssatz r = 4,37% (s. Beispiel 88) alle Differenzen aus Call- und Putpreisen innerhalb der Grenzen $S(t) - K$ (U-Gr) und $S(t) - e^{-r(T-t)}K$ (O-Gr) des Satzes liegen.*

K	Call	Put	U-Gr	$Call - Put$	$O - Gr$
130	39,07	7,18	30,80	31,89	32,68
140	32,29	10,29	20,80	22,00	22,82
150	26,32	14,22	10,80	12,10	12,97
160	20,65	18,49	0,80	2,16	3,11
170	16,43	24,18	−9,20	−7,75	−6,74

4.3 Optionsstrategien

Nachdem im Unterkapitel 4.1 Gewinn- und Verlustchancen von Käufen und Verkäufen einer Option betrachtet wurden, gehen wir nun auf die Grundtypen verschiedener Kombinationsmöglichkeiten europäischer Optionen ein, die sich auf denselben Basiswert beziehen. Die einfachsten Varianten sind in Abschnitt 4.3.1 dargestellt und setzen sich lediglich aus einer Optionsposition und einer Position im zugehörigen Basiswert zusammen. Anschließend betrachten wir in 4.3.2 und 4.3.3 Strategien mit mehreren Optionspositionen. Die Darstellungen beziehen sich - sofern nichts anderes erwähnt wird - auf eine Aktie als Basiswert, lassen sich jedoch meist analog auf Devisenkurse oder Zinsinstrumente übertragen.

4.3.1 Strategien mit einer Option und dem Underlying

Hier gibt es vier Grundvarianten, die sich aus den Kombinationsmöglichkeiten einer Long- oder Short-Position in der Aktie mit einer konträren Position in einer europäischen Option ergeben. Beginnen wir mit den beiden Möglichkeiten, die es ausgehend von einer bestehenden Grundposition im Underlying (long) gibt.

Da ist zunächst die Situation, dass zur Absicherung gegen einen fallenden Markt ein Put gekauft wird. Es ergibt sich das P&L-Diagramm zum Fälligkeitstermin T der Option wie in Abb 4.6 (links). Bei dieser Position ist man gegen ein Sinken des Aktienkurses unter den Strike versichert, der Kaufpreis des Puts ist quasi die zu zahlende Versicherungsprämie. Von Aktienkursanstiegen oberhalb von K profitiert der Aktienbesitzer uneingeschränkt.

Die zweite Möglichkeit ist die Kombination des Aktienbesitzes mit einer Short-Position in einem Call. Hier schreibt der Aktienbesitzer einen gedeckten (= gesicherten) Call, was auch als „covered call writing" bezeichnet wird. Abb. 4.6 (rechts) zeigt das P&L-Profil. Bleibt der Aktienkurs unterhalb des Strikes K, so verfällt die Option wertlos, die eingenommene Prämie kann dann also als Performanceverbesserung der Aktie verbucht werden. Übersteigt der Aktienkurs allerdings den Wert K, so muss man die Aktie zum Preis K hergeben. Auf etwaige Kursgewinne, die den Basispreis um mehr als die (aufgezinste) Optionsprämie übersteigen, wird verzichtet. Diese Position bietet

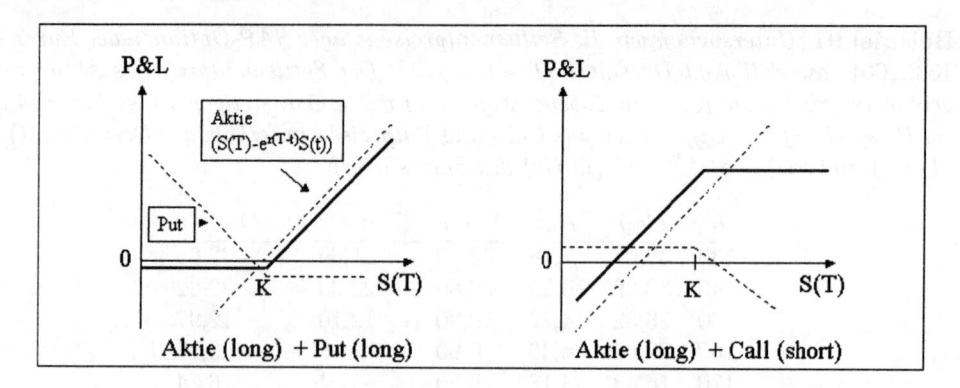

Abbildung 4.6 P&L-Diagramm für die Kombinationen Aktie (long) mit Long-Put bzw. Short-Call

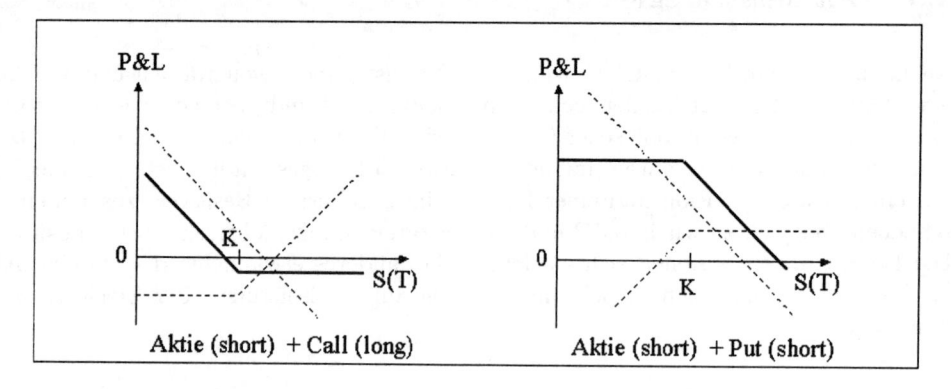

Abbildung 4.7 P&L-Diagramm der elementaren Kombinationen einer Short-Position in einer Aktie mit einer Option

sich also an, wenn man von einem seitwärts tendierenden Markt ausgeht, also von i.w. gleichbleibenden Kursen. Erwartet man fallende Kurse, ist die Position nicht geeignet, denn gegen einen Kursverfall der Aktie bietet sie keine Sicherheit.

Die restlichen beiden Möglichkeiten sind mit einer Short-Position in der Aktie, also einem Leerverkauf verbunden. Kombiniert man eine solche Position mit einer Long-Position in einem Call, so kann man auch hier von der Absicherung der Aktienposition durch die Option sprechen. Eine reine Short-Position in der Aktie profitiert von sinkenden Kursen. Der Gewinn ist umso höher, je stärker der Aktienkurs fällt. Steigt er aber, gibt es Verluste, deren Höhe zunächst nicht begrenzt ist. Dieses Verlustrisiko wird durch den Call begrenzt. Mit Schlimmerem als einem Aktienkurs K muss man nicht rechnen. Die Optionsprämie ist also auch hier als Versicherungsprämie anzusehen. Das zugehörige P&L-Profil zeigt Abb. 4.7 (links).

Die verbleibende Grundvariante besteht aus einer Kombination des Leerverkaufs der Aktie mit dem Verkauf eines Puts (Abb. 4.7 rechts). Dies ist sinnvoll, wenn man davon ausgeht, dass der Aktienkus zum Zeitpunkt T nicht höher als K sein wird. Dann stellt die Ausübung der Option durch den Optionskäufer die Short-Position in der Aktie glatt und die erhaltene Optionsprämie kann als Nettogewinn verbucht werden. Auch bei einem höheren Aktienkurs muss man die Optionsprämie nicht wieder hergeben, aber dann bereitet der Leerverkauf Sorgen, die umso größer sind, je mehr der Aktienkurs gestiegen ist.

Betrachtet man die vier Grundvarianten nur unter dem Aspekt des P&L-Profils, so zeigt ein Blick auf die Abbildungen, dass sie diesbezüglich nichts Neues liefern: Aktie (long) zusammen mit Long-Put stimmt mit einer Long-Call-Position überein, Aktie (long) zusammen mit Short-Call ergibt eine synthetische Short-Put-Position. Variante drei entspricht dem Long-Put und Variante vier schließlich hat das P&L-Profil eines Short-Calls.

4.3.2 Spreads

Handelsstrategien, die sich aus mehreren Optionen des gleichen Typs - also nur Calls oder nur Puts - zusammensetzen, werden als **Spreads** bezeichnet. Die gängigsten Spreads sind Bull- und Bear-Spreads, daneben werden aber auch u.a. Butterfly- und Time-Spreads eingesetzt. Bis auf Time-Spreads setzen sich die Grundvarianten der Strategien aus Optionen gleicher Laufzeit zusammen.

Es ist anzumerken, dass die Einteilung der Kombinationen mehrerer Optionspositionen in Spreads und die im nächsten Abschnitt behandelten sog. Kombinationen nicht allzu glücklich ist, da sich das gleiche Payoff-Profil häufig sowohl als Spread als auch als Kombination erreichen lässt. Das ist z.B. beim Butterfly-Spread der Fall. Darüberhinaus ist der Begriff des Spreads etwas irreführend, da hiermit im heutigen Sprachgebrauch meistens Differenzen zweier Größen - wie z.B. Zinssätzen unterschiedlicher Laufzeit - bezeichnet werden.

Bull-Spread

Bull-Spreads werden eingegangen, wenn ein in begrenztem Maße steigender Markt erwartet wird. Sie können entweder aus zwei Call-Optionen oder zwei Put-Optionen aufgebaut werden. Bei der ersten Variante wird ausgehend von einer Long-Call-Position mit Strike K_1 zur Kostenreduktion ein Call gleicher Laufzeit mit höherem Strike K_2 verkauft. Der Käufer dieses Spreads partizipiert somit nur zwischen K_1 und K_2 an steigenden Kursen, da er oberhalb von K_2 sein Chancenpotential aufgibt. Im Gegenzug dafür muß er aber insgesamt weniger Prämie einsetzen als der Käufer eines Calls mit Strike K_1. Die nächste Tabelle zeigt den Payoff aus den beiden Einzelpositionen und dem Bull-Spread insgesamt in Abhängigkeit von der Lage des Settlementkurses:

Settlementkurs	Long-Call (K_1)	Short-Call (K_2)	Bull-Spread
$S(T) \leq K_1$	0	0	0
$K_1 < S(T) \leq K_2$	$S(T) - K_1$	0	$S(T) - K_1$
$K_2 < S(T)$	$S(T) - K_1$	$-(S(T) - K_2)$	$K_2 - K_1$

Da die Callpreise mit steigenden Strikes sinken, also der Call mit Strike K_1 teurer ist als der mit dem höheren Strike K_2, muss der Käufer des aus zwei Calls bestehenden

Bull-Spreads im Vorhinein eine Prämie zahlen. Das P&L-Profil des Bull-Spreads ergibt sich dann aus dem um die verzinste Gesamtprämie reduzierten Payoff. Abbildung 4.8 zeigt Gewinne und Verluste der zwei Einzelpositionen (gestrichelte Linien) und des Bull-Spreads (durchgezogene Linie).

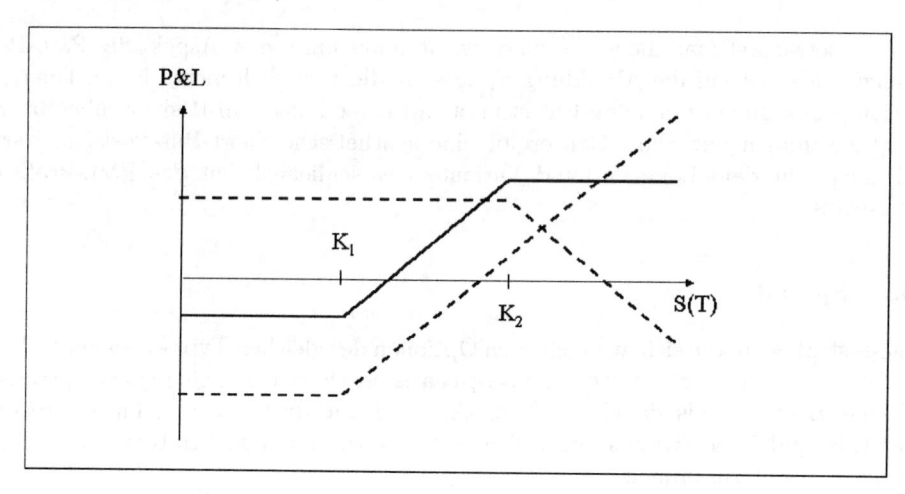

Abbildung 4.8 P&L-Profil eines Bull-Spreads (Aufbau über 2 Calls)

Alternativ kann ein Bull-Spread auch aus zwei Put-Optionen aufgebaut werden. Es wird ein Put mit einem kleineren Strike gekauft und einer mit einem größeren verkauft. Dies ergibt tendenziell das gleiche P&L-Profil wie der aus Calls aufgebaute Bull-Spread, aber die Zahlungsströme sind unterschiedlich. Bei einem aus Puts zusammengesetzten Bull-Spread hat das Ausgangsgeschäft einen positiven Saldo, der sich entsprechend verringert, wenn es zur Optionsausübung kommt.

Da tief im Geld liegende Optionen eher illiquide sind, hängt die Art der Umsetzung eines Bull-Spreads - d.h. die Frage, ob man über Puts oder Calls geht - von der Lage des Strikes relativ zum aktuellen Underlying ab.

Bear-Spread

Ein Bear-Spread passt zu einer Erwartungshaltung leicht fallender Kurse. Er ist die Gegenposition zu einem Bull-Spread und kann aus einer Short-Position in einem Call mit einem kleineren Strike K_1 und einer Long-Position mit einem höheren Strike K_2 aufgebaut werden. Die Position in dem Call mit dem höheren Strike begrenzt das mit der Short-Position verbundene Risiko, verringert aber auch den möglichen Gewinn. Abbildung 4.9 zeigt das P&L-Profil. Genau wie der Bull-Spread kann auch der Bear-Spread alternativ über Puts aufgebaut werden, wobei es wieder von der Lage der Strikes abhängt, welche Variante zweckmäßiger ist.

Übung 92 *Welches P&L-Profil hat der am 15.8.2001 eröffnete Bear-Spread auf den DAX mit den Dezember-Calls mit Strikes $K_1 = 5.000$ (Preis: 639,60 €) und $K_2 = 5.600$ (250,30 €), wenn der risikolose stetige Zinssatz 4,37% beträgt?*

4.3 Optionsstrategien

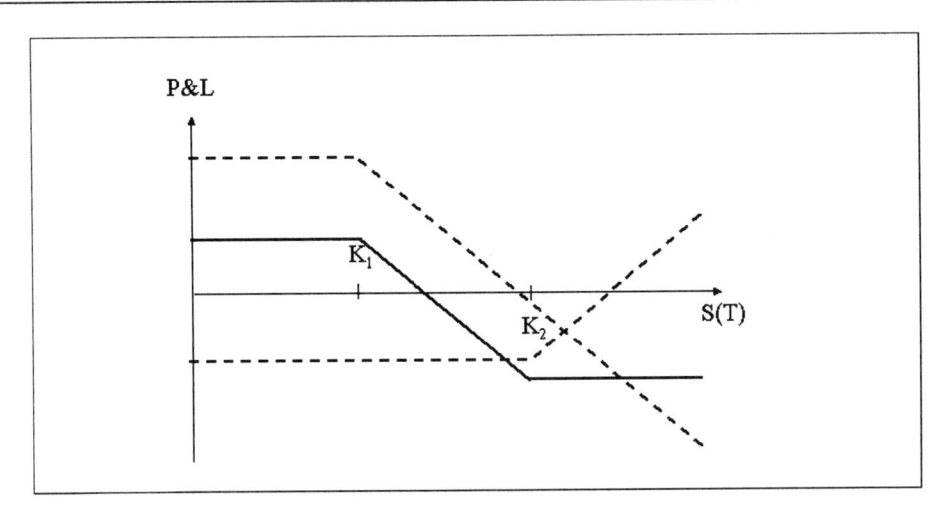

Abbildung 4.9 P&L-Profil eines Bear-Spreads

Butterfly-Spread

Ein interessantes Profil hat der Long-Butterfly-Spread. Er setzt sich in seiner „klassischen" Form zusammen aus Calls zu drei verschiedenen Strikes $K_1 < K_2 < K_3$ (und gleicher Fälligkeit T):

$$1 \times \text{Long-Call } K_1 \quad + \quad 2 \times \text{Short-Call } K_2 \quad + \quad 1 \times \text{Long-Call } K_3.$$

Als Payoff zum Zeitpunkt T bestimmt man nach einfachen Umformungen den Wert

$$Payoff = \begin{cases} 0 & \text{falls} \quad S(T) \leq K_1 \\ S(T) - K_1 & \text{\textquotedblright} \quad K_1 < S(T) \leq K_2 \\ 2K_2 - K_1 - S(T) & \text{\textquotedblright} \quad K_2 < S(T) \leq K_3 \\ 2K_2 - K_1 - K_3 & \text{\textquotedblright} \quad K_3 < S(T) \end{cases}$$

Hieraus ergibt sich das P&L-Profil wie in Abbildung 4.10.

Zum Long-Butterfly passt also eine Erwartungshaltung, die von gleichbleibenden Kursen ausgeht ($K_2 \approx$ aktueller Kurs). Dies gilt umso mehr, je enger die drei Strikes zusammen liegen. Damit kommen die Butterfly Spreads den aus theoretischer Sicht sehr wichtigen Arrow-Debreu-Securities sehr nahe (siehe S. 123).

Time-Spread

Time-Spreads bestehen aus Calls (oder Puts) unterschiedlicher Laufzeit. Ein einfaches Beispiel ist der **Calendar-Spread**. Er besteht aus zwei Calls zum gleichen Strike K und unterschiedlichen Fälligkeiten $T_1 < T_2$. In dem Call mit der kürzeren Laufzeit wird eine Short-Position eingenommen, in dem anderen eine Long-Position. Unterstellt man, dass der Call mit der längeren Laufzeit zum Zeitpunkt T_1 glattgestellt wird, so ergibt sich ein ähnliches Bild wie beim Long-Butterfly-Spread. Ist der Kurs $S(T_1)$ sehr niedrig, so

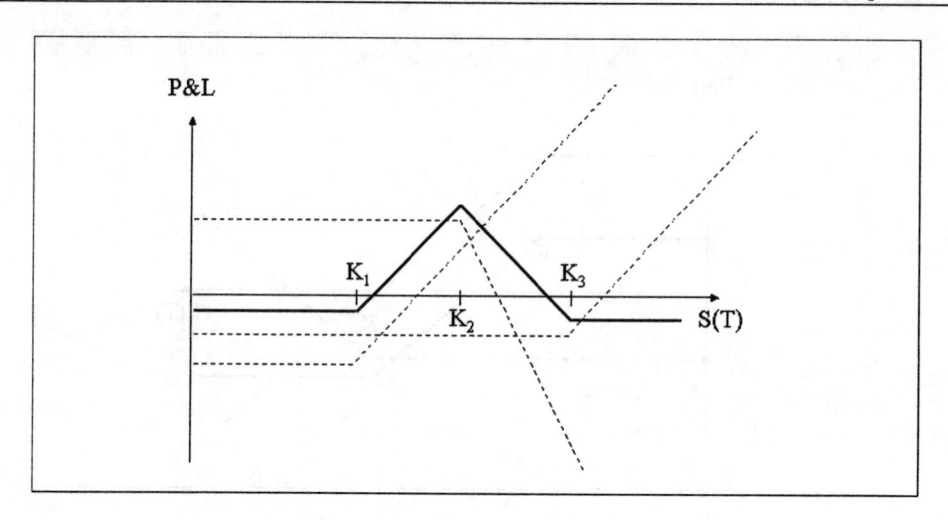

Abbildung 4.10 P&L-Diagramm eines Long-Butterfly-Spreads

ist zwar der dann fällige Call wertlos, der andere aber fast auch. Anders sieht es aus, wenn $S(T_1)$ nahe bei K liegt. Dann ist der Call mit der kürzeren Laufzeit immer noch wertlos oder fast wertlos, der mit der längeren Laufzeit kann aber über einen erheblichen Zeitwert verfügen. Ist $S(T_1)$ noch höher, so wird die Situation wieder ungünstiger, da dann der Call mit der Restlaufzeit immer mehr einem Forwardkontrakt mit Basispreis K gleicht, denn es wird immer wahrscheinlicher, dass er im Geld endet.

Wie gesagt, das P&L-Profil ähnelt dem des Butterfly-Spreads, es kann aber im Vorhinein nicht ganz exakt bestimmt werden, da es von dem Preis der zweiten Option zum ersten Fälligkeitstermin abhängt.

Weitere Spreads

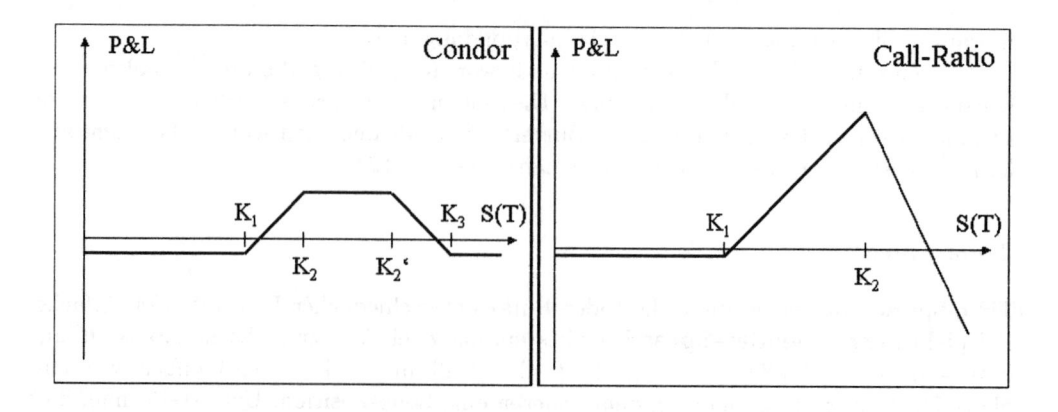

Abbildung 4.11 Condor und Call-Ratio-Spread

4.3 Optionsstrategien

Es gibt eine Vielzahl weiterer Möglichkeiten, Spreads zu bilden. Neben dem Long-Butterfly-Spread gibt es natürlich den Short-Butterfly-Spread (Erwartungshaltung: sich ändernde Kurse, egal in welcher Richtung). Ein „gedehnter" Butterfly ist der **Condor**. Man erhält ihn, indem man für die beiden Short-Calls im Butterfly-Spread unterschiedliche Strikes K_2 und K_2' wählt, die aber beide noch zwischen K_1 und K_3 liegen. Als P&L-Profil ergibt sich an Stelle des „Peaks" beim Long-Butterfly ein „Hochplateau" (s. Abb. 4.11). **Ratio-Spreads** erhält man, wenn man die Spread-Grundformen dahingehend variiert, dass man die enthaltenen Komponenten in unterschiedlicher Anzahl erwirbt. So wird z.B. aus einem Bull-Spread ein **Call-Ratio-Spread**, wenn man die Long-Position in dem Call zum niedrigen Strike K_1 durch eine Short-Position in (z.B.) drei Calls zum höheren Strike K_2 ergänzt. Dann kann man sogar aus dem Anfangsgeschäft einen positiven Saldo erzielen und gleichzeitig von einer Kurssteigerung bis zu $S(T) = K_2$ in gleicher Höhe wie beim Bull-Spread profitieren. Steigt der Kurs aber darüber hinaus, geht es rapide bergab bei unbegrenztem Verlustpotenzial (siehe Abbildung 4.11 und das jetzt folgende Beispiel).

Beispiel 93 *Am 15. August 2001 hat der DAX den Settlementkurs 5.455,44. Der Dezember-Call zum Strike 5.600 kostete 250,30 €, der zum Strike 6.000 nur 99,40 €. Kauft man nun einen Call zum Strike 5.600 und geht eine Short-Position in drei Calls zum Strike 6.000 ein, so erhält man als Saldo 47,90 €. Diesen Betrag darf man als Gewinn verbuchen, wenn der DAX im Dezmber unter 5.600 bleibt. Steigt er bis zum Fälligkeitstag auf z.B. 5.900, so kommen noch einmal 300 € dazu. Bei 6.200 behält man immerhin noch die anfänglich eingenommenen 47,90 € (600 − 3 · 200 = 0). Steigt der DAX aber sogar auf (z.B.) 6.300, so sind am Fälligkeitstag 200 € zu zahlen, was bei einem stetigen Zins von $r = 4{,}39\%$ einen Gesamtverlust am Ende von 151,39 € bedeutet. Jeder weitere Punkt, den der Index höher steht, bedeutet zusätzliche zwei Euro Verlust.*

4.3.3 Kombinationen

Unter **Kombinationen** versteht man Handelsstrategien, in denen sowohl Call- als auch Put-Optionen auftreten. Auch hiervon gibt es einige. Wir beschränken uns auf die etwas ausführlichere Darstellung zweier gebräuchlicher Kombinationen: Straddle und Strangle.

Straddle

Straddles gehören zu den einfachsten und am häufigsten gehandelten Kombinationen. Ein Long-Straddle besteht aus einem Long-Call und einem Long-Put, wobei Basispreis K und Endfälligkeit T bei beiden Optionen übereinstimmen und der Basispreis meist dicht am Geld ist. Tabelle 4.1 gibt die Auszahlung aus den einzelnen Optionspositionen sowie aus der Straddleposition in Abhängigkeit vom Aktienkurs $S(T)$ am Ende der Laufzeit an.

Unter Berücksichtigung des Prämieneinsatzes ergeben sich die P&L-Diagramme in Abhängigkeit vom Aktienkurs am Ende der Laufzeit wie in Abbildung 4.12.

Settlementkurs	Payoff Call	Payoff Put	Payoff Straddle
$S(T) \leq K$	0	$K - S(T)$	$K - S(T)$
$S(T) > K$	$S(T) - K$	0	$S(T) - K$

Tabelle 4.1 Auszahlung aus Straddle

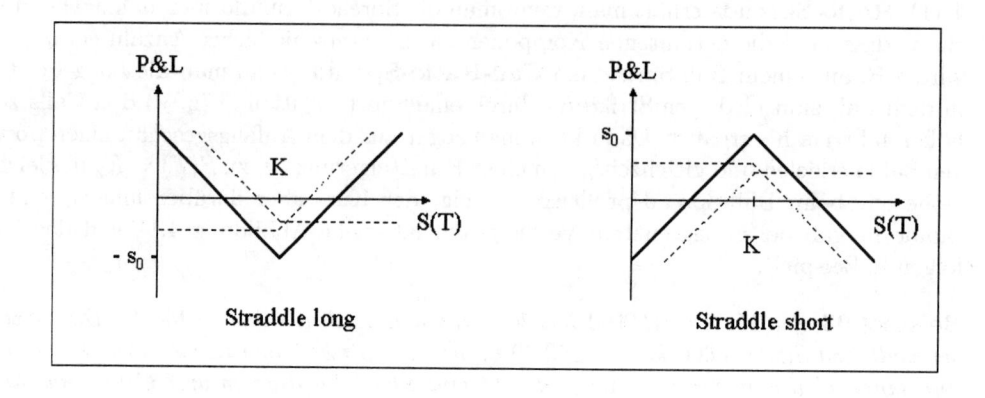

Abbildung 4.12 P&L-Profil eines Straddles

Wie das P&L-Diagramm erkennen lässt, werden Straddles sinnvollerweise nur dann gekauft, wenn große Marktbewegungen erwartet werden, deren Richtung aber unklar ist, wie beispielsweise vor Bekanntgabe mancher ökonomischer Daten oder vor Zentralbankratssitzungen. Geht man eher von einem fallenden Markt aus, wäre der schlichte Kauf eines Puts oder eine Bear-Spread-Position profitabler. Tendiert man eher zu einem steigenden Markt, würde man nur den Call kaufen oder eine Bull-Spread-Position eingehen, um nicht den hohen Prämieneinsatz für einen Straddle aufbringen zu müssen.

Beispiel 94 *Ausgehend von einem aktuellen Kurs für die DaimlerChrysler-Aktie von 49 € koste ein Put mit einem Strike von 50 € und 3 Monaten Laufzeit 3,70 €. Der dazugehörige Call mit gleicher Laufzeit und gleichem Strike koste 2,70 €, womit sich der Straddlepreis zu 6,40 € aufaddiert. Nachstehende Abbildung zeigt das P&L-Diagramm der Einzelpositionen (gestrichelte Linien) und das des Straddles (durchgezogene Linie). Man beachte, welch große Kursbewegung erforderlich ist, damit sich der Straddle rentiert.*

4.3 Optionsstrategien

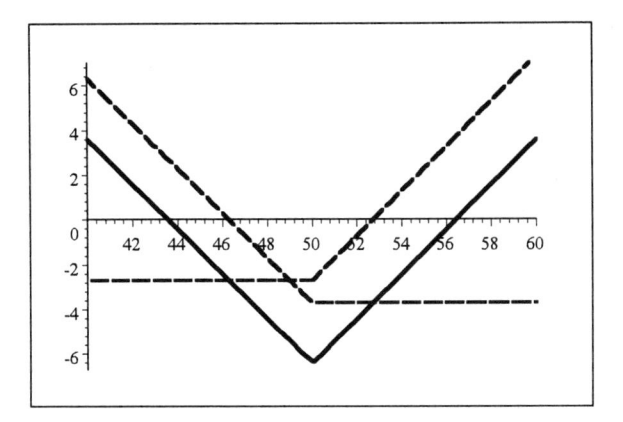

Strangle

Strangles bestehen ebenfalls aus einer Long-Put- und einer Long-Call-Position. Beide Optionen haben auch dieselbe Endfälligkeit T, allerdings verschiedene Strikes. Sinnvollerweise wird der Strike des Puts K_1 unterhalb der aktuellen Kasse gewählt und der Strike des Calls K_2 oberhalb. Je weiter die Strikes auseinander liegen, desto günstiger wird der Strangle. Tabelle 4.2 gibt die Auszahlung aus den einzelnen Optionspositionen sowie aus der Strangleposition insgesamt in Abhängigkeit vom Aktienkurs $S(T)$ am Ende der Laufzeit an.

Unter Berücksichtigung des Prämieneinsatzes ergeben sich die P&L-Diagramme in Abhängigkeit vom Aktienkurs am Ende der Laufzeit wie in Abbildung 4.13. Der Strangle ist somit ein „gedehnter" Straddle, ähnlich wie ein Condor ein gedehnter Butterfly-Spread ist. Der Strangle ist preiswerter zu erwerben als der Straddle, erfordert aber für einen positiven Payoff eine größere Kursbewegung.

Beispiel 95 *Machen wir einen Vergleich anhand realer Zahlen. Am schon mehrfach in Beispielen benutzten 15. August 2001 hatte der DAX den Settlementkurs 5455,44. Wir vergleichen den Dezember-Straddle mit dem Strike $K = 5.400$ (Call: 359,80 €, Put: 226,00 €) mit dem Strangle bestehend aus einem Put zu $K_1 = 5.200$ (159,90 €) und einem Call zu $K_2 = 5.600$ (250,30 €). Der Straddle kostet also 585,80 €, der Strangle nur 410,20 €. Als Aufzinsungsfaktor ergibt sich bei einem stetigen Zinssatz $r = 4{,}39\%$ der Wert 1,0147. Im auf die Fälligkeit bezogenen P&L-Profil sind also Straddle und Strangle mit Einstandskosten in Höhe von 594,41 € bzw. 416,23 € zu berücksichtigen. In der folgenden Abbildung sind die beiden P&L-Profile zu sehen (Straddle dünn gestrichelt, Strangle dünn*

Settlementkurs	Payoff Call	Payoff Put	Payoff Strangle
$S(T) \leq K_1$	0	$K_1 - S(T)$	$K_1 - S(T)$
$K_1 < S(T) < K_2$	0	0	0
$S(T) \geq K_2$	$S(T) - K_2$	0	$S(T) - K_2$

Tabelle 4.2 Auszahlung aus Strangle

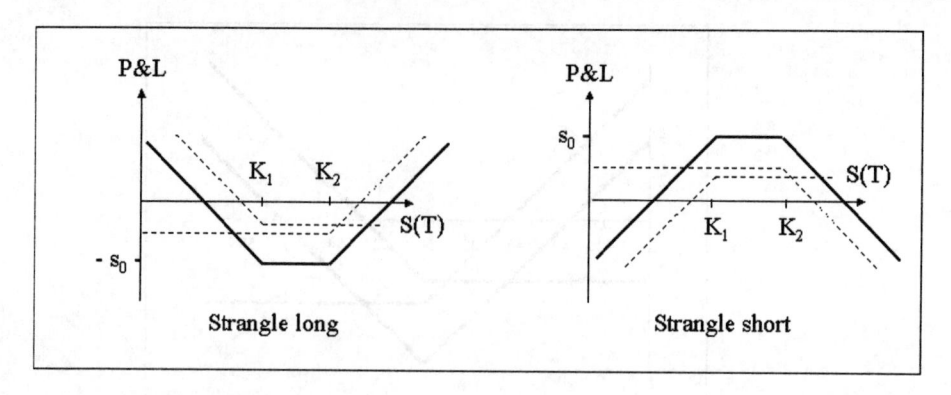

Abbildung 4.13 P&L-Profil eines Strangles

durchgezogen). Man sieht, dass bei stagnierenden Kursen der Strangle deutlich geringere Verluste erbringt, wohingegen ansonsten der Straddle um einen kleinen Betrag (ca 20 €) günstiger ist. Die dick gepunktete Linie zeigt die Kombination eines Long Strangle mit einem Short Straddle, ergibt sich also als Differenz der beiden anderen P&L-Profile. Man sieht, dass dies wieder ein Butterfly ist, der allerdings in der beschriebenen Form als Kombination und nicht als Spread realisiert ist.

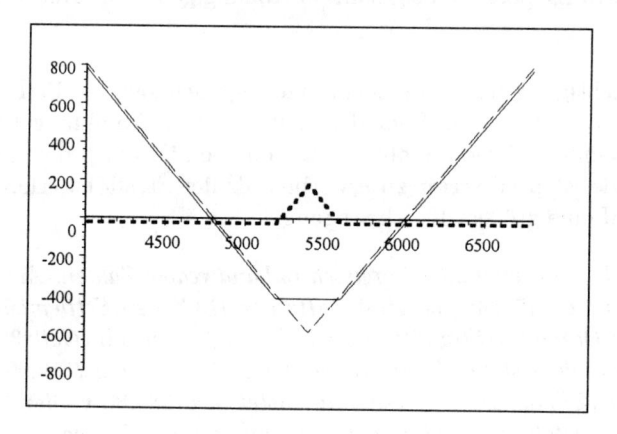

4.4 Fazit und Ausblick

Was haben wir in diesem Kapitel erreicht? Wir haben versucht, Optionspreise wie Forwardpreise durch elementare Arbitrageargumente zu bestimmen. Hierbei ist zwar der Nachweis einiger überraschender und nützlicher Beziehungen wie z.B. der Put-Call-Parität erfolgt und es konnten für die Optionspreise obere und untere Schranken ermittelt werden, eine exakte Bestimmung der Optionspreise ist uns aber nicht gelungen. Die ist auch allein mit den bisherigen Annahmen nicht möglich, wie wir später sehen werden. Ohne eine genauere Spezifikation der zukünftigen möglichen Kursentwicklungen kommt

4.4 Fazit und Ausblick

man zu keinen Optionspreisen. In der elegantesten Form kann diese erforderliche zusätzliche Annahme in einer einzigen Größe, der Volatilität, ausgedrückt werden. So geschieht es im Black-Scholes-Modell, das wir im übernächsten und dem dann folgenden Kapitel kennenlernen werden.

Dem Black-Scholes-Modell kann man sich auf verschiedene Arten nähern. Die zu dem Modell passende „natürliche" Vorgehensweise erfolgt über sogenannte *stetige zeitstetige stochastische Prozesse*. Bei diesem Ansatz geht man davon aus, dass eine Aktie (oder ein anderer Wert) jede positive reelle Zahl als Wert haben kann und jederzeit gehandelt wird. Diese Methode wird im übernächsten Kapitel (und weiteren) beschrieben.

Einfacher zugänglich ist der Ansatz, anzunehmen, dass Handel nur zu bestimmten Zeitpunkten stattfindet und ein Aktienkurs auch nur bestimmte Werte annehmen kann (z.B. Vielfache von 1/1000 Euro). Dies führt zu endlichen diskreten Modellen. Über einen Grenzprozess kann man auch ausgehend von diesem Ansatz zum Black-Scholes-Modell kommen. Das wird im übernächsten Kapitel behandelt.

Und worum geht es im nächsten Kapitel? Nun, das jetzige Kapitel und insbesondere der zweite Teil über Optionsstrategien lassen erahnen und haben in gewisser Weise schon gezeigt, dass man sich mit Hilfe von Derivaten eine unüberschaubare Vielfalt von Auszahlungsprofilen erzeugen kann, so dass sich die Frage aufdrängt, ob dadurch nicht auf irgend eine versteckte Art und Weise Arbitragemöglichkeiten entstehen können. Auch wenn wir Optionspreise nicht bis auf den Cent genau bestimmen konnten, so haben wir doch eine Reihe von Ungleichungen und Gleichungen hergeleitet, die sie erfüllen müssen. Neben diesen explizit angegebenen Ergebnissen folgen aus den Spreads und Kombinationen versteckt weitere Anforderungen.

Betrachten wir z.B. den Butterfly-Spread, bestehend aus einem Long-Call zum Strike K_1 (Preis c_1), zwei Short-Calls zum Strike K_2 (Preis c_2) und einem Long-Call zum Strike K_3 (Preis c_3), alle zur gleichen Fälligkeit. Nach Definition des Butterflys gilt $K_1 < K_2 < K_3$, wir nehmen zusätzlich $K_1 - 2K_2 + K_3 = 0$ an. Dann ist der minimale Payoff des Butterflys gleich null (bei $S(T) < K_1$ oder $S(T) > K_3$). Folglich muss $c_1 - 2c_2 + c_3 > 0$ sein, sonst wäre der Butterfly ein Arbitrageportfolio. Die Ungleichung $c_1 - 2c_2 + c_3 > 0$ muss für jede Wahl von K_1, K_2 und K_3, die $K_1 - 2K_2 + K_3 = 0$ erfüllt, und für jede Fälligkeit T gelten!

Verkompliziert wird die Situation zusätzlich dadurch, dass längst nicht nur Derivate gehandelt werden, die sich aus Calls und Puts als Bausteinen zusammensetzen, wie es bei den Spreads und Kombinationen der Fall ist. Bei sogenannten **pfadabhängigen Optionen** berechnet sich der Payoff nicht allein aus dem Kurs am Fälligkeitstag, sondern aus dem Kursverlauf bis zum Fälligkeitstag (Beispiel: Payoff = maximaler oder durchschnittlicher Kurs einer Aktie im Zeitraum bis zur Fälligkeit).

Es stellt sich somit ganz grundsätzlich die Frage, ob es überhaupt möglich ist, allen Optionen Preise zuzuweisen, so dass das Gesamtsystem keine auch noch so versteckte Arbitragemöglichkeiten enthält. Daran anschließend drängt sich die Frage auf, wie man denn erkennt, ob ein vorgegebenes System von Preisen arbitragefrei ist. Diese Fragen werden wir im nächsten Kapitel im Rahmen endlicher diskreter Modelle untersuchen - und für solche Systeme in völliger Allgemeinheit beantworten.

5 Endliche arbitragefreie Systeme

In diesem Kapitel untersuchen wir, unter welchen Bedingungen ein System von m Anlageformen A_1, ..., A_m arbitragefrei ist. Im Gegensatz zu dem Kapitel über das CAPM denken wir bei diesen Anlageformen aber nicht an eigenständige „genuine" Anlageformen wie z.B. unterschiedliche Aktien, sondern an Wertpapiere, zwischen denen eine mehr oder weniger klare Abhängigkeit besteht wie z.B. einer Aktie und allen Optionen und sonstigen Derivaten zu der Aktie. In einem größeren Rahmen kann so ein System auch aus mehreren Aktien und ihren Derivaten bestehen und auch Derivate enthalten, deren Wert von mehreren Basiswerten abhängt. Denkbar - wenn auch praktisch nicht mehr beherrschbar - ist es auch, die Gesamtheit aller weltweit gehandelten Wertpapiere und ihre sämtlichen Derivate in einem solchen System zusammenzufassen.

Zunächst nehmen wir wie bei der Portfolio-Selection eine strenge Einperiodensicht ein, d.h. wir gehen davon aus, dass zu einem Anfangszeitpunkt t_0 alle Anlageformen zu einem festen Preis gehandelt werden und dann nach einer Phase des Nichtstuns der Investoren, in der sich auf nicht beeinflussbare Weise die Kurse entwickeln, am Ende T der Periode abgerechnet wird. Wie in der Portfolio-Selection gehen wir auch von der Existenz einer risikolosen Anlageform A_f aus und wir sprechen wieder von Rendite anstelle von Zinsen. Einen wesentlichen Unterschied gibt es allerdings: Bei der Portfolio-Selection haben wir uns damit begnügt, Erwartungswert und Varianz der unbekannten Rendite der einzelnen Anlageformen am Periodenende (und ihre paarweisen Kovarianzen) zu kennen, jetzt setzen wir voraus, dass diese Größen als endliche diskrete Zufallsvariablen bekannt sind, wobei sich allerdings die einzelnen Wahrscheinlichkeiten als unwichtig erweisen werden. Wichtig ist lediglich, dass alle möglichen „Zustände der Welt" am Ende der Periode in Erwägung gezogen werden. Die Argumentation ist algebraisch/arithmetisch und nicht wahrscheinlichkeitstheoretisch. Somit ist sie den Beweisführungen der beiden vorangegangenen Kapitel näher verwandt als den Argumenten im CAPM-Kapitel. Das Hauptergebnis (Satz 99) lässt sich allerdings wahrscheinlichkeitstheoretisch beschreiben, was aber nicht zu dem Trugschluss führen sollte, dass es ein Ergebnis über Wahrscheinlichkeiten in der realen Welt ist.

Nach den Einperiodenmodellen werden Mehrperiodenmodelle untersucht, d.h. es wird dann erlaubt, dass zu endlich vielen Zeitpunkten während des betrachteten Zeitraums gehandelt werden kann. Diese Modelle können schon als sehr wirklichkeitsnah angesehen werden, wenn die Zahl der Handelszeitpunkte und der in Erwägung gezogenen möglichen zukünftigen Entwicklungen entsprechend groß ist. Da ein Investor in Mehrperiodensystemen sein Portfolio ständig verändern kann, taucht als wesentliche Erweiterung gegenüber den Einperiodensystemen der Begriff der **selbstfinanzierenden Handelsstrategie** auf. Aber auch dieser Begriff ist für uns nichts völlig Neues, den Nachweis der Preisbeziehung zwischen amerikanischen und europäischen Puts haben wir über die Betrachtung solcher Strategien erbracht. Auch in Mehrperiodensystemen können arbitragefreie Systeme in völliger Allgemeinheit charakterisiert werden.

Im Vergleich zu den vorigen Kapiteln ist dieses theoretischer und abstrakter.

5.1 Arbitragefreie Einperiodensysteme

Hinzu kommt, dass es sich bei Behandlung der betrachteten Modelle und insbesondere der Mehrperiodenmodelle nicht vermeiden lässt, Mehrfachindizes zu benutzen. Davon sollte man sich aber nicht abschrecken lassen. Das Thema ist vielleicht etwas abstrakt, aber die Beweise sind nicht wirklich schwierig (mit Ausnahme vielleicht des Beweises von Satz 99). Als Belohnung winkt wie gesagt die vollständige Klärung der aufgeworfenen Fragen - selbst bei variablen und sogar stochastischen Zinsen. Darüber hinaus ist ein gutes und allgemeines Verständnis der endlichen diskreten Modelle eine hervorragende Vorbereitung auf das spätere Studium der schwierigeren stetigen Modelle.

Für diejenigen, die dennoch von den endlichen diskreten Modellen nur das Notwendigste wissen wollen, um danach möglichst schnell zum Black-Scholes-Modell zu gelangen: Es gibt einen (nur zur Not empfohlenen) Schnelldurchgang durch dieses Kapitel. Er besteht darin, sich im nächsten Abschnitt nur bis Satz 97 durchzuarbeiten, Abschnitt 5.2 durchzulesen und sich dann zu überlegen, was Satz 117 für Binomialbäume (siehe Abschnitt 5.4.2) bedeutet. Empfohlen wird aber, sich auch bei einem solchen Schnelldurchgang mit dem Begriff der **Vollständigkeit** auseinander zu setzen. Ein weiterer wichtiger Begriff, der in diesem Kapitel eingeführt wird und später ohne weiteren Kommentar benutzt wird, ist der des **Cashbonds**. Da dieser Begriff aus technischen Gründen erst relativ spät eingeführt wird, es sich aber eigentlich um eine einfache Sache handelt, skizzieren wir hier für die eiligen Leser kurz seine Bedeutung. Der Cashbond B übernimmt bei Mehrperiodensystemen und den stetigen Modellen die Rolle der risikolosen Anlageform A_f. Genau genommen ist B keine Anlageform sondern eine Anlagestrategie, und zwar die Strategie, die darin besteht, Geld immer zur kürzest möglichen Laufzeit risikolos anzulegen. Gibt es einen für alle Zeiträume gültigen stetigen Zinssatz r, so ist ein zum Zeitpunkt t_0 in den Cashbond investierter Euro zum Zeitpunkt t auf $B(t) = e^{r(t-t_0)}$ Euro angewachsen. Etwas mehr Aufmerksamkeit verlangt der Cashbond erst bei stochastischen, also nicht im Vorhinein bestimmten Zinsen. In allen Fällen kann der Cashbond nach der Normierung $B(t_0) = 1$ zur Diskontierung benutzt werden. $\widetilde{S}(t) = S(t)/B(t)$ ist der auf den Zeitpunkt t_0 diskontierte Wert einer Aktie zum Zeitpunkt t. Diese Bezeichnung wird in den späteren Kapiteln durchgehend benutzt. Im Fall des konstanten Zinssatzes r gilt also $\widetilde{S}(t) = e^{-r(t-t_0)}S(t)$.

5.1 Arbitragefreie Einperiodensysteme

In diesem Abschnitt geht es um die Frage, wann ein System von Anlagemöglichkeiten über eine Periode arbitragefrei ist, d.h. keine Arbitragemöglichkeiten enthält. Wir gehen hierbei davon aus, dass es m risikobehaftete Anlageformen $A_1,...,A_m$ gibt, deren Preise zum Periodenbeginn t_0 $A_1(t_0),...,A_m(t_0)$ sind (Preis einer Einheit) und deren mögliche Werte zum Ende der Periode (Zeitpunkt T) durch eine endliche diskrete Zufallsvariable beschrieben werden können. Wir nehmen also an, dass es zum Ende der Periode l mögliche **Zustände** $s_1,..., s_l$ gibt, die mit Wahrscheinlichkeit $p_j > 0$ ($j = 1,..., l$) erreicht werden, und dass der Wert der Anlageformen zum Zeitpunkt T nur davon abhängt, welcher der l Zustände eintritt. Der Preis einer Einheit der Anlageform A_i am Ende der Periode sei $A_i(T, j)$, falls Zustand s_j eintritt. Wie schon in der Einführung zu diesem Kapitel geschrieben, werden die Wahrscheinlichkeiten p_j letztlich keine Rolle spielen, außerordentlich wichtig ist hingegen die Definition der Zustände s_j. Wer sich noch gar nichts unter den „Zuständen" vorstellen kann: Beispiele werden folgen.

Obwohl es - wie wir in späteren Kapiteln noch sehen werden - vor allem unter dem Aspekt, geschlossene Formeln zu erhalten, sinnvoll sein kann, auch stetige Zufallsvariablen zu betrachten, ist der hier gewählte Ansatz mit diskreten Zufallsvariablen im Sinne einer Modellbildung als Abbild der realen Welt sehr allgemein. Denn die Anzahl l der in Erwägung gezogenen Zustände kann beliebig groß sein und jede Zufallsvariable kann durch endliche diskrete Zufallsvariablen beliebig genau angenähert werden.

Der beschriebene Ansatz kann aber auch genutzt werden, um eine spezielle Situation vereinfacht darzustellen. Beispielsweise könnte ein Anleger, der in Wertpapiere investieren will, deren Preis von einer bestimmten Aktie mit momentanem Kurs 120 Euro abhängt, in Erwägung ziehen, dass diese Aktie am Ende der Periode (näherungsweise) einen der drei Kurse 100, 120 oder 150 Euro hat:

$$
\begin{array}{ccc}
t_0 & & T \\
 & & 150 \\
 & \nearrow & \\
120 & \rightarrow & 120 \\
 & \searrow & \\
 & & 100
\end{array}
$$

Als weiteres Beispiel könnte ein europäischer Investor, der heute eine US-$-Anleihe mit einer Restlaufzeit von 4 Jahren kauft und diese in einem Jahr möglicherweise wieder verkaufen will, die folgenden Szenarien für die wertbestimmenden Größen „Kurs des US-$ in Euro" und „Dreijahres-US-Zinssatz" in Erwägung ziehen:

1,20 €, 5%	1,20 €, 5,5%	1,20 €, 6%	1,20 €, 7%
1,00 €, 5%	1,00 €, 5,5%	1,00 €, 6%	1,00 €, 7%
0,90 €, 5%	0,90 €, 5,5%	0,90 €, 6%	0,90 €, 7%

(5.1)

Hier rechnet der Investor also mit $l = 12$ möglichen Zuständen am Ende der Periode von einem Jahr, und für jeden der möglichen Zustände lässt sich der zugehörige Wert der Anleihe eindeutig bestimmen.

Wie üblich gehen wir bei den folgenden Überlegungen davon aus, dass es außer den risikobehafteten Anlageformen auch die Möglichkeit gibt, Geld zu einer sicheren Rendite r_f anzulegen und zu den gleichen Bedingungen, d.h. zum gleichen Zinssatz, zu leihen. Die Anlageform A_f repräsentiere diese Möglichkeit. Hierbei sei A_f so normiert, dass der Preis einer Einheit zum Zeitpunkt t_0 1 Geldeinheit (z.B. Euro) ist. Alle Anlageformen mögen in beliebiger Höhe und beliebig teilbar zur Verfügung stehen. Wir gehen davon aus, dass Leerverkäufe erlaubt sind bzw. nehmen andernfalls an, dass die marktbestimmenden Investoren die Anlageformen $A_1, ..., A_m$ in erheblichem Umfang besitzen, so dass sie also auch in der Lage sind, ein Arbitrageportfolio zu realisieren, das ein oder mehrere A_i mit negativem Vorzeichen beinhaltet.

5.1.1 Das Einperioden-Binomialmodell

Betrachten wir nun zunächst den Fall $m = l = 2$, der auf den ersten Blick zu einfach erscheint, als dass er praxisrelevant sein könnte, der aber tatsächlich die fundamentale

5.1 Arbitragefreie Einperiodensysteme

Konstruktion zur Optionspreisfindung darstellt. Um in diesem einführenden Abschnitt die Zahl der Indizes zu begrenzen, nennen wir die beiden Anlageformen A und B und nicht A_1 und A_2. Die Situation ist also wie folgt:

$$
\begin{array}{ccc}
t_0 & T & \text{Zustand} \\
& A(T,2), B(T,2) & s_2 \\
& \nearrow & \\
A(t_0), B(t_0) & & \\
& \searrow & \\
& A(T,1), B(T,1) & s_1
\end{array}
$$

Da die Anlageformen A und B risikobehaftet sein sollen, muss $A(T,1) \neq A(T,2)$ und $B(T,1) \neq B(T,2)$ gelten. Dann lässt sich aber - und das ist die grundlegende Idee - aus A und B ein Portfolio P konstruieren, dessen Wert am Ende der Periode unabhängig davon ist, welcher der beiden Zustände eintritt. Hierzu setzt man $P = \delta A - B$, wobei

$$\delta = \frac{B(T,2) - B(T,1)}{A(T,2) - A(T,1)}$$

die eindeutig bestimmte Lösung der Gleichung

$$\delta A(T,1) - B(T,1) = \delta A(T,2) - B(T,2)$$

ist. Wie man leicht nachrechnet, ist P dann so beschaffen, dass sich die darin enthaltenen Risiken von A und B exakt gegenseitig aufheben. Wenn es also keine Arbitragemöglichkeiten gibt, muss sich P wie die risikolose Anlageform A_f verzinsen, d.h. es muss gelten

$$P(t_0) = (1+r_f)^{-1} P(T,1) = (1+r_f)^{-1} P(T,2),$$

wobei $P(t_0)$ der Wert von P zu Beginn der Periode und $P(T,j)$ ($j=1,2$) der Wert von P am Ende der Periode ist, falls dann Zustand s_j eintritt. Setzt man die Werte ein, ergibt sich

$$\delta A(t_0) - B(t_0) = P(t_0) = (1+r_f)^{-1} P(T,1) = (1+r_f)^{-1}(\delta A(T,1) - B(T,1))$$

Es folgt, dass die vorkommenden Werte nicht völlig beliebig sein dürfen. $B(t_0)$ ist bereits durch die anderen Werte bestimmt:

$$B(t_0) = \delta A(t_0) - (1+r_f)^{-1}(\delta A(T,1) - B(T,1)). \tag{5.2}$$

Die Auswahl des Zustands s_1 für die Herleitung der Formel ist hierbei willkürlich. Genauso gut lässt sich der Wert $B(t_0)$ über $P(T,2)$ bestimmen:

$$B(t_0) = \delta A(t_0) - (1+r_f)^{-1}(\delta A(T,2) - B(T,2))$$

Beispiel 96 *Für eine bestimmte Aktie A mit momentanem Kurs $A(t_0) = 200$ (Euro) sind am Ende der Periode die Werte $A(T,1) = 180$ und $A(T,2) = 240$ möglich. Für die am Ende der Periode fällige europäische Call-Option B zum Basispreis 210 auf die Aktie A ergibt das die folgenden möglichen Werte: Nimmt A den Wert 240 an, so hat B dann den Wert $30 = 240 - 210$. Fällt der Kurs der Aktie hingegen auf 180, so verfällt B wertlos. Es ist also folgende Situation gegeben:*

$$A(t_0) = 200, \ B(t_0) = ? \quad \nearrow \quad A(T, 2) = 240, \ B(T, 2) = 30$$
$$\searrow \quad A(T, 1) = 180, \ B(T, 1) = 0$$

Es gelte $(1 + r_f)^{-1} = 0{,}9$. *Nach Gleichung 5.2 gibt es nun nur einen möglichen aktuellen Preis für die Call-Option B, wenn das System arbitragefrei sein soll, nämlich* $B(t_0) = \delta \cdot 200 - 0{,}9 \cdot (\delta \cdot 180 - 0)$ *mit* $\delta = (30 - 0) / (240 - 180) = 0{,}5$, *also* $B(t_0) = 100 - 0{,}9 \cdot 90 = 19$ *(Euro). Das risikolose Portefeuille P hat die Form* $P = 1/2 \cdot A - B$, *besteht also aus einer halben Aktie zusammen mit der Short-Position in einem Call. Wie man leicht nachrechnet, hat es am Ende der Periode unabhängig davon, ob die Aktie auf 240 steigt oder auf 180 sinkt, den Wert 90 (Euro). Also muss es zu Beginn der Periode den Wert* $81 = 0{,}9 \cdot 90$ *haben, woraus sich aufgrund des aktuellen Aktienkurses* $A(t_0) = 200$ *der berechnete Wert für* $B(t_0)$ *ergibt. Jeder andere Preis ergibt Arbitragemöglichkeiten, die sich aus dem Portfolio P konstruieren lassen.*

Sei z. B. $B(t_0) = 25$ *(Option zu teuer). Dann ist* $AP := 0{,}5 A - B - 75 A_f$ *ein Arbitrage-Portfolio, wie die folgenden Tabellen zeigen:*

Zu Beginn der Periode:

Aktion	Erlös
Kauf 1/2 Aktie	−100
Verkauf Option	25
Kreditaufnahme über Differenzbetrag	75
Summe	0

Am Ende der Periode je nach erreichtem Status:

Status s_1 (Aktienkurs 180)

Aktion	Erlös
Verkauf 1/2 Aktie	90
keine Optionsausübung	0
Zurückzahlung Darlehen	−83,33
Arbitragegewinn	6,67

Status s_2 (Aktienkurs 240)

Aktion	Erlös
Kauf 1/2 (=1 − 1/2) Aktie	−120
Optionsausübung (short)	210
Zurückzahlung Darlehen	−83,33
Arbitragegewinn	6,67

Ist die Option zu billig, z. B. $B(t_0) = 15$, *so kann man auf der anderen Marktseite risikolosen Gewinn ohne Geldeinsatz erzielen. Dann ist nämlich* $AP := -0{,}5 A + B + 85 A_f$ *ein Arbitrage-Portfolio.*

Zu Beginn der Periode:

Aktion	Erlös
Verkauf 1/2 Aktie	100
Kauf Option	−15
Verleihen des Differerenzbetrags	−85
Summe	0

Am Ende der Periode je nach erreichtem Status:

5.1 Arbitragefreie Einperiodensysteme

Status s_1 (Aktienkurs 180)

Aktion	Erlös
(Rück)kauf 1/2 Aktie	−90
Option verfällt	0
Verliehenes Geld + Zinsen	94,44
Arbitragegewinn	4,44

Status s_2 (Aktienkurs 240)

Aktion	Erlös
Optionsausübung	−210
Verkauf 1/2 Aktie	120
Verliehenes Geld + Zinsen	94,44
Arbitragegewinn	4,44

(Anmerkung: Die Aktion „Verkauf 1/2 Aktie" in Status s_2 ergibt sich als Summe aus dem Verkauf der durch Ausübung der Option erhaltenen Aktie und des Rückkaufs der vor Beginn der Periode verkauften halben Aktie)

Wir werden auf das Beispiel gleich noch einmal zurückkommen, greifen aber zunächst die allgemeine Fragestellung (mit $m = l = 2$) wieder auf. Bisher haben wir nur gezeigt, dass der ermittelte Wert für $B(t_0)$ (Gleichung 5.2) die einzige Möglichkeit darstellt, die sich aus dem Portefeuille $P = \delta A - B$ ergebenden Arbitragemöglichkeiten auszuschließen. Es ist aber noch nicht völlig klar, ob damit alle Arbitragemöglichkeiten ausgeschlossen sind, oder ob man nicht doch noch auf andere Art aus den Anlageformen A und B zusammen mit A_f ein Arbitrageportfolio konstruieren kann. Dies kann in der Tat möglich sein, nämlich dann, wenn eine der Anlageformen A oder B (oder beide) nicht zur risikolosen Geldanlage A_f passt, d.h. wenn sie in beiden möglichen Zuständen s_1 und s_2 am Ende der Periode eine höhere oder in beiden eine niedrigere Rendite als A_f hat. Gilt nämlich

$$\min\left(\frac{A(T,1) - A(t_0)}{A(t_0)}, \frac{A(T,2) - A(t_0)}{A(t_0)}\right) \geq r_f, \tag{5.3}$$

so hat A garantiert mindestens die Rendite von A_f und in wenigstens einem der Zustände s_1, s_2 eine höhere Rendite (wegen $A(T,1) \neq A(T,2)$). Dies bedeutet, dass der Kauf von A finanziert über eine Geldaufnahme zu den risikolosen Bedingungen von A_f auf keinen Fall mit einem Verlust endet, aber mit positiver Wahrscheinlichkeit Gewinn bringt, also eine Arbitragemöglichkeit darstellt. Gilt umgekehrt

$$\max\left(\frac{A(T,1) - A(t_0)}{A(t_0)}, \frac{A(T,2) - A(t_0)}{A(t_0)}\right) \leq r_f, \tag{5.4}$$

so ist es ausgeschlossen, mit A die Rendite von A_f zu übertreffen. Dies bedeutet aber, dass der Verkauf von A gekoppelt mit der Anlage des Verkaufserlöses in der risikolosen Anlageform A_f Arbitragegewinn ermöglicht.

Sollen keine Arbitragemöglichkeiten vorhanden sein, dürfen die obigen Ungleichungen also nicht gelten, d.h. es muss für A und entsprechend auch für B gelten:

$$\min\left(\frac{A(T,1) - A(t_0)}{A(t_0)}, \frac{A(T,2) - A(t_0)}{A(t_0)}\right) < r_f$$

und

$$\max\left(\frac{A(T,1) - A(t_0)}{A(t_0)}, \frac{A(T,2) - A(t_0)}{A(t_0)}\right) > r_f.$$

Nach Multiplikation mit $A(t_0) > 0$ und anschließender Addition von $A(t_0)$ erhält man die äquivalente Bedingung

$$\min(A(T,1), A(T,2)) < (1+r_f)\, A(t_0) < \max(A(T,1), A(T,2))$$

Diese ist aber genau dann erfüllt, wenn es eine Zahl q_1 gibt mit $0 < q_1 < 1$ und

$$q_1 A(T,1) + (1-q_1) A(T,2) = (1+r_f)\, A(t_0). \tag{5.5}$$

Überraschenderweise folgt nun aus Gleichung 5.2, wie eine etwas mühsame, aber naheliegende algebraische Umformung[1] zeigt, dass B die entsprechende Gleichung mit genau dem gleichen q_1 erfüllt:

$$q_1 B(T,1) + (1-q_1) B(T,2) = (1+r_f)\, B(t_0) \tag{5.6}$$

Nun ist es leicht, zu zeigen, dass das System arbitragefrei ist, wenn die bisher aufgestellten Bedingungen erfüllt sind: Sei $AP = xA + yB + zA_f$ ein Arbitrageportfolio. Dann muss AP zu Beginn der Periode den Wert null haben, also

$$x A(t_0) + y B(t_0) + z = 0$$

Dann gilt aber auch

$$(1+r_f)\, (x A(t_0) + y B(t_0) + z) = 0$$

und folglich

$$\begin{aligned}
0 &= x\,(q_1 A(T,1) + (1-q_1)A(T,2)) + y\,(q_1 B(T,1) + (1-q_1)B(T,2)) + z\,(1+r_f) \\
&= q_1(xA(T,1) + yB(T,1) + z(1+r_f)) + (1-q_1)(xA(T,2) + yB(T,2) + z(1+r_f)) \\
&= q_1 AP(T,1) + (1-q_1) AP(T,2)
\end{aligned}$$

wobei $AP(T,j)$ der Wert von AP am Ende der Periode ist, wenn dann Zustand j eintritt. Da die Größen $q_1, (1-q_1)$ positiv sind und $AP(T,1)$ und $AP(T,2)$ nicht negativ sein dürfen, kann die Gleichung nur stimmen, wenn

$$AP(T,1) = AP(T,2) = 0$$

gilt. Dies widerspricht aber der Annahme, dass AP ein Arbitrageportfolio ist.
Fassen wir zusammen, was wir inzwischen gezeigt haben:

Satz 97 *In einem Einperiodenwertpapiermarkt mit zwei risikobehafteten Anlageformen A und B und zwei möglichen Zuständen s_1 und s_2 am Ende der Periode sind die folgenden Eigenschaften a) - c) äquivalent:*
a) Es gibt keine Arbitragemöglichkeiten.
b) A und B können beide sowohl eine schlechtere als auch eine bessere Rendite als r_f haben, d.h. für A (und entsprechend für B) gilt:

$$\min(A(T,1), A(T,2)) < (1+r_f)\, A(t_0) < \max(A(T,1), A(T,2))$$

Außerdem ist das Portfolio $\delta A - B$ mit

$$\delta = \frac{B(T,2) - B(T,1)}{A(T,2) - A(T,1)}$$

---
[1] die als Übung sehr zu empfehlen ist. Man starte hierbei mit der Gleichung für $(1+r_f)B(t_0)$.

5.1 Arbitragefreie Einperiodensysteme

risikolos und erwirtschaftet genau die risikolose Rendite r_f. Dies ist äquivalent zu der Gleichung

$$B(t_0) = \delta A(t_0) - (1 + r_f)^{-1}(\delta A(T,1) - B(T,1))$$

c) Es gibt positive Zahlen q_1, q_2 mit $q_1 + q_2 = 1$, so dass für A und B gilt:

$$\begin{aligned} q_1 A(T,1) + q_2 A(T,2) &= (1 + r_f) A(t_0) \\ q_1 B(T,1) + q_2 B(T,2) &= (1 + r_f) B(t_0) \end{aligned} \quad (5.7)$$

Die Charakterisierung c) ist nun besonders interessant, denn q_1 und q_2 können als Wahrscheinlichkeiten interpretiert werden. Tut man das, so steht auf der linken Seite der Gleichung 5.7 der Erwartungswert des Preises von A bzw. B am Ende der Periode. Die Gleichung selbst besagt dann, dass der Erwartungswert der Rendite beider Anlageformen gleich der Rendite r_f der risikolosen Geldanlage ist. Mit anderen Worten: die Wahrscheinlichkeiten q_1 und q_2 gehören zu einer risikoneutralen Welt, also einer Welt, in der alle Anlageformen die gleiche erwartete Rendite haben, unabhängig von dem mit ihnen verbundenen Risiko. Als Ergebnis des Satzes stellen wir also fest, dass das System der Anlageformen A und B arbitragefrei ist, wenn die Preise $A(T,j)$ und $B(T,j)$ in eine risikoneutrale Welt passen. **Dies bedeutet aber nicht, dass die reale Welt risikoneutral ist!** In der realen Welt gelten die Wahrscheinlichkeiten p_j, die von den q_j verschieden sein können (und von Ausnahmefällen abgesehen sogar müssen, wenn man den Ideen der Portfolio-Selection folgt) und die Werte dieser p_j sind für die Frage der Arbitragefreiheit völlig unerheblich.

Beispiel 98 *In dem obigen Beispiel der Aktie und der Call-Option (Beispiel 96) berechnet man q_1 aus Gleichung 5.5:*

$$q_1 = \frac{0{,}9^{-1} 200 - 180}{240 - 180} = \frac{19}{27}$$

und überprüft leicht, dass dann auch Gleichung 5.6 gilt:

$$\frac{19}{27} \cdot 30 + \frac{8}{27} \cdot 0 = \frac{190}{9} = \frac{10}{9} \cdot 19.$$

5.1.2 Allgemeine Einperiodensysteme

Es stellt sich nun die Frage, wie im Allgemeinfall, also bei beliebigen m und l, Arbitragefreiheit charakterisiert werden kann. Insbesondere stellt sich die Frage, ob die Charakterisierung c) des obigen Satzes, d.h. die Beziehung zu einer risikoneutralen Welt, nur eine Kuriosität des betrachteten Sonderfalls ist, oder ob sich dahinter ein allgemeines Prinzip verbirgt. In der Tat ist Letzteres der Fall und das sich daraus ergebende allgemeine Prinzip der **risikoneutralen Bewertung** ist das wichtigste Werkzeug zur Bewertung von Derivaten schlechthin. Insofern ist es sicher gerechtfertigt, das folgende Ergebnis als fundamental zu bezeichnen:

Satz 99 *(Fundamentallemma der Wertpapierbewertung) In einem Einperiodenwertpapiermarkt mit m risikobehafteten Anlageformen A_1, ..., A_m sowie der risikolosen Anlageform A_f und l möglichen Zuständen $s_1, ..., s_l$ am Ende der Periode sind die folgenden Eigenschaften äquivalent:*
a) Es gibt keine Arbitragemöglichkeiten.
b) Es gibt positive Zahlen $q_1,..., q_l$ mit $q_1 + ... + q_l = 1$, so dass für $i = 1, ..., m$ gilt:

$$\sum_{j=1}^{l} q_j A_i(T,j) = (1 + r_f) A_i(t_0) \tag{5.8}$$

Hierbei ist r_f die Rendite der Anlageform A_f über die betrachtete Periode.
Mit anderen Worten: Das betrachtete System ist genau dann arbitragefrei, wenn sich durch Veränderung der Wahrscheinlichkeiten, mit denen die Zustände s_j erreicht werden, ein risikoneutrales System konstruieren lässt, zu dem die Preise $A_i(T,j)$ passen.

Der Satz soll nun bewiesen werden. Hierzu sei zunächst noch einmal festgehalten, unter welchen Bedingungen ein Portfolio $AP = x_0 A_f + x_1 A_1 + ... + x_m A_m$ ein Arbitrageportfolio ist. Drei Eigenschaften sind dazu erforderlich (man beachte die Normierung der risikolosen Anlageform A_f auf den aktuellen Wert 1):

- AP darf keinen Kapitaleinsatz erfordern, d.h. es muss $AP(t_0) = 0$ gelten:

$$x_0 + \sum_{i=1}^{m} x_i A_i(t_0) = 0 \tag{5.9}$$

- AP darf am Ende der Periode in keinem Fall einen negativen Wert haben, also muss für alle $j = 1, ..., l$ $AP(T,j) \geq 0$ gelten:

$$(1 + r_f) x_0 + \sum_{i=1}^{m} x_i A_i(T,j) \geq 0 \tag{5.10}$$

- AP nimmt mit positiver Wahrscheinlichkeit am Ende der Periode einen positiven Wert an, d.h. es muss mindestens ein $j \in \{1,..., l\}$ mit $AP(T,j) > 0$ geben:

$$(1 + r_f) x_0 + \sum_{i=1}^{m} x_i A_i(T,j) > 0 \tag{5.11}$$

Durch Übergang von $A_i(T,j)$ zu den diskontierten Preisen $(1+r_f)^{-1} A_i(T,j)$ (für $j \geq 1$) ist zunächst festzustellen, dass ohne Beschränkung der Allgemeinheit $r_f = 0$, also $1 + r_f = 1$ angenommen werden kann, was im Folgenden auch getan wird.

Der Nachweis b) $\Longrightarrow$ a) ist einfach und kann genau wie in dem oben betrachteten Spezialfall $m = l = 2$ durchgeführt werden. Aus Gleichung 5.9 folgt, dass die mit den q_j gewichtete Summe der Werte $AP(T,j)$ von AP in den Zuständen j den Wert null haben muss:

$$\sum_{j=1}^{l} q_j AP(T,j) = 0$$

5.1 Arbitragefreie Einperiodensysteme

Da wegen der zweiten Bedingung (5.10) alle Summanden nichtnegativ sind, muss jeder Summand gleich null sein, d.h. die dritte Bedingung ist unerfüllbar.

a) $\implies$ b) ist aufwendiger zu zeigen und wird in mehreren Schritten durchgeführt. Zunächst eine Definition: Zu einer Anlageform A_i nennt man $(A_i(T,1), ..., A_i(T,l)) \in \mathbb{R}^l$ den **Auszahlungsvektor** von A_i [2]. Die Anlageform A_f z.B. hat also (wie vereinbart diskontiert) den Auszahlungsvektor $(1, ..., 1)$. Analog ist der Auszahlungsvektor eines zusammengesetzten Portfolios definiert. Unterschiedliche Portefeuilles können den gleichen Auszahlungsvektor haben, in einem arbitragefreien System ist aber zumindest der Preis des Portefeuilles zu Beginn der Periode durch den Auszahlungsvektor eindeutig bestimmt, da sich sonst eine offensichtliche Arbitragemöglichkeit ergeben würde. Für unsere Belange ist es somit zulässig, ein Portefeuille mit seinem Auszahlungsvektor zu identifizieren. Die Frage nach den möglichen Auszahlungsvektoren in einem System führt zu der folgenden Definition.

Definition 100 *Ein Einperiodenwertpapiermarkt heißt **vollständig**, wenn jeder Vektor des $\mathbb{R}^l$ Auszahlungsvektor eines geeigneten Portfolios ist.*

Der durch die Anlageformen A_i ($i = 1, ..., m$) und A_f gebildete Wertpapiermarkt ist also genau dann vollständig, wenn die Vektoren $(A_i(T,1), ..., A_i(T,l))$ zusammen mit dem Vektor $(1, ..., 1)$ den $\mathbb{R}^l$ im Sinne der linearen Algebra erzeugen, d.h. wenn jeder Vektor des $\mathbb{R}^l$ als Linearkombination dieser Vektoren dargestellt werden kann. Gleichbedeutend damit ist, dass die Matrix

$$\begin{pmatrix} 1 & \cdots & 1 \\ A_1(T,1) & \cdots & A_1(T,l) \\ \cdot & & \cdot \\ \cdot & & \cdot \\ \cdot & & \cdot \\ A_m(T,1) & \cdots & A_m(T,l) \end{pmatrix}$$

den Rang l hat.

In einem vollständigen Wertpapiermarkt sind also insbesondere Portefeuilles konstruierbar, deren Auszahlungsvektoren die Einheitsvektoren

$$\vec{e_j} = (0, ..., 0, \underbrace{1}_{j-te\ Stelle}, 0, ..., 0)$$

sind. Wertpapiere mit einem solchen Auszahlungsprofil heißen auch **Arrow-Debreu-Securities** oder **Zustandswertpapiere**. Sie sind vor allem für theoretische Überlegungen gut geeignet, können in Spezialsituationen aber näherungsweise auch in der Praxis vorkommen (vgl Butterfly-Spreads in Abschnitt 4.3.2). Wir benutzen die Arrow-Debreu-Securities zum Beweis unseres Satzes. Zunächst zeigen wir dazu die folgende schwächere Behauptung:

Lemma 101 *Die Aussage von Satz 99 ist wahr, wenn der betrachtete Wertpapiermarkt vollständig ist. In dem Fall sind ferner die Größen $q_1, ..., q_l$ eindeutig bestimmt.*

---
[2] Je nach Bedarf verwenden wir für Vektoren die Zeilen- oder die Spaltenschreibweise.

Beweis. Es sei AD_j die Arrow-Debreu-Security mit Auszahlungsvektor $\vec{e_j}$, der Preis von AD_j zum Zeitpunkt t_0 sei $AD_j(t_0)$. Bei Arbitragefreiheit muss für alle j $AD_j(t_0) > 0$ gelten. Nun betrachte man das Portfolio $AD = \sum_{j=1}^{l} AD_j$. Es hat den Auszahlungsvektor $(1, ..., 1)$, der auch Auszahlungsvektor von A_f ist. Also muss gelten:

$$\text{„Wert von } A_f \text{ zu Beginn der Periode"} = 1 = \sum_{j=1}^{l} AD_j(t_0)$$

(man beachte, dass nach wie vor $r_f = 0$ angenommen wird). Setzt man nun

$$q_j := AD_j(t_0),$$

so folgt damit die Behauptung, denn für alle A_i muss wertmäßig gelten:

$$A_i = \sum_{j=1}^{l} A_i(T, j) \cdot AD_j$$

Die Eindeutigkeit der q_j folgt sofort daraus, dass Gleichung 5.8 auch für die AD_j gelten muss:

$$q_j = q_j \cdot AD_j(T, j) = \sum_{k=1}^{l} q_k \cdot AD_j(T, k) = (1 + r_f) AD_j(t_0) = AD_j(t_0)$$

∎

Mit Hilfe des folgenden Hilfssatzes folgt die Behauptung des Satzes allgemein.

Lemma 102 *Jeder arbitragefreie Einperioden-Wertpapiermarkt mit endlich vielen möglichen Zuständen am Ende der Periode kann durch Hinzunahme geeigneter Wertpapiere zu einem arbitragefreien vollständigen Wertpapiermarkt erweitert werden.*

Beweis. Auch für diesen Nachweis benutzen wir die Arrow-Debreu-Securities. Ist ein Wertpapiermarkt nicht vollständig, so gibt es wenigstens ein j, so dass AD_j nicht als Portfolio konstruierbar ist. Wir zeigen, dass es dann möglich ist, einen (in einem Intervall positiver Länge frei wählbaren) Wert für $AD_j(t_0)$ festzulegen, so dass der um dieses Wertpapier AD_j erweiterte Wertpapiermarkt arbitragefrei bleibt, wenn das ursprüngliche System arbitragefrei ist.

Hierzu ist zunächst zu klären, wann durch die Hinzunahme von AD_j eine Arbitragemöglichkeit entsteht. Eine solche Arbitragemöglichkeit müsste AD_j enthalten, wäre also durch ein Portfolio i) $AP = B + (1/AD_j(t_0)) AD_j$ oder ii) $AP = C - (1/AD_j(t_0)) AD_j$ darstellbar, wobei die Portfolios B und C die Anlageform AD_j nicht enthalten.

Zu i) Der Preis $B(t_0)$ von B zu Beginn der Periode muss -1 sein und für die möglichen Preise $B(T, k)$ ($k = 1, ..., l$) am Ende der Periode muss gelten: $B(T, j)$ ist kleiner als 0 und alle anderen möglichen Werte $B(T, k)$ sind größer oder gleich 0, wobei wenigstens ein Wert größer als 0 ist (sonst wäre AD_j bereits im ursprünglichen Markt enthalten). Gibt es ein solches Portfolio, dann ist $B + (1/AD_j(t_0)) AD_j$ genau dann ein Arbitrageportfolio, wenn die Ungleichung $1/AD_j(t_0) \geq -B(T, j)$ zutrifft, also $0 < AD_j(t_0) \leq -1/B(T, j)$ gilt.

5.1 Arbitragefreie Einperiodensysteme

Zu ii) Das Portefeuille C muss die folgenden Eigenschaften haben: $C(t_0) = 1$ und $C(T,k) \geq 0$ für $k = 1,...,l$. $C(T,j)$ und wenigstens ein weiteres $C(T,k)$ müssen echt größer als null sein. Sind diese Bedingungen erfüllt, so ist $C - (1/AD_j(t_0))\, AD_j$ ein Arbitrageportfolio, sofern $AD_j(t_0) \geq 1/C(T,j)$ gilt.

Will man $AD_j(t_0)$ also so definieren, dass keine Arbitragemöglichkeiten entstehen, so liefern die Portfolios B aus 1.) untere Schranken und die Portfolios C aus 2.) obere Schranken für den möglichen Wert. Durch Hinzunahme von AD_j bleibt das System also arbitragefrei, wenn gilt:

$$\sup\{-1/B(T,j)|\ B \text{ wie in i)}\}) < AD_j(t_0) < \inf\{1/C(T,j)|\ C \text{ wie in ii)}\}$$

(sup = Supremum, inf = Infimum). Diese Bedingung ist erfüllbar: für alle B aus i) und alle C aus ii) kann $B+C$ nach Voraussetzung kein Arbitrageportfolio sein. Hieraus folgt $B(T,j) + C(T,j) < 0$ und somit

$$-1/B(T,j) < 1/C(T,j)\ .$$

Damit ist klar:

$$\sup\{-1/B(T,j)|\ B \text{ wie in i)}\} \leq \inf\{1/C(T,j)|\ C \text{ wie in ii)}\},$$

aber das reicht noch nicht ganz, denn es muss gezeigt werden, dass sogar „<" gilt. Das folgt daraus, dass das Supremum ein Maximum ist, d.h. es gibt ein Portfolio B_0 mit $-1/B_0(T,j) = \sup\{-1/B(T,j)|\ B \text{ wie in i)}\}$, und das Infimum der $1/C(T,j)$ sogar ein Minimum. Dies kann man auf mehrere Arten nachweisen, eine davon ist, sich zu überlegen, dass B_0 (und C_0) optimale Lösungen linearer Optimierungsprobleme mit endlich vielen Variablen und Nebenbedingungen sind. ∎

Bemerkung 103 *1.) Der Beweis hat gezeigt, dass ein gewisser Spielraum für die Definition von $AD_j(t_0)$ gegeben ist. Da aber $AD_j(t_0) = q_k$ gilt, heisst das, dass in einem unvollständigen Wertpapiermarkt die Größen $q_1,...,q_l$ nicht eindeutig bestimmt sind.*
2.) Die Aussage des Fundamentallemmas kann auch so formuliert werden, dass unter den angenommenen Voraussetzungen ein Kapitalmarkt genau dann arbitragefrei ist, wenn es eine „positive, stetige und lineare Preisregel über der Menge aller Auszahlungen" gibt. Der Beweis des Fundamentallemmas kann abweichend von unserer Vorgehensweise auch direkt mit dem abstrakten Minkowski-Farkas Lemma erfolgen (vgl. [52]).
3.) Satz 99 gilt entsprechend auch, wenn der Zustand des Systems am Ende der Periode durch eine allgemeinere Zufallsvariable gegeben ist (siehe z.B. [34]).
4.) Die Fragestellung der Arbitragefreiheit werden wir weiter unten auch in Mehrperiodensystemen und in zeitstetigen Modellen betrachten. Die Ergebnisse von Satz 99 lassen sich weitgehend übertragen. In der Sprache dieser allgemeineren Systeme nennt man die $q_1,...,q_l$ (aufgefasst als Wahrscheinlichkeiten) ein zu den real gegebenen Wahrscheinlichkeiten $p_1,...,p_l$ **äquivalentes Martingalmaß**.

Satz 99 kann genutzt werden, um zu überprüfen, ob ein gegebenes System von Anlageformen $A_1,...,A_m$ arbitragefrei ist. Hierzu ist zu klären, ob das lineare Gleichungssystem

$$
\begin{array}{rcl}
q_1 + \ldots + q_l &=& 1 \\
A_1(T,1)q_1 + \ldots + A_1(T,l)q_l &=& (1+r_f)A_1(t_0) \\
&\vdots& \\
A_m(T,1)q_1 + \ldots + A_m(T,l)q_l &=& (1+r_f)A_m(t_0)
\end{array}
$$

eine Lösung mit positiven Zahlen $q_1, \ldots, q_l$ hat. In Matrixschreibweise liest sich das Gleichungssystem wie folgt:

$$
\begin{pmatrix} 1 & \cdots & 1 \\ A_1(T,1) & \cdots & A_1(T,l) \\ \vdots & & \vdots \\ A_m(T,1) & \cdots & A_m(T,l) \end{pmatrix} \begin{pmatrix} q_1 \\ \vdots \\ q_l \end{pmatrix} = \begin{pmatrix} 1 \\ (1+r_f)A_1(t_0) \\ \vdots \\ (1+r_f)A_m(t_0) \end{pmatrix}
$$

Ein solches lineares Gleichungssystem mit Nichtnegativitätsbedingungen lässt sich mit Hilfe des Simplexverfahrens lösen (z.B. Phase 1 der Zweiphasenmethode, siehe [27]; hierbei ist allerdings zunächst die Bedingung $q_j > 0$ auf $q_j \geq 0$ abzuschwächen[3]). Sind m und l klein, kann man auch einfach das Gleichungssystem z.B. mit Hilfe des Gaußschen Eliminationsverfahrens lösen und sich anschließend durch „Hinsehen" um die Nichtnegativitätsbedingungen kümmern.

Beispiel 104 *Das Gleichungssystem*

$$
\begin{pmatrix} 1 & 1 & 1 & 1 \\ 20 & -20 & 10 & 30 \\ 10 & 40 & 10 & -10 \\ 30 & -10 & -10 & 20 \end{pmatrix} \begin{pmatrix} q_1 \\ q_2 \\ q_3 \\ q_4 \end{pmatrix} = \begin{pmatrix} 1 \\ 10 \\ 14 \\ 18 \end{pmatrix}
$$

hat genau eine Lösung, nämlich $q_1 = q_2 = q_4 = 0{,}4$ und $q_3 = -0{,}2$, das entsprechende System von Anlagemöglichkeiten ist also nicht arbitragefrei.

Beispiel 105 *Das Gleichungssystem*

$$
\begin{pmatrix} 1 & 1 & 1 \\ 130 & 105 & 80 \end{pmatrix} \begin{pmatrix} q_1 \\ q_2 \\ q_3 \end{pmatrix} = \begin{pmatrix} 1 \\ 110{,}25 \end{pmatrix}
$$

hat unendlich viele Lösungen: q_3 ist beliebig, $q_2 = 0{,}79 - 2q_3$ und $q_1 = 0{,}21 + q_3$. Unter diesen Lösungen befinden sich auch (ebenfalls ∞ viele) Lösungen mit positiven q_j, z.B. $q_1 = 0{,}44$, $q_2 = 0{,}33$, $q_3 = 0{,}23$ oder $q_1 = 0{,}315$, $q_2 = 0{,}58$ und $q_3 = 0{,}05$. Der zugehörige Wertpapiermarkt ist also arbitragefrei, aber nicht vollständig (s. auch den nächsten Abschnitt).

---

[3] In der Tat wird das Simplexverfahren nicht selten Lösungen liefern, in denen ein oder mehrere q_j den Wert **0** haben, denn das Ergebnis des Verfahrens ist ja immer eine sogenannte Basislösung. Es ist aber nicht schwer, dem letzten Tableau zu entnehmen, ob es eine Lösung gibt, bei der alle $q_j > \mathbf{0}$ sind.

5.1 Arbitragefreie Einperiodensysteme

Beispiel 106 *Das Gleichungssystem*

$$\begin{pmatrix} 1 & 1 & 1 \\ 30 & 20 & 10 \\ 40 & 30 & 0 \\ 10 & 20 & 10 \end{pmatrix} \begin{pmatrix} q_1 \\ q_2 \\ q_3 \end{pmatrix} = \begin{pmatrix} 1 \\ 17 \\ 19 \\ 15 \end{pmatrix}$$

hat genau eine Lösung, nämlich $q_1 = 0{,}1$, $q_2 = 0{,}5$ und $q_3 = 0{,}4$. Ein zugehöriges System ist also vollständig und arbitragefrei.

Beispiel 107 *Das Gleichungssystem*

$$\begin{pmatrix} 1 & 1 & 1 \\ 30 & 20 & 10 \\ 40 & 30 & 0 \\ 10 & 20 & 5 \end{pmatrix} \begin{pmatrix} q_1 \\ q_2 \\ q_3 \end{pmatrix} = \begin{pmatrix} 1 \\ 17 \\ 19 \\ 15 \end{pmatrix}$$

hingegen hat gar keine Lösung. Also beinhaltet ein zugehöriger Wertpapiermarkt Arbitragemöglichkeiten.

Hat man nun nachgewiesen, dass ein Einperiodenwertpapiermarkt Arbitragemöglichkeiten beinhaltet, interessiert möglicherweise die Frage, wie man ein Arbitrageportfolio konstruieren kann. Dies führt zu einem linearen Optimierungsproblem, das mit Hilfe des Simplexverfahrens angegangen werden kann. Den Ansatzpunkt liefern hierbei die Bedingungen 5.9 - 5.11. Es bietet sich zunächst an, als Zielfunktion die Summe der Werte in 5.11 zu maximieren, also die Aufgabenstellung

$$\text{Maximiere } \sum_{j=1}^{l} \left[(1 + r_f) x_0 + \sum_{i=1}^{m} x_i A_i(T, j) \right]$$

unter Wahrung der Bedingungen 5.9 und 5.10

in Angriff zu nehmen, aber dieser Ansatz hat den Nachteil, dass die Zielfunktion nach oben unbeschränkt ist und somit kein Maximum existiert. Würde eine Arbitragemöglichkeit nämlich stabil bestehen, so wäre damit unbeschränkter Gewinn ohne Einsatz möglich. Diesem Problem kann aber abgeholfen werden, indem man die Zielsetzung dahingehend ändert, dass man einen festen Wert der Zielfunktion vorgibt, also z.B.

$$\sum_{j=1}^{l} \left[(1 + r_f) x_0 + \sum_{i=1}^{m} x_i A_i(T, j) \right] = 100$$

Beispiel 108 *Im letzten der obigen Beispiele findet man ein Arbitrageportfolio also durch Lösung der Aufgabenstellung, reelle Zahlen $x_0, ..., x_3$ zu finden mit*

$$\begin{array}{rcrcrcrcl}
(1 + r_f) x_0 & + & 17 x_1 & + & 19 x_2 & + & 15 x_3 & = & 0 \\
(1 + r_f) x_0 & + & 30 x_1 & + & 40 x_2 & + & 10 x_3 & \geq & 0 \\
(1 + r_f) x_0 & + & 20 x_1 & + & 30 x_2 & + & 20 x_3 & \geq & 0 \\
(1 + r_f) x_0 & + & 10 x_1 & + & 0 x_2 & + & 5 x_3 & \geq & 0 \\
3 (1 + r_f) x_0 & + & 60 x_1 & + & 70 x_2 & + & 35 x_3 & = & 100
\end{array}$$

Die oberste der Gleichungen ergibt sich hierbei durch Multiplikation der eigentlichen Gleichung mit $(1+r_f)$, denn es ist ja z.B. $17 = (1+r_f)\, A_1(t_0)$. Eine Lösung der Aufgabenstellung ist z.B. $x_0 = -12{,}5/(1+r_f)$, $x_1 = 3{,}75$, $x_2 = 1{,}25$, $x_3 = -5$.

Natürlich kann man auf der Suche nach einem Arbitrageportfolio die obige Aufgabenstellung auch sofort in Angriff nehmen, ohne vorher die Existenz mit Hilfe des Fundamentallemmas geklärt zu haben. Sollte es kein Arbitrageportfolio geben, endet das Simplexverfahren dann mit dem Ergebnis, dass keine zulässige Lösung existiert.

5.2 Ein einfaches Mehrperiodensystem

Die Arbitragemöglichkeiten, wie sie im vorigen Abschnitt behandelt wurden, waren alle derart, dass man zum Zeitpunkt t_0, dem Beginn einer betrachteten Periode, ohne Kapitaleinsatz ein Portefeuille aufbauen konnte, das am Ende T der Periode mit Sicherheit keinen negativen Wert und mit positiver Wahrscheinlichkeit sogar einen positiven Wert hat. Handel war während der Periode nicht vorgesehen. Aber selbst wenn Handel während der Periode möglich wäre, bräuchte das den Besitzer eines solchen Arbitrageportfolios nicht zu beunruhigen. Solange die jeweiligen Annahmen über die möglichen Preise am Ende der Periode ihre Gültigkeit behalten, ändert sich nichts an seinen Gewinnaussichten.

Umgekehrt kann es aber passieren, dass durch die Möglichkeit des Handels während der Periode $[t_0, T]$ neue Arbitragemöglichkeiten entstehen, d.h. es kann passieren, dass ein ursprünglich arbitragefreies System durch die Möglichkeit des Handels während der Periode Arbitragemöglichkeiten enthält. Dies soll an dem folgenden Beispiel illustriert werden. Wie bei den Beispielen im vorigen Abschnitt ist es das vorrangige Ziel, das Prinzip darzustellen, und weniger, einen Fall aus der Praxis wirklichkeitsnah abzubilden (obwohl das Beispiel praxisnäher ist als es auf den ersten Blick erscheint).

Eine Aktie A habe zu Beginn einer Periode den Wert 100, und zum Ende der Periode die möglichen Werte 80, 105 oder 130, d.h. die mögliche Preisentwicklung über die Periode sei wie in der folgenden Abbildung dargestellt:

$$
\begin{array}{ccc}
t_0 & T & \text{Zustand} \\
 & 130 & s_3 \\
 & \nearrow & \\
100 & \rightarrow\ 105 & s_2 \\
 & \searrow & \\
 & 80 & s_1
\end{array}
$$

Die risikolose Anlageform A_f habe eine Rendite von 10,25% über die Periode. Als dritte Anlageform gebe es nun noch eine zum Zeitpunkt T fällige Call-Option C auf die Aktie A mit dem Basispreis 100, d.h. C hat am Ende der Periode einen der Werte 0 (s_1), 5 (s_2) oder 30 (Zustand s_3). Da der von A und A_f erzeugte Wertpapiermarkt unvollständig ist (vgl. Beispiel 105), gibt es mehrere Möglichkeiten, den Optionspreis $C(t_0)$ zum Zeitpunkt t_0 so festzulegen, dass das gesamte von A, A_f und C erzeugte System arbitragefrei ist. Die Wahl von $q_1 = 0{,}105$, $q_2 = 0{,}58$ und $q_3 = 0{,}315$ z.B. führt zu dem Preis

5.2 Ein einfaches Mehrperiodensystem

$$C^{(1)}(t_0) = \frac{0{,}58 \cdot 5 + 0{,}315 \cdot 30}{1{,}1025} \approx 11{,}20,$$

wohingegen $q_1 = 0{,}23$, $q_2 = 0{,}33$ und $q_3 = 0{,}44$ den Preis

$$C^{(2)}(t_0) = \frac{0{,}33 \cdot 5 + 0{,}44 \cdot 30}{1{,}1025} \approx 13{,}47$$

ergibt.

Nun gebe es einen Zeitpunkt t_1 zwischen t_0 und T, also $t_0 < t_1 < T$, an dem die Aktie gehandelt werden könne. Zu diesem Zeitpunkt könne die Aktie nur einen der beiden Werte 110 oder 90 haben. Ist der Wert 110, so könne die Aktie zum Ende der Periode nicht mehr auf 80 fallen, und ist er zum Zeitpunkt t_1 90, so sei ausgeschlossen, dass er zum Zeitpunkt T auf 130 steigt. Die mögliche Preisentwicklung der Aktie stellt sich jetzt also so dar:

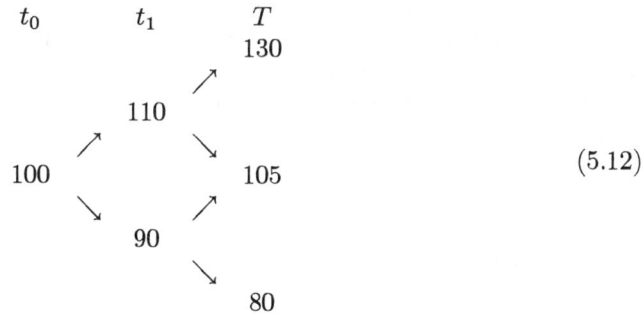

$$
\begin{array}{cccc}
t_0 & t_1 & T & \\
 & & 130 & \\
 & \nearrow & & \\
 & 110 & & \\
\nearrow & & \searrow & \\
100 & & 105 & \quad (5.12)\\
\searrow & & \nearrow & \\
 & 90 & & \\
 & & \searrow & \\
 & & 80 & \\
\end{array}
$$

Es sei ferner auch möglich, über die beiden Teilintervalle $[t_0, t_1]$ und $[t_1, T]$ zu risikolosen Konditionen Geld zu leihen und zu verleihen. Die Renditen seien hierbei jeweils 5%. Die Gleichung $1{,}05 \cdot 1{,}05 = 1{,}1025$ gilt hierbei nicht zufällig, sondern muss stimmen, da sich sonst eine offensichtliche Arbitragemöglichkeit allein aus den risikolosen Anlageformen ergeben würde.

Wird die Option nun zum Zeitpunkt t_0 zum Preis $C^{(2)}(t_0) = 13{,}47$ gehandelt, so ist wie folgt Arbitrage möglich: Zum Zeitpunkt t_0 verkaufe man eine Option (Erlös 13,47) und kaufe 0,6 Aktien (Preis 60). Über den Differenzbetrag 46,53 nehme man einen Kredit zu den risikolosen Konditionen auf. Die weiteren Aktionen sind nun davon abhängig, welcher Zustand im Zeitpunkt t_1 erreicht wird:

- Hat die Aktie dann den Kurs 110, so kaufe man 0,4 Aktien, so dass man nun eine ganze Aktie halte. Über den Kaufpreis von 44 Geldeinheiten nehme man einen Kredit auf. Zum Zeitpunkt T wird nun unabhängig davon, ob die Aktie den Kurs 130 oder 105 hat, der Käufer der Call-Option diese ausüben, so dass die Aktie zum Preis von 100 hergegeben werden muss. Dieser Betrag reicht aber aus, um die beiden Kredite zurückzuzahlen (Darlehen 1: $46{,}53 \cdot 1{,}1025 = 51{,}30$, Darlehen 2: $44 \cdot 1{,}05 = 46{,}20$) und noch einen Restbetrag von 2,50 übrig zu behalten.

- Hat die Aktie im Zeitpunkt t_1 hingegen den Kurs 90, so verkaufe man dann 0,4 Aktien, so dass man also nur noch 1/5 Aktie behält. Den Erlös von 36 lege man risikolos an. Steigt der Aktienkurs zum Zeitpunkt T auf 105 an, so wird die Option ausgeübt werden, d.h. man muss zum Preis von 84 eine 4/5-Aktie kaufen, um insgesamt eine Aktie für das Optionsgeschäft zu besitzen, aus dem man dann den Erlös von 100 erhält. Zusammen mit der Rückzahlung des Kredits (51,30) und dem verzinsten zum Zeitpunkt t_1 angelegten Betrag ($36 \cdot 1{,}05 = 37{,}80$) ergibt dies einen Saldo von $-84 + 100 - 51{,}30 + 37{,}80 = 2{,}50$.

Auch in dem anderen Fall, wenn die Aktie nämlich auf 80 fällt, bleiben 2,50 übrig. Dann verfällt die Option nämlich wertlos, und der Verkauf der 1/5-Aktie (Erlös 16) zusammen mit der Auflösung des risikolos verliehenen und geliehenen Geldes ($-51{,}30 + 37{,}80$) ergibt genau diesen Betrag.

In allen Fällen verbleibt also ein Betrag von 2,50 Geldeinheiten als sicherer Arbitragegewinn. Ist der Preis der Option zum Zeitpunkt t_0 hingegen $C^{(1)}(t_0) = 11{,}20$ (gerundet), so gibt es keine Arbitragemöglichkeiten. Dies sieht man mit Hilfe der Ergebnisse des vorigen Abschnitts. Diagramm 5.12 setzt sich nämlich aus drei Diagrammen des Typs von Beispiel 96 und Satz 97 zusammen. Zunächst einmal ist der Übergang vom Zeitpunkt t_0 zum Zeitpunkt t_1 solcher Art, dann aber auch jeweils der Übergang von t_1 nach T, abhängig davon, welcher Zustand zum Zeitpunkt t_1 gegeben ist, d.h. welchen Kurs die Aktie dann hat. Die mögliche Kursentwicklung der Aktie und die risikolose Anlageform bestimmen dann jeweils die q-Werte gemäß Satz 97. Für den Übergang von t_1 nach T bei einem Kurs der Aktie von 110 z.B. führt die Gleichung

$$1{,}05 \cdot 110 = q_1 \cdot 105 + q_2 \cdot 130$$

zu der Lösung $q_1 = 0{,}58$ und $q_2 = 0{,}42$. Schreibt man die jeweiligen q-Werte an die Pfeile, so ergibt sich folgendes Bild:

$$
\begin{array}{cccc}
t_0 & t_1 & & T \\
 & & & 130 \\
 & & \nearrow^{0{,}42} & \\
 & 110 & & \\
 \nearrow^{0{,}75} & \searrow^{0{,}58} & & \\
100 & & & 105 \\
 \searrow^{0{,}25} & \nearrow^{0{,}58} & & \\
 & 90 & & \\
 & \searrow^{0{,}42} & & \\
 & & & 80
\end{array}
\qquad (5.13)
$$

Die drei Teilsysteme (und damit auch das Gesamtsystem) sind nun arbitragefrei, wenn sich auch die Optionspreise gemäß der berechneten q-Werte entwickeln. Dies bedeutet zunächst einmal, dass sich auch für den Zeitpunkt t_1 je nach erreichtem Zustand eindeutige Preise der Option ergeben: Hat die Aktie den Kurs 110, ist der korrekte Preis der Option $(0{,}58 \cdot 5 + 0{,}42 \cdot 30)/1{,}05 \approx 14{,}76$, andernfalls ist es $(0 + 0{,}58 \cdot 5)/1{,}05 \approx 2{,}76$. Jeder andere Preis würde Arbitrage im Zeitintervall $[t_1, T]$ ermöglichen. Nun ergibt sich auf genau die gleiche Weise als einziger arbitragefreier Preis für die Option zum Zeitpunkt t_0 der Wert $(0{,}25 \cdot 2{,}762 + 0{,}75 \cdot 14{,}762)/1{,}05 = 11{,}20 = C^{(1)}(t_0)$ (alle Zahlenwerte gerundet). Jeder andere Preis würde Arbitrage ermöglichen, und zwar auch dann, wenn die Option zum Zeitpunkt t_1 gar nicht gehandelt werden kann (wohl aber die Aktie).

Dies sieht man anhand des oben aufgestellten Arbitrageportfolios zu $C^{(2)}(t_0)$. Ist der Preis $C(t_0)$ der Option im Zeitpunkt t_0 größer als $C^{(1)}(t_0)$, so führt das gleiche Portfolio wie oben mit der gleichen Handelsstrategie im Zeitpunkt t_1 zu einem Arbitragegewinn

5.2 Ein einfaches Mehrperiodensystem

in der Höhe von $1{,}1025(C(t_0) - C^{(1)}(t_0))$ (man überprüfe: $2{,}267 \cdot 1{,}1025 \approx 2{,}50$), d.h. es wird im Grunde im Zeitpunkt t_0 durch den überhöhten Preis der Option ein Gewinn realisiert, der dann über die Periode risikolos angelegt wird. Ist die Option im Zeitpunkt t_0 zu billig, so führt die gleiche Handelsstrategie mit umgekehrtem Vorzeichen zum Ziel, d.h. man kauft eine Option und verkauft eine 3/5-Aktie. Im Zeitpunkt t_1 verkauft man dann weitere 2/5 Aktie, wenn der Kurs auf 110 gestiegen ist, bzw. kauft 2/5 Aktie, wenn der Kurs auf 90 gefallen ist.

Es stellt sich die Frage, wie man diese Handelsstrategie findet. Auch hierauf gibt der vorige Abschnitt die Antwort: die Anteile Aktie, die jeweils gehalten werden, sind gerade $\pm$ die δ-Werte aus Satz 97 b) auf Seite 120, d.h. es wird in jedem Zustand das Portefeuille so adjustiert, dass es risikolos ist.

Die Handelsstrategie ist auch von Interesse, wenn die Option den richtigen Preis $C^{(1)}(t_0)$ hat. Dann endet sie nämlich in unserem idealisierten Modell garantiert ohne Gewinn und ohne Verlust im Zeitpunkt T und zeigt somit, dass es in diesem Marktmodell einem Händler möglich ist, die Option zu verkaufen und das daraus resultierende Risiko durch eine geschickte Handelsstrategie allein in der Aktie und der risikolosen Anlageform auszugleichen (zu **hedgen**)[4]. Man nennt daher die betrachtete Option auch **absicherbar** oder **erreichbar**.

Ein weiterer wichtiger Aspekt des Beispiels ist durch die Zahlen (q-Werte) an den Pfeilen in Diagramm 5.13 gegeben. Auch sie können wie im vorigen Abschnitt als Wahrscheinlichkeiten interpretiert werden, und zwar als bedingte Wahrscheinlichkeiten für den Folgezustand abhängig vom momentanen Zustand. Im Beispiel wäre also unter der Bedingung, dass zum Zeitpunkt t_1 die Aktie den Kurs 90 hat, die bedingte Wahrscheinlichkeit, dass im Zeitpunkt T der Wert 105 ist, gleich 0,58, und die Wahrscheinlichkeit für den Folgewert 80 gleich 0,42. Als totale Wahrscheinlichkeiten (also Wahrscheinlichkeiten aus Sicht des Zeitpunkts t_0) ergeben sich dann für die möglichen Kurse zum Zeitpunkt T die Werte $0{,}25 \cdot 0{,}42 = 0{,}105$ (Kurs 80), $0{,}75 \cdot 0{,}58 + 0{,}25 \cdot 0{,}58 = 0{,}58$ (Kurs 105) und $0{,}75 \cdot 0{,}42 = 0{,}315$ (Kurs 130), also gerade die Werte, die am Anfang des Abschnitts zu dem Optionspreis $C^{(1)}(t_0)$ führten.

Genau wie im vorigen Abschnitt gehören diese Wahrscheinlichkeiten in eine risikoneutrale Welt, d.h. unter diesen Wahrscheinlichkeiten haben sowohl die Aktie als auch die Option insgesamt und in jeder Teilperiode die gleiche zu erwartende Rendite wie die risikolose Anlageform (im Sinne eines Erwartungswertes). Und genauso wie im letzten Abschnitt gibt es keinen Grund, anzunehmen, dass diese Wahrscheinlichkeiten die tatsächlichen Wahrscheinlichkeiten für die betrachteten Übergänge sind.

Insgesamt zeigt dieses einfache Beispiel eines Zweiperiodenmodells bereits viele allgemeine Aspekte. Es erfordert jetzt nicht mehr allzu viel Fantasie, sich vorzustellen, wie durch eine Unterteilung eines Zeitintervalls in viele Teilintervalle mit entsprechend vielen Verzweigungsmöglichkeiten mögliche Kursverläufe einer Aktie oder anderer Wertpapiere mit stochastischer Preisentwicklung realitätsnah abgebildet werden können. Es ist auch erkennbar, unter welchen Bedingungen ein solches System arbitragefrei ist, nämlich dann, wenn alle darin enthaltenen Einperiodensysteme arbitragefrei sind. Das Beispiel deutet auch schon an, dass für viele Derivate, wie z.B. die betrachtete Call-Option, eine Preisfindung zeitlich rückwärts, also ausgehend vom Fälligkeitstermin der Option schrittweise zurück zum aktuellen Zeitpunkt durchgeführt werden kann. Es zeigt auch, dass ein

---

[4] In der Praxis sind jedoch die Geld-/Brief-Spannen der zugrunde liegenden Aktie zu berücksichtigen.

eindeutiger fairer Preis erst unter weitergehenden Annahmen über den Kursverlauf des zugehörigen Basiswerts (der Aktie) ermittelt werden kann. Schließlich zeigt das Beispiel auch einen Ansatz, wie der Emittent eines risikobehafteten Derivats dieses Risiko für sich begrenzen kann. Im nächsten Abschnitt werden wir ganz allgemein Mehrperiodensysteme auf Arbitragefreiheit untersuchen. Die Ergebnisse dieses Abschnitts sind sehr wichtig für die allgemeine Theorie der Derivatebewertung.

5.3 Arbitragefreie Mehrperiodensysteme

5.3.1 Der Systemrahmen

Wie in 5.1 interessieren wir uns für die Möglichkeiten, die m zur Verfügung stehende Anlageformen $A_1,..., A_m$ über ein Zeitintervall $[t_0, T]$ bieten. Neu ist jetzt, dass innerhalb dieses Zeitraums gehandelt werden kann, wobei für den Handel die folgenden idealisierenden Annahmen getroffen werden:

Annahme 109 *1.) Der Markt ist liquide, d.h. zu jedem Handelszeitpunkt kann jede Anlageform im gewünschten Umfang gekauft und verkauft werden.*
2.) Die Investoren sind „kleine Investoren", d.h. sie beeinflussen durch ihre Käufe und Verkäufe die Preise nicht.
3.) Käufe und Verkäufe sind nicht mit Transaktionskosten verbunden.
4.) Steuerliche Aspekte spielen keine Rolle.
5.) Es gibt keinen bid-offer-spread, d.h. man kann eine Anlageform zum gleichen Preis kaufen wie verkaufen.

Ferner wollen wir hierbei im Rahmen eines endlichen Modells bleiben, d.h. wir gehen davon aus, dass es endlich viele Handelszeitpunkte

$$t_0 < t_1 < ... < t_{n-1} < t_n = T$$

gibt und zu jedem dieser Zeitpunkte t_k endlich viele mögliche **Zustände** $s(k,1)...s(k,l_k)$ der Welt. Was man hierbei als „Zustand der Welt" ansieht, kann je nach Fragestellung unterschiedlich sein. Unabdingbar ist aber, dass durch den Zustand der Welt $s(k,j)$ für jede Anlageform A_i der zugehörige dann gültige Wert einer Einheit von A_i eindeutig bestimmt ist, so wie es in 5.1 auf Seite 116 mit 12 möglichen Zuständen $s(1,j)$ der Fall ist.

Bezeichnung 110 *Den Wert einer Einheit der Anlageform A_i im Zustand $s(k,j)$ des Zeitpunkts t_k bezeichnen wir mit $A_i(k,j)$. Den Wert einer Einheit A_i zum Zeitpunkt t_k bezeichnen wir mit $A_i(t_k)$ oder kurz $A_i(k)$. $A_i(k)$ ist nur im zeitlichen Rückblick eine Zahl, sonst ist es eine Zufallsvariable.*

Beim Übergang von einem Zeitpunkt t_k ($k = 0, ..., n-1$) auf den Folgezeitpunkt t_{k+1} ändert sich der Zustand der Welt von einem Zustand $s(k,j)$ zu einem Zustand $s(k+1,j')$. Welchen Wert j' haben wird, ist in der Regel im vorhinein, d.h. im Zeitpunkt t_k nicht bekannt, es wird normalerweise mehrere Möglichkeiten geben, deren Aussichten durch Wahrscheinlichkeiten beschrieben werden können. Die genauen Werte dieser

5.3 Arbitragefreie Mehrperiodensysteme

Wahrscheinlichkeiten interessieren uns momentan allerdings nicht, wichtig ist allein, ob sie größer als null sind oder nicht, d.h. es interessieren zu jedem Zustand nur die möglichen Folgezustände. Wir machen keine Einschränkungen bezüglich ihrer Zahl, sie darf von Zustand zu Zustand variieren, es muss allerdings immer mindestens einen möglichen Folgezustand geben.

Drückt man einen möglichen Übergang von $s(k,j)$ zu $s(k+1,j')$ durch einen Pfeil aus, so kann man ein System wie soeben beschrieben durch ein Netzwerk darstellen:

$$
\begin{array}{ccccc}
t_0 & t_1 & t_2 & & t_n = T \\
\end{array}
\tag{5.14}
$$

(Netzwerk mit Zuständen $s(0,1)$, $s(1,l_1)$, $s(2,l_2)$, ..., $s(n,l_n)$ oben und $s(1,1)$, $s(2,1)$, ..., $s(n,1)$ unten, verbunden durch Pfeile.)

Die möglichen Entwicklungen der Welt sind in dem Netzwerk als **Pfade** enthalten. Einen Pfad erhält man, wenn man von $s(0,1)$ aus startend immer in Pfeilrichtung weiterläuft. In jedem Zustand darf man dabei unter den von hier aus startenden Pfeilen frei wählen.

Ein einfaches konkretes Beispiel für ein solches Mehrperiodenmodell zeigt das Diagramm 5.12 auf Seite 129. Hier ist $n = 2$, $l_1 = 2$ und $l_2 = 3$. In dem Modell sind vier mögliche Entwicklungen vorgesehen, nämlich die Pfade $100 \to 110 \to 130$, $100 \to 110 \to 105$, $100 \to 90 \to 105$ und $100 \to 90 \to 80$.

Bemerkung 111 *1. Auch an dieser Stelle sei darauf hingewiesen, dass „endliches Modell" nicht zwangsläufig „kleines Modell" bedeutet, d.h. der hier beschriebene Modellrahmen kann sehr komplizierte Situationen beschreiben und die Zeitschritte können sehr klein sein. Bedauerlicherweise gilt allerdings: je komplexer das Modell ist, desto unübersichtlicher und numerisch aufwendiger wird es.*
2. Die Forderung, dass der „Zustand der Welt" den jeweiligen Wert der Anlageformen bestimmen muss, lässt sich nicht umkehren. Zwar werden wir in vielen Fällen die möglichen Zustände der Welt zu einem bestimmten Zeitpunkt durch alle dann denkbaren Wertekombinationen der betrachteten Anlageformen definieren, aber es gibt Situationen, wo das für die untersuchte Fragestellung nicht ausreicht. Eine solche Situation ist z.B. bei der Bewertung sogenannter pfadabhängiger Optionen gegeben.

Bisher war in diesem Abschnitt noch nicht von einer risikolosen Anlageform die Rede. Die soll es aber auch geben, und zwar für jede Teilperiode. Hierbei darf die Rendite

$r_f(k,j)$ durchaus vom Zeitpunkt t_k und sogar dem Zustand $s(k,j)$ abhängen (letzteres ist vor allem wichtig zur Bewertung von Zinsderivaten). Wir nehmen wieder an:

Annahme 112 *Jedem Investor steht zu Beginn jeder Teilperiode $[t_k, t_{k+1}]$ die Möglichkeit offen, zu den dann gültigen Konditionen ($r_f(k,j)$) Geldbeträge in beliebiger Höhe für diese Teilperiode zu leihen oder zu verleihen.*

Bezeichnung 113 *An dieser Stelle ergibt sich ein kleines Notationsproblem. Die risikolose Anlageform hatten wir in Abschnitt 5.1 mit A_f bezeichnet und so normiert, dass der Wert einer Einheit A_f zu Beginn einer Periode 1 (Geldeinheit) ist. Die Bezeichnung A_f und auch die Normierung wollen wir beibehalten, aber wir haben es jetzt nicht mehr mit nur einer, sondern mit vielen risikolosen Anlageformen $A_f(k,j)$ zu tun. Beim Übergang von Zustand $s(k,j)$ zu Zustand $s(k+1,j')$ wird eine Einheit $A_f(k,j)$ zu $(1 + r_f(k,j))$ Einheiten $A_f(k+1,j')$, wenn der erhaltene Betrag erneut risikolos für eine Periode angelegt wird. Bei penibel korrekter Schreibweise droht also eine Flut von Indizes. Um die Notation übersichtlich zu halten, wollen wir die Indizes aber möglichst weglassen, d.h. wenn die Bedeutung klar ist, schreiben wir immer einfach A_f statt $A_f(k,j)$. Es ist hilfreich, sich unter A_f immer das frei verfügbare Geld vorzustellen, von dem unterstellt wird, dass es immer für jeweils eine Periode risikolos angelegt wird (bzw. geliehen wird, wenn der Betrag negativ ist). Später werden wir A_f durch den Cashbond B ersetzen (s. Abschnitt 5.5 und die Erläuterung am Anfang dieses Kapitels). Dieser Weg steht uns momentan aber noch nicht offen, da bei unserem Systemansatz nicht garantiert ist, dass der Wert des Cashbonds in jedem Zustand eindeutig bestimmt ist.*

Das Vorhandensein einer risikolosen Anlageform über den gesamten Zeitraum $[t_0, T]$ setzen wir nicht voraus, lassen sie aber als eine der Anlageformen A_i zu (die somit - was den Wert zum Zeitpunkt T betrifft - nicht unbedingt alle risikobehaftet sein müssen).

5.3.2 Selbstfinanzierende Handelsstrategien

Als neues Konzept gegenüber den bisherigen Einperiodenbetrachtungen benötigen wir jetzt die Abbildung des Handels zu den Zeitpunkten t_k im Modell. Welche Möglichkeiten hat ein Investor? Zum Zeitpunkt t_0 verfügt er über ein Ausgangsportfolio

$$P_0 = x_0 A_f + \sum_{i=1}^{m} x_i A_i,$$

seine **Grundausstattung**. Hierbei steht A_f (wie soeben beschrieben ohne Indizierung) für die risikolose Anlageform der ersten Teilperiode. Zum ersten Handelszeitpunkt t_1 und später zu allen weiteren Zeitpunkten t_k hat der Investor dann die Möglichkeit, sein Portfolio umzuschichten, d.h. er kann Anlageformen zu den dann gültigen Preisen kaufen und verkaufen. Übrig gebliebenes Geld legt er jeweils in A_f an, und wenn ihm Geld fehlt, so leiht er es zu den risikolosen Konditionen. Diese Handelstätigkeiten müssen in der Summe genau aufgehen, d.h. beschreibt das Portfolio

$$\Delta P = y_0 A_f + \sum_{i=1}^{m} y_i A_i$$

5.3 Arbitragefreie Mehrperiodensysteme

eine Umschichtung, die der Investor zum Zeitpunkt t_k mit Zustand $s(k,j)$ vornimmt, so muss gelten:

$$0 = y_0 + \sum_{i=1}^{m} y_i A_i(k,j) \tag{5.15}$$

Die Umschichtung kann also durchgeführt werden, ohne dass dem System von außerhalb zusätzliches Geld hinzugefügt wird oder Geld abgezweigt wird (abgesehen von risikolosem Leihen oder Verleihen). Die Umschichtungen heißen daher auch **selbstfinanzierend**. Überlegt sich der Investor im Vorhinein (d.h. zum Zeitpunkt t_0) für jede mögliche zukünftige Situation, welche selbstfinanzierenden Handelstätigkeiten er durchführen will, wenn die Situation eintritt, so handelt er nach einer **selbstfinanzierenden Handelsstrategie**. Zum jeweiligen Handelszeitpunkt kennt er die gesamte Vergangenheit und die Gegenwart und kann dieses Wissen für seine Entscheidung nutzen. Er kann aber nicht vorhersehen, wohin sich die Welt entwickeln wird (kein Insiderwissen!).

Beispiel 114 *In der Argumentation des Beispiels zu 5.12 auf Seite 129 zur Absicherung der verkauften Call-Option wird die folgende selbstfinanzierende Handelsstrategie angewendet: Mit Hilfe des Verkaufserlöses C (z.B. $C = 11{,}202$) wird das Portfolio $P_0 = (C - 60)A_f + 0{,}6A$ (A=Aktie) eingerichtet (Grundausstattung). Es hat zum Zeitpunkt t_0 den Wert C. Zum Zeitpunkt t_1 wird je nach eingetretener Situation $s(1,1)$ (Aktienkurs = 90) oder $s(1,2)$ (Aktienkurs = 110) eine Umschichtung vorgenommen, die durch Addition der folgenden Portfolios beschrieben werden kann:*

$$s(1,1): \text{ Addition von } \Delta P(1,1) = +36A_f - 0{,}4A$$
$$s(1,2): \text{ Addition von } \Delta P(1,2) = -44A_f + 0{,}4A$$

Es entstehen hierdurch die Portefeuilles

$$s(1,1): (1{,}05(C - 60) + 36)A_f + 0{,}2A \text{ (aktueller Wert: } 1{,}05C - 9)$$

bzw.

$$s(1,2): (1{,}05(C - 60) - 44)A_f + A \text{ (aktueller Wert: } 1{,}05C + 3)$$

Man beachte: Wird in dem vorigen Beispiel zum Zeitpunkt $T = t_2$ der Zustand $s(2,2)$ (also Aktienkurs = 105) erreicht, so hat der Investor durchaus unterschiedliche Portfolios, je nachdem, welcher Zustand zum Zeitpunkt t_1 herrschte. Dies kann immer dann vorkommen, wenn ein Zustand über verschiedene Pfade erreicht werden kann. Im allgemeinen sind dann auch die Portfolios nicht wertgleich, wie es in dem Beispiel aufgrund der speziellen Konstruktion allerdings der Fall ist. Entwirft ein Investor also eine Handelsstrategie, so muss er nicht nur berücksichtigen, welche Zustände eintreten können, er muss sich auch darüber Gedanken machen, welche möglicherweise unterschiedlichen Portfolios er in diesen Situationen haben kann.

5.3.3 Charakterisierung arbitragefreier Systeme

Kommen wir nun zur Arbitrage. Man definiert naheliegenderweise

Definition 115 *1.) Eine **Arbitragemöglichkeit** in einem Mehrperiodensystem ist eine selbstfinanzierende Handelsstrategie mit den folgenden drei Eigenschaften:*
a) Die Grundausstattung hat zum Zeitpunkt t_0 den Wert 0,
b) Zum Zeitpunkt T hat das dann aufgrund der Strategie erhaltene Portfolio mit Sicherheit einen nichtnegativen Wert, und
c) Es gibt wenigstens eine mögliche Entwicklung, die mit einem positiven Wert zum Zeitpunkt T endet.
*2.) Ein Mehrperiodensystem heißt **arbitragefrei** (engl.: **viable** oder **no-arbitrage**), wenn es keine Arbitragemöglichkeiten enthält.*

Für Einperiodensysteme stimmt diese Definition mit der alten überein. Das Ziel ist jetzt, arbitragefreie Mehrperiodensysteme zu charakterisieren. Der naheliegende (und erfolgreiche) Ansatz ist, das Ergebnis für Einperiodensysteme zu übertragen. Betrachtet man nämlich zu einem beliebigen Zustand des Zeitpunkts t_k ($k < n$) alle möglichen Folgezustände, also alle Zustände des Zeitpunkts t_{k+1}, die mit $s(k,j)$ durch einen Pfeil verbunden sind, so erhält man ein Einperiodensystem, wie es in Abschnitt 5.1 betrachtet wird. Auf diese Art und Weise kann jedes Mehrperiodensystem in lauter Einperiodensysteme zerlegt werden. So setzt sich z.B. das Zweiperiodensystem

$$
\begin{array}{ccccc}
 & & s(1,3) & \rightarrow & s(2,5) \\
 & \nearrow & & \searrow & \\
 & & & & s(2,4) \\
 & & & \nearrow & \\
s(0,1) & \rightarrow & s(1,2) & \rightarrow & s(2,3) \\
 & & & \searrow & \\
 & \searrow & & & s(2,2) \\
 & & & \nearrow & \\
 & & s(1,1) & \rightarrow & s(2,1)
\end{array}
$$

aus vier Einperiodensystemen zusammen:

$$
s(0,1) \begin{array}{c} \nearrow \\ \rightarrow \\ \searrow \end{array} \begin{array}{c} s(1,3) \\ s(1,2) \\ s(1,1) \end{array} \quad s(1,1) \begin{array}{c} \nearrow \\ \searrow \end{array} \begin{array}{c} s(2,2) \\ s(2,1) \end{array} \quad s(1,2) \begin{array}{c} \nearrow \\ \rightarrow \\ \searrow \end{array} \begin{array}{c} s(2,4) \\ s(2,3) \\ s(2,2) \end{array} \quad s(1,3) \begin{array}{c} \nearrow \\ \searrow \end{array} \begin{array}{c} s(2,5) \\ s(2,4) \end{array}
$$

Es gilt:

Lemma 116 *Ein endliches Mehrperiodensystem ist genau dann arbitragefrei, wenn alle darin enthaltenen Einperiodensysteme arbitragefrei sind.*

Beweis. Die Notwendigkeit der Arbitragefreiheit aller enthaltenen Einperiodensysteme ist mit Hilfe der folgenden Strategie leicht einzusehen: Es sei ein solches Teilsystem nicht arbitragefrei. Dann tue man zunächst gar nichts und warte ab, ob der Ausgangszustand dieses Systems erreicht wird. Ist das der Fall, so nutze man die dann vorhandene Einperiodenarbitragemöglichkeit. Am Ende dieser Periode löse man das Portfolio wieder auf und lege einen etwaigen verbleibenden positiven Betrag risikolos bis zum Zeitpunkt T an. Hat man am Ende der Periode den Betrag null oder erreicht man erst gar nicht den Ausgangszustand der Arbitragemöglichkeit, so tue man - nichts.

5.3 Arbitragefreie Mehrperiodensysteme

Um zu sehen, dass die Arbitragefreiheit der enthaltenen Einperiodenteilsysteme auch hinreichend ist für die Arbitragefreiheit des Gesamtsystems, muss man den Punkt lokalisieren, an dem eine Arbitragemöglichkeit entsteht. Das Mehrperiodensystem mit n Perioden enthalte also eine Arbitragemöglichkeit. Dann gibt es einen frühesten Zeitpunkt t_k mit $1 \leq k \leq n$, so dass bereits in dem Intervall $[t_0, t_k]$ eine Arbitragemöglichkeit besteht. In $[t_0, t_{k-1}]$ besteht dann also keine Arbitragemöglichkeit, d.h. jede selbstfinanzierende Strategie, die mit einer Grundausstattung mit Wert null startet, hat zum Zeitpunkt t_{k-1} entweder in jeder möglichen Situation $s(k-1, j)$ den Wert null oder in wenigstens einer denkbaren Situation einen negativen Wert. Die Strategie muss es also im ersten Fall schaffen, in einer Periode aus dem Nichts bei wenigstens einer möglichen Entwicklung einen positiven Wert zu erzeugen und darf gleichzeitig in den anderen Entwicklungsmöglichkeiten zu keinem negativen Wert führen. Im zweiten Fall muss sie in der Lage sein, in einer Periode einen negativen Wert mit Sicherheit mindestens auf null zu bringen. Beides ist nur möglich, wenn das jeweils betroffene Einperiodensystem Arbitragemöglichkeiten enthält. ∎

Unser nächstes Ziel ist es, Satz 99 (S. 121) auf Mehrperiodensysteme zu übertragen. Nach dem soeben gezeigten Hilfssatz ist es klar, wie das Ergebnis aussieht. Will man es aber elementar hinschreiben, so ist eine Flut von Indizes kaum zu vermeiden. Wir geben trotzdem eine solche Formulierung an, verbunden mit der Hoffnung, dass diejenigen, die ein EDV-Progamm dazu schreiben wollen, dies dankbar aufnehmen werden. Im Anschluss folgt dann aber auch eine elegantere Beschreibung.

Satz 117 *(Fundamentalsatz der Wertpapierbewertung, technische Version) Ein endliches Mehrperiodensystem mit den Anlageformen A_1, ..., A_m ist genau dann arbitragefrei, wenn es für jeden Zustand $s(k, j)$ mit $k < n$ ($n =$Anzahl Perioden) nichtnegative Zahlen $q(k, j, v)$ gibt ($v = 1, ..., l_{k+1}$) mit*

i) $q(k, j, v) \neq 0 \iff s(k+1, v)$ *ist möglicher Nachfolgezustand von $s(k, j)$*

ii) $\sum_{v=1}^{l_{k+1}} q(k, j, v) = 1$

iii) Für alle Anlageformen A_i gilt

$$\sum_{v=1}^{l_{k+1}} q(k, j, v) A_i(k+1, v) = (1 + r_f(k, j)) A_i(k, j) \tag{5.16}$$

Beweis. Klar mit Hilfe von Satz 99 und Lemma 116. ∎

Grafik 5.13 auf Seite 130 stellt ein Beispiel eines arbitragefreien Zweiperiodensystems dar, ein weiteres zeigt Abbildung 5.1 mit zwei Anlageformen A und B und stochastischer risikoloser Rendite.

Für eine etwas indexärmere Formulierung des Fundamentalsatzes benutzen wir die schon bei den Einperiodensystemen aufgefallene mögliche Interpretation der q-Werte als Wahrscheinlichkeiten, jetzt aber als bedingte Wahrscheinlichkeiten. Zur Unterscheidung dieser künstlichen Wahrscheinlichkeiten von den „realen" Wahrscheinlichkeiten schreiben wir **Q** anstelle von **P**:

$$q(k, j, v) := \mathbf{Q}(s(k+1, v) | s(k, j)) \tag{5.17}$$

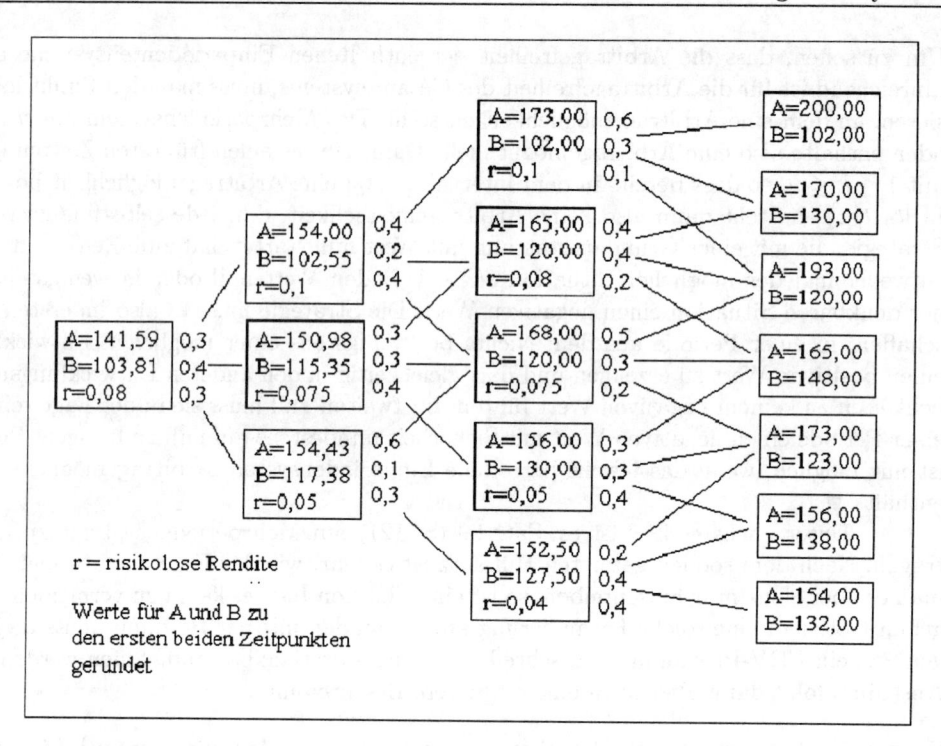

Abbildung 5.1 Ein arbitragefreies Dreiperiodensystem mit zwei Anlageformen und stochastischer risikoloser Rendite

$q(k, j, v)$ ist also die bedingte Wahrscheinlichkeit, dass zum Zeitpunkt t_{k+1} Zustand v eintritt, wenn im Zeitpunkt t_k Zustand j gegeben ist. Hierzu passend (wenn auch mathematisch nicht zwangsweise daraus folgend) ist die Wahrscheinlichkeitsverteilung der möglichen Entwicklung der Welt, die man erhält, wenn man die Wahrscheinlichkeit eines Pfades als das Produkt der q-Werte der beteiligten Pfeile definiert. In Abbildung 5.1 hätte also ein Ablauf

$$s(0,1) \to s(1,2) \to s(2,4) \to s(3,5)$$

die Wahrscheinlichkeit $0{,}4 \cdot 0{,}3 \cdot 0{,}4 = 0{,}048$. Legt man dieses Wahrscheinlichkeitsmaß zu Grunde, so besagt Formel 5.16 aus Satz 117 nichts anderes, als dass der Erwartungswert der Rendite von A_i für jede Teilperiode zu Beginn der Periode gleich der risikolosen Rendite für diese Teilperiode ist. Formal lässt sich das so ausdrücken:

$$\mathbf{E_Q}((A_i(k+1)|\, s(k,j)) = \sum_{v=1}^{l_{k+1}} q(k,j,v) A_i(k+1,v) = (1 + r_f(k)) A_i(k,j)$$

($\mathbf{E_Q}$ = Erwartungswert unter $\mathbf{Q}$). Ist die Rendite $r_f(k,j)$ der risikolosen Anlageform nicht stochastisch, hängt sie also nur noch (höchstens) von dem Zeitpunkt t_k, nicht aber von dem Zustand $s(k,j)$ ab, so kann man $r_f(k)$ statt $r_f(k,j)$ schreiben, und die beschriebene Eigenschaft überträgt sich auf mehrere aufeinander folgende Teilperioden.

5.3 Arbitragefreie Mehrperiodensysteme

Satz 118 *(Fundamentalsatz der Wertpapierbewertung) 1.) Ein endliches Mehrperiodensystem mit den Anlageformen $A_1,..., A_m$ ist genau dann arbitragefrei, wenn es möglich ist, für die Weiterentwicklung der Welt (d.h. die möglichen Pfade des Systems) derart positive Wahrscheinlichkeiten zu definieren, dass zu jedem Zeitpunkt t_k und jedem dann möglichen Zustand $s(k,j)$ der Erwartungswert der Rendite aller A_i für die nächste Teilperiode gleich der Rendite der risikolosen Anlageform ist. Mit anderen Worten: Das System ist genau dann arbitragefrei, wenn das Preisgefüge für jede Teilperiode in eine risikoneutrale Welt passt.*
2.) Ist die risikolose Rendite allenfalls zeit-, aber nicht zufallsabhängig, so gilt bezüglich des unter 1. konstruierten künstlichen Wahrscheinlichkeitsmaßes $\mathbf{Q}$ sogar, dass für alle aus Sicht des Zeitpunktes t_k zukünftigen Zeitpunkte $t_{k'}$ ($k < k' \leq l$) alle Portfolios den gleichen Erwartungswert der Rendite für den Zeitraum $[t_k, t_{k'}]$ haben. Dieser Erwartungswert der Rendite ist gleich (dem Erwartungswert) der Rendite der Anlagestrategie, die darin besteht, über jede Periode immer den gesamten verfügbaren Betrag risikolos anzulegen.

Beweis. Zu 1): Wenn es die beschriebenen Wahrscheinlichkeiten gibt, so ergeben sich die q-Werte aus Formel 5.17, woraus die Arbitragefreiheit folgt. Ist umgekehrt Arbitragefreiheit gegeben, so folgt die Behauptung wie oben gezeigt unmittelbar aus dem vorigen Satz.
zu 2): Für den Nachweis der Behauptung über mehrere aufeinander folgende Perioden benötigt man, dass das konstruierte Wahrscheinlichkeitsmaß die Entwicklung der Welt als sogenannte Markov-Kette darstellt, woraus folgt, dass die (bedingte) Wahrscheinlichkeit eines bei $s(k,j)$ beginnenden (Teil-)Pfades gleich dem Produkt der zugehörigen q-Werte ist. Ferner benötigt man, dass iterierte Erwartungswerte wieder Erwartungswerte sind (siehe Proposition 257 und das anschließende Beispiel 258). Im Falle von 2 Perioden stellt sich das wie folgt dar:

$$\begin{aligned}
\mathbf{E_Q}(A_i(k+2)|s(k,j)) &= \sum_{w=1}^{l_{k+2}} A_i(k+2,w)\mathbf{Q}\left[s(k+2,w)|s(k,j)\right] \\
&= \sum_{w=1}^{l_{k+2}} \sum_{v=1}^{l_{k+1}} A_i(k+2,w)\mathbf{Q}\left[s(k+2,w) \wedge s(k+1,v)|s(k,j)\right] \\
&= \sum_{w=1}^{l_{k+2}} \sum_{v=1}^{l_{k+1}} A_i(k+2,w) q(k,j,v) q(k+1,v,w) \quad \text{(Markov-E.)} \\
&= \sum_{v=1}^{l_{k+1}} q(k,j,v) \sum_{w=1}^{l_{k+2}} A_i(k+2,w) q(k+1,v,w) \\
&= \sum_{v=1}^{l_{k+1}} q(k,j,v) A_i(k+1,v)(1+r_f(k+1)) \\
&= (1+r_f(k+1)) \sum_{v=1}^{l_{k+1}} q(k,j,v) A_i(k+1,v) \\
&= (1+r_f(k+1))(1+r_f(k)) A_i(k,j)
\end{aligned}$$

∎

Die Eigenschaft 2 des Satzes gilt nicht notwendig in arbitragefreien Systemen mit stochastischer risikoloser Rendite, wie man auch anhand des Beispiels aus Abbildung

5.1 nachrechnet. Wir werden aber weiter unten sehen, wie man mit Hilfe mathematischer Umformungen jedes arbitragefreie System in ein gleichwertiges transformieren kann, in dem die Voraussetzungen von Teil 2. erfüllt sind. Durch Übergang zu dem sogenannten diskontierten Modell kann man sogar immer erreichen, dass die risikolose Rendite als null angenommen werden kann.

Bemerkung 119 *Wichtig! 1.) Genau wie in Abschnitt 5.1 ist an dieser Stelle zu betonen, dass die Beziehung zu einer risikoneutralen Welt rein formal gültig ist. In der realen Welt können die Wahrscheinlichkeiten für die Übergänge zwischen den Zuständen völlig verschieden von den $q(k, j, v)$ sein. Folgt man den Ideen der Portfolio-Selection, so sollten sie das sogar sein, denn dort wird angenommen, dass Investoren risikoscheu und nicht risikoneutral sind.*
2.) Abgesehen davon zeigt die Einschränkung für Teil 2 des vorangegangenen Satzes, dass die q-Werte nur für eine determinierte risikolose Rendite ein vollständig risikoneutrales System definieren. Ändert sich die risikolose Rendite im Lauf der Zeit zufallsabhängig, so sind in der Regel nur die enthaltenen Einperioden-Teilsysteme risikoneutral.

5.4 Vollständige arbitragefreie Mehrperiodensysteme

In Abschnitt 5.1 (Definition 100) hatten wir für Einperiodensysteme den Begriff eines vollständigen Wertpapiermarktes eingeführt. Er ist definiert über die Eigenschaft, dass es in ihm möglich ist, jeden Vektor des $\mathbb{R}^l$ (l = Anzahl der möglichen Zustände am Ende der Periode) als Auszahlungsvektor eines geeigneten Portfolios zu erhalten. In einem solchen System kann man also völlig frei wählen, welchen Wert man je nach eintretendem Zustand am Ende der Periode haben wird. Nicht frei wählbar ist aber (leider) der Betrag, den man zu Beginn der Periode braucht, um ein Portfolio aufzubauen, das die gewünschte Wertentwicklung haben wird. Dieser Wert ist vielmehr bei Arbitragefreiheit durch den vorgegebenen Auszahlungsvektor eindeutig bestimmt. Mit Hilfe der speziellen Auszahlungsprofile der Arrow-Debreu-Securities haben wir hieraus gefolgert, dass in einem vollständigen arbitragefreien Einperiodenwertpapiermarkt die Werte $q_1, ..., q_l$ aus dem Fundamentallemma eindeutig bestimmt sind (s. Lemma 101). Diese Überlegungen sollen jetzt auf Mehrperiodensysteme übertragen werden. Hierbei genügt es erwartungsgemäß nicht, sich mit Portfolios zu beschäftigen, vielmehr muss man selbstfinanzierende Handelsstrategien betrachten. Außerdem ist nicht nur der Endzeitpunkt T von Bedeutung, sondern auch alle Zwischenzeitpunkte t_k.

5.4.1 Vollständigkeit

Definition 120 *Ein endlicher Mehrperiodenwertpapiermarkt mit Anlageformen $A_1, ..., A_m$ und möglichen Zuständen $s(k, j)$ ($j = 1, ..., l_k$) an den Handelszeitpunkten t_k ($0 \leq k \leq l$) heißt **vollständig** (engl. **complete**), wenn es zu jedem für einen beliebigen Zeitpunkt t_k vorgegebenen Auszahlungsvektor eine selbstfinanzierende Handelsstrategie gibt, die in diesem Zeitpunkt diesen Auszahlungsvektor erreicht. Formaler ausgedrückt soll das bedeuten, dass es zu jedem Zeitpunkt t_k ($0 \leq k \leq n$) und zu jedem Vektor $(w_1, ..., w_{l_k}) \in \mathbb{R}^{l_k}$ eine selbstfinanzierende Handelsstrategie gibt, für die das Folgende*

5.4 Vollständige arbitragefreie Mehrperiodensysteme

gilt: Besitzt man bei Befolgung der Handelsstrategie zum Zeitpunkt t_k mit Zustand $s(k,j)$ das Portfolio

$$P = x_0 A_f(k,j) + \sum_{i=1}^{m} x_i A_i$$

so hat es den Wert w_j, also

$$w_j = x_0 + \sum_{i=1}^{m} x_i A_i(k,j)$$

Man beachte, dass bei dieser Definition auf ihre sorgfältige Formulierung geachtet werden muss. Zunächst einmal ist die Reihenfolge der benutzten Quantoren wichtig: Man darf sich nur für *einen* Zeitpunkt die Werte wünschen, für die vorhergehenden ist dann schon alles im Wesentlichen festgelegt. Darüberhinaus kann man nicht ohne weiteres vom Wert einer selbstfinanzierenden Handelsstrategie in einem Zustand $s(k,j)$ sprechen, denn das Portfolio, das in diesem Zustand aufgrund der Strategie vorhanden ist, kann von dem Pfad abhängen, der zu diesem Zustand führte, und diese unterschiedlichen Portefeuilles können im Allgemeinfall durchaus verschiedene Werte haben (als Übung konstruiere man ein solches Beispiel; zwei Perioden reichen aus). Es ist in der Definition auch keineswegs ausgeschlossen, dass die geforderte Strategie zu unterschiedlichen Portefeuilles in einem Zustand führen kann, sie müssen dann aber wertgleich sein. Das schon mehrfach zitierte Beispiel zu 5.12 auf Seite 129 mit der dort entwickelten Absicherungsstrategie des Calls kann auch hier zur Illustration verwendet werden.

Genau wie bei der Frage der Arbitragefreiheit von Mehrperiodensystemen liegt es nahe, die Vollständigkeit von arbitragefreien Mehrperiodensystemen in Beziehung zu setzen zu der Vollständigkeit der darin enthaltenen Einperiodensysteme. Offensichtlich muss notwendigerweise jedes enthaltene Einperiodensystem vollständig sein, denn ein in diesem Einperiodensystem nicht erreichbarer Auszahlungsvektor ist auch in dem Mehrperiodensystem nicht erreichbar, wenn das Schicksal es so will, dass dieses Teilsystem durchlaufen wird. Die Bedingung ist aber auch hinreichend, denn in zeitlicher Rückwärtsrechnung vom Zeitpunkt t_k aus kann man schrittweise die gesuchte Strategie entwickeln. Die allgemeine Vorgehensweise wird anhand des folgenden Beispiels klar. Wir betrachten erneut das Modell in 5.12 mit risikoloser Rendite von 5% über alle Teilperioden:

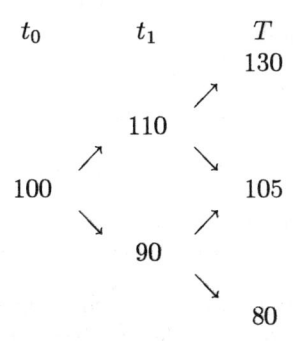

```
    t_0        t_1        T
                         130
                       ↗
               110
             ↗       ↘
   100                 105
             ↘       ↗
                90
                       ↘
                         80
```

Es enthält drei Einperiodensysteme, die alle arbitragefrei und vollständig sind. Gesucht werden soll eine Handelsstrategie, die die folgenden Auszahlungen zum Zeitpunkt T erzeugt:

Aktienkurs	80	105	130
Auszahlung	30	5	0

(Dies ist das Auszahlungsprofil eines Puts zum Basispreis 110). Es muss nun also ein Portfolio gesucht werden, das in dem Teilsystem

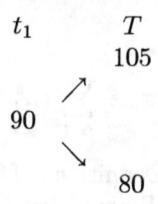

$$
\begin{array}{cc} t_1 & T \\ & 105 \\ 90 \nearrow & \\ & \searrow 80 \end{array}
$$

den Auszahlungsvektor $(5; 30)$ realisiert, und eins, das in dem Teilsystem

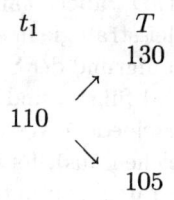

$$
\begin{array}{cc} t_1 & T \\ & 130 \\ 110 \nearrow & \\ & \searrow 105 \end{array}
$$

den Auszahlungsvektor $(0; 5)$ erzeugt. Die erste Bedingung erfüllt das Portfolio $P_1 = 104{,}76 A_f - A$ mit Wert 14,76 Euro (Zeitpunkt t_1, Aktienkurs 90) und die zweite erfüllt $P_2 = 24{,}762 A_f - 0{,}2 A$ mit Wert 2,762 Euro (Zeitpunkt t_1, Aktienkurs 110). Als letzte Teilaufgabe ist nun für die Periode $[t_0, t_1]$ ein Portfolio mit dem Auszahlungsvektor $(14{,}76; 2{,}762)$ zu konstruieren, das dann je nach erreichtem Zustand in P_1 oder P_2 umgeschichtet werden kann. Ein solches Portfolio $P_0 = x_0 A_f + x_1 A$ ergibt sich als Lösung des linearen Gleichungssystems

$$\begin{pmatrix} 1{,}05 & 90 \\ 1{,}05 & 110 \end{pmatrix} \begin{pmatrix} x_0 \\ x_1 \end{pmatrix} = \begin{pmatrix} 14{,}76 \\ 2{,}762 \end{pmatrix}$$

und hat mit gerundeten Werten die Gestalt $P_0 = 65{,}48 A_f - 0{,}60 A$, woraus folgt, dass für die konstruierte Handelsstrategie eine Grundausstattung im Wert von ca. 5,48 Euro erforderlich ist. Dieses Beispiel zeigt exemplarisch die Vorgehensweise für den allgemeinen Fall, so dass also ganz generell gilt:

Satz 121 *Ein arbitragefreies endliches Mehrperioden-Marktmodell ist genau dann vollständig, wenn alle darin enthaltenen Einperiodenmodelle vollständig sind.*

Unmittelbar lässt sich nun auch vom Einperiodenfall übertragen (vgl. Lemma 101):

Satz 122 *Ein arbitragefreies endliches Mehrperioden-Marktmodell ist genau dann vollständig, wenn sämtliche Werte $q(k, j, v)$ aus Satz 117 eindeutig bestimmt sind.*

Die Bedeutung vollständiger Marktmodelle liegt darin, dass die Preise zusätzlicher Wertpapiere (zu den A_i), die ohne Modellerweiterung, d.h. Hinzufügen neuer Zustände, in dem Modell darstellbar sind, eindeutig bestimmbar sind, d.h. für diese Wertpapiere lässt sich allein mit Hilfe von Arbitrageargumenten ein Preis ermitteln. Dies ist genau der Weg, der bei der Derivatebewertung gegangen wird.

5.4.2 Binomialmodelle

Ein häufig verwendetes vollständiges arbitragefreies Modell zur Darstellung des möglichen Kursverlaufs einer Aktie stellen die sogenannten **Binomialbäume** dar. Sie sind dadurch charakterisiert, dass zu jedem Zustand zwei mögliche Folgezustände mit unterschiedlichen Kursen der Aktie vorgesehen sind. Häufig wird hierbei in jedem Zeitschritt alternativ eine Auf- und eine Abwärtsbewegung des Kurses vorgesehen, wobei angestrebt wird, dass eine Aufwärtsbewegung eine vorangegangene Abwärtsbewegung genau ausgleicht und umgekehrt. Es ergibt sich dann also folgendes Bild

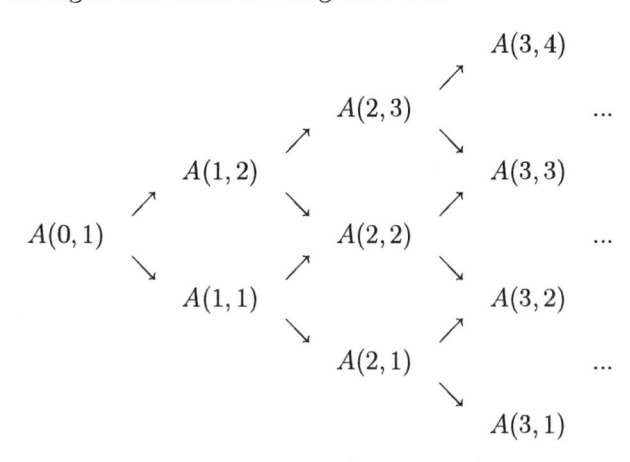

$$
\begin{array}{c}
A(3,4) \\
\nearrow \\
A(2,3) \quad \cdots \\
\nearrow \quad \searrow \\
A(1,2) \quad \quad A(3,3) \\
\nearrow \quad \searrow \quad \nearrow \\
A(0,1) \quad \quad A(2,2) \quad \cdots \\
\searrow \quad \nearrow \quad \searrow \\
A(1,1) \quad \quad A(3,2) \\
\searrow \quad \nearrow \\
A(2,1) \quad \cdots \\
\searrow \\
A(3,1)
\end{array}
$$

Sofern für jedes Einperiodenteilsystem die Bedingungen von Satz 97 erfüllt sind, ist das System arbitragefrei und vollständig (Anm.: Das gilt auch, wenn eine Aufwärts- eine Abwärtsbewegung nicht genau aufhebt). Ein Beispiel eines solchen Modells ist das bekannte Cox-Ross-Rubinstein-Modell. Dieses und andere Binomialmodelle werden wir in dem Kapitel gleichen Namens eingehend untersuchen und ihre Praxisnähe diskutieren.

5.5 Mathematische Gestaltungsmöglichkeiten

5.5.1 Die zugehörige Baumdarstellung

Leser mit botanischen Kenntnissen oder graphentheoretischer Vorbildung werden sich im vorigen Abschnitt sicher gewundert haben, wieso die Binomialbäume als „Baum" bezeichnet wurden, denn in der Natur ist es selten und in der Graphentheorie ist es verboten, dass Äste eines Baumes wieder zusammenwachsen. Tatsächlich ist die Bezeichnung aber nur eine kleine sprachliche Ungenauigkeit, denn alle Systeme der Art von 5.14 auf Seite 133 können als Darstellungsform eines Modells verstanden werden, das eine tadellose Baumstruktur besitzt. Dieses „echte" Baummodell erhält man, wenn man von t_0 aus startend in zeitlich aufsteigender Form von jedem Zustand $s(k,j)$ so viele Kopien anfertigt, wie (momentan) Pfeile auf diesen Zustand zeigen. Von jeder Kopie des Zustands werden dann die gleichen Übergangsmöglichkeiten vorgesehen, wie sie der Originalzustand hatte. Das so entstandene Modell soll **zugehörige Baumdarstellung** heißen. Das folgende Beispiel zur möglichen Entwicklung eines Aktienkurses erläutert die

Konstruktionsmethode
1. Schritt (von/nach):

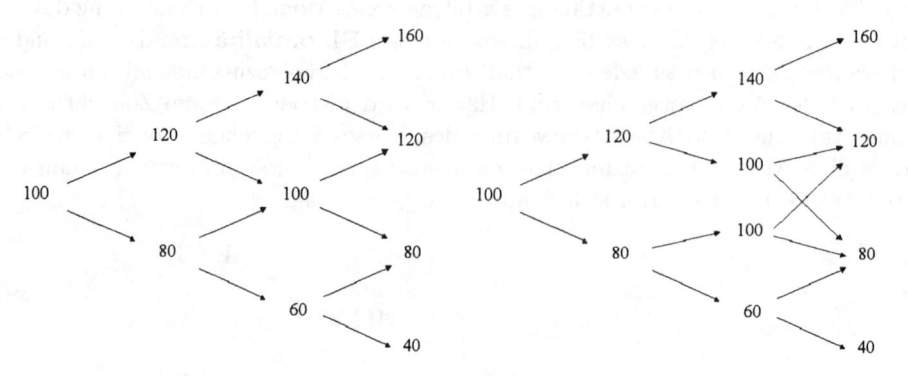

2. Schritt:

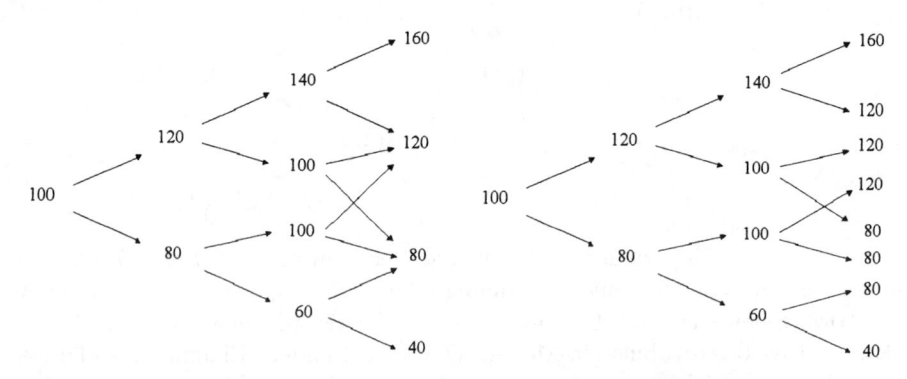

Beide Modelle sind sehr nahe verwandt. Der Begriff „Handelsstrategie" hat in beiden die gleiche Bedeutung, denn auch in dem ursprünglichen Modell ist es dem Investor erlaubt, bei seinen Umschichtungen die gesamte Entwicklung der Vergangenheit zu berücksichtigen. Da in allen einander entsprechenden Zuständen auch die mögliche wertmäßige Entwicklung aller Anlageformen über eine Periode (und darüber hinaus) identisch ist, ist das ursprüngliche Modell genau dann arbitragefrei, wenn es die zugehörige Baumdarstellung auch ist. Auch die Eigenschaft der Vollständigkeit ist wegen der Gleichartigkeit der enthaltenen Einperiodenmodelle in dem einen Modell genau dann gegeben, wenn sie es auch in dem anderen ist.

Die zugehörige Baumdarstellung hat die angenehme Eigenschaft, dass man jedem Zustand $s(k,j)$ des Zeitpunktes t_k sofort die Information entnehmen kann, wie der Zustand erreicht wurde, d.h. man kennt automatisch immer die gesamte Vergangenheit. Der Nachteil ist, dass hierdurch die Anzahl der Zustände sehr schnell enorm groß wird. Hat man bei einem Binomialmodell mit sich wieder vereinigenden Ästen zum Zeitpunkt t_k $k+1$ mögliche Zustände, so sind es bei der zugehörigen Baumdarstellung 2^k. Dies wird in der numerischen Behandlung auch für moderne Computer schnell zu einem Speicherplatz- und Rechenzeitproblem, so dass die Wiedervereinigung der Baumäste für die Durchführung von Berechnungen erstrebenswert ist. Ist die in einem solchen Baum in den Zuständen enthaltene Information für die behandelte Problematik nicht ausreichend, kann man häufig ein Modell konstruieren, das in seiner Komplexität zwischen den beiden genannten Modellen liegt. Für theoretische Betrachtungen spielen diese numerischen Aspekte aber keine Rolle, so dass hier die zugehörige Baumdarstellung eigentlich nur Vorteile hat.

5.5.2 Numeraire und Diskontierung

Die risikolose Anlageform spielt in den bisherigen Überlegungen eine besondere Rolle. Sie hat die Eigenschaft, dass sie in jedem Zustand einen positiven Wert hat und ist quasi ein fester Halt, eine Benchmark, an der die anderen Anlageformen gemessen werden. Man sagt, diese Anlageform spielt in dem Modell die Rolle des **Numeraire**. Fragt man sich nun, welche wesentliche Bedeutung der Numeraire für das betrachtete System hat, so stellt man schnell fest, dass es weniger auf seine absoluten Werte, als vielmehr auf die Relation der Werte zu der Wertentwicklung der anderen Anlageformen ankommt.

Wir bezeichnen jetzt mit $B(t_k)$ oder kurz $B(k)$ den Wert, den man zum Zeitpunkt t_k hat, wenn man anfänglich (t_0) eine Geldeinheit in A_f investiert und dann fortwährend den gesamten Erlös wieder in die risikolose Anlageform für die nächste Periode investiert. $B(k)$ ($k = 0, 1, ...$) beschreibt also die Wertentwicklung der Anlagestrategie „immer alles in A_f anlegen", die man auch als Anlageform B ansehen kann (**Cashbond**). Ist r_f konstant, also für alle Zustände gleich, so gilt offenbar

$$B(k) = (1 + r_f)^k,$$

ist r_f zeitabhängig, aber nicht stochastisch, kann man also $r_f(k)$ statt $r_f(k,j)$ schreiben, so gilt

$$B(k) = \prod_{k'=0}^{k-1} (1 + r_f(k')).$$

Ist r_f stochastisch, d.h. zustandsabhängig, so ist auch $B(k)$ stochastisch und hängt nicht nur vom aktuellen Zustand $s(k,j)$, sondern sogar von den bis zum Zeitpunkt t_k durchlaufenen Zuständen ab. In dem Fall ist es also erforderlich, zur zugehörigen Baumdarstellung überzugehen, um einem Zustand $s(k,j)$ eindeutig einen Wert $B(k,j)$ des Cashbonds zuordnen zu können, wovon wir ab jetzt ausgehen. Dann kann nämlich ein Portfolio $P = x_0 A_f + \sum_{i=1}^{n} x_i A_i$ im Zustand $s(k,j)$ auch mit Hilfe von B beschrieben werden:

$$P = \frac{x_0}{B(k,j)} B + \sum_{i=1}^{n} x_i A_i \qquad (5.18)$$

Außerdem ist es jetzt möglich, das sogenannte **diskontierte Modell** des Mehrperiodensystems zu bilden, das alle Kursveränderungen relativ zum Numeraire B angibt. Man erhält es wie folgt:

1) Ersetze alle Werte $A_i(k,j)$ durch $A_i(k,j)/B(k,j)$
2) Setze für alle Zustände die Rendite der risikolosen Anlageform auf null.

Dieses System hat im Wesentlichen die gleichen Eigenschaften wie das ursprüngliche. Aus den Gleichungen 5.15 (S. 135) und 5.18 folgt sofort, dass eine selbstfinanziernde Handelsstrategie in dem alten System in eine selbstfinanzierende Handelsstrategie in dem neuen übergeht. Außerdem ist das modifizierte System genau dann arbitragefrei, wenn das ursprüngliche es ist. Für den Nachweis der Arbitragefreiheit können in beiden Systemen die gleichen künstlichen Wahrscheinlichkeiten $q(.,.,.)$ benutzt werden. Bedenkt man schließlich noch, dass alle Nachfolgeknoten $s(k+1,j')$ eines Knoten $s(k,j)$ den gleichen Wert $B(k+1,j')$ haben, so folgt unmittelbar, dass das neue Modell genau dann vollständig ist, wenn es auch das alte ist.

Bezeichnung 123 *Zu einer Anlageform A bezeichnen wir mit $\widetilde{A}$ die diskontierten Werte, also $\widetilde{A}(k,j) := A(k,j)/B(k,j)$.*

Da im diskontierten Modell alle risikolosen Renditen null sind, gilt immer $\widetilde{B}(k,j) = 1$. Man kann also sagen, dass das diskontierte Modell aus dem ursprünglichen durch Normierung des Numeraires auf den konstanten Wert 1 hervorgeht. Bemerkenswert ist noch, dass in dem diskontierten Modell die Bedingung 5.15 an das Umschichtungspotefeuille einer selbstfinanzierenden Handelsstrategie die folgende Form annimmt, in der der Numeraire sich nicht mehr von den anderen Anlageformen abhebt:

$$0 = y_0 \widetilde{B} + \sum_{i=1}^{m} y_i \widetilde{A_i}(k,j) \tag{5.19}$$

Beispiel 124 *Das diskontierte Modell des Beispiels 5.12 für den Kursverlauf einer Aktie A sieht wie folgt aus (gerundet):*

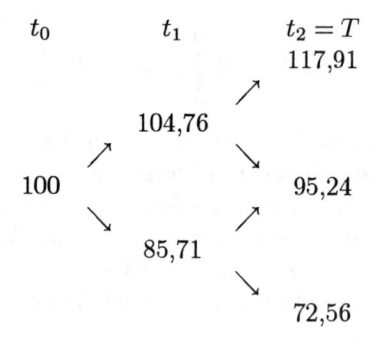

```
    t_0           t_1          t_2 = T
                              117,91
                             ↗
                 104,76
                ↗       ↘
    100                      95,24
                ↘       ↗
                  85,71
                             ↘
                              72,56
```

Da die risikolose Rendite nicht stochastisch ist, ist es nicht erforderlich, zur zugehörigen Baumdarstellung überzugehen. Man überprüfe zur Übung, dass die Arbitragefreiheit dieses Systems mit den gleichen q-Werten wie im Originalmodell nachgewiesen werden kann (Werte aus Grafik 5.13 auf Seite 130).

Nimmt man die q-Werte als bedingte Wahrscheinlichkeiten (eines Wahrscheinlichkeitsmaßes $\mathbf{Q}$), so gilt in dem Beispiel und generell in den vorgestellten Mehrperiodensystemen also für alle Werte $k_1 < k_2$:

$$\mathbf{E}_\mathbf{Q}(\widetilde{A}(k_2)|\widetilde{A}(k_1)) = \widetilde{A}(k_1), \tag{5.20}$$

5.5 Mathematische Gestaltungsmöglichkeiten

denn selbst wenn in dem ursprünglichen System die risikolose Rendite stochastisch ist, so ist sie im diskontierten Modell determiniert. Es ist also Teil 2 des Satzes 118 anwendbar. Gleichung 5.20 besagt in Worten: zum Zeitpunkt t_{k_1} ist der Erwartungswert des Kurses von $\tilde{A}$ im Zeitpunkt t_{k_2} gleich dem Wert von $\tilde{A}$ zum Zeitpunkt t_{k_1}, d.h. es ist in jeder Situation für die Zukunft zu erwarten, dass alles (im Sinne eines Durchschnittswerts) so bleibt, wie es gerade ist. Einen stochastischen Prozess mit dieser Eigenschaft nennt man **Martingal**. Die Martingaleigenschaft ist eine wahrscheinlichkeitstheoretische Eigenschaft, sie ist nur in Verbindung mit den q-Werten gegeben. Da Wahrscheinlichkeiten eine Art Maß für das Eintreten möglicher Ereignisse sind, sagt man, dass die q-Werte ein **Martingalmaß** bilden (für die möglichen Pfade, also die möglichen Entwicklungen der Welt). In einem Modell, das der tatsächlichen Entwicklung der Welt möglichst nahe kommt, wird man in der Regel anstelle der q-Werte andere Wahrscheinlichkeiten einsetzen müssen. Aber die kleine Gemeinsamkeit, dass diese Werte auch größer null sind (sonst käme der Übergang in dem Modell nicht vor) reicht aus, die beiden Wahrscheinlichkeitsmaße als **äquivalent** zu bezeichnen. Also definieren die q-Werte ein **äquivalentes Martingalmaß**. Ist der betrachtete Mehrperiodenwertpapiermarkt vollständig, so gibt es nur ein solches äquivalentes Martingalmaß. Dies wird am Ende dieses Abschnitts noch als Satz formuliert. Mehr zu diesen mathematischen Begriffen findet man in dem Kapitel zur Mathematik stochastischer Prozesse, wo auch auf den bedingten Erwartungswert eingegangen wird. Wer sich damit nicht intensiver beschäftigen möchte, kann den Begriff „äquivalentes Martingalmaß" einfach als Synonym für die q-Werte oder eine risikoneutrale Welt ansehen (wobei allerdings die Einschränkung von Bemerkung 119 zu beachten ist).

Im folgenden Beispiel für den Kursverlauf einer Aktie A ist die Situation etwas komplizierter, da die risikolose Rendite r_f stochastisch ist. Im ersten Diagramm findet man zu jedem Knoten hinter dem Aktienkurs in Klammern die risikolose Rendite für die Folgeperiode (sofern von Bedeutung). Die angegebenen Zahlen an den Pfeilen sollen die „wirklichen" Wahrscheinlichkeiten für die Übergänge sein. Man überprüfe, dass in allen Fällen die risikobehaftete Anlageform der Aktie einen höheren Erwartungswert der Rendite hat als das jeweilige r_f.

```
                                            165
                                          ↗0,5
                              140 (0,05)
                           ↗0,7          ↘0,5
                  120 (0,05)                135
               ↗0,6        ↘0,3      ↗0,2
   100 (0,05)              105 (0,07)
               ↘0,4        ↗0,4      ↘0,8
                  90 (0,08)                 110
                           ↘0,6      ↗0,7
                              95 (0,08)
                                          ↘0,3
                                             90
```

Die Baumdarstellung des Modells sieht wie folgt aus (Darstellung ohne bedingte Wahrscheinlichkeiten, die andere Werte als oben haben können):

```
                                        ↗ 165
                          ↗ 140 (0,05)  → 135
              120 (0,05)  → 105 (0,07)  → 135
            ↗                           ↘ 110
  100 (0,05)
            ↘                           ↗ 135
              90 (0,08)   → 105 (0,07)  → 110
                          ↘ 95 (0,08)   → 110
                                        ↘ 90
```

Das folgende Diagramm schließlich zeigt den diskontierten Prozess zusammen mit den q-Werten, die Arbitragefreiheit garantieren (diskontierte Werte gerundet). Dieser Prozess ist ein Martingal.

```
                                              0,4
                                             ↗      142,5332
                             0,6
                            ↗    126,9841   →      116,6181
                                             0,6

              114,2857    →    95,2381    →        114,4383
                         0,4             0,094
           ↗                                  ↘
         0,5                                   0,906   93,2460
  100
           ↘                                  0,094
         0,5                                 ↗      111,2595

              85,7143    →    92,5926   0,906      90,6559
                        0,22            →
                         ↘                    0,63
                        0,78   83,7743    →        89,8164
                                              ↘
                                             0,37   73,4862
```

Man überprüfe, dass die q-Werte auch für das ursprüngliche Modell die Arbitragefreiheit zeigen. Man beachte ferner, dass in dem diskontierten Baum an einigen Stellen unterschiedliche Zahlenwerte den gleichen Aktienkurs repräsentieren. Schließlich vergleiche man noch die realen Wahrscheinlichkeiten des Ausgangsdiagramm mit den q-Werten und überlege sich, welche Werte besser zum CAPM passen.

Die Hauptergebnisse dieses Kapitels können nun in der Martingalsprache formuliert werden. Wie soeben illustriert, lassen sich die bei Arbitragefreiheit vorhandenen q-Werte in allen Fällen als Martingalmaß der Baumdarstellung des diskontierten Modells interpretieren.

Satz 125 *(Fundamentalsatz der Wertpapierbewertung, Martingalformulierung) Ein endliches Mehrperiodensystem ist genau dann arbitragefrei, wenn ein äquivalentes Martingalmaß existiert. Das System ist darüberhinaus genau dann vollständig, wenn es nur ein solches äquivalentes Martingalmaß gibt.*

5.5 Mathematische Gestaltungsmöglichkeiten

Es ist nun auch an der Zeit, dem „System der q-Werte" eine eigene Bezeichnung zu geben:

Bezeichnung 126 *Ein äquivalentes Martingalmaß eines arbitragefreien Mehrperiodensystems bezeichnen wir ab jetzt mit $\mathbf{Q}^*$. Von diesem Maß abgeleitete wahrscheinlichkeitstheoretische Größen, wie z.B. der Erwartungswert, werden mit $\mathbf{Q}^*$ indiziert, wenn das im jeweiligen Zusammenhang zur eindeutigen Zuordnung erforderlich ist.*

In einem endlichen arbitragefreien Mehrperiodensystem gilt also für jede Anlageform A_i:

$$\mathbf{E}_{\mathbf{Q}^*}(\widetilde{A_i}(k_2)|\,\widetilde{A_i}(k_1)) = \widetilde{A_i}(k_1),$$

sofern der Zeitpunkt t_{k_1} vor dem Zeitpunkt t_{k_2} liegt.

Numerairewechsel

Zum Abschluss wollen wir uns jetzt noch einmal mit der Rolle des Numeraires beschäftigen. Beim ersten Lesen kann dieser Unterabschnitt übersprungen werden. Die Ergebnisse spielen nur an zwei Stellen, nämlich in den Abschnitten 9.4 und 10.6.2 eine Rolle.

Aus dem Blickwinkel der Anwendung nehmen die risikolose Anlageform A_f und damit der Cashbond B zweifellos eine Sonderrolle ein. Hat man aber erst einmal das Modell konstruiert, so kann man sich fragen, ob diese Sonderrolle von B wirklich unumstößlich ist oder ob es modelltechnisch gesehen nicht nur eine von mehreren Anlageformen ist. Insbesondere stellt sich die Frage, ob man vielleicht auch eine der Anlageformen A_i als Numeraire benutzen kann. Die Antwort ist: *jede* Anlageform A kann als Numeraire benutzt werden, sofern für jeden Zustand $s(k,j)$ der Wert $A(k,j)$ positiv ist. Dann kann man alle Anlageformen bezüglich A diskontieren:

$$\widehat{A_i}(k,j) := A_i(k,j)/A(k,j) \text{ und } \widehat{B}(k,j) := B(k,j)/A(k,j)$$

Besitzt das bezüglich das risikolosen Anlageform diskontierte System ein äquivalentes Martingalmaß $\mathbf{Q}^*$ (mit den Wahrscheinlichkeiten $q(...)$), so besitzt auch das bezüglich A diskontierte System ein äquivalentes Martingalmaß $\mathbf{Q}_A$ mit allerdings abweichenden Wahrscheinlichkeiten $\widehat{q}(...)$. Aus

$$\widehat{A_i}(k,j)\frac{A(k,j)}{B(k,j)} = \widetilde{A_i}(k,j) = \sum_{v=1}^{l_{k+1}} q(k,j,v)\widetilde{A_i}(k+1,v) = \sum_{v=1}^{l_{k+1}} q(k,j,v)\frac{A(k+1,v)}{B(k+1,v)}\widehat{A_i}(k+1,v)$$

ergibt sich die Umrechnungsformel

$$\widehat{q}(k,j,v) = q(k,j,v)\frac{A(k+1,v)}{B(k+1,v)}\frac{B(k,j)}{A(k,j)} = q(k,j,v)\frac{\widetilde{A}(k+1,v)}{\widetilde{A}(k,j)}$$

Dass sich die $\widehat{q}$-Werte eines Knotens zu eins aufaddieren, sieht man, wenn man in obiger Gleichung $A_i = A$ setzt. Durch Numerairewechsel ändert sich auch nicht der Begriff der selbstfinanzierenden Handelsstrategie, denn in Gleichung 5.19 sind lediglich alle Summanden mit $B(k,j)/A(k,j)$ zu multiplizieren. Schließlich kann man sich noch leicht überlegen, dass ein Numerairewechsel auch an der Vollständigkeit eines Systems nichts ändert (folgt daraus, dass Diagonalmatrizen invertierbar sind, wenn sie keine Null auf der Diagonalen enthalten).

Beispiel 127 *Wählt man in dem Beispiel vor Satz 125 die Aktie als Numeraire, so führt das zu dem folgenden diskontierten Prozess des Cashbonds (der diskontierte Prozess der Aktie ist dann konstant eins):*

```
                                                      0,4490    0,00702
                                                        ↗
                                   0,6667   0,00788      →      0,00858
                                     ↗                0,5510
                        0,00875      →      0,01050      →      0,00874
                                   0,3333            0,1130
                  ↗                                             ↘
               0,5714                                 0,8870    0,01072
         0,01
                  ↘                                   0,1130
               0,4286                                    ↗      0,00899
                        0,01167      →      0,01080   0,8870    0,01103
                                   0,2377                →
                                     ↘                0,6754
                                   0,7623   0,01194      →      0,01113
                                                         ↘
                                                      0,3246   0,01361
```

Im Zusammenhang mit Aktien ist die Versuchung nicht allzu groß, einen Numerairewechsel wie in dem Beispiel durchzuführen. Anders sieht es bei Zinsen aus. Hier kann es durchaus sinnvoll sein, sich an Stelle des Cashbonds an längerfristigen Zinsen zu orientieren.

6 Binomialmodelle

In den einführenden Kapiteln zu Termingeschäften und Optionen sind wir mit Hilfe elementarer Arbitrageüberlegungen zu einer Preisbestimmung von Forwards und Futures gelangt, konnten bei Calls und Puts aber nur grobe Preisgrenzen ermitteln. Jetzt werden auf Basis der Ergebnisse des letzten Kapitels Modelle vorgestellt, die es erlauben, auch europäische (und wie wir später sehen werden ebenfalls amerikanische) Optionen auf Grund von Arbitrageargumenten zu bewerten. Die Ergebnisse sind innerhalb der Modelle genauso schlüssig wie die Überlegungen der Kapitel 3 und 4, haben aber (wie alle bekannten Modelle zur Optionspreisfindung) den Nachteil, dass sie Annahmen über den zukünftigen Kursverlauf des Basiswerts beinhalten, die sich im Vorhinein nicht mit Sicherheit bestimmen lassen. Eines der Modelle ist das Binomialmodell von Cox, Ross und Rubinstein, das mit Hilfe einer Grenzwertbetrachtung bereits zur berühmten Black-Scholes-Formel führt.

In diesem Kapitel werden durchgehend die Marktannahmen 109 und 112 (Seite 132f) vorausgesetzt. Transaktionskosten, Steuern usw. werden also nicht berücksichtigt.

6.1 Die Bewertung europäischer Optionen mit Binomialbäumen

Entsprechend den allgemeinen Überlegungen zu arbitragefreien endlichen Systemen beschäftigen wir uns zunächst mit dem einfachsten Fall, den einperiodigen Binomialmodellen. Die Bezeichnungen sind wie üblich gewählt (s. insbesondere Bezeichnung 110 auf Seite 132).

6.1.1 Bewertung in Einperiodenmodellen

Wir beginnen mit einem einfachen, an das Modell aus Abschnitt 5.2 angelehnten Beispiel: eine Aktie S hat zum Zeitpunkt t_0 den Kurs 100. Ein Kunde einer Bank interessiert sich für einen europäischen Call C_e auf die Aktie zum Basispreis 100 zum zukünftigen Zeitpunkt T. Es stellen sich somit für die Bank die beiden Aufgaben

- einen Preis für die Option zu finden und
- eine Strategie zur Absicherung des Risikos zu entwickeln.

Gäbe es für den Zeitpunkt T nur zwei mögliche Kurse für S, z.B. 130 und 80, so wäre die Situation einfach (wie schon in Abschnitt 5.1.1 gesehen): S würde dann zusammen mit der risikolosen Anlageform über den Zeitraum $[t_0, T]$, die eine Rendite von 10,25% über diesen Zeitraum habe, ein vollständiges arbitragefreies (Einperioden-)System bilden, das für jede weitere Anlageform und damit auch für den Call nur einen arbitragefreien Preis erlaubt. Es wäre dann nämlich das Portfolio

$$P_1 = \delta S - C_e$$

mit
$$\delta = \frac{30 - 0}{130 - 80} = \frac{3}{5}$$

über den Zeitraum $[t_0, T]$ risikolos, woraus sich sowohl der momentane Wert $C_e(0) = C_e(t_0)$ der Option

$$C_e(0) = \frac{3}{5} 100 - \frac{1}{1{,}1025} \left(\frac{3}{5} 130 - 30 \right) = 16{,}463$$

(gerundet) ergibt als auch die **Absicherungs-** oder **Hedgestrategie** der Bank: Zur Absicherung eines Calls kauft sie eine 3/5-Aktie (s. Satz 97 in Abschnitt 5.1). Hierbei wird der fehlende Betrag $60 - 16{,}463 = 43{,}537$ zu den risikolosen Bedingungen geliehen. Das sogenannte **Hedgeportfolio** P_2 hat (also) die Gestalt

$$P_2 = \frac{3}{5} S - 43{,}537 B$$

($B = A_f$ der Cashbond, $B(0) = 1$). Es hat zum Zeitpunkt T den gleichen Auszahlungsvektor wie C_e, man sagt, es **dupliziert** die Call-Option. Die Zahl 3/5 ist der **Hedge-Ratio**. Er gibt an, wie viele Einheiten der Aktie benötigt werden, um eine Einheit der Option abzusichern. Die Darstellung des Modells mit dem äquivalenten Martingalmaß (vgl. erneut Satz 97 und die Ausführungen zu Satz 125 in Abschnitt 5.5) ist

$$S(0) = 100, C_e(0) = 16{,}463 \quad \begin{matrix} \nearrow 0{,}605 \\ \\ \searrow 0{,}395 \end{matrix} \quad \begin{matrix} S(1,2) = 130, C_e(1,2) = 30 \\ \\ S(1,1) = 80, C_e(1,1) = 0 \end{matrix}$$

Man überprüfe, dass die **risikoneutrale Bewertung** den gleichen Preis für den Call ergibt:

$$C_e(0) = 16{,}463 = \frac{1}{1{,}1025} (0{,}605 \cdot 30 + 0{,}395 \cdot 0)$$

Als zweites Beispiel betrachte man einen europäischen Put P_e zum Basispreis 90 über die gleiche Periode. Er hat den Auszahlungsvektor $(0, 10)$ und somit ergibt sich nach der **risikoneutralen Bewertung** als **Arbitragepreis**

$$P_e(0) = \frac{1}{1{,}1025} \cdot (0{,}605 \cdot 0 + 0{,}395 \cdot 10) = 3{,}583$$

Das risikolose Portfolio hat nach Satz 97 die Gestalt

$$P_3 = -\frac{1}{5} S - P_e,$$

d.h. zur Neutralisierung des Risikos dieses Puts ist eine Short-Position, also ein Verkauf einer fünftel Aktie erforderlich[1]. Das Hedgeportfolio schließlich sieht wie folgt aus:

---

[1] Falls Leerverkäufe nicht erlaubt sind, ist es möglich, über Futures eine entsprechende Position einzunehmen, sofern zu dem Underlying Futures gehandelt werden Hierauf wird später noch genauer eingegangen werden.

6.1 Die Bewertung europäischer Optionen mit Binomialbäumen

$$P_4 = -\frac{1}{5}S + 23{,}583B,$$

d.h. die Erlöse aus dem Verkauf der Option und der fünftel Aktie werden über den Zeitraum $[t_0, T]$ risikolos angelegt.

So einfach wie in den beiden Beispielen ist die Welt natürlich nicht, aber die Bank kann mit den kalkulierten Preisen (+Marge) auch bei anderen als den beiden vorgesehenen Aktienkursen zum Zeitpunkt T gut leben, solange der Aktienkurs $S(1)$ sich dann zwischen den Werten 80 und 130 bewegt. Im Fall des Calls hat die Bank nämlich im Zeitpunkt T den Payoff

$$\frac{3}{5}S(1) - 1{,}1025 \cdot 43{,}537 - (S(1) - 100)^+ = \begin{cases} 52 - \frac{2}{5}S(1) & S(1) \geq 100 \\ -48 + \frac{3}{5}S(1) & \text{sonst} \end{cases}$$

und der nimmt in dem angegebenen Bereich nur Werte zwischen 0 und 12 an, wie auch die folgende Grafik zeigt:

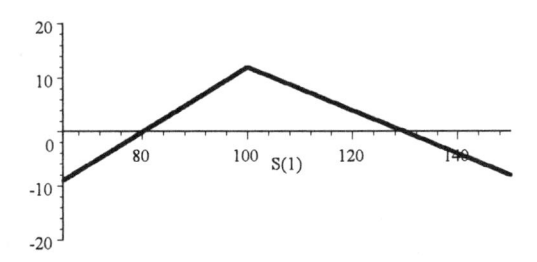

Ähnlich sieht es bei dem Put aus:

$$-\frac{1}{5}S(1) + 1{,}1025 \cdot 23{,}583 - (90 - S(1))^+ = \begin{cases} 26 - \frac{1}{5}S(1) & S(1) \geq 90 \\ -64 + \frac{4}{5}S(1) & \text{sonst} \end{cases}$$

Auch diese stückweise lineare Funktion in $S(1)$ nimmt für $80 \leq S(1) \leq 130$ keine negativen Werte an, das Maximum ist der Wert 8 und wird bei $S(1) = 90$ als Funktionswert angenommen.

Bei beiden Optionen ist während der gesamten Laufzeit keine Aktion erforderlich, wenn man darauf vertraut, dass der angegebene Bereich für den Aktienkurs nicht verlassen wird. Es ist also unter dieser Voraussetzung bei beiden Optionen ein „Hedge and Forget" wie bei Forwards möglich. Man beachte dazu noch: Bei einem ungedeckten Call müsste sich die Bank vor einem starken Anstieg des Aktienkurses fürchten, durch den Aufbau des Hedge-Portfolios wird das Risiko dahingehend verlagert, dass es jetzt in beiden Richtungen keine zu großen Ausschläge geben darf, der Aktienkurs darf also auch nicht zu sehr fallen. Die beiden gegenläufigen Positionen in Aktie und Option gleichen sich also nur in einem bestimmten Bereich in etwa aus, darüber hinaus überwiegt dann das Risiko der einen oder der anderen Komponente. Entsprechend verhält es sich bei dem Put.

Bemerkung 128 *Es wirkt vielleicht auf den ersten Blick nicht unbedingt vorteilhaft, ein Risiko gegen zwei auszutauschen, man beachte aber (neben den schon aufgeführten Argumenten) die gegenüber einer ungedeckten Option geringere Steigung der Payoff-Funktion des Hedge-Portfolios, die zur Folge hat, dass man im Verlustfall relativ zur Kursdifferenz weniger verliert.*

Bei dem diskutierten Einperioden-Binomialmodell sind bereits einige Dinge zu erkennen, die auch in komplexeren Systemen gelten:

- Für die Optionspreisfindung spielt die Wahrscheinlichkeit, mit der der Aktienkurs steigt, keine Rolle.

- Großen Einfluss auf den Optionspreis hat hingegen die Bandbreite, in der man den zukünftigen Aktienkurs sieht.

- Der Stillhalter eines Calls oder Puts muss weniger stark steigende (bzw. fallende) Kurse des Underlyings fürchten als stark schwankende (s. Payoff-Funktion des Hedge-Portfolios).

Soviel zu dem Einperioden-Binomialmodell. Sieht man für den Fälligkeitszeitpunkt T der Option mehr als zwei mögliche Kurswerte des Underlyings vor, ist obige Konstruktion nicht mehr möglich. Basiswert und risikolose Anlageform bilden dann zwar in der Regel noch ein arbitragefreies, aber kein vollständiges arbitragefreies System mehr (vgl. Definition 100). Dies hat die Konsequenz, dass allein auf Grund von Arbitrageüberlegungen kein eindeutiger Optionspreis ermittelt werden kann. Dies haben wir anhand eines Beispiels in Abschnitt 5.2 gesehen. Die hergeleiteten allgemeinen Ergebnisse über arbitragefreie Systeme besagen, dass es in unvollständigen Modellen lediglich möglich ist, zu überprüfen, ob ein vorgegebener Optionspreis zusammen mit der Aktie und der risikolosen Anlageform ein arbitragefreies Modell bildet. Unangenehm für den Stillhalter der Option ist dann auch, dass er nun nicht mehr zum Zeitpunkt t_0 ein Hedgeportfolio aufstellen kann, das zum Zeitpunkt T den Auszahlungsvektor der Option dupliziert.

Abhilfe kann nur dadurch geschaffen werden, dass der Stillhalter der Option seinen bequemen Traum vom „Hedge and Forget" aufgibt und bereit ist, sein Hedgeportfolio während der Laufzeit der Option abhängig vom Kursverlauf der Aktie (oder eines sonstigen Basiswerts) zu modifizieren. Nehmen wir z.B. an, dass der Kunde im Beispiel vom Anfang dieses Abschnitts unzufrieden mit dem Preisangebot seiner Bank ist und sich bei einer anderen Bank ein Alternativangebot einholt. Dort wittert man die Chance, einen neuen Kunden zu gewinnen und ist bereit, etwas mehr Arbeit zu investieren. Man zieht außer den Werten 130 und 80 auch 105 als möglichen Kurs der Aktie zum Zeitpunkt T in Betracht und ist bereit, einmal, nämlich zum Mittelpunkt der Periode, das Hedge-Portfolio zu adjustieren. Zieht man in Erwägung, dass der Aktienkurs dann einen der Werte 90 oder 110 hat, und setzt man voraus, dass für beide Teilperioden die risikolose Rendite 5 Prozent beträgt, so hat man genau die Situation von Grafik 5.12 und gelangt über die dortige Argumentation (die die vorweggenommene Argumentation von Abschnitt 5.3 ist) zu einem Optionspreis von 11,202 (Euro), der dem Kunden deutlich besser gefällt als das Angebot seiner Bank.

6.1 Die Bewertung europäischer Optionen mit Binomialbäumen 155

Die hier angewandte Methode ist immer verfügbar. Eine einperiodige Entwicklung mit $(l+1)$ Endzuständen kann immer durch Einführung von $l-1$ zusätzlichen Handelszeitpunkten während der Periode zu einem sich wiedervereinigenden Binomialbaum verfeinert werden, wie es das folgende Diagramm für $l=3$ zeigt:

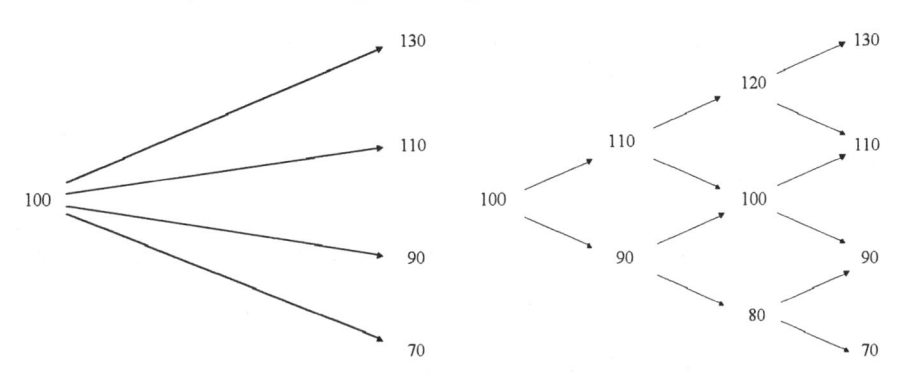

Hierbei stellt sich natürlich das Problem, welche Werte der betrachteten Anlageform(en) in den neu entstehenden Knoten eingesetzt werden sollen. Diese Frage ist wichtig, denn diese Werte beeinflussen die späteren Ergebnisse u.U. beträchtlich. Eine zweite Frage ist, wie die risikolose Rendite für die Teilperioden festzulegen ist. Eine pragmatische Empfehlung für beide Fragen ist, die Werte so einzusetzen, dass sie die vorgegebene Einperiodenentwicklung möglichst gleichmäßig zerlegen. Ist r_f die risikolose Rendite für die Gesamtperiode, so bedeutet das, dass der Wert $\sqrt[l]{1+r_f}-1$ für die Teilperioden einzusetzen ist. Dies gilt allerdings nur, wenn in dem Modell nicht Zinsentwicklungen modelliert werden sollen.

Wie auch immer man diese Werte wählt, man erhält als Ergebnis ein vollständiges arbitragefreies Mehrperiodensystem, sofern für jedes enthaltene Einperiodenteilsystem eine mögliche Rendite der Aktie besser und die andere schlechter ist als die risikolose Rendite. Folglich ist es dann möglich, für jede europäische Option, deren Auszahlung zum Fälligkeitstermin T an dem dann erreichten Zustand des Systems ablesbar ist, einen eindeutig bestimmten Arbitragepreis zu bestimmen. Dies gilt auch für sich nicht wiedervereinigende Binomialbäume. Durch den Übergang zur Baumdarstellung (siehe Abschnitt 5.5) ist es also sogar möglich, für pfadabhängige europäische Optionen einen Preis zu bestimmen.

6.1.2 Bewertung in Mehrperiodenmodellen

Wir gehen aus von einem Binomialmodell mit n Perioden. Die Handelszeitpunkte seien $t_0 < ... < t_n = T$. Im Zeitpunkt t_k ($0 \leq k \leq n$) gibt es also $k+1$ mögliche Kurse $S(k,0),..., S(k,k+1)$ des Basiswerts. Die Preisbestimmung ist entsprechend der Teile b) und c) von Satz 97 auf zwei Arten möglich, wobei es in beiden Fällen zweckmäßig ist, zunächst zum diskontierten Modell überzugehen (s. Abschnitt 5.5 oder die Hilfestellung für den „Schnelldurchgang" zu Beginn des vorigen Kapitels). In diesem diskontierten Modell ist die risikolose Rendite immer null, es ist also genau dann arbitragefrei, wenn für jeden möglichen diskontierten Wert $\widetilde{S}(k,j)$ der Aktie (oder eines anderen Basiswerts) zum Zeitpunkt t_k ($k < n$) mit möglichen diskontierten Folgewerten $\widetilde{S}(k+1, j')$ und $\widetilde{S}(k+1, j'')$ zum Zeitpunkt t_{k+1} gilt:

$$\min(\widetilde{S}(k+1,j'), \widetilde{S}(k+1,j'')) < \widetilde{S}(k,j) < \max(\widetilde{S}(k+1,j'), \widetilde{S}(k+1,j''))$$

Hat man das überprüft, so ist die weitere Vorgehensweise unterschiedlich. Wir betrachten eine beliebige europäische Option (Contingent Claim) CC_e mit Auszahlungsvektor $(CC_e(n,1), ..., CC_e(n, n+1))$

1. Möglichkeit. Ausgehend vom diskontierten Auszahlungsvektor des Derivats $\left(\widetilde{CC}_e(n,1), ..., \widetilde{CC}_e(n,n+1)\right)$ zum Zeitpunkt $T = t_n$ ermittelt man schrittweise in zeitlicher Rückwärtsrichtung $t_n \to t_{n-1} \to ... \to t_0$ den diskontierten Wert $\widetilde{CC}_e(k,j)$ zum Zeitpunkt t_k im Zustand $s(k,j)$. Die Formel hierzu ist (Bezeichnungen wie oben)

$$\widetilde{CC}_e(k,j) = \delta(\widetilde{S}(k,j) - \widetilde{S}(k+1,j')) + \widetilde{CC}_e(k+1,j')$$
$$\text{mit } \delta = \frac{\widetilde{CC}_e(k+1,j') - \widetilde{CC}_e(k+1,j'')}{\widetilde{S}(k+1,j') - \widetilde{S}(k+1,j'')} \quad (6.1)$$

2. Möglichkeit. Man bestimmt das äquivalente Martingalmaß $\mathbf{Q}^*$ des Systems, d.h. die q-Werte aus Satz 117 durch Lösen der Gleichungssysteme

$$\begin{aligned} q(k,j,j')\widetilde{S}(k+1,j') + q(k,j,j'')\widetilde{S}(k+1,j'') &= \widetilde{S}(k,j) \\ q(k,j,j') + q(k,j,j'') &= 1 \end{aligned} \quad (6.2)$$

Hierbei sind $s(k+1, j')$ und $s(k+1, j'')$ die beiden möglichen Folgezustände von $s(k,j)$. Anschließend bestimmt man für jeden Zustand $s(k,j)$ zum Zeitpunkt t_k die Wahrscheinlichkeit $q(k,j) := \mathbf{Q}^*(s(k,j))$, dass dieser Zustand unter dem Martingalmaß (d.h. in der risikoneutralen Welt) erreicht wird. Diese Wahrscheinlichkeit ist gleich der Summe der Wahrscheinlichkeiten der Pfade, die zu diesem Zustand führen. Man ermittelt sie in zeitlich vorwärts gerichteter Reihenfolge über die Gleichungen

$$q(k+1, j') = \sum_{j=1}^{n_k} q(k,j,j') q(k,j)$$

Hierbei sind die Summanden auf der rechten Seite natürlich nur für Vorgängerzustände von $s(k+1, j')$ ungleich null. Schließlich bestimmt man den Derivatewert $CC_e(0)$ gemäß der Gleichung

$$CC_e(0) = \sum_{j=1}^{n+1} q(n,j) \widetilde{CC}_e(n,j) \quad (6.3)$$

d.h. der Wert $CC_e(0)$ wird als Erwartungswert des diskontierten Wertes des Derivats im Zeitpunkt T bestimmt. Hierbei ist als Wahrscheinlichkeitsmaß das äquivalente Martingalmaß zu verwenden, d.h. man versetzt sich in eine risikoneutrale Welt. Die letzte Gleichung kann also auch so geschrieben werden:

$$CC_e(0) = \mathbf{E}_{\mathbf{Q}^*}\left(\widetilde{CC}_e(n)\right) \quad (6.4)$$

6.1 Die Bewertung europäischer Optionen mit Binomialbäumen

Neben diesen Möglichkeiten gibt es noch eine Möglichkeit '2a', die darin besteht, Möglichkeit 2 wie Möglichkeit 1 schrittweise von T aus zeitlich rückwärts anzuwenden und so auch bei dieser Methode die Zwischenwerte $\widetilde{CC}_e(k,j)$ zu ermitteln.

Beide Verfahren haben Vor- und Nachteile: Möglichkeit 1 liefert automatisch die selbstfinanzierende Handelsstrategie mit, die den Wertverlauf des Derivats dupliziert. δ ist nämlich jeweils der erforderliche Hedge-Ratio, um für den nächsten Schritt das Risiko des Derivats zu neutralisieren. Der Verkäufer des Derivats muss also darauf achten, dass er immer genau δ Einheiten des Underlyings hat, will er kein Risiko eingehen (ergänzt um die erforderliche Menge an risikoloser Anlageform A_f bzw. Cashbond B). Möglichkeit 2 ist von Vorteil, wenn man für mehrere Derivate den Preis ermitteln will. Denn die Wahrscheinlichkeiten aus 6.3 hängen nur von dem Wertverlauf des Underlyings ab, sind also für alle Optionen gleich.

Beide Verfahren ergeben sich unmittelbar aus den Ergebnissen über arbitragefreie Ein- und Mehrperiodensysteme, zu beweisen ist nichts mehr. Sie sollen aber an einem Beispiel vorgeführt werden.

Wir wandeln das Beispiel vom Anfang des Kapitels leicht ab und ziehen vier mögliche Aktienwerte für den Zeitpunkt T in Betracht. Außerdem werden zwei Handelszeitpunkte innerhalb von $[t_0, T]$ vorgesehen, für die sich daraus ergebenden drei Teilperioden sei jeweils die gleiche risikolose Rendite gegeben, also[2]

$$r_f = \sqrt[3]{1{,}1025} - 1 \approx 3{,}306\%$$

Für die Aktie werden die möglichen Kursverläufe wie in dem folgenden Binomialbaum dargestellt in Betracht gezogen:

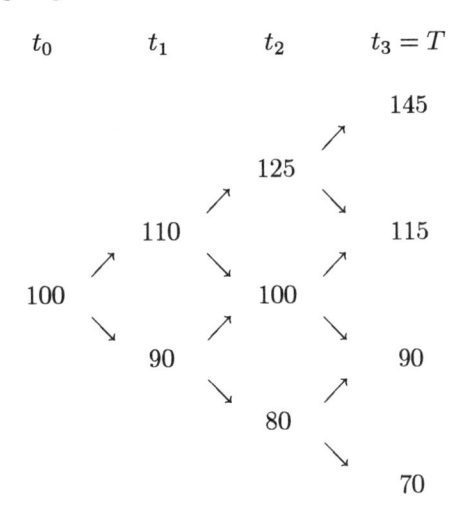

```
   t_0        t_1        t_2        t_3 = T

                                      145
                                     ↗
                          125
                         ↗    ↘
              110                    115
             ↗    ↘      ↗
   100                   100
             ↘    ↗           ↘
              90                     90
                 ↘       ↗
                          80
                             ↘
                                      70
```

Als erstes ist jetzt also der diskontierte Baum zu ermitteln: Die Diskontierungsfaktoren zu den einzelnen Zeitpunkten t_k sind gleich $(1+r_f)^{-k}$, also gerundet 0,968 (t_1), 0,937 (t_2) und 0,907 (t_3). Damit ergibt sich der diskontierte Baum:

---

[2] An dieser und den folgenden Stellen werden zwar auf drei Stellen gerundete Werte angegeben, intern ist das Beispiel aber mit höherer Genauigkeit gerechnet worden.

t_0 $\qquad$ t_1 $\qquad$ t_2 $\qquad$ $t_3 = T$

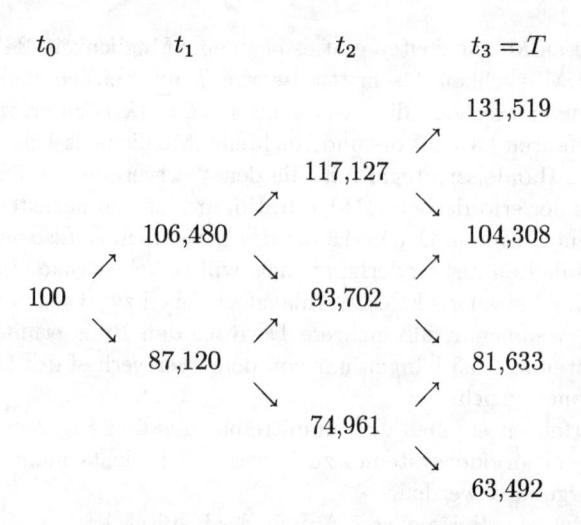

```
                                    131,519
                              ↗
                       117,127
                     ↗         ↘
              106,480            104,308
           ↗         ↘        ↗
     100                93,702
           ↘         ↗        ↘
              87,120             81,633
                     ↘         ↗
                       74,961
                              ↘
                                    63,492
```

Man sieht: Das System ist arbitragefrei. Um nicht immer nur einfache Calls und Puts zu behandeln, bewerten wir einen Strangle, nämlich die Kombination eines Calls zum Strike 130 mit einem Put zum Strike 100. Er hat den Auszahlungsvektor (15; 0; 10; 30), was diskontiert (13,605; 0; 9,070; 27,211) ergibt. Daraus ergibt sich folgendes Diagramm der Wertentwicklung, in dem es die Fragezeichen zu beseitigen gilt:

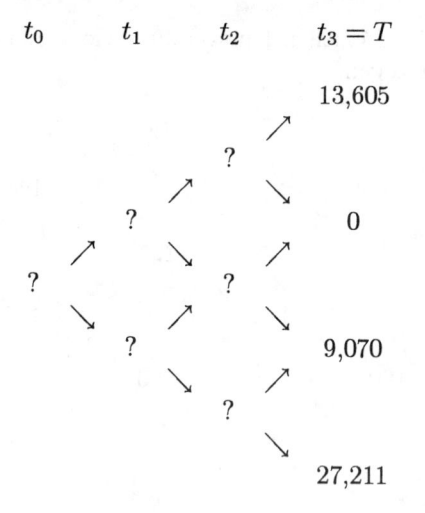

t_0 $\qquad$ t_1 $\qquad$ t_2 $\qquad$ $t_3 = T$

```
                                    13,605
                              ↗
                         ?
                     ↗         ↘
                 ?                 0
           ↗         ↘        ↗
      ?                 ?
           ↘         ↗        ↘
                 ?                9,070
                     ↘         ↗
                         ?
                              ↘
                                   27,211
```

Geht man nach Methode 1 vor, muss man jetzt zunächst die Werte der t_2-Spalte bestimmen. Als Ergebnis erhält man (in Klammern hinter den Werten ist jeweils der Hedge-Ratio δ angegeben)

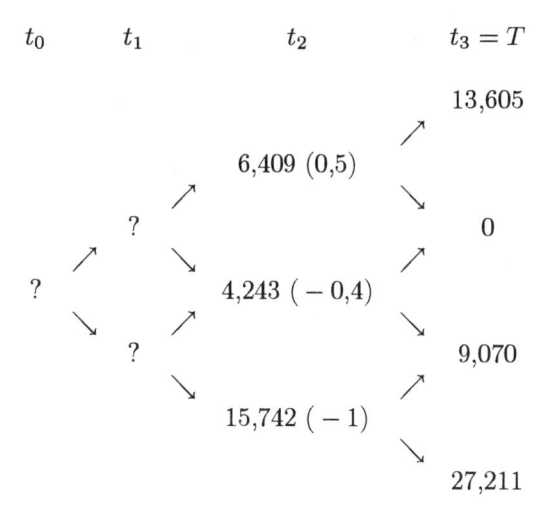

6.1 Die Bewertung europäischer Optionen mit Binomialbäumen

```
       t₀         t₁         t₂          t₃ = T
                                          13,605
                                        ↗
                             6,409 (0,5)
                           ↗            ↘
                         ?                0
                       ↗   ↘            ↗
                     ?       4,243 (−0,4)
                       ↘   ↗            ↘
                         ?                9,070
                           ↘            ↗
                            15,742 (−1)
                                        ↘
                                          27,211
```

Man beachte, dass sowohl negative als auch positive Hedge-Ratios vorkommen, je nachdem ob man sich eher der Situation nähert, dass der Call oder der Put ins Geld läuft. Im nächsten Schritt bestimmt man die t_1-Spalte, um dann anschließend auch Wert und Hedge-Ratio zum aktuellen Zeitpunkt t_0 zu ermitteln:

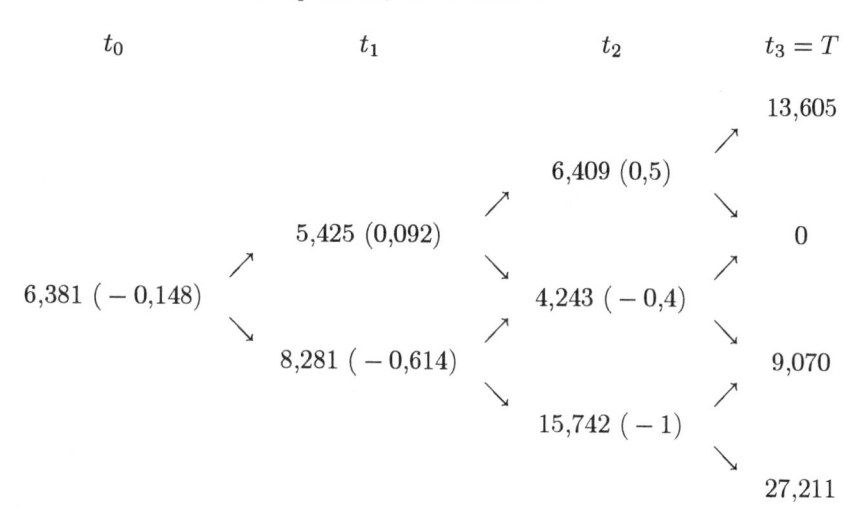

```
       t₀              t₁              t₂              t₃ = T
                                                        13,605
                                                      ↗
                                       6,409 (0,5)
                                     ↗              ↘
                    5,425 (0,092)                      0
                   ↗             ↘                   ↗
    6,381 (−0,148)                  4,243 (−0,4)
                   ↘             ↗                   ↘
                    8,281 (−0,614)                     9,070
                                     ↘              ↗
                                       15,742 (−1)
                                                    ↘
                                                       27,211
```

Der Arbitragepreis des Strangle ist also 6,381 und zur Absicherung dieses Claims ist anfänglich je Einheit eine Short-Position in 0,148 Aktien zu empfehlen.

Nun zur zweiten Methode: Zunächst sind die bedingten risikoneutralen Wahrscheinlichkeiten der Kanten des Baumes gemäß der angegebenen Formel zu bestimmen. Ergebnis (diskontierter Baum, gerundete Werte):

```
        t₀              t₁              t₂              t₃ = T

                                                        131,519
                                       ↗0,471
                                117,127
                        ↗0,545          ↘0,529
                106,480                          104,308
        ↗0,665          ↘0,455          ↗0,532
100                              93,702
        ↘0,335          ↗0,649          ↘0,468
                 87,120                          81,633
                        ↘0,351          ↗0,632
                                 74,961
                                       ↘0,368
                                                        63,492
```

woraus man (jetzt von links nach rechts, also in zeitlicher Vorwärtsrichtung) die absoluten Wahrscheinlichkeiten $q(k,j)$ der Zustände ermittelt (z.B. $q(2,2) = 0{,}649 \cdot q(1,1) + 0{,}455 \cdot q(1,2)$)

```
        t₀              t₁              t₂              t₃ = T

                                                        131,519 (0,171)
                                       ↗0,471
                                117,127 (0,363)
                        ↗0,545          ↘0,529
                106,480 (0,665)                  104,308 (0,468)
        ↗0,665          ↘0,455          ↗0,532
100 (1)                          93,702 (0,520)
        ↘0,335          ↗0,649          ↘0,468
                 87,120 (0,335)                  81,633 (0,317)
                        ↘0,351          ↗0,632
                                 74,961 (0,118)
                                       ↘0,368
                                                        63,492 (0,043)
```

Die Wahrscheinlichkeiten sind hierbei in Klammern hinter die diskontierten Aktienwerte gesetzt. Man berechnet nun als aktuellen Wert des Strangles:

$$0{,}171 \cdot 13{,}605 + 0{,}468 \cdot 0 + 0{,}317 \cdot 9{,}070 + 0{,}043 \cdot 27{,}211 \approx 6{,}381$$

Die Differenz zu dem nach Methode 1 ermittelten Wert ergibt sich durch Rundungsfehler. Noch eine kleine Probe: Der Strangle ist aus einem Call und einem Put zusammengesetzt, sein Wert muss gleich der Summe der Werte dieser beiden Komponenten sein. Man ermittelt sofort als Wert für den Call

$$0{,}171 \cdot 13{,}605 + 0{,}468 \cdot 0 + 0{,}317 \cdot 0 + 0{,}043 \cdot 0 \approx 2{,}326$$

und für den Put

$$0{,}171 \cdot 0 + 0{,}468 \cdot 0 + 0{,}317 \cdot 9{,}070 + 0{,}043 \cdot 27{,}211 \approx 4{,}055$$

Bemerkung 129 *1. Das in diesem Abschnitt vorgestellte allgemeine Binomialmodell ist sehr flexibel. Erwartete Unregelmäßigkeiten des zukünftigen Kursverlaufs des Basiswerts (z.B. bei einer Aktie aufgrund einer Dividendenausschüttung) lassen sich ohne Probleme einbauen, indem man die Werte des Underlyings in den Knoten entsprechend modifiziert. Zu beachten sind hierbei allerdings die Aspekte aus Abschnitt 8.4 (Übung: Welcher Wert ergibt sich für obigen Strangle, wenn zwischen t_2 und t_3 eine Dividende von 5,- pro Aktie gezahlt wird?).*
2. Andererseits entsteht vielleicht der Eindruck der Willkür. Die sich ergebenden Derivatpreise hängen von den gewählten zukünftigen möglichen Kursverläufen der Aktie ab und hier besteht eine große Wahlmöglichkeit. Dieser Verdacht der Willkür oder des „Raten müssens" lässt sich in der Tat nicht völlig entkräften. Wer will sich schon anmaßen, genau zu wissen, welche Entwicklungsmöglichkeiten die Zukunft bereit hält? Ganz ohne Annahmen über die Zukunft kommt man aber trotz der festgestellten Unabhängigkeit von den Wahrscheinlichkeiten in den Baummodellen zu keiner Bewertung von Optionen. Der Ansatzpunkt kann daher nur sein, sich zu bemühen, ein realitätsnahes Modell für die Möglichkeiten des zukünftigen Kursverlaufes zu bauen, und da bietet es sich an, auf den $(\sigma, \bar{r})$-Ansatz der Portfolio-Selection zusammen mit einer plausiblen Verteilungsannahme zurückzugreifen. Ein solches Modell ist das im nächsten Abschnitt vorgestellte Cox-Ross-Rubinstein-Modell.

6.2 Das Cox-Ross-Rubinstein-Modell

6.2.1 Einführung

Cox, Ross und Rubinstein entwickelten ihr Binomialmodell ursprünglich vor allem mit dem Ziel, einen einfacheren Zugang zur Black-Scholes-Theorie zu ermöglichen. Zeitgleich mit ihnen benutzten auch Rendleman und Bartter [49] Binomialmodelle zur Derivatebewertung.

Das Cox-Ross-Rubinstein-Modell (kurz CRR) modelliert den Kursverlauf einer Aktie (oder eines anderen Wertpapiers mit ähnlichem Verhalten) über einen Zeitraum $[t_0, T]$ als wiedervereinigenden Binomialbaum mit n Stufen. Die Teilintervalle $[t_k, t_{k+1}]$ haben hierbei alle die gleiche Länge $\Delta t = (T - t_0)/n$. Für jedes der Teilintervalle $[t_k, t_{k+1}]$ wird angenommen, dass die Kursentwicklung der Aktie über dieses Teilintervall durch drei positive Zahlen u, d und p ($u > 1 > d$, $0 < p < 1$), die für alle Teilintervalle und alle dann möglichen Zustände gleich sind, wie folgt beschrieben werden kann: Ist der Kurs der Aktie zum Zeitpunkt t_k gleich $S(k)$, so wird ihr Wert am Ende der Periode entweder $S(k)u$ oder $S(k)d$ sein, wobei (unabhängig von der Entwicklung der Vergangenheit) $S(k)u$ mit Wahrscheinlichkeit p, folglich $S(k)d$ mit Wahrscheinlichkeit $1-p$ angenommen wird. Der Faktor u steht für „up", also für eine Aufwärtsbewegung, d für „down", also eine Abwärtsbewegung. Das folgende Diagramm charakterisiert die beschriebene Situation:

$$S(k) \begin{matrix} \nearrow^{p} & S(k)u \\ & \\ \searrow_{1-p} & S(k)d \end{matrix} \qquad (6.5)$$

Das Modell erlaubt es, durch entsprechende Wahl der Parameter beliebige vorgegebene $(\sigma, \bar{r})$-Werte im Sinne der Portfolio-Selection umzusetzen, worauf wir in Abschnitt 6.2.4 noch genauer eingehen werden. Hierbei ist auch der Parameter p wichtig, der für die Derivatebewertung, wie wir schon wissen, keine Bedeutung hat. Diese Unabhängigkeit von p hat die wichtige ökonomische Interpretation, dass die Derivatebewertung unabhängig von der Risikopräferenz der Investoren möglich ist (vgl. Abschnitt 2.1).

Das Gesamtmodell hat die Form eines Binomialbaumes, der wegen $du = ud$ wiedervereinigend ist, d.h. eine Aufwärtsbewegung gefolgt von einer Abwärtsbewegung hat das gleiche Ergebnis wie eine Abwärtsbewegung gefolgt von einer Aufwärtsbewegung. Hieraus folgt, dass man den Wert der Aktie zum Zeitpunkt t_k kennt, wenn man weiß, wie viele Aufwärts- und wie viele Abwärtsbewegungen es bis dahin gegeben hat, wobei die Reihenfolge keine Rolle spielt. Das Modell sieht also wie folgt aus:

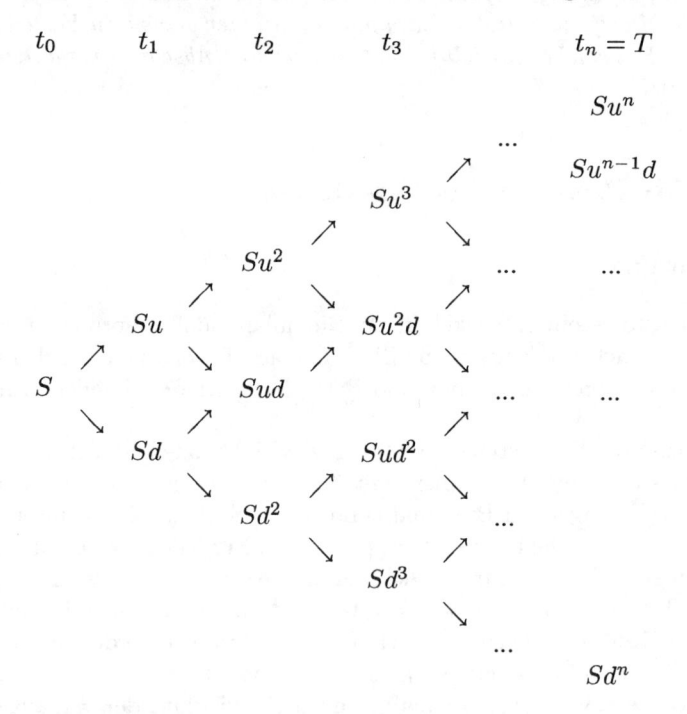

$t_0 \qquad t_1 \qquad t_2 \qquad t_3 \qquad\qquad t_n = T$

[Binomialbaum-Diagramm mit den Knoten S, Su, Sd, Su^2, Sud, Sd^2, Su^3, Su^2d, Sud^2, Sd^3, ..., Su^n, $Su^{n-1}d$, ..., Sd^n]

In diesem Diagramm wird bereits von der folgenden Bezeichnungskonvention Gebrauch gemacht, die im Sinne übersichtlicherer Formeln getroffen wird.

Bezeichnung 130 *Im Rahmen des CRR-Modells bezeichnen wir den Kurs des Basiswerts zum Zeitpunkt t_0 häufig kurz mit S statt mit $S(0)$. Den Kurs zu einem Zeitpunkt t bezeichnen wir mit $S(t)$. Ist t einer der Zeitpunkte t_k, so gilt also $S(t) = S(k)$.*

6.2 Das Cox-Ross-Rubinstein-Modell

Die Rendite der risikolosen Anlageform über eine Teilperiode wird im CRR-Modell als konstant angenommen, den Wert bezeichnen wir wie üblich mit r_f. Damit ergibt sich für den Zeitpunkt T der Diskontierungsfaktor $(1+r_f)^{-n}$. Der Wert des Cashbonds zu einem Zeitpunkt t_k beträgt also $B(t_k) = B(k) = (1+r_f)^k$.

Bemerkung 131 *Die grafische Darstellung des CRR-Baumes ist etwas irreführend. Sie suggeriert, dass der Abstand zwischen zwei benachbarten Knoten eines Zeitpunkts immer gleich ist. Das ist nicht der Fall, der Abstand nimmt mit steigendem Aktienkurs zu:*

$$S(k, j+1) - S(k,j) = Su^{j-1}d^{k-j}(u-d) > Su^{j-2}d^{k+1-j}(u-d) = S(k,j) - S(k,j-1)$$

6.2.2 Bewertungsformeln

Auf Grund der Einheitlichkeit der Komponenten des CRR-Binomialbaums lassen sich für Standardoptionen wie europäische Calls und Puts Formeln entwickeln. Wir gehen nach der im vorigen Abschnitt angegebenen 2. Möglichkeit vor. Die q-Werte des Martingalmaßes sind für alle enthaltenen Einperiodenmodelle gleich und haben nach Satz 97 oder Formel 6.2 den Wert

$$q = \frac{1 + r_f - d}{u - d} \tag{6.6}$$

für eine Aufwärtsbewegung (Diskontierung beachten!). Als nächstes sind die absoluten Wahrscheinlichkeiten der möglichen Aktienwerte zum Zeitpunkt T unter dem Martingalmaß $\mathbf{Q}^*$ zu bestimmten. Die Aktienwerte zum Zeitpunkt T sind von der Form $Su^j d^{n-j}$ mit $0 \leq j \leq n$. Der Wert $Su^j d^{n-j}$ wird angenommen, wenn j Aufwärts- und $n-j$ Abwärtsbewegungen stattfinden, egal in welcher Reihenfolge. Dies zeigt aber, dass sich die (risikoneutrale) Wahrscheinlichkeit dieses Wertes gemäß der bekannten Binomialverteilung mit den Parametern n und q bestimmen lässt:

$$\mathbf{Q}^*(S(n) = Su^j d^{n-j}) = b(j; n, q) = \binom{n}{j} q^j (1-q)^{n-j}$$

Hierbei ist

$$\binom{n}{j} = \frac{n!}{j!(n-j)!}$$

der Binomialkoeffizient „n über j". Es ergibt sich jetzt als Wert $C_e(0)$ des europäischen Calls zum Basispreis K:

$$\begin{aligned}
C_e(0) &= \frac{1}{(1+r_f)^n} \sum_{j=0}^{n} \binom{n}{j} q^j (1-q)^{n-j} \left[Su^j d^{n-j} - K \right]^+ \\
&= \frac{1}{(1+r_f)^n} \sum_{j=j_0}^{n} \binom{n}{j} q^j (1-q)^{n-j} (Su^j d^{n-j} - K) \\
&= S \sum_{j=j_0}^{n} \binom{n}{j} q^j (1-q)^{n-j} \frac{u^j d^{n-j}}{(1+r_f)^n} - \frac{K}{(1+r_f)^n} \sum_{j=j_0}^{n} \binom{n}{j} q^j (1-q)^{n-j}
\end{aligned}$$

Hierbei ist j_0 die kleinste natürliche Zahl j, für die $Su^j d^{n-j} - K > 0$ gilt. Setzt man nun $q' = qu/(1+r_f)$, so gilt, wie man leicht nachrechnet, die Identität

$$1 - q' = (1-q)\frac{d}{1+r_f}$$

woraus folgt:

$$\sum_{j=j_0}^{n} \binom{n}{j} q^j (1-q)^{n-j} \frac{u^j d^{n-j}}{(1+r_f)^n} = \sum_{j=j_0}^{n} \binom{n}{j} q'^j (1-q')^{n-j}$$

Berücksichtigt man jetzt noch die für natürliche Zahlen m und n mit $m < n$ und reelle Zahlen p mit $0 < p < 1$ geltende Identität

$$\sum_{j=0}^{m} \binom{n}{j} p^j (1-p)^{n-j} = \mathbf{B}_{n,p}(m),$$

wobei $\mathbf{B}_{n,p}$ die Verteilungsfunktion der Binomialverteilung $B(n,p)$ mit den Parametern n und p ist, so ist damit der erste Teil des folgenden Satzes gezeigt:

Satz 132 *(CRR-Formel für europäische pfadunabhängige Derivate) Im n-Perioden-CRR-Modell für den Kursverlauf einer Aktie (oder eines anderen Basiswerts) über ein Zeitintervall $[t_0, T]$ mit momentanem Kurs S, Faktoren u und d für die Kursentwicklung in einer Teilperiode, sowie einer risikolosen Rendite r_f für jede der n Teilperioden gelten die folgenden Formeln:*
a) Der europäische Call zum Basispreis K und Fälligkeitstag T hat zum Zeitpunkt t_0 den Wert

$$C_e(0) = S\left(1 - \mathbf{B}_{n,q'}(j_0 - 1)\right) - \frac{K}{(1+r_f)^n}\left(1 - \mathbf{B}_{n,q}(j_0 - 1)\right)$$

Hierbei ist $q = (1 + r_f - d)/(u - d)$ die risikoneutrale Wahrscheinlichkeit für eine Aufwärtsbewegung in einer der n Teilperioden und q' ist definiert durch $q' = qu/(1+r_f)$. j_0 ist die kleinste natürliche Zahl j mit $Su^j d^{n-j} > K$ [3].
b) Für einen europäischen Put mit Basispreis K und Fälligkeit T gilt die Formel

$$P_e(0) = \frac{K}{(1+r_f)^n}\left(\mathbf{B}_{n,q}(j_0 - 1)\right) - S\left(\mathbf{B}_{n,q'}(j_0 - 1)\right)$$

c) Für einen beliebigen pfadunabhängigen europäischen Claim CC_e zur Fälligkeit T mit Payoff-Funktion f gilt:

$$CC_e(0) = \frac{1}{(1+r_f)^n} \sum_{j=0}^{n} \binom{n}{j} q^j (1-q)^{n-j} f(Su^j d^{n-j})$$

Zum vollständigen Beweis des Satzes ist lediglich noch b) zu zeigen, denn c) ist offensichtlich. Man kann für den Put eine analoge Herleitung wie zu a) durchführen, eleganter ist es aber, die Put-Call-Parität auszunutzen. Das Portfolio $C_e - P_e$ hat zum Zeitpunkt T die sichere Auszahlung $S(n) - K$, woraus folgt:

$$P_e(0) = C_e(0) - \left(S - \frac{K}{(1+r_f)^n}\right)$$

Durch Einsetzen der Formel für den Call ergibt sich die Behauptung.

---
[3] Man beachte hierbei: $\mathbf{B}_{n,q}(-1) = 0$

6.2 Das Cox-Ross-Rubinstein-Modell

Beispiel 133 *Die RWE-Aktie hat am 15. September den Wert 40 Euro. Zu bewerten sind europäischer Call und Put zum Strike 42 Euro mit Fälligkeit 15. Dezember. Hierzu soll ein CRR-Modell mit $n = 5$ Perioden verwendet werden. Als Referenzzinssatz für die risikolose Rendite soll der Dreimonats-Euribor zu Grunde gelegt werden, der einen aktuellen Wert von 4% p.a. hat. Schließlich soll eine Schwankung des Kurses der RWE-Aktie für die Teilperioden der Länge von ca. 18 Tagen von ±5% in der Kalkulation berücksichtigt werden. Wichtig zu wissen ist noch, dass keine Dividendenzahlungen der Aktie in dem Zeitraum bis zur Fälligkeit erfolgen werden.*
Lösung: Als risikolose Rendite der Teilperioden (der Länge 1/20 Jahr) berechnet man $r_f = (1{,}04)^{1/20} - 1 = 0{,}001963$ (gerundet). Für u ist der Wert 1,05 und für d 0,95 einzusetzen. Für j_0 berechnet man den Wert 4 und man erhält durch Einsetzen als Wert des Calls 1,066 Euro. Für den Put zum gleichen Basispreis ergibt sich der Wert 2,656 Euro.

Es stellt sich die Frage, wie man das der Formel von Satz 132 entsprechende anfängliche Hedge-Portfolio ermitteln kann. Hierzu muss man auch für die beiden möglichen Folgezustände $s(1,1)$ und $s(1,2)$ die Derivatwerte $CC_e(1,1)$ und $CC_e(1,2)$ bestimmen und dann den Hedge-Ratio δ gemäß

$$\delta = \frac{CC_e(1,2) - CC_e(1,1)}{S(1,2) - S(1,1)}$$

(siehe 6.1) ermitteln.

Beispiel 134 *Im vorigen Beispiel errechnet man für den Call $C_e(1,1) = 0{,}303$ Euro und $C_e(1,2) = 1{,}775$ Euro, was den Hedge-Ratio $\delta = (1{,}775 - 0{,}303) / (42 - 38) = 0{,}368$ zur Folge hat. Für den Put ergibt sich der Wert $\delta = -0{,}632$ als Folgerung aus den beiden möglichen Folgewerten $P_e(1,1) = 3{,}975$ Euro und $P_e(1,2) = 1{,}447$ Euro.*

6.2.3 Zur Praxistauglichkeit der Baummodelle

Es wäre realitätsfern, zu glauben, dass ein Wertpapier zu den Zeitpunkten t_k ganz exakt einen der in einem Baummodell vorgesehenen Werte annimmt. Es stellt sich somit die Frage, welche Praxisrelevanz diesen Modellen zukommt. Hierzu ist zunächst einmal zu sagen, dass alle bisher aufgetretenen Bewertungsformeln im mathematischen Sinne stetige Funktionen in den Werten der Anlageformen sind. Damit ist grundsätzlich richtig, dass eine kleine Veränderung dieser Werte auch das Ergebnis nur geringfügig verändert. Aber dies ist natürlich eine nur sehr vage Aussage. Mit Hilfe des Cox-Ross-Rubinstein-Modells, das häufig nur als Durchgangsstation zu Black-Scholes angesehen wird, kann man aber sehr viel handfestere Überlegungen anstellen. In Abschnitt 6.1 hatten wir bereits gesehen, dass der Stillhalter eines Calls oder eines Puts in einem Einperiodenmodell nichts zu fürchten brauchte, wenn das Underlying am Periodenende nicht einen der beiden vorgesehenen Werte annimmt, sondern einen Wert dazwischen. Ganz im Gegenteil, er sollte sich darüber freuen, denn er profitiert davon. Dies überträgt sich im Sinne des folgenden Beispiels auch auf Mehrperiodensysteme.

Auf Grund einer Kundenanfrage nach einem europäischen Call auf eine Aktie mit aktuellem Kurs S zum Basispreis K mit Laufzeit 1 Jahr überlegt sich ein Derivatehändler z.B., dass er zwar unsicher ist, wie sich die Aktie entwickeln werde, er sich aber nicht vorstellen könne, dass der Kurs in einem beliebigen Vierteljahr um mehr als 10% schwankt. Er kalkuliert daraufhin den Preis der Option nach CRR mit $n = 4$ und $u = 1{,}1$ sowie $d = 0{,}9$ und überlegt sich die folgende Hedgestrategie: Zunächst baut er das Hedgeportfolio wie am Ende von Abschnitt 6.2 beschrieben auf und verfährt dann wie folgt: nach jedem Vierteljahr bestimmt er ausgehend von dem dann aktuellen Aktienkurs den Optionswert neu (natürlich mit einer immer um 1 abnehmenden Periodenzahl) und justiert dann sein Hedgeportfolio entsprechend. Hat er mit seiner Annahme über die maximalen Schwankungen des Aktienkurses recht, so wird er nach Ablauf des Jahres mit Sicherheit keinen Verlust haben, mit hoher Wahrscheinlichkeit aber einen Gewinn gemacht haben (vorausgesetzt, es gibt keine Transaktionskosten und die Zinsen bleiben konstant).

Dies sieht man, wenn man die Wertentwicklung der Option mit der des Hedgeportfolios über eine Teilperiode (im Beispiel ein Vierteljahr) vergleicht. Wir betrachten nur die erste Teilperiode, woraus sich aber die Gesamtbehauptung sofort ergibt. Das Hedgeportfolio setzt sich zusammen aus der risikolosen Anlageform und einem Anteil δ von S. Der Wert zum Zeitpunkt t_1 ist also eine lineare Funktion in $S(1)$. Der Wert des Calls zum Zeitpunkt t_1 ist nach der CRR-Formel (genauer nach der ersten Zeile der Herleitung der Formel) eine stetige, stückweise lineare konvexe Funktion in $S(1)$ (ceteris paribus, d.h. bei gleichen Werten von u, d, n, r und K), denn jeder Summand in

$$\frac{1}{(1+r_f)^{n-1}} \sum_{j=0}^{n-1} \binom{n-1}{j} q^j (1-q)^{n-1-j} \left[S(1)u^j d^{n-1-j} - K\right]^+$$

ist eine solche Funktion mit einem einzigen „Knick" bei $S(1) = K u^{-j} d^{j+1-n}$ und die Summe stetiger, stückweise linearer konvexer Funktionen ist wieder eine solche Funktion. Wird einer der Werte Su oder Sd von $A(1)$ exakt angenommen, so haben Option und Hedgeportfolio den gleichen Wert. Die Situation ist also wie folgt:

6.2 Das Cox-Ross-Rubinstein-Modell

Wert von Hedgeportfolio und Option

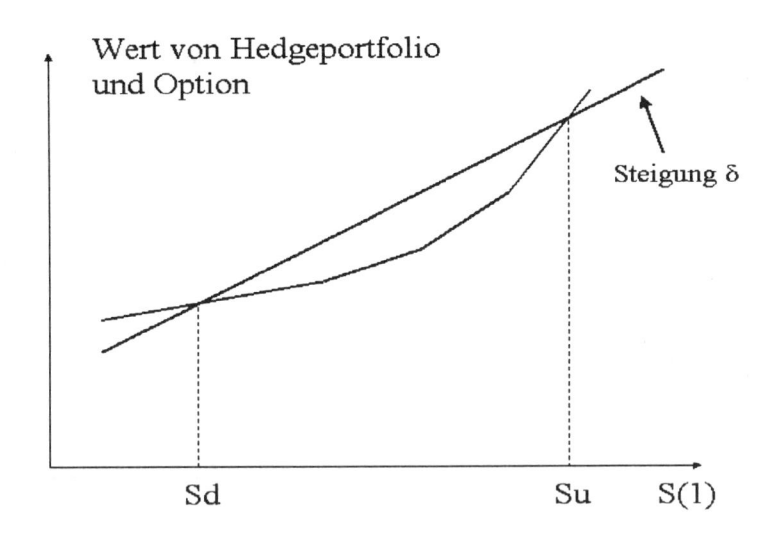

Steigung δ

Sd   Su   S(1)

wobei die lineare Funktion den Wert des Hedgeportfolios und die andere den der Option wiedergibt. Für $Sd < S(1) < Su$ ist demzufolge der Wert des Hedgeportfolios immer mindestens so hoch wie der der Option. Für den Hedge der Option über die Restlaufzeit wird aber nur der Wert der Option benötigt.

Die gleiche Argumentation lässt sich auch auf europäische Puts und generell alle pfadunabhängigen Derivate übertragen, deren Payoff als Funktion von $S(n)$, dem Kurs des Basiswerts zum Zeitpunkt T, konvex ist.

Die gleichen Überlegungen wie oben zeigen auch, dass der Derivatehändler Verluste macht, wenn es sich nach jedem Vierteljahr herausstellt, dass der Aktienkurs mehr als 10 Prozent geschwankt hat. Schwankt der Aktienkurs im Mittel um ±10%, so sollte also in etwa ±0 heraus kommen, aber das ist natürlich wieder eine etwas vage Aussage. Zu betonen ist noch einmal, dass aus Sicht des Stillhalters ein sehr hoher Kursausschlag nach oben einen entsprechenden Ausschlag nach unten nicht kompensiert. Nach einer Entwicklung $-20\% \rightarrow +25\% \rightarrow -20\% \rightarrow +25\%$ hat der Aktienkurs zwar wieder den Ausgangswert, der Optionsverkäufer aber nicht mehr sein Ausgangsvermögen, denn er schließt jedes der Quartale mit einem deutlichen Verlust ab.

Beispiel 135 *Ein Optionshändler kalkuliert eine europäische Call-Option zum Strike 100 Euro und einem Jahr Laufzeit auf eine Aktie ohne Dividende mit einem aktuellen Kurs von 120 Euro mit Hilfe eines CRR-Modells mit $n = 4$, $u = 1{,}1$ und $d = 0{,}9$ sowie risikoloser Vierteljahresrendite $r_f = 2\%$. Als Ergebnis erhält er einen fairen Preis von 28,654 Euro. Verkauft er die Option zu diesem Preis und verfährt gemäß der oben geschilderten Hedging-Strategie, so hat er bei einem Kursverlauf $120 \rightarrow 105 \rightarrow 90 \rightarrow 93 \rightarrow 105$ am Ende des Jahres einen Verlust von 2,296 Euro. Lediglich in der dritten Periode entwickelt sich der Aktienkurs günstig für ihn, jede andere Teilperiode endet mit einem Verlust, wie die folgende Tabelle zeigt. Die Spalten der Tabelle bedeuten im Einzelnen: die zweite und die dritte Spalte geben zu jedem Zeitpunkt t_i die vor der Periode kalkulierte Unter- und Obergrenze für den Aktienkurs an, dessen tatsächlichen Wert die 4.*

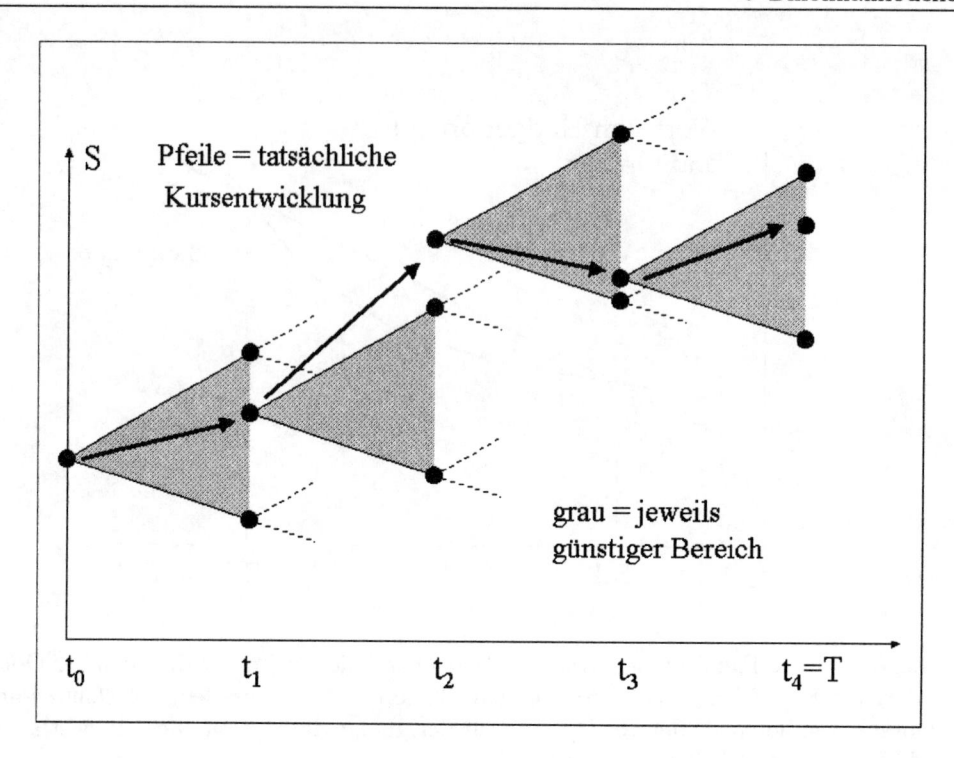

Abbildung 6.1 Kalkulierter und tatsächlicher Kursverlauf - nur in der zweiten Teilperiode ist die Entwicklung ungünstig für den Stillhalter

Spalte enthält. Die nächste Spalte gibt den mit der Entwicklung in der abgelaufenen Periode verbundenen Gewinn/Verlust wieder. Die nächste Spalte enthält die kumulierten aufgezinsten Gewinne und Verluste. Die letzten beiden Spalten schließlich geben den jeweils aktuellen Wert der Option sowie den Delta-Wert, also den nach Berechnung zur Neutralisation der Option erforderlichen Anteil Aktie.

Zeitpunkt	U'grenze	O'grenze	Kurs	G/V	kumuliert	C_e	δ
0			120			28,654	0,913
1	108,000	132,000	105	−0,597	−0,597	13,931	0,734
2	94,500	115,500	90	−1,418	−2,028	3,080	0,291
3	81,000	99,000	93	2,137	0,069	1,353	0,124
4	83,700	102,300	105	−2,366	−2,296	5,000	

Hätte der Optionshändler mit etwas höheren Schwankungen gerechnet, also etwa mit $u = 1{,}125$ und $d = 0{,}875$, so wäre die Entwicklung für ihn wesentlich freundlicher verlaufen:

Zeitpunkt	U'grenze	O'grenze	Kurs	G/V	kumuliert	C_e	δ
0			120			29,986	0,861
1	105,000	135,000	105	0,000	0,000	15,604	0,700
2	91,875	118,125	90	−0,545	−0,545	4,496	0,351
3	78,750	101,250	93	2,378	1,823	2,630	0,199
4	81,375	104,625	105	−0,300	1,559	5,000	

Das Geschäft hätte für ihn dann also einen Gewinn von 1,559 Euro erbracht (sofern es auch zu dem höheren Optionspreis zustande gekommen wäre). Man beachte, dass die Differenz $1,559 - (-2,296) = 3,855$ Euro ungleich der aufgezinsten Differenz der Optionspreise $C_e(0)$ ist.

Übung 136 *Man führe die Berechnungen des Beispiels für die Aktienkursabfolge $120 \to 135 \to 150 \to 132 \to 115$ und ansonsten gleichen Daten durch. Als Ergebnis sollte man für den Stillhalter die Salden $-0{,}150$ und $0{,}094$ erhalten.*

6.2.4 Grenzwertbetrachtungen zum CRR-Modell

Naheliegend ist die Frage, wohin das CRR-Modell führt, wenn man die Zeitintervalle $\Delta t = (T-t_0)/n$ immer kleiner werden lässt. Bei diesen Überlegungen muss man sorgfältig vorgehen. Der Grenzprozess muss derartig sein, dass durch die immer feiner werdende Unterteilung immer bessere Annäherungen der Möglichkeiten des zukünftigen Kursverlaufs ein und derselben Aktie entstehen. Es ist daher zunächst erforderlich, sich zu überlegen, welche Konsequenzen es für den Kursverlauf einer Aktie hat, wenn sie sich annähernd gemäß eines CRR-Modells entwickelt. Wir beschränken uns hierbei durchgehend auf den Spezialfall des CRR-Modells mit $d = 1/u$, der die Formeln vereinfacht und dabei noch genügend Spielraum zur Modellbildung lässt.

Im CRR-Modell ist nach k Zeitintervallen ($0 < k \leq l$) der Kurs der Aktie gleich $S(k) = S u^j d^{k-j} = S u^{2j-k}$, wobei die Zahl $j \in \{0,...,k\}$ zufällig ist, verteilt gemäß der Binomialverteilung $B(k,p)$ (p ist die „reale" Wahrscheinlichkeit gemäß 6.5, nicht das Martingalmaß). Um die speziellen Eigenschaften dieser Verteilung ausnutzen zu können, ist es zweckmäßig, an Stelle des Aktienkurses seinen Logarithmus zu betrachten, denn der Logarithmus übersetzt die Multiplikation in die Addition. Es ist ferner günstig, an Stelle von $S(k)$ den Quotienten $S(k)/S$, also die relative Wertentwicklung zu untersuchen:

$$\ln(S(k)/S) = (2j - k)\ln(u)$$

$\ln(S(k)/S)$ ist also eine lineare Funktion in einer binomialverteilten Zufallsvariablen. Da die Binomialverteilung $B(k,p)$ bekanntlich den Erwartungswert kp und die Varianz $kp(1-p)$ hat, gilt für den Erwartungswert und die Varianz von $\ln(S(k)/S)$:

$$\begin{aligned} \mathbf{E}(\ln(S(k)/S)) &= (2kp - k)\ln(u) \\ &= [(2p-1)\ln(u)]\,k \\ \mathbf{V}(\ln(S(k)/S)) &= [4p(1-p)\ln^2(u)]\,k \end{aligned} \qquad (6.7)$$

Die Größe k steht in diesen Gleichungen für den Zeitpunkt $t_k = t_0 + k\Delta t = t_0 + k(T-t_0)/n$ und damit für ein Zeitintervall der Länge $k(T-t_0)/n$. **Es ist also sowohl der Erwartungswert als auch die Varianz von $\ln(S(k)/S)$ proportional zur Länge des betrachteten Zeitintervalls.** Dies ist also eine Anforderung, die der Kursverlauf einer Aktie notwendig erfüllen muss, wenn er durch ein Modell dieser Art gut beschreibbar sein soll. Von besonderer Bedeutung ist der Proportionalitätsfaktor für die Varianz, dessen Wurzel **Volatilität** der Aktie heißt und allgemein mit σ bezeichnet wird. Sie ist ein Maß für die Neigung der Aktie zu Kursschwankungen. Die Volatilität ist (trotz gleicher Bezeichnung) *nicht* die im Rahmen der Portfolio-Selection betrachtete Standardabweichung der Rendite für das zugehörige Zeitintervall. Die Standardabweichung der Rendite für das Zeitintervall $[t_0, T]$ hat für kleine Δt allerdings näherungsweise den Wert $\sigma\sqrt{\Delta t}$ (s. Teil c) von Satz 140).

Im Rahmen der Erörterung von Modellen mit stetigen Aktienkursverläufen und ansatzweise auch schon weiter unten in diesem Abschnitt werden wir sehen, dass die Vorgabe der beiden Proportionalitätsfaktoren, die zu jedem Zeitpunkt und für beliebige Zeitintervalle gültig sein sollen, das Modell für die Aktienkursentwicklung bereits festlegt und bewirkt, dass $\ln(S(t)/S)$ mit beliebigem $t \in (t_0, T]$ normalverteilt ist. An dieser Stelle sei nur darauf hingewiesen, dass man für den Grenzfall einer risikolosen Anlageform A (Varianz = 0) das Modell der stetigen Verzinsung erhält. Entwickelt sich der Wert der Anlageform nämlich gemäß einer stetigen Verzinsung zum Zinssatz r, so hat A zum Zeitpunkt t den Wert

$$A(t) = A(0)e^{r(t-t_0)}$$

d.h. es gilt

$$\ln(A(t)/A(0)) = r(t - t_0)$$

Wir wollen nun zu beliebig vorgegebenen Proportionalitätsfaktoren σ^2 für die Varianz und ν für den Erwartungswert von $\ln(S(t)/S)$ eine Folge von CRR-Modellen konstruieren, die mit wachsender Anzahl n von Teilperioden diesen Werten immer näher kommt. Wir setzen hierzu

$$\mu = \nu + \sigma^2/2$$

und definieren

$$u = e^{\sigma\sqrt{\Delta t}} \quad p = \frac{e^{\mu \Delta t} - d}{u - d}$$

mit $\Delta t = (T - t_0)/n$ und $d = 1/u$ (wie vereinbart). Man beachte: Durch Δt ist eine Abhängigkeit der Größen u und p von n gegeben. Eigentlich müsste man also $u(n)$ und $p(n)$ schreiben, was wir aber nicht tun, um die Notation übersichtlich zu halten.

Untersucht man nun die Eigenschaften dieser Folge von Binomialmodellen, so ist als erstes festzustellen, dass sie mit wachsendem n ein immer großflächigeres Netz über die Ebene legen. Denn der größte im n-ten Modell vorgesehene Wert ist $e^{n\sigma\sqrt{\Delta t}}S = e^{\sigma\sqrt{n}\sqrt{T-t_0}}S$ und der kleinste ist $e^{-\sigma\sqrt{n}\sqrt{T-t_0}}S$. Es gilt also

$$\lim_{n\to\infty} S(n,n+1) = \lim_{n\to\infty} u^n S = \infty \text{ und } \lim_{n\to\infty} S(n,1) = \lim_{n\to\infty} d^n S = 0$$

Andererseits wird das Netz aber auch an jeder Stelle immer feinmaschiger, denn es gilt

$$\lim_{n\to\infty} u = \lim_{n\to\infty} e^{\sigma\sqrt{(T-t_0)/n}} = 1$$

Es folgt insgesamt, dass im Grenzwert die Menge der Knoten den gesamten Bereich $(t_0, T] \times (0, \infty)$ abdeckt, d.h. im mathematischen Sinne eine dichte Teilmenge bildet[4]. Auf die Anwendung bezogen bedeutet das, dass das CRR-Modell im Grenzwert zu jedem Zeitpunkt Handel erlaubt und jederzeit jede positive Zahl als Aktienkurs möglich ist.

Etwas aufwendiger ist es, die folgenden Eigenschaften zu beweisen:

---

[4] Präziser heißt das: Für jede natürliche Zahl N ist $\bigcup_{n=N}^{\infty} K_n$ eine solche dichte Teilmenge (K_n = Menge der Knoten des n-ten Baums):

6.2 Das Cox-Ross-Rubinstein-Modell

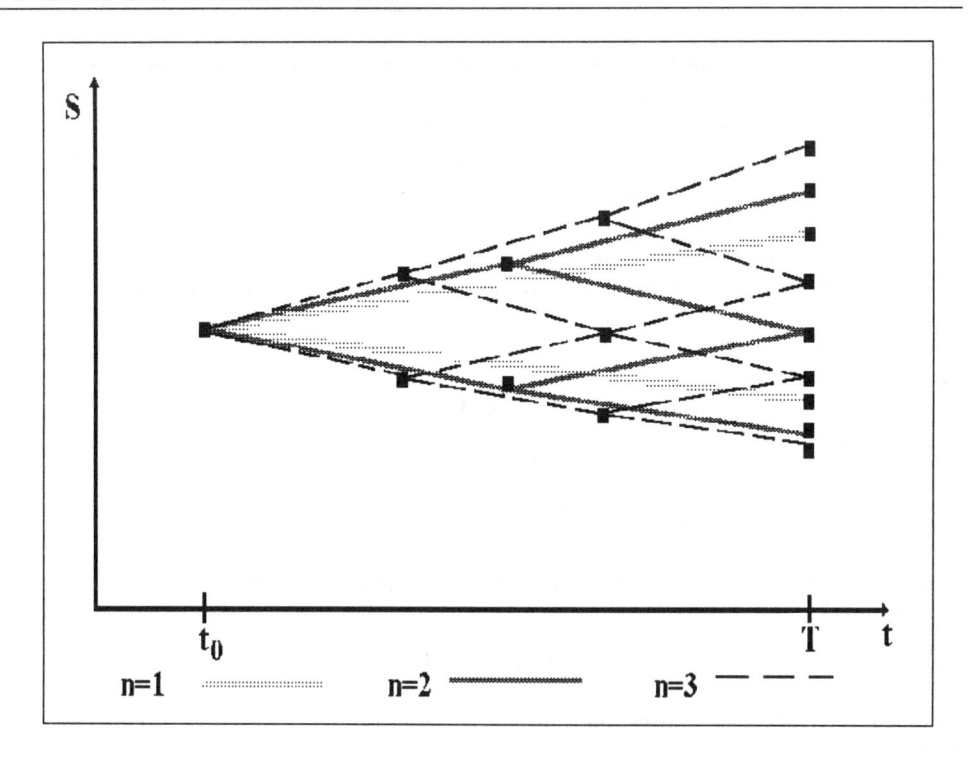

Abbildung 6.2 CRR-Modelle mit $n = 1, 2$ und 3 zu vorgegebenen Werten μ und σ

Satz 137 *In dem soeben definierten Binomialmodell sind die folgenden Aussagen richtig:*
a) Für große n, d.h. kleine Δt gilt: $\mathbf{E}(\ln(S(T)/S)) \approx (\mu - \sigma^2/2)(T - t_0)$, *d.h. genauer*

$$\lim_{n \to \infty} \mathbf{E}(\ln(S(T)/S)) = \lim_{\Delta t \to 0} \mathbf{E}(\ln(S(T)/S)) = \left(\mu - \frac{\sigma^2}{2}\right)(T - t_0)$$

b) Für große n, d.h. kleine Δt gilt: $\mathbf{V}(\ln(S(T)/S)) \approx \sigma^2 (T - t_0)$, *d.h. genauer*

$$\lim_{n \to \infty} \mathbf{V}(\ln(S(T)/S)) = \lim_{\Delta t \to 0} \mathbf{V}(\ln(S(T)/S)) = \sigma^2 (T - t_0)$$

Der Beweis des Satzes befindet sich in Abschnitt 6.2.5. Wir beschäftigen uns jetzt stattdessen mit seinen Aussagen und ziehen Schlussfolgerungen daraus. Die Teile a) und b) besagen, dass Erwartungswert und Varianz von $ln(S(T)/S)$ gegen die vorgegebenen Werte konvergieren, was zunächst einmal beinhaltet, dass Erwartungswert und Varianz von $ln(S(T)/S)$ (und damit auch von $S(T)$) überhaupt konvergieren. Dies ist sicher als Minimalforderung anzusehen, um die konstruierte Folge von CRR-Modellen „konvergent" nennen zu dürfen. Die Konvergenzaussage überträgt sich auch sofort auf $ln(S(t)/S)$ für jeden Punkt $t \in (t_0, T]$, für den der Quotient $(t - t_0)/(T - t_0)$ eine rationale Zahl ist, wobei da natürlich nur die (unendlich vielen) n betrachtet werden können, für die $t - t_0$ ein Vielfaches von Δt ist.

Aufgrund der speziellen Verteilung von $ln(S(T)/S)$ (und allgemeiner $ln(S(t)/S)$) folgt aber aus der Konvergenz von Erwartungswert und Varianz noch mehr. Bekanntlich konvergiert die Binomialverteilung $B(n,p)$ nach dem Satz von de Moivre-Laplace für $n \to \infty$ gegen die Normalverteilung. Es liegt daher die Vermutung nahe, dass $ln(S(T)/S)$ sich immer mehr einer Normalverteilung annähert. Die Vermutung ist richtig, aber man benötigt dazu eine kleine Verallgemeinerung des Satzes von de Moivre-Laplace, da wir es mit verschiedenen 'p' zu tun haben und unsere Zufallsvariablen nicht binomialverteilt sind, sondern lineare Funktionen in binomialverteilten Zufallsvariablen sind.

Lemma 138 *Es seien v, s reelle Zahlen mit $s > 0$, $(X_n)_{n \in \mathbb{N}}$ sei eine Folge von Zufallsvariablen mit*

$$X_n = a_n Y_n + b_n,$$

wobei Y_n $B(n, p_n)$-verteilt ist und a_n, b_n reelle Zahlen sind. Gilt dann

$$\lim_{n \to \infty} \mathbf{E}(X_n) = v \text{ und } \lim_{n \to \infty} \mathbf{V}(X_n) = s^2,$$

so konvergiert $(X_n)_{n \in \mathbb{N}}$ in Verteilung gegen die Normalverteilung $N(v, s^2)$, d.h. es gilt für alle $z \in \mathbb{R}$

$$\lim_{n \to \infty} \mathbf{F}_n(z) = \Phi\left(\frac{z-v}{s}\right)$$

Hierbei ist F_n die Verteilungsfunktion von X_n und Φ die Verteilungsfunktion der Standardnormalverteilung, also

$$\Phi(x) = \frac{1}{\sqrt{2\pi}} \int_{-\infty}^{x} e^{-t^2/2} dt$$

Dies ist ein Spezialfall des zentralen Grenzwertsatzes der Wahrscheinlichkeitsrechnung, zum Beweis siehe [15] S. 39f und die dort angegebene Quelle [60].

Die Voraussetzungen des Lemmas sind bei unserer Folge von Binomialmodellen erfüllt mit $a_n = 2\ln(u)$ und $b_n = -n\ln(u)$ sowie natürlich $v = (\mu - \sigma^2/2)(T - t_0)$ und $s^2 = \sigma^2(T - t_0)$. Es ergibt sich damit als Hauptergebnis dieses Abschnitts:

Satz 139 *Die betrachtete Folge von CRR-Modellen führt im Grenzwert zu lognormalverteilten Aktienkursen, d.h. für große n ist $ln(S(T)/S)$ annähernd $N((\mu - \sigma^2/2)(T - t_0), \sigma^2(T - t_0))$-verteilt.*

Hierzu ist noch nachzutragen, dass eine Zufallsvariable X **lognormalverteilt** heißt, wenn $\ln(X)$ normalverteilt ist. Auf diese Verteilung werden wir später noch genauer eingehen.

Wir beenden den Abschnitt mit der Analyse der speziellen CRR-Modelle dieses Abschnitts „im Kleinen". In der Formulierung beziehen sie sich nur auf das erste, bei t_0 beginnende Einperiodenteilmodell, sind aber auf alle enthaltenen Einperiodenteilmodelle übertragbar, wobei nur S durch $S(k,j)$ zu ersetzen ist.

Satz 140 *In dem Binomialmodell dieses Abschnitts sind die folgenden Aussagen wahr:*
a) Es gilt

$$\mathbf{E}(S(1)) = e^{\mu \Delta t} S$$

6.2 Das Cox-Ross-Rubinstein-Modell

b) *Für große n, d.h. kleine Δt gilt:* $\mathbf{E}(S(1)) \approx (1 + \mu \Delta t)S$, *d.h. genauer*

$$\lim_{n \to \infty} \frac{\mathbf{E}(S(1)) - S}{\Delta t \, S} = \lim_{\Delta t \to 0} \frac{\mathbf{E}(S(1)) - S}{\Delta t \, S} = \mu$$

c) *Für große n, d.h. kleine Δt gilt:* $\mathbf{V}(S(1)) \approx \Delta t \, \sigma^2 \, S^2$, *d.h. genauer*

$$\lim_{n \to \infty} \frac{\mathbf{V}(S(1)/S)}{\Delta t} = \lim_{\Delta t \to 0} \frac{\mathbf{V}(S(1)/S)}{\Delta t} = \sigma^2$$

Auch den Beweis dieses Satzes verschieben wir auf den nächsten Abschnitt und beschäftigen uns zunächst mit seinen Aussagen. Teil a) besagt, dass der Erwartungswert der Rendite der Aktie S in einem Teilintervall der Länge Δt gleich $e^{\mu \Delta t} - 1$ ist. Dies entspricht der stetigen Verzinsung zum Zinssatz μ. Teil c) besagt, dass für kleine Δt die Varianz der Rendite von S in einem der Zeitintervalle $[t_k, t_{k+1}]$ gleich $\Delta t \sigma^2$ ist. Die beiden Werte $\sqrt{\Delta t \, \sigma^2}$ und $e^{\mu \Delta t} - 1$ geben also an, wie die Aktie einzuordnen ist, wenn man ein Zeitintervall $[t_k, t_{k+1}]$ mit den Ansätzen der Portfolio-Selection betrachten will. Wir werden später sehen (Korollar 161 auf Seite 193), welche Werte Erwartungswert und Varianz der Rendite für große Zeitintervalle haben. Hierzu werden die Eigenschaften der Lognormalverteilung benötigt.

Teil b) des Satzes besagt, dass für kleine Zeitintervalle der Länge Δt der Erwartungswert der Rendite von S annähernd gleich dem Wert $\mu \Delta t$ ist. Mathematisch ergibt sich dies aus a) sofort mit Hilfe der Taylorentwicklung der Exponentialfunktion bei Vernachlässigung der Glieder zweiter oder höherer Ordnung. Es lässt sich folglich auch nicht auf größere Zeitintervalle übertragen. μ heißt daher auch **infinitesimale Wachstumsrate** von S. Wenn man so will, ist μ also eine Maßzahl für das S innewohnende Wachstumsstreben und die Volatilität σ charakterisiert - wie schon gesagt - die Neigung von S zu Kursschwankungen. Dieser Ansatz kann im Rahmen eines stetigen Modells dazu benutzt werden, zu S eine sogenannte stochastische Differentialgleichung aufzustellen, deren eindeutige Lösung zum Anfangswert $S(0)$ die Teile a) und b) aus Satz 137 ebenfalls erfüllt (s. Abschnitt 7.1).

Bemerkung 141 *Der aufmerksame Leser wird sich vielleicht fragen, wie denn Teil a) von Satz 137 und Teil a) von Satz 140 zusammen passen. Nach letzterem gilt* $\mathbf{E}(S(1)) = e^{\mu \Delta t} S$, *was entsprechend für alle im Modell vorgesehenen einstufigen Entwicklungen gilt. Hieraus lässt sich auf Grund von*

$$\frac{S(T)}{S} = \frac{S(T)}{S(T-1)} \cdot \frac{S(T-1)}{S(T-2)} \cdot \ldots \cdot \frac{S(1)}{S}$$

folgern, dass gilt:

$$\mathbf{E}(S(T)/S) = e^{\mu(T-t_0)}$$

Dies legt die Vermutung nahe, dass gelten müsste

$$\mathbf{E}(\ln(S(T)/S)) = \mu (T - t_0)$$

Nach Teil a) von Satz 137 gilt aber

$$\lim_{n \to \infty} \mathbf{E}(\ln(S(T)/S)) = \left(\mu - \frac{\sigma^2}{2}\right)(T - t_0)$$

Die Vermutung ist also falsch. Der Fehler liegt in einer unzulässigen Vertauschung von Erwartungswert und Funktionsbildung. Denn für nichtlineare reelle Funktionen f (wie z.B. den Logarithmus) und Zufallsvariablen X gilt in der Regel

$$\mathbf{E}(f(X)) \neq f(\mathbf{E}(X))$$

Im Spezialfall des Logarithmus ist der Unterschied im wesentlichen begründet durch den Unterschied zwischen arithmetischem und geometrischem Mittel von Zahlen. Wir werden hierauf im Zusammenhang mit der Diskussion der Lognormalverteilung zurückkommen (siehe die Abschnitte 7.1.3 und 7.1.4).

6.2.5 Beweis der Sätze 137 und 140

Der Beweis der beiden Sätze erfordert ein gewisses Maß an Technik, das aber durch den folgenden Hilfssatz erträglich gehalten wird. Vorher geben wir aber noch die vermutlich nicht allen Lesern vertraute Definition des **Landau-Symbols** $o()$ („klein-o") an:

Definition 142 *f und h seien zwei in der Nähe von 0 definierte reelle Funktionen in einer Variablen. Dann sagt man, f ist $o(h(x))$, wenn gilt*

$$\lim_{x \to 0} \frac{f(x)}{h(x)} = 0$$

„f ist $o(h(x))$" bedeutet also, dass $f(x)$ in der Nähe von 0 klein ist im Vergleich zu $h(x)$. Das Landau-Symbol ist vor allem eine bequeme Schreibweise im Rahmen von Grenzwertuntersuchungen. Es gilt z.B. $c \cdot o(h(x)) = o(h(x))$ für jede Konstante $c \in \mathbb{R}$. Außerdem gilt $o(h(x)) + o(h(x)) = o(h(x))$, wobei sich hinter den beiden Summanden links des Gleichheitszeichens völlig unterschiedliche Funktionen verbergen dürfen.

Lemma 143 *μ und σ seien reelle Zahlen, σ sei positiv. Dann gelten für die Funktionen f und g mit*

$$f(x) = \frac{e^{\mu x^2} - e^{-\sigma x}}{e^{\sigma x} - e^{-\sigma x}} \quad \text{und} \quad g(x) = f(x) e^{\sigma x - \mu x^2}$$

die Gleichungen

$$f(x) = \frac{1}{2} + \left(\frac{\mu}{2\sigma} - \frac{\sigma}{4}\right) x + f_1(x) \quad \text{bzw.} \quad g(x) = \frac{1}{2} + \left(\frac{\mu}{2\sigma} + \frac{\sigma}{4}\right) x + g_1(x),$$

wobei die Funktionen f_1 und g_1 $o(x^2)$ sind, d.h. es gilt

$$\lim_{x \to 0} f_1(x)/x^2 = \lim_{x \to 0} g_1(x)/x^2 = 0$$

Insbesondere sind f und g bei null durch den Funktionswert $1/2$ stetig ergänzbar.

Beweis. Die angegebene Darstellung ergibt sich aus den Taylorentwicklungen von f und g um den Entwicklungspunkt 0, deren quadratischer Term null ist. Zur Bestimmung sind auch Grenzwerte an der Stelle 0 zu ermitteln, was z.B. mit Hilfe der Regel von l'Hospital möglich ist. Dies ist mühsam, aber nicht schwierig. Viel Mühe erspart man sich allerdings, wenn man stattdessen zunächst mit Hilfe der Taylorentwicklung des Nenners und der Summenformel für die geometrische Reihe $(1/(1-c) = 1 + c + c^2 + ...$ für $|c| < 1)$ die Identität

6.2 Das Cox-Ross-Rubinstein-Modell

$$\frac{x}{e^{\sigma x} - e^{-\sigma x}} = \frac{1}{2\sigma}\left[1 - \frac{\sigma^2 x^2}{6} + o(x^3)\right]$$

nachweist (oder überprüft oder einfach benutzt). Die Taylorentwicklung des Zählers von f führt dann direkt zum Ziel. Hat man das Ergebnis für f, so erhält man die gewünschte Darstellung für g mit Hilfe der Taylorentwicklung der e-Funktion:

$$\begin{aligned}e^{\sigma x - \mu x^2} &= 1 + \sigma x - \mu x^2 + \tfrac{1}{2}(\sigma x - \mu x^2)^2 + \ldots \\ &= 1 + \sigma x + \left(\tfrac{\sigma^2}{2} - \mu\right)x^2 + x^3(\ldots)\end{aligned}$$

Die Ausführung der Details sei dem Leser als Übung überlassen. ∎

Nun zunächst zum Beweis von Satz 137. Wir werden dabei ausgiebig Gebrauch von der Identität $p = f(\sqrt{\Delta t})$ machen, wobei f die Funktion aus dem Hilfssatz ist. Zu a): Mit Gleichung 6.7 (S. 169) gilt:

$$\begin{aligned}\mathbf{E}(\ln(S(T)/S)) &= (2np - n)\ln u \\ &= \left(2\frac{T-t_0}{\Delta t}p - \frac{T-t_0}{\Delta t}\right)\sigma\sqrt{\Delta t}\end{aligned}$$

woraus folgt:

$$\begin{aligned}\frac{\mathbf{E}(\ln(S(T)/S))}{T - t_0} &= \frac{2f(\sqrt{\Delta t}) - 1}{\sqrt{\Delta t}}\sigma \\ &= \frac{2\left(\frac{1}{2} + \left(\frac{\mu}{2\sigma} - \frac{\sigma}{4}\right)\sqrt{\Delta t} + f_1(\sqrt{\Delta t})\right) - 1}{\sqrt{\Delta t}}\sigma \\ &= \left(\mu - \frac{\sigma^2}{2}\right) + o(\Delta t)/\sqrt{\Delta t}\end{aligned}$$

zu b): Zunächst gilt nach 6.7:

$$\mathbf{V}(\ln(S(T)/S) = \left[4p(1-p)\ln^2(u)\right]n$$

Setzt man für u, p und n die Werte ein ($n = (T - t_0)/\Delta t$) und berücksichtigt man, dass für die Funktion f gilt

$$f(x)(1 - f(x)) = \frac{1}{4} + o(x)$$

(wie man leicht nachrechnet), so ergibt sich

$$\mathbf{V}(\ln(S(T)/S)) = \sigma^2(T - t_0) + o(\sqrt{\Delta t}),$$

woraus die Behauptung folgt.
Nun zum Beweis von Satz 140. Teil a): Man berechnet ganz elementar

$$\mathbf{E}(S(1)) = pS(1, 2) + (1 - p)S(1, 1) = pu\,S + (1 - p)u^{-1}S,$$

woraus nach Einsetzen der Werte für p und u die Behauptung diesmal schon ohne Benutzung des Lemmas folgt.
b) ergibt sich aus a) sofort mit Hilfe der Taylorentwicklung der e-Funktion:

$$e^{\mu\Delta t} = \sum_{i=0}^{\infty} \frac{(\mu\Delta t)^i}{i!}$$

c) schließlich erfordert die meiste Arbeit. Es gilt zunächst unter Ausnutzung von Lemma 143 und Teil a) des Satzes

$$\begin{aligned}
\mathbf{V}(S(1)/S) &= \mathbf{E}\left[(S(1)/S)^2\right] - \mathbf{E}^2(S(1)/S) \\
&= f(\sqrt{\Delta t})e^{2\sigma\sqrt{\Delta t}} + \left(1 - f(\sqrt{\Delta t})\right)e^{-2\sigma\sqrt{\Delta t}} - e^{2\mu\Delta t} \\
&= \frac{1}{2}\left(e^{2\sigma\sqrt{\Delta t}} + e^{-2\sigma\sqrt{\Delta t}}\right) + \left(\frac{\mu}{2\sigma} - \frac{\sigma}{4}\right)\sqrt{\Delta t}\left(e^{2\sigma\sqrt{\Delta t}} - e^{-2\sigma\sqrt{\Delta t}}\right) \\
&\quad - e^{2\mu\Delta t} + o(\Delta t)
\end{aligned}$$

Mit Hilfe der Taylorentwicklung der e-Funktion sieht man diese drei Identitäten:

$$e^{2\sigma\sqrt{\Delta t}} + e^{-2\sigma\sqrt{\Delta t}} = 2 + 4\sigma^2\Delta t + o(\Delta t)$$

$$e^{2\sigma\sqrt{\Delta t}} - e^{-2\sigma\sqrt{\Delta t}} = 4\sigma\sqrt{\Delta t} + o(\Delta t)$$

$$e^{2\mu\Delta t} = 1 + 2\mu\Delta t + o(\Delta t)$$

Hieraus folgt nun

$$\mathbf{V}(S(1)/S) = \sigma^2\Delta t + o(\Delta t)$$

und somit die Behauptung.

6.2.6 Die Black-Scholes-Formel

Es soll jetzt untersucht werden, zu welchen Ergebnissen man bei der Bewertung europäischer Optionen mit Fälligkeit T zum Zeitpunkt t_0 gelangt, wenn man im CRR-Modell wie im letzten Abschnitt beschriebene die Anzahl n der Perioden gegen unendlich streben lässt. Bei dem Basiswert denken wir an eine Aktie, die aber in dem Zeitraum $[t_0, T]$ keine Dividende ausschütten darf, da Dividendenausschüttungen bewirken, dass sich der Aktienkurs um (in etwa) diesen Betrag verringert, so dass das beschriebene Modell nicht mehr dem Kursverlauf der Aktie entsprechen kann. Natürlich sind auch viele andere Basiswerte denkbar, z.B. ein Aktienindex oder eine Fremdwährung.

Es ist jetzt wieder sinnvoll, Zinssätze in stetiger Form zu beschreiben. Um die Formeln in Satz 132 zu erhalten, hatten wir schon angenommen, dass für alle Teilperioden $[t_k, t_{k+1}]$ der Länge Δt die gleiche risikolose Rendite r_f gültig ist. Diese vereinfachende Annahme erweitern wir jetzt noch im folgenden Sinn:

Annahme 144 *Es gibt einen stetigen Zinssatz r, zu dem über jede Teilperiode jeder Länge risikolos Geld geliehen und verliehen werden kann.*

Es gilt also $e^{r\Delta t} = 1 + r_f$ oder $r = \ln(1+r_f)/\Delta t$. Um nun Optionen bewerten zu können, müssen wir zu den Binomialmodellen des letzten Abschnitts, also zu $u = e^{\sigma\sqrt{\Delta t}}$ und $d = 1/u$ das (zu dem durch p gegebenen realen Wahrscheinlichkeitsmaß) äquivalente Martingalmaß $\mathbf{Q}^*$ finden. Nach Formel 6.6 (Seite 163) ist es durch die Wahrscheinlichkeit

6.2 Das Cox-Ross-Rubinstein-Modell

$$q = \frac{1 + r_f - d}{u - d} = \frac{e^{r\Delta t} - d}{u - d}$$

einer Aufwärtsbewegung gegeben, und dies ist gerade der Wert, den das p aus dem letzten Abschnitt hat, wenn man $\mu = r$ setzt. Das ist sehr vorteilhaft, denn jetzt können die Ergebnisse aus den Sätzen 137 und 139 angewandt werden. Für eine beliebige europäische pfadunabhängige Option CC_e gilt zunächst in den CRR-Modellen

$$CC_e(0) = \mathbf{E}_{\mathbf{Q}^*}(\widetilde{CC_e}(T)) = \mathbf{E}_{\mathbf{Q}^*}(e^{-r(T-t_0)}CC_e(n))$$

($\widetilde{CC_e}(n)$ = diskontierter Wert von $CC_e(n)$). Der Grenzwert hiervon für $n \to \infty$ kann berechnet werden, indem man den Erwartungswert unter der Grenzverteilung von $S(T)$ bestimmt. Dies ist nach Satz 137 eine stetige Verteilung, nämlich eine Lognormalverteilung. Hieraus lässt sich eine allgemeine Formel für $CC_e(0)$ in Form eines Integrals herleiten, das die Payoff-Funktion von CC_e berücksichtigt (siehe Satz 173 und Abschnitt 7.2.2). An dieser Stelle wollen wir uns aber mit Calls und Puts begnügen, und für diese kommen wir ohne Integralrechnung zu dem folgenden berühmten Ergebnis:

Satz 145 *(Black-Scholes-Formel) Setzt man zu vorgegebenem $\sigma > 0$ im n-stufigen CRR-Modell $u = e^{\sigma\sqrt{\Delta t}}$, $d = 1/u$ mit $\Delta t = (T - t_0)/n$, so ergeben sich im Grenzübergang $n \to \infty$ für einen europäischen Call C_e oder Put P_e zum Basispreis K auf eine Aktie ohne Dividende mit aktuellem Kurs S und Fälligkeitstermin T der Option die Preise*

$$C_e(0) = S\Phi(d_+) - e^{-r(T-t_0)}K\Phi(d_-)$$
$$P_e(0) = e^{-r(T-t_0)}K\Phi(-d_-) - S\Phi(-d_+)$$

mit

$$d_+ = \frac{\ln(S/K) + (r + \tfrac{1}{2}\sigma^2)(T - t_0)}{\sigma\sqrt{T - t_0}}$$
$$d_- = \frac{\ln(S/K) + (r - \tfrac{1}{2}\sigma^2)(T - t_0)}{\sigma\sqrt{T - t_0}}$$

Φ *ist die Verteilungsfunktion der normierten Normalverteilung, also*

$$\Phi(x) = \frac{1}{\sqrt{2\pi}} \int_{-\infty}^{x} e^{-t^2/2} dt$$

Beweis. Der Beweis benutzt natürlich die Annäherung der Binomialverteilung an die Normalverteilung, wobei die CRR-Preise der entsprechenden Optionen aus Satz 132 der Ausgangspunkt sind. Wir zeigen die Behauptung nur für den Call, für den Put kann genau wie im Beweis zu Satz 132 über die Put-Call-Parität argumentiert werden. Die Ähnlichkeit der Formeln in Satz 132 mit den hier aufgestellten ist augenscheinlich und für $n \to \infty$ gleichen sich die entsprechenden Komponenten auch tatsächlich an. Unmittelbar klar ist, dass

$$\frac{1}{(1 + r_f)^n} = e^{-r(T-t_0)}$$

gilt, so dass also nur noch die Ausdrücke $(1 - \mathbf{B}_{n,q'}(j_0 - 1))$ und $(1 - \mathbf{B}_{n,q}(j_0 - 1))$ untersucht werden müssen. Lemma 138 ist auch auf die Standardisierten der Binomialverteilungen $B(n,q)$ und $B(n,q')$ (als „X_n" in der Formulierung des Hilfssatzes) anwendbar. Hierbei ist die Standardisierte X^* einer Zufallsvariablen X die Zufallsvariable $(X - \mathbf{E}(X))/\sqrt{\mathbf{V}(X)}$, die Erwartungswert 0 und Varianz 1 hat. Diese Konstruktion ist natürlich nur möglich, wenn X Erwartungswert und Varianz besitzt.

Es gilt zunächst nach Lemma 138 und der Symmetrieeigenschaft der Normalverteilung:

$$\lim_{n \to \infty} (1 - \mathbf{B}_{n,q}(j_0 - 1)) = \lim_{n \to \infty} \left(1 - \Phi\left(\frac{j_0 - 1 - nq}{\sqrt{nq(1-q)}}\right)\right)$$

$$= \lim_{n \to \infty} \left(\Phi\left(\frac{nq + 1 - j_0}{\sqrt{nq(1-q)}}\right)\right)$$

$$= \lim_{n \to \infty} \left(\Phi\left(\frac{nq - [\ln(K/S) + n\sigma\sqrt{\Delta t}]/[2\sigma\sqrt{\Delta t}]}{\sqrt{nq(1-q)}}\right)\right)$$

Der Ausdruck in der Klammer des letzten Ausdrucks ergibt sich hierbei durch Weglassen des Summanden 1 und Freistellen der Größe j_0 in der Gleichung

$$S_0 u^{j_0} d^{n-j_0} = K.$$

j_0 ist ja nach Definition die kleinste natürliche Zahl j mit $S_0 u^j d^{n-j} > K$. Die kleine Differenz zwischen dem Zähler des letzten und des vorletzten Ausdrucks spielt für den Grenzwert keine Rolle, da der Nenner gegen unendlich strebt. Das Argument von Φ lässt sich vereinfachen ($n = (T - t_0)/\Delta t$):

$$\frac{nq - \ln(K/S)/\left(2\sigma\sqrt{\Delta t}\right) - n/2}{\sqrt{nq(1-q)}} = \frac{\ln(S/K)}{2\sigma\sqrt{T-t_0}\sqrt{q(1-q)}} + \frac{nq - n/2}{\sqrt{nq(1-q)}}$$

und wir betrachten die einzelnen Summanden gesondert. Wie schon im vorigen Abschnitt können wir das Verhalten der Funktion f aus Lemma 143 in der Nähe von 0 benutzen, denn mit $\mu = r$ gilt $q = f(\sqrt{\Delta t})$. Da die stetige Funktion f an der Stelle 0 den Grenzwert $1/2$ hat, folgt sofort

$$\lim_{n \to \infty} \frac{\ln(S/K)}{2\sigma\sqrt{T-t_0}\sqrt{q(1-q)}} = \lim_{\Delta t \to 0} \frac{\ln(S/K)}{2\sigma\sqrt{T-t_0}\sqrt{q(1-q)}} = \frac{\ln(S/K)}{\sigma\sqrt{T-t_0}}$$

Für den zweiten Summanden berechnet man entsprechend:

$$\lim_{n \to \infty} \frac{nq - n/2}{\sqrt{nq(1-q)}} = 2 \lim_{\Delta t \to 0} \sqrt{\frac{T-t_0}{\Delta t}} \left(f(\sqrt{\Delta t}) - 1/2\right)$$

$$= 2 \lim_{\Delta t \to 0} \sqrt{\frac{T-t_0}{\Delta t}} \left(\left(\frac{r}{2\sigma} - \frac{\sigma}{4}\right)\sqrt{\Delta t} + o(\Delta t)\right)$$

$$= \frac{r - \sigma^2/2}{\sigma} \sqrt{T-t_0}$$

Damit ist die Behauptung für den Summanden zu K in der Black-Scholes-Formel gezeigt. Für den anderen Summanden folgt sie analog mit Hilfe der Funktion g aus Lemma 143, denn es gilt für q' aus Satz 132: $q' = g(\sqrt{\Delta t})$. ∎

6.2 Das Cox-Ross-Rubinstein-Modell

Das folgende Beispiel illustriert nicht nur die Black-Scholes-Formel, sondern zeigt auch, wie schnell die CRR-Preise sich dem Grenzwert nähern.

Beispiel 146 *Die Siemens-Aktie hat Anfang September einen Kurs von 160 Euro. Die Volatilität der Aktie wird auf 20% geschätzt und der aktuelle Zinssatz beträgt 5% p.a. (jährliche Zinsverrechnung). Es sollen Preise für europäische Calls und Puts zu den Strikes $K = 155$, 130 und 200 mit Fälligkeit Anfang März des nächsten Jahres ermittelt werden. Die Aktie schüttet während der Laufzeit keine Dividende aus.*
Es ist also $T - t_0 = 0{,}5$ und der stetige Zinssatz beträgt $r = 0{,}04879016$. Durch Einsetzen in die Formeln erhält man die folgenden Werte:

$K =$	155	155	130	130	200	200
	Call	Put	Call	Put	Call	Put
CRR mit $n = 1$	15,779	7,043	33,133	0,000	0,000	35,180
$n = 2$	13,773	5,037	33,133	0,000	0,000	35,180
$n = 3$	14,349	5,613	33,617	0,484	0,639	35,819
$n = 4$	13,965	5,230	33,599	0,466	0,916	36,096
$n = 5$	14,051	5,315	33,456	0,323	0,744	35,924
$n = 10$	13,978	5,243	33,554	0,421	0,898	36,078
$n = 20$	13,922	5,186	33,554	0,421	0,902	36,082
$n = 50$	13,835	5,099	33,552	0,420	0,903	36,083
$n = 100$	13,818	5,083	33,558	0,425	0,893	36,073
Black-Scholes-Preis	13,822	5,087	33,557	0,424	0,904	36,084

Die mit Hilfe des Binomialbaummodells entwickelten Optionspreise sind also recht schnell in der Nähe der Black-Scholes-Preise. Bedenkt man, dass zu den Zeitpunkten t_k im CRR-Modell für den Stillhalter der Option eine Adjustierung seines Hedge-Portfolios erforderlich ist, so ist das im Hinblick auf den Arbeitsaufwand und die in der Realität ja nicht völlig vernachlässigbaren Transaktionskosten beruhigend. Andererseits senkt die Bereitschaft, häufig zu handeln, das Risiko hoher Verluste auf Grund starker Kursausschläge. Denn das CRR-Modell deckt mit wachsendem n einen immer größeren Bereich von Aktienkursen ab, wie wir schon gesehen haben (vor Satz 137).

Auf Grund von Abschnitt 6.1 hätte man vielleicht vermuten können, dass die Optionspreise mit steigender Zahl Handelszeitpunkte immer weiter sinken, aber das ist nicht notwendig der Fall. Der Grenzprozess beinhaltet nämlich zwei Komponenten mit gegenteiligem Einfluss auf die Optionspreise. Eine Erhöhung der Handelspunkte wirkt in der Tat preissenkend, aber die Ausdehnung des abgedeckten Bereichs ist preiserhöhend. Zwischen diesen beiden gegenläufigen Tendenzen wird die Balance durch die ungefähre Konstanz der Varianz von $S(n)$ gehalten. Dies erklärt auch das in Beispiel 146 ersichtliche gute Konvergenzverhalten des CRR-Modells.

Wie schon gesagt ist die Annäherung über Binomialbäume nicht die einzige Möglichkeit, zur Black-Scholes-Formel zu gelangen. Im nächsten Kapitel werden wir eine andere kennen lernen. Dort werden wir die Formel auch noch unter verschiedenen Aspekten eingehend diskutieren.

Bemerkung 147 *Wir haben gesehen, dass das Cox-Ross-Rubinstein-Modell zu lognormalverteilten Aktienkursen führt und damit zur Black-Scholes-Formel für europäische*

Calls und Puts. Wir wissen auch, dass hierbei der Parameter p des CRR-Modells keine Rolle spielt. Dies ist allgemein akzeptiert und in jedem entsprechenden Lehrbuch zu finden. Häufig übersehen wird aber, dass die Preisfindung des CRR-Modells (und damit auch die Black-Scholes-Formel) für eine sehr viel größere Klasse von möglichen Kursverläufen einer Aktie zu korrekten Optionspreisen führt. Gibt man nämlich die Forderung auf, dass alle Einperiodenteilmodelle eines CRR-Baums den gleichen Wert des Parameters p haben müssen, so erhält man eine Vielzahl weiterer Modelle für den Kursverlauf einer Aktie, die alle das gleiche äquivalente Martingalmaß haben, also alle zu gleichen Optionspreisen führen. Es bedarf keiner allzu großen Phantasie, zu erkennen, dass durch indiviuelle Vergabe der p-Werte für jeden der Zustände $s(k,j)$ so gut wie jede Verteilung des Aktienkurses $S(n)$ am Ende des Zeitintervalls erreicht werden kann. Es stehen $\left(n^2+n\right)/2$ Variablen zur Verfügung, um für die $n+1$ möglichen Zustände zum Zeitpunkt T vorgegebene Wahrscheinlichkeiten zu erreichen. Es ist ein weit verbreiteter Irrglaube, dass die Black-Scholes-Formel auf lognormalverteilte Aktienkurse angewiesen ist (was sie gemäß empirischer Studien in Wirklichkeit allenfalls grob genähert sind). Die Wahrscheinlichkeitsverteilung des Aktienkurses $S(n)$ zum Zeitpunkt T allein erlaubt so gut wie überhaupt keine Rückschlüsse auf die Optionspreise. Wichtig für das CRR-Modell sind nur die mit den Zuständen $s(k,j)$ verbundenen Aktienwerte.

Hieraus folgt, dass für das Black-Scholes-Modell einzig und allein die darin enthaltene Annahme der konstanten Volatilität von Bedeutung ist. Ein etwaiges besseres Modell als das Black-Scholes-Modell (oder das CRR-Modell) muss also in erster Linie ein besseres Volatilitätsmodell sein.

Über die Annahme konstanter Volatilität werden wir an anderer Stelle reden. Es sei aber an dieser Stelle schon gesagt, dass Praktiker gelernt haben, mit variabler Volatilität und dem Black-Scholes-Modell zu leben.

7 Das Black-Scholes-Modell

Bisher haben wir im Zusammenhang mit der Derivatebewertung ausschließlich endliche diskrete Modelle betrachtet. Diese sehen in einem begrenzten Zeithorizont endlich viele Handelszeitpunkte mit jeweils endlich vielen möglichen Aktienkursen vor. Wie schon mehrfach erwähnt, ist dieser Ansatz eigentlich allgemein genug, um die reale Welt hinreichend genau abzubilden. Denn man bleibt im Rahmen eines endlichen Modells, wenn man z.B. vorsieht, dass es in einer Millisekunde eine Million Handelszeitpunkte gibt, an denen der Wert einer Aktie jeweils irgendeinen Wert zwischen 0 und $10^{10^{10}}$ Euro annimmt, gestuft in Milliardstel-Cent-Schritten. Dass mit einem solchen Modell selbst die modernsten Computer überfordert wären, ist eine andere Frage. Vom Grundsatz her sind die Möglichkeiten, die endliche diskrete Modelle bieten, also absolut ausreichend. Dennoch wollen wir jetzt den Modellrahmen erweitern und zulassen, dass zu *jedem* Zeitpunkt t eines Zeitintervalls $[t_0, T]$ gehandelt werden kann, und der Aktienkurs *jeden* Wert - also jede positive reelle Zahl - zwischen null und unendlich annehmen kann. Hierfür gibt es verschiedene Gründe, von denen die aufwendige numerische Behandlung komplexer endlicher Modelle nur einer ist. Schon die Grenzuntersuchungen zum CRR-Modell haben erkennen lassen, dass es durchaus vorteilhaft sein kann, den Modellrahmen wie angegeben zu erweitern. Man gelangt so in die Welt, in die die Black-Scholes-Formel eigentlich gehört. Das zugehörige Modell soll in diesem Kapitel eingeführt und besprochen werden. Der Schritt von den diskreten zu diesem und anderen zeitstetigen Modellen ist vergleichbar dem Übergang von der Beschreibung z.B. der Sinusfunktion durch eine große Anzahl Wertepaare $(x, \sin x)$ zu der Betrachtung der Sinusfunktion insgesamt mit all ihren theoretischen Eigenschaften.

Zeitstetige Modelle haben den Vorteil, dass in ihnen häufig Formeln wie die Black-Scholes-Formel gelten, die sowohl die numerische Behandlung erleichtern als auch weitgehende theoretische Analysen ermöglichen. Ihr Nachteil ist ihre Inflexibilität. Man kann solche Systeme nicht so leicht an Besonderheiten anpassen wie z.B. die äußerst flexiblen Baummodelle.

So wie die Differential- und Integralrechnung um einiges schwerer zu verstehen ist als die Prozentrechnung, so sind auch die zeitstetigen Modelle mathematisch deutlich anspruchsvoller als die eigentlich elementar zugängigen endlichen diskreten Modelle. Daher erfolgt die Vermittlung in zwei Stufen. In diesem Kapitel vermeiden wir weitgehend die abstrakte mathematische Begriffsbildung und können daher den Stoff recht anschaulich darstellen (so ist zumindest zu hoffen), sind dafür aber an einigen Stellen auf anschauliche Plausibilitätsargumente angewiesen, deren mathematische Überzeugungskraft möglicherweise diskutabel ist. Die Interessierten finden dann aber im Kapitel über die Mathematik stochastischer Prozesse die zugehörige mathematische „Hintergrundinformation".

7.1 Ein Modell für den Kursverlauf einer Aktie

7.1.1 Anforderungen

Es soll ein Modell für den Kursverlauf einer Aktie S in dem Zeitintervall $[t_0, T]$ entwickelt werden. t_0 bezeichnet den aktuellen Zeitpunkt. Mit $S(t)$ oder S_t bezeichnen wir den Kurs der Aktie zum Zeitpunkt t, für $S(t_0)$ schreiben wir auch kurz nur S. $S(t)$ ist für alle t eine Zufallsvariable, deren Wert für $t > t_0$ nicht bekannt ist. Die Gesamtheit aller $S(t)$ mit $t \in [t_0, T]$ bildet einen sogenannten **zeitstetigen stochastischen Prozess**, den wir ebenfalls kurz mit S bezeichnen, wenn das ohne Verwechslungsgefahr möglich ist. Wir nehmen an, dass die Aktie in dem Intervall $[t_0, T]$ keine Dividende ausschüttet und dass es auch sonst keine gestalterischen Aktivitäten gibt, die zu sprunghaften Kursveränderungen führen. Der Marktwert des Unternehmens und seine Veränderungen im Lauf der Zeit spiegeln sich dann also direkt im Aktienkurs wider.

Forderung 148 *Der Aktienkurs hat einen stetigen Verlauf, d.h. die Funktion $t \mapsto S(t)$ ist eine stetige Funktion auf $[t_0, T]$ mit Werten in $(0, \infty)$.*

Wir sagen hierzu auch, dass der stochastische Prozess **stetige Pfade** hat. Diese Forderung ist nicht allzu einschränkend. Reale Kurssprünge können durchaus theoretisch stetig sein. Obwohl der Graph einer stetigen Funktion auf einem Intervall keine Sprungstellen haben darf, kann er doch rapide ansteigen oder fallen. Wenn also ein Aktie momentan 100 € wert ist und eine Zehntelsekunde später nur noch 1 €, so ist das zwar nicht gerade ein Indiz für eine stetige Entwicklung, streng mathematisch gesehen bedeutet es aber nicht zwangsläufig, dass der Kursverlauf unstetig ist.

Wie besprochen wird in der Theorie der Portfolio-Selection davon ausgegangen, dass für jedes Wertpapier, das für eine Periode, also z.B. den Zeitraum $[t_0, T]$, beurteilt wird, Erwartungswert und Streuung der Rendite existieren (und von den Marktteilnehmern annähernd gleich eingeschätzt werden). Die Rendite r_S der Aktie in einem Zeitintervall $[t_1, t_2]$ berechnet sich hierbei gemäß der Formel

$$r_S = \frac{S(t_2) - S(t_1)}{S(t_1)} = \frac{S(t_2)}{S(t_1)} - 1.$$

Im Black-Scholes-Modell wird davon ausgegangen, dass die Renditeeigenschaften der Aktie im Intervall $[t_0, T]$ gleichartig bleiben. Damit ist nicht gemeint, dass sich der Aktienkurs gradlinig vom Anfangswert $S = S(t_0)$ zum Endwert $S(T)$ entwickelt, sondern dass zu jedem Zeitpunkt Renditechance und -risiko gleich sind. Dies wird durch die folgende Forderung präzisiert. Mit Δt bezeichnen wir ein „kleines" Zeitintervall.

Forderung 149 *Es gibt Zahlen $\mu, \sigma \in \mathbb{R}$ mit $\sigma > 0$, so dass für alle $t \in [t_0, T]$ und alle möglichen Aktienkurse x zum Zeitpunkt t für den bedingten Erwartungswert und die bedingte Varianz der Rendite gilt:*

$$\lim_{\Delta t \downarrow 0} \frac{\mathbf{E}\left(\frac{S(t+\Delta t) - S(t)}{S(t)} \middle| S(t) = x\right)}{\Delta t} = \mu$$

sowie

7.1 Ein Modell für den Kursverlauf einer Aktie

$$\lim_{\Delta t \downarrow 0} \frac{\mathbf{V}\left(\frac{S(t+\Delta t)-S(t)}{S(t)} | S(t) = x\right)}{\Delta t} = \sigma^2$$

($\lim_{\Delta t \downarrow 0}$ = *rechtsseitiger Grenzwert*) *Die Größe μ heißt* **infinitesimale Wachstumsrate** *und σ* **Volatilität** *der Aktie.*

Mit „bedingter Erwartungswert" und „bedingte Varianz" sind Erwartungswert und Varianz der angegebenen Größe zum Zeitpunkt t gemeint unter der Voraussetzung, dass dann S den angegebenen Wert x hat. Wer die Begriffe nicht kennt und mit einem intuitiven Verständnis nicht zufrieden ist, findet in den Abschnitten 12.1.5 und 12.3.4 eine mathematische Präzisierung.

Eine spannende Frage im Zusammenhang mit dem Kursverlauf einer Aktie ist, welche Rückschlüsse der Kursverlauf in der Vergangenheit auf die Zukunft zulässt. Unbestritten ist, dass der jeweils aktuelle heutige Kurs eine wichtige Information für den zukünftigen, also z.B. den morgigen Kurs liefert. Von einer Aktie, die heute den Kurs 100 hat, kann man sich viel eher vorstellen, dass sie morgen auf 105 stehen wird, als von einer, die momentan auf 20 steht. Die strittige Frage ist, welche Rückschlüsse die weitere Vergangenheit erlaubt. Kann man bei einer Aktie, die innerhalb kurzer Zeit z.B. von 35 auf 12 fällt, davon ausgehen, dass der Kurs sich bald wieder erholen wird (sofern keine dramatischen Firmennachrichten vorliegen)? Oder umgekehrt: Wenn eine Aktie über einen längeren Zeitraum mehr oder weniger kontinuierlich gestiegen ist: Wird sie dann weiter steigen oder im Rahmen einer Konsolidierungsphase wieder leicht sinken oder gar abstürzen? Kann man z.B. anhand des Kursverlaufs einer Aktie (völlig losgelöst von der fundamentalen betriebswirtschaftlichen Einschätzung des dahinter stehenden Unternehmens) erkennen, ob ein Trend sich fortsetzt oder nicht (Widerstandslinien)? **Chartisten** glauben, dass man das kann, die Lehrmeinung sagt, dass man es eher nicht kann. Sie besagt, dass der Kursverlauf einer Aktie die **Markov-Eigenschaft** hat, was bedeutet, dass zwar der aktuelle Kurs einer Aktie, nicht aber der vergangene Kursverlauf Aufschlüsse über den zukünftigen Kursverlauf liefert. Dies bedeutet im Extremfall, dass jemand, der weiß, dass der Kurs einer Aktie an einem Tag von 500 auf 50 gefallen ist, keinen ausnutzbaren Informationsvorsprung vor jemandem besitzt, der nur weiss, dass die Aktie momentan den Kurs 50 hat. Begründet wird diese Einschätzung dadurch, dass in einem effizienten Markt allen Teilnehmern sämtliche relevanten Informationen über ein Unternehmen zur Verfügung stehen. Der Kurs der Aktie des Unternehmens resultiert aus diesen Informationen. Zu einer Kursveränderung kommt es erst, wenn neue unvorhersehbare Informationen auftauchen.

Dem mag man entgegenhalten, dass die Kursentwicklung einer Aktie an der Börse eine technische, allein durch den Handel verursachte Komponente besitzt. Und diese Komponente lässt sich möglicherweise mit Hilfe der Chartanalyse entschlüsseln. Dieser Meinung kann man mit einem Argument widersprechen, das dem No-Arbitrage-Argument ganz ähnlich ist: wenn es möglich wäre, aus einem bestimmten Chartmuster Nutzen zu ziehen, so würden das immer mehr Marktteilnehmer erkennen und ausnutzen. Wie bei der Ausnutzung einer Arbitragemöglichkeit muss das auf Dauer den Effekt haben, dass diese Gewinnmöglichkeit sich selbst eliminiert.

Nicht ausgeschlossen ist hiermit natürlich, dass es immer wieder temporär möglich sein kann, dass sich bestimmte Chartmuster wiederholen. Den größten Nutzen werden daraus diejenigen ziehen, die ein Verhaltensmuster des Marktes als erste erkennen und die auch früh genug merken, wenn es nicht mehr zutreffend ist.

Also: dass der Kursverlauf von Aktien die Markov-Eigenschaft hat, ist die herrschende Lehrmeinung an den Hochschulen. Es ist nicht unbedingt die Meinung der Händler und Kundenberater in den Geldinstituten. Viele von ihnen sehen in der technischen Chartanalyse eine von mehreren Komponenten der Meinungsbildung, auf die man sich, genau wie auf die anderen Komponenten auch, nicht hundertprozentig verlassen kann. In gewisser Weise glauben also viele Praktiker sowohl an die Chartanalyse als auch ihre Verneinung, die Markov-Eigenschaft.

Das Black-Scholes-Modell sieht für den Kursverlauf einer Aktie die Markov-Eigenschaft vor. Dies hat die folgende Konsequenz: Unterteilt man das Intervall $[t_0, T]$ in n gleich große Teilintervalle der Länge $\Delta t = (T - t_0)/n$:

$$[t_i, t_{i+1}] = [t_0 + i\Delta t, t_0 + (i+1)\Delta t] \qquad (i = 0, n-1)$$

so sind die Zufallsvariablen $S(t_{i+1})/S(t_i)$ paarweise unabhängig voneinander. Das gilt dann auch für ihren Logarithmus, der aufgrund seiner allgemeinen Eigenschaften die Zerlegung

$$\ln \frac{S(T)}{S(t_0)} = \ln \frac{S(t_1) \cdot S(t_2) \cdot \ldots \cdot S(T)}{S(t_0) \cdot S(t_1) \cdot \ldots \cdot S(t_{n-1})} = \sum_{i=0}^{n-1} \ln \frac{S(t_{i+1})}{S(t_i)}$$

ermöglicht. Da die Varianz bei der Summenbildung unabhängiger Zufallsvariabler additiv ist, folgt hieraus

$$\mathbf{V}\left(\ln \frac{S(T)}{S(t_0)}\right) = \sum_{i=0}^{n-1} \mathbf{V}\left(\ln \frac{S(t_{i+1})}{S(t_i)}\right)$$

Für n sehr groß sollte $S(t_{i+1})/S(t_i)$ nahe bei 1 liegen (zumindest mit hoher Wahrscheinlichkeit), also

$$\ln \frac{S(t_{i+1})}{S(t_i)} \approx \frac{S(t_{i+1})}{S(t_i)} - 1$$

Nach Forderung 149 hat das zur Folge

$$\mathbf{V}\left(\ln \frac{S(t_{i+1})}{S(t_i)}\right) \approx \mathbf{V}\left(\frac{S(t_{i+1})}{S(t_i)}\right) \approx \sigma^2 \Delta t$$

Durch Summenbildung und Grenzübergang für $\Delta t \to 0$ legt das nahe $(n \cdot \Delta t = T - t_0)$

$$\mathbf{V}\left(\ln \frac{S(T)}{S(t_0)}\right) = \sigma^2 (T - t_0)$$

Diese Gleichung ist im Black-Scholes-Modell auch tatsächlich richtig, sie zeigt insbesondere, dass die Varianz von $\ln(S(t))$ proportional zu $(t - t_0)$ ist.

Forderung 150 *i) Der Kursverlauf einer Aktie erfüllt die Markov-Bedingung.*
ii) Die Varianz von $\ln(S(t)/S(t_0))$ ist proportional zur Länge des Intervalls $[t_0, t]$.

7.1.2 Der Wiener-Prozess und verwandte stochastische Prozesse

Der Wiener-Prozess ist der wesentliche Baustein für das Black-Scholes-Modell und viele weitere zeitstetige stochastische Prozesse. Er kann als reiner Zufallsprozess angesehen werden. Ausgangspunkt für die Entwicklung der Theorie der Wiener-Prozesse waren naturwissenschaftliche Fragestellungen. Mikroskopisch kleine Teilchen ohne Eigenbewegung in Flüssigkeiten oder Gasen bewegen sich in allen drei Raumdimensionen bezüglich eines Wiener-Prozesses. Diese Teilchen erfahren fortwährend Kollisionen mit Molekülen, die ihnen einen Impuls in eine bestimmte Richtung versetzen, in die sie sich dann bis zur nächsten Kollision bewegen. So addieren sich in schneller Folge eine Reihe zufälliger Einflüsse. Da sich viele zufällige Größen meistens (annähernd) zu Normalverteilungen aufsummieren, ist zu erwarten, dass sich die Positionsveränderung eines Teilchens in einem kleinen Zeitintervall Δt durch eine Normalverteilung beschreiben lässt (in jeder Dimension). Da das Teilchen keine Eigenbewegung hat und von allen Richtungen gleichermaßen Hiebe empfängt, sollte diese Normalverteilung den Erwartungswert null haben. Außerdem ist es naheliegend, dass die Position des Teilchens umso mehr streuen wird, je länger das Zeitintervall Δt ist. Die Varianz der Normalverteilung sollte also mit zunehmendem Δt auch zunehmen, fraglich ist nur die genaue Form der Abhängigkeit von der Zeit. Da die Kollisionen mit den Molekülen fortwährend aus anderen Richtungen erfolgen, wird das Teilchen durch sie keine Eigengeschwindigkeit aufnehmen. Das bedeutet, dass grundsätzlich bei jeder Kollision annähernd die gleiche Situation gegeben ist. Für den stochastischen Prozess, der die Bewegung des Teilchens in einer der drei Dimensionen beschreibt, bedeutet das, dass er die Markov-Eigenschaft hat. Hieraus folgt analog zu dem vorigen Unterabschnitt, dass die Varianz proportional zur Länge des Zeitintervalls Δt sein muss. Für den Wiener-Prozess nimmt man den Proportionalitätsfaktor 1.

Definition 151 *Ein **Wiener-Prozess** W ist ein zeitstetiger Prozess auf dem Zeitintervall $[0, \infty)$, der mit dem Wert 0 beginnt und stetige Pfade hat. Er hat die Markov-Eigenschaft und die Veränderungen in einem Zeitintervall der Länge Δt sind normalverteilt mit Erwartungswert 0 und Varianz Δt:*

$$\Delta W = W(t + \Delta t) - W(t) \sim N(0, \Delta t)$$

Eine ausführlichere und mathematisch vollständigere Definition findet man in Abschnitt 12.2.4. Ein anderer Name für einen Wiener-Prozess ist (eindimensionale Standard-) **Brownsche Bewegung**. Der Botaniker R. Brown war der erste, dem derartige Bewegungen auffielen, N. Wiener war der erste, dem der mathematische Existenzbeweis gelang.

Aufgrund der dauernden Richtungsänderungen haben typische Pfade eines Wiener-Prozesses den Verlauf einer Zickzacklinie. Sie haben einige furchterregende mathematische Eigenschaften, z.B.:

- Ein typischer Pfad eines Wiener-Prozesses ist zwar stetig, aber nirgends differenzierbar.

- Ein typischer Pfad eines Wiener-Prozesses nimmt eine beliebige vorgegebene reelle Zahl unendlich oft als Funktionswert an.

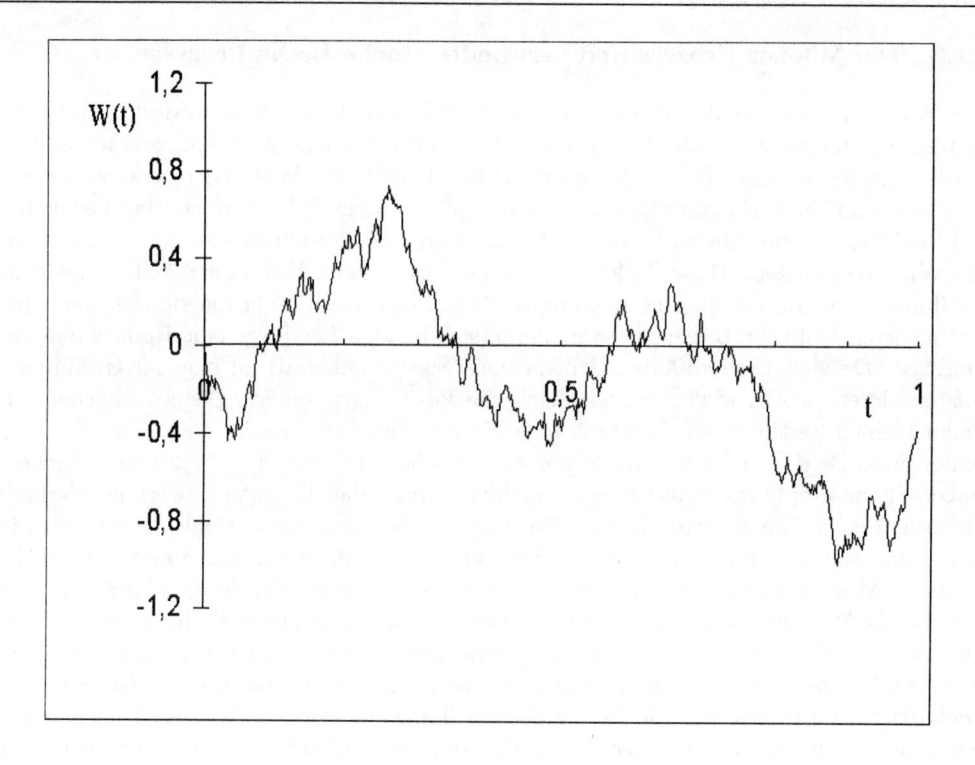

Abbildung 7.1 Pfad einer Brownschen Bewegung

Man beachte, dass die Forderung nach normalverteilten Veränderungen in Kombination mit der Markov-Eigenschaft eine spezifische Eigenschaft der Normalverteilung stark ausnutzt, nämlich dass die Summe unabhängiger normalverteilter Zufallsvariabler wieder normalverteilt ist. Ist nämlich

$$t_0 < \ldots < t_n = T$$

eine Zerlegung eines Intervalls $[t_0, T]$ in n Teilintervalle, so muss gelten

$$N(0, T - t_0) \sim W(T) - W(t_0) = \sum_{i=0}^{n-1} (W(t_{i+1}) - W(t_i))$$

und $W(t_{i+1}) - W(t_i)$ ist $N(0, t_{i+1} - t_i)$-verteilt.

Verändert sich eine Größe X im Laufe der Zeit ab dem Zeitpunkt t_0 gemäß eines Wiener-Prozesses, so schreibt man auch

$$dX = dW$$

Dies bedeutet nichts anderes, als dass gilt: $X(t) = X(t_0) + W(t - t_0)$.

Eine **verallgemeinerte Brownsche Bewegung** (oder **verallgemeinerter Wiener-Prozess**) mit **Driftrate** a und **Varianzrate** b^2 ist durch die Vorschrift gegeben

7.1 Ein Modell für den Kursverlauf einer Aktie

$$dX = a \cdot dt + b \cdot dW$$

Dies soll bedeuten:

$$X(t) = X(t_0) + a \cdot (t - t_0) + b \cdot W(t - t_0).$$

$X(t) - X(t_0)$ ist dann also $N(a(t-t_0), b^2(t-t_0))$-verteilt. Auch hierzu liefert die Physik ein passendes Beispiel (wozu man im dreidimensionalen Raum drei verallgemeinerte Brownsche Bewegungen benötigt): Hat das Teilchen in der Flüssigkeit eine Eigengeschwindigkeit, so steuert diese die Komponente $a \cdot dt$ bei. Hinzu kommt die Komponente $b \cdot W(t-t_0)$, die die molekularen Kollisionen beschreibt. Die Größe b hat hierbei lediglich die Bedeutung eines skalaren Faktors. Die Varianz der Veränderung im Zeitintervall $[t_0, t]$ bleibt mit dem Wert $b^2(t - t_0)$ proportional zur Länge des Zeitintervalls.

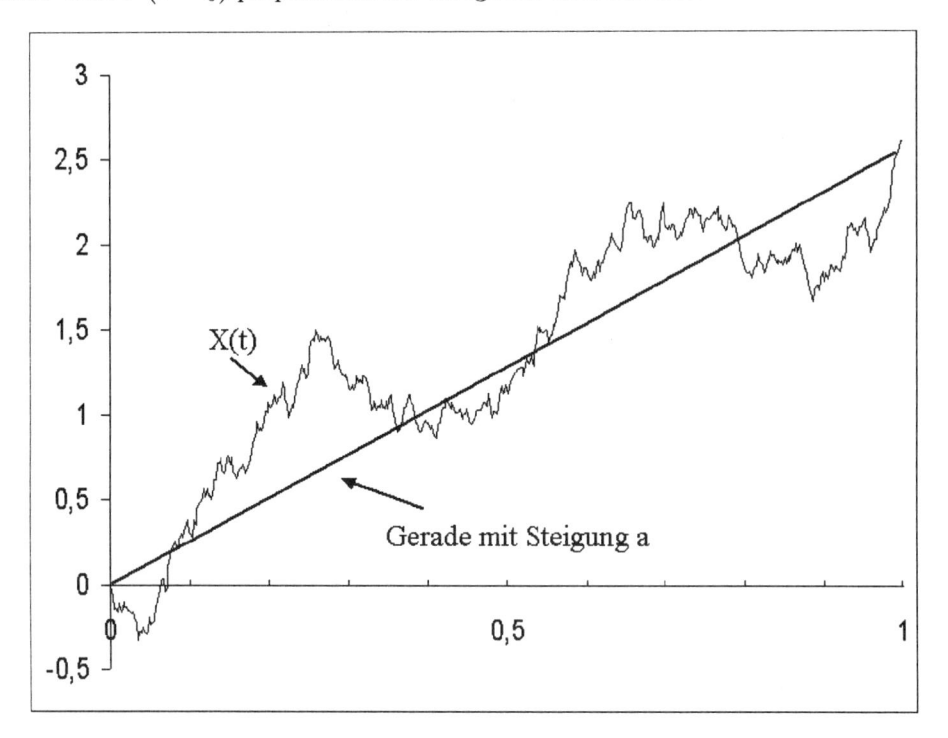

Abbildung 7.2 Pfad einer verallgemeinerten Brownschen Bewegung $dX = a \cdot dt + b \cdot dW$

Man könnte nun auf den ersten Blick vermuten, dass eine solche verallgemeinerte Brownsche Bewegung den Kursverlauf einer Aktie gut beschreiben kann, aber sie erfüllt nicht Forderung 149. Bei einer verallgemeinerten Brownschen Bewegung ist der Erwartungswert von $X(t + \Delta t) - X(t)$ gleich $a \cdot \Delta t$, und zwar unabhängig von $X(t)$. Das passt nicht sehr gut zu Aktien. Bei einem Kurs einer Aktie von 20 Euro wäre ein Wachstum um 5 Euro in einem Jahr sehr gut, bei einem Kurs von 1000 Euro eher mager. Nach Forderung 149 erwartet man eigentlich ein zum jeweiligen Aktienkurs proportionales Wachstum und ebenso eine kursproportionale Neigung zu Kursschwankungen. Dem entspricht eine Gleichung der Art

$$dS = \mu S\, dt + \sigma S\, dW \qquad (7.1)$$

(genauer $dS(t) = \mu S(t)\, dt + \sigma S(t)\, dW(t)$) wesentlich eher. Die Gleichung ist so zu interpretieren, dass für ein kleines Zeitintervall Δt aus Sicht des Zeitpunkts t annähernd gilt

$$\mathbf{E}(S(t+\Delta t)) \approx \mu S(t)\Delta t + S(t) \quad \text{und} \quad \mathbf{V}(S(t+\Delta t)) \approx \sigma^2 S^2(t)\Delta t \qquad (7.2)$$

Somit wäre dann Forderung 149 genau umgesetzt. Es ist zu betonen, dass Gleichung 7.2 nur für kleine Δt und nur näherungsweise gelten kann, denn sobald sich der Aktienkurs ändert, ändert sich auch die Dynamik. Das Problem ist nun aber, dass sich eine Lösung von Gleichung 7.1 nicht auf elementare Weise aus dem Wiener-Prozess W konstruieren lässt. Die Situation ist ähnlich der Situation bei reellen Funktionen: Ist die Funktion $f(x) = x$ gegeben, so kann man die Differentialgleichung $g'(x) = b \cdot f'(x)$ durch $g(x) = a+bx = a+b\cdot f(x)$ elementar lösen, wohingegen die Lösung von $g'(x) = g(x) = g(x)\cdot f'(x)$ die Exponentialfunktion voraussetzt. Erschwerend kommt bei uns noch hinzu, dass die Bedeutung der Gleichung 7.1 noch einer gewissen Präzisierung bedarf. Die Fragestellung fügt sich in den folgenden Rahmen.

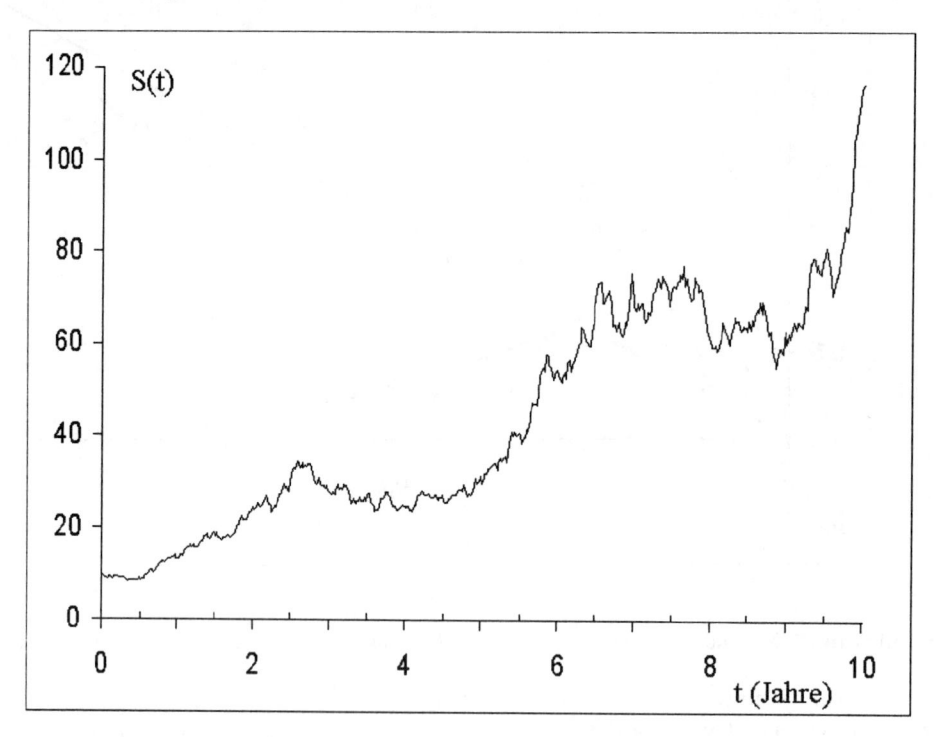

Abbildung 7.3 Möglicher Kursverlauf einer Aktie

Eine Gleichung der Art

$$dX = a\, dt + b\, dW \quad \text{(ausführlicher } dX(t) = a(X(t),t)\, dt + b(X(t),t)\, dW(t)) \qquad (7.3)$$

wobei a und b von X und t abhängen dürfen, also Funktionen in zwei Variablen sind, heißt **stochastische Differentialgleichung**. Wenn ein stochastischer Prozess X die Gleichung erfüllt, so soll das bedeuten, dass für alle t und „kleine" Δt aus Sicht des Zeitpunkts t gilt:

$X(t + \Delta t) - X(t)$ ist näherungsweise normalverteilt mit Erwartungswert $a(X(t), t)\Delta t$ und Varianz $b^2(X(t), t)\Delta t$.

Diese etwas vage Definition wurde Mitte des 20. Jahrhunderts von K. Itô und anderen durch die Entwicklung der Theorie stochastischer Integrale präzisiert. Man nennt daher einen solchen Prozess X **Itô-Prozess**[1]. Es lässt sich zeigen, dass eine stochastische Differentialgleichung 7.3 für differenzierbare Funktionen a und b, die gewissen Wachstumsbeschränkungen unterliegen, zu einer vorgegebenen Anfangssituation $X(t_0)$ eine eindeutig bestimmte Lösung X hat (s. Satz 301). Die Lösung X erfüllt die Markov-Bedingung. Die Koeffizienten der Gleichung 7.1 erfüllen die erforderlichen Voraussetzungen, so dass also zu jeder vorgegebenen infinitesimalen Wachstumsrate μ, jeder vorgegebenen Volatilität $\sigma > 0$ und jedem Ausgangskurs $S(t_0)$ durch

$$dS = \mu S\, dt + \sigma S\, dW \quad \text{(oft auch geschrieben als } \frac{dS}{S} = \mu\, dt + \sigma\, dW\text{)}$$

auf dem Zeitintervall $[t_0, \infty)$ ein stochastischer Prozess eindeutig definiert ist (s. Korollar 302). Dies ist der im Black-Scholes-Modell angenommene Kursverlauf einer Aktie (ohne Dividende). Man sagt auch, der Kursverlauf erfolgt gemäß einer **geometrischen Brownschen Bewegung**. Das Modell erfüllt alle in Abschnitt 7.1.1 aufgestellten Anforderungen.

Beispiel 152 *Für den Kursverlauf einer Aktie werde $\mu = 0{,}1$ und $\sigma = 0{,}2$ angenommen. Der aktuelle Aktienkurs sei $S = 150$ €. Gehen wir davon aus, dass $\Delta t = 1$ Tag $\approx 1/360$ Jahr klein genug ist zur Anwendung von 7.2. Dann gilt also für den morgigen Kurs S_2*

$$\frac{S_2 - S}{S} \approx N\left(\frac{0{,}1}{360}, \frac{0{,}2^2}{360}\right)\text{-verteilt,}$$

also $\mathbf{E}(S_2) \approx 150 \cdot 1{,}000278$ und $\mathbf{V}(S_2) \approx 150^2 \cdot 0{,}00011 \approx 2{,}475$. Wir werden bald die Verteilung von $\Delta S = S(t + \Delta t) - S(t)$ exakt bestimmen. Es ist keine Normalverteilung, sondern eine Lognormalverteilung. Der exakte Wert von $\mathbf{E}(S_2/S)$ ist $\exp(\mu \Delta t)$ und nicht $(1 + \mu \Delta t)$, das ergibt in diesem Beispiel aber erst einen Unterschied an der siebten Stelle nach dem Komma (siehe auch Satz 140).

7.1.3 Die Itô-Formel

So schön es auch ist, nun ein Modell für den Kursverlauf einer Aktie zu haben und allgemein zu wissen, dass stochastische Differentialgleichungen in der Regel eindeutig bestimmte Lösungen haben, so unbeholfen sind wir momentan noch im Umgang mit diesen Prozessen. Es fehlen Rechenregeln. Sind z.B. X und Y Itô-Prozesse zu der gleichen Brownschen Bewegung W, was ist dann z.B. mit $X + Y$ und XY oder auch einfach mit αX ($\alpha \in \mathbb{R}$)?

---
[1] Der Begriff des Itô-Prozesses ist an sich noch etwas allgemeiner, siehe Definition 298.

Satz 153 *Es seien X und Y Itô-Prozesse mit $dX = a\,dt + b\,dW$ sowie $dY = c\,dt + e\,dW$. α sei eine reelle Zahl. Dann sind auch αX, $X+Y$ und XY Itô-Prozesse und es gilt*

$d(\alpha X) = \alpha\,dX = \alpha a\,dt + \alpha b\,dW$

$d(X+Y) = dX + dY = (a+c)\,dt + (b+e)\,dW$

$d(X \cdot Y) = (Xc + aY + be)\,dt + (Xe + bY)\,dW = X\,dY + Y\,dX + be\,dt.$ [2]

Zeigt sich bei den ersten beiden Regeln eine völlige Übereinstimmung mit den Differentiationsregeln aus der Analysis, so gibt es bei der Produktregel eine Abweichung. Für Funktionen f und g gilt ja bekanntlich $d(fg) = f\,dg + g\,df$. Die Abweichung ist begründet durch den Zickzackverlauf der Pfade des Wiener-Prozesses (s. das letzte Kapitel dieses Buches).

Die wichtigste Rechenregel für Itô-Prozesse ist die nun folgende Übertragung der Kettenregel der Differentialrechnung auf stochastische Prozesse:

Satz 154 *(Itô-Formel) X sei ein Itô-Prozess mit $dX = a\,dt + b\,dW$. G sei eine zweimal stetig differenzierbare Funktion[3] in zwei reellen Variablen x und t, deren Definitionsbereich den Bildbereich von X enthält. Dann ist die Hintereinanderschaltung $G \circ X := G(X(t),t)$ ein Itô-Prozess und es gilt*

$$d(G \circ X) = \left[\frac{\partial G}{\partial t} + \frac{\partial G}{\partial x} \cdot a + \frac{1}{2}\frac{\partial^2 G}{\partial x^2} \cdot b^2\right] dt + \frac{\partial G}{\partial x} \cdot b\,dW.$$

Eine ausführliche Diskussion der Itô-Formel findet man in Abschnitt 12.3.3. Auch bei dieser Regel ist es nützlich, sich den Unterschied zu Funktionen klarzumachen. Der Einfachheit halber nehmen wir hierbei an, dass G in der zweiten Komponente (t) konstant ist, also eigentlich eine Funktion in einer Variablen ist. Dann vereinfacht sich die Itô-Formel zu

$$\begin{aligned}d(G \circ X) &= \left[G'(X) \cdot a + \tfrac{1}{2}G''(X) \cdot b^2\right] dt + G'(X) \cdot b\,dW \\ &= G'(X) \cdot dX + \tfrac{1}{2}G''(X) \cdot b^2\,dt\end{aligned}$$

Ist f eine differenzierbare Funktion in einer reellen Variablen, so gilt nach der Kettenregel

$$(G \circ f)'(x) = G'(f(x)) \cdot f'(x)$$

Auch hier müssen wir uns also an einen zusätzlichen Summanden gewöhnen.

Beispiel 155 *Der Kursverlauf einer Aktie folge einer geometrischen Brownschen Bewegung, also $dS = \mu S\,dt + \sigma S\,dW$. Wie kann man dann den Verlauf von S^2 beschreiben? Es kann sowohl die Produktregel als auch die Itô-Formel benutzt werden. Nach der Produktregel erhält man:*

$$d(S^2) = 2S\,dS + \sigma^2 S^2\,dt = S^2\left[(2\mu + \sigma^2)\,dt + 2\sigma\,dW\right]$$

Nach der Itô-Formel ($G(x,t) = x^2$):

$$d(S^2) = \left[2\mu S^2 + \frac{1}{2}2\sigma^2 S^2\right] dt + 2\sigma S^2\,dW$$

---

[2] Diese stochastischen Differentialgleichungen gehen ein wenig über Definition 7.3 hinaus, denn die Koeffizienten sind allgemeinere stochastische Prozesse als dort vorgesehen.

[3] Die Differenzierbarkeitsanforderungen an G können noch etwas abgeschwächt werden.

7.1 Ein Modell für den Kursverlauf einer Aktie

Beispiel 156 *(Der Prozess des Forwardpreises) S sei der Kurs einer Aktie ohne Dividende, $F = F(t)$ der zum Zeitpunkt t gültige Forwardpreis zur Fälligkeit T. Wir wissen: $F(t) = S(t)e^{r(T-t)}$, wobei r der stetige risikolose Zinssatz ist. Es ist also $F = G \circ X$ mit $G(x,t) = xe^{r(T-t)}$. Man ermittelt*

$$\frac{\partial G}{\partial t}(x,t) = -rxe^{r(T-t)} \qquad \frac{\partial G}{\partial x}(x,t) = e^{r(T-t)} \qquad \frac{\partial^2 G}{\partial x^2}(x,t) = 0$$

Hieraus ergibt sich die Beschreibung des zeitlichen Prozesses des Forwardpreises - und damit des Futurepreises - als Itô-Prozess, wenn sich S gemäß Gleichung 7.1 entwickelt:

$$dF = \left[e^{r(T-t)}\mu S - rSe^{r(T-t)}\right] dt + e^{r(T-t)}\sigma S \, dW = (\mu - r)F \, dt + \sigma F \, dW \qquad (7.4)$$

F folgt also einem ähnlichen Prozess wie die Aktie selbst. Es ist lediglich die infinitesimale Wachstumsrate um den stetigen risikolosen Zinssatz verringert. Dies passt dazu, dass der Forward wertmäßig gleichgestellt ist der Position, die darin besteht, die Aktie von geliehenem Geld zu kaufen. Man beachte allerdings, dass Formel 7.4 nicht die zeitliche Wertentwicklung eines Forwardkontrakts beschreibt, die man zur Übung mit Hilfe der Itô-Formel aus Satz 61 herleite.

Die Beschreibung als stochastischer Prozess gibt die lokale Dynamik des Kursverlaufs einer Aktie wieder. Die Frage ist, was das für Auswirkungen über einen (möglicherweise) größeren Zeitraum hat, also: welche Verteilung hat $S(T)/S(t_0)$? Wir betrachten hierzu den Logarithmus $\ln(S)$ und wenden die Itô-Formel an:

$$\begin{aligned} d\ln(S) &= \left[\frac{\partial \ln(S)}{\partial t} + \frac{\partial \ln(S)}{\partial S}\mu S + \frac{1}{2}\frac{\partial^2 \ln(S)}{\partial S^2}\sigma^2 S^2\right] dt + \frac{\partial \ln(S)}{\partial S}\sigma S \, dW \\ &= \left[0 + \frac{1}{S}\mu S + \frac{1}{2}\frac{-1}{S^2}\sigma^2 S^2\right] dt + \frac{1}{S}\sigma S \, dW \\ &= \left[\mu - \frac{1}{2}\sigma^2\right] dt + \sigma \, dW \end{aligned}$$

Hier tauchen als Koeffizienten von dt und dW nur Konstanten auf. Damit können wir die stochastische Differentialgleichung aber lösen! $\ln(S)$ entwickelt sich gemäß einer verallgemeinerten Brownschen Bewegung mit Driftrate $a = \mu - \sigma^2/2$ und Varianzrate $b^2 = \sigma^2$. Also sind die Veränderungen dieser Größe im Zeitintervall $[t_0, T]$ normalverteilt mit Erwartungswert $a(T - t_0)$ und Varianz $b^2(T - t_0)$. Berücksichtigt man jetzt noch die Gleichung $\ln(S(T)) - \ln(S(t_0)) = \ln(S(T)/S(t_0))$, so folgt insgesamt, dass wir das stetige Modell gefunden haben, das durch die CRR-Modelle aus 6.2.4 angenähert wird (s. Satz 139):

Satz 157 *Entwickelt sich der Kurs einer Aktie gemäß der geometrischen Brownschen Bewegung $dS = \mu S \, dt + \sigma S \, dW$, so gilt für $T > t_0$:*

$$\ln(S(T)/S(t_0)) \text{ ist } N\left((\mu - \sigma^2/2)(T - t_0), \sigma^2(T - t_0)\right)\text{-verteilt.}$$

Insbesondere ist also $(\mu - \sigma^2/2)(T - t_0)$ der Erwartungswert und $\sigma^2(T - t_0)$ die Varianz von $\ln(S(T)/S(t_0))$.

Beispiel 158 *Eine Aktie, die momentan den Kurs 130 Euro hat, entwickelt sich gemäß einer geometrischen Brownschen Bewegung mit den Parametern $\mu = 0{,}12$ und $\sigma = 0{,}25$.*
a) Man gebe einen Bereich an, in dem sich der Kurs der Aktie in einem halben Jahr mit 90%iger Sicherheit befinden wird.
*b) Der **value-at-risk** eines Portfolios über einen Zeitraum $[t_0, T]$ zu dem Konfidenzniveau γ ($0 < \gamma < 1$) ist der maximale Verlustbetrag, den man mit Wahrscheinlichkeit γ zum Zeitpunkt T nicht überschreitet. Man bestimme den value-at-risk der Aktie zum Konfidenzniveau 99% über ein halbes Jahr.*

zu a): es ist $T - t_0 = 1/2$, also $(\mu - \sigma^2/2)(T - t_0) = 0{,}044375$ und $\sigma^2 (T - t_0) = 0{,}03125$. $\ln(S(T)/S)$ wird folglich mit 90%iger Sicherheit in dem Intervall

$$\left[0{,}044375 - \sqrt{0{,}03125} \cdot z_{0{,}95};\ 0{,}044375 + \sqrt{0{,}03125} \cdot z_{0{,}95}\right]$$
$$\approx [-0{,}2464;\ 0{,}3356]$$

liegen, wobei $z_{0{,}95} \approx 1{,}645$ das 95%-Quantil der normierten Normalverteilung ist. Also liegt $\ln(S(T))$ mit 90%iger Sicherheit in dem Intervall $[\ln(130) - 0{,}2464;\ \ln(130) + 0{,}3356] \approx [4{,}621;\ 5{,}203]$ und somit $S(T)$ in dem Bereich zwischen 102 Euro und 182 Euro.
zu b): Mit 99%iger Sicherheit liegt $\ln(S(T)/S)$ nach dem halben Jahr in dem Intervall

$$\left[0{,}044375 - \sqrt{0{,}03125} \cdot z_{0{,}99};\ \infty\right) \approx [-0{,}366;\ \infty)$$

Wie unter a) folgt hieraus, dass der Aktienkurs dann mit der gleichen Sicherheit 90 Euro nicht unterschreitet. Der value-at-risk beträgt also 40 Euro.

Wir kennen jetzt also die Verteilung des Logarithmus des Aktienkurses im Black-Scholes-Modell, da ist es nur noch ein kleiner Schritt zur Verteilung des Aktienkurses selbst.

Definition 159 *Eine Zufallsvariable X, die nur positive Werte annimmt, heißt **lognormalverteilt** mit den Parametern α und β^2, wenn $\ln(X)$ normalverteilt ist mit Erwartungswert α und Varianz β^2.*

Im Black-Scholes-Modell sind Aktienkurse also lognormalverteilt. Verteilungsfunktion und Dichte der Lognormalverteilung lassen sich leicht ermitteln. Zunächst zur Verteilungsfunktion **F**: Offensichtlich gilt $\mathbf{F}(x) = 0$ für $x \leq 0$. Sei also $x > 0$. Dann gilt wegen der Monotonie des Logarithmus

$$\mathbf{F}(x) = \mathbf{P}(X \leq x) = \mathbf{P}(\ln X \leq \ln x) = \mathbf{P}\left(\frac{\ln X - \alpha}{\beta} \leq \frac{\ln x - \alpha}{\beta}\right).$$

$(\ln X - \alpha)/\beta$ ist $N(0,1)$-verteilt, somit ergibt sich (für $x > 0$)

$$\mathbf{F}(x) = \frac{1}{\sqrt{2\pi}} \int_{-\infty}^{(\ln x - \alpha)/\beta} e^{-t^2/2}\, dt$$

Durch Ableiten erhält man die Dichte:

$$f(x) = \begin{cases} \frac{1}{\sqrt{2\pi}} \frac{1}{\beta x} \exp\left(\frac{-(\ln x - \alpha)^2}{2\beta^2}\right) & x > 0 \\ 0 & \text{sonst} \end{cases}$$

7.1 Ein Modell für den Kursverlauf einer Aktie

Die folgende Abbildung zeigt die Graphen der Dichte zweier Lognormalverteilungen (schwarze Linien). Sie gehören zu dem Kursverlauf einer Aktie mit den Parametern $\mu = 0{,}11$ und $\sigma = 0{,}2$ und den Zeiträumen $\Delta t = 3$ Monate (steile Kurve) und 1 Jahr. Die Parameter sind $\alpha = 0{,}0225$ und $\beta^2 = 0{,}01$ bzw. $\alpha = 0{,}09$ und $\beta^2 = 0{,}04$. Man beachte die stark unterschiedliche Skalierung der beiden Achsen. In Wirklichkeit verlaufen also beide Kurven wesentlich steiler.

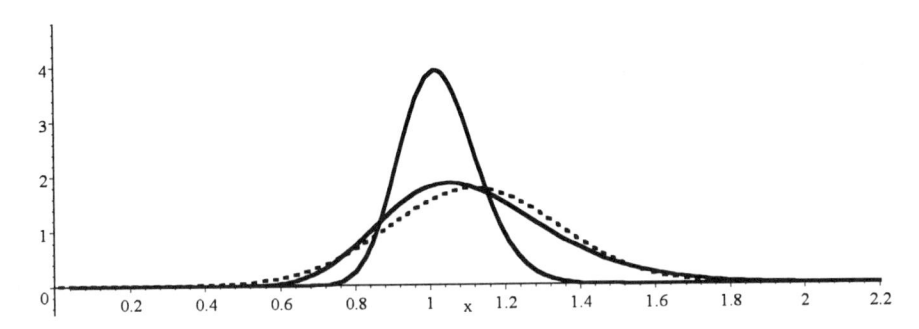

Während die Kurve für den kurzen Zeitraum stark an eine Glockenkurve erinnert, ist die flachere Kurve deutlich asymmetrisch. Die graue Linie zeigt zum Vergleich den Grafen der Dichte der Normalverteilung mit gleichem Erwartungswert und gleicher Varianz. Allgemein gilt (ohne Beweis):

Satz 160 *Die Lognormalverteilung mit den Parametern α und β^2 hat den Erwartungswert $\exp(\alpha + \beta^2/2)$ und die Varianz $\exp(2\alpha + \beta^2)\left(\exp(\beta^2) - 1\right)$. Darüber hinaus hat die Schiefe den Wert $\sqrt{(\exp(\beta^2) - 1)}\left(\exp(\beta^2) + 2\right)$ und der Median (= 50%-Quantil) der Verteilung ist $\exp(\alpha)$.*

Die Schiefe der Lognormalverteilung ist positiv[4], d.h. die Verteilung ist nicht symmetrisch. Es liegt eine sogenannte **rechtsschiefe Verteilung** vor. Bei solchen Verteilungen mit eingipfliger Dichte ist der Erwartungswert immer größer als der Median, der seinerseits größer ist als der Modalwert (= Punkt mit maximaler Dichte). Die Aussage des Satzes über den Median ist übrigens leicht zu sehen. Sie folgt sofort aus der schon oben benutzten Beziehung

$$'\gamma - \text{Quantil von } X' = \exp('\gamma - \text{Quantil von } \ln X')$$

die für jede Zufallsvariable X gilt, für die $\ln X$ definiert ist.

Wenden wir nun diese Ergebnisse auf den Kursverlauf einer Aktie ohne Dividende über den Zeitraum $[t_0, T]$ an. Mit $\alpha = \left(\mu - \sigma^2/2\right)(T - t_0)$ und $\beta^2 = \sigma^2(T - t_0)$ ergibt sich aus den Formeln des Satzes:

Korollar 161 *Entwickelt sich der Kurs einer Aktie mit aktuellem Kurs S gemäß der geometrischen Brownschen Bewegung $dS = \mu S\, dt + \sigma S\, dW$, so gilt für $T > t_0$:*

$$\mathbf{E}(S(T)) = S e^{\mu(T-t_0)} \qquad \mathbf{V}(S(T)) = S^2 e^{2\mu(T-t_0)}\left(e^{\sigma^2(T-t_0)} - 1\right)$$

---
[4] Die Schiefe einer Zufallsvariablen X ist definiert als $\mathbf{E}\left[(X - \mathbf{E}(X))^3\right]/\mathbf{V}^{3/2}(X)$. Sie ist bei symmetrischen Verteilungen immer null.

$S(T)$ *wird allerdings den Wert* $S \exp\left[(\mu - \sigma^2/2)(T - t_0)\right]$ *mit Wahrscheinlichkeit* 1/2 *nicht überschreiten.*

Beispiel 162 *Zu einer Aktie* S *sei* $\mu = 0{,}11$ *und* $\sigma = 0{,}2$. *Wie ist die Aktie dann im Sinne der Portfolio-Selection zu beurteilen, wenn man als Periode ein Jahr ansetzt, d.h. welchen Wert haben Erwartungswert* $\overline{r_S}$ *und Standardabweichung* σ_{r_S} *der Rendite* r_S *von* S *über diesen Zeitraum?*
Antwort: Es ist $(T - t_0) = 1$, *also* $\alpha = 0{,}09$ *und* $\beta^2 = 0{,}04$. *Aus* $r_S = (S(T) - S)/S = S(T)/S - 1$ *folgt durch Einsetzen*

$$\overline{r_S} = e^{\mu(T-t_0)} - 1 \approx 0{,}116278 \qquad \sigma_{r_S} = e^{\mu(T-t_0)}\sqrt{e^{\sigma^2(T-t_0)} - 1} \approx 0{,}2255$$

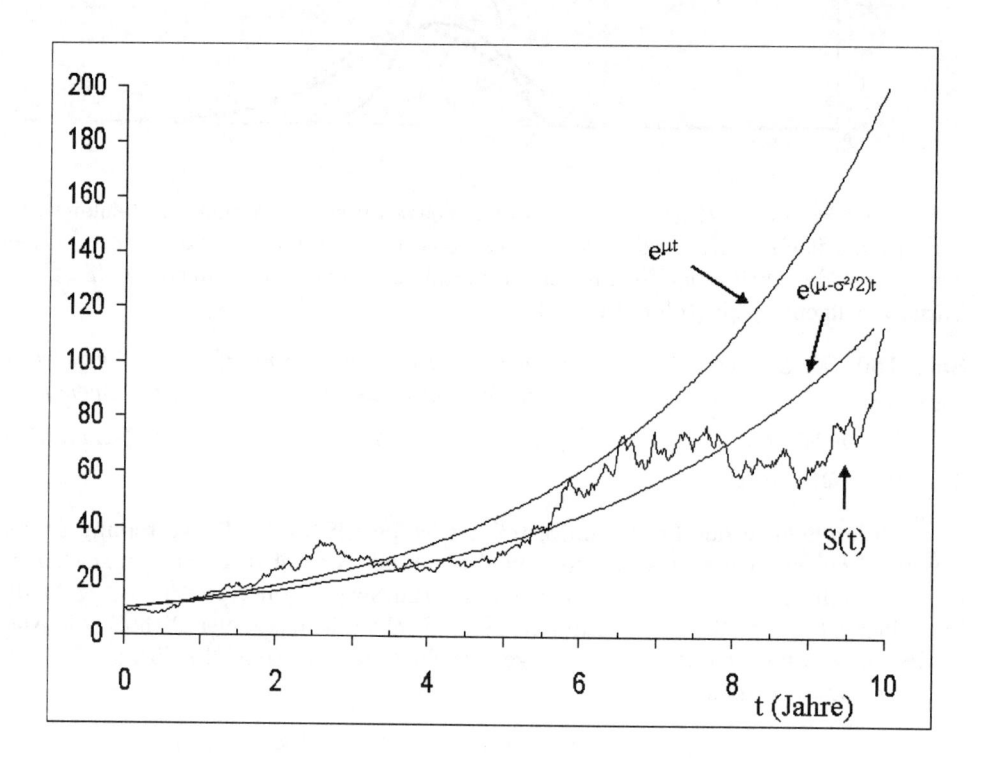

Abbildung 7.4 Möglicher Kursverlauf einer Aktie sowie Erwartungswert $e^{\mu t}$ und Median $e^{(\mu - \sigma^2/2)t}$ aus Sicht des Zeitpunkts $t_0 = 0$

Korollar und Beispiel zeigen also, dass die folgende Aussage richtig ist:

"Der Erwartungswert von $S(T)$ entspricht einer Verzinsung zum stetigen Zinssatz μ."

Hierbei ist die Formulierung aber auf die Goldwaage zu legen, denn die auf den ersten Blick gleichwertige Aussage

"μ ist die zu erwartende stetige Verzinsung von S im Zeitraum $[t_0, T]$."

7.1 Ein Modell für den Kursverlauf einer Aktie

ist falsch! Denn die der Entwicklung der Aktie zum Zeitpunkt T entsprechende stetige Verzinsung η berechnet sich gemäß

$$\eta = \frac{1}{T - t_0} \ln \frac{S(T)}{S}$$

und diese Größe ist $N\left(\mu - \sigma^2/2, \sigma^2/(T - t_0)\right)$-verteilt. Richtig ist also der Satz

"$\mu - \sigma^2/2$ ist die zu erwartende stetige Verzinsung von S im Zeitraum $[t_0, T]$."

Wie passt das zusammen? Es liegt an der Rechtsschiefe der Lognormalverteilung. Nach Definition gilt

$$\mathbf{E}(S(T)) = \int_0^\infty x f(x)\, dx$$

(f = Dichte der Lognormalverteilung). Große, aber unwahrscheinliche Werte für $S(T)$ gehen in das Integral mit einem größeren Gewicht ein als in die entsprechende Durchschnittsbildung der stetigen Zinssätze. Der tiefere Grund liegt darin, dass für positive reelle Zahlen, die nicht alle gleich sind, der geometrische Durchschnitt immer kleiner ist als der arithmetische. Wir werden auf diese Problematik, der wir schon einmal begegnet sind (s. Bemerkung 141 auf Seite 173), im nächsten Abschnitt noch einmal zu sprechen kommen.

7.1.4 Schätzwerte der Parameter

Es soll jetzt die Fragestellung untersucht werden, wie man möglichst genaue Schätzwerte für μ und vor allem die Volatilität σ erhält, wobei unterstellt wird, dass der Kurs der Aktie sich fortwährend gemäß

$$dS = \mu S\, dt + \sigma S\, dW$$

entwickelt. Es wird also angenommen, dass die Parameter μ und σ existieren, aber unbekannt sind. Für die Optionsbewertung ist lediglich σ von Bedeutung, wie wir sehen werden.

Es ist naheliegend, den Kurs der Aktie in festen Zeitabständen Δt über einen längeren Zeitraum zu registrieren (z.B. $\Delta t = 1/360 = 1$ Tag). Hierbei stellt man die Kurse

$$S(0), S(1), ..., S(n)$$

fest. Man betrachte dann die Größen

$$v_i = \frac{S(i)}{S(i-1)} \qquad i = 1, ..., n$$

Die v_i sind Realisationen unabhängiger lognormalverteilter Zufallsvariabler V_i mit $\mathbf{E}(V_i) = e^{\mu \Delta t}$. Also ist der arithmetische Durchschnitt $\bar{v} = (v_1 + ... + v_n)/n$ der v_i ein Schätzwert für $e^{\mu \Delta t}$ (nach den Kriterien der Statistik der beste, der aus den v_i ermittelt werden kann). Setzt man nun

$$u_i = \ln \frac{S(i)}{S(i-1)} \qquad i = 1, ..., n,$$

so sind die u_i Realisationen unabhängiger $N\left(\left(\mu - \sigma^2/2\right)\Delta T, \sigma^2 \Delta T\right)$-verteilter Zufallsvariabler. Folglich ist $\overline{u} = (u_1 + ... + u_n)/n$ ein (erneut bestmöglicher) Schätzwert für $\left(\mu - \sigma^2/2\right)\Delta T$ und die empirische Varianz

$$s^2 = \frac{1}{n-1}\sum_{i=1}^n (u_i - \overline{u})^2 = \frac{1}{n-1}\sum_{i=1}^n u_i^2 - \frac{1}{n(n-1)}\left(\sum_{i=1}^n u_i\right)^2$$

ist der (bestmögliche erwartungstreue) Schätzwert für $\sigma^2 \Delta T$. Also ist

- $\dfrac{s^2}{\Delta T}$ Schätzwert für σ^2 und

- $\dfrac{s}{\sqrt{\Delta T}}$ Schätzwert für σ

$s^2/\Delta T$ hat als Schätzer für σ^2 die Standardabweichung $\sigma^2 \sqrt{2/(n-1)}$ (s. z.B. [9]). Der Schätzwert, der sich auf die angegebene Weise für die Volatilität ergibt, heißt **historische Volatilität**.

Beispiel 163 *Eine Aktie hat an 16 aufeinander folgenden Börsenwochen die Schlusskurse*

i	0	1	2	3	4	5	6	7	8	9	10	11	12	13	14	15
$S(i)$	35	34	36	36	33	35	37	39	36	35	40	39	42	41	39	38

Man berechnet zunächst $\overline{v} = 1{,}00737$, $\sum u_i = 0{,}0822$ und $\sum u_i^2 = 0{,}0559$, woraus sich mit $\Delta T = 1/52$ für μ ein Schätzwert von $0{,}3819$ und für die Volatilität σ ein Schätzwert von $0{,}4539$ ergibt (alle Werte gerundet). Die Aktie verspricht also eine durchschnittliche stetige Verzinsung von $27{,}89\%$.

Bemerkung 164 *In der Praxis wird man die Volatilität nicht wie in dem Beispiel anhand von Wochen- sondern eher aufgrund von Tageskursen schätzen. Auch wird man in der Regel einen größeren Stichprobenumfang (z.B. $n = 200$) wählen. Die Frage nach dem optimalen Stichprobenumfang ist allerdings nicht ganz einfach zu beantworten. Stimmt das Modell der geometrischen Brownschen Bewegung, so sagt die Statistik, dass man umso bessere Schätzungen für σ erhält, je höher der Stichprobenumfang ist. Die Praxis hat sich allerdings darauf eingestellt, dass sich die Volatilität im Lauf der Zeit ändert. Das spricht dafür, den Stichprobenumfang kleiner zu wählen. Dies ist allerdings eine pragmatische Sichtweise, denn eigentlich stellt eine im stetigen Wandel begriffene Volatilität das gesamte Modell in Frage. Andererseits ist die Umsetzung eines theoretischen Modells in die Praxis meistens mit Kompromissen verbunden. Entscheidend ist letztlich, ob sein Einsatz unterm Strich gegenüber den vorhandenen Alternativen Vorteile bringt (siehe auch die Bemerkungen 147 (Seite 179) und 181 (Seite 209)).*
Kleinere Probleme der Praxis ergeben sich vor allem bei Tageskursen auch daraus, dass a) nicht jeder Tag ein Börsentag ist und b) reale Aktien hin und wieder eine Dividende ausschütten. Problem b) umgeht man am einfachsten dadurch, dass man u_i für einen Ex-Tag i (oder Ex-Woche i) aus der Stichprobe nimmt. Problem a) löst man auf akzeptable Weise, wenn man die Nichtbörsentage aus dem Kalender streicht, also z.B. 'Freitag + 1 Tag = Montag' rechnet.

7.1 Ein Modell für den Kursverlauf einer Aktie

Es soll nun auf die Beziehung zwischen $\bar{v}$ und $\bar{u}$, und somit noch einmal auf die Beziehung zwischen $e^{\mu \Delta t}$ und $e^{(\mu - \sigma^2/2)\Delta t}$ eingegangen werden. $\bar{v}$, der Schätzwert für $e^{\mu \Delta t}$, ist der arithmetische Mittelwert der v_i. Aber auch $e^{\bar{u}}$ lässt sich durch eine Mittelwertbildung aus den v_i erhalten:

$$e^{\bar{u}} = \exp\left(\frac{1}{n}\sum_{i=1}^{n} \ln v_i\right) = \sqrt[n]{\prod_{i=1}^{n} v_i}$$

Dies ist der geometrische Mittelwert der v_i, der also für $n \to \infty$ gegen $e^{(\mu - \sigma^2/2)\Delta t}$ konvergiert. Wie schon im vorigen Abschnitt erwähnt und wie man leicht beweist, ist der geometrische Mittelwert bei ungleichen Zahlen kleiner als der arithmetische, z.B.

$$\sqrt{3 \cdot 12} = 6 < 7{,}5 = \frac{3+12}{2}$$

Eine naheliegende Frage ist nun, welche Mittelwertbildung der $v_i = S(i)/S(i-1)$ denn aussagekräftiger ist. Wie soll man z.B. zwischen einer Aktie A mit den Parametern μ und σ und einer (fast) risikolosen festverzinslichen Anlage B mit einem stetigen Zinssatz ρ entscheiden, wenn

$$e^{\mu} > e^{\rho} > e^{\mu - \sigma^2/2}$$

gilt? Die Antwort hängt von der Situation und der eigenen Risikopräferenz ab. Will man z.B. jetzt für ein Jahr einen bestimmten Betrag investieren und gemäß der Portfolio-Selection entscheiden, so ist A mit einer zu erwartenden Rendite von $e^{\mu} - 1$ und B mit $e^{\rho} - 1$ zu berücksichtigen. Unter Vernachlässigung des Risikos spricht der Erwartungswert der Rendite also für A. Die Wahrscheinlichkeit spricht aber für die festverzinsliche Anlageform, denn mit mehr als 50%iger Wahrscheinlichkeit wird derjenige, der sich für B entscheidet, am Ende des Jahres eine höhere Rendite haben als derjenige, der A wählt. Dieser Wahrscheinlichkeitsvorteil für B wird umso größer, je länger man den Investitionszeitraum wählt. Die Wahrscheinlichkeit, dass sich nach T Jahren die Investition in B als ertragreicher darstellt (wenn B als risikolos angesehen werden kann), ist

$$\Phi\left(\sqrt{T}\,\frac{\rho - \left(\mu - \frac{\sigma^2}{2}\right)}{\sigma}\right),$$

konvergiert also gegen 1 für $T \to \infty$. Anders sieht die Situation aus, wenn man jedes Jahr einen festen, immer gleich hohen Betrag für genau ein Jahr in A oder B investiert. Dann wird auf Dauer mit gegen 1 konvergierender Wahrscheinlichkeit derjenige besser dastehen, der in A investiert. Hier liefert die arithmetische Durchschnittsbildung den richtigen Mittelwert.

Beispiel 165 *Eine Aktie hat in drei aufeinanderfolgenden Jahren eine Kursentwicklung von +27%, −50% und +26%. Investor I_1 kauft zu Beginn des ersten Jahres für 1.000 Euro Anteile an der Aktie, die er für drei Jahre hält. Nach den drei Jahren besitzt er somit nur noch $1000 \cdot 1{,}27 \cdot 0{,}5 \cdot 1{,}26 = 800{,}1$ Euro, was einer durchschnittlichen jährlichen „Verzinsung" von $(1{,}27 \cdot 0{,}5 \cdot 1{,}26)^{1/3} - 1 = -7{,}16\%$ entspricht. Wenig Verständnis wird* dieser Investor vermutlich dafür aufbringen, wenn man ihm vorrechnet, dass die Aktie trotz des schlechten zweiten Jahres in den drei Jahren im Durchschnitt jährlich immerhin noch $(27 - 50 + 26)/3 = 1\%$ *Kurssteigerung erbracht hat.* Ganz im Gegensatz dazu kann Investor I_2, der jedes Jahr für 1.000 Euro Anteile der Aktie kauft und nach einem Jahr wieder verkauft (oder die Differenz abgleicht) mit Fug und Recht behaupten, dass sein in die Aktie investiertes Geld im Durchschnitt 1% jährliche Zinsen erbracht hat.

Bemerkung 166 *Sind Aktienkurse in der Realität lognormalverteilt? Empirische Studien haben ergeben, dass es nur näherungsweise der Fall ist. Vor allem ist es unrealistisch, über einen längeren Zeitraum von konstanten Parametern μ und σ auszugehen.*

7.2 Derivatebewertung

Mit dem vorigen Abschnitt haben wir ein stetiges Modell für den Kursverlauf einer Aktie gefunden, zu dem die in Abschnitt 6.2.4 angegebene Folge von CRR-Modellen im Grenzwert führt. In diesem Abschnitt sollen nun die Überlegungen zur Derivatebewertung von den endlichen diskreten Modellen in dieses stetige Modell übertragen werden. In den Binomialmodellen war es möglich, für jeden Zeitschritt ein risikoloses Portfolio zu konstruieren, was es dann ermöglichte, mit Hilfe von Arbitrageargumenten den Derivatepreis zu bestimmen. Im stetigen Modell führen die analogen Argumente ebenfalls zu einer Beziehung zwischen Aktienpreis (oder allgemein Preis des Underlyings) und Derivatepreis. Sie wird durch die Black-Scholes-Differentialgleichung ausgedrückt. Diese Differentialgleichung erlaubt aufgrund ihres Aufbaus den Schluss, dass man sich für die Derivatebewertung in die risikoneutrale Welt versetzen darf. Dies entspricht dem „Übergang zu den q-Werten" in den endlichen Modellen, mathematisch ist es ein Wechsel des Wahrscheinlichkeitsmaßes. In der risikoneutralen Welt schließlich kann die Derivatebewertung zurückgeführt werden auf die Bestimmung von Erwartungswerten (auch dies wie in den diskreten Modellen). Durch eine explizite Kalkulation kann dieser Erwartungswert für europäische Call- und Put-Optionen bestimmt werden, was zu einem erneuten Nachweis der Black-Scholes-Formeln führt. Im Anschluss daran wird diese in der Praxis so häufig verwendete Formel unter verschiedenen Aspekten diskutiert.

7.2.1 Die Black-Scholes-Differentialgleichung und die risikoneutrale Bewertung

Annahme 167 *Für die weiteren Überlegungen werden die folgenden idealisierenden Annahmen getroffen, von denen einige allerdings ein wenig abgeschwächt werden können, ohne dass das die Ergebnisse wesentlich beeinflusst.*
1. Eine Aktie ohne Dividendenausschüttungen hat eine Kursentwicklung gemäß $dS = \mu S\,dt + \sigma S\,dW$.
2. Leerverkäufe sind erlaubt.
3. Handeln ist immer möglich, Preise verändern sich stetig.
4. Wertpapiere sind beliebig teilbar.
5. Es gibt keine Transaktionskosten und steuerliche Aspekte spielen keine Rolle.
6. Es gibt einen risikolosen stetigen Zinssatz r, der konstant und für alle Laufzeiten gleich

7.2 Derivatebewertung

ist.
7. Jede Arbitragemöglichkeit wird schnell erkannt und ausgenutzt, so dass sie rasch wieder erlöscht.

Wie üblich befinden wir uns momentan im Zeitpunkt t_0. Wir betrachten ein beliebiges Derivat CC (Contingent Claim), also z.B. einen europäischen oder amerikanischen Put mit Fälligkeitstermin T. Wir nehmen an, dass das Derivat derart ist, dass sein korrekter Preis existiert und zu jedem Zeitpunkt $t \geq t_0$ nur von t und dem dann gültigen Aktienkurs $S(t)$ abhängt. Wir betrachten also keine pfadabhängigen Optionen. Ferner nehmen wir an, dass die Funktion $G(S,t)$ in zwei Variablen, die diesen Zusammenhang ausdrückt, zweimal stetig differenzierbar ist, also die Voraussetzungen der Itô-Formel erfüllt. Dann gilt nach dieser Formel

$$d(G(S,t)) = \left[\frac{\partial G}{\partial t} + \frac{\partial G}{\partial S} \cdot \mu S + \frac{1}{2}\frac{\partial^2 G}{\partial S^2} \cdot \sigma^2 S^2\right] dt + \frac{\partial G}{\partial S} \cdot \sigma S \, dW$$

Hierbei ist der Wiener-Prozess W identisch mit dem, der auch für die Kursentwicklung der Aktie verantwortlich ist. Man betrachte nun das Portfolio

$$P = -1 \cdot CC + \frac{\partial G}{\partial S} S$$

Dieses Portfolio ändert sich ständig in seiner Zusammensetzung, denn die Ableitung $\partial G/\partial S$ kann sich fortwährend ändern und tut das in der Regel auch in gewissem Rahmen. Es ist also nicht ganz richtig, von einem Portfolio zu sprechen, es handelt sich vielmehr um eine **Handelsstrategie**, die fortwährende Aktionen erfordert. Die Wertentwicklung V dieser Handelsstrategie ist ebenfalls ein Itô-Prozess:

$$dV = ?$$

Um das Fragezeichen zu entschlüsseln, betrachten wir einen beliebigen Zeitpunkt t und die Veränderung ΔV des Wertes von V in einem Intervall Δt, das so klein sein soll, dass es vertretbar ist anzunehmen, dass währenddessen die Zusammensetzung des Portfolios (annähernd) gleich bleibt. Dann gilt für die beiden Komponenten des Portfolios

$$\Delta(-1 \cdot CC) \approx -\left[\frac{\partial G}{\partial t} + \frac{\partial G}{\partial S} \cdot \mu S + \frac{1}{2}\frac{\partial^2 G}{\partial S^2} \cdot \sigma^2 S^2\right] \Delta t - \frac{\partial G}{\partial S} \cdot \sigma S \cdot \Delta W$$

beziehungsweise

$$\Delta\left(\frac{\partial G}{\partial S} S\right) \approx \left(\frac{\partial G}{\partial S} \cdot \mu S\right) \Delta t + \frac{\partial G}{\partial S} \cdot \sigma S \cdot \Delta W$$

In der Summe ergibt das

$$\Delta V \approx \left[-\frac{\partial G}{\partial t} - \frac{1}{2}\frac{\partial^2 G}{\partial S^2} \cdot \sigma^2 S^2\right] \Delta t$$

Die beiden Risikokomponenten heben sich also genau gegenseitig auf, d.h. das Portfolio ist näherungsweise risikolos und im Grenzwert für $\Delta t \to 0$ völlig risikolos. Also muss sich das Portfolio im Zeitintervall Δt näherungsweise wie die risikolose Anlageform entwickeln, wenn Arbitragefreiheit gegeben ist. Folglich

$$\Delta V \approx rV \Delta t \quad \text{(also } dV = rV\, dt\text{)}$$

und somit

$$r\left(-1G + \frac{\partial G}{\partial S}S\right)\Delta t \approx \left[-\frac{\partial G}{\partial t} - \frac{1}{2}\frac{\partial^2 G}{\partial S^2}\cdot \sigma^2 S^2\right]\Delta t$$

Das '≈'-Zeichen bleibt auch bei Division durch Δt erhalten und wird für $\Delta t \to 0$ zu einem '='. Dies führt zu:

Satz 168 *(Black-Scholes-Differentialgleichung). Die Funktion $G(S,t)$, die den fairen arbitragefreien Preis eines Derivats CC einer Aktie S zum Zeitpunkt t beschreibt, genügt unter den in Annahme 167 beschriebenen Voraussetzungen der partiellen Differentialgleichung*

$$rG = \frac{\partial G}{\partial t} + rS\frac{\partial G}{\partial S} + \frac{1}{2}\frac{\partial^2 G}{\partial S^2}\sigma^2 S^2, \tag{7.5}$$

sofern G die erforderlichen Differenzierbarkeitsbedingungen erfüllt.

Bemerkung 169 *Wem dieser „Beweis" etwas zu sehr Plausibilitätsbetrachtung ist, sei auf Abschnitt 12.4.4 verwiesen. Dort wird auch der Begriff der Handelsstrategie exakt definiert.*

Übung 170 *Auch ein Forward zum Basispreis K auf eine Aktie ohne Dividende bis zum Fälligkeitstag T ist ein Derivat der Aktie. Wir wissen, dass in dem Fall*

$$G(S,t) = S - Ke^{-r(T-t)}$$

gilt. Man überprüfe die Gültigkeit der Black-Scholes-Differentialgleichung.

Bemerkung 171 *Mehr noch als bei den diskreten Baummodellen vermittelt die Herleitung der Black-Scholes-Differentialgleichung den Eindruck, dass in dem Derivategeschäft die Lasten zwischen Käufer und Verkäufer nicht gleichmäßig verteilt sind. Es drängt sich einem förmlich auf Käuferseite das Bild des Spekulanten auf, der für einen geringen Einsatz eine hohe Chance auf exorbitante Gewinne erworben hat und der entsprechend genussvoll die Entwicklung der Kurse verfolgt, während auf der anderen Seite ein braver Bankangestellter pausenlos darum bemüht ist, sein Hedgeportfolio zu adjustieren, wohlwissend, dass es real durchaus Transaktionskosten gibt und dass sie ihm langsam aber sicher über den Kopf wachsen, und auch wissend, dass in der gesamten Argumentation sein Bemühen um ein risikoloses Portfolio mit null Euro Entlohnung veranschlagt wird. Kaum vorstellbar erscheint so, dass ein Geldinstitut ohne Not Derivate zu dem arbitragefreien Preis verkauft, der aus der Differentialgleichung folgt.*
Wäre der Markt so klar wie geschildert zwischen Käufern und Verkäufern getrennt und gäbe es unter den Verkäufern nur schwache Konkurrenz, so könnte man auch sicherlich davon ausgehen, dass sich die Geldinstitute ihr durch den Verkauf eines Derivats übernommenes Risiko und den erforderlichen Hedgeaufwand durch üppige Preisaufschläge bezahlen lassen würden. Aber es gibt Konkurrenz und die Ausführungen zu den Binomialbäumen haben gezeigt, dass man unter Umständen mit nur etwas mehr Hedgeaufwand eine Option zu einem deutlich günstigeren Preis anbieten kann. Das Beispiel zu dem Konvergenzverhalten des CRR-Modells zeigt auch, dass man zumindest bei Standardoptionen wie Calls und Puts nicht pausenlos adjustieren muss, sondern nur in vertretbaren Zeitabständen. Dies gilt allerdings nur in „normalen" Zeiten, bei einem Crash geht

schnell alles drunter und drüber, was aber als „Berufsrisiko" von den Händlern akzeptiert wird. Darüberhinaus ist zu betonen, dass die sich aus der Differentialgleichung ergebenden Black-Scholes-Preise Gleichgewichtspreise sind, also der Grenzwert, gegen den die Preise bei idealen Marktbedingungen konvergieren. Real sollten die Preise lediglich in der Nähe davon liegen, nach der obigen Argumentation sollten sie eher etwas höher sein. Weitere wichtige Aspekte sind: ein Händler verkauft in der Regel nicht nur eine einzige Option zu einer Aktie an nur einen einzigen Kunden, sondern mehrere an unterschiedliche Kunden. Diese Kunden werden in der Regel nicht alle auf der gleichen Marktseite stehen, so dass sich die Risiken der verkauften Optionen zumindest teilweise gegenseitig aufheben. Es ist also leichter, ein Buch von Optionen in der Summe risikoarm zu halten, als eine einzelne Option. Schließlich ist noch darauf hinzuweisen, dass das oben entworfene Marktbild von Käufern und Verkäufern nicht stimmt. Optionshändler sind nicht nur als Verkäufer tätig. Je nach Situation kaufen sie auch Optionen - sei es zur Absicherung von Risiko oder weil sie eine Gewinnchance sehen. Sie benutzen Derivate als selbstverständliche Finanzinstrumente und wollen als Käufer genauso möglichst billig kaufen wie sie als Verkäufer möglichst teuer verkaufen wollen. Auch dies ist ein Argument für die Gleichgewichtspreise.

Die Black-Scholes-Differentialgleichung hat viele Lösungen. Eindeutigkeit wird erst durch Randbedingungen erzwungen. Solche Randbedingungen stellen die Payoffs der Derivate dar. Für eine europäische Call- oder Put-Option zum Strike K am Fälligkeitstermin T erhält man die Randbedingungen

$$G(S(T), T) = (S(T) - K)^+ \text{ bzw. } G(S(T), T) = (K - S(T))^+$$

Bemerkung 172 *Dem aufmerksamen Leser wird an dieser Stelle aufgefallen sein, dass die Payoff-Funktionen von Call und Put keine überall differenzierbare Funktionen sind, und insofern die Voraussetzungen unserer Argumentation nicht erfüllt sein können. Das ist richtig, aber es ist nur der Rand des Definitionsbereichs der Funktion G betroffen und wie oben angegeben können die Voraussetzungen etwas abgeschwächt werden.*

Black und Scholes haben in ihrer Arbeit [6] ihre Differentialgleichung für die obigen Randbedingungen gelöst, indem sie sie auf die Gestalt der aus der Physik bekannten Wärmeleitungsgleichung transformiert haben (s. z.B. [40] III.3). Wir werden einen anderen Weg gehen und die Black-Scholes-Differentialgleichung nur als Argument für die risikoneutrale Bewertung benutzen, worunter zu verstehen ist, dass man die Derivatebewertung unter der Annahme durchführen darf, dass alle Wertpapiere für jeden Zeitraum eine Rendite gleich der risikolosen Rendite erwarten lassen.

Was berechtigt einen zu diesem Schritt? Sieht man sich die Gleichung 7.5 an, so fällt auf, dass ein Parameter nicht auftaucht: die infinitesimale Wachstumsrate μ. Besitzt also die Gleichung zu einer Randbedingung nur eine Lösung, so kann μ darin nicht vorkommen. Die Lösung ist also unabhängig von den Risikopräferenzen der Investoren. Dann kann man es sich aber einfach machen, und in einer besonders übersichtlichen Welt nach der Lösung suchen, nämlich in der Welt, in der alle Investoren risikoneutral sind, sich also nur am Erwartungswert der Rendite orientieren (siehe Abbildung 2.3). In dieser risikoneutralen Welt hat ein Wertpapier nur eine Chance, wenn es von keinem anderen in der erwarteten Rendite übertroffen wird. Also haben im Gleichgewichtszustand alle Wertpapiere die gleiche zu erwartende Rendite, und zwar immer und über jeden Zeitraum.

Nach Korollar 161 bedeutet das, dass man die Entwicklung des Aktienkurses in der risikoneutralen Welt erhält, indem man $\mu = r$ setzt.

In dieser Welt müssen aber auch sämtliche Derivate (die ja auch Wertpapiere sind) dem Diktat des einheitlichen Erwartungswerts der Rendite gehorchen. Für europäische Optionen CC_e, die durch ihren Payoff $CC_e(T)$ am Fälligkeitstermin bestimmt sind, ergibt dies sofort den Schlüssel zu ihrer Bewertung. Der Wert zu jedem Zeitpunkt t muss gleich dem mit dem risikolosen Zinssatz diskontierten Erwartungswert von $CC_e(T)$ sein. Bezeichnet man den Erwartungswert in der risikoneutralen Welt mit $\mathbf{E_{Q^*}}$, so gilt also

$$CC_e(t) = e^{-r(T-t)} \mathbf{E_{Q^*}} \left(CC_e(T) \right) \tag{7.6}$$

Fassen wir zusammen:

Satz 173 *(Prinzip der risikoneutralen Bewertung) Der faire arbitragefreie Preis einer europäischen Option auf eine Aktie ohne Dividende kann nach dem Prinzip der risikoneutralen Bewertung gemäß Formel 7.6 ermittelt werden. Bezüglich des Wahrscheinlichkeitsmaßes* $\mathbf{Q^*}$ *wird der Kursverlauf der Aktie durch die Gleichung*

$$dS = rS\,dt + \sigma S\,dW^{\mathbf{Q^*}}$$

(an Stelle von $dS = \mu S\,dt + \sigma S\,dW$) beschrieben. $\mathbf{Q^*}$ *heißt auch **äquivalentes Martingalmaß** und gibt die Sichtweise einer risikoneutralen Welt wieder.*

Bemerkung 174 *Auch an dieser Stelle ist erneut zu betonen, dass die Aussage des Satzes keinesfalls bedeutet, dass der Verlauf der Welt und insbesondere die Entwicklung von Aktienkursen risikoneutral ist. Die Aussage ist lediglich, dass man sich zur Ermittlung der richtigen Derivatepreise gedanklich in eine risikoneutrale Welt versetzen kann.*

Bemerkung 175 *Die Herleitung des Satzes lässt etliche Fragen offen. Gibt es überhaupt die risikolose arbitragefreie Welt, d.h ist sie zumindest rein logisch konstruierbar? Ist diese Welt eindeutig bestimmt oder gibt es mehrere (mit der Konsequenz, dass die Derivatebewertung nicht mehr eindeutig ist)? Bei den endlichen diskreten Modellen konnten wir diese Fragen in vollem Umfang klären. Stichworte hierzu sind die Begriffe **Arbitragefreiheit** und **Vollständigkeit**. Es tauchte auch da schon der Begriff des **äquivalenten Martingalmaßes** auf. Im Black-Scholes-Modell (und anderen stetigen Modellen) ist die Situation ähnlich den diskreten Modellen. Der Übergang zur risikoneutralen Welt ist mathematisch-technisch ein Wechsel von dem Wahrscheinlichkeitsmaß der realen Welt zu einem äquivalenten Maß, bezüglich dessen der diskontierte Wertprozess eines jeden Wertpapiers und jeder Handelsstrategie zu einem sogenannten Martingal wird. Ein Martingal ist ein Prozess, bei dem sich zwar (möglicherweise) dauernd alles ändert, wo aber immer zu erwarten ist, dass durchschnittlich alles so bleibt, wie es momentan ist. Solche Systeme sind immer arbitragefrei. Im Black-Scholes-Modell ist zusätzlich auch die Vollständigkeit gegeben, woraus folgt, dass es nur ein äquivalentes Martingalmaß gibt und somit die Derivatepreise eindeutig sind. Diese mathematisch exaktere Herleitung des Prinzips der risikoneutralen Bewertung wird ausführlich im letzten Kapitel dieses Buchs diskutiert (Abschnitt 12.4). Die dort dargestellte Form der Herleitung hat auch den Vorteil, dass dabei die Frage der Differenzierbarkeit der Funktion G, die einen Derivatepreis beschreibt, keine Rolle spielt. Die Argumentation zeigt vielmehr sogar auch noch, dass*

7.2 Derivatebewertung

das Prinzip der risikoneutralen Bewertung auch bei pfadabhängigen Optionen (wie z.B. Payoff=Maximum des Aktienkurses im Zeitraum $[t_0,T]$) angewendet werden kann, obwohl bei solchen Optionen der Payoff zum Zeitpunkt T nicht einfach durch eine Funktion in S_T und T beschrieben werden.

Übertragen in die diskrete Welt der Binomialbäume haben Black und Scholes die Derivatebewertung nach Möglichkeit 1 (s. Seite 156) durchgeführt, wir werden im nächsten Abschnitt nach Satz 173 und damit gemäß Möglichkeit 2 vorgehen. Dass beide Wege zum Ziel führen, ist kein Zufall. Es besteht ein allgemeiner Zusammenhang zwischen den Lösungen bestimmter partieller Differentialgleichungen und Erwartungswerten von sogenannten Funktionalen zu Lösungen stochastischer Differentialgleichungen, der durch die **Feynman-Kac-Darstellung** beschrieben wird (s. z.B. [40]).

7.2.2 Die Black-Scholes-Formel

Wir haben zwar die Black-Scholes Formel schon einmal mit Hilfe des CRR-Modells bewiesen (Satz 145), es soll aber jetzt gezeigt werden, dass man mit Hilfe des Prinzips der risikoneutralen Bewertung ohne den Umweg über Binomialmodelle direkt zum Ziel kommt. Wir betrachten einen europäischen Call C_e mit Strike K zum Fälligkeitstermin T. Der aktuelle Zeitpunkt ist t_0. Die Annahmen und Bezeichnungen aus Voraussetzung 167 werden vorausgesetzt bzw. übernommen. Nach Satz 173 gilt

$$C_e(t_0) = e^{-r(T-t_0)} \mathbf{E}_{\mathbf{Q}^*}\left((S(T) - K)^+\right),$$

wobei der Erwartungswert in der risikoneutralen Welt gemeint ist, in der sich S gemäß $dS = rS\,dt + \sigma S\,dW$ entwickelt. $S(T)$ ist also in der risikoneutralen Welt lognormalverteilt mit den Parametern

$$\alpha = \ln(S) + \left(r - \frac{\sigma^2}{2}\right)(T-t_0) \qquad \text{und} \qquad \beta^2 = \sigma^2(T-t_0)$$

Bezeichnet man mit f die Dichtefunktion dieser Verteilung, so gilt also

$$\begin{aligned} C_e(t_0) &= e^{-r(T-t_0)} \int_{-\infty}^{+\infty} (s-K)^+ f(s)\,ds \\ &= e^{-r(T-t_0)} \int_K^{+\infty} (s-K) f(s)\,ds \\ &= e^{-r(T-t_0)} (I_1 - K \cdot I_2) \end{aligned}$$

mit

$$I_1 = \int_K^{+\infty} s \cdot f(s)\,ds \qquad \text{und} \qquad I_2 = \int_K^{+\infty} f(s)\,ds$$

I_2 ist sofort zu bestimmen. Es ist die Wahrscheinlichkeit, dass die angegebene Lognormalverteilung mindestens den Wert K annimmt. Mit der gleichen Wahrscheinlichkeit hat die zugehörige Normalverteilung mindestens den Wert $\ln(K)$. Also:

$$I_2 = 1 - \Phi\left[\frac{\ln(K) - \ln(S) - \left(r - \frac{\sigma^2}{2}\right)(T-t_0)}{\sigma\sqrt{T-t_0}}\right] = \Phi\left[\frac{\ln(S/K) + \left(r - \frac{\sigma^2}{2}\right)(T-t_0)}{\sigma\sqrt{T-t_0}}\right]$$

Das andere Integral erfordert etwas mehr Aufwand. Zunächst einmal gilt

$$I_1 = \int_K^{+\infty} s \cdot \left[\frac{1}{\sqrt{2\pi}\,\beta s} \exp\left(\frac{-(\ln(s)-\alpha)^2}{2\beta^2}\right)\right] ds$$

Nach der Substitution $s = e^x$ (also $ds = e^x dx$ oder $dx = ds/s$) wird dieses Integral zu

$$\begin{aligned}
I_1 &= \int_{\ln(K)}^{+\infty} e^x \left[\frac{1}{\sqrt{2\pi}\,\beta} \exp\left(\frac{-(x-\alpha)^2}{2\beta^2}\right)\right] dx \\
&= \frac{1}{\sqrt{2\pi}\,\beta} \int_{\ln(K)}^{+\infty} \exp\left(\frac{-(x-\alpha)^2}{2\beta^2} + x\right) dx
\end{aligned}$$

Das Argument der Exponentialfunktion lässt sich wie folgt umformen

$$\frac{-(x-\alpha)^2}{2\beta^2} + x = \frac{-(x-(\alpha+\beta^2))^2 + (\alpha+\beta^2)^2 - \alpha^2}{2\beta^2}$$

Durch Einsetzen rechnet man aus

$$\alpha + \beta^2 = \ln(S) + \left(r + \frac{\sigma^2}{2}\right)(T - t_0)$$

sowie

$$\left(\alpha + \beta^2\right)^2 - \alpha^2 = 2\beta^2 \left(\ln(S) + r(T - t_0)\right)$$

Also hat I_1 den folgenden Wert:

$$\begin{aligned}
I_1 &= \frac{1}{\sqrt{2\pi}\,\sigma\sqrt{T-t_0}} \int_{\ln(K)}^{+\infty} \exp\left(\frac{-\left[x - \ln(S) - \left(r + \frac{\sigma^2}{2}\right)(T-t_0)\right]^2}{2\sigma^2(T-t_0)}\right) S e^{r(T-t_0)} \, dx \\
&= S e^{r(T-t_0)} \left[1 - \Phi\left(\frac{\ln(K) - \ln(S) - \left(r + \frac{\sigma^2}{2}\right)(T-t_0)}{\sigma\sqrt{T-t_0}}\right)\right] \\
&= S e^{r(T-t_0)} \Phi\left[\frac{\ln(S/K) + \left(r + \frac{\sigma^2}{2}\right)(T-t_0)}{\sigma\sqrt{T-t_0}}\right]
\end{aligned}$$

Insgesamt ergibt sich hieraus die Bewertungsformel für den europäischen Call. Für den europäischen Put kann man analog argumentieren (Übung!) oder die Put-Call-Parität ausnutzen.

Satz 176 (*Black-Scholes-Formel*) *Entwickelt sich eine Aktie im Zeitraum $[t_0, T]$ gemäß einer geometrischen Brownschen Bewegung $dS = \mu S\, dt + \sigma S\, dW$, so gelten für den europäischen Call C_e und den europäischen Put P_e zum Strike $K > 0$ und Fälligkeitstermin T die folgenden Preisformeln*

$$\begin{aligned}
C_e(t_0) &= S \cdot \Phi(d_+) - e^{-r(T-t_0)} K \cdot \Phi(d_-) \\
P_e(t_0) &= e^{-r(T-t_0)} K \cdot \Phi(-d_-) - S \cdot \Phi(-d_+)
\end{aligned}$$

mit

$$\begin{aligned}
d_+ &= \frac{\ln(S/K) + (r + \frac{1}{2}\sigma^2)(T-t_0)}{\sigma\sqrt{T-t_0}} \\
d_- &= \frac{\ln(S/K) + (r - \frac{1}{2}\sigma^2)(T-t_0)}{\sigma\sqrt{T-t_0}}
\end{aligned}$$

7.2 Derivatebewertung

Für ein einfaches numerisches Beispiel siehe Seite 179. Da für einen amerikanischen Call auf eine Aktie ohne Dividende frühzeitige Ausübung nach Satz 81 niemals vorteilhaft ist, gilt also:

Korollar 177 *Entwickelt sich eine Aktie im Zeitraum $[t_0, T]$ gemäß einer geometrischen Brownschen Bewegung $dS = \mu S\,dt + \sigma S\,dW$, so gilt für den amerikanischen Call C_a zum Strike $K > 0$ und Fälligkeitstermin T die folgenden Preisformel*

$$C_a(t_0) = S\Phi(d_+) - e^{-r(T-t_0)}K\Phi(d_-)$$

Für den amerikanischen Put gilt die Preisgleichheit mit dem europäischen Put in der Regel bekanntlich nicht. Hier ist keine vergleichbar einfache Formel bekannt, siehe aber Satz 206.

Grenzwerte

Wir wollen jetzt die Black-Scholes-Formel weiter diskutieren. Hierbei beschränken wir uns überwiegend auf den europäischen Call, also auf die Formel

$$C_e(t_0) = S\Phi(d_+) - e^{-r(T-t_0)}K\Phi(d_-)$$

und untersuchen, wie sie sich in Extremfällen und tendenziell verhält. Die folgenden Aussagen sind jeweils „ceteris paribus" zu verstehen, d.h. eine Größe wird variiert, die anderen bleiben konstant.

1. $S \gg K$ In dieser Situation ist die Ausübung der Option sowohl in der realen als auch in der risikoneutralen Welt so gut wie sicher, d.h. als Finanzinstrument unterscheidet sich der Call nicht wesentlich von einem Forward-Kontrakt mit Ausübungspreis K. Es sollte also für $S/K \to \infty$ gelten

$$C_e(t_0) \approx S - e^{-r(T-t_0)}K$$

Das stimmt auch, denn es gilt

$$\lim_{S/K \to \infty} d_+ = \lim_{S/K \to \infty} d_- = \infty$$

und somit

$$\lim_{S/K \to \infty} \Phi(d_+) = \lim_{S/K \to \infty} \Phi(d_-) = 1$$

Abbildung 7.5 zeigt die Black-Scholes-Preise für europäische Calls und Puts in Abhängigkeit von S/K. Die Abbildung enthält ferner die Zeitwerte der Optionen, die sich als Differenz aus Optionspreis und innerem Wert ergeben. Man beachte den Knick der Zeitwertkurve bei $S = K$. Ferner ist zu erkennen, dass europäische Put-Optionen im Geld einen negativen Zeitwert haben können (aber s. Bemerkung 75 auf S. 90).

2. $\sigma \to 0$ Je kleiner die Volatilität ist, desto geringer ist das mit der Aktie verbundene Risiko. Im Grenzwert wird die Aktie zu einer risikolosen Anlageform, die sich in einer arbitragefreien Welt gemäß des risikolosen Zinssatzes entwickeln muss. Damit wird aber auch die Option zu einer risikolosen Anlageform und es müsste somit gelten:

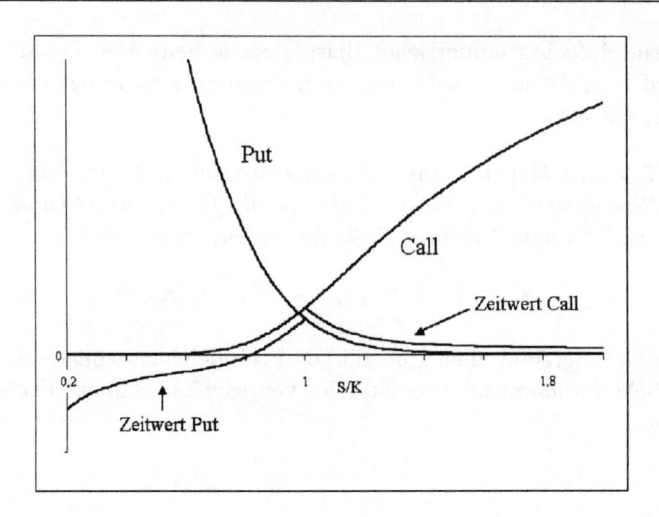

Abbildung 7.5 Black-Scholes-Preise und zugehörige Zeitwerte in Abhängigkeit von S/K

$$\lim_{\sigma \to 0} C_e(t_0) = e^{-r(T-t_0)} \max\left(Se^{r(T-t_0)} - K, 0\right) = \max\left(S - Ke^{-r(T-t_0)}, 0\right) \quad (7.7)$$

Auch dies ist richtig, wie man anhand der folgenden Fallunterscheidung sieht: ist $S > Ke^{-r(T-t_0)}$, so ist $\ln(S/K) + r(T-t_0) > 0$, woraus folgt:

$$\lim_{\sigma \to 0} d_+ = \lim_{\sigma \to 0} d_- = \infty$$

Im Fall $S < Ke^{-r(T-t_0)}$ ist der Ausdruck $\ln(S/K) + r(T-t_0)$ negativ, was

$$\lim_{\sigma \to 0} d_+ = \lim_{\sigma \to 0} d_- = -\infty \quad \text{und somit} \quad \lim_{\sigma \to 0} \Phi(d_+) = \lim_{\sigma \to 0} \Phi(d_-) = 0$$

zur Folge hat. Im Sonderfall $S = Ke^{-r(T-t_0)}$ schließlich gilt

$$\lim_{\sigma \to 0} d_+ = \lim_{\sigma \to 0} d_- = 0 \quad \text{und somit} \quad \lim_{\sigma \to 0} \Phi(d_+) = \lim_{\sigma \to 0} \Phi(d_-) = \frac{1}{2},$$

was aber ebenfalls zu Gleichung 7.7 führt.

3. $\sigma \to \infty$ In dem Fall konvergiert d_+ gegen $+\infty$ und d_- gegen $-\infty$, also $\Phi(d_+)$ gegen 1 und $\Phi(d_-)$ gegen 0, was zu

$$\lim_{\sigma \to \infty} C_e(t_0) = S$$

führt. Dieser Grenzprozess ist gedanklich nicht so leicht nachzuvollziehen. Er treibt die Diskussion des vorigen Abschnitts auf die Spitze. Mit $\sigma \to \infty$ geht die Wahrscheinlichkeit, dass die Option am Fälligkeitstag im Geld sein wird, gegen null (sowohl in der realen als auch in der risikoneutralen Welt). Gleichzeitig winken aber im Erfolgsfall derartig hohe Gewinne, dass (im Sinne eines Erwartungswerts, der ja eine bestimmte Form der Durchschnittsbildung ist) verglichen damit sowohl die Wahrscheinlichkeit,

7.2 Derivatebewertung

dass die Option im Geld sein wird, als auch die Tatsache, dass man nicht $S(T)$, sondern nur $S(T) - K$ ausgezahlt bekommt, überhaupt kein Gewicht hat (man beachte $\lim_{S(T) \to \infty} (S(T) - K)/S(T) = 1$). Zu betonen ist aber, dass es hier wirklich nur um einen Grenzwert geht. Der Wert eines europäischen Calls kann niemals gleich dem Wert des Underlyings sein, sonst gibt es eine offensichtliche Arbitragemöglichkeit.

In Abschnitt 4.2.3 haben wir gesehen, dass aufgrund elementarer Arbitrageargumente ohne jegliche Wahrscheinlichkeitsannahmen der Preis eines Calls die Preisgrenzen

$$S \geq C_e(t_0) \geq \max\left(S - Ke^{-r(T-t_0)}, 0\right)$$

erfüllen muss. Die soeben diskutierten Punkte 2 und 3 zeigen, dass jeder Preis in diesem Bereich (außer $S = C_e(t_0)$) bei entsprechendem σ tatsächlich vorkommen kann. Entsprechendes gilt für den Put. Dies zeigt sowohl, dass die ermittelten Preisgrenzen nicht verbessert werden können, als auch, dass das Black-Scholes-Modell sehr flexibel ist, also über die Stellschraube Volatilität den gesamten möglichen Preisbereich abdeckt.

Abhängigkeit von der Volatilität

Die Punkte 2 und 3 des vorigen Unterabschnitts zeigen, dass mit steigender Volatilität tendenziell der Optionspreis steigt. Dies gilt aber nicht nur tendenziell, sondern sogar ganz rigoros, wie wir gleich sehen werden, indem wir die Ableitung des Black-Scholes-Preises nach der Volatilität betrachten. Vorbereitend benötigen wir die folgende bemerkenswerte und für den Umgang mit den Black-Scholes-Preisen äußerst nützliche Identität, deren Nachweis nicht schwer, aber etwas mühsam ist (zur Übung empfohlen):

Lemma 178 *Es gilt*

$$S\varphi(d_+) = e^{-r(T-t_0)} K\varphi(d_-)$$

Hierbei ist $\varphi(x) = \exp\left(-x^2/2\right)/\sqrt{2\pi}$ die Dichtefunktion der normierten Normalverteilung, also die Ableitung von Φ.

Man ermittelt nun

$$\begin{aligned}\frac{\partial C_e(t_0)}{\partial \sigma} &= S\varphi(d_+)\frac{\partial d_+}{\partial \sigma} - e^{-r(T-t_0)} K\varphi(d_-)\frac{\partial d_-}{\partial \sigma} \\ &= S\varphi(d_+)\left(\frac{\partial d_+}{\partial \sigma} - \frac{\partial d_-}{\partial \sigma}\right) \\ &= S\varphi(d_+)\frac{\partial}{\partial \sigma}\left(\sigma\sqrt{T-t_0}\right) \\ &= S\sqrt{T-t_0} \cdot \varphi(d_+) > 0\end{aligned}$$

Für den Put gilt das gleiche Ergebnis (Übung):

$$\frac{\partial P_e(t_0)}{\partial \sigma} = S\sqrt{T-t_0} \cdot \varphi(d_+) > 0$$

Satz 179 *Die Black-Scholes-Preise europäischer Call- und Put-Optionen sind streng monoton steigende Funktionen in der Volatilität, d.h der Optionspreis steigt bei wachsender Volatilität und sinkt bei fallender Volatilität (ceteris paribus).*

Die implizite Volatilität

Alle wertbestimmenden Größen des Preises einer Option sind durch Marktdaten feststellbar mit einer Ausnahme: der Volatilität. Kennt man also den Preis, zu dem eine Option gehandelt wird, so kann man daraus (numerisch) die rechnerische Volatilität σ_{impl} ermitteln, die den vorgegebenen Preis ergibt, wenn man sie in die Black-Scholes-Formel einsetzt. Diese Volatilität nennt man die **implizite Volatilität**. Nach Satz 179 ist sie immer eindeutig bestimmt. Sie gibt sozusagen die Markteinschätzung der Volatilität der Aktie wieder. Zur Erinnerung: die Volatilitätsschätzung, die man gemäß der in Abschnitt 7.1.4 beschriebenen Methode aus den Vergangenheitskursen der Aktie gewinnt, heißt **historische Volatilität**.

Man könnte nun glauben, dass historische und implizite Volatilität immer näherungsweise gleich sind. Tatsächlich gibt es häufig aber große Abweichungen. Wie schon an anderer Stelle erwähnt, gehen Praktiker in der Regel nicht von konstanter Volatilität aus, sondern versuchen jeweils für die Laufzeit einer Option die Volatilität einzuschätzen. In dem folgenden Beispiel mit zufällig ausgewählten echten Zahlen werden nur Optionen der gleichen Laufzeit betrachtet. Man sieht, dass alle Optionen zu einer Aktie (fast) die gleiche implizite Volatilität haben. Das ist aber ebenfalls keineswegs immer so. Ein häufig festgestelltes Phänomen ist der **Volatility-Smile**, der gegeben ist, wenn Optionen tief im Geld oder deutlich aus dem Geld eine gegenüber Optionen am Geld erhöhte implizite Volatilität aufweisen. Dieses Phänomen erklärt sich zum Teil dadurch, dass Optionen mit einem theoretischen Preis in der Nähe von null fast zwangsläufig zu teuer gehandelt werden. Aufgrund der Put-Call-Parität hat dies auch Auswirkungen auf Optionen in-the-money.

Beispiel 180 *Die folgenden Tabellen zeigen die Settlementpreise verschiedener März-Call-Optionen der Eurex Deutschland vom 14.12.2000. Basiswerte sind die Aktien der Deutschen Bank, der Deutschen Telekom, der Siemens AG und der DAX. Als Referenzzinssatz wurde der Dreimonats-Euro-Libor (4,953% p.a.) gewählt, $T - t_0$ ist $1/4$. Die angegebenen Aktienkurse sind Kassa-Kurse, beim DAX ist es der Schlusskurs.*
Deutsche Bank (87,80 Euro)

K	80	85	90	95
$C_a(t_0)$	11,20	8,15	5,75	3,81
σ_{impl}	0,349	0,353	0,358	0,353

Deutsche Telekom (38,00 Euro)

K	34	36	38	40	42
$C_a(t_0)$	6,27	5,13	4,14	3,32	2,61
σ_{impl}	0,513	0,518	0,520	0,523	0,522

Siemens AG (138,70 Euro)

K	130	135	140	145	150
$C_a(t_0)$	17,81	15,10	12,39	10,28	8,36
σ_{impl}	0,451	0,453	0,442	0,443	0,439

DAX (6469,95 Punkte)

7.2 Derivatebewertung

K	5000	5600	6000	6400	6500	6600	6800	7000
$C_e(t_0)$	1541,70	987,70	658,40	387,20	331,20	281,10	194,20	129,40
σ_{impl}	0,298	0,272	0,256	0,242	0,239	0,236	0,230	0,226

Es besteht bei der Auswertung von Börsenkursen zu Optionen die Problematik, dass man nicht exakt weiss, von welchen Zeitpunkten die Kurse genau sind und wie zu genau diesem Zeitpunkt der Kurs des Basiswerts war. Diese zeitliche Ungenauigkeit kann vor allem bei nicht so häufig gehandelten Optionen durchaus zu einem schiefen Bild führen. Bei der DAX-Tabelle fällt auf, dass die implizite Volatilität mit steigendem Strike immer mehr sinkt. Das kann z.B. dadurch verursacht sein, dass der DAX kurz vor Schluss noch gefallen ist, die Optionskurse aber von einem früheren Zeitpunkt stammen. Legt man nämlich z.B. einen DAX-Kurs von 6480 zugrunde, ergibt sich ein wesentlich homogeneres Bild:

K	5000	5600	6000	6400	6500	6600	6800	7000
$C_e(t)$	1541,70	987,70	658,40	387,20	331,20	281,10	194,20	129,40
σ_{impl}	0,224	0,257	0,248	0,237	0,234	0,232	0,227	0,223

Bemerkung 181 *Warum ist das Black-Scholes-Modell so erfolgreich? Obwohl sämtliche Voraussetzungen des Modells - angefangen von den vernachlässigbaren Transaktionskosten bis zur Lognormalverteilung der Aktienkurse - allenfalls näherungsweise gegeben sind, ist die Black-Scholes-Formel bei aller Kritik doch die Universalformel der Derivatebewertung schlechthin, was sich auch in der Verleihung des Nobelpreises an M. Scholes und R.C. Merton 1997 ausdrückt (F. Black war da bereits verstorben). Moderne Terminbörsen wie die Eurex sind in ihrem Aufbau und der Produktpalette passend zu dem Black-Scholes-Modell konzipiert. Worin liegt nun die trotz aller bekannten Mängel große Attraktivität des Modells? - Es ist die Einfachheit verbunden mit der Praktikabilität. Über eine einzige Zahlengröße - die implizite Volatilität - können Optionen als preiswert oder teuer beurteilt und verglichen werden. Durch Variation dieser Größe kann der gesamte aufgrund elementarer Arbitrageargumente verfügbare Preisspielraum ausgefüllt werden. Sofern es für eine Option also überhaupt einen „richtigen" Preis gibt, kann er durch eine Volatilität ausgedrückt werden. Es muss allerdings nicht für alle Optionen zu einer Aktie die gleiche Volatilität sein. Bewertet man aber alle Optionen zu einer Aktie mit der gleichen Volatilität, so ist garantiert, dass dieses Preissystem in sich keine Arbitragemöglichkeiten enthält. Diese Aussage bezieht auch die exotischen Optionen (s. Kapitel 11) mit ein.*

Es hat eine Reihe empirischer Untersuchungen zur Black-Scholes-Formel gegeben, die vor allem die beiden Fragestellungen a) „Inwieweit lassen sich die realen Marktpreise mit Hilfe der Black-Scholes-Formel erklären¿' - und b) „Hätte sich mit Hilfe der Formel an Märkten mit abweichenden Preisen Gewinne erzielen lassen¿' zum Gegenstand hatten. Eine Diskussion einer Reihe solcher Untersuchungen findet man in [29]. Die Ergebnisse sind durchaus unterschiedlich, aber in der Summe schneidet die Black-Scholes-Formel nicht schlecht ab.

Bemerkung 182 *Eine naheliegende Frage ist auch, inwiefern die Black-Scholes-Formel an die Voraussetzungen des Modells, also vor allem den Aktienkursverlauf $d(S) = S(\mu dt + \sigma dW)$, gebunden ist. Die Anwort hierauf ist, dass als wesentliche Bedingung die Lognormalverteilung der Aktienkurse in der risikoneutralen Welt, d.h. unter dem äquivalenten*

Martingalmaß **Q*** *gegeben sein muss. In der realen Welt müssen Aktienkurse nicht lognormalverteilt sein, vielmehr darf der Parameter μ zeitabhängig und sogar stochastisch sein. Dies stimmt überein mit Bemerkung 147 auf Seite 179 zu den CRR-Modellen. μ muss lediglich gewisse technische, in der Praxis kaum bedeutungsvolle Restriktionen erfüllen, damit die Argumentation zu Satz 328 in Abschnitt 12.4.2 auf die naheliegende Art übertragen werden kann (s. auch Abschnitt 9.1). Die Black-Scholes-Formel ist somit aus rein theoretischer Sicht recht immun gegen Kritik. Lässt sich vielleicht auch die einfache Hypothese über den Aktienkursverlauf*

„*Es gibt Zahlen μ und σ, so dass der Aktienkursverlauf gemäß $dS = \mu S\,dt + \sigma S\,dW$ erfolgt.*"

mit Hilfe statistischer Methoden verwerfen, so ist die zu den gleichen Optionspreisen führende allgemeinere Hypothese eines Aktienkursverlaufs gemäß

$$dS = \mu(S,t)S\,dt + \sigma S\,dW \tag{7.8}$$

mit dem gleichen σ und (unbekanntem) zeitabhängigem oder sogar stochastischem μ grundsätzlich dadurch, dass man Aktienkurse zu diskreten Zeitpunkten feststellt, weder zu verifizieren noch zu falsifizieren. Diese Aussage gilt für jedes beliebige vorgegebene $\sigma > 0$! Wenn man also will, kann man alle mit dem Aktienkursverlauf verbundenen Probleme im Umgang mit der Black-Scholes-Formel auf die unvermeidbare Bruchstelle zwischen der „infinitesimalen Handelsstrategie" der Theorie und dem nur zu endlich vielen Zeitpunkten möglichen Kaufen/Verkaufen der Realität zuschreiben. Diese Feststellung hilft einem Praktiker natürlich nur wenig. Er ist darauf angewiesen, dass diese Bruchstelle möglichst vernachlässigbar ist. Wir werden auf diesen Aspekt in dem Abschnitt über das Delta-Hedging zurückkommen (s. Bemerkung 189). Zu Formel 7.8 ist natürlich noch kritisch nachzufragen, wie denn eine permanent variierende Driftrate bei konstanter Volatilität theoretisch begründet werden könne.

Bemerkung 183 *Eine weitere Voraussetzung der Black-Scholes-Formel, der konstante Zinssatz r, kann ebenfalls abgeschwächt werden. Es gilt dann eine modifizierte, aber immer noch leicht berechenbare Black-Scholes-Formel (siehe 6.2 in [2]).*

7.2.3 Vorgehensweise bei Dividenden

Eine Dividendenausschüttung einer Aktie bewirkt, dass der Aktienkurs am Ex-Tag in etwa um den Dividendenbetrag sinkt. Dies gilt zwar nur näherungsweise, wir gehen aber davon aus, dass es exakt stimmt und somit der Aktienkurs mit der Ausschüttung einer Dividende in Höhe von D Euro je Aktie um den Betrag D absinkt. $\tilde{D}$ sei der auf den Zeitpunkt t_0 diskontierte Wert von D. Wir nehmen ferner an (das ist realitätsnah), dass Dividendenzahlungen im Vorhinein bekannt sind.

Für einen europäischen Call bereitet eine Dividendenzahlung während der Laufzeit keine großen Probleme. Man kann nach wie vor die Black-Scholes-Formel anwenden, muss in der Formel aber den Aktienkurs S durch $S - \tilde{D}$ ersetzen. Dies gilt entsprechend auch, wenn während der Laufzeit mehrere Dividendenzahlungen anfallen.

Beispiel 184 *Eine Aktie hat aktuell (1. März) den Kurs $S = 340$ €, für den 31. Mai ($= t_1$) ist eine Dividende von $D = 15$ € angekündigt. Zu bewerten ist eine europäische Call-Option zum Strike $K = 330$ €, die am 15. September fällig wird. Der risikolose Zinssatz ist für alle Laufzeiten gleich $r = 0{,}05$ (stetig).*
Man ermittelt zunächst $t_1 - t_0 = 1/4$, also $\widetilde{D} = e^{-0{,}05/4} \cdot 15 = 14{,}81$ (€). Für die Black-Scholes-Formel ist also $S - \widetilde{D} = 325{,}19$ einzusetzen. Falls beispielsweise die Volatilität $\sigma = 0{,}2$ angenommen wird, ergibt das einen Preis von 21,04 Euro.

Für einen amerikanischen Call kann durch Dividendenzahlungen frühzeitige Ausübung vorteilhaft werden. Die Situation wird dadurch aber nicht vollkommen anders. Es kommen im Normalfall nur die Zeitpunkte unmittelbar vor den Dividendenausschüttungen für eine vorteilhafte frühzeitige Ausübung in Frage (warum?). Eine von Black vorgeschlagene, für die Belange der Praxis in der Regel hinreichend genaue pragmatische Vorgehensweise ist es dann, für alle diese Zeitpunkte den Wert der dann fälligen europäischen Call-Option zu bestimmen und von all diesen Werten den maximalen zu nehmen (mehr hierzu findet man in [29] 11.12).

Konkret: Es seien $t_1, ..., t_r$ die Ex-Tage mit $t_0 < t_1 < ... < t_r < T$. Ferner sei $C_{e,i}(t_0)$ der Wert der europäischen Call-Option zum Fälligkeitstag t_i und Strike K, wobei zur Preisbestimmung der Aktienkurs jeweils um die Barwerte der ersten $i-1$ Dividenden zu vermindern ist. Dann gilt

$$C_a(t_0) \approx \max(C_e(t_0), C_{e,i}(t_0)(i = 1, ..., r))$$

Beispiel 185 *Wir setzen das vorige Beispiel fort und bewerten jetzt einen amerikanischen Call mit ansonsten gleichen Daten. Vorteilhaft kann nur die Ausübung unmittelbar vor dem 31.5., dem einzigen Dividendentermin sein. Mit $t_1 - t_0 = 1/4$ und $S = 340$ € ergibt die Black-Scholes-Formel einen Wert von 21,50 €. Da dieser Betrag höher ist als 21,04 Euro, ist er also gleich dem Wert des amerikanischen Calls: $C_a(t_0) \approx \max(21{,}04, 21{,}50) = 21{,}50$ €.*

7.3 Hedging und die griechischen Buchstaben

Im Grunde haben wir schon an vielen Stellen beschrieben, wie der Verkäufer einer Option das damit verbundene Risiko absichern kann, nämlich durch Duplikation des Wertprozesses der Option durch ein (ständig neu zu adjustierendes) Portfolio aus Underlying und risikoloser Anlageform. Wir wollen die Frage jetzt aber noch einmal grundsätzlich aufgreifen und an einem Beispiel untersuchen:

Eine Bank verkauft einem Großkunden zum Preis von 800.000 € 75.000 europäische Call-Optionen zum Strike $K = 160$ € auf eine Aktie. Die Laufzeit der Option ist ein halbes Jahr ($T - t_0 = 1/2$). Während dieser Zeit wird die Aktie keine Dividende ausschütten. Der aktuelle Kurs der Aktie ist $S = 150$ € und der stetige Zinssatz beträgt $r = 4{,}5\%$. Die Volatilität der Aktie wird auf $\sigma = 30\%$ eingeschätzt. Dies ergibt einen Black-Scholes-Preis für eine Option von $C_e(0) = 9{,}9747$ €. Alle 75.000 Calls zusammen haben also einen Wert von ca 748.000 €. Die Bank kann somit aus dem Geschäft theoretisch einen risikolosen Gewinn von ca 52.000 € erwarten. Wie kann dieser sicher realisiert werden?

Bemerkung 186 *Möglicherweise fragt sich der eine oder andere an dieser Stelle, warum sich der Kunde auf dieses Geschäft einlässt und sich die Optionen nicht einfach an einer Terminbörse wie z.B. der Eurex zum Preis von ca 750.000 Euro besorgt. Nun, es ist erstens fraglich, ob er so viele Optionen zu dem Preis erhalten kann und zweitens kann es sein, dass keine Option mit genau dem gewünschten Strike und genau der gewünschten Laufzeit an einer Terminbörse gehandelt wird. Insofern steht auch der Bank nicht unbedingt der einfache Weg offen, den Gewinn durch den Kauf gleichartiger Optionen an einer Terminbörse zum Black-Scholes-Preis sofort und risikolos zu realisieren.*

7.3.1 Gedeckter und ungedeckter Call, Stop-Loss-Strategie

Wir untersuchen zunächst ein paar einfache Handlungsmöglichkeiten der Bank auf Chancen und Risiken.

Gedeckter Call (engl. **covered call**). Die Bank kann 75.000 Aktien kaufen und bis zur Fälligkeit der Option lagern. Damit ist sie gegen das Risiko eines stark steigenden Aktienkurses vollkommen abgesichert. Es ist garantiert, dass sie bei Fälligkeit der Option ihren Verpflichtungen nachkommen kann. Aber die Vorgehensweise ist auch mit Kosten verbunden: zum Kauf der Aktien ist ein Betrag von $75.000 * 150 = 11.250.000$ Euro erforderlich. Für die Aufnahme dieses Betrages über die Laufzeit der Option sind Zinsen in Höhe von 255.994 Euro zu zahlen. Dieser Betrag wird allerdings durch die erhaltene Optionsprämie, die aufgezinst am Periodenende 818.204 Euro beträgt, mehr als kompensiert. Hier steckt also kein Problem, viel schwerwiegender ist das mit fallenden Kursen verbundene Risiko. Schon wenn der Aktienkurs zum Zeitpunkt T auf 130 steht, bedeutet das einen Gesamtverlust von fast einer Million Euro:

Optionsprämie plus Zinsen	818.204
Zurückzahlung Darlehen	−11.250.000
zuzügl. Zinsen	−255.994
Verkaufserlös Aktien	9.750.000
Saldo	−937.790

Fassen wir Vor- und Nachteile des gedeckten Calls zusammen:

- Vorteil: Vollständige Absicherung bei steigenden Kursen

- Nachteil: Opportunitätskosten durch Aktienkauf

- Nachteil: Hohes, wenn auch begrenztes Verlustrisiko durch fallende Kurse

Nichtsdestotrotz kann es eine sinnvolle Strategie sein, in Erwartung eines seitwärts tendierenden Marktes (keine großen Kursveränderungen) die Performance eines Portfolios durch die Ausgabe von Call-Optionen auf Aktien, die im Bestand gehalten werden, zu verbessern. Dies ist aber ein ganz anderer Ansatzpunkt und hat mit der Aufgabe, das Risiko einer Option auszugleichen, nichts zu tun.

Ungedeckter Call (engl. **naked call**). Im Vergleich zum gedeckten Call ist dies die gegenteilige Handelsmöglichkeit: der Verkäufer tut gar nichts und vertraut darauf, dass die Option nicht oder nur geringfügig im Geld endet. Bis zur Fälligkeit der Option ist diese Strategie mit keinen Kosten verbunden, dann drohen aber unbegrenzte Verluste. Also

- Vorteil: Maximaler Gewinn, wenn die Option nicht im Geld endet
- Vorteil: Keinerlei Kosten während der Laufzeit
- Nachteil: Unbegrenztes Verlustrisiko bei steigenden Kursen

Diese Strategie ist hochgradig spekulativ und sehr riskant, wenn der Basispreis nicht sehr viel größer ist als der aktuelle Kurs des Underlyings.

Stop-Loss-Strategie. Diese Strategie erscheint auf den ersten Blick als die ideale Synthese der beiden vorgenannten Handelsmöglichkeiten:

Baue die Position eines gedeckten Calls auf, wenn der Aktienkurs den Strike überschreitet und verkaufe alle Aktien, wenn der Kurs unter den Strike fällt.

Das scheint das Ei des Kolumbus zu sein: Der Verkäufer der Option ist sowohl gegen fallende als auch steigende Kurse völlig abgesichert und er hat - abgesehen von Transaktionskosten - schlimmstenfalls Zinsen für geliehenes Geld in gleicher Höhe wie beim gedeckten Call zu zahlen. Aber ...

... ist das überhaupt eine Handelsstrategie? Nehmen wir in unserem Beispiel an, der Kurs der Aktie sei genau 160 €. Was soll der Stillhalter tun: kaufen oder verkaufen? Wenn er wüsste, dass der Kurs steigt, müsste er kaufen, sofern er momentan die Position eines ungedeckten Short Call einnimmt, bzw. gar nichts tun, wenn er die Aktien schon hält. Ist die nächste Kursveränderung eine Abwärtsbewegung, so müsste er genau entgegengesetzt handeln: verkaufen, sofern momentan Bestände gehalten werden. Es ist aber eine unserer fundamentalen Annahmen (Markov-Eigenschaft), dass man bei einem Aktienkursverlauf niemals weiss, ob die nächste Bewegung eine Aufwärts- oder eine Abwärtsbewegung sein wird. Die Stop-Loss-Strategie ist in der angegebenen Form gar keine zulässige, d.h. umsetzbare Handelsstrategie. Will man die ihr zugrunde liegende Idee umsetzen, muss man sie in etwa folgendermaßen modifizieren:

- Kaufen, wenn der Kurs den Strike K um einen kleinen Betrag ε übersteigt (von unten kommend)
- Verkaufen, wenn der Kurs (von oben kommend) den Strike um ε unterschreitet.

Das bedeutet aber, dass immer zum Preis von $K+\varepsilon$ gekauft und zum niedrigeren Preis von $K-\varepsilon$ verkauft wird. Jeder Übergang des Aktienkurses der Form

$$K+\varepsilon \to K-\varepsilon \to K+\varepsilon$$

oder

$$K-\varepsilon \to K+\varepsilon \to K-\varepsilon$$

bringt also einen Verlust von 2ε Euro je Aktie mit sich. Auch auf diese Weise kann sich also schnell ein (theoretisch unbegrenzter) Verlust aufbauen. Wählt man etwa in unserem Beispiel $\varepsilon = 1$ Euro, so ist ein einziger Übergang des Aktienkurses der Form

$$159 \to 161 \to 159$$

mit unwiderruflich verlorenen $2 \cdot 75.000 = 150.000$ Euro verbunden. Auch die Stop-Loss-Strategie ist also kein Allheilmittel, sie ist vielmehr sehr riskant:

- Vorteil: vollständige Absicherung gegen steigende und fallende Kurse

- Vorteil: vergleichsweise geringe Zins-Kosten

- Nachteil: unbegrenzt hohes Verlustrisiko durch um den Strike schwankende Kurse

Der Nachteil lässt sich auch nicht dadurch ausgleichen, dass man ε sehr klein wählt. Denn je kleiner ε ist, desto höher ist auch die zu erwartende Anzahl der Käufe und Verkäufe. Definiert man zu einer Hedging-Strategie für eine Option als Maß für die Sicherheit der Strategie die **Hedge-Performance** HP durch

$$HP = \frac{\text{Standardabweichung der Hedgekosten}}{\text{Black-Scholes-Preis der Option}}, \qquad (7.9)$$

so zeigte es sich als Ergebnis von Simulationen, dass es kaum möglich ist, mit einer Stop-Loss-Strategie einen wesentlich besseren Wert als $HP = 0{,}7$ zu erreichen (siehe [29] 14.3).

Zusammenfassend lässt sich sagen, dass alle drei in diesem Abschnitt vorgestellten Strategien für den Stillhalter einer Call-Option (Entsprechendes gilt auch für Puts) keine Hedging-Strategien sind, sondern spekulative Positionen umsetzen. Beim gedeckten Call setzt der Stillhalter darauf, dass der Kurs nicht (allzu sehr) fällt, beim ungedeckten geht er von eher fallenden Kursen aus, und bei der Stop-Loss-Strategie vertraut er darauf, dass der Aktienkurs nicht allzu oft um den Strike schwanken wird.

7.3.2 Delta-Hedging

Man könnte nun die Idee haben, dass der Ansatz der Stop-Loss-Strategie - gedeckt zu sein bei hohen Kursen und ungedeckt bei niedrigen Kursen - im Grundsatz richtig ist, dass der Übergang sich aber mehr gleitend vollziehen müsste. Genau das ist die Vorgehensweise beim Delta-Hedging und wir kennen die Strategie schon: sie ist die Basis des Nachweises der Black-Scholes-Differentialgleichung. Die Strategie ist auf jedes Derivat anwendbar, dessen Preis durch eine (hinreichend oft differenzierbare) Funktion G in Abhängigkeit von dem Kurs S des Underlyings und der Zeit t ausgedrückt werden kann und ist wie folgt definiert:

- Halte zu jedem Zeitpunkt t je Einheit Derivat $\Delta = \frac{\partial G}{\partial S}$ Einheiten des Basiswerts.

Dass diese Strategie plausibel ist, kann man sich mit Hilfe der Analysis leicht klarmachen: für jede an einer Stelle x_0 differenzierbare Funktion f gilt für kleine Δx

$$f(x_0 + \Delta x) \approx f(x_0) + f'(x_0) \cdot \Delta x.$$

Je näher Δx bei null liegt, desto genauer stimmt diese Näherungsgleichung. Auf die Aktie übertragen bedeutet das: Ändert sich ihr Kurs um einen kleinen Betrag ΔS (und bleiben alle anderen relevanten Größen wie z.B. die Zeit t unverändert), so ändert sich der Wert einer Einheit des Derivats um annähernd den Betrag $\partial G/\partial S$. Das heißt, dass sich das Portfolio

$$-1 \cdot \text{Derivat} + \Delta \cdot \text{Aktie}$$

7.3 Hedging und die griechischen Buchstaben

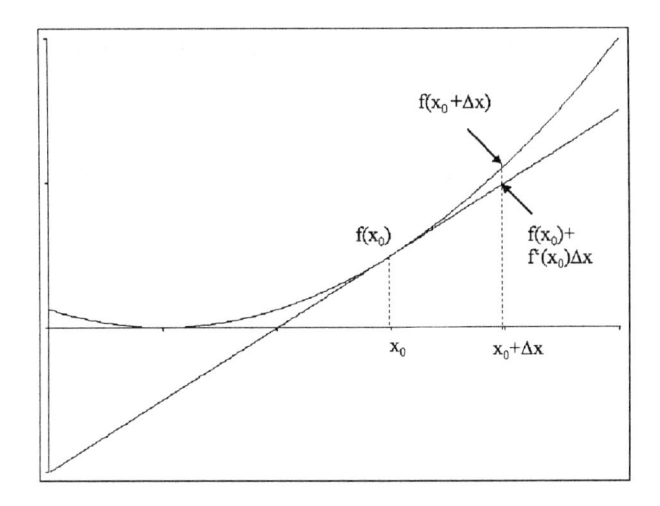

Abbildung 7.6 Lokale Approximation einer Funktion durch eine Tangente

bei kleinen Kursschwankungen der Aktie nur geringfügig im Wert ändert. Im Idealfall, wenn es gelingt, zu jedem Zeitpunkt exakt dieses Portfolio zu besitzen, ist es vollkommen risikolos und verzinst sich gemäß des risikolosen Zinssatzes. Dies haben wir mit Hilfe der Itô-Formel in der Herleitung der Black-Scholes-Differentialgleichung gesehen. Aber es ist bei den meisten Derivaten nicht leicht, diesen Idealzustand zu erreichen. Δ ändert sich ständig, d.h. es ist theoretisch fortwährend erforderlich, Anteile des Underlyings in geringem Umfang zu kaufen oder zu verkaufen (Ausnahme: Forward s.u.). Es ist also in der Regel keinesfalls bequem, eine Short-Position in einer Option durch Delta-Hedging abzusichern. Im Gegensatz zur Stop-Loss-Strategie ist beim Delta-Hedging aber die Hedge-Performance umso besser, je häufiger man das Hedge-Portfolio adjustiert. Einschränkend ist hierzu allerdings anzumerken, dass dies in der Praxis durch die real eben doch vorhandenen Transaktionskosten nur bedingt gilt.
Bestimmen wir einige Delta-Werte:

Forward-Kontrakt. Unter der Voraussetzung, dass das Underlying (aktueller Kurs S) ein Wertpapier ohne Ausschüttungen während der Laufzeit ist, gilt für den Preis $F_K(t)$ eines zum Zeitpunkt t_0 abgeschlossenen Forward-Kontrakts zum Basispreis K mit Fälligkeit T zum Zeitpunkt t ($t_0 \leq t \leq T$)

$$F_K(t) = S - Ke^{-r(T-t)},$$

woraus sich $\Delta = 1$ ergibt. Delta-Hedging für einen Short-Forward-Kontrakt besteht also darin, eine Einheit des Basiswerts zu halten. Dies stimmt überein mit der Argumentation in Abschnitt 3.3.2.

Futures. Für einen Future ergibt sich aufgrund der täglichen Variation-Margins ein anderes Bild. Der Futurepreis entwickelt sich gemäß des Forwardpreises $F(t) = e^{r(T-t)}S$, also

$$\Delta = e^{r(T-t)}.$$

Das Δ von Futures ist insbesondere deshalb von Bedeutung, weil Futures häufig an Stelle des Underlyings zum Hedgen benutzt werden. Hierdurch kann man auch die mit Leerverkäufen verbundene Problematik umgehen, denn es ist in der Regel kein Problem, eine Short-Position in einem Future einzugehen.

Europäische Calls und Puts. Geht man davon aus, dass sich das Underlying gemäß $dS = S(\mu dt + \sigma dW)$ entwickelt, so gelten für europäische Calls und Puts zu jedem Zeitpunkt t ($t_0 \leq t \leq T$) die Black-Scholes-Formeln (mit t_0 durch t ersetzt). Unter Berücksichtigung von

$$\frac{\partial(d_+)}{\partial S} = \frac{\partial(d_-)}{\partial S} = \frac{1}{\sigma S \sqrt{T-t_0}}$$

berechnet man mit Hilfe von Lemma 178 (S. 207) für den europäischen Call zum Strike K:

$$\begin{aligned}
\Delta(C_e) &= \tfrac{\partial}{\partial S}\left[S\Phi(d_+) - e^{-r(T-t)}K\Phi(d_-)\right] \\
&= \Phi(d_+) + S\tfrac{\partial \Phi(d_+)}{\partial S} - e^{-r(T-t)}K\tfrac{\partial \Phi(d_-)}{\partial S} \\
&= \Phi(d_+) + S\varphi(d_+)\tfrac{\partial(d_+)}{\partial S} - e^{-r(T-t_0)}K\varphi(d_-)\tfrac{\partial(d_-)}{\partial S} \\
&= \Phi(d_+) + \tfrac{1}{\sigma\sqrt{T-t}}\left[\varphi(d_+) - \tfrac{e^{-r(T-t)}K}{S}\varphi(d_-)\right] \\
&= \Phi(d_+)
\end{aligned}$$

Analog oder einfacher noch mit der Put-Call-Parität $P_e(t) = C_e(t) + e^{-r(T-t)}K - S$ ermittelt man für den europäischen Put

$$\Delta(P_e) = \Delta(C_e) - 1 = \Phi(d_+) - 1$$

Für einen europäischen Call liegt das Delta also immer zwischen 0 und 1, für einen Put zwischen -1 und 0. Ein Short-Call wird also beim Delta-Hedging stets durch eine Long-Position im Underlying und ein Short-Put immer durch eine Short-Position abgesichert. Man beachte ferner die folgenden Grenzwerte:

$$\lim_{S/K \to \infty} \Delta(C_e) = 1 \quad \text{und} \quad \lim_{S/K \to 0} \Delta(C_e) = 0$$

sowie

$$\lim_{S/K \to \infty} \Delta(P_e) = 0 \quad \text{und} \quad \lim_{S/K \to 0} \Delta(P_e) = -1$$

Man sieht darüber hinaus leicht, dass $\Delta(C_e)$ und $\Delta(P_e)$ streng monotone Funktionen in S sind (ceteris paribus). Das heißt, das Delta-Hedging ist tatsächlich - wie oben postuliert - eine gleitende Stop-Loss-Strategie.

Betrachtet man die zeitliche Entwicklung von Δ bei konstantem Quotienten S/K, so sieht man, dass das Delta-Hedging am Fälligkeitstag immer mit der „richtigen" Position im Underlying endet (s. Abb. 7.7):

$$\lim_{t \to T} \Delta(C_e(t)) = \begin{cases} 0 & S < K \\ 1 & S > K \end{cases} \quad \text{und} \quad \lim_{t \to T} \Delta(P_e(t)) = \begin{cases} -1 & S < K \\ 0 & S > K \end{cases}$$

7.3 Hedging und die griechischen Buchstaben

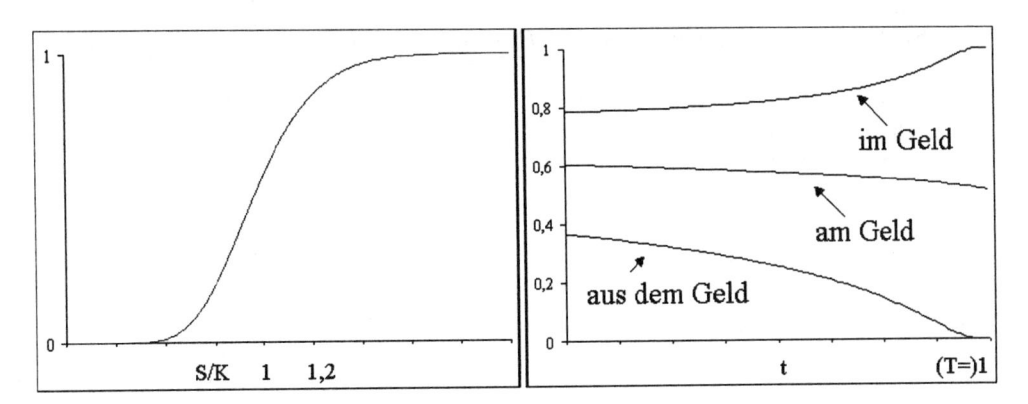

Abbildung 7.7 Das Delta eines europäischen Calls in Abhängigkeit von S/K (links) und zu konstantem Aktienkurs bei fortschreitender Zeit (rechts)

Bemerkung 187 *(Markteffekt des Delta-Hedgings) Bei unseren Überlegungen zu Derivaten gehen wir durchgehend von einem „kleinen Investor" aus, dessen Handelstätigkeit so gut wie keine Auswirkung auf die Marktpreise hat. Sind zu einem Basiswert aber sehr viele Optionen offen, so kann das Hedgen dieser Optionen durchaus den Kurs des Basiswerts beeinflussen. Es stellt sich also die Frage, in welchem Sinne sich Delta-Hedging auswirkt. Die Antwort ist offensichtlich: Da sowohl beim Hedgen von Calls als auch von Puts bei fallenden Kursen Anteile verkauft und bei steigenden Kursen Anteile gekauft werden müssen, unterstützt die vom Delta-Hedging ausgehende Kaufs- und Verkaufstätigkeit immer den aktuellen Trend, d.h. sie wirkt volatilitätssteigernd. Dies ist allerdings keine Besonderheit des Delta-Hedgings, die Stop-Loss-Strategie z.B. hat den gleichen Effekt.*

Wir illustrieren jetzt (Tabellen 7.1 und 7.2) das Delta-Hedging mit zwei möglichen Verläufen zu dem Zahlenbeispiel vom Beginn des Abschnitts. Im ersten Fall endet die Option im Geld, im zweiten nicht. Es wird folgendes Hedgingverhalten simuliert: Während der Laufzeit der Optionen wird das Hedgeportfolio $n = 10$−mal (zu den Zeitpunkten t_k), also etwa alle zweieinhalb Wochen gemäß des aktuellen Deltawerts ($\Delta(k)$) adjustiert, d.h. es werden so viele Aktien gekauft oder verkauft (Spalte K/V), dass der Bestand wieder aus 75.000Δ Aktien (Spalte *Bestand*) besteht. Die Spalte *Kosten* enthält die mit dieser Umschichtung verbundenen Kosten, die anschließende Spalte *kumuliert* enthält diese Kosten aufsummiert und aufgezinst. Im Idealfall, d.h. wenn kein Hedgingfehler vorhanden ist, müssten sich diese Kosten zum (auf das Ende der Periode aufgezinsten) Black-Scholes-Preis der 75.000 Optionen aufsummieren, sofern die Option nicht im Geld endet. Endet die Option im Geld, ist der Idealwert der Hedgingkosten um den Betrag $75.000K$ höher. Diese Idealsituation ist in dem Beispiel (wie in der Realität) nicht gegeben. In jeder Teilperiode $[t_{k-1}, t_k]$ entsteht je Einheit Option ein Hedgefehler $\varepsilon(k)$, der sich mit Hilfe der zu den Zeitpunkten t_k gültigen Aktienkurse $S(k)$ und

k	S(k)	$C_e(k)$	$\Delta(k)$	K/V	Bestand	Kosten	kumul.	$\varepsilon_g(k)$
0	150	9,9747	0,4633	34.748	34.748	5.212.200	5.212.200	0
1	138	4,7066	0,2967	-12.492	22.256	-1.723.896	3.500.045	-31.925
2	138	4,0860	0,2776	-1.433	20.823	-197.754	3.310.175	40.419
3	137	3,2064	0,2429	-2.604	18.219	-356.748	2.960.883	39.369
4	147	5,4747	0,3626	8.979	27.198	1.319.913	4.287.465	6.991
5	144	3,6459	0,2903	-5.423	21.775	-780.912	3.516.211	47.479
6	145	3,0706	0,2744	-1.195	20.580	-173.275	3.350.856	58.481
7	152	4,2624	0,3725	7.357	27.937	1.118.264	4.476.668	48.469
8	155	4,0476	0,4052	2.457	30.394	380.835	4.867.587	91.075
9	171	12,2400	0,8550	33.734	64.128	5.768.514	10.647.065	-138.057
10	186	26,0000	1	10.872	75.000	2.022192	12.693.240	-92.709

Tabelle 7.1 Delta-Hedging: Option endet im Geld

den sich daraus ergebenden Black-Scholes-Preisen $C_e(k)$ unter der Berücksichtigung von Verzinsungsaspekten pro Option wie folgt berechnet[5]

$$\varepsilon(k) = \Delta(k-1)\left[S(k) - e^{r(t_k-t_{k-1})}S(k-1)\right] - \left[C_e(k) - e^{r(t_k-t_{k-1})}C_e(k-1)\right]$$

Aufgezinst und aufsummiert ergeben diese Werte den Gesamthedgefehler ε:

$$\varepsilon = \sum_{k=1}^{n} e^{r(t_n-t_k)}\varepsilon(k)$$

In den Tabellen enthält die Spalte $\varepsilon_g(k)$ den Gesamtwert des periodenbezogenen Hedgefehlers, also bis auf Rundungsdifferenzen den Wert $75.000 \cdot \varepsilon(k)$. Es ist deutlich erkennbar, dass $\varepsilon(k)$ bei großen Kursausschlägen negativ ist, also für den Stillhalter ungünstig, wohingegen sich ein nahezu unveränderter Aktienkurs günstig auswirkt. Dies stimmt überein mit den Ergebnissen in Abschnitt 6.2.3.

In der ersten Zahlenreihe ergibt sich ein Gesamthedgefehler von 71.885 Euro, d.h. bezogen auf den Zeitpunkt der Optionsfälligkeit hat die Bank aus dem Geschäft einen Gewinn von

$$71.885 + e^{0,045/2}\left(800.000 - 75.000 * C_e(0)\right) \approx 125.000 \text{ Euro}$$

erzielt. Im zweiten Fall sieht es anders aus. Hier hat der Gesamthedgefehler ein negatives Vorzeichen, geht also zu Lasten der Bank. Da er außerdem mit 134.337 Euro absolut deutlich höher ist als im ersten Fall (aber immer noch unter 20% liegt), endet das Geschäft hier mit einem Saldo der Bank in Höhe von

$$-134.337 + e^{0,045/2}\left(800.000 - 75.000 * C_e(0)\right) \approx -81.259 \text{ Euro}$$

---

[5] Die Formel ergibt sich aus der folgenden Vorgehensweise: Zu Beginn einer Teilperiode verkauft man eine Option und kauft Δ Anteile Aktien. Nach Ende der Teilperiode kauft man die Option zurück und verkauft die Aktienanteile.

7.3 Hedging und die griechischen Buchstaben

k	$S(k)$	$C_e(k)$	$\Delta(k)$	K/V	$Bestand$	$Kosten$	$kumul.$	$\varepsilon_g(k)$
0	150	9,9747	0,4633	34.748	34.748	5.212.200	5.212.200	0
1	142	5,9947	0,3476	-8.678	26.070	-1.232.276	3.991.665	10.460
2	130	2,2552	0,1828	-12.358	13.712	-1.606.540	2.394.116	-39.702
3	138	3,4558	0,2559	5.482	19.194	756.516	3.156.025	16.014
4	120	0,4452	0,0563	-14.971	4.223	-1.796.520	1.366.614	-125.076
5	126	0,5950	0,0746	1.369	5.592	172.494	1.542.186	13.036
6	123	0,2105	0,0339	-3.048	2.544	-374.904	1.170.756	10.573
7	110	0,0032	0,0009	-2.474	70	-272.140	901.253	-18.196
8	116	0,0014	0,0005	-34	36	-3.944	899.339	539
9	109	0	0	-36	0	-3.924	897.441	-157
10	105	0	0	0	0	0	899.463	0

Tabelle 7.2 Delta-Hedging: Option endet aus dem Geld

Die Zahlen zeigen, dass bei der hohen Volatilität von $\sigma = 0,3$ der Abstand von zweieinhalb Wochen zwischen zwei Adjustierungen des Hedgeportfolios viel zu groß und somit entsprechend riskant ist. Wie schon erwähnt, wird im Gegensatz zur Stop-Loss-Strategie beim Delta-Hedging die Qualität aber immer besser, je kürzer die Abstände sind, in denen das Portfolio adjustiert wird. Um eine zahlenmäßige Vorstellung zu vermitteln: Hull zitiert in ([29] Kap. 14) eine Simulationsreihe zu einer Call-Option mit $\sigma = 20\%$ und $T - t = 20$ Wochen, bei der sich die Hedge-Performance (s. 7.9) von dem Wert 0,39 bei Adjustierung im Vierwochenabstand über den Wert 0,19 (wöchentliche Adjustierung) zu einem Wert von weniger als einem Prozent bei vier Korrekturen pro Woche verbessert. Allerdings ist mit Blick auf die Praxis hier natürlich anzumerken, dass bei fast täglichem Kauf und Verkauf von Aktien die Transaktionskosten nicht ganz unerheblich sind - auch für ein großes Geldinstitut. Mildernd wirkt sich hier aber eine weitere Eigenschaft des Delta-Hedgings aus: die Additivität bei mehreren Derivaten. Hierzu legt man zunächst fest: .

Definition 188 *Zu einem Portfolio $P = x_1 A_1 + ... + x_n A_n$ von Anlageformen, deren Wert vom Kurs S einer Aktie abhängt, definiert man das **Delta** oder den **Delta-Wert** zum Zeitpunkt t durch*

$$\Delta P = \Delta P(t) = \frac{\partial P(t)}{\partial S}.$$

*Ein Portfolio heißt **deltaneutral**, wenn sein Delta null ist.*

Delta-Hedging eines aus mehreren Derivaten des gleichen Basiswerts bestehenden Portfolios besteht wie das Hedgen einer einzelnen Option darin, immer wieder ein deltaneutrales Portfolio herzustellen. Aus den Eigenschaften der Ableitung ergibt sich sofort die Additivität

$$\Delta P = x_1 \Delta A_1 + ... + x_n \Delta A_n,$$

d.h. das Delta eines Portfolios lässt sich sofort aus den Deltawerten seiner Bestandteile ermitteln. Ein Händler, der ein Buch von Derivaten einer Aktie betreut, also z.B. Calls und Puts unterschiedlicher Laufzeit (teils long, teils short), kann dieses Buch also immer simultan für alle seine Bestandteile hedgen. Das ist ein großer Vorteil, denn die einzelnen

Komponenten eines solchen Portfolios beinhalten zum Teil entgegengesetzte Risiken und der Delta-Wert gibt an, wie sich die Risiken saldieren. Dies eröffnet auch die Möglichkeit des **Hedging mit Futures**: In der Praxis ist es häufig empfehlenswert (da unkomplizierter und mit weniger Kosten verbunden, insbesondere bei Indizes als Basisinstrument), anstelle des Underlyings Futures auf das Underlying zum Hedgen zu benutzen. Es ist hierbei nicht erforderlich, dass der Fälligkeitstermin T^* des Futures mit dem der Option übereinstimmt. Man berechnet:

$$\Delta F = e^{r(T^*-t)}, \text{ also } \Delta\left(e^{-r(T^*-t)}F\right) = 1 = \Delta(1 \text{ Einheit Basiswert})$$

Mit $-e^{-r(T^*-t)}\Delta P$ Einheiten Futures kann man ein Portfolio P also genauso gut deltaneutral stellen wie mit $-\Delta P$ Einheiten des Basiswerts.

Die Aktionsmöglichkeiten eines Händlers zur Absicherung seines Buchs sind durch den Kauf oder Verkauf von Aktien oder Futures nicht erschöpft, ihm steht natürlich auch die Möglichkeit offen, aus eigener Initiative Optionen zu kaufen oder verkaufen. Das heißt, es gibt sehr viele Möglichkeiten, ein Portfolio deltaneutral zu stellen. Zur Bemessung, welche davon welchen Effekt hat, sind weitere Größen zur Beurteilung eines Portfolios erforderlich. Auch hierzu kann die Differentialrechnung nützliche Informationen liefern, wie wir im nächsten Abschnitt sehen werden.

Bemerkung 189 *Wir greifen die Diskussion aus Bemerkung 182 auf Seite 220 wieder auf. Damit das Delta-Hedging in der Praxis gut funktioniert, ist es erforderlich, dass sich im Nachhinein herausstellt, dass die richtige Volatilität gewählt wurde. „Richtig" bedeutet hierbei, dass die sich aus den Aktienkursen der tatsächlich zur Portfolio-Adjustierung genutzten Handelszeitpunkte während der Optionslaufzeit errechnende empirische Volatilität (analog zu Abschnitt 7.1.4) nicht wesentlich über der zur anfänglichen Optionsbewertung benutzten Volatilität liegt. Man beachte hierzu auch das entsprechende Bild zu den Binomialmodellen (Abbildung 6.1 auf Seite 168). Da die historische Volatilität von Praktikern eher skeptisch gesehen wird, benötigt ein guter Optionshändler ein treffsicheres Gefühl für die passende Volatilität. Im Einsatz (in welchem Umfang?) sind aber auch rationalere Verfahren zur Volatilitätsvorhersage sowie Modelle, die im Gegensatz zum Black-Scholes-Modell eine schwankende Volatilität vorsehen. Einige Popularität haben in diesem Zusammenhang die sogenannten GARCH-Modelle, insbesondere das GARCH(1,1)-Modell (s. [7]) erlangt. Mehr zu Alternativen zum Black-Scholes-Modell findet man z.B. in [29].*

7.3.3 Weitere griechische Buchstaben

Gamma

Aus der Analysis weiß man, dass sich die Steigung einer Funktion auch in kleinen Intervallen stark ändern kann. Dies hat die Konsequenz, dass der Graf der Funktion und die Tangente rasch auseinanderlaufen. Je weniger sich also in der Nähe einer Stelle x_0 die Steigung verändert, desto besser nähert die Tangente bei x_0 den Grafen an. Die Veränderungen der Steigung werden durch die zweite Ableitung gemessen. Ist diese gleich null oder zumindest nahe daran, so ändert sich die Steigung lokal nur geringfügig. Entsprechend definiert man zu einem Portfolio P zu einer Aktie (S) und Derivaten der Aktie das **Gamma** des Portfolios durch

$$\Gamma(P) = \frac{\partial^2 P}{\partial S^2}$$

und nennt ein Portfolio **gammaneutral** (Γ-neutral), wenn $\Gamma(P)$ den Wert null hat. Ein Portfolio, das gamma- und deltaneutral ist, ist gegenüber Kursschwankungen des Basiswerts also deutlich wertstabiler als ein Portfolio, das nur deltaneutral ist. Als Konsequenz hiervon muss ein solches Portfolio vergleichsweise weniger häufig adjustiert werden. Γ-Neutralität kann man allerdings nur mit Hilfe von Optionen erreichen, denn für die Aktie selbst und Futures auf die Aktie gilt $\Gamma = 0$, da

$$\frac{\partial^2 S}{\partial S^2} = \frac{\partial^2 e^{r(T-t)} S}{\partial S^2} = 0.$$

Will man ein Portfolio gamma- und deltaneutral stellen, so empfiehlt sich die folgende Vorgehensweise in zwei Schritten:

- Erzeugung der Γ-Neutralität durch Kauf/Verkauf börsengehandelter Optionen (ohne Rücksicht auf den Deltawert)

- Erzeugung der Deltaneutralität durch Hinzunahme einer geeigneten Position in Aktie oder Future auf die Aktie.

Für die Standardoptionen C_e (europäischer Call) und P_e (europäischer Put) auf eine Aktie ohne Dividende berechnet man sofort mit Hilfe ihres Deltas den Gammawert zum Zeitpunkt t:

$$\Gamma(C_e) = \Gamma(P_e) = \frac{\partial \Phi(d_+)}{\partial S} = \frac{\varphi(d_+)}{\sigma S \sqrt{T-t}}$$

(φ die Dichtefunktion der normierten Normalverteilung). Die Abhängigkeit von Gamma von S/K und der Restlaufzeit $(T-t)$ findet man in Abbildung 7.11 illustriert.

Beispiel 190 *Im Hauptbeispiel dieses Abschnitts ($S = 150$, $K = 160$, $T - t_0 = 0{,}5$, $r = 0{,}045$ und $\sigma = 0{,}3$) berechnet man zu dem Anfangszeitpunkt $t = t_0$ für eine einzelne Option $\Gamma = 0{,}01248448$. Die Shortposition in 75.000 Optionen O hat also ein Gamma von $-936{,}336$. An einer Terminbörse werde eine Call-Option O_1 auf die gleiche Aktie zum Strike 150 und einer Restlaufzeit von acht Monaten gehandelt. Diese Option hat die Werte $\Delta(O_1) = 0{,}59675198$ und $\Gamma(O_1) = 0{,}01053694$. Kann die Bank von dieser Option 88.862 Einheiten kaufen, hat sie ein gammaneutrales Portfolio, das allerdings ein Delta von $\Delta(P) = 18.281$ hat. Durch eine Short-Position in 18.281 Aktien erreicht sie dann auch die Deltaneutralität. Dieses Portfolio ist bedeutend besser gegen Kursschwankungen geschützt als das einfache Delta-Hedge-Portfolio. Adjustiert man zehnmal in gleichen Zeitabständen das Portfolio auf die gleiche Art und Weise auf Gamma- und Deltaneutralität, so entsteht selbst bei dem ungünstigen Verlauf aus Tabelle 7.2 kein großer Verlust. Tabelle 7.3 zeigt den Ablauf. Es sind die Delta- und Gammawerte der abzusichernden Option O und der als Absicherungsinstrument eingesetzten Option O_1 angegeben. Die Spalten 'Anz. O_1' ($=$ Anzahl Einheiten O_1) und 'Anz. A.' ($=$ Anzahl Aktien) geben*

k	S	Δ(O)	Γ(O)	Δ(O₁)	Γ(O₁)	Anz. O₁	Anz. A.	$\varepsilon_g(k)$	kumul.
0	150	0,4633	0,0125	0,5968	0,0105	88.862	-18.281	0	0
1	142	0,3476	0,0129	0,5012	0,0119	81.311	-14.680	-3.102	-3102
2	130	0,1828	0,0107	0,3417	0,0125	64.434	-8.304	-2.998	-6.107
3	138	0,2559	0,0131	0,4321	0,0132	74.568	-13.026	4.454	-1667
4	120	0,0563	0,0057	0,1884	0,0110	39.276	-3.175	9.304	7.634
5	126	0,0746	0,0075	0,2399	0,0127	43.906	-4.940	2.778	10.430
6	123	0,0339	0,0046	0,1812	0,0118	29.023	-2.715	-4.089	6.364
7	110	0,0009	0,0002	0,0476	0,0053	3.494	-96	2.667	9.045
8	116	0,0005	0,0002	0,0663	0,0072	1.667	-74	95	9.160
9	109	0	0	0,0159	0,0026	0	0	-42	9.139
10	105	0	0	0,0026	0,0006	0	0	0	9.160

Tabelle 7.3 Hedging: Gamma- und Deltaneutralität durch Einsatz einer Option

das jeweilige Hedgeportfolio zur Absicherung von 75.000 Einheiten O an. '$\varepsilon_g(k)$' ist der Hedgefehler der jeweiligen Periode und 'kumul.' gibt den bis dahin kumulierten, d.h. aufgezinst aufsummierten Hedgefehler an. Man sieht, dass die Hedgefehler in allen Perioden absolut deutlich kleiner sind als in Tabelle 7.2. Das Vorzeichen des Fehlers ist in einigen Fällen gleich, in anderen aber abweichend vom Fehler des reinen Delta-Hedgings. Insgesamt summiert sich der Hedgefehler zu einem Wert von 9.160 Euro auf im Vergleich zu −134.337 Euro. Wichtig ist hierbei, dass der neue Wert absolut deutlich kleiner ist. Dass das Vorzeichen ebenfalls günstiger für die Bank ist, ist Zufall. Interessant ist auch ein Vergleich des Aufwands, der mit den beiden Hedgemethoden verbunden ist. Beim im Ergebnis unzureichenden Delta-Hedging sind insgesamt 83.198 Aktien zum Gesamtwert von 11.431.458 Euro zu handeln (Kauf oder Verkauf). Beim Delta/Gamma–Hedge sind 207.252 Einheiten O_1 im Gesamtwert von 1.896.390 Euro zu kaufen/verkaufen und 49.536 Aktien (6.710.901 €). Sind die realen Transaktionskosten also im Wesentlichen proportional zum Wert, so ist auch diesbezüglich das Hedgen mit Hilfe von Optionen günstiger.

Theta

Hiermit ist die Ableitung nach der Zeit gemeint: $\Theta(P) = \partial P/\partial t$. Theta misst also die Wertveränderung eines Portfolios, die allein dadurch verursacht wird, dass die Zeit voran schreitet. Für Aktie und Future berechnet man

$$\Theta(S) = \frac{\partial S}{\partial t} = 0 \qquad \Theta(F) = \frac{\partial e^{r(T-t)}S}{\partial t} = -re^{r(T-t)}S = -rF$$

Der Future hat also immer ein negatives Theta. Ohne Kurssteigerung der Aktie verliert er permanent an Wert. Ein stabiler Aktienkurs bewirkt auch bei europäischen Calls einen stetigen Wertverlust, denn der Zeitwert sinkt, während der innere Wert konstant bleibt. Mit Hilfe von Lemma 178 berechnet man für den europäischen Call (alle Bezeichnungen wie üblich)

7.3 Hedging und die griechischen Buchstaben

$$\begin{aligned}\Theta(C_e) &= \frac{\partial}{\partial t}S\,\Phi(d_+) - \frac{\partial}{\partial t}e^{-r(T-t)}K\Phi(d_-) \\ &= S\,\varphi(d_+)\frac{\partial}{\partial t}\left(d_+ - d_-\right) - rKe^{-r(T-t)}\Phi(d_-) \\ &= S\,\varphi(d_+)\frac{\partial}{\partial t}\left(\sigma\sqrt{T-t}\right) - rKe^{-r(T-t)}\Phi(d_-) \\ &= -\frac{S\sigma\varphi(d_+)}{2\sqrt{T-t}} - rKe^{-r(T-t)}\Phi(d_-)\end{aligned}$$

Für den europäischen Put ergibt sich hieraus mit Hilfe der Call-Put-Parität

$$\Theta(P_e) = \Theta(C_e) + rKe^{-r(T-t)} = -\frac{S\sigma\varphi(d_+)}{2\sqrt{T-t}} + rKe^{-r(T-t)}\Phi(-d_-)$$

Die Abbildungen 7.8 - 7.10 erläutern das Verhalten von Theta. Abbildung 7.8 zeigt das Theta eines europäischen Calls und eines europäischen Puts in Abhängigkeit von S/K. Man sieht, dass auch für einen Put Theta negativ ist, wenn S und K nicht zu sehr auseinander liegen. Sowohl bei Calls als auch bei Puts ist der Theta-Wert bei Optionen am Geld am kleinsten. Absolut gesehen sind diese Optionen bei einem konstanten Aktienkurs also mit dem größten Zeitwertverlust verbunden. Setzt man Theta aber in Relation zum Black-Scholes-Preis, d.h. bildet man den Quotienten $\Theta(t)/C_e(t)$ bzw. $\Theta(t)/P_e(t)$, so sieht man, dass das in Optionen im Geld eingesetzte Kapital zu jedem Zeitpunkt am wenigsten schrumpft, gefolgt von den Optionen am Geld, wohingegen Optionen aus dem Geld bei konstanten Kursen relativ am meisten an Wert verlieren (Abbildung 7.9). Ergänzend hierzu zeigt Abbildung 7.10 für Calls und Puts den zeitlichen Verlauf des Zeitwerts, also der Differenz aus Black-Scholes-Preis und innerem Wert bei konstantem Aktienkurs (absolute Werte). Man beachte, dass Puts im Geld einen negativen Zeitwert haben können (aber s. Bemerkung 75 auf S. 90).

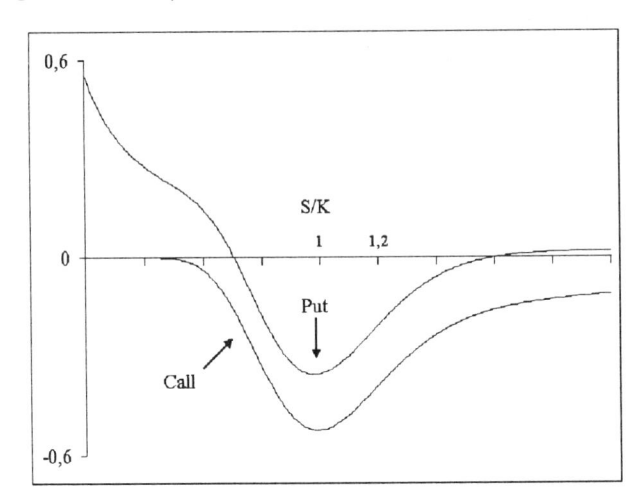

Abbildung 7.8 Der Theta-Wert europäischer Calls und Puts in Abhängigkeit von S/K

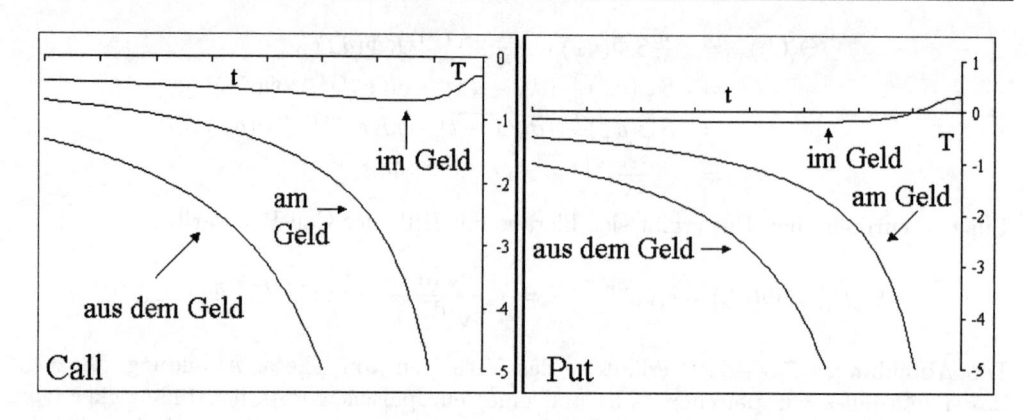

Abbildung 7.9 Das Theta von Calls und Puts relativ zum Black-Scholes-Preis (bei konstanten Aktienkursen)

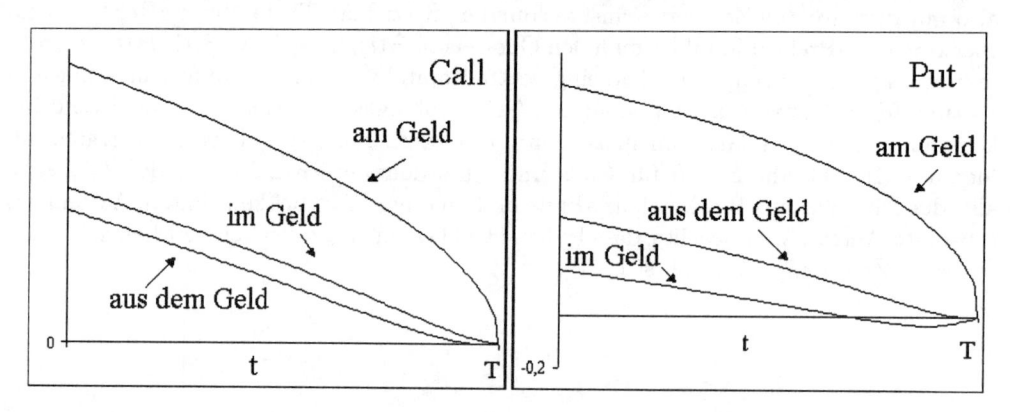

Abbildung 7.10 Zeitliche Entwicklung des Zeitwerts europäischer Call- und Put-Optionen

Beziehung zwischen Δ, Γ und Θ

Für jedes Derivat einer Aktie ohne Dividende, dessen Preis zum Zeitpunkt t als Funktion $G(S,t)$ des Aktienkurses und der Zeit ausgedrückt werden kann, gilt wie wir wissen die Black-Scholes-Differentialgleichung (siehe 7.5):

$$\frac{\partial G}{\partial t} + rS\frac{\partial G}{\partial S} + \frac{1}{2}\frac{\partial^2 G}{\partial S^2}\sigma^2 S^2 = rG$$

Diese kann auch mit Hilfe der griechischen Buchstaben ausgedrückt werden:

$$\Theta + rS\Delta + \frac{\sigma^2 S^2}{2}\Gamma = rG$$

Wegen der Linearität von Δ, Γ und Θ gilt diese Gleichung für beliebige Portfolios, die sich aus solchen Derivaten und Aktienanteilen zusammensetzen. Man kann sich somit die

7.3 Hedging und die griechischen Buchstaben

Werte der drei griechischen Buchstaben nicht nach Belieben zusammenstellen, sondern nur zwei davon. Der dritte Wert ergibt sich zwangsläufig aus den beiden anderen. Zum Beispiel hat
$$\Delta = \Gamma = \Theta = 0$$
die Konsequenz $rG = 0$, also $G = 0$, d.h. ein solches Portfolio ist wertlos. Ferner sieht man
$$\Delta = \Gamma = 0 \Longrightarrow \Theta = rG$$
Ein Portfolio, das delta- und gammaneutral ist, hat also das gleiche Theta wie der Cashbond, die risikolose Anlageform. Schließlich:
$$\Delta = 0 \Longrightarrow \Theta = rG - \frac{\sigma^2 S^2}{2}\Gamma$$

Lambda (Vega) und Rho

Diese beiden Größen bräuchten nicht zu interessieren, wenn man sich hundertprozentig darauf verlassen könnte, dass das aufgestellte Black-Scholes-Modell stimmt. Denn sie geben die Sensitivität eines Portfolios gegenüber einer Veränderung der Volatilität σ (Lambda / Vega) bzw. des Zinssatzes r (Rho) an:
$$\Lambda(P) = \frac{\partial P}{\partial \sigma} \qquad \rho(P) = \frac{\partial P}{\partial r}$$
(Λ ist das Zeichen für den griechischen Buchstaben Lambda, die Bezeichnung Vega ist allerdings die am häufigsten verwendete). Bezogen auf die Praxis sind diese Werte aber sehr wohl hilfreich. Denn wenn sich der Zinssatz oder die Markteinschätzung der Volatilität ändert, werden die Derivatepreise von den meisten Marktteilnehmern einfach mit den neuen Werten ermittelt. Eine solche Handlungsweise ist üblich, auch wenn sie durch die Theorie nicht gerechtfertigt ist, da das Black-Scholes-Modell keine Arbitragepreise für die Möglichkeit sich verändernder Volatilitäten oder Zinsen liefert. Es gibt allerdings (kompliziertere) Modelle, die eine variable Volatilität vorsehen. Das „Vega" dieser Modelle ähnelt glücklicherweise sehr dem Black-Scholes-Vega (s. [29] S. 329 und die dort angegebenen Quellen).

Das Vega eines europäischen Calls und eines europäischen Puts für eine Aktie ohne Dividende haben wir schon im Zusammenhang mit Satz 179 ermittelt:
$$\Lambda(C_e) = \Lambda(P_e) = S\sqrt{T-t}\,\varphi(d_+)$$
Vega ist für diese Optionen immer positiv, aber die Höhe variiert sehr. Erwartungsgemäß ist der Wert für Optionen am Geld besonders hoch (s. Abbildung 7.11).

Für die Bestimmung von Rho ist es wieder sinnvoll, Lemma 178 zu benutzen. Man erhält dann nach einer kleinen Rechnung (man beachte $\partial(d_+ - d_-)/\partial r = 0$)
$$\rho(C_e) = e^{-r(T-t)}(T-t)K\Phi(d_-) \qquad \rho(P_e) = -e^{-r(T-t)}(T-t)K\Phi(-d_-)$$
Ein Call hat also ein positives Rho, ein Put ein negatives. Das bedeutet, dass bei einer Zinssteigerung der Wert eines Calls steigt und der eines Puts sinkt (ceteris paribus).

Der Basiswert selbst hat sowohl $\Lambda = 0$ als auch $\rho = 0$. Der Future auf den Basiswert hat ebenfalls $\Lambda = 0$, wohingegen Rho den Wert

$$\rho(F) = (T-t)e^{r(T-t)}S$$

hat.

Will man ein Portfolio gegen eine Veränderung der (Markteinschätzung der) Volatilität schützen, so muss man es veganeutral stellen, also durch Beimischung weiterer Wertpapiere/Derivate $\Lambda = 0$ erreichen. Dies ist wie soeben gesehen nur mit Hilfe von Optionen möglich und kann grundsätzlich wie die Gammaneutralität erreicht werden. Besteht ein Portfolio nur aus europäischen Calls und Puts gleicher Laufzeit (sowie evtl. Aktien und Futures), so ist bei Gammaneutralität automatisch auch Veganeutralität gegeben, denn die sich aus den Formeln ergebende Beziehung

$$\Lambda = \sigma S^2 (T-t) \cdot \Gamma \tag{7.10}$$

bei europäischen Calls und Puts bedeutet, dass sich bei solchen Portfolios - egal wie sie zusammengesetzt sind - Vega und Gamma nur um den Faktor $\sigma S^2(T-t)$ unterscheiden. Die Beziehung zwischen Vega und Gamma zeigt auch, dass beide Größen bei konstanten Werten S und $(T-t)$ die strukturell gleiche Abhängigkeit von S/K haben. Sie erreichen z.B. beide in der Nähe von $S/K = 1$ ihren maximalen Wert (s. Abbildung 7.11).

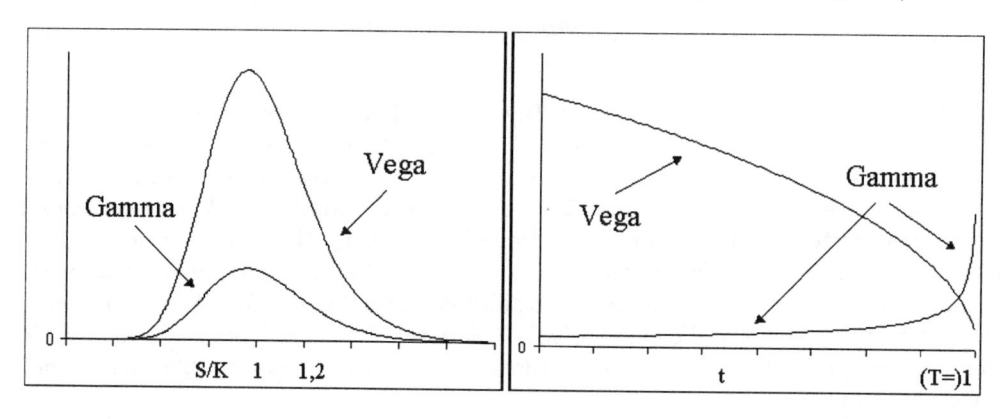

Abbildung 7.11 Gamma und Vega europäischer Calls und Puts in Abhängigkeit von S/K (links) und im Lauf der Zeit bei Optionen am Geld bei konstantem Aktienkurs (rechts)

Will man aber gleichzeitig Gamma- und Veganeutralität bei einem Portfolio mit Optionen unterschiedlicher Restlaufzeit erreichen oder stehen zum Hedgen nur Optionen anderer Restlaufzeiten zur Verfügung, so benötigt man in der Regel noch eine zweite Option, da dann Gammaneutralität nicht aus der Veganeutralität folgt. Sind $\Gamma = \gamma$ und $\Lambda = \lambda$ die Werte des aktuellen Portfolios und hat eine börsengehandelte Option O_1 die Werte γ_1 und λ_1 und eine andere (O_2) die Werte γ_2 und λ_2, so ist zunächst das Gleichungssystem

$$\begin{aligned} x_1\lambda_1 + x_2\lambda_2 &= \lambda \\ x_1\gamma_1 + x_2\gamma_2 &= \gamma \end{aligned}$$

7.3 Hedging und die griechischen Buchstaben

zu lösen und anschließend sind $-x_1$ Einheiten O_1 und $-x_2$ Einheiten O_2 zu kaufen. Schließlich kann man dann mit Hilfe des Basiswerts oder Futures Deltaneutralität erzielen. Einfach umzusetzen ist dieses Verfahren aber nicht immer, denn die sich rechnerisch ergebenden Zahlenwerte für x_1 und x_2 können absolut sehr groß sein, wenn sich λ_1/γ_1 deutlich von λ/γ unterscheidet, aber nahe bei λ_2/γ_2 liegt. Letzteres ist aufgrund von 7.10 immer der Fall, wenn sich O_1 und O_2 in der Restlaufzeit nicht deutlich unterscheiden. Man beachte auch die meistens unterschiedliche Größenordnung von Gamma und Vega: Bei üblichen Aktienkursen S hat der Ausdruck $\sigma S^2 (T-t)$ einen eher hohen Wert, so dass Gamma erst bei einer sehr kurzen Restlaufzeit die Größenordnung von Vega erreicht (siehe Abbildung 7.11).

Beispiel 191 *In der Situation von Beispiel 190 soll mit der dort angegebenen Option O_1 ($K = 150$, Restlaufzeit 8 Monate) und einer zweiten börsengehandelten Call-Option O_2 mit einem Strike von ebenfalls 150, aber einer Restlaufzeit von 5 Monaten, Gamma- und Veganeutralität erreicht werden. Die Option O_2 hat die Werte $\Delta_2 = 0{,}57677468$, $\Gamma_2 = 0{,}01347908$ und $\Lambda_2 = 37{,}9099038$. O_1 hat $\Lambda_1 = 47{,}4162125$ sowie die bereits in Beispiel 190 ermittelten und benutzten Werte $\Delta_1 = 0{,}59675198$ und $\Gamma_1 = 0{,}01053694$. Um Gamma- und Veganeutralität zu erreichen, sind x_1 Einheiten O_1 und x_2 Einheiten O_2 zu kaufen, wobei x_1 und x_2 die Lösungen $x_1 \approx 29.621$ und $x_2 \approx 46.311$ des linearen Gleichungssystems*

$$47{,}4162125\,x_1 + 37{,}9099038\,x_2 = 3.160.137{,}57$$
$$0{,}01053694\,x_1 + 0{,}01347908\,x_2 = 936{,}336$$

sind (936,336 ist das Gamma und 3.160.137,57 das Vega der abzusichernden Short-Position in den 75.000 Calls). Um das Portfolio dann auch noch deltaneutral zu machen, sind

$$29.621 \cdot 0{,}59675198 + 46.311 \cdot 0{,}57677468 - 75.000 \cdot 0{,}46330706 \approx 9.639$$

Aktien leer zu verkaufen.

8 Amerikanische Optionen

Zur Bewertung amerikanischer Optionen werden wir vor allem Binomialmodelle betrachten, wobei wir uns fast ausschließlich auf Puts beschränken. Über den Grenzprozess der CRR-Modelle sind dann wieder Aussagen zum Black-Scholes-Modell möglich. Zentrales Ergebnis ist hier eine analytische Bewertungsformel für amerikanische Puts. Im letzten Abschnitt wird der Einfluss von Dividendenzahlungen (nicht nur) auf amerikanische Optionen untersucht.

8.1 Bewertung in Binomialmodellen

Mit Ausnahme des amerikanischen Calls, der preisgleich ist mit der entsprechenden europäischen Option, können wir bisher noch keine amerikanische Option bewerten. Im Rahmen der Baummodelle stellt die Bewertung von amerikanischen Derivaten aber kein gravierendes Problem dar. Der Einfachheit halber beschränken wir uns bei den folgenden Überlegungen auf einen amerikanischen Put P_a mit Strike K zu einer Aktie S ohne Dividende, der während der Laufzeit $[t_0, T]$ jederzeit ausgeübt werden kann. Es ist aber nicht schwer, die Überlegungen auf andere Derivate zu übertragen. Die Entwicklungsmöglichkeiten des Aktienkurses modellieren wir durch einen arbitragefreien Binomialbaum.

Sind $t_0 < t_1 < ... < t_n = T$ die Handelszeitpunkte in dem Zeitintervall $[t_0, T]$, so kann der Besitzer der Option diese zu jedem der Zeitpunkte t_k ausüben. Wenn er das tut, so handelt er genau so, als besäße er einen europäischen Put mit Fälligkeitstermin t_k. Bezeichnet man mit P_{e,t_k} den europäischen Put mit Fälligkeit t_k (und Strike K), so muss also gelten

$$P_a(t_0) \geq \max\left(P_{e,t_k}(t_0) \mid k = 0,...,n\right)$$

Hier würde sogar '=' gelten, wenn der Besitzer der Option sich unmittelbar nach dem Kauf auf einen Ausübungszeitpunkt festlegen müsste. Das ist aber nicht der Fall, er kann die Entwicklung abwarten und davon abhängig entscheiden. Wie entscheidet er optimal? In jedem Zeitpunkt hat er die Wahl: sofort ausüben oder halten, und sinnvollerweise entscheidet er sich für die wertvollere der beiden Möglichkeiten. Der Wert des sofortigen Ausübens ist anhand des Aktienkurses offensichtlich, es bleibt also das Problem, den Wert des Haltens der Option über zumindest eine Periode zu bestimmen. Dies kann wie bei der Bewertung europäischer Optionen in Binomialbäumen in zeitlicher Rückwärtsrichtung geschehen. Betrachten wir das folgende Beispiel. Die Entwicklungsmöglichkeiten des Aktienkurses seien durch den Binomialbaum

8.1 Bewertung in Binomialmodellen

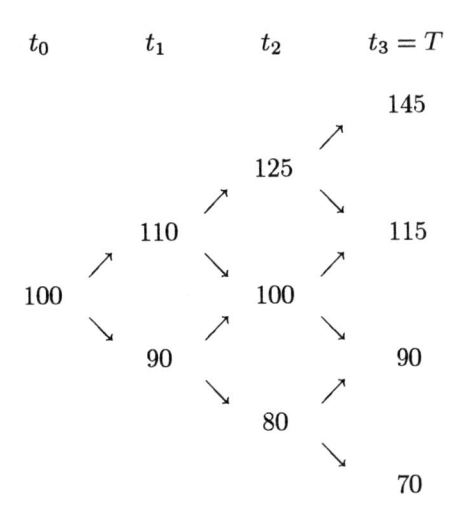

$$
\begin{array}{ccccc}
t_0 & t_1 & t_2 & t_3 = T \\
 & & & 145 \\
 & & 125 & \\
 & 110 & & 115 \\
100 & & 100 & \\
 & 90 & & 90 \\
 & & 80 & \\
 & & & 70
\end{array}
$$

gegeben. Die risikolose Rendite für jede Teilperiode sei 2%, der Strike sei $K = 110$. Wir versetzen uns in den vorletzten Handelszeitpunkt t_2. Gilt dann $S = S(t_2) = 125$, so ist die Situation klar: der Put hat keinen inneren Wert und wird in der letzten Periode auch keinen mehr entwickeln. Somit kann ihm in dieser Situation nur der Wert null zugewiesen werden. Ist $S = 100$, so würde sofortige Ausübung 10 Euro erbringen, durch Abwarten könnte sich der Erlös auf 20 Euro erhöhen oder in Luft auflösen. Abwarten ist in dieser speziellen Situation gleichwertig damit, einen europäischen Put für die eine Periode zu haben. Dessen Wert können wir aber mit Hilfe der bekannten Formeln 6.2 oder 6.3 auf Seite 156 bestimmen, er ist ca 10,20 Euro. Also ist es vorteilhaft, nicht auszuüben, sondern den Put bis zum Zeitpunkt T zu behalten. Als letzte Möglichkeit bleibt der Kurs $S = 80$. Hier sind die bei sofortiger Ausübung zu erzielenden 30 Euro höher als der Vergleichswert 27,84 €. Es ist also die sofortige Ausübung zu empfehlen. Denn selbst wenn man überzeugt ist, dass die Aktie weiter fällt, so ist es günstiger, die amerikanische Option auszuüben und eine europäische für die eine Periode zu kaufen, als die amerikanische zu behalten.

Es hat sich insgesamt folgendes Bild ergeben (Aktienkurs/Optionswert, die Werte sind nicht diskontiert):

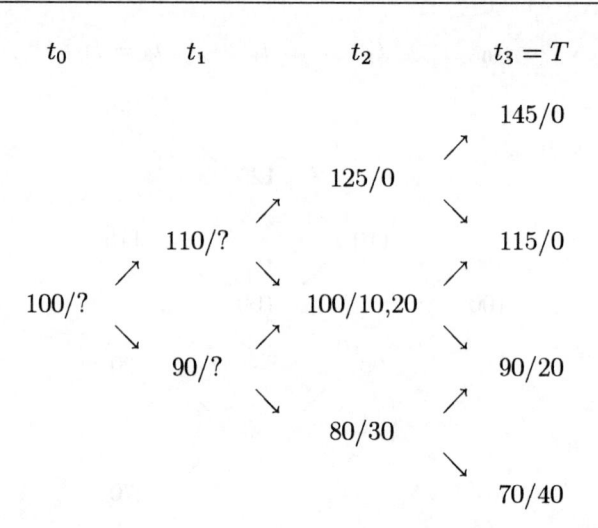

```
         t₀         t₁         t₂         t₃ = T

                                        145/0
                                      ↗
                              125/0
                            ↗       ↘
                    110/?              115/0
                  ↗       ↘        ↗
         100/?              100/10,20
                  ↘       ↗        ↘
                    90/?               90/20
                            ↘       ↗
                              80/30
                                      ↘
                                        70/40
```

Jetzt wird die Situation auch für den Zeitpunkt t_1 übersichtlich. Hat S dann den Kurs 90, so hat der Besitzer des Puts die Wahl zwischen 20 Euro, die er durch sofortige Ausübung erhält, und einem Wertpapier, das eine Periode später 30 oder 10,20 Euro wert sein wird. Der Preis zum Zeitpunkt t_1 dieses Wertpapiers berechnet sich gemäß der bekannten Formeln als 17,96 Euro, so dass also die sofortige Ausübung anzuraten ist. Anders sieht es aus, wenn S den Kurs 110 hat. Dann ermittelt man einen theoretischen Wert von 5,12 Euro, der auch der richtige ist, denn sofortige Ausübung hat den Wert 0. Als letztes wird nun der Wert zum Zeitpunkt t_0 errechnet. Es ergibt sich $C_a(t_0) = \max(10; 10{,}85) = 10{,}85$ (Euro). Der vervollständigte Baum sieht also so aus:

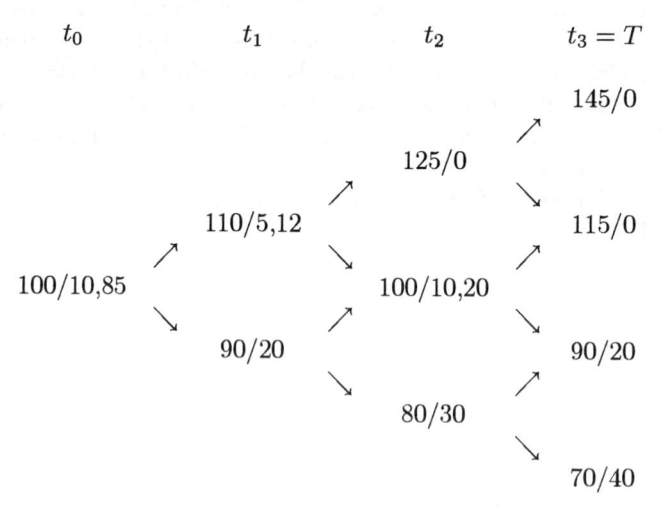

```
         t₀         t₁         t₂         t₃ = T

                                        145/0
                                      ↗
                              125/0
                            ↗       ↘
                   110/5,12            115/0
                  ↗       ↘        ↗
       100/10,85            100/10,20
                  ↘       ↗        ↘
                    90/20              90/20
                            ↘       ↗
                              80/30
                                      ↘
                                        70/40
```

Bemerkung 192 *Hätte sich in dem Beispiel für den Zeitpunkt t_0 ein theoretischer Wert ergeben, der kleiner ist als das sofortige Ausüben, also z.B. 9,50 €, so hätte das die kuriose Konsequenz, dass man zum Zeitpunkt t_0 praktisch keinen solchen amerikanischen Put kaufen kann. Denn zu weniger als dem inneren Wert kann der Verkäufer die Option nicht anbieten (sofern er seine wirtschaftlichen Interessen wahrt) und ein Käufer, der zu*

8.1 Bewertung in Binomialmodellen

diesem Preis kauft, muss unmittelbar nach seinem Kauf die Option ausüben, da er sonst ebenfalls gegen die eigenen wirtschaftlichen Interessen handelt.

Das Beispiel zeigt die allgemeine Vorgehensweise. Am Verfallstag T hat ein amerikanischer genau wie ein europäischer Put seinen inneren Wert als Wert. Von hier aus kann man nun in zeitlicher Rückwärtsrichtung zu jedem Knoten des Baumes den zugehörigen Optionswert bestimmen, wobei in jedem Schritt der theoretische Wert mit dem der sofortigen Ausübung verglichen werden muss. Ist letzterer höher, so ist dies der richtige Wert des Puts in dem Knoten. Der folgende Satz gibt die formale Beschreibung der Vorgehensweise an. Aufgrund des in dieser Darstellungsform unmittelbarer ersichtlichen Einflusses der vorzeitigen Ausübung der Option erfolgt die Darstellung im Gegensatz zu den Formeln 6.1 bis 6.3 in nicht diskontierter Form.

Satz 193 *P_a sei ein amerikanischer Put zum Strike K auf eine Aktie S ohne Dividende. Dann berechnet sich in einem arbitragefreien Binomialmodell für den Kursverlauf der Aktie der Wert $P_a(k,j)$ von P_a im Zeitpunkt t_k und Zustand j gemäß den Formeln*
i) $P_a(n,j) = (K - S(n,j))^+$ für jeden Zustand j zum Zeitpunkt $t_n = T$
ii) Zu einem Zustand $s(k,j)$ im Zeitpunkt t_k mit $k < n$ seien $s(k+1,j')$ und $s(k+1,j'')$ die beiden möglichen Folgezustände. $r_f(k,j)$ sei die risikolose Rendite im Zustand $s(k,j)$ für die Periode $[t_k, t_{k+1}]$. Dann gilt:

$$P_a(k,j) = \max[(K - S(k,j))^+,$$
$$\delta \cdot (S(k,j) - (1 + r_f(k,j))^{-1} S(k+1,j')) + (1 + r_f(k,j))^{-1} P_a(k+1,j')]$$

mit

$$\delta = \frac{P_a(k+1,j') - P_a(k+1,j'')}{S(k+1,j') - S(k+1,j'')}$$

ii') Alternativ zu ii) kann die Berechnung auch über die risikoneutralen Wahrscheinlichkeiten q erfolgen (siehe Formel 6.2)

$$P_a(k,j) = \max[(K - S(k,j))^+,$$
$$(1 + r_f(k,j))^{-1} \left(q(k,j,j') P_a(k+1,j') + q(k,j,j'') P_a(k+1,j'') \right)]$$

Im Hinblick auf den nächsten Abschnitt führen wir die folgende Bezeichnung ein:

Bezeichnung 194 *Mit $\Delta Z(k,j)$ bezeichnen wir den durch das Recht der sofortigen Ausübung verursachten Wertzuwachs der amerikanischen Option im Knoten $s(k,j)$:*

$$\Delta Z(k,j) = (K - S(k,j) - P_a^*(k,j))^+$$

wobei

$$P_a^*(k,j) = (1 + r_f(k,j))^{-1} \left(q(k,j,j') P_a(k+1,j') + q(k,j,j'') P_a(k+1,j'') \right)$$

der Wert bei Nichtausübung im Zustand $s(k,j)$ ist. Entsprechend bezeichnet $\Delta \widetilde{Z}(k,j)$ den diskontierten Wert von $\Delta Z(k,j)$, wobei der Diskontierungsfaktor des Zustands $s(k,j)$ bezüglich des Zeitpunkts t_0 zu verwenden ist.

Natürlich lässt sich die Aussage des letzten Satzes auch über die diskontierten Werte darstellen. Zu beachten ist hierbei, dass auch die Erlöse einer vorzeitigen Ausübung diskontiert werden müssen.

Satz 195 *In der Situation des vorigen Satzes gilt für die auf den Zeitpunkt t_0 diskontierten Werte:*

i) $\widetilde{P_a}(n,j) = (K - \widetilde{S(n,j)})^+$ *für jeden Zustand j zum Zeitpunkt $t_n = T$*

ii) *Zu einem Zustand $s(k,j)$ im Zeitpunkt t_k mit $k < n$ seien $s(k+1,j')$ und $s(k+1,j'')$ die beiden möglichen Folgezustände. Dann gilt:*

$$\widetilde{P_a}(k,j) = \max[(K - \widetilde{S(k,j)})^+,$$
$$\delta \cdot (\widetilde{S}(k,j) - \widetilde{S}(k+1,j')) + \widetilde{P_a}(k+1,j')]$$

mit

$$\delta = \frac{\widetilde{P_a}(k+1,j') - \widetilde{P_a}(k+1,j'')}{\widetilde{S}(k+1,j') - \widetilde{S}(k+1,j'')}$$

ii') *Alternativ zu ii) kann die Berechnung auch über die risikoneutralen Wahrscheinlichkeiten q erfolgen (siehe Formel 6.2)*

$$\widetilde{P_a}(k,j) = \max[(K - \widetilde{S(k,j)})^+, q(k,j,j')\widetilde{P_a}(k+1,j') + q(k,j,j'')\widetilde{P_a}(k+1,j'')]$$

Beispiel 196 *Der Baum der diskontierten Werte (Aktie und Option) des obigen Beispiels hat die Gestalt (Zahlen an den Pfeilen: risikoneutrale Übergangswahrscheinlichkeiten, Zahlen unter den diskontierten Aktien-/Optionswerten: absolute risikoneutrale Wahrscheinlichkeit des Zustands; alle Werte auf zwei Stellen gerundet):*

t_0 $\qquad\qquad$ t_1 $\qquad\qquad$ t_2 $\qquad\qquad$ $t_3 = T$

```
                                                              136,64/0
                                                                0,12
                                              ↗0,42
                                   120,15/0
                           ↗0,49     0,29    ↘0,58
                  107,84/5,02                          108,37/0
           ↗0,6      0,6      ↘0,51           ↗0,48      0,43
100/10,85                          96,12/9,80
   1       ↘0,4              ↗0,59    0,54   ↘0,52
                  88,24/19,61
                     0,4      ↘0,41                    84,81/18,85
                                                          0,38
                                   76,89/28,84 ↗0,58
                                      0,16   ↘0,42
                                                       65,96/37,69
                                                          0,07
```

Mit Hilfe dieses Baumes ist es leicht, die Werte der europäischen Puts mit gleichem Strike zu den Terminen t_1, t_2 und t_3 zu bestimmen. Sie sind 7,843, 9,950 und 9,712 Euro und somit alle drei kleiner als der Wert des amerikanischen Puts.

8.1 Bewertung in Binomialmodellen

In Teil ii') von Satz 195 vermisst die Leserin oder der Leser vielleicht eine Formel, die den Wert des amerikanischen Puts als Erwartungswert in der risikoneutralen Welt ausdrückt (analog zu Formel 6.3 auf Seite 156). Eine solche Formel gibt es aber nicht, denn der diskontierte Preisprozess eines amerikanischen Puts in der risikoneutralen Welt ist kein Martingal. Sind $q(n,j)$ die absoluten Wahrscheinlichkeiten des Zustands $s(n,j)$ in der risikoneutralen Welt, so gilt *nicht*

$$P_a(0) = \sum_{j=1}^{n+1} q(n,j)\widetilde{P_a}(n,j),$$

sondern in der Regel nur noch

$$P_a(0) \geq \sum_{j=1}^{n+1} q(n,j)\widetilde{P_a}(n,j) \tag{8.1}$$

d.h. der Erwartungswert eines diskontierten zukünftigen Werts ist niemals höher als der aktuelle Wert. Einen stochastischen Prozess mit dieser Eigenschaft nennt man in der Mathematik ein **Supermartingal** (siehe auch Abschnitt 12.2.3). Der Preisprozess des amerikanischen Puts ist die sogenannte **Snell-Einhüllende** (engl.: **Snell-envelope**) der Zufallsvariablen „Wert der Ausübung der Option zum Zeitpunkt t_k" für $k = 0,...,n$. In der Ungleichung 8.1 gilt nur dann das Gleichheitszeichen, wenn an keinem Knoten in dem Baum vorzeitige Ausübung einen höheren Wert hat als das Behalten der Option. Das hat gravierende Konsequenzen. Wird während der Laufzeit der Option eine Situation erreicht, in der sofortige Ausübung günstiger ist als das Behalten der Option, so hat der Käufer der Option keine Wahl: Er *muss* von seinem vorzeitigen Ausübungsrecht sofort Gebrauch machen (und den Erlös risikolos oder sonstwie anlegen), will er dem Stillhalter nicht einen unmittelbaren Arbitragegewinn zukommen lassen.

Der Zeitpunkt der optimalen Ausübung bei einer amerikanischen Option hat die folgenden Eigenschaften: er ist im vorhinein nicht bekannt, man kann aber erkennen, wenn er eingetreten ist. Mathematisch nennt man eine solche zufällige Größe eine **Stoppzeit** (siehe Abschnitt 12.2.3). Verfährt der Käufer gemäß der Strategie

„Übe die Option aus, sobald das vorteilhafter ist als das Halten und
lege den Erlös risikolos an"

so ist die Situation wieder so, wie wir sie schon von den europäischen Optionen und allgemein den arbitragefreien Mehrperiodensystemen kennen: der Vermögensprozess der Strategie passt in die risikoneutrale Welt, d.h. unter den risikoneutralen Wahrscheinlichkeiten q ist der Erwartungswert der Rendite gleich der risikolosen Rendite. Der folgende Baum veranschaulicht diese Strategie (Ausübungsknoten sind fett gedruckt, ihre unmittelbaren und mittelbaren Nachfolgeknoten in Klammer gesetzt)

234   8 Amerikanische Optionen

```
         t₀            t₁           t₂          t₃ = T
                                                    0
                                            ↗ 0,42   0,12
                                      0
                              ↗ 0,49  0,29  ↘ 0,58
                      5,12                          0
                ↗ 0,6  0,6  ↘ 0,51         ↗ 0,48   0,32
        10,85                    10,20
          1     ↘ 0,4             0,31    ↘ 0,52
                            20,0                   20,0
                             0,4                    0,16
                                  ↘ 1
                                  (20,4)  →  (20,81)
                                    0,4    1    0,4
```

Der entsprechende diskontierte Prozess hat wieder die Martingaleigenschaft (siehe Satz 125 und die vorhergehende Diskussion), wie man zur Übung überprüfe.

```
         t₀            t₁           t₂          t₃ = T
                                                    0
                                            ↗ 0,42   0,12
                                      0
                              ↗ 0,49  0,29  ↘ 0,58
                      5,02                          0
                ↗ 0,6  0,6  ↘ 0,51         ↗ 0,48   0,32
        10,85                    9,80
          1     ↘ 0,4             0,31    ↘ 0,52
                            19,61                  18,85
                             0,4                    0,16
                                  ↘ 1
                                  (19,61)  →  (19,61)
                                    0,4    1    0,4
```

Mathematisch nennt man dies den (zur Stoppzeit „optimale Ausübung") **gestoppten Prozess**.

Der Stillhalter ist gegen die optimale Strategie des Käufers abgesichert, wenn er jederzeit δ Einheiten der Aktie hält (δ aus Satz 193 oder 195). Da die Option ein Put ist, ist δ immer negativ, d.h. charakterisiert eine Short-Position in der Aktie.

Beispiel 197 *Die vorangegangenen Behauptungen sollen anhand einiger möglicher Kursverläufe des obigen Beispiels illustriert werden. Die folgende Grafik zeigt noch einmal die möglichen Aktienkurse sowie jeweils darunter die zugehörigen δ-Werte.*

8.1 Bewertung in Binomialmodellen

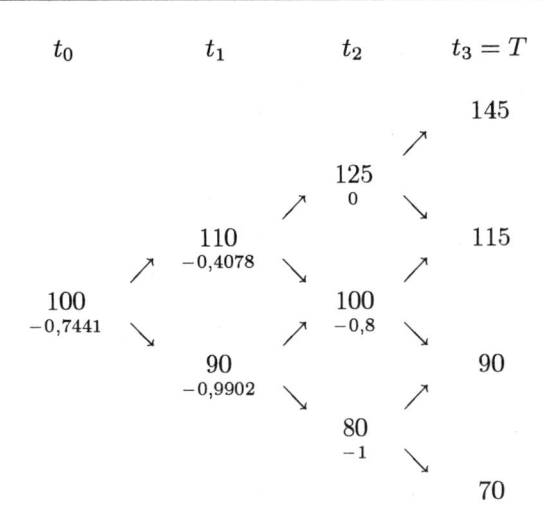

```
t_0        t_1        t_2        t_3 = T
                                  145
                                 ↗
                      125
                     ↗    0    ↘
           110                   115
          ↗  -0,4078  ↘         ↗
100                    100
-0,7441              ↗  -0,8  ↘
          ↘          ↗           90
           90
           -0,9902   ↘         ↗
                       80
                       -1     ↘
                                  70
```

Zunächst baut der Stillhalter im Zeitpunkt t_0 sein Hedgeportfolio auf, indem er 0,7441 Aktien verkauft (δ auf 4 Stellen gerundet) und den Erlös aus Verkauf der Option und des Aktienanteils risikolos anlegt (insgesamt 85,26 €). Hat nun zum Zeitpunkt t_1 die Aktie den Kurs 90, so sollte der Käufer des Puts die Option ausüben und somit vom Stillhalter 20 € erhalten. Der Restbetrag des um 2% gewachsenen angelegten Betrags reicht dann genau aus, um die Aktienposition glattzustellen (Rundungsfehler beachten). Übt der Käufer nicht aus, kann der Stillhalter gedanklich einen Gewinn von $20 - 17,96 = 2,04$ € verbuchen, der bis zum Zeitpunkt t_3 auf $2,04 \cdot 1,02^2 \approx 2,12$ € anwachsen wird. Das macht er gedanklich, faktisch adjustiert er sein Hedgeportfolio auf den δ-Wert $-0,9902$, indem er weitere 0,2461 Anteile Aktie verkauft. Inklusive Zinsen kann er dann im Zeitpunkt t_2 über 111,30 € verfügen.

Ist der Aktienkurs in t_2 100, so ist eine Ausübung nicht optimal, wir gehen also davon aus, dass der Käufer den Put weiter behält (wenn nicht, ist es auch nicht zum Nachteil des Stillhalters). Der Verkäufer kauft dann 0,1902 Aktien zum Preis von 19,02 €, besitzt also danach noch 92,28 €, die im Zeitpunkt t_3 auf 94,13 € angewachsen sein werden. Hat die Aktie jetzt den Kurs 90, so sind für die Ausübung der Option 20 € bereit zustellen und für den Rückkauf der Aktienanteile 72 €. Es bleibt also bis auf einen Cent Rundungsfehler der zu erwartende Arbitragegewinn übrig.

Betrachten wir nun den Fall, dass die Aktie in den ersten beiden Perioden den Kursverlauf $100 \to 90 \to 80$ nimmt und der Käufer zum Zeitpunkt t_1 (wie eben) nicht ausübt. Zum Zeitpunkt t_2 ist erneut sofortige Ausübung sinnvoll ($30 > 27,84$). Tut das der Käufer, so zeigt eine kleine Rechnung, dass dem Stillhalter 2,08 € verbleiben, die bis zum Zeitpunkt t_3 risikolos auf 2,12 € anwachsen. Verzichtet der Käufer aber erneut auf sein Recht der sofortigen Ausübung, so darf sich der Stillhalter noch einmal freuen: zu dem bereits vorhandenen Arbitragegewinn kommen weitere $30 - 27,84 = 2,16$ € hinzu. Für den Zeitpunkt t_3 lässt das einen Gewinn von insgesamt $2,12 + 1,02 \cdot 2,16 = 4,32$ € erwarten. Vorher muss er aber noch 0,0098 Aktien verkaufen, denn es ist jetzt sicher, dass die Option im Geld endet. Außerdem legt er seinen Barbetrag von 112,08 € risikolos an. Steigt der Kurs nun auf 90, so behält er als Saldo aus der Ausübung der Option durch den Käufer und die Glattstellung des Leerverkaufs einer Aktie genau den erwarteten Betrag von 4,32 € übrig. Genauso geht es aus, wenn die Aktie weiter auf 70 fällt. Bei diesem Verlauf *freut sich möglicherweise auch der Käufer, nämlich darüber, dass er die Nerven bewahrt und nicht vorzeitig ausgeübt hat. Noch mehr hätte er allerdings gewonnen, wenn er im Zeitpunkt t_1 den Put ausgeübt und für sich das Hedgeportfolio des Stillhalters aufgebaut hätte.*

Bemerkung 198 *Auch wenn es auf den ersten Blick so erscheint, als ob eine amerikanische Option den Stillhalter in eine unangenehme Situation bringt, in der er immer mit dem Schlimmsten rechnen muss, wohingegen dem Käufer alle Möglichkeiten offen stehen, so zeigt die vorangegangene Diskussion, dass es in Wirklichkeit umgekehrt ist. Während das Hedgen für den Stillhalter weder leichter noch schwerer ist als bei europäischen Optionen, steht der Käufer unter dem ständigen Druck, den optimalen Ausübungszeitpunkt nicht zu verpassen. Tut er das nämlich, bedeutet das automatisch Arbitragegewinn für den Verkäufer. Eine Short-Position in einer amerikanischen Option hat also entgegen des ersten Eindrucks durchaus ihren Reiz. Dies gilt auch für den amerikanischen Call, denn je nach Situation kann die Versuchung zur unvorteilhaften vorzeitigen Ausübung übergroß werden.*

8.2 Der Zuschlag für das Recht der vorzeitigen Ausübung

Jede amerikanische Option CC_a beinhaltet für den Käufer alle Möglichkeiten der entsprechenden europäischen Option CC_e,. d.h. sie ist für ihn in jedem Zeitpunkt t mindestens so wertvoll wie die europäische Option, also

$$CC_a(t) \geq CC_e(t)$$

Dies kann man auch so schreiben

$$CC_a(t) = CC_e(t) + Z(t) \text{ mit } Z(t) \geq 0$$

$Z(t)$ gibt hierbei den Wert der zusätzlichen Möglichkeiten der amerikanischen Option an, es ist der **Zuschlag für das Recht der vorzeitigen Ausübung** (engl.: **early exercise premium**). Wie wir bei den Call-Optionen gesehen haben, kann $Z(t)$ durchaus den Wert null haben, dann sind die zusätzlichen Möglichkeiten der amerikanischen Option ohne Wert. Typischer ist aber die Situation bei den Puts, bei denen $Z(t)$ in der Regel positiv ist. In diesem Abschnitt werden wir diese Größe für amerikanische Puts untersuchen. Wie üblich schreiben wir in den diskreten Modellen $Z(0)$ an Stelle von $Z(t_0)$.

Wie schon im vorigen Abschnitt zu sehen war, liefert jeder Knoten, in dem vorzeitige Ausübung angeraten ist, einen Beitrag zu $Z(0)$, das die Summe dieser Beiträge ist:

$$Z(0) = \sum_{k=0}^{n-1} \sum_{j=1}^{k+1} q(k,j) \Delta \widetilde{Z}(k,j) \tag{8.2}$$

Hierbei ist ist $q(k,j)$ die absolute Wahrscheinlichkeit des Knotens $s(k,j)$ in der risikoneutralen Welt und $\Delta \widetilde{Z}(k,j)$ der diskontierte Wertzuwachs der amerikanischen Option in diesem Knoten (siehe Bezeichnung 194). In dem Standardbeispiel des vorigen Abschnitts ist $\Delta \widetilde{Z}(k,j)$ nur für $k = 1, 2$ und $j = 1$ ungleich null. Die folgende Grafik zeigt

8.2 Der Zuschlag für das Recht der vorzeitigen Ausübung

die Werte. Man überprüft anhand der unter $\Delta \widetilde{Z}(k,j)$ stehenden absoluten (risikoneutralen) Wahrscheinlichkeiten der Knoten die Richtigkeit der obigen Gleichung (bis auf Rundungsfehler): $P_a(0) = 10{,}85 \approx 9{,}712 + 0{,}4 \cdot 2{,}00 + 0{,}16 \cdot 2{,}07$.

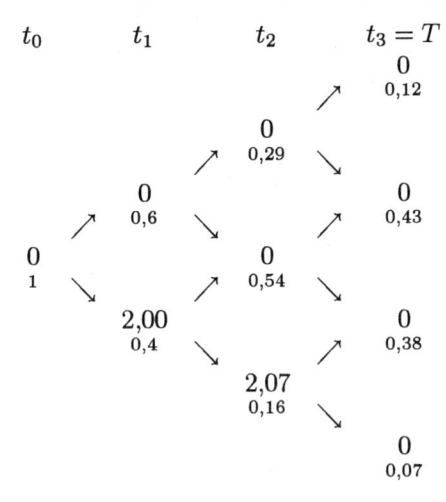

$$
\begin{array}{ccccc}
t_0 & t_1 & t_2 & t_3 = T \\
 & & & 0 \\
 & & & 0{,}12 \\
 & & 0 \\
 & & 0{,}29 \\
 & 0 & & 0 \\
 & 0{,}6 & & 0{,}43 \\
0 & & 0 \\
1 & & 0{,}54 \\
 & 2{,}00 & & 0 \\
 & 0{,}4 & & 0{,}38 \\
 & & 2{,}07 \\
 & & 0{,}16 \\
 & & & 0 \\
 & & & 0{,}07
\end{array}
$$

Formel 8.2, die generell für amerikanische Optionen, also nicht nur für Puts gilt, lässt sich je nach Gestalt des Binomialbaumes weiter konkretisieren. Wir setzen ab jetzt voraus (was in den angegebenen Beispielen immer der Fall ist):

Vereinbarung 199 *Die Aktienwerte in den Knoten zu dem Zeitpunkt t_k sind aufsteigend nummeriert, d.h. für alle $j \in \{1, \ldots, k-1\}$ gilt*

$$S(k,j) < S(k,j+1).$$

Die beiden Nachfolgeknoten von $s(k,j)$ sind $s(k+1,j)$ und $s(k+1,j+1)$.

Als ersten Schritt zur expliziteren Bestimmung von $Z(t)$ werden wir jetzt einige grundlegende Eigenschaften der Preise von Puts nachweisen und dabei insbesondere zu einer Beschreibung der Menge der Knoten mit vorteilhafter sofortiger Ausübung gelangen. Vorbereitend hierzu benötigen wir einen technischen Hilfssatz, der die folgende Konstellation in einem Binomialbaum behandelt:

$$
\begin{array}{c}
 \quad\quad\quad X \\
 A \nearrow^{q_1} \\
 \quad\searrow_{q_2} \\
 \quad\quad\quad Y \\
 B \nearrow^{q_3} \\
 \quad\searrow_{q_4} \\
 \quad\quad\quad Z
\end{array}
$$

Lemma 200 *A, B, X, Y und Z sowie q_i ($i=1,\ldots,4$) seien reelle Zahlen mit $q_1 + q_2 = q_3 + q_4 = 1$ sowie $A = q_1 X + q_2 Y$ und $B = q_3 Y + q_4 Z$. Dann gilt*

$$A - B = q_1(X - Y) + q_4(Y - Z)$$

Beweis. Setzt man die Werte ein, ist man nach einer einfachen Umformung schnell am Ziel (Übung). ∎

Die nun folgende Proposition drückt zunächst zwei Tatsachen aus, die nicht sehr überraschend sind, nämlich 1.) dass ein (amerikanischer oder europäischer) Put zu einem festen Strike K umso teurer ist, je niedriger der Aktienkurs ist und 2.) dass die zum Hedgen eines Puts erforderliche Anzahl δ Anteile Aktien immer zwischen 0 und -1 liegt (siehe Satz 193). Aber auch vermeintlich offensichtliche Tatsachen müssen erst einmal bewiesen werden. Die dritte Aussage ist weniger selbstverständlich als die ersten beiden. Sie besagt, dass es zu jedem Zeitpunkt eine Schranke für den Wert von S gibt, so dass sofortige Ausübung der amerikanischen Option genau dann vorteilhaft ist, wenn der Aktienkurs nicht höher ist als diese Schranke.

Proposition 201 *In einem arbitragefreien Binomialmodell gemäß Annahme 199 für den Kursverlauf einer Aktie gilt zu jedem Zeitpunkt t_k ($k = 1, ..., n$) und für jedes $j \in \{1, ..., k\}$*
i) $P_a(k, j) \geq P_a(k, j+1)$ und $P_e(k, j) \geq P_e(k, j+1)$
ii) $P_a(k, j) - P_a(k, j+1) \leq S(k, j+1) - S(k, j)$
und $P_e(k, j) - P_e(k, j+1) \leq S(k, j+1) - S(k, j)$.
iii) $P_a(k, j+1) = K - S(k, j+1) \Longrightarrow P_a(k, j) = K - S(k, j)$

Beweis. Für $k = n$ sind alle Behauptungen offensichtlich. Für kleinere k kommt man mit Hilfe des vorangegangenen Hilfssatzes in Rückwärtsinduktion $k \to k-1$ zum Ziel. Hierbei sind für die q-Werte des Hilfssatzes immer die risikoneutralen Wahrscheinlichkeiten, also das äquivalente Martingalmaß einzusetzen. Damit folgen die Behauptungen i) und ii) für den europäischen Put sofort über die Gleichung

$$(1 + r_f)(P_e(k-1, j+1) - P_e(k-1, j)) = q(...)(P_e(k, j+1) - P_e(k, j))$$
$$+ q(...)(P_e(k, j+2) - P_e(k, j+1))$$

und eine entsprechende Gleichung für die Aktie. Für den amerikanischen Put muss man noch gesondert die Fälle untersuchen, in denen einer der Werte $P_a(k-1, j)$ und $P_a(k-1, j+1)$ oder beide durch sofortige Optionsausübung bestimmt werden. Gilt es für beide, so berechnet man sofort

$$P_a(k-1, j) - P_a(k-1, j+1) = S(k-1, j+1) - S(k-1, j)$$

Für die anderen beiden Fälle bezeichnen wir mit P_a^* den Wert des Puts bei Nichtausübung. Im Fall $P_a(k-1, j+1) = P_a^*(k-1, j+1)$ und $P_a(k-1, j) = K - S(k-1, j)$ gilt dann (wieder unter Zuhilfenahme des Hilfssatzes)

$$\begin{aligned} S(k-1, j+1) - S(k-1, j) &= (K - S(k-1, j)) - (K - S(k-1, j+1)) \\ &\geq P_a(k-1, j) - P_a(k-1, j+1) \\ &\geq P_a^*(k-1, j) - P_a^*(k-1, j+1) \\ &\geq 0 \end{aligned}$$

Den letzten verbleibenden Fall $P_a(k-1, j) = P_a^*(k-1, j)$ und $P_a(k-1, j+1) > P_a^*(k-1, j+1)$ schließlich führt man zum Widerspruch, womit dann auch iii) gezeigt ist:

8.2 Der Zuschlag für das Recht der vorzeitigen Ausübung

$$\begin{aligned}
S(k-1,j+1) - S(k-1,j) &\geq P_a^*(k-1,j) - P_a^*(k-1,j+1) \\
&> P_a^*(k-1,j) - P_a(k-1,j+1) \\
&\geq (K - S(k-1,j)) - (K - S(k-1,j+1)) \\
&= S(k-1,j+1) - S(k-1,j)
\end{aligned}$$

∎

Definiert man zu einem Zeitpunkt t_k, der Zustände mit vorteilhafter vorzeitiger Ausübung enthält:

$$g(k) := \max\left(j \mid P_a(k,j) = K - S(k,j)\right) \text{ und } G(k) := S(k,g(k))$$

so gilt also

$$P_a(k,j) \begin{cases} = K - S(k,j) & \text{falls } S(k,j) \leq G(k) \\ > K - S(k,j) & \text{sonst} \end{cases}$$

Für die Zeitpunkte t_k, zu denen vorzeitige Ausübung in keiner Situation vorteilhaft ist, setzen wir $g(k) = -1$ und $G(k) = 0$.

Damit haben wir bereits die gesuchte Beschreibung der Menge der Knoten mit vorteilhafter sofortiger Ausübung. Es stellt sich allerdings die Frage nach dem Verlauf der Werte $g(k)$ in Abhängigkeit von k sowie die Frage nach den Werten $\Delta Z(k,j)$. Vor allem die zweite Frage hat in vielen Fällen eine überraschend einfache Antwort:

Proposition 202 *Ist in den beiden Nachfolgeknoten von $s(k,j)$ sofortige Ausübung des Puts vorteilhaft, so ist auch schon im Zustand $s(k,j)$ sofortige Ausübung anzuraten, es gilt also $j \leq g(k)$. Ferner gilt dann*

$$\Delta Z(k,j) = \frac{r_f(k,j)}{1 + r_f(k,j)} K$$

Beweis. Ermittelt man $P_a(k,j)$ gemäß Satz 193, Teil ii), so stellt man zunächst fest, dass δ den Wert -1 hat. Daraus folgt (vgl. Bezeichnung 194)

$$\begin{aligned}
P_a^*(k,j) &= -S(k,j) + (1 + r_f(k,j))^{-1}\left[S(k+1,j) + K - S(k+1,j)\right] \\
&= (1 + r_f(k,j))^{-1} K - S(k,j)
\end{aligned}$$

und somit

$$\begin{aligned}
P_a(k,j) &= \max\left[(K - S(k,j))^+, P_a^*(k,j)\right] \\
&= K - S(k,j)
\end{aligned}$$

sowie

$$\Delta Z(k,j) = K - S(k,j) - P_a^*(k,j) = \frac{r_f(k,j)}{1 + r_f(k,j)} K$$

∎

Man beachte, dass in der Formel für $\Delta Z(k,j)$ der zu dem Knoten gehörende Aktienkurs $S(k,j)$ nicht vorkommt! Ist die risikolose Rendite r_f nicht zustandsabhängig, sondern in allen Knoten gleich, so hat das zur Folge, dass $\Delta Z(k,j)$ für alle Knoten, die die Voraussetzung der Proposition erfüllen, gleich ist.

Aus der Proposition folgt auch, dass g nicht allzu sprunghaft steigen kann, es gilt immer

$$g(k+1) \leq g(k) + 1.$$

Im Allgemeinen kann die Funktion g durchaus Sprünge nach unten haben, in regelmäßigen Binomialbäumen ist das aber nicht der Fall. Wir betrachten daher ab jetzt einen CRR-Binomialbaum mit $u = 1/d$ und konstanter risikoloser Rendite r_f. Dann gilt wegen $ud = 1$ die Identität

$$S(k,j) = S(k+2, j+1)$$

Hieraus lässt sich folgern, dass eine vorteilhafte vorzeitige Ausübung im Zustand $s(k, j)$ zur Folge hat, dass auch im Zustand $s(k+2, j+1)$ sofortige Ausübung geboten ist. Denn von zwei amerikanischen Puts mit ansonsten identischen Daten sollte derjenige mit der längeren Laufzeit der wertvollere sein. Das lässt sich in dem gegebenen Fall formal leicht mit Hilfe der Symmetrieeigenschaften des CRR-Baumes beweisen (genauer benötigt man die Invarianz des Baumes unter der Verschiebung $(k, j) \to (k+2, j+1)$ und die Monotonie des Erwartungswerts). Es gilt also

$$P_a(k, j) \geq P_a(k+2, j+1)$$

womit gilt:

$$g(k+2) - 1 \geq g(k)$$

Hieraus wiederum folgt zusammen mit der bereits bewiesenen Identität $g(k+1) \geq g(k+2) - 1$:

$$g(k+1) \geq g(k)$$

Also gilt insgesamt:

Proposition 203 *Im CRR-Modell mit $u = d$ ist die Funktion g, die die Obergrenze der Vorteilhaftigkeit der sofortigen Ausübung charakterisiert, (moderat) monoton steigend, d.h. es gilt für $k = 0, ..., n-1$*

$$g(k) \leq g(k+1) \leq g(k) + 1$$

Ferner gilt:

$$g(n) = \max(j | S(n, j) \leq K)$$

Die Funktion G ist im strengen Sinne nicht monoton steigend. Das liegt aber nur daran, dass wir es mit einem diskreten Modell zu tun haben. Man könnte G daher **tendenziell steigend** nennen, denn Ausschläge nach unten gibt es höchstens in der Form $G(k) \to G(k)d = G(k+1)$ und spätestens nach einer weiteren Periode ist das alte Niveau jeweils wieder erreicht.

Zusammenfassend zeigt sich also ein Bild wie in Abbildung 8.1. Unterhalb der eingezeichneten Kurve, die G wiedergeben soll, ist sofortige Ausübung des Puts vorteilhaft, oberhalb nicht.

Alle Knoten unterhalb der Kurve liefern einen Beitrag zu $Z(0)$, diejenigen, die oberhalb liegen, tun es nicht. Für die meisten der Knoten unterhalb der Kurve kennen wir diesen Beitrag nach Proposition 202, lediglich für die obersten Knoten $s(k,g(k))$ kann der Fall eintreten, dass der größere der Nachfolgeknoten oberhalb der Kurve liegt und somit die Proposition nicht anwendbar ist. Für diese Knoten lässt sich aber wie in der Proposition zeigen, dass zumindest

$$\Delta Z(k, j) \leq \frac{r_f}{1 + r_f} K$$

8.2 Der Zuschlag für das Recht der vorzeitigen Ausübung

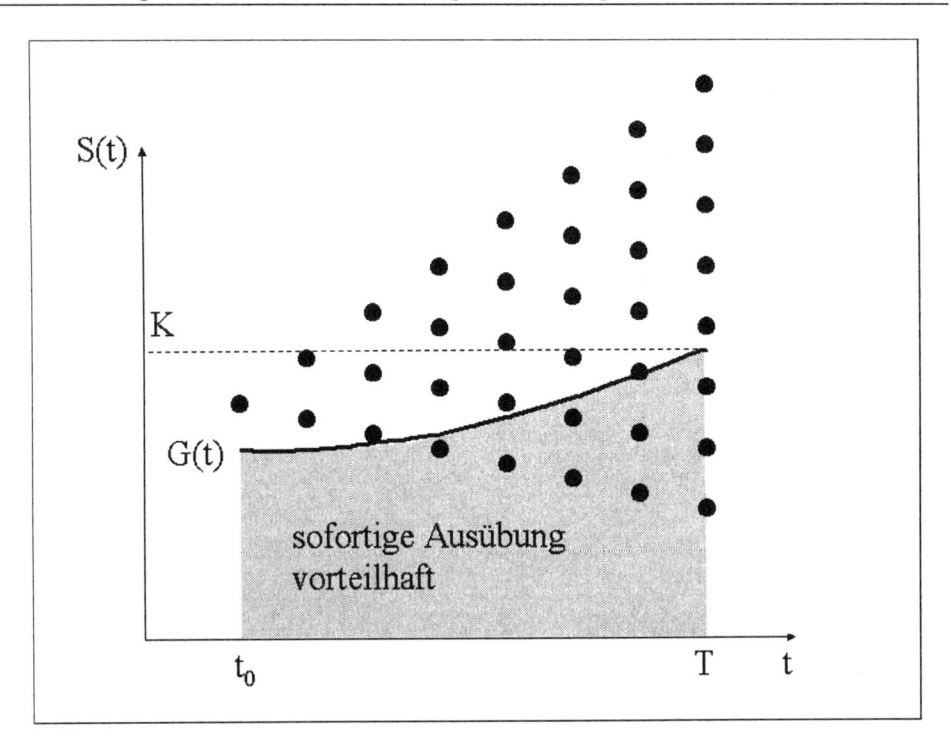

Abbildung 8.1 Typische Lage des Bereichs mit vorteilhafter sofortiger Ausübung bei einem amerikanischen Put

gilt. Berücksichtigt man nun noch, dass im CRR-Modell der Diskontierungsfaktor des Zeitpunkts t_k gleich $(1+r_f)^{-k}$ ist und dass für $m \leq k$ gilt

$$\sum_{j=0}^{m} q(k,j) = \mathbf{P_{Q^*}}\left[S(k) \leq S(k,m)\right] = \mathbf{B}_{k,q}(m)$$

($\mathbf{B}_{k,q}$ = Verteilungsfunktion der Binomialverteilung mit den Parametern k und $q = (1+r_f-d)/(u-d)$), so folgt insgesamt:

Satz 204 *Im n-Perioden-CRR-Modell mit den Parametern u und $d = 1/u$ sowie der risikolosen Periodenrendite r_f gilt für den Preis $P_a(0)$ des amerikanischen Puts mit Strike K die Zerlegung*

$$P_a(0) = P_e(0) + Z(0)$$

wobei $P_e(0)$ der Preis des entsprechenden europäischen Puts ist und der Zuschlag $Z(0)$ für das Recht der vorzeitigen Ausübung den Ungleichungen

$$\sum_{k=0}^{n-1} \frac{r_f}{(1+r_f)^{k+1}} \cdot K \cdot \mathbf{B}_{k,q}(g(k)-1) \leq Z(0) \leq \sum_{k=0}^{n-1} \frac{r_f}{(1+r_f)^{k+1}} \cdot K \cdot \mathbf{B}_{k,q}(g(k))$$

genügt. Hierbei charakterisiert $g(k)$ die (von n abhängende) Obergrenze für vorzeitige Ausübung im Zeitpunkt t_k (siehe Proposition 203).

Ist $g(0) = -1$, so ist für große n der Unterschied zwischen der angegebenen Ober- und Untergrenze sehr klein, so dass dann beide '$\leq$' durch '$\approx$' ersetzt werden können. Ein schwerwiegenderes Hindernis zum praktischen Einsatz des Satzes ist allerdings die erforderliche Kenntnis der Funktion g, die mühsam schrittweise in Rückwärtsinduktion ermittelt werden muss (wobei automatisch auch der exakte Wert von $Z(0)$ mitermittelt werden kann).

Beispiel 205 *Die folgende Grafik zeigt die Werte $\Delta Z(k,j)$ im CRR-Modell mit $S = 195$, $K = 190$, $n = 6$, $u = 1{,}05 = d^{-1}$ und $1/(1+r_f) = 0{,}98$. Knoten, die im Bereich der vorteilhaften sofortigen Ausübung liegen, sind fett gedruckt. Die letzte Spalte gibt die Aktienwerte der Knoten der zugehörigen Zeile an.*

$k=0$	$k=1$	$k=2$	$k=3$	$k=4$	$k=5$	$k=6$	Aktie
						0	261,32
					0		248,87
				0		0	237,02
			0		0		225,74
		0		0		0	214,99
	0		0		0		204,75
0		0		0		0	195,00
	0		0		0,39		185,71
		3,47		**3,80**		0	176,87
			3,80		**3,80**		168,45
				3,80		0	160,43
					3,80		152,79
						0	145,51

8.3 Amerikanische Puts im Black-Scholes-Modell

Durch Grenzübergang für $n \to \infty$ führt das CRR-Modell zum stetigen Black-Scholes-Modell, in dem der Kursverlauf der zugrundeliegenden Aktie durch

$$dS = S(\mu dt + \sigma dW)$$

beschrieben wird. Dazu setzt man $t_k = t_0 + k\Delta t$ mit $\Delta t = (T - t_0)/n$, $r_f = e^{r\Delta t} - 1$ ($r =$ risikoloser stetiger Zinssatz) und $u = e^{\sigma\sqrt{\Delta t}}$ (siehe 6.2). Die Ergebnisse des vorigen Abschnittes führen geradlinig zur Situation im stetigen Modell. Dort gibt es eine auf $[t_0, T]$ definierte stetige Funktion G, der sich die diskreten Funktionen G des CRR-Modells immer mehr annähern und die die Grenzlinie markiert zwischen dem Bereich, in dem sofortige Ausübung vorteilhaft ist und dem Bereich, wo das nicht der Fall ist. Berücksichtigt man schliesslich noch, dass für große n, also kleine Δt gilt:

$$\frac{r_f}{(1+r_f)^{k+1}} = \frac{e^{r\Delta t} - 1}{e^{r(k+1)\Delta t}} \approx r\Delta t \, e^{-r(t_k - t_0)},$$

so sieht man, dass im Grenzwert $n \to \infty$ Satz 204 zu der Formel

8.3 Amerikanische Puts im Black-Scholes-Modell

$$Z(t_0) = \int_{t_0}^{T} r e^{-r(\tau-t_0)} K \cdot \mathbf{P}_{\mathbf{Q}^*}\left(S(\tau) \leq G(\tau)\right) d\tau$$

führt. Hierbei bezeichnet $\mathbf{P}_{\mathbf{Q}^*}$ jetzt das äquivalente Martingalmaß, also die risikoneutrale Wahrscheinlichkeit in dem stetigen Modell, denn die risikoneutrale Wahrscheinlichkeit im CRR-Modell geht über in die risikoneutrale Wahrscheinlichkeit im Black-Scholes-Modell. Bezüglich dieses Maßes ist S_τ bekanntlich lognormalverteilt und man bestimmt

$$\begin{aligned}\mathbf{P}_{\mathbf{Q}^*}\left(S(\tau) \leq G(\tau)\right) &= \mathbf{P}_{\mathbf{Q}^*}\left(\ln(S(\tau)/S) \leq \ln(G(\tau)/S)\right) \\ &= \Phi\left(\frac{\ln(G(\tau)/S) - (r - \frac{\sigma^2}{2})(\tau - t_0)}{\sigma\sqrt{\tau - t_0}}\right) \\ &= \Phi\left(-d_-\left(S, G(\tau), \tau - t_0\right)\right)\end{aligned}$$

wobei Φ wie üblich die Verteilungsfunktion der normierten Normalverteilung ist und d_- (sowie das weiter unten benutzte d_+) analog zu dem Ausdruck in der Black-Scholes-Formel definiert ist:

$$d_\pm(A, B, c) = \frac{\ln(A/B) + (r \pm \frac{\sigma^2}{2})c}{\sigma\sqrt{c}}$$

Insgesamt ergibt dies eine analytische Beschreibung des Preises eines amerikanischen Puts im Black-Scholes-Modell (siehe auch [39] und [15]).

Satz 206 *Im Black-Scholes-Modell hat der amerikanische Put zum Basispreis K über den Zeitraum $[t_0, T]$ im Zeitpunkt t_0 den Preis $P_a(t_0) = P_e(t_0) + Z(t_0)$, wobei $P_e(t_0)$ der Preis der entsprechenden europäischen Option ist und der Zuschlag $Z(t_0)$ für das Recht der vorzeitigen Ausübung den Wert*

$$Z(t_0) = \int_{t_0}^{T} r e^{-r(\tau - t_0)} K \Phi\left[-d_-\left(S, G(\tau), \tau - t_0\right)\right] d\tau$$

hat.

Wie im diskreten CRR-Modell ist die Funktion G der Pferdefuß der Formel, der ihren praktischen Einsatz nicht unerheblich erschwert, da für G keine geschlossene Formel bekannt ist. G ist eine stetige, monoton steigende Funktion und ist charakterisiert durch die Eigenschaft, dass in der Situation

$$S_t = G(t)$$

der Wert der sofortigen Ausübung des Puts genauso hoch ist wie der theoretische Preis gemäß der Formel aus Satz 206. Unter Ausnutzung der Black-Scholes-Formel für den europäischen Put führt das zu der für alle $t \in [t_0, T]$ geltende Gleichung

$$\begin{aligned}K - G(t) &= K e^{-r(T-t)} \Phi(-d_-(G(t), K, T-t)) \\ &\quad - G(t) \Phi(-d_+(G(t), K, T-t)) \\ &\quad + \int_t^T r e^{-r(\tau - t)} K \Phi\left[-d_-\left(S, G(\tau), \tau - t\right)\right] d\tau\end{aligned}$$

die zusammen mit $G(T) = K$ die Funktion G implizit bestimmt und numerisch berechenbar macht.

Diese numerische Bestimmung ist allerdings recht aufwendig, aber der Aufwand kann sich lohnen, wenn man ein Buch mit vielen Optionen führt, denn $G(t)$ hängt nur von r, σ, K und $T-t$ ab, wobei die Abhängigkeit von K proportional ist. Es gilt also

$$G_{r,\sigma,\alpha K,T-t}(t) = \alpha G_{r,\sigma,K,T-t}(t)$$

für alle $\alpha \in \mathbb{R}_+$. Dies eröffnet die Möglichkeit, zu vorgegebenen Werten für r und σ die Funktion G für nur einen Strike K und die längste vorkommende Restlaufzeit zu bestimmen und zu speichern. Auf Basis dieser gespeicherten Daten können dann alle amerikanischen Puts (zu r und σ) bewertet werden.

Beispiel 207 *$G_1(t)$ sei die Obergrenze für die vorteilhafte sofortige Ausübung des Puts zum Basispries 80 Euro mit Restlaufzeit 1 Jahr zum Zeitpunkt t ($0 \leq t \leq 1$). Dann gilt für die entsprechende Obergrenze G_2 des Puts auf die gleiche Aktie mit Basispreis 60 Euro und Restlaufzeit 9 Monate:*

$$G_2(t) = \frac{60}{80} G_1(t + \frac{1}{4})$$

für alle $t \in [0, 3/4]$.

Bemerkung 208 *Die Beschreibung eines Verfahrens zur näherungsweisen Bestimmung von G findet man z.B. in [29], Appendix 15A*

8.4 Berücksichtigung von Dividenden

Die folgenden Überlegungen betreffen nicht nur amerikanische Puts, sondern gelten sinngemäß generell für die Bewertung von Derivaten mit Hilfe von Baummodellen.
Im Gegensatz zu den stetigen Modellen mit ihren analytischen Bewertungsformeln ist es in Baummodellen vergleichsweise einfach, Sonderfälle wie z.B. Dividendenzahlungen zu berücksichtigen. Völlig sorglos darf man dabei aber auch nicht vorgehen, wie man sich schon anhand eines Einperiodenmodells klarmachen kann:

Eine Aktie hat den aktuellen Kurs 100 Euro. Unmittelbar vor Ende der Planungsperiode ist eine Dividende in Höhe von 8 Euro angekündigt. Die risikolose Rendite für die Planungsperiode ist 5%. Ohne die Dividendenankündigung hätte man für die Entwicklung des Aktienkurses die Werte 110 und 90 ins Auge gefasst, also das Binomialmodell

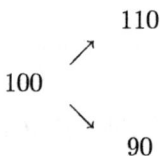

$$100 \begin{array}{c} \nearrow 110 \\ \searrow 90 \end{array}$$

aufgestellt. Da der Aktienkurs an einem Ex-Tag (bei Vernachlässigung steuerlicher Aspekte) um die Höhe der Dividende fällt, liegt es nahe, die Entwicklung

8.4 Berücksichtigung von Dividenden

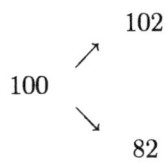

$$100 \nearrow \begin{matrix} 102 \\ \\ 82 \end{matrix}$$

vorzusehen. Versucht man nun, mit Hilfe der bekannten Formeln einen (europäischen) Put zum Basispreis 100 zu bewerten, so wird man feststellen, dass das Ergebnis mit $-2{,}57$ negativ ist und somit nicht stimmen kann. Der Grund hierfür ist schnell gefunden: das betrachtete System ist nicht arbitragefrei! Denn selbst der höhere Kurs 102 entspricht einer Rendite, die unterhalb der risikolosen Rendite liegt (s. Satz 97).

Das Modell ist aber auch nicht korrekt. Es gibt zwar (möglicherweise) die Entwicklung des Aktienkurses richtig wieder, nicht aber die Vermögensentwicklung eines Eigentümers der Aktie. Wer eine Aktie besitzt, hat am Ende der Periode nicht nur die Aktie (im Wert von z.B. 102 Euro), sondern auch die Dividende in Höhe von 8 Euro. Entsprechend gilt auch: wer eine Aktie leer verkauft und den Erlös (100 Euro) risikolos anlegt, hat am Ende nicht 105 Euro, sondern nur 97, denn der Leerverkäufer der Aktie muss den Eigentümer für die ausgefallene Dividende entschädigen.

Richtig behandelt man die Situation, wenn man die Aktie S gedanklich aufsplittet in einen festverzinslichen Anteil D, der genau der Dividende entspricht, und den verbleibenden Rest S'

$$S = D + S'$$

Hierbei sind natürlich soweit erforderlich Diskontierungen vorzunehmen. Im Beispiel ist die Entwicklung von S' gegeben durch das Modell

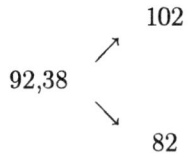

$$92{,}38 \nearrow \begin{matrix} 102 \\ \\ 82 \end{matrix}$$

$(100 - 8/1{,}05 \approx 92{,}38)$ und dieses System ist arbitragefrei. S' ist nicht nur ein theoretisches Konstrukt, sondern kann ganz real durch die Kombination der Aktie mit einem Darlehen, das die Dividendenzahlung neutralisiert, erzeugt werden. S' bildet also zusammen mit der risikolosen Anlageform ein vollständiges arbitragefreies System von Wertpapieren und kann somit benutzt werden, um Derivate von S zu bewerten. Als korrekter Wert des Puts ergibt sich im Beispiel also

$$P_e(0) = \frac{-18}{20}\left(92{,}38 - \frac{82}{1{,}05}\right) + \frac{18}{1{,}05} = 4{,}287€$$

Der Stillhalter der Option kann sich dadurch absichern, dass er 9/10 Anteile S' leer verkauft, was aber bedeutet, dass er 9/10 Aktien leer verkauft und den Erlös sowie den Verkaufserlös der Option risikolos anlegt. Am Ende der Periode verfügt er dann über 99 Euro, von denen er 7,2 als Ausgleich für die entgangene Dividende benötigt. Mit dem Rest von 91,8 Euro kauft er 9/10 Aktie zurück und erfüllt im Falle eines Kurses von 82 zusätzlich seine Pflichten aus der Ausübung der Option.

Dies funktioniert auch in Mehrperiodensystemen und bei komplexeren Derivaten, da man in jeder Situation aus S' den zugehörigen Kurs der Aktie rekonstruieren kann, aus dessen Verlauf der Derivate-Payoff ableitbar ist. Zweckmäßigerweise benutzt man hierzu den oben als inkorrekt gebrandmarkten Baum, der den Kursverlauf der Aktie wiedergibt.

Illustriert werden soll diese Vorgehensweise anhand eines etwas umfangreicheren Beispiels. Wie oben starten wir mit einem Modell für den Kursverlauf einer Aktie S unter der Voraussetzung, dass keine Dividendenzahlungen vorgesehen sind. Es ist ein CRR-Modell mit 4 Perioden und $u = 1{,}06$

$$
\begin{array}{c}
\phantom{160{,}00}\\
\phantom{160{,}00}\\
\phantom{160{,}00}\\
160{,}00\\
\phantom{160{,}00}\\
\end{array}
\begin{array}{c}
\\
169{,}60\\
\\
150{,}94\\
\end{array}
\begin{array}{c}
179{,}78\\
\\
160{,}00\\
\\
142{,}40\\
\end{array}
\begin{array}{c}
190{,}56\\
\\
169{,}60\\
\\
150{,}94\\
\\
134{,}34\\
\end{array}
\begin{array}{c}
202{,}00\\
\\
179{,}78\\
\\
160{,}00\\
\\
142{,}40\\
\\
126{,}73\\
\end{array} \quad (8.3)
$$

Die risikolose Periodenrendite sei $r_f = 0{,}04$. Unmittelbar vor Ende der zweiten und der vierten Teilperiode sei eine Dividendenzahlung in Höhe von 10 Euro zu erwarten. Dies ergibt den folgenden modifizierten Baum für den Kursverlauf der Aktie:

$$
\begin{array}{c}
\\
\\
\\
160{,}00\\
\\
\end{array}
\begin{array}{c}
\\
169{,}60\\
\\
150{,}94\\
\end{array}
\begin{array}{c}
169{,}78\\
\\
150{,}00\\
\\
132{,}40\\
\end{array}
\begin{array}{c}
180{,}16\\
\\
159{,}20\\
\\
140{,}54\\
\\
123{,}94\\
\end{array}
\begin{array}{c}
181{,}18\\
\\
158{,}96\\
\\
139{,}18\\
\\
121{,}58\\
\\
105{,}92\\
\end{array} \quad (8.4)
$$

Man beachte, dass zur Erstellung dieses Baumes die Dividendenzahlung zum Zeitpunkt t_2 bei den Zeitpunkten t_3 und t_4 aufgezinst abzuziehen ist.

Die Aufgabe ist nun, einen europäischen und einen amerikanischen Put zum Basispreis $K = 165$ und Fälligkeitstermin $T = t_4$ zu bewerten. Als erstes ist hierzu aus dem Modell für den Kursverlauf der Aktie das zugehörige Modell des dividendenbereinigten Anteils S' herzuleiten. Dies geschieht, indem man an den Knoten zu den Zeitpunkten $t_0,\ldots, t_3$ die zweite und an den Knoten zu t_0 und t_1 zusätzlich die erste Dividende vom Aktienkurs abzieht (passend diskontiert):

8.4 Berücksichtigung von Dividenden

$$\begin{array}{c}
 181{,}18 \\
 170{,}55 \diagdown \\
 160{,}53 \diagdown 158{,}96 \\
 151{,}09 \diagdown 149{,}58 \diagdown \\
142{,}21 \diagdown 140{,}75 \diagdown 139{,}18 \\
 132{,}44 \diagdown 130{,}93 \diagdown \\
 123{,}15 \diagdown 121{,}58 \\
 114{,}32 \diagdown \\
 105{,}92
\end{array} \tag{8.5}$$

Anhand dieses Baumes (bzw. seiner diskontierten Form) kann jetzt der europäische Put unter Verwendung der Payoffs zum Zeitpunkt T mit Hilfe der bekannten Formeln erfolgen. Da die letzte Spalte des Baumes zu S' mit der letzten Spalte des Kursentwicklungsbaumes der Aktie übereinstimmt, kann die Bewertung des europäischen Puts genau so erfolgen wie die Bewertung eines europäischen Puts mit Strike K auf S'. Das Ergebnis ist $P_e(0) = 5{,}35$ Euro, wie man zur Übung nachprüfe (bei einer Bewertung über die risikoneutralen Wahrscheinlichkeiten ist gemäß des CRR-Modells immer die Wahrscheinlichkeit $q \approx 0{,}8285$ für eine Aufwärtsbewegung zu verwenden). Für den amerikanischen Put ist es zweckmäßig, aus dem Kursentwicklungsbaum 8.4 den Baum der zugehörigen Payoffs bei vorzeitiger Ausübung zu erstellen. Danach kann unter Verwendung dieser Payoffs, aber ansonsten mit Hilfe des S'-Baumes auf die bekannte Art (Abschnitt 8.1) die Bewertung durchgeführt werden. Die folgende Grafik enthält zu jedem Knoten die Daten „Wert des Puts bei Halten"/„Wert bei sofortiger Ausübung". Da zum Zeitpunkt t_4 nur sofortige Ausübung möglich ist, ist dort nur eine Zahl angegeben.

$$\begin{array}{c}
 0 \\
 1{,}00/- \diagdown \\
 2{,}29/- \diagdown 6{,}04 \\
 4{,}30/- \diagdown 9{,}07/5{,}80 \diagdown \\
6{,}28/5{,}00 \diagdown 11{,}80/15{,}00 \diagdown 25{,}82 \\
 17{,}33/14{,}06 \diagdown 27{,}73/24{,}46 \diagdown \\
 29{,}40/32{,}60 \diagdown 43{,}42 \\
 44{,}33/41{,}06 \diagdown \\
 59{,}08
\end{array}$$

Als Wert des amerikanischen Puts ergibt sich 6,28 Euro. Er ist damit nur geringfügig teurer als der europäische. Dies ist plausibel, denn die Dividendenzahlung zum Zeitpunkt t_4 erhöht die Attraktivität des Haltens. Lediglich in zwei Zuständen des Zeitpunkts t_2 ist sofortige Ausübung vorteilhaft. Insbesondere sind also für den Dividendenfall die strukturellen Aussagen über den Bereich der vorteilhaften sofortigen Ausübung, wie wir sie in Abschnitt 8.2 hergeleitet haben, nicht zutreffend. Man sieht also auch hier, dass man zumindest unter dem Gesichtspunkt finanzmathematischer Ästhetik den Aktiengesellschaften von Dividendenzahlungen nur abraten kann.

Bemerkung 209 *Es ist darauf hinzuweisen, dass das abgeleitete Modell für die Kursentwicklung der Aktie bei Dividendenzahlung sich nicht völlig zwangsläufig wie beschrei-*

ben ergibt, sondern eine modellbildnerische Komponente enthält. Es wird nämlich unterstellt, dass die Dividendenzahlung die Entwicklungsdynamik des Unternehmens nicht beeinflusst. Dies stimmt überein mit den generellen vereinfachenden Annahmen der vorgestellten Modelle, wonach jeder Investor (also auch das Unternehmen) Beträge in beliebiger Höhe zum risikolosen Zinssatz aufnehmen kann. Betrachtet man nur den realen Aktienkurs, so bedeutet das im stetigen Black-Scholes-Modell, dass sich mit jeder Dividendenzahlung der Wachstumsparameter μ erhöht (falls er vorher schon höher ist als der risikolose Zinssatz). Sieht man im Gegensatz zu unserem Modell μ als konstant an, so gelangt man zu einem etwas anderen Modell für die Aktienkursentwicklung. Für die praktische Derivatebewertung dürfte der Unterschied in den meisten Fällen allerdings gering sein.

9 Das allgemeine Bewertungsprinzip

In diesem Kapitel wenden wir uns wieder ganz dem Black-Scholes-Modell und verwandten stetigen Modellen zu, um das Prinzip der Derivatebewertung in diesen Modellen weiter auszuleuchten. Hierzu wird zunächst auf die Rolle der risikoneutralen Welt oder präziser des äquivalenten Martingalmaßes eingegangen. Der Begriff des Marktpreises des Risikos erlaubt es anschließend, auch Aussagen zu Derivaten zu treffen, die von Größen abhängen, die keine Anlageformen sind. Im Zusammenhang mit Währungsderivaten gelangen wir anschließend zu der Fragestellung, welchen Einfluss die Heimatwährung und ihr Cashbond auf die Derivatebewertung haben und stoßen dabei fast automatisch auf die Technik des Numerairewechsels. Den Abschluss des Kapitels bildet eine Einführung in Quantos, deren korrekte Behandlung bereits ein sehr gutes Modellverständnis erfordert. Dies ist gleichzeitig die erste Begegnung mit exotischen Derivaten in diesem Buch.

9.1 Die risikoneutrale Welt und das äquivalente Martingalmaß

In Abschnitt 7.2 haben wir daraus, dass in der Black-Scholes-Differentialgleichung nicht der Wachstumsparameter μ vorkommt, geschlossen, dass die Bewertung von Aktienderivaten nicht von μ abhängen kann, und somit genauso gut in der besonders einfachen risikoneutralen Welt vorgenommen werden kann. Wir haben dabei stillschweigend vorausgesetzt, dass es diese risikoneutrale Welt auch (gedanklich) wirklich gibt und dass sie ein arbitragefreies System bildet. Für diskrete endliche Modelle haben wir in den Abschnitten 5.1ff. gesehen, dass das bei ihnen so ist. Wir konnten für sie sogar zeigen, dass die Arbitragefreiheit notwendige und hinreichende Bedingung für die Existenz einer risikoneutralen Welt ist (gegeben durch die „q-Werte", die als risikoneutrale Wahrscheinlichkeiten aufgefasst werden können). Tatsächlich ist die Situation bei zeitstetigen Modellen wie dem Black-Scholes-Modell sehr ähnlich den arbitragefreien endlichen Mehrperiodensystemen. Der Übergang von der realen Welt mit den realen Wahrscheinlichkeiten zu einer risikoneutralen Welt bedeutet mathematisch einen Wechsel des Wahrscheinlichkeitsmaßes. Das heißt, die Wahrscheinlichkeiten von Ereignissen ändern sich, wobei allerdings die Ereignisse mit Wahrscheinlichkeit null die gleichen bleiben. Dieser Zusammenhang wird für die mathematisch Interessierten im letzten Kapitel und insbesondere in Abschnitt 12.4.2 beschrieben. Zum besseren Verständnis der nächsten Abschnitte ist es aber sinnvoll, hier die wichtigsten Ergebnisse schon in Kurzform anzugeben.

Vereinbarung 210 *Der einfacheren Notation wegen setzen wir in diesem Kapitel durchgehend $t_0 = 0$, es gilt also $T - t_0 = T$.*

Es werden bei den nun folgenden Ausführungen grundsätzlich nur Situationen betrachtet, in denen die gesamte Unsicherheit (Stochastik) der zukünftigen Entwicklung durch einen einzigen Wiener-Prozess W beschrieben werden kann. Die realen Wahrscheinlichkeiten bezeichnen wir mit **P**. Es ist nun so, dass bei einer äquivalenten Änderung des Wahrscheinlichkeitsmaßes der Prozess W die Eigenschaft verliert, Wiener-Prozess zu sein, d. h. die in Definition 151 (S. 185) beschriebenen Verteilungseigenschaften gehen verloren. Dafür kann jetzt ein anderer Prozess die für einen Wiener-Prozess erforderlichen Eigenschaften haben. Tatsächlich kann man ein zu **P** äquivalentes Wahrscheinlichkeitsmaß **Q** auch dadurch charakterisieren, dass man einen stochastischen Prozess $W^{\mathbf{Q}}$ angibt, der unter **Q** eine Standard-Brownsche-Bewegung ist. Der Prozess $W^{\mathbf{Q}}$ kann sich von W in der Driftrate fast beliebig unterscheiden, muss aber die Varianzrate 1 (oder -1, was aber das gleiche **Q** ergibt) haben:

$$dW^{\mathbf{Q}} = y\,dt + dW.$$

y darf hierbei zeit- und zustandsabhängig sein, muss aber gewissen eher technischen Bedingungen genügen. Für stochastische Prozesse gilt die folgende Umrechnungsregel: ist X in der **P**-Welt durch

$$dX = a\,dt + b\,dW \tag{9.1}$$

gegeben, so gilt in der **Q**-Welt

$$dX = a'\,dt + b\,dW^{\mathbf{Q}} \quad \text{mit } a' = a - by, \tag{9.2}$$

denn stochastische Differentialgleichungen der **P**-Welt behalten in der **Q**-Welt ihre Gültigkeit, d.h. Gleichung 9.1 gilt nach wie vor. Kennt man die Beschreibung von X in Abhängigkeit von W und in Abhängigkeit von $W^{\mathbf{Q}}$, so kann man hieraus den „Umrechnungsprozess" y berechnen:

$$y = \frac{a - a'}{b}$$

Beispiel 211 *Im Black-Scholes-Modell genügt eine Aktie ohne Dividende im wirklichen Leben der Gleichung $dS = S(\mu\,dt + \sigma\,dW)$ und in der risikoneutralen Welt mit Wahrscheinlichkeitsmaß $\mathbf{Q}^*$ der Gleichung $dS = S(r\,dt + \sigma\,dW^{\mathbf{Q}^*})$. Der Umrechnungsprozess ist hier also*

$$y = \frac{\mu S - rS}{\sigma S} = \frac{\mu - r}{\sigma}$$

und somit denkbar einfach, nämlich konstant.

Ist y wie in dem Beispiel konstant, also $y = c$, so gilt für Zufallsvariablen Z, deren Wert zum Zeitpunkt T bekannt sein wird (momentaner Zeitpunkt $t_0 = 0$) die folgende Umrechnungsformel für Erwartungswerte

$$\mathbf{E}_{\mathbf{Q}}(Z) = \mathbf{E}_{\mathbf{P}}(Z \cdot e^{-cW(T) - Tc^2/2}) \tag{9.3}$$

Wie die Argumentation zur Black-Scholes-Differentialgleichung andeutungsweise gezeigt hat (und die Argumentation in Abschnitt 12.4.3 rigoros zeigen wird) bildet die Aktie zusammen mit dem risikolosen Cashbond $B(t) = e^{rt}$ im Black-Scholes-Modell ein vollständiges arbitragefreies System von Anlageformen. Es ist möglich, jeden durch den Aktienkursverlauf bis zum Zeitpunkt T determinierten Payoff zum Zeitpunkt T durch eine selbstfinanzierende Handelsstrategie in Aktie und Cashbond zu erreichen. Hieraus lässt sich folgern, dass der Preisprozess eines jeden europäischen Derivats mit Hilfe von Aktie

9.1 Die risikoneutrale Welt und das äquivalente Martingalmaß

und Cashbond dupliziert werden kann, woraus sich ein eindeutig bestimmter Arbitragepreis ergibt. Es lässt sich zeigen, dass Arbitragefreiheit und Vollständigkeit zusammen mathematisch bedeuten, dass es genau ein zu dem **P** der realen Welt (des Modells) äquivalentes Wahrscheinlichkeitsmaß **Q*** gibt, so dass die Aktie zu jeder Zeit und über jeden Zeitraum die risikolose Rendite erwarten lässt. Dies folgt aus der im Modell vorgesehenen determinierten Entwicklung des Cashbonds zusammen damit, dass für den diskontierten Prozess $\widetilde{S} = S/B$ zu jedem Zeitpunkt t für jeden Zeitpunkt $t' > t$ der Erwartungswert von $S(t')/B(t')$ gleich $S(t)/B(t)$ ist (unter **Q***). Einen Prozess mit dieser Eigenschaft bezeichnet man als **Martingal**. Daher nennt man **Q*** **äquivalentes Martingalmaß**. Auch der diskontierte Cashbond B/B ist ein Martingal, denn er ist konstant 1. Es lässt sich zeigen (ist aber nicht ganz so offensichtlich, wie es auf den ersten Blick erscheint), dass die Vermögensentwicklung jeder wie auch immer gearteten selbstfinanzierenden Handelsstrategie in Aktie und Cashbond diskontiert ein Martingal ist (siehe 12.4.3). Hierbei lässt sich der Begriff der **selbstfinanzierenden Handelsstrategie** wie folgt präzisieren: eine Handelsstrategie besteht darin, zu einem jeden Zeitpunkt t eine (in der Regel vom Informationsstand dieses Zeitpunkts abhängende) Anzahl $L(t)$ Einheiten Cashbond und $H(t)$ Einheiten Aktie zu halten. Der Wert des Portfolios, das man gemäß der Strategie zum Zeitpunkt t hält, ist also

$$V(t) = L(t)B(t) + H(t)S(t)$$

Die Handelsstrategie ist selbstfinanzierend, wenn sich $V(t)$ aus dem zum jeweiligen Zeitpunkt gehaltenen Portfolio und den Kursentwicklungen von Aktie und Cashbond ergibt. Umschichtungen müssen sich zu null aufaddieren. Dies ist gleichbedeutend mit

$$dV(t) = L(t)dB + H(t)dS \quad (\text{kurz } dV = LdB + HdS)$$

(siehe S. 413). Für ein kleines Intervall Δt bedeutet diese Gleichung

$$V(t + \Delta t) \approx V(t) + L(t)\Delta B + H(t)\Delta S.$$

Man nennt V auch den **Vermögensprozess** der Handelsstrategie. Wie angegeben ist der diskontierte Vermögensprozess $\widetilde{V} = V/B$ einer jeden realisierbaren selbstfinanzierenden Handelsstrategie ein Martingal unter **Q***, d.h. es gilt für alle $t < T$

$$\widetilde{V}(t) = \mathbf{E}_{\mathbf{Q}^*}\left(\widetilde{V}(T)\right)$$

Da jeder Payoff $CC_e(T)$ zum Zeitpunkt T, der (ausschließlich) vom Kurs der Aktie oder dem Verlauf des Wiener-Prozesses W bis zu diesem Zeitpunkt abhängt, durch eine selbstfinanzierende Handelsstrategie erreichbar ist, folgt die uns schon bekannte Bewertungsformel

$$CC_e(t) = B(t)\mathbf{E}_{\mathbf{Q}^*}\left(CC_e(T)/B(T)\right),$$

insbesondere

$$CC_e(0) = \mathbf{E}_{\mathbf{Q}^*}\left(e^{-rT}CC_e(T)\right). \tag{9.4}$$

Die Argumentation zeigt, dass diese Derivatepreise durch ein Arbitrageargument eindeutig bestimmt sind. Das heißt: Über die Aktie hinaus gibt es im „Umfeld" von W keinen Preisgestaltungsspielraum.

9.2 Der Marktpreis des Risikos

Kann man den Wertprozess einer beliebigen Anlageform A analog dem Black-Scholes-Modell durch

$$dA = a(A,t)dt + b(A,t)dW$$

(kurz $dA = a\,dt + b\,dW$) modellieren mit $b(A,t) \neq 0$ (zumindest fast immer), so gilt wie im Black-Scholes-Modell, dass A zusammen mit dem Cashbond ein arbitragefreies vollständiges System bildet. Es gibt dann genau ein äquivalentes Martingalmaß, das die risikoneutrale Welt repräsentiert und mit dessen Hilfe alle europäischen Derivate der Anlageform über den diskontierten Erwartungswert bewertet werden können. Hierbei ist aber peinlich genau darauf zu achten, dass A eine echte Anlageform ist, d.h. den mit der Anlageform verbundenen Wertprozess eines Besitzers der Anlageform widerspiegelt. Der Kurs einer Aktie ohne Dividendenausschüttungen ist in diesem Sinne eine Anlageform, nicht aber der Kurs einer Aktie mit Dividende (vgl. Abschnitt 8.4). Ein Aktienindex ist eine Anlageform, wenn es ein Performanceindex ist, sonst nicht. Auch eine Fremdwährung ist keine Anlageform (s. nächsten Abschnitt) und z.B. Zinsen sind es erst recht nicht. Zinsen sind aber ein gutes Beispiel dafür, dass sich die Werte von Anlageformen (festverzinsliche Wertpapiere) aus Größen berechnen lassen können, die selbst keine Anlageformen sind. Diese Situation wollen wir jetzt allgemein und im nächsten Abschnitt am Beispiel von Währungswechselkursen untersuchen.

Sei also X eine Größe, die sich gemäß einer Gleichung

$$dX = a(X,t)dt + b(X,t)dW$$

entwickelt und die keine Anlageform ist. Wir nehmen ferner an, dass es eine Anlageform A_1 gibt, deren Wert sich aus X bestimmen lässt:

$$A_1(t) = g(X,t)$$

mit einer irgendwie gearteten Funktion g in zwei Variablen, die zweimal differenzierbar sein sollte, damit die Itô-Formel anwendbar ist. Wäre X selbst eine Anlageform, so gäbe es für g nur einen geringen Spielraum. Dann würde nach der Argumentation des vorigen Abschnitts die Gesamtheit der Werte $g(x,T)$ bereits alle Werte $g(x,t)$ mit $t < T$ bestimmen, wenn Arbitragefreiheit gelten soll. So aber bestehen kaum Einschränkungen für g. Es ist lediglich darauf zu achten, dass die Anlageform nicht gegen den Cashbond arbitriert werden kann, d.h. es darf keinen Zeitpunkt t geben, zu dem die Anlageform garantiert besser oder garantiert schlechter dasteht als dieser (vgl. Satz 97).

Ist diese Bedingung erfüllt und ist ferner $b(x,t) \cdot \partial g(x,t)/\partial x$ (fast) immer ungleich null, so bildet der Cashbond $B(t) = e^{rt}$ zusammen mit A_1 ein vollständiges arbitragefreies System, das also durch ein eindeutiges äquivalentes Martingalmaß in die risikoneutrale Welt versetzt werden kann. Der zugehörige Transformationsprozess y kann bestimmt werden. Zunächst gilt nach Itô:

$$dA_1 = A_1\left(\mu_1\,dt + \sigma_1\,dW\right)$$

mit (unter Weglassen der Funktionsargumente)

$$\mu_1 = \frac{\partial g/\partial t + a \cdot \partial g/\partial x + \tfrac{1}{2}b^2 \cdot \partial^2 g/\partial x^2}{A_1} \quad \text{und} \quad \sigma_1 = \frac{b \cdot \partial g/\partial x}{A_1}.$$

Hieraus folgt
$$y = \frac{\mu_1 - r}{\sigma_1}.$$

y ist im Allgemeinfall keine Konstante, sondern ein stochastischer Prozess. Unter dem äquivalenten Martingalmaß $\mathbf{Q}^*$ mit zugehörigem Wiener-Prozess $dW^{\mathbf{Q}^*} = y\,dt + dW$ gilt

$$dA_1 = A_1\left(r\,dt + \sigma_1\,dW^{\mathbf{Q}^*}\right)$$

Ist nun A_2 eine weitere Anlageform, die sich von X ableitet: $A_2(t) = h(X,t)$, so besteht für h nicht mehr annähernd die gleiche Freiheit wie für g. Denn der Cashbond und A_1 bilden ein vollständiges System, genauso wie es Cashbond und Aktie im Black-Scholes-Modell tun. Kennt man $h(x,T)$ für alle x, so ist dadurch nach dem gewohnten Duplikationsargument $h(x,t)$ für alle $t < T$ bestimmt. Die gleiche Transformation, die A_1 in die risikoneutrale Welt versetzt, muss dies auch mit A_2 tun. Genügt A_2 der stochastischen Differentialgleichung

$$dA_2 = A_2\left(\mu_2\,dt + \sigma_2\,dW\right),$$

so muss also gelten

$$\frac{\mu_2 - r}{\sigma_2} = \frac{\mu_1 - r}{\sigma_1} = y,$$

d.h. die Größe y ist für alle von X abgeleiteten Anlageformen gleich. Sie heißt **Marktpreis des Risikos** in X und gibt an, wie der Markt Risiko beurteilt, das von der Größe X ausgeht. Sie erlaubt die Interpretation, dass der Markt für ein Risiko in Höhe von σ in X ein Mehr an zu erwartender Rendite in Höhe von $(\mu - r)$ verlangt (vgl. Abschnitt 2.5.1). Der Marktpreis des Risikos ist im Allgemeinfall keine Konstante, sondern situations- und zeitabhängig. In der risikoneutralen Welt selbst ist der Marktpreis des Risikos offensichtlich null - wie es auch sein sollte.

Unter dem äquivalenten Martingalmaß lässt jede Anlageform A in jeder Situation die risikolose Rendite erwarten, d.h. der diskontierte Prozess $A(t)e^{-rt}$ ist ein Martingal. Das gilt aber nur für Anlageformen. Der diskontierte Prozess von X ist kein Martingal (sonst wäre X doch eine Anlageform). Man rechnet nach:

$$dX = \frac{r \cdot g - \frac{1}{2}b^2 \cdot \partial^2 g/\partial x^2 - \partial g/\partial t}{\partial g/\partial x}dt + b\,dW^{\mathbf{Q}^*}$$

9.3 Währungsderivate

Auch wenn es Leute gegeben hat, die zu Zeiten niedriger Dollarkurse US-Dollars gekauft und im Safe gelagert haben: die Kursentwicklung einer Fremdwährung ist nicht die Wertentwicklung einer Anlageform. Der Grund hierfür ist, dass es auch in der Fremdwährung eine risikolose Anlageform gibt, die sichere Zinsen abwirft. Geld zu tauschen und einfach im Safe zu lagern bedeutet, ohne Not oder Sicherheitsvorteil auf diese Zinsen zu verzichten. Dies widerspricht ganz offensichtlich unserer Grundannahme, dass Investoren eine möglichst hohe Rendite wollen. Eine Fremdwährung wird also erst in Zusammenhang mit einer Anlageform in der Fremdwährung zu einer Anlageform.

Wir untersuchen in diesem Abschnitt die Situation eines europäischen Investors mit Heimatwährung Euro, der in den US-Dollar investieren will und treffen dabei die folgenden Systemvereinbarungen bzw. Konventionen:

- Der jetzige Zeitpunkt ist $t_0 = 0$.

- Es gibt einen konstanten risikolosen Euro-Zinssatz r. Der europäische Cashbond entwickelt sich also (in Euro) gemäß $B(t) = e^{rt}$.

- Es gibt einen konstanten risikolosen Dollar-Zinssatz u. Für den US-amerikanischen Cashbond B_{US} gilt also $B_{US}(t) = e^{ut}$ (in USD).

- Der Wechselkurs zwischen Euro und Dollar entwickelt sich gemäß einer geometrischen Brownschen Bewegung, d. h. ist $D(t)$ der Wert eines Dollars zum Zeitpunkt t in Euro, so gilt

$$dD = D\left(\mu\, dt + \sigma\, dW\right) \quad (9.5)$$

mit Konstanten μ und σ sowie einem Wiener-Prozess W.

Ein Dollar, der jetzt in den amerikanischen Cashbond investiert wird, hat zum Zeitpunkt t den Wert $D(t)e^{ut}$ Euro. Nach der Itô-Formel (Satz 154, Seite 190) mit $G(x,t) = xe^{ut}$ entwickelt sich diese Größe gemäß

$$d\left(D(t)e^{ut}\right) = \left(D(t)e^{ut}\right)\left((\mu + u)\, dt + \sigma\, dW\right) \quad (9.6)$$

Dies ist die Entwicklung einer Anlageform. Die Transformation mittels

$$y_1 = (\mu + u - r)/\sigma$$

versetzt diesen Prozess in die risikoneutrale Welt aus europäischer Sicht

$$d\left(D(t)e^{ut}\right) = \left(D(t)e^{ut}\right)\left(r\, dt + \sigma\, dW^{\mathbf{Q}^{EUR}}\right),$$

zu der das äquivalente Martingalmaß $\mathbf{Q}^{EUR}$ und die $\mathbf{Q}^{EUR}$-Brownsche Bewegung $W^{\mathbf{Q}^{EUR}}$ gehören. Es gilt also

- Der Marktpreis des Risikos einer Investition in US-Dollar ist aus Sicht eines europäischen Investors gleich $(\mu + u - r)/\sigma$.

Wie man leicht nachrechnet, hat der Prozess des Wechselkurses in der $\mathbf{Q}^{EUR}$-Welt die Beschreibung

$$dD = D\left((r - u)\, dt + \sigma\, dW^{\mathbf{Q}^{EUR}}\right)$$

Die durchgeführte Transformation in die risikoneutrale Welt weist das System von Anlageformen bestehend aus europäischem und amerikanischem Cashbond (aus europäischer Sicht) als arbitragefrei und vollständig nach. Somit ist die Bewertung europäischer Währungsoptionen CC_e mit Fälligkeit T nach dem Prinzip der Risikoneutralität

$$CC_e(0) = \mathbf{E}_{\mathbf{Q}^{EUR}}\left(e^{-rT} CC_e(T)\right)$$

die einzige arbitragefreie Möglichkeit der Preisfindung. Der Preisprozess der Option kann mit Hilfe einer Handelsstrategie in den beiden Cashbonds dupliziert werden. Hieraus ergibt sich als einfaches Beispiel zunächst noch einmal der Forward-Preis $F = F(0)$ zum Zeitpunkt 0 für einen Dollar zum Zeitpunkt T in Euro:

$$\begin{aligned}
0 &= \mathbf{E}_{\mathbf{Q}^{EUR}}\left(e^{-rT}\left(D(T) - F\right)\right) \\
&\Longrightarrow e^{-rT} F = \mathbf{E}_{\mathbf{Q}^{EUR}}\left(e^{-rT} e^{-uT} B_{US}(T)\right) \\
&\Longrightarrow e^{-rT} F = e^{-uT} \mathbf{E}_{\mathbf{Q}^{EUR}}\left(e^{-rT} B_{US}(T)\right) = e^{-uT} B_{US}(0) \\
&\Longrightarrow F = e^{(r-u)T} D(0)
\end{aligned}$$

Da der Euro-Dollar-Wechselkurses unter dem äquivalenten Martingalmaß lognormalverteilt ist, gilt für einfache Calls und Puts leicht verändert die Black-Scholes-Formel (vgl. Herleitung von Satz 176):

- Europäischer Call C_e auf einen US-Dollar für K Euro zum Zeitpunkt T:

$$\begin{aligned}
C_e(0) &= e^{-rT} \mathbf{E}_{\mathbf{Q}^{EUR}}\left((D(T) - K)^+\right) \\
&= e^{-rT}\left[F \cdot \Phi\left(\frac{\ln(F/K)}{\sigma\sqrt{T}} + \frac{\sigma\sqrt{T}}{2}\right) - K \cdot \Phi\left(\frac{\ln(F/K)}{\sigma\sqrt{T}} - \frac{\sigma\sqrt{T}}{2}\right)\right]
\end{aligned}$$

- Europäischer Put P_e auf einen US-Dollar für K Euro zum Zeitpunkt T:

$$\begin{aligned}
P_e(0) &= e^{-rT} \mathbf{E}_{\mathbf{Q}^{EUR}}\left((K - D(T))^+\right) \\
&= e^{-rT}\left[K \cdot \Phi\left(-\frac{\ln(F/K)}{\sigma\sqrt{T}} + \frac{\sigma\sqrt{T}}{2}\right) - F \cdot \Phi\left(-\frac{\ln(F/K)}{\sigma\sqrt{T}} - \frac{\sigma\sqrt{T}}{2}\right)\right]
\end{aligned}$$

Beispiel 212 *Am 1. März soll ein Call auf den US-Dollar zum Kurs 1 Euro fällig am 1. Juni und ein Put zum Kurs 1,20 Euro zum gleichen Termin bewertet werden. Aktuell beträgt der Zinssatz für drei Monate (oder kürzer) in den USA 6% p.a. und in Euroland 4,5% p.a. Der US-Dollar kostet 1,05 Euro. Dies ergibt $T = T - 0 = 1/4$ und somit die stetigen Zinssätze $r = 0{,}0440$ und $u = 0{,}0583$ sowie den Forward-Preis $F = 1{,}0463$ €. Zur Bewertung der Optionen wird noch die Volatilität des Wechselkurses benötigt. Sie wird mit $\sigma = 15\%$ angesetzt. Damit ergeben sich die Werte*

$$\frac{\sigma\sqrt{T}}{2} = 0{,}0375 \quad \text{und} \quad \frac{\ln(F/K)}{\sigma\sqrt{T}} \approx -1{,}8279$$

und somit die Optionspreise $C_e(0) = 0{,}0585$ € und $P_e(0) = 0{,}1532$ €.

9.4 Die Sicht des US-Investors - Numerairewechsel

Aus Sicht eines US-Investors sieht die Lage etwas anders aus. Seine Heimatwährung ist der Dollar und folglich orientiert er sich an dem Dollar-Cashbond B_{US} als Numeraire, wohingegen der Euro-Cashbond für ihn eine risikobehaftete Anlageform ist:

$$B(t) = \frac{e^{rt}}{D(t)} \quad \text{(US-Dollar)}$$

Die stochastische Differentialgleichung dieser Größe kann mit Hilfe der Itô-Formel (mit $G(x,t) = e^{rt}/x$) ermittelt werden:

$$d\frac{e^{rt}}{D(t)} = \frac{e^{rt}}{D(t)} \left[\left(r - \mu + \sigma^2 \right) dt - \sigma \, dW \right]$$

Hierbei ist W derselbe Wiener-Prozess wie in 9.5 und 9.6. Den Übergang in die risikoneutrale Welt aus US-Sicht bewirkt die Transformation mittels $y_2 = \left(r - \mu + \sigma^2 - u \right) / (-\sigma)$. Sie führt zu dem äquivalenten Wahrscheinlichkeitsmaß $\mathbf{Q}^{US}$, unter dem $W^{\mathbf{Q}^{US}}$ mit

$$dW^{\mathbf{Q}^{US}} = y_2 \, dt + dW$$

ein Wiener-Prozess ist. Bezüglich dieses Prozesses hat der Euro-Cashbond (in Dollar) die Darstellung

$$d\frac{e^{rt}}{D(t)} = \frac{e^{rt}}{D(t)} \left[u \, dt - \sigma \, dW^{\mathbf{Q}^{US}} \right].$$

Auch wenn man in Dollar rechnet, ist also das System bestehend aus US- und Euro-Cashbond ein arbitragefreies vollständiges System von Anlageformen. Es ergibt sich somit für einen europäischen Contingent Claim CC_e mit Wert $CC_e(T)$ (in USD) zum Zeitpunkt T

$$CC_e(0) = \mathbf{E}_{\mathbf{Q}^{US}} \left(e^{-uT} CC_e(T) \right) \text{ USD}.$$

Gibt $CC_e(T)$ den Wert von CC_e zum Zeitpunkt T in Euro statt in Dollar an, so muss man noch umrechnen

$$CC_e(0) = \mathbf{E}_{\mathbf{Q}^{US}} \left(e^{-uT} CC_e(T)/D(T) \right) \text{ USD}.$$

Es stellt sich nun die (bange) Frage, ob europäischer und amerikanischer Investor zu den gleichen Derivatpreisen kommen, denn die beiden Wahrscheinlichkeitsmaße $\mathbf{Q}^{EUR}$ und $\mathbf{Q}^{US}$ sind verschieden! Hat zum Beispiel für einen amerikanischen Investor das Recht, in sechs Monaten einen US-Dollar für einen Euro kaufen zu können, den gleichen Wert wie für einen Euro-Europäer? Wenn nicht, würde unser gesamtes System zusammenbrechen, denn es würde bedeuten, dass ein Weltwirtschaftssystem mit mehr als einer Währung immer Arbitragemöglichkeiten enthält!

Glücklicherweise bleibt uns dieser GAU erspart. Man berechnet zunächst für den Wechselkurs $D(t)$ des Dollars

$$dD = D \left[\left(r + \sigma^2 - u \right) dt + \sigma \, dW^{\mathbf{Q}^{US}} \right].$$

Dies bedeutet, dass mittels

$$y_3 = \frac{(r - u) - (r + \sigma^2 - u)}{\sigma} = -\sigma$$

von $\mathbf{Q}^{EUR}$ nach $\mathbf{Q}^{US}$ gewechselt werden kann. Ist nun also CC_e eine europäische Option mit Payoff $CC_e(T)$ Euro am Fälligkeitstag T, so ist ihr momentaner Wert für einen US-Investor

$$CC_e(0) = D(0) \cdot \mathbf{E}_{\mathbf{Q}^{US}} \left(e^{-uT} CC_e(T)/D(T) \right) \text{ Euro}.$$

Mit Hilfe der aus 9.5 folgenden Lognormalverteilung von $D(T)$ bezüglich $\mathbf{Q}^{EUR}$

$$D(T) = D(0)\exp\left[\left(r - u - \frac{\sigma^2}{2}\right)T + \sigma W^{\mathbf{Q}^{EUR}}(T)\right]$$

und der Umrechnungsformel der Erwartungswerte (9.3)

$$\mathbf{E}_{\mathbf{Q}^{US}}(...) = \mathbf{E}_{\mathbf{Q}^{EUR}}\left[... \cdot \exp\left(\sigma W^{\mathbf{Q}^{EUR}}(T) - \frac{\sigma^2 T}{2}\right)\right]$$

folgt nun
$$\mathbf{E}_{\mathbf{Q}^{US}}\left(e^{-uT}CC_e(T)/D(T)\right) = \mathbf{E}_{\mathbf{Q}^{EUR}}\left(e^{-rt}CC_e(T)/D(0)\right).$$

Somit kommen Euro- und Dollar-Investoren zu den gleichen Derivatpreisen.

Europäische und US-amerikanische Investoren haben substanziell die gleiche Betrachtungsweise von Anlageformen, sie benutzen lediglich unterschiedliche Numeraires, also sozusagen unterschiedliche metrische Systeme. Der Wechsel von der einen zu der anderen Betrachtungsweise ist ein Numerairewechsel wie er am Ende von Abschnitt 5.5.2 für endliche diskrete Systeme beschrieben ist. Für den europäischen Investor ist der diskontierte Euro-Cashbond $B(t)$ in der risikoneutralen Welt konstant eins und der mit $B(t)$ diskontierte Dollar-Cashbond ein nicht konstantes Martingal. In der risikoneutralen Dollarwelt hingegen ist der diskontierte Dollar-Cashbond konstant eins und der mit $B_{US}(t)$ diskontierte Euro-Cashbond ein Martingal. Insgesamt zeigt sich folgendes Bild:

reale EUR-Welt		risikoneutrale EUR-Welt
rechnen in EUR Numeraire $B(t)$ $dD = D(\mu\,dt + \sigma\,dW)$	$\xrightarrow{y_1}$	äquivalentes Martingalmaß $\mathbf{Q}^{EUR}$ $B_{US}(t)/B(t)$ (in EUR) ist Martingal $dD = D\left((r-u)\,dt + \sigma\,dW^{\mathbf{Q}^{EUR}}\right)$

$\uparrow$ gleiche Welt / verschiedene Metriken $\downarrow$ $\qquad\qquad\qquad \downarrow y_3$

reale USD-Welt		risikoneutrale USD-Welt
rechnen in USD Numeraire $B_{US}(t)$ $dD = D(\mu\,dt + \sigma\,dW)$	$\xrightarrow{y_2}$	äquivalentes Martingalmaß $\mathbf{Q}^{US}$ $B(t)/B_{US}(t)$ (in USD) ist Martingal $dD = D\left[(r+\sigma^2-u)\,dt + \sigma\,dW^{\mathbf{Q}^{US}}\right]$

9.5 Quantos

Eine nette Spielerei der Finanzwelt und gleichzeitig eine echte Verständnisprobe unseres Modells sind Quantos. So bezeichnet man die Verbindung einer sinnvollen Größe mit der „falschen" Maßeinheit. Der Kurs einer US-Aktie z.B. wird in US-Dollar notiert. Es ist daher natürlich, alle Derivate der Aktie ebenfalls in Bezug zum US-Dollar zu setzen. Bei einem Forward-Kontrakt etwa vereinbaren zwei Geschäftspartner A und B, dass A von B zum Zeitpunkt T eine Aktie für K Dollar erhält. Hierbei können sie auch Barausgleich vereinbaren, d.h. A erhält von B zum Zeitpunkt T den Betrag $(S(T) - K)$

Dollar, wenn $S(T) > K$ ist, andernfalls zahlt A an B $(K - S(T))$ Dollar. Was aber, wenn die beiden Partner vereinbaren, diese Zahlung in Euro durchzuführen? Gemeint ist hierbei nicht, dass sie die Zahlung zu dem im Zeitpunkt T gültigen Umrechnungskurs in Euro umrechnen (das würde keine neuartige Situation erzeugen), sondern dass A an B $(K - S(T))$ Euro bzw. B an A $(S(T) - K)$ Euro zahlt. Konkret z.B.: ist $K = 100$, so zahlt B an A 25 *Euro*, wenn der Kurs der Aktie zum Zeitpunkt T gleich 125 *Dollar* ist. Eine solche Vereinbarung nennt man einen **Quanto-Forward**. Diese Konstruktion kann man in naheliegender Weise zu Quanto-Optionen ausbauen, aber wir wollen uns auf Forwards beschränken.

Welchen Wert hat eine solche Vereinbarung? Was ist insbesondere der Quanto-Forward-Preis der Aktie zum Zeitpunkt T, d.h. für welchen Strike K hat die Vereinbarung momentan den Wert null? Wir wissen: der normale Forwardpreis der Aktie zum Zeitpunkt $t_0 = 0$ beträgt $e^{uT}S$ Dollar (sowohl für einen europäischen wie für einen US-Investor, u der stetige risikolose US-Zinssatz). Dies legt die Vermutung nahe, dass $e^{uT}S$ Euro der Quanto-Forwardpreis sein könnte. Andererseits wird für den Quanto-Forward ja lediglich der stochastische Prozess der Dollarwelt entliehen, alle Zahlungen spielen sich in Euro ab. Und der Forwardpreis auf eine Euro-Anlageform (ohne Dividenden, Zinszahlungen usw.) beträgt $e^{rT}S$ Euro (r der europäische risikolose Zinssatz). Aber ist der Kurs einer US-Aktie in Euro statt Dollar überhaupt eine Anlageform oder durch Handel mit Anlageformen duplizierbar?

Was ist also der richtige Quanto-Forwardpreis, ist es $e^{uT}S$ EUR oder $e^{rT}S$ EUR oder ist es eine ganz andere Größe? Halten wir uns an die in diesem Kontext unstrittig vorhandenen Anlageformen: den Euro- und den US-Cashbond sowie die Aktie. Wir setzen voraus:

- **Euro-Cashbond**: $B(t) = e^{rt}$(Euro), also $dB = rBdt$

- **US-Cashbond**: $B_{US}(t) = e^{ut}$(Dollar), also $dB_{US} = uB_{US}dt$. In Euro umgerechnet hat der US-Cashbond zum Zeitpunkt t den Wert $B_{US}(t)D(t)$ Euro, wobei $D(t)$ der Umrechnungskurs USD/EUR zum Zeitpunkt t ist, also der Wert eines Dollars in Euro. Wir nehmen an, dass D einer geometrischen Brownschen Bewegung folgt:

$$dD = D(\mu_1 dt + \sigma_1 dW_1)$$

- **US-Aktie**: Auch für die Kursentwicklung der Aktie in \$ gehen wir von einer geometrischen Brownschen Bewegung aus:

$$dS = S(\mu_2 dt + \sigma_2 dW_2),$$

wobei wir annehmen, dass die beiden Wiener-Prozesse W_1 und W_2 unabhängig voneinander sind, d.h. für jedes $t > 0$ ist $W_1(t)$ unabhängig von $W_2(t)$.

Durch die Verwendung von zwei Wiener-Prozessen haben wir die vertraute eindimensionale Welt des Black-Scholes-Modells verlassen und schnuppern damit ein wenig an mehrdimensionalen Systemen. Aber keine Angst, alles überträgt sich sinngemäß. So wie im eindimensionalen Black-Scholes-Modell Aktie und Cashbond ein vollständiges System bilden, also den Wertprozess jedes europäischen Derivats der Aktie duplizieren können, so ist es hier möglich, jedes Derivat, das sich mit Hilfe von W_1 und W_2 beschreiben lässt, durch die drei Anlageformen synthetisch herzustellen.

9.5 Quantos

Um bezüglich unserer Fragestellung weiter zu kommen, müssen wir zunächst für alle Anlageformen ihren Wertprozess in Euro bestimmen. Für den Euro-Cashbond ist hierzu natürlich gar nichts zu tun und für den US-Cashbond liefert die Itô-Formel

$$d(B_{US}D) = B_{US}D((\mu_1 + u)\,dt + \sigma_1 dW_1)$$

Für den Prozess der Aktie ist die mehrdimensionale Itô-Formel erforderlich (siehe S. 419). Sie führt in diesem speziellen Fall zu

$$d(SD) = SdD + DdS = SD((\mu_1 + \mu_2)\,dt + \sigma_1 dW_1 + \sigma_2 dW_2)$$

Wie im eindimensionalen Fall gilt es nun, die risikoneutrale Welt, also das (auf Grund der Vollständigkeit eindeutige) äquivalente Martingalmaß zu finden, also ein äquivalentes Wahrscheinlichkeitsmaß, unter dem die mit dem Euro-Cashbond diskontierten Prozesse von $B_{US}D$ und SD Martingale sind. Als erstes führen wir hierzu die Maßänderung durch, durch die W_1^Q mit

$$dW_1^Q = \frac{\mu_1 + u - r}{\sigma_1}dt + dW_1 = y_1 dt + dW_1$$

ein Wiener-Prozess wird. Nach 9.2 ist damit für $B_{US}D$ das Ziel schon erreicht:

$$d(B_{US}D) = B_{US}D(rdt + \sigma_1 dW_1^Q),$$

wohingegen sich für SD die folgende Darstellung ergibt:

$$d(SD) = SD\left((r - u + \mu_2)\,dt + \sigma_1 dW_1^Q + \sigma_2 dW_2\right)$$

Führt man jetzt noch die Maßänderung durch, die W_2^Q mit

$$dW_2^Q = \frac{\mu_2 - u}{\sigma_2}dt + \sigma_2 dW_2$$

zu einer Standard-Brownschen-Bewegung macht, so sind wir am Ziel:

$$d(SD) = SD\left(rdt + \sigma_1 dW_1^Q + \sigma_2 dW_2^Q\right)$$

Auf Grund der Unabhängigkeit von W_1 und W_2 beeinflussen sich die beiden Transformationen gegenseitig nicht.

Wie stellt sich nun der Prozess von S bezüglich der neuen Wiener-Prozesse dar? Die erste Transformation hat keine Auswirkungen, wohl aber die zweite:

$$dS = S\left(udt + \sigma_2 dW_2^Q\right), \tag{9.7}$$

denn die W_2^Q-Transformation ist identisch mit der, die den Prozess von S in Dollar in die risikoneutrale Welt (eines US-Investors) überführt. Damit sind zwei Dinge klar:

- Der Kursverlauf einer US-Aktie in Euro ist **nicht** der Kursverlauf einer Euro-Anlagestrategie (außer falls $r = u$ gilt).

Denn der Kursverlauf von S müsste sonst in der risikoneutralen Welt eine Verzinsung gemäß r erwarten lassen. Als zweites ergibt sich aber der Wert $F_K^{Qu}(0)$ eines Quanto-Forwards (Strike K, Fälligkeit T) zum Zeitpunkt $t_0 = 0$ nach dem Prinzip der risikoneutralen Bewertung und der aus 9.7 folgenden Lognormalverteilung von $S(T)$:

- $F_K^{Qu}(0) = e^{-rT} \mathbf{E_Q}\left(S(T) - K\right) = e^{-rT}\left(Se^{uT} - K\right)$

Somit ist also der Quanto-Forwardpreis F^{Qu} zum aktuellen Zeitpunkt $t_0 = 0$:

- $F^{Qu} = Se^{uT}$ €,

die erste Vermutung war also richtig (man beachte aber die Ausführungen am Ende dieses Abschnitts). Bezeichnet man mit $F_K^{Qu}(t)$ den Wert des Quanto-Forward-Kontrakts mit Strike K und Fälligkeit T zum Zeitpunkt t, so gilt also

- $F_K^{Qu}(t) = e^{(u-r)(T-t)}S(t) - e^{-r(T-t)}K$.

Mit dieser Preisformel ist eine Frage noch nicht beantwortet: Wie kann man einen solchen Forward-Kontrakt hedgen? Diese Frage muss beantwortbar sein, denn die Duplizierbarkeit des Preisprozesses mit den vorhandenen Anlageformen ist ja das ausschlaggebende Argument für den Arbitragepreis. Zur Lösung des Problems führt die Darstellung der Wertentwicklung des Forward-Kontrakts als Itô-Prozess. Nach der Itô-Formel gilt

$$dF_K^{Qu} = rF_K^{Qu}dt + e^{(u-r)(T-t)}S\sigma_2 dW_2^{\mathbf{Q}} \tag{9.8}$$

Analog der Situation im eindimensionalen Fall wird der Preisprozess von F_K^{Qu} durch eine selbstfinanzierende Handelsstrategie in den beiden Cashbonds und der Aktie bestehend aus $L(t)$ Einheiten Cashbond, $H_1(t)$ Einheiten US-Cashbond und $H_2(t)$ Einheiten Aktie zum Zeitpunkt t genau dann dupliziert, wenn die folgenden beiden Bedingungen erfüllt sind:

- (Wertgleichheit) Für alle t gilt:
$F_K^{Qu}(t) = L(t)B(t) + H_1(t)B_{US}(t)D(t) + H_2(t)S(t)D(t)$

- (Strategie ist selbstfinanzierend) $dF_K^{Qu} = L\,dB + H_1\,d(B_{US}D) + H_2\,d(SD)$

Die zweite Bedingung lässt sich auch so formulieren

$$\begin{aligned} dF_K^{Qu} &= (LB + H_1 B_{US}D + H_2 SD)\,rdt \\ &+ (H_1 B_{US}D + H_2 SD)\,\sigma_1 dW_1^{\mathbf{Q}} \\ &+ H_2 SD\sigma_2 dW_2^{\mathbf{Q}} \end{aligned} \tag{9.9}$$

Koeffizientenvergleich mit 9.8 ergibt, dass diese und die erste Bedingung erfüllt sind, wenn das folgende Gleichungssystem gilt:

$$\begin{aligned} (LB + H_1 B_{US}D + H_2 SD)\,r &= rF_K^{Qu} \\ (H_1 B_{US}D + H_2 SD)\,\sigma_1 &= 0 \\ H_2 SD\sigma_2 &= e^{(u-r)(T-t)}S\sigma_2 \end{aligned}$$

9.5 Quantos

Da die stochastische Differentialgleichung eines Itô-Prozesses im Ein- wie im Mehrdimensionalen i.w. eindeutig ist, ist die Gültigkeit dieser drei Gleichungen auch notwendige Bedingung dafür, dass 9.9 gilt. Es ergibt sich somit

$$H_2(t) = e^{(u-r)(T-t)}$$
$$H_1(t) = -e^{(u-r)(T-t)}S(t)/B_{US}(t)$$
$$L(t) = F_K^{Qu}(t)/B(t) = \left(e^{(u-r)(T-t)}S(t) - e^{-r(T-t)}K\right)/e^{rt}$$
$$= e^{u(T-t)-rT}S(t) - e^{-rT}K$$

Die Hedging-Strategie ist also in Worten wie folgt:

- Halte zu jedem Zeitpunkt $e^{(u-r)(T-t)}$ Einheiten Aktie (long).

- Halte jederzeit eine wertgleiche Position im US-Cashbond short.

- Konvertiere die Erlöse/Kosten aus den erforderlichen Portfolioanpassungen jeweils in Euro und leihe/verleihe sie zum Zinssatz r.

Irgendwie eine merkwürdige Hedge-Strategie. Auf den ersten Blick sieht es so aus, als würden auf der einen Seite die Aktienposition und die US-Cashbondposition und auf der anderen Seite die Euro-Cashbondposition sich völlig unabhängig voneinander entwickeln. Es ist elementar überhaupt nicht zu erkennen, dass die Strategie funktioniert. Das tut sie aber, durch die ständige Adjustierung der Aktien- und der US-Cashbondposition wird auf der Euro-Cashbondseite die Wertveränderung des Forwards „herausdestilliert". Hierzu enthält Tabelle 9.1 ein numerisches Beispiel mit Zufallszahlen eines Standardsoftwarepakets (zugegebenermaßen nicht die ungünstigste Serie von Zufallszahlen). Dem Beispiel liegen die Werte $u = 0{,}05$ und $r = 0{,}04$ zu Grunde. Gehedgt wird ein Quanto-Forward zu einer Aktie mit aktuellem Kurs $S(0) = 64\$$ mit Fälligkeit in zwei Jahren ($T = 2$). Der Forward-Preis ist also $S(0)e^{uT} = 70{,}73$ Euro. Ferner wurden die Werte $\mu_1 = -0{,}01$ und $\sigma_1 = 0{,}15$ sowie $\mu_2 = 0{,}15$ und $\sigma_2 = 0{,}25$ verwendet. Die Tabelle zeigt den Kursverlauf der Hedgestrategie wieder, die darin besteht, alle $\Delta t = 0{,}1$ Jahre das Hedgeportfolio auf den theoretischen Wert zu adjustieren, zwischenzeitlich aber unverändert zu lassen. Die einzelnen Spalten der Tabelle besagen das Folgende: $D(t)$ und $S(t)$ sind Dollar- bzw. Aktienkurs (in \$) zum Zeitpunkt t, $F^{Qu}(t)$ ist der theoretische Wert des Forward-Kontrakts zum Zeitpunkt t. $H_2(t)$ gibt die zum Zeitpunkt t zu haltende Anzahl Aktien an, „Wert" ist der Wert dieser Position in Euro. Δ gibt in Euro den Saldo der im Zeitpunkt t erforderlichen Umschichtungen in Aktie und Dollar-Cashbond an, die Spalte „kumul." enthält diese Werte kumuliert und verzinst (gemäß r). Diese Spalte müsste im Idealfall der Spalte $F^{Qu}(t)$ gleichen, was sie aber natürlich nicht exakt tut. Die letzte Spalte gibt die Differenz, also den Hedgefehler an. Anzumerken ist noch, dass alle Zahlenwerte gerundet sind, intern wurde mit höherer Genauigkeit gerechnet.

Im Gegensatz zu dem statischen Hedge eines „normalen" Forward-Kontrakts ist zum Hedgen eines Quanto-Forwards also ein dydnamisches Hedgen wie das Delta-Hedging bei Aktienoptionen erforderlich. Etwas ist aber auffällig anders als beim Delta-Hedging von Optionen im Black-Scholes-Modell: die Volatilität spielt keine Rolle. Weder in der Preisformel noch in der Hedging-Strategie taucht irgendeiner der Parameter μ_i oder σ_i auf! Haben wir womöglich ein dynamisches Hedging-Prinzip entdeckt, das völlig

t	D(t)	S(t)	$F^{Qu}(t)$	$H_2(t)$	Wert	Δ	kumul.	Hedgefehler
0,0	1,05	64,00	0,00	0,96	64,64	0,00	0,00	0,00
0,1	1,01	73,70	9,56	1,00	74,44	9,14	9,14	0,42
0,2	0,98	77,67	13,26	1,03	78,44	3,55	12,73	0,53
0,3	0,96	77,45	12,69	1,05	78,22	−0,58	12,20	0,50
0,4	1,00	77,69	12,60	1,01	78,46	−0,18	12,06	0,53
0,5	0,92	71,92	6,39	1,10	72,62	−5,65	6,46	−0,07
0,6	0,86	77,51	11,72	1,17	78,27	5,02	11,51	0,21
0,7	0,98	73,27	7,08	1,03	73,98	−5,43	6,12	0,95
0,8	0,96	67,64	1,04	1,06	68,29	−5,89	0,26	0,78
0,9	0,90	69,66	2,75	1,12	70,34	1,65	1,91	0,84
1,0	0,88	70,18	2,93	1,14	70,85	0,18	2,10	0,83
1,1	0,92	70,96	3,37	1,10	71,64	0,43	2,54	0,84
1,2	0,88	74,45	6,54	1,15	75,16	3,06	5,61	0,93
1,3	0,82	60,54	−7,81	1,23	61,12	−13,46	−7,83	0,02
1,4	0,88	59,05	−9,65	1,14	59,61	−2,01	−9,87	0,22
1,5	0,92	51,32	−17,75	1,09	51,80	−8,48	−18,40	0,64
1,6	1,01	54,00	−15,39	1,00	54,51	2,63	−15,84	0,45
1,7	0,94	56,94	−12,78	1,07	57,47	2,56	−13,35	0,57
1,8	0,98	64,28	−5,76	1,03	64,88	7,40	−6,00	0,24
1,9	0,95	71,25	0,87	1,07	71,91	6,50	0,48	0,40
2,0	0,89	78,08	7,35	1,13	78,80	6,21	6,69	0,66

Tabelle 9.1 Hedge eines Quanto-Forwards

ohne wahrscheinlichkeitstheoretische Systemvoraussetzungen auskommt? Nein, das wäre nun doch zu schön, um wahr zu sein. Denn es wird natürlich vorausgesetzt, dass sich Dollar- und Aktienkurs gemäß der angegebenen stochastischen Differentialgleichungen entwickeln, auch wenn die konkreten Werte der Parameter unerheblich sind. Darüber hinaus haben wir aber noch eine weitere Systemvoraussetzung getroffen, die wesentlicher ist, als zunächst vielleicht zu vermuten war: wir haben die beiden Wiener-Prozesse W_1 und W_2 als unabhängig vorausgesetzt. Sind stattdessen $W_1(t)$ und $W_2(t)$ gemeinsam normalverteilt mit Korrelationskoeffizient $\rho \neq 0$, so gilt ein anderer Preis $F_K^\rho(t)$ für den Quanto-Forward zum Basispreis K im Zeitpunkt t:

$$F_K^\rho(t) = e^{-r(T-t)}(e^{(-\rho\sigma_1\sigma_2+u)(T-t)}S(t) - K)$$

Nur im Fall $\rho = 0$ gilt also die ebenso erstaunliche wie verwirrende Unabhängigkeit von den Volatilitäten. Eine Darstellung der Situation mit beliebigem ρ findet man in [2].

10 Zinsderivate

Auf die Bewertung von Zinsderivaten gehen wir nur in knapper Form ein. Eine ausgezeichnete ausführlichere Darstellung findet man in [2], die allerdings die Martingalsprache, also Terminologie und Ergebnisse des letzten Kapitels dieses Buchs benutzt. Eine ebenfalls ausführliche Darstellung unter Umgehung dieser Terminologie enthält [29], aber gerade bei Zinsderivaten stößt diese „martingalfreie" Beschreibung doch deutlich an ihre Grenzen.

10.1 Die Zinsstruktur

Im Black-Scholes-Modell und auch in den diskreten CRR-Modellen wird vereinfachend davon ausgegangen, dass es einen risikolosen Zinssatz r gibt, der für alle Laufzeiten gleich ist und konstant bleibt. In der Realität ist es aber meistens so, dass es für jede Laufzeit t einen eigenen Zinssatz $R(0,t)$ (=**Spotrate**) gibt[1]. Die Gesamtheit dieser Zinssätze bildet die (Zero-)**Zinsstrukturkurve**. Man spricht von einer normalen Zinsstrukturkurve, wenn die Zinsen umso höher sind, je länger die Laufzeit ist. Dies stimmt überein mit der Vorstellung, dass ein Investor einen Ausgleich für den Liquiditätsverlust verlangt, den er dadurch hat, dass er einen Betrag über einen längeren Zeitraum verleiht. In unseren Modellen ist das aber kein Argument, denn wir setzen ja voraus, dass jeder zu jedem Zeitpunkt in beliebiger Höhe zum gleichen Zinssatz Geld leihen und verleihen kann. Insofern können wir auch eine inverse Zinsstrukturkurve nicht ausschließen, die dadurch charakterisiert ist, dass die Zinsen umso niedriger sind, je länger die Laufzeit ist. In der Realität ist auch gelegentlich eine inverse Zinsstrukturkurve gegeben. Sind die Zinsen für alle Laufzeiten gleich, spricht man von einer flachen Zinsstrukturkurve.

Die Ermittlung der Zinsstrukturkurve ist im Grundsatz jederzeit aus den am Markt gehandelten festverzinslichen Wertpapieren ermittelbar. Aus ihren Kursen sind einzelne Punkte der Kurve errechenbar und die gesamte Kurve erhält man durch Interpolation. Soweit die Theorie! In der Praxis ist es gar nicht so leicht, aus den Marktdaten die Zinsstrukturkurve abzulesen. Steuerliche Aspekte, Stückzinsen und unterschiedliche Ratings der Schuldner erschweren es, den Kursen die dahinterstehenden „wahren" Zinsen zuzuordnen. Hinzu kommt, dass nicht jedes Wertpapier zu jeder Zeit tatsächlich gehandelt wird, die Kurse spiegeln also nicht unbedingt den ganz aktuellen Stand wider. Zu alldem kommen noch permanente kleine Kursschwankungen hinzu, so dass wohl kaum jemandem, der sich das erste Mal darin versucht, eine Zinsstrukturkurve zu erstellen, die Enttäuschung erspart bleibt, dass er eine völlig schrumpelige Kurve ansehen muss. Gut bewährt hat sich in der Praxis die Verwendung der **Swap-Sätze** (s. Abschnitt 10.2).

---
[1] Sofern nicht anders angegeben meinen wir in diesem Kapitel immer stetige Zinssätze. In der Praxis wird allerdings traditionellerweise meistens mit - je nach Situation - nominalen oder effektiven Jahreszinssätzen gearbeitet.

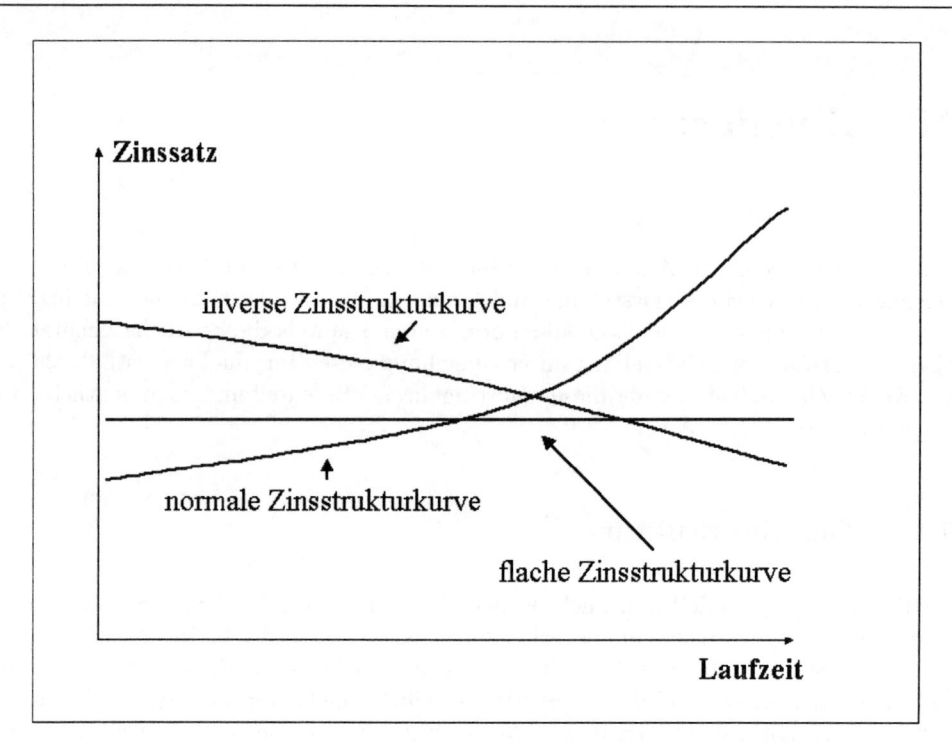

Abbildung 10.1 Zinsstrukturkurven

Hat man die Punkte, aus denen man die Zinsstrukturkurve aufbauen will, so ist das nächste Problem die Interpolation. Dieser Aspekt ist problematischer als es zunächst erscheinen mag. Der Grund hierfür sind die Zinsmodelle, die wir weiter unten vorstellen werden. Sie benötigen nämlich die Feinstruktur dieser Kurve in Form ihrer Ableitung als Eingabedaten. Keinesfalls darf man also lineare Interpolation verwenden, denn dann ist die Kurve an den Stützstellen, also den vorgegebenen Punkten, nicht differenzierbar. Verwenden sollte man stattdessen ein Interpolationsverfahren, das eine differenzierbare Funktion mit stetiger Ableitung erzeugt, also z.B. eine geeignete Hermite-Interpolation (s. z.B. [17], S. 81ff).

10.1.1 Zerobonds

In der Praxis zahlen die meisten festverzinslichen Wertpapiere regelmäßig Kupons, z.B. jährlich, halb- oder vierteljährlich. Für die theoretische Untersuchung ist es aber zweckmäßig, sich zunächst und vor allem mit **Nullkupon-Anleihen** oder **Zerobonds** zu beschäftigen. Das sind Anleihen, die während der Laufzeit keine Zinsen abwerfen, die gesamte Zinszahlung erfolgt vielmehr zusammen mit der Rückzahlung bei Fälligkeit. Man kann einen Zerobond auch als eine Anleihe ansehen, die gar keinen Kupon zahlt und infolgedessen mit einem Kursabschlag, der dem aktuellen Zinsniveau entspricht, gehandelt

10.1 Die Zinsstruktur

wird. Damit ergibt sich als Wert eines Zerobonds über 1 Euro, der zum Zeitpunkt T fällig ist, die Größe $P(0,T)$ mit

$$P(0,T) = e^{-R(0,T) \cdot T}$$

$P(0,T)$ ist also sozusagen der heutige Wert eines Euro, den man zum Zeitpunkt T erhalten wird. Anders ausgedrückt ist es also der Diskontierungsfaktor für den Zeitraum $[0,T]$. Aus $P(0,T)$ lässt sich umgekehrt der Zinssatz für die Laufzeit T errechnen:

$$R(0,T) = \frac{-\ln P(0,T)}{T}$$

10.1.2 Forwardraten

Man betrachte die folgende Situation: in einem Jahr benötigt A einen Geldbetrag, der dann zwei Jahre später zurückgezahlt werden soll. Da momentan die Zinsen recht günstig erscheinen, möchte A jetzt schon das Darlehen über einen Forward-Vertrag sichern. Welche Zinsen sind zu vereinbaren? Die momentanen Zinsen seien

$$\text{Einjahreszinssatz:} \quad R(0,1) = 4\%$$
$$\text{Dreijahreszinssatz:} \quad R(0,3) = 5\%$$

Das Geldinstitut, mit dem A die Vereinbarung trifft, kann nun wie folgt handeln: es nimmt ein Darlehen über drei Jahre auf und verleiht den erhaltenen Betrag für ein Jahr zunächst an einen anderen Kunden. Der Darlehensbetrag ist hierbei so zu wählen, dass nach einem Jahr der verliehene Betrag zuzüglich der erhaltenen Zinsen genau den vom Kunden A gewünschten Betrag ergibt. Sofern keine Arbitragemöglichkeit (und keine Marge) vorhanden sein soll, ist der Zinssatz $F(0,1,3)$ so zu vereinbaren, dass das Geldinstitut weder Gewinn noch Verlust macht. Es muss also gelten

$$e^{0{,}04 \cdot (1-0)} e^{F(0,\,1,\,3) \cdot (3-1)} = e^{0{,}05 \cdot (3-0)}$$

Dies führt zu

$$F(0,1,3) = \frac{0{,}05 \cdot 3 - 0{,}04 \cdot 1}{2} = 5{,}5\%.$$

Das ist der aktuelle **Forwardzinssatz** für den Zeitraum $[t,T]$ mit $t = 1$ (Jahr) und $T = 3$ (Jahre). Ihm entspricht der **Forwardpreis** $FP(0,t,T)$ für den Zeitpunkt t eines Zerobonds mit Fälligkeit $T = 3$

$$FP(0,1,3) = \frac{P(0,3)}{P(0,1)} = e^{-F(0,\,1,\,3) \cdot (3-1)} \approx 0{,}8958$$

Das bedeutet, dass Kunde A für jeweils 0,8958 €, die er in einem Jahr als Darlehen erhält, in $T = 3$ einen Euro inklusive Zinsen (in Höhe von stetigen 5,5% p.a.) zurückzahlen muss. Die vorige Formel kann auch so geschrieben werden:

$$P(0,1) \cdot FP(0,1,3) = P(0,3), \tag{10.1}$$

d.h. der diskontierte Forwardpreis gleicht dem aktuellen Zerobondpreis für den Zeitraum $[0,T]$.

Wählt man die Bezeichnungen

$R(t,T)$: stetiger Zinssatz für den Zeitraum $[t,T]$ im Zeitpunkt t
$P(t,T)$: Wert zum Zeitpunkt t des Zerobonds über einen Euro mit Fälligkeit T
$FP(t_0,t,T)$: Forwardpreis dieses Zerobonds zum Zeitpunkt $t_0 < t$
$F(t_0,t,T)$: stetiger Forwardzinssatz zum Zeitpunkt t_0 für den Zeitraum $[t,T]$

so gelten die folgenden allgemeinen Formeln

$$P(t,T) = e^{-R(t,T)\cdot(T-t)} \quad \text{und} \quad R(t,T) = \frac{-\ln P(t,T)}{T-t}$$

sowie

$$FP(t_0,t,T) = \frac{P(t_0,T)}{P(t_0,t)} = e^{-F(t_0,t,T)\cdot(T-t)}$$

und

$$\begin{aligned} F(t_0,t,T) &= \frac{R(t_0,T)\cdot(T-t_0) - R(t_0,t)\cdot(t-t_0)}{T-t} \\ &= R(t_0,T) + (R(t_0,T) - R(t_0,t))\frac{t-t_0}{T-t} \end{aligned}$$

Im Fall einer normalen Zinsstrukturkurve gilt für $T > t$ die Ungleichung $R(t_0,T) > R(t_0,t)$. Daraus folgt, dass der zweite Summand der letzten Darstellung von $F(t_0,t,T)$ immer positiv ist, also:

Proposition 213 *Im Falle einer normalen Zinsstrukturkurve sind Forwardzinssätze höher als die Spotraten. Dies gilt bei gleicher Endfälligkeit*

$$F(t_0,t,T) > R(t_0,T)$$

und erst recht bei gleich langer Zinsperiode

$$F(t_0,t,t+\delta) > R(t_0,t_0+\delta).$$

Von besonderem Interesse (für die unten folgenden Modelle) ist der Grenzfall der Forwardzinssätze, wenn man den Zeitpunkt T immer näher an den Zeitpunkt t legt.

$$\begin{aligned} F(t_0,t) &= \lim_{\Delta t \to 0} F(t_0,t,t+\Delta t) = R(t_0,t) + (t-t_0)\frac{\partial}{\partial t}R(t_0,t) \\ &= \tfrac{\partial}{\partial t}\left[R(t_0,t)(t-t_0)\right] \\ &= -\tfrac{\partial}{\partial t}\ln(P(t_0,t)) \end{aligned} \qquad (10.2)$$

Die Größe $F(t_0,t)$ nennt man die **Forwardrate** des Zeitpunkts t aus Sicht des Zeitpunkts t_0. Man erhält sie näherungsweise aus der Zinsstruktur des Zeitpunkts t_0 durch

$$F(t_0,t) \approx \frac{R(t_0,t+\Delta t)(t+\Delta t-t_0) - R(t_0,t-\Delta t)(t-\Delta t-t_0)}{2\Delta t} \qquad (10.3)$$

für kleine Δt. Die Forwardrate ist ein Maß für die lokale Veränderung der Zinsstrukturkurve an der Stelle t zum Zeitpunkt t_0. Aus den Forwardraten können Zinsen und Bondpreise durch Integration zurückgewonnen werden (man beachte: $P(t_0,t_0) = 1$):

$$R(t_0,t) = \frac{\int_{t_0}^{t} F(t_0,\tau)\,d\tau}{t-t_0} \quad \text{und} \quad P(t_0,t) = \exp\left(-\int_{t_0}^{t} F(t_0,\tau)\,d\tau\right)$$

10.2 Einige gebräuchliche Zinsderivate

Bei den Zinsderivaten lassen sich wie bei anderen Derivaten verschiedene Stufen der Komplexität bzw. der zeitlichen Entwicklung unterscheiden. Insbesondere ist hier zwischen reinen Termingeschäften, d.h. Lieferung und Zahlung finden erst in der Zukunft statt, und Optionsgeschäften zu unterscheiden. Bei den Optionsgeschäften hat nur der Optionskäufer das Wahlrecht, zu dem bereits heute festgelegten Termin auf der Durchführung des Termingeschäfts zu bestehen. Für dieses Wahlrecht zahlt er bei Geschäftsabschluss an den Verkäufer (Stillhalter) eine Optionsprämie.

Vereinbarung 214 *Da es in diesem Abschnitt darum geht, handelsübliche Zinsderivate darzustellen, weichen wir hier der Praxis entsprechend von unserer Konvention ab, überwiegend mit stetigen Zinssätzen zu arbeiten. Sofern nicht weiter kommentiert, meinen wir daher (nur in diesem Abschnitt!) mit Zinssätzen immer nominale Jahreszinssätze.*

10.2.1 Termingeschäfte

Im klassischen Anleihemarkt bzw. auch Kreditmarkt standen für die Steuerung der Zinsänderungsrisiken im Wesentlichen die Alternativen feste oder variable Verzinsung zur Verfügung. Bei der variablen Verzinsung erfolgt eine revolvierende Anpassung an das jeweils aktuelle Zinsniveau in kürzeren Abständen als die Gesamtlaufzeit der Anleihe. Üblich ist z.B., dass alle sechs Monate der Zinssatz für die jeweils folgenden sechs Monate an den aktuellen 6-Monats-EURIBOR zuzüglich eines bonitätsabhängigen Aufschlags angepasst wird.

Grundlage für die Entwicklung der Zinsderivate ist nun die Idee, die Zinsänderungsrisiken zu steuern, ohne jeweils die gesamten Anlagebestände umschichten bzw. die laufenden Kreditverträge anpassen zu müssen. Derartige Anpassungen sind nämlich im einfachsten Fall mit Transaktionskosten und im Fall der Kredite mit umfangreichen Verhandlungen zuzüglich entsprechender Bearbeitungskosten usw. verbunden.

OTC-Zinsderivate

Eines der grundlegenden Zinsderivate ist der **Zinsswap**, bei dem im Standardfall variable Zinszahlungen gegen feste Zinszahlungen eingetauscht werden. Das folgende Beispiel schildert eine typische Situation:

Firma A hat einen Investor für eine Anleihe über Nominal 100 Mio Euro mit zehnjähriger Laufzeit vom 10.10.2001 bis zum 10.10.2011 gewonnen. Der Investor wünscht eine jährliche Verzinsung von 5,4%, zahlbar einmal jährlich jeweils am 10.10. nachschüssig für das jeweils zurückliegende Jahr. Da die Verzinsung gemäß der Bonität der Firma A marktgerecht ist, ist man gerne bereit eine entsprechende Anleihe zu emittieren. Allerdings erwartet der Finanzvorstand der Firma A im Gegensatz zu dem Investor in der nächsten Zeit sinkende Zinsen und möchte deshalb lieber variable, halbjährlich an das aktuelle Marktniveau angepasste Zinsen zahlen.

Um einerseits den Wunsch des Investors nach fester Zinshöhe und andererseits den der Firma A nach variabler Verzinsung zu erfüllen, schließt Firma A mit einer Bank den folgenden Zinsswap ab: Firma A erhält von der Bank den festen Zinssatz von 5,4% auf den Nominalbetrag der Anleihe und kann damit die laufenden Zinsen an den Investor bedienen. Dafür zahlt Firma A an die Bank halbjährlich den 6-Monats-EURIBOR zuzüglich eines Spread von 0,30% (man spricht auch von 30 **Basispunkten**), ebenfalls bezogen auf einen Nominalbetrag von 100 Mio. Euro. Der Aufschlag von 30 Basispunkten verdeutlicht den Aufschlag, den die Firma A aufgrund ihrer Bonität zuzüglich zu dem für den Interbankenverkehr geltenden EURIBOR zahlen muss. Alle Zinssätze in diesem Besispiel sind nominale Jahreszinssätze.

In der folgenden Grafik sind die verschiedenen Zinszahlungen dargestellt:

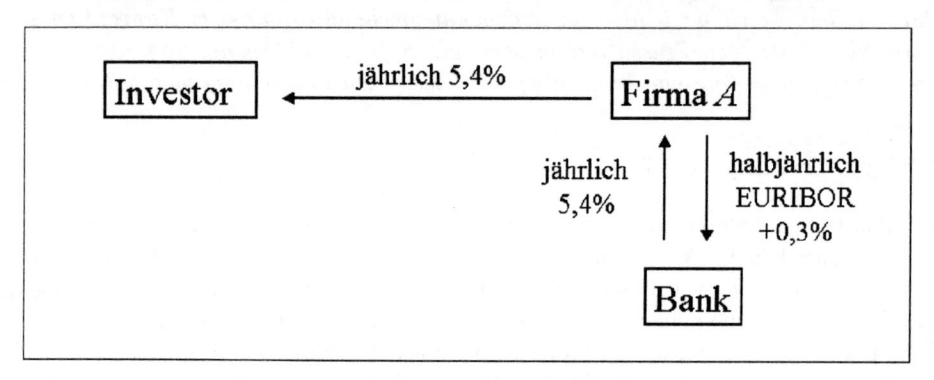

```
    ┌──────────┐   jährlich 5,4%    ┌─────────┐
    │ Investor │ ◄──────────────── │ Firma A │
    └──────────┘                    └─────────┘
                        jährlich       halbjährlich
                         5,4%          EURIBOR
                                       +0,3%
                                        │
                                        ▼
                                    ┌────────┐
                                    │  Bank  │
                                    └────────┘
```

Alle drei Beteiligten sind mit der Situation zufrieden: Der Investor hat die festverzinsliche Anleihe und weiß mitunter überhaupt nichts von der gegenläufigen Zinserwartung der Firma A und dem abgeschlossenen Zinsswap. Firma A hat aus der Kombination der festverzinslichen Anleihe und dem Zinsswap insgesamt eine Finanzierung über 100 Mio Euro zu einem halbjährlich angepassten Zinssatz in Höhe des 6-Monats-EURIBOR zuzüglich eines marktgerechten Zuschlags von 30 Basispunkten. Der feste Zins von 5,4% wird nur durchgeleitet. Die Bank schließlich erhält aus dem Zinsswap halbjährlich die laufend angepassten Zinszahlungen in Abhängigkeit vom 6-Monats-EURIBOR und zahlt dafür jährlich den festen Zinssatz von 5,4% p.a. Der Barwert der festen Zinszahlungen stimmt im Zeitpunkt des Geschäftsababschlusses mit dem Barwert der „erwarteten" halbjährlichen Zinszahlungen überein.

In der folgenden Abbildung sind die Zinszahlungen aus Sicht der Bank dargestellt. Der Index des EURIBOR E gibt jeweils an, in welchem Zeitpunkt der Zinssatz festgelgt wird. $E_{9,5}$ ist also der Zinssatz, der nach 9,5 Jahren für die letzte halbjährige Zinsperiode fixiert wird.

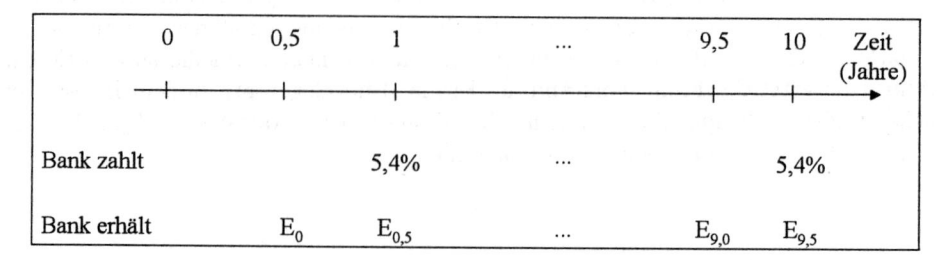

	0	0,5	1	...	9,5	10	Zeit (Jahre)
Bank zahlt			5,4%	...		5,4%	
Bank erhält	E_0	$E_{0,5}$		...	$E_{9,0}$	$E_{9,5}$	

10.2 Einige gebräuchliche Zinsderivate

Beim Zinsswap ist der „Martkpreis" durch den festen Zinssatz gegeben, den man bereit ist, als Gegenleistung für die bei Geschäftsabschluss in ihrer Höhe unbekannten, laufend angepassten Zinszahlungen der variablen Seite zu zahlen bzw. den man als Zahler der variablen Seite empfangen möchte. Der Swapsatz entspricht näherungsweise dem Zinssatz, den eine „gute" Bank für die jeweilige Laufzeit als Festzinssatz bei einer Finanzierung zahlen müsste.

Im Beispiel ist der Marktpreis für die zehnjährige Laufzeit mit ca. 5,10% p.a. gegeben. Da die Firma A eine schlechtere Bonität als solch eine gute Bank aufweist, muss sie einen Aufschlag von ca. 0,3% auf diesen Zinssatz zahlen. Damit der Zinsswap zwischen der Bank und Firma A fair bewertet bleibt, muss die variable Seite ebenfalls um ca. 30 Basispunkte erhöht werden. (Die Angaben sind alle nur näherungsweise, da sowohl durch die Umrechnung von halbjährlichen auf jährliche Zinszahlungen als auch durch die unterschiedlichen Konventionen bezüglich der Zinstage auf der festen und der variablen Seite Abweichungen entstehen.)

Die Höhe der festen Zinszahlungen und ein eventueller Auf- oder Abschlag auf die variablen Zinszahlungen werden bei einem Swap so angepasst, das der Gegenwert aller Zinszahlungen bei Geschäftsabschluss gerade null ist. Folglich gibt es keine Zahlung zwischen den Kontrahenten bei Geschäftsabschluss.

Noch zur Bezeichnung: Marktstandard ist es, vom „Zahler" bzw. „Empfänger" im Zinsswap immer in Bezug auf die Festzinsseite zu sprechen. In dem Beispiel ist also die Firma A **Empfänger (Receiver)** und die Bank **Zahler (Payer)**.

Der Nominalbetrag von 100 Mio. Euro fließt nur zwischen der Firma A und dem Investor. Das bedeutet, dass das Kreditrisiko zwischen Firma A und der Bank auf die Differenz im Gegenwert der unterschiedlichen Zinszahlungen reduziert ist, während der Investor als Gläubiger des Nominalbetrags ein deutlich höheres Kreditrisiko trägt. Der Zinsswap erlaubt also gerade die Trennung von Zinsänderungs- und Bonitätsrisiko und die gezielte Steuerung des Zinsänderungsrisikos unter Beibehaltung des Bonitätsrisikos. Selbstverständlich gibt es inzwischen am Markt auch Derivate, die genau die andere Risikokomponente steuern. In sogenannten **Credit-Swaps** wird nur das Ausfallrisiko durch Weitergabe an andere Handelsteilnehmer gesteuert. Diese Kreditderivate sind aber nicht Gegenstand dieses Buches.

Forward Rate Agreement (FRA). Ein Spezialfall der Zinsswaps ist das Forward Rate Agreement, kurz FRA. Beim FRA wird genau eine variable Zinszahlung in der Zukunft gegen eine feste Zinszahlung für dieselbe Periode eingetauscht. Z.B. beim 3-6 („dreier sechser") wird der variable Zinssatz für die drei Monate beginnend in drei Monaten ab dem Handelstag gegen einen festen Zinssatz eingetauscht. Beide Zinssätze beziehen sich auf einen ebenfalls zu vereinbarenden Nominalbetrag. Dies kann z.B. so aussehen:

Handelstag:	20. November 2001
Nominalbetrag:	10 Mio. €
Partner A:	zahlt für die Periode vom 20.2.02 bis 20.5.02 den 3-Monats-EURIBOR, der am 18.2.02 festgestellt werden wird
Partner B:	zahlt fest einen Zinssatz von 3,87% p.a. anteilig für dieselbe Periode.

Der Zahler des festen Zinssatzes wird als **Käufer des FRA** bezeichnet. Analog heißt der Empfänger des FRA-Satzes **Verkäufer des FRA** (Merkregel: Der „Preis" des FRA ist der feste Zinssatz. Der Käufer hat diesen Preis zu zahlen.).

Wenn im Beispiel der 3-Monats-EURIBOR am 18.2.02 mit 3,60% fixiert wird, so erhält der Käufer des FRA nur 3,6% auf den vereinbarten Nominalbetrag, muss aber den vereinbarten Satz von 3,87% zahlen. Er verliert also 0,27% p.a. für 89 Tage bezogen auf den Nominalbetrag von 10 Mio Euro. Das ergibt 6.675,00 €.

Da die Höhe der Zahlungen aus dem FRA am Fixingtermin, hier also dem 18.2.02, bereits feststehen, wird das FRA dann direkt mit Valuta zum Beginn der Zinsperiode, hier also dem 20.2.02 abgerechnet. Dabei muss berücksichtigt werden, dass dem FRA prinzipiell eine Zahlung zum Ende der Zinsperiode zugrunde gelegt wird. Deshalb wird der ermittelte Betrag auf den Beginn der Zinsperiode abgezinst. Mit dem am 18.2.02 fixierten Zinssatz liegt genau der marktübliche Zinssatz für diese Diskontierung vor. Es ergibt sich insgesamt die folgende Zahlung

$$(FRA - Fixing) \cdot Tage/360 \cdot Nominal/(1 + Fixing \cdot Tage/360)$$

im Beispiel also

$$(3{,}87\% - 3{,}60\%) \cdot 89/360 \cdot 10.000.000/(1 + 3{,}60\% \cdot 89/360) = 6.616{,}12\,€.$$

Zusammenfassend lässt sich zu Zinsswap bzw. FRA festhalten, dass nur verschiedene Zinszahlungen auf genau spezifizierte Nominalbeträge und Zinsperioden ausgetauscht werden.

Im Gegensatz dazu gibt es auch Termingeschäfte auf einzelne Anleihen. So kann z.B. der Inhaber einer noch zehn Jahre laufenden Anleihe diese bereits heute mit einem Termin in einem Jahr an einen neuen Besitzer verkaufen. Der für dieses Geschäft vereinbarte Preis, der Terminpreis, wird erst in einem Jahr gezahlt, wenn im Gegenzug dazu auch die Anleihe den Besitzer wechselt.

Zins-Futures

Die bisher dargestellten Zinstermingeschäfte sind jeweils exakt an eine vorgegebene Zahlungsstruktur angepasst. Wie bereits in Abschnitt 3.2.1 beschrieben, versucht man die Nachteile von OTC-Geschäften durch Einführung von Standardisierungen zu umgehen. Im Bereich der Zinstermingeschäfte gibt es aufgrund der verschiedenen Formen wie Swaps, FRA's und Anleihetermingeschäften auch unterschiedliche Formen von Zinsfutures.

Geldmarkt-Futures Ausgehend von dem o.g. Beispiel für ein FRA diskutieren wir die verschiedenen Probleme bei der Definition von und im Umgang mit Geldmarktfutures. Hierdurch soll auch ein Eindruck vermittelt werden, welche (kleinen, aber in der Summe oft unangenehmen) Probleme, aber auch Chancen die Umsetzung theoretisch klarer Konzepte in die Praxis häufig mit sich bringt.

Die Zinsperiode des FRA beträgt zwar glatte drei Monate, allerdings ist die Anzahl der damit verbundenen Tage von der genauen Lage dieser drei Monate im Kalenderjahr abhängig. Je nachdem, über welche Monatsenden sich die drei Monate erstrecken, können es zwischen 89 und 92 Tagen sein, im Beispiel sind es 89 Tage.

In Verbindung mit einem standardisierten Nominalbetrag von 1. Mio Euro (=Kontraktgröße) hat die Verwendung von glatten 90 Tagen den Vorteil, dass die kleinste Wertänderung des Kontrakts bei einer Zinsänderung von 0,01%, also einem Basispunkt,

10.2 Einige gebräuchliche Zinsderivate

gerade 1 Mio ·(90 Tage / 360 Tage)·0,01% = 25 € beträgt. Der Kurs des Futures wird üblicherweise einfach in der Form

$$\text{Futurepreis} = 100\% - \text{Terminzinssatz}$$

dargestellt. Dies ist lediglich die übliche Darstellungskonvention, die (leider) dazu führt, dass dieser Futurepreis nicht mit dem Barwert der zukünftigen Zahlung (s. Seite 265) übereinstimmt.

Für die nun folgende Darstellung behandeln wir der Einfachheit halber den Future wie einen Forward, d.h. wir berücksichtigen keine Margin-Zahlungen. Im o.a. Beispiel beträgt der Terminzinssatz 3,87%, wodurch sich ein Futurepreis von 96,13% ergeben würde. Wenn der 3-Monats-EURIBOR bei Fälligkeit des Futures z.B. bei 3,60% fixiert wird, wird der Future zu 96,40% abgerechnet. Das bedeutet, der Käufer des Futures erhält die Differenz von seinem Einstand 96,13 zum Settlementpreis von 96,40% (bei Vernachlässigung von Margin-Zahlungen). Der Kursgewinn von 27 Basispunkten führt zu einem Auszahlungsbetrag in Höhe des 27-fachen der kleinsten Einheit von 25 Euro, also 675 Euro je Kontrakt. Der Verkäufer des Futures erzielt einen entsprechenden Verlust.

Wenn nun der Future zur Absicherung eines gekauften FRA verwendet werden soll, muss bei der Bestimmung des Hedge-Volumens der Unterschied der tatsächlichen 89 Tage im FRA zu den fiktiven 90 Tagen im Future berücksichtigt werden.

Da der Future sich auf einen Tag mehr bezieht als das FRA, dürfen zu einer exakten Absicherung nur 89/90*10 = 9,8889 Kontrakte gekauft werden. In diesem Fall liefert der Future-Hedge 9,8889*675 = 6.675,00 Euro.

Durch die Anpassung der Future-Anzahl über die unterschiedlichen Tage der FRA- und der Future-Periode wird sichergestellt, dass jeweils derselbe Betrag erzielt wird. Selbstverständlich kann man in der Praxis diese Anpassung nur näherungsweise darstellen, da nur ganze Future-Kontrakte handelbar sind. In unserem Beispiel müssten also trotzdem 10 Kontrakte als Hedge für das FRA verwendet werden. Wichtig ist in der Praxis, dass man sich der Abweichung bewusst ist und nicht bei Fälligkeit der Kontrakte überrascht wird.

Eine weitere Abweichung ergibt sich dadurch, dass der Betrag aus den Future-Kontrakten sofort bei Fälligkeit des Futures gezahlt wird. Wenn also in unserem Beispiel tatsächlich die genannten 9,8889 Kontrakte gehandelt würden, so wäre der für den Hedge benötigte Betrag von 6.675,00 Euro exakt dargestellt, jedoch wird dieser Betrag im FRA nur diskontiert ausgezahlt, eben die genannten 6.616,12 Euro.

Diese Abweichung kann nicht exakt durch eine Anpassung des Hedge-Volumens dargestellt werden, da der Diskontierungsfaktor im Fälligkeitstermin, der für die Höhe der Abweichung zuständig ist, bei Abschluss der Geschäfte noch nicht bekannt ist. Die bestmögliche Annäherung besteht darin, den Diskontfaktor auf Basis des Terminzinssatzes beim Geschäftsabschluss zu verwenden. In unserem Beispiel gehen wir davon aus, dass dieser Zinssatz dem FRA entspricht und sich dieser Faktor somit wie folgt berechnen lässt:

$$Diskontfaktor = 1 + FRA \cdot Tage/360 = 1 + 3{,}87\% \cdot 89/360 = 1{,}0095675$$

Da der ausmachende Betrag im FRA unter der Annahme, dass das Fixing bei Fälligkeit genau dem aktuellen Forward-Satz entspricht, mit diesem Faktor diskontiert wird, kann die Anzahl der Futures auf

$$9{,}8889/1{,}0095675 = 9{,}7951736 \text{ Stück}$$

reduziert werden. Diese „exakte" Anpassung ist – wie bereits gesagt – nicht wirklich exakt, da das Fixing bei Fälligkeit sich i.d.R. von dem Forward-Satz unterscheiden wird. In unserem Beispiel beträgt die Zahlung aus dem „exakten" Future Hedge 9,7951736*675,00 = 6.611,74 €. Dieser Betrag ist geringfügig kleiner als der im FRA ausgezahlte Betrag von 6.616,12 €.

Es ist nun wichtig zu wissen, dass der Hedge zwar nie zu exakt derselben Zahlung führt, dass jedoch die Zahlung aus dem exakt angepassten Future-Hedge immer geringer ist als die Zahlung aus dem FRA oder bestenfalls damit übereinstimmt. Wenn in unserem o.a. Beispiel das Fixing bei Fälligkeit z.B. 4,25% beträgt, so ergeben sich die folgenden Zahlungen:

FRA:

$$(3{,}87\% - 4{,}25\%) \cdot (89/360) \cdot 10.000.000/(1 + 4{,}25\% \cdot 89/360) = -9.296{,}76 \,€$$

Future-Kontrakt:

$$(96{,}40\% - 96{,}75\%) \cdot 1.000.000 = -950{,}00 \,€$$

exakter Hedge:

$$9{,}7951736 \cdot -950{,}00 = -9.305{,}41 \,€$$

In diesem Fall ist die Zahlung des exakten Future-Hedge erneut geringer als die Zahlung aus dem FRA. Wenn also ein Marktteilnehmer jeweils das auf den Futuretermin passende FRA verkauft und die exakte Anzahl von Futures als Hedge dagegen verkauft, so erzielt er immer eine nicht negative Differenz aus den beiden Geschäften. In Abbildung 10.2 ist dieser Ertrag für verschiedene Fixings bei Fälligkeit des FRA bzw. des Futures dargestellt.

Es liegt also eine Arbitragemöglichkeit vor! Sie entsteht einzig durch die Ungenauigkeit bei der Standardisierung des Future-Kontraktes. Die sofortige Glattstellung des Future-Kontrakts vereinfacht natürlich die Abwicklung des Kontraktes bzw. die Berechnung des ausmachenden Betrages, jedoch erfolgt die Zahlung zu einem „falschen" Zeitpunkt, nämlich zu Beginn einer Zinsperiode anstatt an deren Ende. Nur dadurch entsteht die gezeigte systematische Abweichung zwischen dem nicht standardisierten FRA-Geschäft und dem standardisierten Future-Geschäft, obwohl sich beide Geschäfte auf dasselbe Zins-Fixing beziehen. Man spricht in diesem Zusammenhang auch von einem **Konvexitäts-Effekt**. Dieser Namensgebung liegt das folgende mathematische Phänomen zu Grunde: Bei einer konvexen Funktion (z.B. $f(x) = x^2$) verlaufen alle Tangenten unterhalb des Graphen der Funktion. In der Nähe ihres Berührpunkts liegen Tangente und Graph der Funktion dicht beisammen. Ersetzt man in einer Berechnung also einen Funktionswert durch den Wert der linearen Funktion, die der Tangente entspricht, so macht man möglicherweise nur einen sehr kleinen Fehler, aber der hat immer das gleiche Vorzeichen.

Der absolute Betrag des Arbitragegewinns in dem Beispiel ist bezogen auf den zu Grunde liegenden Nennwert von 10 Mio Euro relativ gering, jedoch kann ein professioneller Marktteilnehmer problemlos ein Vielfaches davon einsetzen. Man muss allerdings auf der Future-Seite noch die diversen Margin-Zahlungen berücksichtigen, wodurch der Ertrag der Strategie verwässert werden kann. Außerdem wird der Konvexitäts-Effekt

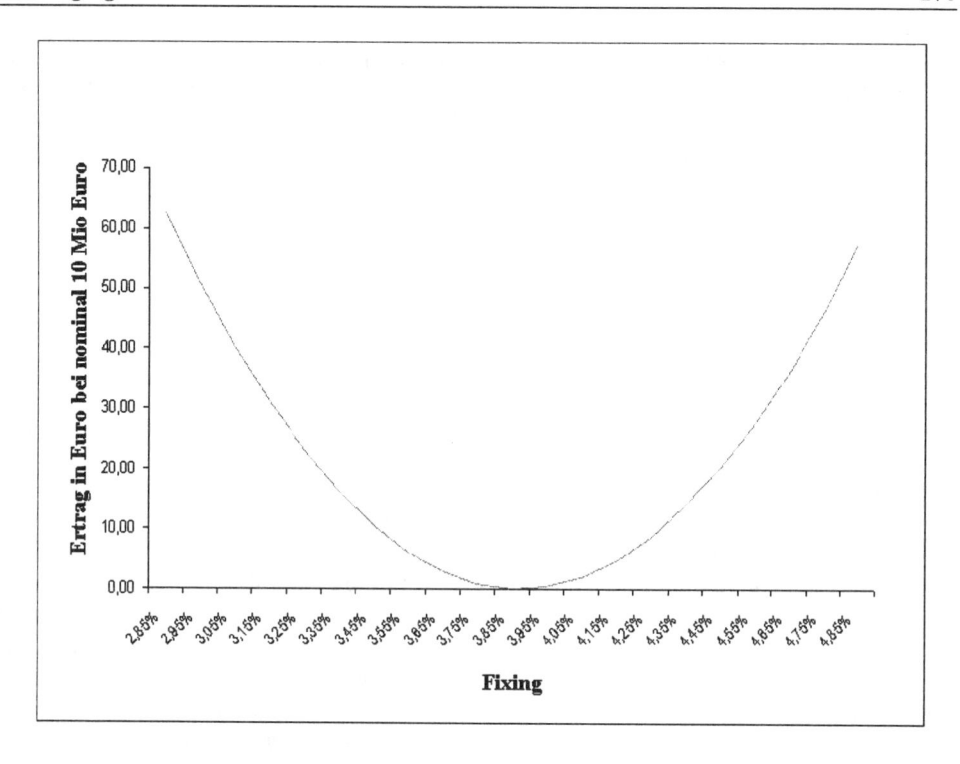

Abbildung 10.2 Ertrag aus FRA-Verkauf und Verkauf des exakten Future-Hedge

inzwischen durch die Verwendung von Zinsstrukturkurvenmodellen exakt bewertet, d.h. man berechnet heutzutage den Preis des Futures auf Basis der Terminzinssätze in diesem Sinne korrekt. Wie dem auch sei: dass der Geldmarktfuture eine „versteckte" Konvexität aufweist, wird durch die obige Darstellung des Ertrags aus der Hedge-Strategie, bei der der Geldmarktfuture letztlich dem FRA gegenüber gestellt wird, sehr schön verdeutlicht.

Anleihe-Futures. Sehr weit verbreitet ist die standardisierte Form von Termingeschäften auf Staatsanleihen. Speziell auf Bundesanleihen ausgerichtet ist der **Bund-Future** der Eurex, der als standardisiertes Termingeschäft auf eine fiktive Bundesanleihe mit 8,5- bis 10,5-jähriger Laufzeit und einem Kupon von 6% definiert ist. Seit der Umstellung auf Euro ist der Bund-Future als umsatzstärkster Zins-Future zu *der* europäischen Benchmark geworden.

Analog zum Bund-Future gibt es in Deutschland noch einen **Bobl-Future** für fiktive Bundesanleihen oder Bundesobligationen mit 4,5- bis 5,5-jähriger Laufzeit sowie den **Schatz-Future** für Bundes-Schatzbriefe mit Laufzeiten zwischen 1,75 und 2,25 Jahren.

Bei diesen Anleihe-Futures gibt es eine Reihe von technischen Details, die daraus resultieren, dass eine Diskrepanz besteht zwischen der Idee des Futures „kaufe eine bestimmte Rendite für eine bestimmte Laufzeit" und der Lieferung von im Markt befindlichen Anleihen, die weder die exakte Laufzeit noch den idealen Kupon aufweisen. Aufgrund dieser Abweichung hat z.B. der Verkäufer des Futures die sogenannte **Liefer-**

option (**delivery option**), weil er entscheiden kann, welche der zur Lieferung zugelassenen Anleihen er tatsächlich liefern möchte. Umgekehrt weiß der Future-Käufer nicht, welche Anleihe bei Fälligkeit tatsächlich geliefert wird. Ohne auf alle Details hier eingehen zu wollen sei noch folgende Bezeichnung kurz erwähnt: Der **Konversionsfaktor** gibt an, wieviel Stück einer konkret lieferbaren Anleihe zur Erfüllung des Futurekontrakts geliefert werden müssen. Falls zufällig eine Anleihe mit einer Laufzeit von 9 oder 10 Jahren und einem Kupon von 6% existiert, so hat diese für den Bund-Future den Konversionsfaktor 1.

10.2.2 Optionsgeschäfte

Analog zu den o.a. Termingeschäften gibt es bei den Optionen in der Praxis die folgenden Varianten zu unterscheiden:
Da sind zunächst Calls und Puts auf Anleihen. Sie werden in der Regel völlig analog zu entsprechenden Optionen auf Aktien, Devisen oder Waren angesehen. Ein wenig zur Verwirrungen trägt bei, dass diese Optionen als Zinsoptionen bezeichnet werden, obwohl sie sich auf die Kurse der Anleihen und nicht auf deren Renditen beziehen.

In Analogie zu den Zinsswaps gibt es zweitens Optionen, die auf die variablen Zinszahlungen gerichtet sind. Diese heißen **Caps** und **Floors**, entsprechen aber ebenfalls den üblichen Calls und Puts. Die Caps und Floors sind allerdings tatsächlich auf die Zinsen gerichtet, d.h. der Basiswert ist kein Kurs sondern der maximal (Cap) bzw. minimal (Floor) zu zahlende Zinssatz. Caps und Floors beziehen sich in der Regel auf mehrere Perioden, da sie typischerweise eine variabel verzinste Anleihe über die gesamte Laufzeit absichern sollen. Caps und Floors setzen sich somit zusammen aus den entsprechenden Optionen über die einzelnen Perioden, die **Caplets** bzw. **Floorlets** genannt werden. Der Spezialfall der Zinsoption, die nicht wie Caps und Floors auf mehrere Perioden, sondern nur auf eine einzige Zinszahlung gerichtet ist, wird als **Interest Rate Guarantee**, kurz **IRG**, bezeichnet.

Die dritte Gruppe von Optionen, die **Swap-Optionen** oder einfach **Swaptions**, beinhalten das Recht, in einen bestimmten Zinsswap einzutreten. Zwischen den Swaptions und den Calls / Puts auf Anleihen bestehen viele Ähnlichkeiten, auf die hier aber nicht genauer eingegangen werden soll. Historisch wurden die Bewertungsmodelle für Anleiheoptionen ausgehend von einer Modellierung der Anleihekurse aufgebaut (s. Abschnitt 10.3). Im Gegensatz dazu werden Caps, Floors und Swaptions häufig auf Basis von stochastischen Modellen für die jeweils zugrunde liegenden Zinssätze bewertet, wobei zumeist - und zum Teil trotz fehlender theoretischer Begründung - das Black-Scholes-Modell bzw. das Black-Modell auf die Caps, Floors und Swaptions übertragen wird (aber s. die Ausführungen in 10.3.1, 10.3.2 und am Ende von 10.6).

Erst in den - zumeist jüngeren - Ansätzen, bei denen die vollständige Zinsstruktur modelliert wird, wird der rechnerische Zusammenhang von Kursen und Renditen von verzinslichen Wertpapieren explizit berücksichtigt. Dadurch entstehen Bewertungsansätze, mit denen alle Zinsderivate konsistent zueinander bewertet werden können (s. Abschnitt 10.5f.). Allerdings müssen bei der Anpassung an Anleihe- und Anleihefutureoptionen wegen der unterschiedlichen Bewertungsansätze der Praktiker meist andere Parameter gewählt werden als bei Caps, Floors und Swaptions.

10.2.3 Exotische Varianten

Auch bei den Zinsoptionen werden inzwischen in Analogie zu den Aktien- und insbesondere den Devisenmärkten zunehmend Sonderformen wie **digitale** bzw. **binäre, Barrier-Optionen, Lookback-Optionen** oder solche mit sogenannter **asiatischer** Ausstattung betrachtet.

Eine Besonderheit, die den Zinsderivaten vorbehalten ist, ist die Verwendung von „periodenfremden" Zinssätzen. Einerseits sind hier die variablen Verzinsungen mit verspäteter Zinsanpassung (**Fixing in Arrears**) zu nennen. Bei dieser Variante wird z.B. für eine revolvierende sechsmonatliche Zinsanpassung, bezogen auf jeweils sechsmonatige Zinsperioden, die Anpassung der Zinsen nicht wie üblich zu Beginn der Zinsperiode sondern erst kurz vor deren Ende vorgenommen.

Eine zweite Spielart sind die sogenannten **constant maturity**-Verzinsungen. Hier wird z.B. eine revolvierende sechsmonatliche Zinsanpassung für eine sechsmonatige Zinsperiode auf Basis eines Zinssatzes für zehnjährige Laufzeiten getroffen.

All diesen Strukturen – inklusive des oben beschriebenen Geldmarktfutures - ist gemeinsam, dass ein „falscher" Zinssatz für eine bestimmte Zinsperiode verwendet wird. Bei den oben betrachteten Geldmarktfutures ist der Zinssatz insofern nicht der „richtige", als durch die sofortige, undiskontierte Auszahlung so getan wird, als handele es sich um eine Zinszahlung für die zurückliegenden drei Monate. Die Verwendung eines falschen Zinssatzes führt bei all diesen Strukturen zu einer zusätzlichen Konvexität, wie wir sie bereits beim Geldmarktfuture detailliert beschrieben haben.

Obwohl diese Strukturen zunächst keine offensichtlichen Optionskomponenten enthalten, müssen sie mit Hilfe von Modellen bewertet werden, wie sie ansonsten der Optionsbewertung vorbehalten sind. Dies führt zu einer teilweise recht geringfügigen Abweichungen von der Bewertung ausschließlich auf Basis der involvierten Terminzinssätze, die häufig auch als **Konvexitäts-Adjustierung** (**convexity adjustment**) bezeichnet wird.

Der Rahmen der gebräuchlichen Zinsderivate wird sicherlich verlassen, wenn z.B. Caps, Floors oder Swaptions auf solche periodenfremden Verzinsungen betrachtet werden.

10.3 Die Bewertung von Zinsoptionen mit dem Black-Scholes-Modell

10.3.1 Optionen auf Zerobonds

Um Zins- oder Anleiheoptionen bewerten zu können, ist es erforderlich, ein Modell für die mögliche Wertentwicklung der Underlyings, also z.B. (und aus theoretischer Sicht vor allem) der Zerobondpreise $P(t,T)$ zu haben. Hierbei ist t die Zeitvariable und der Fälligkeitstermin T fest. Aufgrund der verfügbaren analytischen Formeln liegt es nahe, es mit dem Black-Scholes-Modell zu versuchen:

$$dP(t,T) = P(t,T)\left(\mu dt + \sigma dW\right)$$

mit Konstanten μ und σ. Setzt man jetzt noch einen konstanten stetigen kurzfristigen Zinssatz r voraus, also für den Cashbond die Wertentwicklung

$$B(t) = e^{r(t-t_0)},$$

so kann man die Black–Scholes-Formel sofort übertragen und erhält als Formeln für den Wert zum Zeitpunkt $t_0 = 0$ eines europäischen Calls $C_e(0)$ und eines europäischen Puts $P_e(0)$ zum Strike K und Fälligkeitstermin t

$$C_e(0) = P(0,T)\Phi(d_+) - e^{-rt}K\Phi(d_-)$$
$$P_e(0) = e^{-rt}K\Phi(-d_-) - P(0,T)\Phi(-d_+)$$

mit

$$d_+ = \frac{\ln(P(0,T)/K) + (r + \frac{1}{2}\sigma^2)t}{\sigma\sqrt{t}}$$
$$d_- = \frac{\ln(P(0,T)/K) + (r - \frac{1}{2}\sigma^2)t}{\sigma\sqrt{t}}$$

Ist damit das Thema erledigt? Leider ist es nicht ganz so einfach. Es gibt (mindestens) zwei Punkte, die sofort Zweifel daran aufkommen lassen, ob das Modell passend ist:

- Wie kann man unterstellen, dass sich ein Bondpreis wie ein Aktienkurs entwickelt, wo er doch a) eine Kursobergrenze besitzt, die aus dem Rückzahlungskurs zuzüglich aller noch ausstehender Zinszahlungen besteht und b) zum Fälligkeitstag mit Sicherheit den Rückzahlungskurs als Wert hat?

- Wie kann man in einem Modell gleichzeitig Zinsen einerseits als stochastisch ($P(t,T)$) und andererseits als determiniert und sogar konstant (r) ansehen?

Die Einwände sind nur zu berechtigt, das Modell ist in dieser Form sehr fragwürdig. Erlaubt ein Modell, dass $P(t,T)$ einen Wert größer als eins annehmen kann, bedeutet das, dass in ihm negative Zinsen möglich sind. Das spricht nicht unbedingt für seine Realitätsnähe. Auch Unterpunkt b) des ersten Einwands ist nicht von der Hand zu weisen: Die Kurse festverzinslicher Wertpapiere nähern sich immer mehr ihrem Nennwert an, je näher der Fälligkeitstermin kommt (**pull to par**). Entsprechend sind auch die Kursschwankungen bei kurzer Restlaufzeit geringer als bei langer. Allenfalls wenn t sehr viel früher als T liegt, kann die Annahme einer konstanten Volatilität annähernd passend sein. Besser wäre es, wenn das Modell zeitabhängige Volatilitäten vorsähe, die mit $t \to T$ gegen null gehen. Bezeichnet man die Standardabweichung von $\ln(P(t,T))$ (aus Sicht des Zeitpunkts $t_0 = 0$) mit σ_P, so würde in einem solchen Modell

$$\lim_{t \to T} \sigma_P = 0$$

gelten. Im Black-Scholes-Modell ist das nicht der Fall, dort gilt $\sigma_P = \sigma\sqrt{t}$. Aber man sollte die Flinte nicht zu früh ins Korn werfen. Vielleicht lässt sich das Modell ja so verändern, dass die Volatilitätsstruktur die gewünschte Form annimmt?!

Nun zu dem zweiten Einwand. Die Annahme des konstanten kurzfristigen Zinssatzes (im Zeitraum $[0,t]$) hat zur Folge, dass

10.3 Die Bewertung von Zinsoptionen mit dem Black-Scholes-Modell

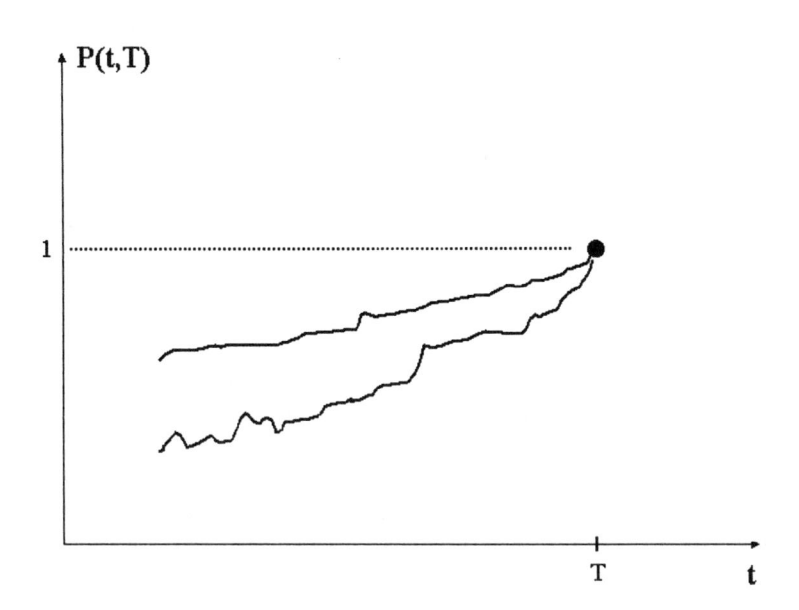

Abbildung 10.3 Pull-to-Par von Zerobondpreisen. Am Fälligkeitstag ist der Wert gleich dem Nominalbetrag.

$$P(0,t) = B(t)^{-1} = e^{-rt}$$

gelten muss, wenn es keine Arbitragemöglichkeiten zwischen dem Cashbond einerseits und dem Bond mit Fälligkeit t andererseits geben soll. Also gilt für den Forwardpreis von $P(t,T)$ zum Zeitpunkt 0

$$FP(0,t,T) = \frac{P(0,T)}{P(0,t)} = e^{rt}P(0,T)$$

Dies erlaubt nun eine Umformung der Black-Scholes-Formel, in der der kurzfristige Zinssatz nicht mehr vorkommt:

- Europäischer Call C_e auf $P(t,T)$ mit Strike K:

$$\begin{aligned} C_e(0) &= P(0,T) \cdot \Phi(h) - K \cdot P(0,t) \cdot \Phi(h - \sigma_P) \\ &= P(0,t)\left(FP(0,t,T) \cdot \Phi(h) - K \cdot \Phi(h - \sigma_P)\right) \end{aligned} \quad (10.4)$$

- Europäischer Put P_e auf $P(t,T)$ mit Strike K:

$$\begin{aligned} P_e(0) &= P(0,t) \cdot K \cdot \Phi(-h + \sigma_P) - P(0,T) \cdot \Phi(-h) \\ &= P(0,t)\left(K \cdot \Phi(-h + \sigma_P) - FP(0,t,T) \cdot \Phi(-h)\right) \end{aligned} \quad (10.5)$$

mit

$$h = \frac{1}{\sigma_P} \ln \frac{P(0,T)}{K \cdot P(0,t)} + \frac{\sigma_P}{2} = \frac{1}{\sigma_P} \ln \frac{FP(0,t,T)}{K} + \frac{\sigma_P}{2} \qquad (10.6)$$

Damit erscheint es also zumindest nicht ausgeschlossen, dass sich die Black-Scholes-Formel in die Zinswelt herüberretten lässt. Diese Formeln könnten auch gelten, wenn der kurzfristige Zinssatz nicht konstant ist. Und in der Tat werden diese Bewertungsformeln in der Praxis sehr häufig benutzt, wobei die Bondpreisvolatilität σ_P wie bei Aktienoptionen als Maßstab für teure/preiswerte Optionen eingesetzt wird.

Für die Formeln 10.4 und 10.5 spricht auch, dass an ihnen sofort deutlich wird, dass es sich bei einer europäischen Option um ein bedingtes Termingeschäft handelt. Der jeweils zweite Faktor (also $FP(0,t,T) \cdot \Phi(h) - K \cdot \Phi(h - \sigma_P)$ für den Call) könnte der erwartete Wert dieses bedingten Termingeschäfts zum Zeitpunkt t in der risikoneutralen Welt sein. In diesen Erwartungswert gehen nur der Basispreis und die Wahrscheinlichkeitsverteilung für den Kurs des Underlyings im Termin t ein. Der aktuelle Terminpreis $FP(0,t,T)$ taucht in der Formel als Erwartungswert für den aus heutiger Sicht unbekannten Kurs $P(t,T)$ im Termin t auf. Der vorangestellte Faktor $P(0,t)$ diskontiert den ermittelten Erwartungswert auf den heutigen Zeitpunkt. Diesen Faktor benötigt man nur, wenn einen der heutige Wert der Option interessiert. Es gibt aber auch Optionsgeschäfte, bei denen die Prämie erst bei Fälligkeit zu zahlen ist. Für solche Geschäfte gibt bei Verwendung der Formeln bereits der jeweils zweite Faktor das vollständige Bewertungsergebnis an. Diese Darstellung wurde zuerst von Black 1976 vorgestellt.

Wir haben also eine Formel, doch wo ist das zugehörige Modell? Diese Frage ist umso berechtigter, als man die Zinssätze mit unterschiedlichen Laufzeiten nicht als isoliert voneinander ansehen kann. Denn ein Bond, der heute eine Restlaufzeit von z.B. 10 Jahren hat, ist morgen ein Bond mit einer Restlaufzeit von 10 Jahren minus einem Tag. Erstrebenswert ist also ein Modell, das nicht nur die Entwicklung einzelner Zinssätze oder einzelner Bonds beschreibt, sondern die Entwicklung der gesamten Zinsstrukturkurve und damit aller Zerobonds. In den Abschnitten 10.5 und 10.6 werden wir solche Modelle kennenlernen. Und unter diesen Modellen werden auch solche sein, die zur obigen Optionsbewertungsformeln führen. Allerdings ist in diesen Modellen σ_P nicht für alle Bonds unabhängig voneinander frei wählbar. Das war auch nicht zu erwarten, denn in irgendeiner Größe muss sich ja der Zusammenhang zwischen den einzelnen Zinssätzen ausdrücken. Ein echter Wermutstropfen ist allerdings die Tatsache, dass in allen Zinsmodellen mit Black-Scholes-Preisen für Bond-Optionen negative Zinsen vorkommen.

Diesen Nachteil hat das folgende Modell nicht: Käsler [36] stellte 1991 ein Kursmodell für Zerobondpreise vor, welches in seiner ursprünglichen Formulierung zwar nicht die Entwicklung der gesamten Zinsstrukturkurve beinhaltet, aber die oben angegebenen Forderungen für das Verhalten der Bondpreise explizit erfüllt. Zur Bewertung einer Zerobondoption mit Endfälligkeit T des Bonds und Termin t der Option werden in diesem Modell die (realen) Kursentwicklungen der Zerobonds $P(\tau,t)$ und $P(\tau,T)$ (τ die Zeitvariable) als Itô-Prozesse dargestellt. Das gewünschte Verhalten wird hierbei durch die Verwendung eines Faktors $P(\tau,t) \cdot (1 - P(\tau,t))$ sichergestellt. Dieser Faktor bewirkt, dass die Volatilität am unteren und oberen Rand des zulässigen Kursbereichs verschwindet. Durch den jeweils ins Innere des zulässigen Bereichs gerichteten Driftterm, der in die Optionsbewertung (wie bei Aktien auch) nicht eingeht, wird der Zerobondpreis $P(\tau,t)$ in seine Grenzen 0 und 1 gezwungen. Das sichere Einlaufen in den Kurs 1 bei Fälligkeit

10.3 Die Bewertung von Zinsoptionen mit dem Black-Scholes-Modell

(pull to par) wird ebenfalls über den verwendeten Driftterm sichergestellt. Zur Vermeidung negativer Terminzinssätze muss der länger laufende Zerobond immer einen Wert kleiner oder gleich dem des kürzer laufenden haben. Daher ist bei diesem Bond der Faktor $P(\tau,T) \cdot (P(\tau,t) - P(\tau,T))$ im Diffusionskoeffizienten verwendet worden.

Für die Herleitung der Bewertungsformeln und den Nachweis der Arbitragefreiheit wird der „kurze" Zerobond $P(\tau,t)$ als Numeraire verwendet. Der resultierende Quotientenprozess ist $P(\tau,T)/P(\tau,t) = FP(\tau,t,T)$, also gerade der Prozess des Terminpreises des veroptionierten Zerobonds per Termin t der Optionsfälligkeit. Aufgrund der verwendeten Drift- und Diffusionskoeffizienten kann Käsler die Existenz eines äquivalenten Martingalmaßes und damit die Arbitragefreiheit des Systems nachweisen.

Die sich ergebenden Bewertungsformeln für europäische Calls und Puts sind nicht identisch mit den oben angegebenen Black-Scholes-Formeln, aber sie ähneln ihnen. Als wesentlicher Unterschied taucht ein zusätzlicher Summand auf:

$$\begin{aligned}C_e(0) &= P(0,T) \cdot \Phi(h) - K \cdot P(0,t) \cdot \Phi(h - \sigma_P) - K \cdot P(0,T) \cdot (\Phi(h) - \Phi(h - \sigma_P)) \\ &= (1 - K) \cdot P(0,T) \cdot \Phi(h) - K \cdot (P(0,t) - P(0,T)) \cdot \Phi(h - \sigma_P)\end{aligned}$$

mit

$$h = \frac{1}{\sigma_P} \left[\ln \frac{P(0,T)(1-K)}{(P(0,t) - P(0,T)) \cdot K} + \frac{\sigma_P^2}{2} \right]$$

Wie oben ist $\sigma_P = \sigma\sqrt{t}$ mit einem konstanten Volatilitätsparameter σ. Dieses Bewertungsergebnis wurde von Miltersen, Sondermann und Sandmann auf den Fall eines nicht konstanten Faktors σ verallgemeinert (siehe [46]). Wir werden auf diese Modelle, die auch einen (zunächst unerwartet) engen Bezug zu dem folgenden Unterabschnitt haben, in 10.6 erneut eingehen.

10.3.2 Zinsoptionen

Die in den Formeln 10.4 und 10.5 enthaltene Zerlegung der Optionspreisformeln in Diskontierung und Bestimmung des Erwartungswerts der Option bei Fälligkeit fand - trotz der theoretischen Bedenken - sehr viel Interesse in der Praxis der Bewertung von Caps/Floors und Swaptions. Dort wird die Formel nämlich bereits seit langem für Caps und Floors verwendet, indem einfach der Terminpreis des Bonds durch den nominalen Terminzinssatz für die dem jeweiligen Caplet/Floorlet zugrunde liegende Zinsperiode ersetzt wird.

Wenn z.B. ein Caplet auf die Zinsperiode von t bis T betrachtet wird, so erhält der Inhaber dieses Caplets die Zinsdifferenz zwischen dem (nominalen p.a.-) Zinssatz für die Periode, wie er sich zu ihrem Beginn im Markt einstellt bzw. im Interbankenfixing ermittelt wird und dem Strike-Zinssatz, sofern diese Differenz positiv ist. Diese Zinsdifferenz erhält er zeitanteilig für die Länge der Periode und bezogen auf den Nominalbetrag, auf den das Caplet abgeschlossen ist. Sind die Daten also z.B.

Nominalbetrag Nom	1 Mio Euro
Periodenlänge $T - t$	0,5 Jahre
Strike-Zinssatz R_K	5%
fixierter Marktzinssatz	6,3%,

so steht dem Inhaber des Caplets eine Zahlung in Höhe von

$$(6{,}3\% - 5\%) \cdot 0{,}5 \cdot 1.000.000 = 6.500 \text{ Euro}$$

am Ende der Periode, also in T, zu. Wie beim FRA wird dieser Betrag aber bereits zu Periodenbeginn diskontiert um den Faktor $1/(1 + 6{,}3\% \cdot 0{,}5)$ gezahlt, so dass der Käufer des Caps in t einen Betrag von 6.301,50 Euro erhält. Für die Bewertung des Caplets ist diese vorzeitige Auszahlung ohne Bedeutung. Die häufig verwendete Formel für den Preis $Cpl_e(0)$ des Caplets zum Zeitpunkt 0 ist daher

$$Cpl_e(0) = P(0,T)\left[F_N(0,t,T) \cdot \Phi(h) - R_K \cdot \Phi(h - \sigma_F)\right] \cdot (T-t) \cdot Nom,$$

wobei σ_F die Volatilität des (hier nominalen p.a.-)Forwardzinssatzes $F_N(\tau,t,T)$ ist (τ die Zeitvariable) und h entsprechend 10.6 definiert ist. Analog zu Formel 10.4 ist der mittlere Ausdruck

$$F_N(0,t,T) \cdot \Phi(h) - R_K \cdot \Phi(h - \sigma_F)$$

als Erwartungswert der fraglichen Zinsdifferenz in der risikoneutralen Welt, also unter einem äquivalenten Martingalmaß, zu sehen. Die Formel ergibt sich durch Übertragung der 1976 von Black vorgestellten Formel zur Bewertung von Optionen auf Warenterminsgeschäfte [3] in die Zinswelt. Man spricht daher auch genau wie bei den Formeln 10.4 und 10.5 von einer Bewertung nach der **Formel von Black** oder einer Bewertung in dem **Modell von Black**.

Die Formel legt nahe, dass in der risikoneutralen Welt, also unter einem äquivalenten Martingalmaß, der fragliche Zinssatz lognormalverteilt ist. Aber - welches äquivalente Martingalmaß? Zinsen sind keine Anlageformen. Sie stehen zwar im engen Zusammenhang mit Anlageformen, nämlich den Bonds, sind selber aber keine. Und von der Entwicklung des Zinssatzes für eine Periode der Länge $(T-t)$ sind laufend andere Bonds betroffen. In einer „passenden" risikoneutralen Welt müssen all diese Bonds über den Cashbond diskontiert Martingale sein ...

Und selbst wenn man ein Bondpreismodell hat, das für ein bestimmtes Caplet zu der angegebenen Bewertung führt, so wird die Problematik noch dadurch verschärft, dass für einen Cap in der Regel mehrere Caplets zu bewerten sind. Denn dann sind die Forwardzinssätze mehrerer aufeinander folgender Zinsperioden zu betrachten. Können dann noch alle Lognormalverteilungsannahmen gleichzeitig erfüllt sein? Völlig hoffnungslos scheint es zu sein, mit Hilfe der Formel mehrere Caps, Floors und Swaptions mit überlappenden Zinsintervalllen simultan konsistent zu bewerten.

War im vorigen Abschnitt das Black-Scholes-Modell für den Bondkursverlauf auch recht fragwürdig, so war die aus dem Modell abgeleitete Bewertungsformel doch absolut schlüssig. Jetzt stellt sich die Frage nach dem „Modell zur Formel" noch viel grundsätzlicher: Welches Modell für die Bondpreise passt zu dem Zinsmodell? Gibt es überhaupt ein widerspruchsfreies Modell? In Abschnitt 10.6 findet man die Antwort.

Praktiker sehen die dargestellte Problematik in der Regel pragmatisch. Zumeist wissend um die theoretischen Probleme, wenden sie die Formel dennoch an, wohl im Vertrauen auf ihre guten praktischen Erfahrungen damit und in dem Glauben, dass die ohnehin nicht zu vermeidende Bruchstelle zwischen Theorie und Praxis so manche kleinere Inkonsistenz glattbügelt.

Es soll nun noch kurz skizziert werden, wie Floors und Swaptions in der Praxis häufig mit Blacks Modell bewertet werden: Floorlets werden naheliegenderweise durch Anwendung der Black-Formel für Puts bewertet, da jetzt die positive Differenz aus Strike und Underlying Gegenstand der Option ist. Bei Swaptions ist die veroptionierte Zinsdifferenz nicht nur für eine Periode anzuwenden, sondern i.d.R. für mehrere Perioden. Betrachten wir z.B. eine Receiver-Swaption mit Fälligkeit t, die auf einen fünf Jahre laufenden Zinsswap mit Fälligkeit $t+5$ gerichtet ist, der jährliche Zinszahlung unterstellt. Der Strike-Zinssatz sei wiederum 5%, der Fünfjahres-Swapsatz sei bei Optionsfälligkeit 4,4%. Dann hat der Inhaber der Swaption einen Vorteil von $5 - 4{,}4 = 0{,}6\%$, bezogen auf den Nominalbetrag und zahlbar jährlich für insgesamt 5 Jahre. Die Summe aller Zahlungen beträgt $5 \cdot 0{,}6\% = 3\%$, allerdings muss natürlich berücksichtigt werden, dass die Zahlungen zu unterschiedlichen Zeitpunkten erfolgen. Dazu werden alle Zahlungen mit dem 5-Jahres-Swapsatz auf den Beginn der Swaplaufzeit diskontiert, hier also

$$0{,}6\% \cdot \left(\frac{1}{1{,}044} + \frac{1}{1{,}044^2} + \frac{1}{1{,}044^3} + \frac{1}{1{,}044^4} + \frac{1}{1{,}044^5}\right) \cdot 1 \, Mio = 26.413 \,€.$$

Für die Bewertung von Swaptions wird nun analog zu dem Vorgehen bei den Caplets mit Hilfe der Black-Formel die erwartete Zinsdifferenz aus Basiszinssatz und Swapsatz bei Optionsfälligkeit bestimmt. Diese wird mit dem Nominalbetrag und dem Barwertfaktor unter Verwendung des Forwardzinssatzes multipliziert und schließlich mit dem Diskontierungsfaktor $P(0,t)$ auf den Bewertungstag abgezinst.

10.4 Diskrete Zinsmodelle

Zum leichteren Verständnis der folgenden Abschnitte ist es sinnvoll, die allgemeinen Rahmenbedingungen für Zinsmodelle zunächst in diskreten Modellen zu untersuchen. Das kleinste Zeitintervall, das wir betrachten, sei Δt. Die Handelszeitpunkte t_k sind dann von der Form $t_k = t_0 + k\Delta t$. Zu k, i mit $k \leq i$ bezeichne $P(k,i)$ den Wert des (theoretischen) Zerobonds zum Zeitpunkt t_k, der zum Zeitpunkt t_i einen Euro auszahlt. Mit Ausnahme von $P(k,k)$ und $P(0,k)$ ist $P(k,i)$ aus der Sicht von t_0 unbekannt. $P(k,k)$ ist immer 1 und die Werte $P(0,k)$ geben die aktuelle Zinsstruktur wieder, können also den Marktdaten entnommen werden. Diese Zerobonds sind die im Modell verfügbaren Anlageformen. Der Zerobond mit der jeweils kleinstmöglichen Laufzeit Δt entspricht der risikolosen Anlageform A_f des Abschnitts 5.3 und damit dem Cashbond B. Es gilt also jeweils zum Zeitpunkt t_k

$$r_f = \frac{1}{P(k, k+1)} - 1.$$

Den r_f entsprechenden Zinssatz bezeichnen wir als **kurzfristigen Zinssatz**. Unter Zinsderivaten wollen wir von den Werten der Zerobonds abgeleitete Größen verstehen wie z.B. die Option, zum Zeitpunkt t_k einen Bond mit vorgegebener Restlaufzeit zu einem bestimmten Preis zu kaufen. Das Ziel ist die Bewertung solcher Derivate mit Arbitrageargumenten.

Gemäß des allgemeinen Rahmens von Abschnitt 5.3 ist hierzu zunächst ein Modell erforderlich, das die möglichen Wertentwicklungen der verfügbaren Anlageformen im Lauf der Zeit beschreibt. Hierzu gehört zu jedem Zeitpunkt t_k eine Menge von dann möglichen Zuständen $s(k, j)$ ($j = 1, ..., l_k$) und eine Ausweisung der möglichen Übergänge $s(k, j) \to s(k+1, j')$. Wichtig ist hierbei, dass der Zustand $s(k, j)$ den Wert der betrachteten Anlageformen in dem Zustand eindeutig bestimmt. Hat man ein solches System, so gilt es zu überprüfen, ob es arbitragefrei ist. Nach Satz 125 (Seite 148) ist das genau dann der Fall, wenn es ein äquivalentes Martingalmaß $\mathbf{Q}^*$ gibt. Das besagt, dass für die über die risikolose Anlageform diskontierten Bondpreise $\widetilde{P}$ für alle $k \leq k' \leq i$ (in der zugehörigen Baumdarstellung des Modells) gilt:

$$\mathbf{E}_{\mathbf{Q}^*}(\widetilde{P}(k', i) | \widetilde{P}(k, i)) = \widetilde{P}(k, i).$$

Etwas technischer, aber ohne begrifflichen Überbau ausgedrückt, bedeutet das, dass es zu jedem Zustand $s(k, j)$ mit möglichen Folgezuständen $s(k+1, j')$ nichtnegative Zahlen $q(k, j, j')$ gibt mit $\sum_{j'} q(k, j, j') = 1$, so dass für alle $i > k$ gilt

$$(1 + r_f(k, j))P(k, i, j) = \sum_{j'} q(k, j, j') P(k+1, i, j'). \tag{10.7}$$

Hierbei ist $P(k, i, j)$ der Wert von $P(k, i)$ im Zustand $s(k, j)$ und $r_f(k, j) = 1/P(k, k+1, j) - 1$ die risikolose Einperiodenrendite des Zustands $s(k, j)$. Bei vorgegebenen Werten $P(k, i, j)$ bilden die Gleichungen 10.7 zusammen mit der Bedingung $\sum_{j'} q(k, j, j') = 1$ für jeden Knoten $s(k, j)$ ein lineares Gleichungssystem für die $q(k, j, j')$. Die Anzahl der Variablen dieses Gleichungssystems ist gleich der Anzahl der Folgeknoten des Systems plus eins und die Anzahl der Gleichungen hängt davon ab, welche Zerobonds man in das System aufnimmt. Bei unbeschränkter Laufzeit sind theoretisch ja unendlich viele Bonds verfügbar. Festzuhalten ist:

- Gibt es Werte $q(...)$, die alle Gleichungen lösen, so ist das betrachtete System von Zerobonds arbitragefrei. Somit können dann auch alle europäischen Optionen (und damit auch die amerikanischen) CC_e mit Fälligkeit t_k nach dem Prinzip der risikoneutralen Bewertung gemäß

$$CC_e(0) = \mathbf{E}_{\mathbf{Q}^*}(\widetilde{CC_e}(k))$$

bewertet werden, so dass das Gesamtsystem bestehend aus Bonds und Derivaten arbitragefrei ist.

- Sind die $q(...)$ durch das Gleichungssystem sogar eindeutig bestimmt, so ist der Wertprozess jeder europäischen Zinsoption durch eine Handelsstrategie in den Bonds duplizierbar. Die betrachteten Bonds bilden dann ein vollständiges System von Anlageformen im Sinne von Abschnitt 5.4.1.

Da ein lineares Gleichungssystem im Normalfall nur dann eine eindeutige Lösung hat, wenn die Anzahl der Gleichungen gleich der Anzahl der Variablen ist, muss man bei dem Design eines Systems wie soeben beschrieben die Anzahl der Verzweigungen in den Knoten nach der Anzahl der betrachteten Bonds ausrichten, wenn man ein vollständiges System anstrebt.

10.4 Diskrete Zinsmodelle

Beispiel 215 *Am 15. Januar soll ein Put mit Fälligkeit 15. Juli auf einen Zerobond mit Restlaufzeit 3 Monate bewertet werden. Der Strike soll einem effektiven Jahreszins von 5% entsprechen. Dies ergibt einen Strike in Höhe von $98{,}787655\%$ $(=e^{-\ln(1{,}05)/4})$. Die Bewertung soll anhand eines diskreten Modells mit $\Delta t =$ „3 Monate" erfolgen. Die aktuellen Zinssätze sind: 3 M. 4,0% 6 M. 4,2% und 9 M. 4,6%. p.a. Auch diese Zinssätze sind als effektive Jahreszinsen gemeint, der zugehörigen stetige Jahreszinssatz beträgt also z.B. für den Dreimonatszinssatz $3{,}92207\%$.*
Es wird entsprechend der Einschätzung der möglichen Zinsentwicklungen das folgende Modell für die relevanten Zinssätze aufgestellt (alle Zinssätze effektive p.a.-Zinssätze):

```
        15. Januar                    15. April                  15. Juli

                                                              3 M. 7,5%
                              3 M. 5,0%; 6 M. 6,0%  <
                                                              3 M. 4,5%
                                 ↗
                                                              3 M. 6,5%
  3 M. 4,0%; 6 M. 4,2%; 9 M. 4,6%  →  3 M. 4,0%; 6 M. 5,0%  <
                                                              3 M. 4,0%
                                 ↘
                                                              3 M. 6,0%
                              3 M. 4,0%; 6 M 4,5%    <
                                                              3 M. 4,0%
```

Hieraus ergibt sich das folgende Modell für die Entwicklung der Bondpreise (in Cent):

```
        15. Januar                    15. April                  15. Juli

                              $r_f = 0{,}01227223$           P(2,3) = 98,21
                              P(1,2) = 98,787655    <
                              P(1,3) = 97,128586           P(2,3) = 98,91
                                 ↗
  $r_f = 0{,}00985341$        $r_f = 0{,}00985341$          P(2,3) = 98,44
  P(0,1) = 99,024274    →     P(1,2) = 99,024274    <
  P(0,2) = 97,963917          P(1,3) = 97,590007           P(2,3) = 99,02
  P(0,3) = 96,683249   ↘
                              $r_f = 0{,}00985341$          P(2,3) = 98,55
                              P(1,2) = 99,024274    <
                              P(1,3) = 97,823198           P(2,3) = 99,02
```

Die risikoneutralen Übergangswahrscheinlichkeiten können nun über drei 2×2- Gleichungssysteme (Übergang 15. April nach 15. Juli) und das 3×3- Gleichungssystem

$$\begin{pmatrix} 1 & 1 & 1 \\ 98{,}787655 & 99{,}024274 & 99{,}024274 \\ 97{,}128586 & 97{,}590007 & 97{,}823198 \end{pmatrix} \begin{pmatrix} q_1 \\ q_2 \\ q_3 \end{pmatrix} = \begin{pmatrix} 1 \\ 98{,}929195 \\ 97{,}635908 \end{pmatrix}$$

(98,29195 = (1+r_f)P(0,2)), das den Übergang Januar → April betrifft, ermittelt werden. Sie stellen sich als eindeutig heraus. Nun kann der Put auf P(2,3) zum Strike 98,787655 Cent mit Hilfe der risikoneutralen Wahrscheinlichkeiten und der schrittweisen Diskontierung über den Dreimonatszinssatz bewertet werden. Es ergibt sich folgender Preisprozess (in Cent), der zu dem aktuellen Wert $C_e(0) = 0{,}285677$ Cent führt:

15. Januar	15. April	15. Juli

$$
\begin{array}{lll}
 & & C_e = 0{,}579425 \\
 & r_f = 0{,}01227223 \quad \nearrow 0{,}83891 & \\
 & C_e = 0{,}480192 \quad \searrow 0{,}16109 & \\
 & & C_e = 0 \\
 \nearrow 0{,}2054407 & & \\
 & & C_e = 0{,}349696 \\
r_f = 0{,}00985341 \quad \to & r_f = 0{,}00985341 \quad \nearrow 0{,}80617442 & \\
C_e = 0{,}285677 \quad 0{,}59771948 & C_e = 0{,}279165 \quad \searrow 0{,}19382558 & \\
 & & C_e = 0 \\
 \searrow 0{,}19683982 & & \\
 & & C_e = 0{,}233819 \\
 & r_f = 0{,}00985341 \quad \nearrow 0{,}50417808 & \\
 & C_e = 0{,}116736 \quad \searrow 0{,}49582192 & \\
 & & C_e = 0
\end{array}
$$

Bemerkung 216 *Wenn man ein Modell wie in dem vorigen Beispiel aufstellt, kann es leicht passieren, dass man zwar die Gleichungssysteme lösen kann, aber negative Wahrscheinlichkeiten erhält. Das bedeutet, dass das betrachtete System von Bonds Arbitragemöglichkeiten enthält. Das ist z.B. schon dann der Fall, wenn alle in Erwägung gezogenen kurzfristigen Zinsen kleiner sind als alle langfristigen Zinsen. In dem Beispiel kommt man sogar schon dann zu negativen Wahrscheinlichkeiten, wenn man den anfänglichen Neunmonatszinssatz auf 4,7% erhöht oder auf 4,5% senkt.*

Diskrete Zinsmodelle sind in der Praxis weit verbreitet. Hauptsächlich sind es allerdings nicht Modelle, die wie soeben beschrieben auf Basis mehrerer „freihändiger" Zinsszenarien entworfen wurden, sondern Modelle zur numerischen Behandlung stetiger Modelle. Diese Modelle beinhalten arbitragefreie Entwicklungsmöglichkeiten der gesamten Zinsstruktur. Wie bei Zinsmodellen Arbitragemöglichkeiten ausgeschlossen werden können, dafür aber andere Probleme entstehen, kann noch gut anhand diskreter Modelle aufgezeigt werden, was wir jetzt tun.

Die Eigenschaft, dass ein Bond am Fälligkeitstag seinen Nominalwert annimmt (also $P(k,k) = 1$) hat zur Folge, dass der Preisprozess eines Bonds mit Fälligkeit t_k in einem endlichen diskreten Modell eindeutig bestimmt ist durch

- das äquivalente Martingalmaß $\mathbf{Q}^*$, genauer durch die q-Werte bis zum Zeitpunkt t_k und

- den Prozess des kurzfristigen Zinssatzes, also den Prozess der kurzfristigen Rendite r_f

10.4 Diskrete Zinsmodelle

Das bedeutet, dass man alternativ zu der am Anfang dieses Abschnitts angegebenen Vorgehensweise ein Modell auch über diese Größen charakterisieren kann. Das Trinomialmodell in Abbildung 10.4 zeigt ein solches System. Die sich hieraus ergebenden

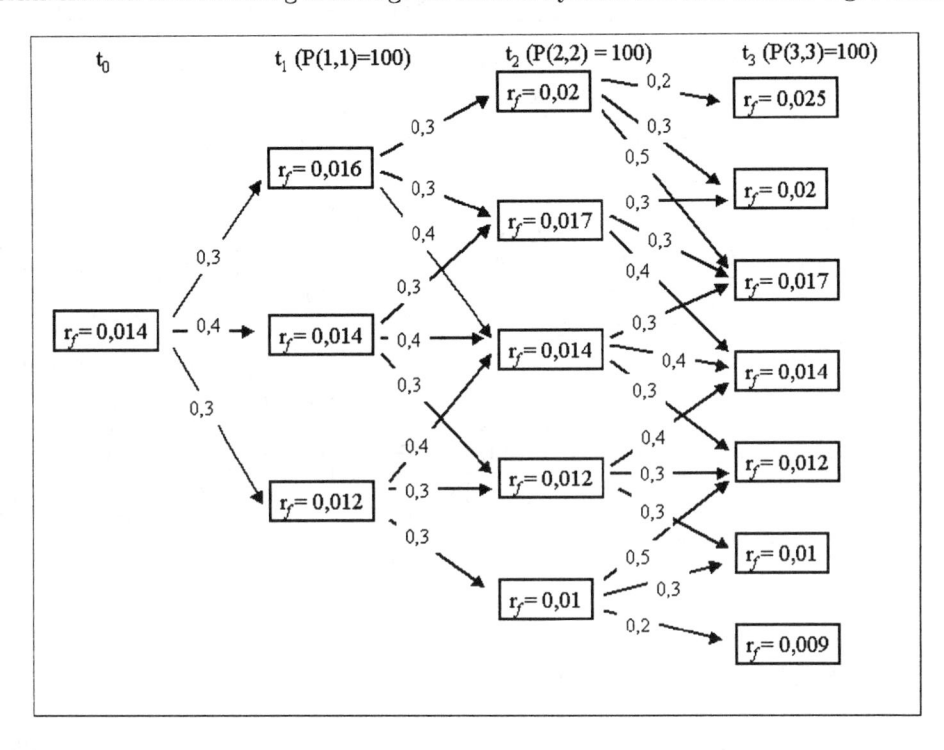

Abbildung 10.4 Ein Trinomialmodell für den risikoneutralen Prozess des kurzfristigen Zinssatzes

Prozesse der Bondpreise zeigt Abbildung 10.5, die zusätzlich auch noch den abgeleiteten Preis einer Bond-Call-Option enthält. Da in diesem Modell das System der Bondpreise nach Satz 117 offensichtlich arbitragefrei ist, ergeben sich auch aus dem Derivatpreis keine Arbitragemöglichkeiten.

In dem Beispiel kann man zu jedem Zeitpunkt t_k anhand des Wertes von r_f erkennen, welche Werte die übrigen Bonds zu diesem Zeitpunkt haben. Das muss nicht zwangsläufig so sein, da mehrere Zustände eines Zeitpunkts den gleichen Wert für r_f haben können,. Im Sinne eines möglichst einfachen Modells kann man es aber mit dem Ansatz versuchen, den Preisprozess des kurzfristigen Zinssatzes in der risikoneutralen Welt zu modellieren und hieraus sämtliche Bondpreisprozesse abzuleiten. Dies ist in der Tat die Vorgehensweise einer Reihe populärer Modelle zur Bewertung von Zinsderivaten.

Bei einem solchen Modell - egal ob diskret oder stetig - stellt sich nun aber mehr noch als bei der Vorgehensweise in Beispiel 215 die Frage, wie man die Eingangsparameter bestimmen soll, so dass das Modell zur Wirklichkeit passt. Im diskreten Ansatz tut es das genau dann, wenn sich die tatsächliche Entwicklung der Zinsstruktur (zumindest näherungsweise) als Pfad in dem Modell wiederfindet, was natürlich immer nur rückblickend

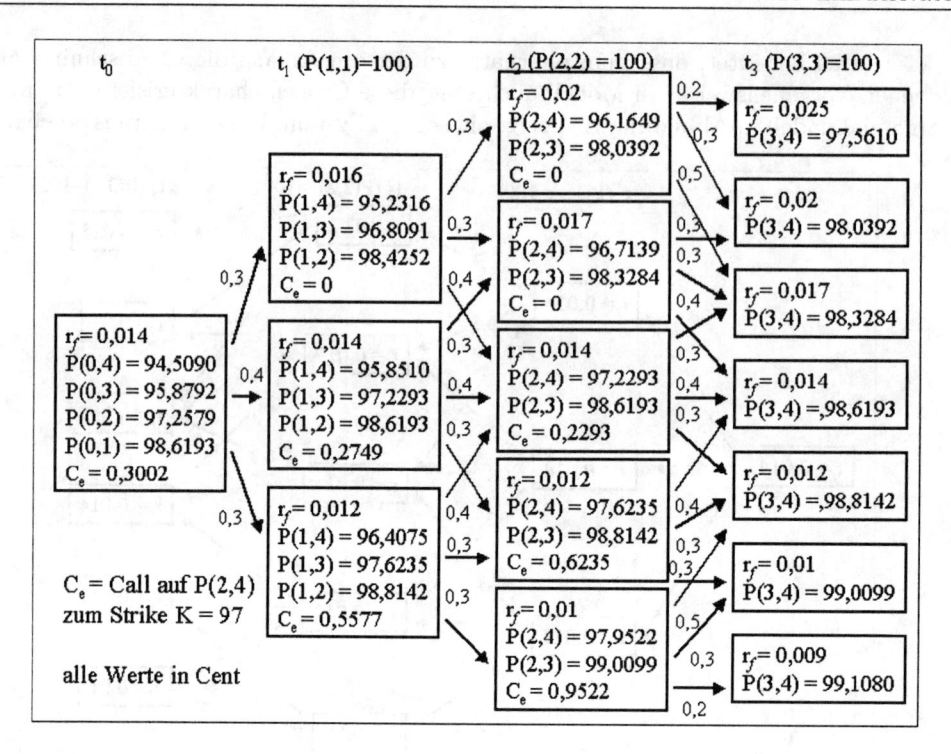

```
                                      t₂ (P(2,2) = 100)
    t₀         t₁ (P(1,1)=100)        r_f= 0,02          0,2    t₃ (P(3,3)=100)
                                      P(2,4) = 96,1649          r_f= 0,025
                                 0,3  P(2,3) = 98,0392   0,3   P(3,4) = 97,5610
                    r_f= 0,016        C_e = 0            0,5
                    P(1,4) = 95,2316                            r_f= 0,02
                    P(1,3) = 96,8091  r_f= 0,017         0,3   P(3,4) = 98,0392
                    P(1,2) = 98,4252  P(2,4) = 96,7139   0,3
               0,3  C_e = 0      0,4  P(2,3) = 98,3284
                                      C_e = 0            0,4   r_f= 0,017
r_f= 0,014                                                     P(3,4) = 98,3284
P(0,4) = 94,5090    r_f= 0,014        r_f= 0,014         0,3
P(0,3) = 95,8792 0,4 P(1,4) = 95,8510 P(2,4) = 97,2293   0,4   r_f= 0,014
P(0,2) = 97,2579    P(1,3) = 97,2293  P(2,3) = 98,6193   0,3   P(3,4) =,98,6193
P(0,1) = 98,6193    P(1,2) = 98,6193  C_e = 0,2293
C_e = 0,3002        C_e = 0,2749                               r_f= 0,012
                                      r_f= 0,012               P(3,4) =,98,8142
           0,3                   0,4  P(2,4) = 97,6235   0,4
                    r_f= 0,012        P(2,3) = 98,8142   0,3
                    P(1,4) = 96,4075  C_e = 0,6235       0,3   r_f= 0,01
C_e = Call auf P(2,4) P(1,3) = 97,6235                         P(3,4) = 99,0099
zum Strike K = 97   P(1,2) = 98,8142  r_f= 0,01          0,5
                    C_e = 0,5577      P(2,4) = 97,9522
                                      P(2,3) = 99,0099   0,3   r_f= 0,009
alle Werte in Cent                    C_e = 0,9522             P(3,4) = 99,1080
                                                         0,2
```

Abbildung 10.5 Abgeleitete Bondpreise

verifiziert werden kann. Im Vorhinein überprüfbar, und damit eine Art Minimalforderung für die Realitätsnähe, ist die Forderung, dass zumindest der Ausgangspunkt der zukünftigen Entwicklung, also die aktuelle Zinsstrukturkurve, exakt im Modell abgebildet wird. Das heißt, die abgeleiteten Bondpreises $P(0,...)$ müssen mit den Marktpreisen übereinstimmen. Dies führt nach Wahl der Werte und Entwicklungsmöglichkeiten von r_f zu einer Reihe von Gleichungen, die die $q(...)$-Werte erfüllen müssen. Geht man bei deren Lösung sukzessive für $k = 0, 1, ...$ vor, so sind immer nur lineare Gleichungssysteme zu lösen. Aufgrund der Anzahl der vorhandenen Freiheitsgrade ist die Lösung dieser Gleichungen in der Regel möglich.

Bemerkung 217 *Dennoch ist damit nur eine Minimalforderung erfüllt. Stellt man fest, dass ein solches System in seiner Entwicklung zwar den kurzfristigen Zinssatz gut modelliert, aber nicht die Zerobondpreise, so ist das Modell unpassend. Es ist also zur Validierung des Modells zu überprüfen, ob die sich in der Realität zu einem Zeitpunkt t_k einstellende Zinsstruktur zumindest näherungsweise mit einer im Modell zu einem Knoten $s(k,j)$ gehörenden Zinsstruktur übereinstimmt.*

10.5 Stetige Modelle für den kurzfristigen Zinssatz

Wir wechseln jetzt wieder in den Kontext der stetigen Modelle und verstehen folglich unter Zinssätzen stetige Zinssätze. Wir gehen davon aus, dass es zu jedem Zeitpunkt $t \geq 0$ und jedem Zeitraum $[t, T]$ einen Zinssatz $R(t, T)$ gibt, zu dem Geld über diese Periode geliehen und verliehen werden kann. Der Zerobond über diesen Zeitraum entspricht also dem Abzinsungsfaktor
$$P(t,T) = e^{-R(t,T)(T-t)}.$$
Da es jetzt kein kleinstes Zeitintervall Δt gibt, verstehen wir unter dem kurzfristigen Zinssatz $r(t) = R(t,t)$ zum Zeitpunkt t den Grenzwert

$$\begin{aligned} r(t) &= \lim_{\Delta t \downarrow 0} R(t, t+\Delta t) = \lim_{\Delta t \downarrow 0} \frac{-\ln(P(t, t+\Delta t))}{\Delta t} \\ &= -\tfrac{\partial}{\partial T} \ln(P(t,T))|_{T=t} \end{aligned}$$

Die Rolle der risikolosen Anlageform (Numeraire) übernimmt jetzt die theoretische Anlagestrategie B (Cashbond), die darin besteht, das Geld immer zum (nur infinitesimal gültigen) Zinssatz $r(t)$ anzulegen. Der Wert eines auf diese Art angelegten Euros entwickelt sich dann gemäß
$$B(t) = \exp\left(\int_0^t r(\tau)\, d\tau\right)$$
Eine andere Beschreibung ist
$$B(0) = 1 \quad \text{und} \quad dB(t) = r(t)B(t)dt \quad (\text{kurz } dB = rBdt)$$
Ist r stochastisch, so ist dies eine stochastische Differentialgleichung.

Die Modelle, die wir jetzt vorstellen werden, modellieren den Verlauf des kurzfristigen Zinssatzes r ähnlich dem Black-Scholes-Modell für Aktien über eine stochastische Differentialgleichung. Die Stochastik des zukünftigen Verlaufs von r wird wie in dem Aktienmodell über einen (einzigen) Wiener-Prozess dargestellt. Modelliert wird hierbei nicht der Prozess von r in der realen, sondern in der risikoneutralen Welt, also unter einem äquivalenten Martingalmaß. Diese Feststellung ist wichtig, sie besagt zum Beispiel, dass das Modell nicht durch Vergleich mit dem Verlauf des realen kurzfristigen Zinssatzes, sondern nur über die zeitliche Entwicklung der Zinsstrukturkurve (genauer: über die empirische Verteilung der Zinsänderungen) überprüft werden kann (siehe die Bemerkungen 217 und 219).

Bei allen Modellen dieses Abschnitts ist die Situation so, wie es am Ende des vorigen Abschnitts für diskrete Modelle beschrieben wurde. Unter der Voraussetzung, dass die gesamte Stochastik des Modells auf den einen für die Modellierung von r benutzten Wiener-Prozess zurückgeführt werden kann, sind die Entwicklungen aller Zinssätze durch die Entwicklung von r eindeutig bestimmt (wenn es keine Arbitragemöglichkeiten geben soll). Das System aller (unendlich vielen) Bonds über alle Laufzeiten bildet dann sogar ein vollständiges arbitragefreies System, d.h. alle europäischen Derivate können in ihrem Wertverlauf durch ein Portfolio bestehend aus Bonds dupliziert werden. Zur Duplikation reicht sogar schon der Cashbond und ein einziger beliebiger Zerobond aus, dessen Laufzeit nur über den Fälligkeitstermin der Option hinausgehen muss. Dies gilt natürlich nur unter der Voraussetzung, dass das Modell zum realen Zinsverlauf passt.

Hauptargument für die Realitätsnähe der Modelle ist aber lediglich, dass sie in der Lage sind, die momentane Zinsstruktur exakt abzubilden.

10.5.1 Das Modell von Ho und Lee

Dies ist das historisch gesehen erste geschlossene Modell für die Entwicklung der Zinsstruktur, das an die aktuellen Zinssätze genau angepasst werden kann. In ihrer Originalarbeit [28] stellen die Autoren das Modell in diskreter Form dar, dem Wesen nach ist es aber ein stetiges Modell. Die stochastische Differentialgleichung für den kurzfristigen Zinssatz lautet

$$dr = \theta(t)dt + \sigma dW^{\mathbf{Q}^*} \tag{10.8}$$

($W^{\mathbf{Q}^*}$ ein Wiener-Prozess bzgl. $\mathbf{Q}^*$) mit konstantem σ und einer von der Zeit, aber nicht vom Zufall abhängenden Funktion θ. Diese Funktion wird bei der Implementierung des Systems so definiert, dass das Modell zur vorhandenen Zinsstruktur passt. Mit Hilfe der Ableitung der Kurve der anfänglichen Forwardraten (s. 10.2) kann θ explizit beschrieben werden (aktueller Zeitpunkt $t_0 = 0$):

$$\theta(t) = \frac{\partial}{\partial t} F(0,t) + \sigma^2 t \tag{10.9}$$

Dies ist, wie gesagt, ein Modell für den Verlauf von r in der risikoneutralen Welt. Man kann zeigen, dass man zu diesem Modell kommt, wenn für den Verlauf von r in der realen Welt eine stochastische Differentialgleichung der Art

$$dr = (\theta(t) + \sigma\gamma)\, dt + \sigma dW \tag{10.10}$$

gilt, wobei γ ein stochastischer Prozess ist, der gewissen Beschränktheitsbedingungen unterliegen muss. Das Modell ist also nicht ganz so restriktiv und einfach, wie es auf den ersten Blick aussieht und erlaubt ein durchaus komplexes System von (realen) Driftraten für r. Eine wesentliche Eigenschaft des Modells ist aber die Konstanz von σ, dem Koeffizienten von dW. Sie hat zur Folge, dass $r(t)$ in der risikoneutralen Welt normalverteilt ist, denn es gilt

$$r(t) = \int_0^t \theta(\tau)\, d\tau + \sigma W^{\mathbf{Q}^*}(t). \tag{10.11}$$

Dies bedeutet, dass $r(t)$ mit positiver Wahrscheinlichkeit negative Werte annimmt. Daraus folgt, dass auch in der realen Welt mit positiver Wahrscheinlichkeit negative Zinsen vorkommen können. Auch wenn man sich durchaus Situationen mit real negativen Zinsen vorstellen kann, so wird dies doch als Makel des Modells angesehen. Als Ausgleich dafür liefert das Modell aufgrund seiner Einfachheit eine Reihe analytischer Formeln.

Die Bondpreise $P(t, T)$ sind unter $\mathbf{Q}^*$ lognormalverteilt

$$P(t,T) = \exp\left[-\left(\sigma(T-t)W^{\mathbf{Q}^*}(t) + \int_t^T F(0,u)\, du + \frac{1}{2}\sigma^2 T(T-t)t\right)\right] \tag{10.12}$$

und genügen der stochastischen Differentialgleichung (ausführlich geschrieben; t ist die Zeitvariable des Prozesses, nicht T)

10.5 Stetige Modelle für den kurzfristigen Zinssatz

$$dP(t,T) = P(t,T)\left(r(t)dt + \sigma(T-t)dW^{Q^*}(t)\right) \tag{10.13}$$

Die Volatilität ist also $\sigma(T-t)$ und genügt somit der Forderung, dass die Bondpreisvolatilität gegen null konvergiert, wenn man sich dem Fälligkeitstag nähert. $\ln[P(t,T)]$ hat die Standardabweichung

$$\sigma_P = \sigma(T-t)\sqrt{t}$$

Diskontiert man den Bond mittels des Cashbonds, so erhält man ein Martingal

$$d\left[\frac{P(t,T)}{B(t)}\right] = \frac{P(t,T)}{B(t)} \cdot \sigma(T-t)dW^{Q^*}(t)$$

Mit Hilfe der Gleichungen 10.12, 10.9 und 10.11 folgt, dass $P(t,T)$ zu jedem Zeitpunkt t aus dem dann gültigen kurzfristigen Zinssatz $r(t)$ bestimmbar ist:

$$P(t,T) = \exp\left[-r(t)(T-t) + G(t,T)\right]$$

mit

$$G(t,T) = \ln\frac{P(0,T)}{P(0,t)} + (T-t)F(0,t) - \frac{1}{2}\sigma^2 t(T-t)^2$$

Schließlich lässt sich zeigen, dass aufgrund der Lognormalverteilung die folgenden Black-Scholes-Preise für europäische Calls und Puts auf Zerobonds zum Zeitpunkt 0 gelten (vgl. Abschnitt 10.3.1):

- Europäischer Call C_e auf $P(t,T)$ zum Strike K:

$$C_e(0) = P(0,T) \cdot \Phi(h) - P(0,t) \cdot K \cdot \Phi(h-\sigma_P)$$

- Europäischer Put P_e auf $P(t,T)$ zum Strike K:

$$P_e(0) = P(0,t) \cdot K \cdot \Phi(-h+\sigma_P) - P(0,T) \cdot \Phi(-h)$$

wobei h definiert ist durch

$$h = \frac{1}{\sigma_P} \ln \frac{P(0,T)}{K \cdot P(0,t)} + \frac{\sigma_P}{2}.$$

10.5.2 Das Modell von Vasicek / Hull und White

Die stochastische Differentialgleichung für den Verlauf von r in der risikoneutralen Welt ist in diesem Modell

$$dr = (\theta(t) - ar)dt + \sigma dW^{Q^*} \tag{10.14}$$

mit konstanten positiven Werten a und σ und deterministischer Funktion θ. Im ursprünglichen Modell von Vasicek [57] ist θ konstant. Dann hat das Modell zwar bereits die wesentlichen charakteristischen Eigenschaften, aber den Nachteil, dass es in der Regel nicht möglich ist, die Parameter so zu wählen, dass die aktuelle Zinsstruktur exakt abgebildet wird. Dies gelingt erst mit Hilfe der von Hull und White [30] eingeführten Erweiterung in Form eines zeitabhängigen θ. Im Gegensatz zum Ho-und-Lee-Modell hat dieses Modell **Mean-Reversion**. Das bedeutet, dass der Prozess jederzeit die Tendenz hat, einen mittleren Wert anzustreben. Das sieht man anhand der Driftrate. Sie ist zum Zeitpunkt t positiv, wenn $r(t)$ kleiner ist als $\theta(t)/a$ und negativ, falls $r(t) > \theta(t)/a$ gilt. Der Drift ist umso stärker, je weiter r vom Mittelwert entfernt ist. Die Mean-Reversion spricht für das Modell, denn auch in der Realität (der letzten Jahrzehnte) haben sich die Zinsen immer wieder einem mittleren Wert angenähert. Allerdings darf man nicht übersehen, dass Mean-Reversion eine in der realen Welt festgestellte Tendenz ist, 10.14 modelliert aber die Entwicklung von r in der risikoneutralen Welt, also bezüglich des (rein technischen) Martingalmaßes $\mathbf{Q}^*$. Das Modell erlaubt natürlich auch in der realen Welt Mean-Reversion, dort wird sie aber auch von dem Ho-und-Lee-Modell zugelassen (siehe 10.10). Der diesbezügliche Vorteil des Modells von Vasicek / Hull und White ist also keineswegs so klar, wie es auf den ersten Blick aussieht. Er ist aber vorhanden und zeigt sich letztlich in den Bondpreisvolatilitäten (siehe 10.13 und 10.15). Während diese im Ho-Lee-Modell proportional zur Restlaufzeit sind, sind sie im Vasicek-Hull-White-Modell nach oben beschränkt, was bedeutet, dass sich Veränderungen am Zinsmarkt vor allem und stärker bei kürzeren Laufzeiten bemerkbar machen und weniger bei längeren. Dies passt zur Mean-Reversion. Je länger die Restlaufzeit eines Bonds ist, desto größer ist die Wahrscheinlichkeit, dass sich in seiner Laufzeit ein aktueller Trend umkehrt.

Insgesamt haben die beiden Modelle aber viele ähnliche Eigenschaften. Kommen wir zunächst zur Kalibrierung des Hull-und-White-Modells: Damit die aktuelle Zinsstruktur abgebildet wird, ist θ so zu definieren:

$$\theta(t) = \frac{\partial}{\partial t} F(0,t) + a F(0,t) + \frac{\sigma^2}{2a}\left(1 - e^{-2at}\right)$$

Auch in diesem Modell stellt sich heraus, dass $r(t)$ unter $\mathbf{Q}^*$ normalverteilt ist, die Varianz ist (wie im Ho-und-Lee-Modell) der letzte Summand von $\theta(t)$:

$$\mathbf{V}(r(t)) = \frac{\sigma^2}{2a}\left(1 - e^{-2at}\right)$$

Auch im Modell von Vasicek / Hull und White werden also (sowohl in der Realität als auch im risikoneutralen System) mit positiver Wahrscheinlichkeit Zinsen negativ. Eine weitere Gemeinsamkeit beider Modelle sind die lognormalverteilten Bondpreise

$$P(t,T) = \exp\left[-r(t)\frac{1 - e^{-a(T-t)}}{a} + G(t,T)\right]$$

mit

$$G(t,T) = \ln\frac{P(0,T)}{P(0,t)} + \frac{1 - e^{-a(T-t)}}{a} F(0,t) - \frac{1}{4a^3}\sigma^2(e^{-aT} - e^{-at})^2(e^{2at} - 1)$$

Sie genügen der stochastischen Differentialgleichung

10.5 Stetige Modelle für den kurzfristigen Zinssatz

$$dP(t,T) = P(t,T)\left(r(t)dt + \frac{\sigma}{a}(1 - e^{-a(T-t)})dW^{\mathbf{Q}^*}(t)\right) \quad (10.15)$$

Die Volatilität $\sigma(1 - e^{-a(T-t)})/a$ konvergiert auch hier gegen null für $t \to T$, aber die Beziehung zwischen Restlaufzeit und Volatilität ist nicht mehr linear. Die Standardabweichung von $\ln[P(t,T)]$ ist

$$\sigma_P = \frac{\sigma}{a}(1 - e^{-a(T-t)})\sqrt{\frac{1 - e^{-2at}}{2a}}.$$

Wie im Ho-Lee-Modell ist der diskontierte Prozess $P(t,T)/B(t)$ bezüglich $\mathbf{Q}^*$ ein Martingal

$$d\left[\frac{P(t,T)}{B(t)}\right] = \frac{P(t,T)}{B(t)} \cdot \frac{\sigma}{a}(1 - e^{-a(T-t)})dW^{\mathbf{Q}^*}(t)$$

Auch die Formeln für die Preise europäischer Calls und Puts auf Zerobonds zum Zeitpunkt 0 ähneln sehr den entsprechenden Formeln im Ho-und-Lee-Modell, denn es sind auch hier die Black-Scholes-Formeln. Der einzige Unterschied ergibt sich durch den unterschiedlichen Wert von σ_P. Also:

- Europäischer Call C_e auf $P(t,T)$ zum Strike K:

$$C_e(0) = P(0,T) \cdot \Phi(h) - P(0,t) \cdot K \cdot \Phi(h - \sigma_P)$$

- Europäischer Put P_e auf $P(t,T)$ zum Strike K:

$$P_e(0) = P(0,t) \cdot K \cdot \Phi(-h + \sigma_P) - P(0,T) \cdot \Phi(-h)$$

wobei h auch hier definiert ist durch

$$h = \frac{1}{\sigma_P}\ln\frac{P(0,T)}{K \cdot P(0,t)} + \frac{\sigma_P}{2}.$$

10.5.3 Das Modell von Cox-Ingersoll-Ross (CIR)

Hier wird der kurzfristige Zinssatz r nach der Gleichung

$$dr = a(b - r)dt + \sigma\sqrt{r}dW^{\mathbf{Q}^*}$$

(a, b, σ konstant) modelliert. Dieses Mean-Reversion-System vermeidet negative Zinsen, da $\sigma\sqrt{r}$ gegen null konvergiert, wenn r sich der Null nähert. Dies bewirkt, dass die Driftrate für Werte von r in der Nähe von null die dort immer kleiner werdende Zinsschwankungsneigung dominiert. Analog zu dem Vasicek-Modell gibt es in diesem Modell analytische Bond- und Optionspreisformeln (siehe [11], die Bondpreisformeln findet man auch in [29]). Damit erscheint das Modell sehr attraktiv, aber eine weitere Parallele zum Vasicek-Modell ist weniger schön: die drei wählbaren Parameter a, b und σ reichen nicht aus, um das Modell in perfekte Übereinstimmung mit der aktuellen Zinsstruktur zu bringen. Diesem Mangel kann man zwar auch hier abhelfen, indem man die Konstanten durch zeitabhängige, aber deterministische Funktionen ersetzt, also

$$dr = (\theta(t) - a(t)r)dt + \sigma(t)\sqrt{r}dW^{Q^*},$$

aber im Gegensatz zum Vasicek-Model sind dann keine analytischen Formeln mehr bekannt [30]. Das bedeutet, dass man auch schon für „Plain Vanilla"-Optionen wie europäische Calls und Puts auf numerische Annäherungen, also diskrete Modelle, zurückgreifen muss.

10.5.4 Das Modell von Black-Karasinski

Dieses Modell ist eine Erweiterung des Modells von Black-Dermon-Toy (siehe [4] und [5]). Vermöge der Exponentialfunktion werden auch hier negative Zinsen vermieden. Es wird zunächst ein Prozess $X(t)$ nach Art von Vasicek / Hull–White modelliert

$$dX = (\theta(t) - a(t)X)\,dt + \sigma(t)dW^{Q^*}$$

(θ, a und σ sind deterministisch, dürfen aber zeitabhängig sein), der über die Gleichung

$$r(t) = e^{X(t)}$$

die Entwicklung von r steuert. $X(t)$ ist normalverteilt, auch bei zeitabhängigen a und σ. Dieser Ansatz führt also zu lognormalverteilten kurzfristigen Zinsen. Leider ist das Modell von Black-Karasinski analytisch nur schwer zugänglich, so dass man auch hier durchgehend auf die Annäherung durch diskrete Modelle angewiesen ist.

10.5.5 Fazit

Vor allem aufgrund der verfügbaren analytischen Formeln sind die Modelle von Ho und Lee sowie Vasicek / Hull und White in der Praxis weitverbreitet, da sie eine schnelle Berechnung von Optionspreisen ermöglichen. Dies betrifft nicht nur die Standardoptionen. Will man z.B. eine amerikanische Option über den Zeitraum $[0, t]$ auf einen Bond mit Fälligkeit T bewerten, so ist dafür zwar in allen Modellen eine Baumkonstruktion erforderlich, diese muss sich aber nur über den Zeitraum $[0, t]$ erstrecken, wenn in dem Modell eine analytische Formel für Bondpreise verfügbar ist. Andernfalls muss man den gesamten Zeitraum $[0, T]$ betrachten. Dieser numerische Vorteil ist auch heute noch von Bedeutung, da er es erlaubt, große Optionsbücher schneller zu bewerten. Angesichts der nach wie vor kontinuierlichen deutlichen Leistungszunahme moderner Computer verliert der Vorteil aber doch etwas an Gewicht. Damit sollte sich das Augenmerk zunehmend auf die Realitätsnähe der Modelle richten. Eine unabdingbare Forderung ist hierbei, dass ein Modell die aktuelle Zinsstruktur perfekt abbilden muss. Tut es das nicht, so eröffnet das theoretisch Arbitragemöglichkeiten, deren Ausnutzung in der Praxis aber nicht ganz leicht sein dürfte. Wie schon oben beschrieben, können die Modelle nur eingeschränkt anhand des realen Verlaufs des kurzfristigen Zinssatzes validiert werden. Zu vergleichen sind vielmehr die realen und die Modellvolatilitäten der Zerobondpreise (oder der Forwardraten, s. nächster Abschnitt).

Die praktische Bewertung von Nicht-Standardoptionen ist bei allen vorgestellten Modellen nur mit Hilfe diskreter Annäherungen der Modelle möglich. Bezüglich der Konstruktion solcher Baummodelle haben sie alle optimale Voraussetzungen: es ist wie geschildert lediglich die Konstruktion eines Baumes erforderlich, der die Entwicklung des kurzfristigen Zinssatzes in der risikolosen Welt, also unter dem äquivalenten Martingalmaß $\mathbf{Q}^*$ beschreibt. In allen angegebenen Modellen hat der Prozess von r außerdem die Markov-Eigenschaft (siehe hierzu Satz 301 auf Seite 394), d.h. nur der augenblickliche Wert, nicht die Vergangenheit beeinflusst die zukünftige Entwicklung. Dies bedeutet, dass der Prozess über wiedervereinigende Baummodelle darstellbar ist. Das ist von großem numerischen Voreil, da so die Anzahl der erforderlichen Knoten überschaubar bleibt (s. Abschnitt 5.5.1). Häufig werden zur Modellierung dieses Kursverlaufs Trinomialbäume benutzt. Eine allgemeine Konstruktionsmethode findet man in [29].

Gut bewährt haben sich die Modelle in der Praxis bei der Bewertung von Optionen auf einzelne Bonds oder Zinssätze, weniger gut bei der Bewertung von Derivaten, deren Payoff von der gemeinsamen Entwicklung mehrerer Zinssätze abhängen (z.B. Zinsspread-Optionen, d.h. Optionen, deren Auszahlung davon abhängt, wie sich die Differenz zweier Zinssätze entwickelt). Denn allen Modellen ist gemeinsam, dass zu jedem Zeitpunkt der Kurs jedes Zerobonds durch den kurzfristigen Zinssatz eindeutig bestimmt ist, d.h. alle Zinssätze sind untereinander vollständig korreliert. Ursache hierfür ist in den vorgestellten stetigen Modellen, dass die Stochastik durch einen einzigen Wiener-Prozess beschrieben wird. Man nennt sie daher auch Einfaktormodelle. Inhaltlich bedeutet das, dass unterstellt wird, dass die Auswirkung jeder neuen Information auf die Zinsstruktur durch ihre Auswirkung auf den kurzfristigen Zinssatz vollständig bestimmt ist. Diesen vermutlich unrealistisch engen Modellrahmen kann man durch die Einführung zusätzlicher „Unruheherde", also weiterer Wiener-Prozesse, erweitern. In diesem Zusammenhang ist z.B. auf das von Hull und White vorgeschlagene Zweifaktormodell [33] hinzuweisen.

Wir wollen uns jetzt der Frage nach einem allgemeinen Rahmen für stetige Zinsstrukturmodelle zuwenden.

10.6 Das Heath-Jarrow-Morton-Modell (HJM)

Wie wir schon gesehen haben, gibt es verschiedene Möglichkeiten, die Zinsstruktur zu einem Zeitpunkt t zu beschreiben. Eine besteht darin, die Preise der Zerobonds aller zukünftigen Zeitpunkte in Form der Diskontierungsfaktoren $P(t, T)$ anzugeben. Gleichwertig damit ist die Angabe der zugehörigen stetigen Zinssätze $R(t, T)$. Eine dritte Möglichkeit schließlich besteht darin, die Forwardraten anzugeben:

$$F(t,T) = -\frac{\partial}{\partial T} \ln\left(P(t,T)\right), \tag{10.16}$$

denn auch aus ihnen kann wie gesehen der Wert von $P(t, T)$ zurückgewonnen werden:

$$P(t,T) = \exp\left(-\int_t^T F(t,\tau)d\tau\right)$$

Heath, Jarrow und Morton modellieren in ihrem Modell den Verlauf der Forwardraten. In der einfachsten Form basiert auch in diesem Modell die gesamte Stochastik auf einem einzigen Wiener-Prozess, es lässt sich aber in direkter Weise auf mehrere Faktoren erweitern. Wir beschreiben zunächst das Einfaktormodell und geben dann die entsprechenden Formeln im n-Faktor-Modell an.

10.6.1 Einfaktor-Modelle

Ausgangspunkt des Modells ist die aktuelle Kurve der Forwardraten $F(0, T)$, die sich vermöge 10.16 und näherungsweise gemäß 10.3 aus der momentanen Zinsstrukturkurve ergibt. Hierdurch ist schon einmal sichergestellt, dass das Modell die aktuelle Zinsstruktur korrekt abbildet. Als nächstes wird die Entwicklung der Forwardraten im Lauf der Zeit über eine stochastische Differentialgleichung modelliert

$$dF(t,T) = \alpha(t,T)dt + \sigma(t,T)dW \qquad (10.17)$$

(t ist die Zeitvariable des Prozesses, es liegt also für jedes T ein Prozess vor). Zu betonen ist, dass hierbei zunächst die Entwicklung in der realen Welt modelliert wird, so dass also die Chance besteht, das Modell anhand realer historischer Zinsdaten mit statistischen Methoden zu überprüfen. Darüberhinaus ist darauf hinzuweisen, dass der angegebene Prozess (natürlich) nur bis zur Stelle $t = T$ interessiert, an der er nach Definition den kurzfristigen Zinssatz erreicht:

$$F(T,T) = r(T)$$

Die Größen $\alpha(t, T)$ und $\sigma(t, T)$ sind in dem allgemeinen Ansatz nicht einfach Funktionen in t und T, sondern stochastische Prozesse, deren Werte zum Zeitpunkt t von der Entwicklung des Wiener-Prozesses und der Forwardraten bis zu diesem Zeitpunkt abhängen können. Es stellt sich die Frage, welche Anforderungen an diese Prozesse zu stellen sind, damit die Gesamtheit aller unendlich vielen Zerobonds zusammen mit dem Cashbond B, der sich fortwährend gemäß r verzinst, ein arbitragefreies System bildet. In Abschnitt 10.4 haben wir bereits bei diskreten Modellen gesehen, dass sich die einzelnen Zinssätze nicht völlig unabhängig voneinander entwickeln können, wenn keine Arbitragemöglichkeiten vorhanden sein sollen. So ist es auch bei den stetigen Modellen. Neben einigen eher technischen Bedingungen (vor allem Beschränktheitsbedingungen, s. [2] Seite 149)) muss ein Zusammenhang zwischen der Driftrate $\alpha(t, T)$ und der Varianzrate $\sigma^2(t, T)$ der folgenden Art bestehen:

Forderung 218 *(Arbitragefreiheit von HJM-Systemen) Es gibt einen für alle Fälligkeitstermine T gleichen stochastischen Prozess γ, so dass gilt*[2]

$$\alpha(t,T) = \sigma(t,T) \left[\gamma(t) + \int_t^T \sigma(t,\tau)\, d\tau \right].$$

---

[2] Das Integral ist als pfadweises Integral zu verstehen, siehe hierzu den Abschnitt über das Lebesgue-Stieltjes-Integral im letzten Kapitel.

10.6 Das Heath-Jarrow-Morton-Modell (HJM)

Das Wesentliche an der Forderung ist die Unabhängigkeit des Prozesses γ von T. Ist die Forderung (sowie die o.g. technischen Bedingungen) erfüllt, so wird durch 10.17 tatsächlich ein arbitragefreies System definiert, d.h. die Entwicklung von Cashbond und den Zerobonds enthält keine Arbitragemöglichkeiten. Das System ist auch vollständig, was bei unendlich vielen verfügbaren Anlageformen nicht verwunderlich ist. Da wir es mit einem Einfaktormodell zu tun haben, reicht aber schon ein Zerobond und der Cashbond für die Vollständigkeit des Systems bis zum Endtermin des Zerobonds aus.

Der Prozess γ ist nur eine Erscheinung der realen Welt. Beschreibt man den Prozess der Forwardraten in der risikoneutralen Welt, also unter dem äquivalenten Martingalmaß $\mathbf{Q}^*$ mit entsprechendem Wiener-Prozess $W^{\mathbf{Q}^*}$

$$dF(t,T) = \alpha^*(t,T)dt + \sigma^*(t,T)dW^{\mathbf{Q}^*},$$

so gilt

$$\sigma^*(t,T) = \sigma(t,T) \text{ und } \alpha^*(t,T) = \sigma(t,T) \int_t^T \sigma(t,\tau)\, d\tau$$

γ taucht hier also nicht mehr auf, es besteht vielmehr eine direkte durch die Gleichung

$$\alpha^*(t,T) = \sigma^*(t,T) \int_t^T \sigma^*(t,\tau)\, d\tau$$

ausgedrückte Abhängigkeit der Driftrate von der Varianzrate. Es zeigt sich hier eine bemerkenswerte Parallele zum Black-Scholes-Modell, in dem ja auch lediglich die Volatilität einer Aktie ihren Verlauf in der risikoneutralen Welt bestimmt. Diese Parallelität zeigt sich noch deutlicher in der Gleichung, die die Preisprozesse der Zerobonds im HJM-Modell beschreibt

$$dP(t,T) = P(t,T)\left(r(t)dt - \left[\int_t^T \sigma(t,\tau)\, d\tau\right] dW^{\mathbf{Q}^*}\right)$$

Der Integralausdrucks $\int_t^T \sigma(t,\tau)\, d\tau$ ist also die Bondpreisvolatilität.

In der risikoneutralen Welt haben alle Anlageformen den gleichen Erwartungswert der Rendite, also den Erwartungswert der Rendite des Cashbonds. Folglich ist der über $B(t)$ diskontierte Preisprozess des Bonds ein Martingal

$$d\left(P(t,T)/B(t)\right) = P(t,T)/B(t) \cdot \left[-\int_t^T \sigma(t,\tau)\, d\tau\right] dW^{\mathbf{Q}^*}$$

und für die Zerobonds gilt wegen $P(t,t) = 1$

$$P(0,T) = \mathbf{E}_{\mathbf{Q}^*}(B(T)^{-1}) = \mathbf{E}_{\mathbf{Q}^*}\left[\exp\left(-\int_0^T r(\tau)\, d\tau\right)\right]$$

Entsprechend gilt für jeden europäischen Contingent Claim CC_e mit Fälligkeit T

$$CC_e(0) = \mathbf{E}_{\mathbf{Q}^*}(B(T)^{-1}CC_e(T)) \qquad (10.18)$$

Analoge Formeln gelten für die Zwischenzeitpunkte t, wobei dann aber bedingte Erwartungswerte einzusetzen sind und die Diskontierung für den Zeitraum $[0,t]$ zu beachten ist.

Mit diesen Formeln können also grundsätzlich ausgehend von einer durch die $\sigma(t, T)$ gegebenen **Volatilitätsfläche** der Forwardraten alle Derivate bewertet werden. Ob das aber auch praktisch möglich ist, hängt von der analytischen und auch numerischen Zugänglichkeit des Prozesses ab. Auch diskrete Näherungen können problematisch sein, denn der abgeleitete Prozess des kurzfristigen Zinssatzes muss nicht notwendig die Markov-Eigenschaft haben.

Das Heath-Jarrow-Morton-Modell stellt aber den allgemeinen Rahmen dar. Jedes Modell für den Verlauf des kurzfristigen Zinssatzes wie sie in Abschnitt 10.5 vorgestellt wurden, ist auch HJM-Modell. Damit stellt sich die Frage, welche HJM-Modelle es sind. In den ersten beiden Fällen kann die Volatilitätsfläche einfach beschrieben werden. $\sigma(t, T)$ ist jeweils kein geheimnisvoller stochastischer Prozess, sondern eine ganz normale Funktion.

- **Ho-Lee-Modell**: $\sigma(t, T) = \sigma$ (konstant), also $dF(t, T) = \sigma^2(T - t)dt + \sigma dW^{\mathbf{Q}^*}$

- **Vasicek / Hull-White**: $\sigma(t, T) = \sigma \exp(-a(T - t))$

Auch für das CIR-Modell kann $\sigma(t, T)$ angegeben werden, allerdings nicht als elementare analytische Funktion (siehe [2]). Zum Black-Karasinski-Modell ist keine Beschreibung von $\sigma(t, T)$ bekannt. Nichtsdestotrotz ist auch dieses ein HJM-Modell.

Die bisherigen Ausführungen dieses Abschnitts haben möglicherweise den Eindruck erweckt, dass der HJM-Ansatz allgemeiner ist als der Ansatz, den Verlauf des kurzfristigen Zinssatzes zu modellieren. Solange man im Rahmen von Einfaktormodellen bleibt, ist dies aber falsch. Jedes solche HJM-Modell ist durch den in ihm enthaltenen Prozess von r determiniert, die beiden Konzepte sind also gleichwertig (siehe [2]). Der Prozess von r muss dabei nicht notwendigerweise die Markov-Eigenschaft haben. Als Folgerung hieraus ergibt sich also, dass auch für alle Einfaktor-HJM-Modelle die Zinssätze aller Laufzeiten miteinander zu jedem Zeitpunkt fest korreliert sind.

Bemerkung 219 *An dieser Stelle ist darauf hinzuweisen, dass es - wie gezeigt - richtig ist, dass die Gesamtheit der Forwardraten-Volatilitäten $\sigma(t,T)$ das Modell vollständig bestimmt. Es ist aber nicht richtig, dass die Varianz oder Volatilität des kurzfristigen Zinssatzes das Modell bereits festlegt. Will man ein Zinsmodell über den kurzfristigen Zinssatz definieren, so gehört dazu der gesamte risikoneutrale Prozess, auch der Drift. Jeder Wechsel des Martingalmaßes bedeutet einen Wechsel des Modells. Insbesondere ist das Modell durch den Prozess von r in der realen Welt **nicht** eindeutig bestimmt.So kann z.B. ein und derselbe reale Prozess für r zum Ho-Lee-Modell oder zum Vasicek-Hull-White-Modell gehören. Dies stimmt mit den Überlegungen zu diskreten Modellen überein, denn auch da war zur Definition des Modells außer der Festlegung der möglichen Werte des kurzfristigen Zinssatzes auch die Festlegung der q-Werte erforderlich. Man beachte auch, dass der Prozess des kurzfristigen Zinssatzes unter $\mathbf{Q}^*$ in der Regel kein Martingal ist und es auch kein Argument gibt, warum er es sein sollte. Denn der kurzfristige Zinssatz ist keine Anlageform (lediglich der von ihm abgeleitete Cashbond).*

10.6.2 Mehrfaktor-HJM-Modelle

In Mehrfaktormodellen werden mehrere Wiener-Prozesse als Zufallsquelle benutzt, die sich unabhängig voneinander entwickeln. Dadurch wird es möglich, die in den Einfaktormodellen vorhandene feste Bindung zwischen den Zinssätzen unterschiedlicher Laufzeit aufzuheben. In solchen Modellen ist es also möglich, dass z.B. manchmal eine Festsetzung der Leitzinsen durch eine Zentralbank kurz- und langfrstige Zinsen gleichermaßen verändert, ein anderes Mal aber hauptsächlich nur die kurzfristigen Zinsen beeinflusst.

Der grundsätzliche Ansatz der Mehrfaktor-HJM-Modelle ist wie im Eindimensionalen. Ausgehend von den aktuellen Forwardraten $F(0, T)$ wird ihr weiterer Verlauf über eine stochastische Differentialgleichung gesteuert, die jetzt aber die Gestalt

$$dF(t,T) = \alpha(t,T)dt + \sum_{i=1}^{n} \sigma_i(t,T)dW_i$$

hat, wobei W_1, ..., W_n unabhängige Wiener-Prozesse sind. Der Einfluss von W_i auf den Prozess von $F(t, T)$ ist umso größer, je größer $\sigma_i(t, T)$ ist. Ist σ_i nicht konstant, so verändert er sich im Lauf der Zeit. Die (grundsätzlich empirisch validierbare) totale Varianzrate von $F(t, T)$ ist $\sigma_1^2(t, T) + ... + \sigma_n^2(t, T)$ und die ebenfalls empirisch mit Hilfe statistischer Methoden überprüfbare Kovarianz zwischen $F(t, T_1)$ und $F(t, T_2)$ ist $\sigma_1(t, T_1)\sigma_1(t, T_2) + ... + \sigma_n(t, T_1)\sigma_n(t, T_2)$. Für $n \geq 2$ ist die Korrelation also nicht mehr zwangsläufig gleich 1.

Das Besondere des HJM-Modellansatzes (gegenüber den Modellen aus 10.5) ist, dass sich alle Ergebnisse aus dem Eindimensionalen ins Höherdimensionale übertragen lassen. Wie im Eindimensionalen sind ein paar technische Bedingungen an die Koeffizienten des Systems erforderlich, die wir hier nicht angeben wollen. Wesentlich ist, dass auch im Höherdimensionalen die Arbitragefreiheit über eine zur Gleichung in Forderung 10.7 analoge Gleichung charakterisiert werden kann, die einen Zusammenhang zwischen α und den σ_i herstellt. Besteht dieser Zusammenhang, ist es möglich, ein äquivalentes Wahrscheinlichkeitsmaß $\mathbf{Q}^*$ (äquivalentes Martingalmaß) und Wiener-Prozesse $W_1^{\mathbf{Q}^*}$, ..., $W_n^{\mathbf{Q}^*}$ zu finden, so dass die über den Cashbond diskontierten Preisprozesse aller Zerobonds Martingale sind. Bezüglich dieses Maßes $\mathbf{Q}^*$, also in der risikoneutralen Welt, genügen die (nicht diskontierten) Zerobonds und die Forwardraten den folgenden Gleichungen:

$$dP(t,T) = P(t,T)\left(r(t)dt - \sum_{i=1}^{n}\left[\int_t^T \sigma_i(t,\tau)\,d\tau\right] dW_i^{\mathbf{Q}^*}\right)$$

($r(t)$ wie üblich der kurzfristige Zinssatz) bzw.

$$dF(t,T) = \sum_{i=1}^{n} \sigma_i(t,T)\left[\int_t^T \sigma_i(t,\tau)\,d\tau\right] dt + \sum_{i=1}^{n} \sigma_i(t,T)dW_i^{\mathbf{Q}^*}$$

Auch hier ist also in der risikoneutralen Welt der Drift der Forwardraten durch die Volatilitäten σ_i vollständig bestimmt. Ein (erwünschter) Unterschied zum eindimensionalen Modell ergibt sich in der Frage der Vollständigkeit. Im mehrdimensionalen Modell kann nicht mehr der Wertverlauf jedes europäische Zinsderivats CC_e mit Fälligkeit T durch den Cashbond und einen Zerobond dupliziert werden. Es sind hierzu vielmehr im n-dimensionalen Modell im „Normalfall" außer dem Cashbond n Zerobonds erforderlich, deren Fälligkeitstermine $T_1, ..., T_n$ nach T liegen müssen. Die folgende Bedingung muss erfüllt sein, damit der Normalfall gegeben ist:

Forderung 220 *(Vollständigkeitsbedingung des n-Faktor-HJM-Modells) Für alle Fälligkeitstermine $T_1 < ... < T_n$ ist für jeden Zeitpunkt $0 < t < T_1$ die $n \times n$-Matrix*

$$\left[\int_t^{T_j} \sigma_i(t,\tau)\,d\tau \right]_{i,j=1,...,n}$$

mit Wahrscheinlichkeit 1 nichtsingulär, also invertierbar[3].

Dies liefert natürlich auch im Eindimensionalen eine Bedingung, nämlich die Bedingung $\int_t^T \sigma(t,\tau)\,d\tau \neq 0$, die aber immer erfüllt ist, wenn $\sigma(t,\tau)$ nie gleich null ist.

Als Bewertungsformel für europäische Optionen gilt auch in mehrdimensionalen HJM-Modellen Gleichung 10.18, wie aus der Vollständigkeit folgt.

Besonders zu erwähnen ist noch, dass in den mehrdimensionalen Modellen (genau wie in den allgemeinen diskreten Modellen) der kurzfristige Zinssatz seine herausragende Rolle verliert. Von ihm kann nicht mehr alles abgeleitet werden, wie es in den Modellen in 10.5 der Fall ist.

Der HJM-Ansatz stellt einen sehr allgemeinen Rahmen zur Modellierung der Zinsentwicklung dar. Das bedeutet aber leider nicht, dass es in der Praxis leicht ist, diesen Rahmen auszufüllen. Und selbst wenn man zu einem konkreten Modell gelangt ist, ist es nicht unbedingt leicht, dieses zur Bewertung von Derivaten einzusetzen. Analytische Formeln stehen im Allgemeinfall nicht zur Verfügung und selbst die Annäherung des ausgewählten Modells durch diskrete Modelle kann problematisch sein, da im Allgemeinfall nicht von der Markov-Bedingung ausgegangen werden kann. Dennoch ist es keineswegs so, dass die HJM-Modelle nur von theoretischem Interesse sind. In [24] und [26] beschreiben die Autoren, wie man diskrete Näherungsmodelle konstruiert. Auch wir wollen zwei Beispiele angeben, in denen HJM-Modelle zu Bewertungsformeln führen.

Ein zweidimensionales HJM-Modell

In ihrer Originalarbeit [25] stellen Heath, Jarrow und Morton ein zweidimensionales Modell vor, das einer Synthese der Modelle von Ho und Lee und Vasicek/Hull-White darstellt: Es modelliert die Forwardraten über

$$dF(t,T) = \alpha(t,T)dt - \sigma_1 dW_1 - \sigma_2 e^{-\lambda(T-t)} dW_2$$

mit σ_1, σ_2 und λ konstant (und positiv) und α so, dass die Bedingung der Arbitragefreiheit erfüllt ist. In diesem Modell gibt es zwei grundsätzliche Möglichkeiten, wie neue Nachrichten auf die Zinsstruktur wirken können. Durch W_1 (entspricht Ho-Lee) verursachte Kursänderungen beeinflussen die kurz- und langfristigen Zinsen gleichermaßen,

---

[3] Für die Leser des letzten Kapitels dieses Buches: Korrekt muss es heißen, dass die Menge der Punkte, für die die Matrix singulär ist, eine Nullmenge in $\Omega \times [0,T_1]$ ist, wobei Ω der zugrundeliegende Wahrscheinlichkeitsraum ist.

10.6 Das Heath-Jarrow-Morton-Modell (HJM)

wohingegen Impulse vom 'W_2-Typ' vor allem die kurzfristigen Zinsen verändern, da mit steigender Laufzeit $T-t$ der Ausdruck $e^{-\lambda(T-t)}$ gegen null strebt. Das Modell hat viele gemeinsame Eigenschaften mit den beiden eindimensionalen Modellen. Der kurzfristige Zinssatz genügt einer Gleichung

$$dr = \beta(t)dt + \sigma_1 dW_1 + \sigma_2 dW_2$$

mit einem stochastischen Prozess β, auf dessen genauere Beschreibung wir an dieser Stelle verzichten. Für Zerobonds gilt entsprechend den beiden eindimensionalen Modellen unter dem äquivalenten Martingalmaß, also in der risikoneutralen Welt

$$dP(t,T) = P(t,T)\left[r(t)dt + \sigma_1(T-t)dW_1^{\mathbf{Q}^*} + \frac{\sigma_2}{\lambda}(1-e^{-\lambda(T-t)})dW_2^{\mathbf{Q}^*}\right].$$

Es gibt aber nicht mehr die Möglichkeit, $P(t,T)$ als Funktion von $r(t)$ zu beschreiben. Wie in den eindimensionalen Modellen sind die Zerobondpreise lognormalverteilt, da Zinsen und Forwardraten normalverteilt sind. Zinsen (und Forwardraten) können also negativ werden. Genau wie im eindimensionalen Fall erhält man aber als Entschädigung für diesen Makel ein technisch gut beherrschbares Modell, in dem sogar eine analytische Formel für europäische Calls und Puts auf Zerobonds existiert. Details hierzu findet man außer in der Originalarbeit auch in [2].

Das LIBOR-Markt-Modell (BGM-Modell)

Das LIBOR-Markt-Modell wurde in den neunziger Jahren von unterschiedlichen Autorengruppen entwickelt. Letztlich wird es Brace, Gatarek und Musiella zugeordnet und deswegen häufig auch als BGM-Modell bezeichnet.

Dieses Modell oder genauer gesagt, diese Modellgruppe, die speziell auf die Bewertung von Caps, Floors und Swaptions ausgerichtet ist, beschränkt sich zwar auch auf HJM-Modelle, in denen die $\sigma_i(t,T)$ gewissen Zusatzbedingungen genügen müssen, aber diese Modelle füllen den von HJM gegebenen Rahmen deutlich mehr aus als das vorige Modell mit drei wählbaren konstanten Parametern. So kann das Modell besser an vorgegebene Marktpreise von Caps und Swaptions angepasst werden. Als HJM-Modelle passen die BGM-Modelle natürlich automatisch zur aktuellen Zinsstruktur.

Das Augenmerk ist bei den BGM-Modellen nicht auf den kurzfristigen Zinssatz, sondern auf Zinssätze endlicher Perioden gerichtet. Als Periodenlänge wird dabei in Anlehnung an die Praxis meistens an drei oder sechs Monate gedacht, die typischen Rollover-Perioden regelmäßig festgestellter Interbank-Zinssätze wie den LIBOR oder den EURIBOR. Daher kommt auch die Bezeichnung „LIBOR-Markt-Modell". Die meisten gehandelten Caps und Floors beziehen sich auf diese Zinsperiodenlängen, für die wir in den folgenden Ausführungen die Variable δ verwenden.

Zu expliziten Formeln gelangt man bei BGM mit Hilfe einer geschickten Wahl des Numeraires. Zur Bewertung eines Caplets für den Zeitraum $[T, T+\delta]$ wird nicht der Cashbond, sondern der Zerobond mit Fälligkeit $T+\delta$ als Numeraire verwendet. Damit wird letztlich der Ansatz von Käsler ([36], siehe auch Abschnitt 10.3.1) wieder aufgegriffen, wo allerdings durch die Beschränkung der Betrachtung auf die zwei Zerobonds mit Fälligkeit T und $T+\delta$ (anstelle der gesamten Zinsstruktur) lediglich ein einziges Caplet untersucht wird. Die sich ergebende Bewertungsformel des Caplets ist aber identisch.

Der Terminzinssatz $F_N(t,T,T+\delta)$ (im Kontext des Modells häufig auch *LIBOR-Rate* genannt) im Zeitpunkt t für die Periode von T bis $T+\delta$ hängt von den Bondpreisen $P(t,T)$ und $P(t,T+\delta)$ wie folgt ab:

$$F_N(t,T,T+\delta) = \frac{1}{\delta}\left(\frac{P(t,T)}{P(t,T+\delta)} - 1\right).$$

Es ist zu betonen, dass dieser Terminzinssatz wie in der Praxis üblich als nominaler Jahreszinssatz zu verstehen ist, also über die Gleichung

$$FP(t,T,T+\delta) \cdot (1 + F_N(t,T,T+\delta) \cdot \delta) = 1$$

definiert ist. Es ist nicht der stetige Forwardzinssatz $F(t,T,T+\delta)$. $F_N(t,T,T+\delta)$ enthält als wichtigste Größe den Ausdruck

$$\frac{P(t,T)}{P(t,T+\delta)} \tag{10.19}$$

und das ist gerade der Anlageformwert $P(t,T)$, diskontiert über den Numeraire $P(t,T+\delta)$. Wie in Abschnitt 5.5.2 im diskreten Fall gezeigt und in Abschnitt 9.4 exemplarisch untersucht, existiert in arbitragefreien Systemen von Anlageformen bezüglich eines jeden Numeraires ein äquivalentes Martingalmaß. Das bedeutet, dass der über den Numeraire diskontierte Prozess einer jeden Anlageform bezüglich dieses Wahrscheinlichkeitsmaßes ein Martingal ist. Also ist der Prozess der Größe 10.19 ein Martingal und somit auch der Prozess der LIBOR-Raten $F_N(t,T,T+\delta)$ (mit t als Zeitvariable).

Das bisher Gesagte gilt noch für alle HJM-Modelle. In den BGM-Modellen gilt aber zusätzlich, dass die LIBOR-Raten bezüglich des genannten Wahrscheinlichkeitsmaßes lognormalverteilt sind (also insbesondere nie negativ). Dies wird durch eine zusätzliche, von δ abhängende Bedingung an die durch die $\sigma_i(t,T)$ gegebene Volatilitätsstruktur sichergestellt. Damit wird der Erwartungswert des Payoffs des Caplets bestimmbar, womit sein Preis ermittelt ist. Denn die Erwartungswertformel 9.4 zur Preisfindung von Derivaten ergibt für jeden Numeraire (mit zugehörigem, davon abhängigem äquivalenten Martingalmaß) den gleichen Wert. Geschlossene Preisformeln für Caps und Floors wurden für den Allgemeinfall von Miltersen, Sandmann und Sondermann in Verallgemeinerung des Ergebnisses von Käsler hergeleitet [46].

Für die spezielle, das Käslerschen Modell ergebende konstante Volatilitätsstruktur erhält man als Preise für Caps und Floors ...

... die Preise nach dem Modell von Black

(siehe Abschnitt 10.3.2)! Damit ist gezeigt, dass diese Formeln also doch eine konsistente Bewertung von Caps und Floors ermöglichen. Man beachte, wie durch die Technik des Numerairewechsels, also der Verwendung eines individuellen Numeraires für jedes Caplet, das Problem gelöst wird, dass nicht alle Terminzinssätze bezüglich *eines* Martingal-Wahrscheinlichkeitsmaßes simultan lognormalverteilt sein können mit Driftrate 0 (was der Hauptgrund für die Skepsis der Theoretiker gegenüber der Vorgehensweise der Praxis war). Nachdem vorab die Arbitragefreiheit und Vollständigkeit des Gesamtsystems schon dadurch garantiert ist, dass das HJM-Modell, in dem sich alles befindet, diese Eigenschaft hat, können die äquivalenten Martingalmaße der unterschiedlichen Numeraires für Berechnungszwecke gezielt eingesetzt werden. Es sind „technische" Wahrscheinlichkeiten, die mit den realen Wahrscheinlichkeiten nur die Verwandtschaft haben, wie sie eben zwischen äquivalenten Wahrscheinlichkeitsmaßen besteht. Immerhin ist diese Verwandtschaft eng genug, um festzustellen, dass in einem BGM-Modell auch „real" keine negativen Terminzinsen vorkommen. An dieser Stelle ist auch der Hinweis angebracht, dass bei den hier angewandten fortgeschrittenen Techniken die Rechtfertigung der Argumentation über eine „risikoneutrale Welt" unter Vermeidung des Martingalbegriffs bei so vielen risikoneutralen Welten kaum möglich ist.

Die aus dem BGM-Modell in der Käslerschen Form abgeleiteten Bewertungsformeln nach dem Modell von Black wurden - wie schon in Abschnitt 10.3.2 erwähnt - in der Praxis schon seit langem für die Bewertung von Caps und Floors verwendet, obwohl eine entsprechende theoretische Herleitung zur Rechtfertigung dieses Vorgehens fehlte. Ein Triumph der Praxis über die Theorie!

Das LIBOR-Markt-Modell rechtfertigt nun also die Anwendung der bisherigen Bewertungsformeln für Caps und Floors. Es bietet aber auch die Möglichkeit, Swaptions in demselben Modellrahmen und damit konsistent zu den Caps und Floors zu bewerten. Allerdings sind die resultierenden Swaptionbewertungen komplizierter als die bisher verwendeten Varianten (das relativiert den Triumph der Praktiker wieder ein wenig). Eine Näherungsformel findet man z.B. in [2].

Damit beenden wir unsere Betrachtungen zu Zinsderivaten - nicht ohne den Hinweis, dass in den angegebenen Quellen und der dort angegebenen weiterführenden Literatur noch etliche Fragestellungen und Methoden erörtert werden, insbesondere auch zu Optionen auf konkrete Zinsinstrumente wie z.B. Bonds mit Kupons.

11 Exotische Optionen und strukturierte Produkte

Die einfachen Kauf- bzw. Verkaufoptionen europäischen oder amerikanischen Ausübungsstils werden auch als **plain vanilla options** - oder kurz: **Plain-Vanillas** - bezeichnet. Optionsvarianten, die sich nicht durch endliche Kombinationen bereits bekannter Instrumente - wie Futures und Standardoptionen - darstellen lassen, können in der Rubrik exotische Optionen zusammengefasst werden. Ausgehend von Plain-Vanillas erhält man exotische Optionsvarianten, indem man entweder den Ausübungsstil oder das Auszahlungsprofil ändert.

Lässt man die Ausübung nicht wie bei amerikanischen Optionen während der gesamten Laufzeit zu, sondern lediglich zu bestimmten Zeitpunkten, erhält man sogenannte **Bermuda-Optionen** (**bermudan style options**). Sie stellen eine Art Mittel aus europäischen und amerikanischen Optionen dar, können aber für die verschiedenen Ausübungszeitpunkte mit verschiedenen Strikes ausgestattet werden. Ende der 90iger Jahre traten sie verstärkt im Zinsoptionsbereich als bermudan style swaptions in strukturierten Produkten auf. Im Zusammenhang mit Optionen auf Devisenwechselkurse und Aktien hingegen spielen sie eine eher untergeordnete Rolle. Wir werden sie daher nicht weiter betrachten.

Änderungen des Auszahlungsprofils der Standardoptionen können auf sehr vielfältige Weise vorgenommen werden. Beispielsweise können mehrere Kurse eines Underlyings zu verschiedenen Zeitpunkten oder jeweils ein Kurs mehrerer Underlyings die Auszahlung steuern. Zu unterscheiden sind also zunächst **univariate** und **multivariate** Exoten. Hierbei sind die univariaten an ein Basisinstrument, die multivariaten an mehrere Basisinstrumente gekoppelt. Ein Beispiel eines multivariaten Exoten sind die bereits in Abschnitt 9.5 andiskutierten Quantos. Desweiteren wird zwischen **pfadabhängigen** und **pfadunabhängigen** Exoten unterschieden, wobei pfadabhängig bedeutet, dass für die Höhe bzw. Zulässigkeit der Auszahlung nicht nur der Kurs des Basisinstrumentes am Verfallstag ausschlaggebend ist, sondern auch der Kursverlauf des Underlyings während der Optionslaufzeit.

Die meisten Typen von Exoten entstehen im OTC-Markt, um Chance-/Risikoprofile zu generieren, die besser an die Bedürfnisse der Kunden angepasst sind. Der Phantasie, exotische Optionen zu entwickeln, sind in diesem Marktsektor nur wenige Grenzen gesetzt. Im Rahmen dieses Buches können wir daher nur Grundtypen betrachten und die fundamentalen Bewertungsprinzipen aufzeigen. Auf die Durchführung von Bewertungen und die Angabe konkreter Berechnungsformeln wird bis auf Einzelfälle verzichtet. Des Weiteren gehen wir in diesem Abschnitt - solange nichts anderes vermerkt wird - von Exoten europäischen Ausübungstiles auf Aktien (ohne Dividende) aus, obgleich sich fast alle Varianten problemlos auf Devisenkurse oder andere einfache Underlyings - wie z.B. Aktienindizes - anwenden lassen. Lediglich die Übertragung auf die an sich schon mehrdimensionale Zinswelt liegt aufgrund der Bewertungsschwierigkeiten in diesem Segment nicht immer nahe. Mehr zum Thema „Exotische Optionen" findet man z.B. in [61] oder [13], wo auch eine Reihe von Literaturhinweisen zu finden sind.

Da die pfadunabhängigen univariaten Exoten in ihrer Struktur am einfachsten sind, beginnen wir mit diesen. Anschließend wenden wir uns den gängigsten pfadabhängigen Optionen zu: barrier, asian und lookback options. Hierauf folgen die Grundtypen multivariater Exoten und den Abschluss dieses Kapitels bilden die sogenannten strukturierten Produkte. Dies sind Pakete, die sich aus den verschiedensten Anlageformen und Derivaten zusammensetzen und die einem breiten Publikum als eigenständige Anlageformen mit speziellem Chance/Risiko-Profil offeriert werden.

11.1 Pfadunabhängige univariate exotische Optionen

11.1.1 Digitals

Die einfachsten Exoten, wenn man sie überhaupt als solche bezeichnen möchte, sind europäische **Digitals** - auch **binary options** bzw. **Binäroptionen** genannt. Sie unterscheiden sich von Plain-Vanilla-Optionen grundsätzlich dadurch, dass ihr Auszahlungsprofil Sprünge aufweist, also unstetig ist. Die einfachsten Vertreter der Digitals sind die sogenannten **cash-or-nothing options**. Diese zahlen am Ende der Laufzeit einen Festbetrag aus, falls die Option im Geld endet. Die Höhe dieses Betrags ist unabhängig davon, wie weit die Option bei Fälligkeit im Geld ist. Endet die Option aus dem Geld, verfällt sie wie eine Standardoption wertlos. Es handelt sich also um eine Wette, die zwischen Optionskäufer und Stillhalter vereinbart wird, allerdings mit i.d.R. unterschiedlich hohen Einsätzen, da der in der Binäroption vereinbarte Festbetrag die Prämienhöhe für diese Option zwangsläufig überschreitet.

Bezeichnet $S_T = S(T)$ den Kurs des Underlyings am Fälligkeitstag T, K den Strike der Option und normieren wir den Festbetrag auf 1, lässt sich der Payoff eines Cash-or-Nothing-Calls $CoNC_e$ bzw. Cash-or-Nothing-Puts $CoNP_e$ folgendermaßen beschreiben:

$$CoNC_e(T) = \mathbf{1}_{(S_T > K)} = \begin{cases} 0 & \text{falls } S_T \leq K \\ 1 & \text{falls } S_T > K \end{cases}$$

$$CoNP_e(T) = \mathbf{1}_{(S_T < K)} = \begin{cases} 1 & \text{falls } S_T < K \\ 0 & \text{falls } S_T \geq K \end{cases}$$

Hierbei bezeichnet $\mathbf{1}_B$ die Indikatorfunktion der Bedingung B, die den Wert 1 hat, falls B erfüllt ist, und sonst gleich 0 ist. In Abhängigkeit vom Settlementpreis zeigt Abbildung 11.1 die Auszahlungsprofile der Long-Positionen eines Cash-or-Nothing-Calls und eines Cash-or-Nothing-Puts.

Die Bewertung dieser einfachen Digitals ist in einer Black-Scholes Umgebung denkbar einfach. Denn für alle univariaten Exoten ist unter Berufung auf Satz 173 (S. 202) oder die Ausführungen aus Abschnitt 9.1 das Prinzip der risikoneutralen Bewertung anwendbar, also der Erwartungswert des Payoffs unter dem äquivalenten Martingalmaß zu bestimmen. Diese Aufgabe reduziert sich für die beschriebenen Digitals aber darauf, lediglich die risikoneutrale Wahrscheinlichkeit dafür bestimmen zu müssen, dass die Option im Geld endet. Somit ergibt sich mit den üblichen Bezeichnungsweisen aus diesem Kapitel und dem Kapitel über das Black-Scholes-Modell als Wert eines Digital-Calls und eines Digital-Puts auf eine Aktie ohne Dividende für den Zeitpunkt $t_0 = 0$:

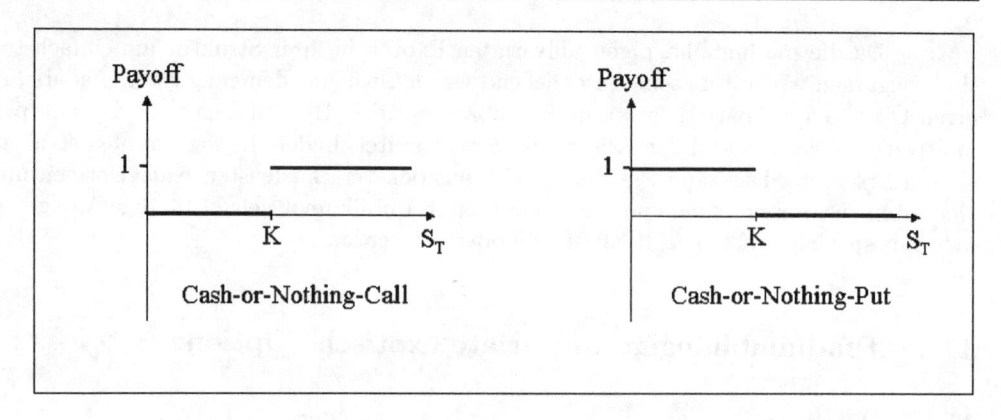

Abbildung 11.1 Long-Position eines Digital-Calls bzw. Digital-Puts

$$CoNC_e(0) = e^{-rT}\mathbf{E}_{\mathbf{Q}^*}\left(\mathbf{1}_{(S_T>K)}\right) = e^{-rT} \cdot \mathbf{Q}^*(\ln(S_T) > \ln(K)) = e^{-rT}\Phi(d_-) \quad (11.1)$$

$$CoNP_e(0) = e^{-rT}\mathbf{E}_{\mathbf{Q}^*}\left(\mathbf{1}_{(S_T<K)}\right) = e^{-rT} \cdot \mathbf{Q}^*(\ln(S_T) < \ln(K)) = e^{-rT}\Phi(-d_-) \quad (11.2)$$

$$\text{mit} \quad d_- = \frac{\ln(S/K) + (r - \sigma^2/2)T}{\sigma\sqrt{T}}$$

Den Wert für einen beliebigen Zeitpunkt t erhält man natürlich, indem man in e^{-rT} und d_- die Größe T durch $T-t$ ersetzt.

Neben der Bewertung interessiert bei exotischen Optionen natürlich auch die Frage nach dem Hedging. Pfadunabhängige Cash-or-Nothing-Optionen lassen sich durch Long/Short-Kombinationen von Plain-Vanilla-Optionen näherungsweise duplizieren. Ein Digital-Call mit Strike $K = 100$ und Auszahlung 1 beispielsweise lässt sich zunächst ganz grob durch ein Portfolio bestehend aus einem (Plain-Vanilla-) Long-Call mit Strike 99,50 und einem (Plain-Vanilla-) Short-Call mit Strike 100,50 annähern. Dieser Bull-Spread hätte dann bei Fälligkeit folgenden Payoff:

$$Bull - Spread_1(T) = \begin{cases} 0 & f\ddot{u}r \quad S_T \leq 99{,}50 \\ S_T - 99{,}50 & f\ddot{u}r \quad 99{,}50 < S_T \leq 100{,}50 \\ 1 & f\ddot{u}r \quad 100{,}50 < S_T \end{cases}$$

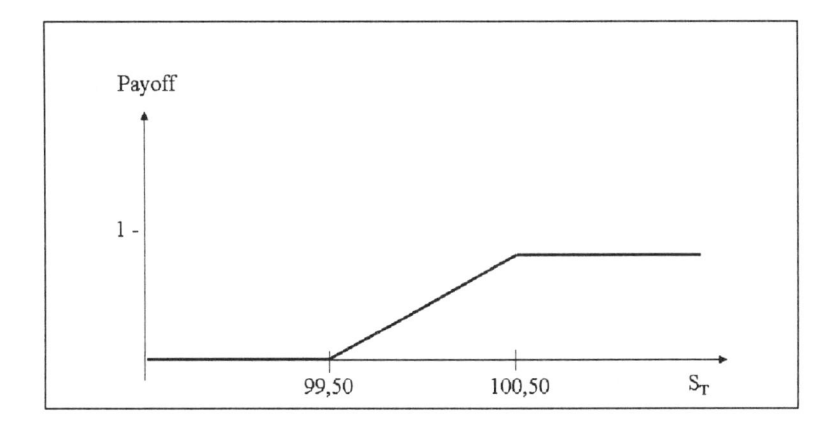

11.1 Pfadunabhängige univariate exotische Optionen

[Figure: Payoff diagram with linear increase from 99,50 to 100,50, reaching value 1]

Ein Portfolio bestehend aus 2 Long-Calls mit Strike 99,75 und 2 Short-Calls mit Strike 100,25 liefert entsprechend den Payoff

$$Bull-Spread_2(T) = \begin{cases} 0 & für \quad S_T \leq 99{,}75 \\ 2 \cdot (S_T - 99{,}75) & für \quad 99{,}75 < S_T \leq 100{,}25 \\ 1 & für \quad 100{,}25 < S_T \end{cases}$$

Durch Erhöhung des Volumens und Verringerung der Strikeabstände im gleichen Verhältnis lässt sich ein Cash-or-Nothing-Call durch die Kombination von n Long-Calls mit Strike $K - 1/(2n)$ und n Short-Calls mit Strike $K + 1/(2n)$ beliebig gut approximieren:

$$Bull-Spread_n(T) = \begin{cases} 0 & für \quad S_T \leq (K - \frac{1}{2n}) \\ n \cdot (S_T - (K - \frac{1}{2n})) & für \quad (K - \frac{1}{2n}) < S_T \leq (K + \frac{1}{2n}) \\ 1 & für \quad (K + \frac{1}{2n}) < S_T \end{cases}$$

Je größer n gewählt wird, desto genauer wird die Approximation, und im Grenzfall, d.h. wenn n gegen unendlich geht, erhält man den Digital-Call. Entsprechend läßt sich ein Digital-Put mit Strike K durch ein Portfolio von n Long-Puts mit Strike $K + 1/(2n)$ und n Short-Puts mit Strike $K - 1/(2n)$ annähern.

Theoretisch würde dies einen statischen Hedge von Digitals ermöglichen, praktisch ist diese Strategie jedoch aufgrund der im Markt gegebenen Geld/Brief-Spannen nur sehr grob möglich. Auch ein dynamischer Hedge dieser so simpel zu bewertenden Exoten kann sich als recht hoffnungsloses Unterfangen gestalten. Zwar kann nach den Ausführungen in Abschnitt 9.1 - zumindest theoretisch - eine dynamische Absicherungsstrategie in dem Underlying und risikolosem Leihen/Verleihen aufgebaut werden, die Sache wird aber problematisch, wenn das Underlying kurz vor Optionsverfall in der Nähe des Strikes liegt. Aufgrund der Unstetigkeitsstelle im Auszahlungsprofil verhalten sich die Risikoparameter einer Digital völlig anders als die einer normalen europäischen Option. Schon das Delta dieser Exoten ist nicht mehr auf eins begrenzt, sondern strebt kurz vor Verfall am Strike theoretisch gegen unendlich. Somit ist ein dynamischer Delta-Hedge in Strikenähe kurz vor Verfall praktisch undurchführbar. Die Größen Gamma, Vega und Theta haben ebenfalls am Strike ein besonderes Verhalten: sie wechseln dort das Vorzeichen.

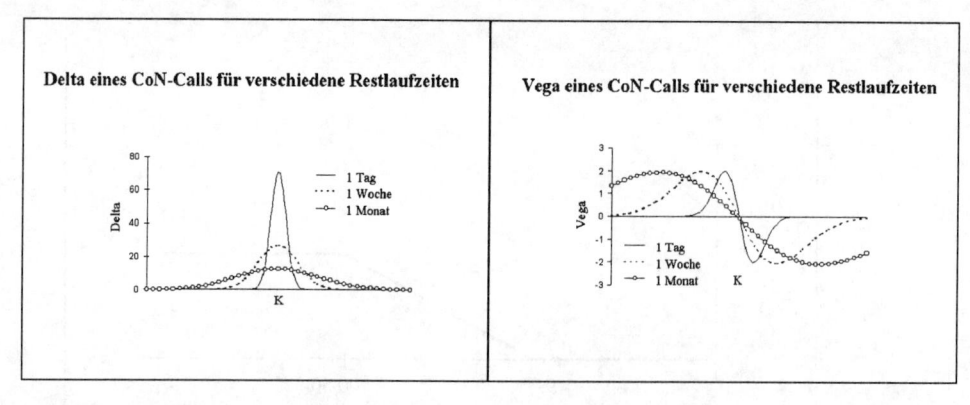

> **Delta eines CoN-Calls für verschiedene Restlaufzeiten**
>
> **Vega eines CoN-Calls für verschiedene Restlaufzeiten**

Im Zusammenhang mit Optionen, die Unstetigkeitsstellen im Auszahlungsprofil aufweisen, ist es generell besonders wichtig, so genannte „Klumpenrisiken" zu vermeiden, d.h. keine großen Einzelpositionen aufzubauen.

Cash-or-Nothing-Optionen haben nicht immer einen pfadunabhängigen Charakter, wie die bislang angesprochenen europäischen Varianten, sie treten auch pfadabhängig auf (z.B. digitale Barrier-Optionen). Sie werden eher selten als einzelne Option gehandelt, sondern vielmehr verpackt in allen möglichen Strukturen. Als Underlying wird häufig ein Devisenwechselkurs, ein Aktientitel oder -index sowie in selteneren Fällen ein Zinssatz verwendet.

11.1.2 Power-Optionen

Wie der Name schon andeutet, zahlen **Power-Optionen (power options)** nicht die einfache Differenz zwischen Underlying und Strike, sondern die α-te Potenz der Differenz, wenn die Option im Geld endet. Im allgemeinen Fall ergibt sich dann der Payoff eines Power-Calls $PowC_e$ und Power-Puts $PowP_e$ mit den üblichen Bezeichnungen wie folgt:

$$PowC_e(T) = \begin{cases} 0 & f\ddot{u}r \quad S_T \leq K \\ (S_T - K)^\alpha & f\ddot{u}r \quad S_T > K \end{cases}$$

bzw.

$$PowP_e(T) = \begin{cases} (K - S_T)^\alpha & f\ddot{u}r \quad S_T < K \\ 0 & f\ddot{u}r \quad S_T \geq K \end{cases}$$

Abbildung 11.2 zeigt die Payoff-Profile der Long-Positionen in einem Power-Call bzw. einem Power-Put für den Fall $\alpha > 1$ in Abhängigkeit vom Settlementpreis.

Für $\alpha = 0$ erhält man als Sonderfall die auf 1 normierte Cash-or-Nothing-Option, für $\alpha = 1$ eine gewöhnliche Option. Am weitesten verbreitet unter den „echten" Power-Optionen ist der Fall $\alpha = 2$, weswegen man sich oft in der Definition einer Power-Option auch hierauf beschränkt. Da Power-Optionen im Fall $\alpha = 2$ - wie leicht einzusehen ist - deutlich teurer sein müssen als Standardoptionen, wird die Auszahlung i.d.R. limitiert. Bezeichnen wir mit M^2 die maximale Auszahlungshöhe, erhält man folgende Payoffs für den Call $PowCM_e$ und den Put $PowPM_e$:

$$PowCM_e(T) = \begin{cases} 0 & f\ddot{u}r \quad S_T \leq K \\ (S_T - K)^2 & f\ddot{u}r \quad K < S_T \leq K + M \\ M^2 & f\ddot{u}r \quad K + M < S_T \end{cases}$$

11.1 Pfadunabhängige univariate exotische Optionen

Power-Call für $\alpha > 1$

Power-Put für $\alpha > 1$

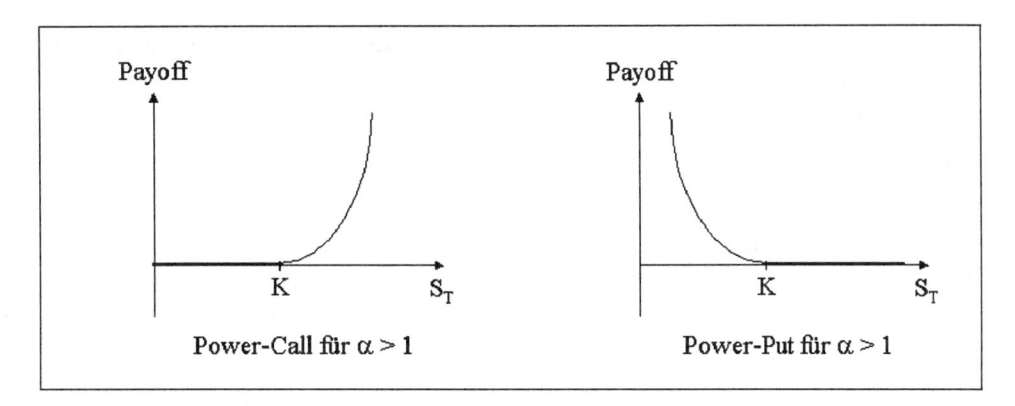

Abbildung 11.2 Payoff von Power-Optionen

und

$$PowPM_e(T) = \begin{cases} M^2 & \text{für } S_T \leq K - M \\ (K - S_T)^2 & \text{für } K - M < S_T \leq K \\ 0 & \text{für } K < S_T \end{cases}$$

Die Bewertung von Power-Optionen ist im Black-Scholes-Kontext zwar etwas mühsamer als die Bewertung einer Digital- oder einer Plain-Vanilla-Option, jedoch werden keine zusätzlichen tiefliegenden stochastischen Kenntnisse benötigt. Satz 173 ist anwendbar. In gewisser Weise ist der nicht limitierte Power-Call oder -Put (mit $\alpha > 1$) sogar glatter als eine Standardoption, denn die Payoff-Funktion ist überall differenzierbar (s. Bemerkung 172 und Satz 173). Die Berechnung des diskontierten Erwartungswerts aus Sicht des Zeitpunkts $t_0 = 0$ unter Lognormalverteilungsannahme ergibt sich mit den üblichen Bezeichnungsweisen im Fall des nicht limitierten Power-Calls in Kurzform zu

$$\begin{aligned}
PowC_e(0) &= e^{-rT} \mathbf{E}_{\mathbf{Q}^*}\left[(S_T - K)^2 \mathbf{1}_{(S_T > K)}\right] \\
&= e^{-rT} \mathbf{E}_{\mathbf{Q}^*}\left[\left(e^{\ln(S_T)} - K\right)^2 \mathbf{1}_{(\ln(S_T) > \ln(K))}\right] \\
&= \frac{e^{-rT}}{\sqrt{2\pi}\sigma\sqrt{T}} \int_{\ln(K)}^{\infty} (e^x - K)^2 \exp\left(-\frac{1}{2}\left(\frac{x - \ln(S) - (r - \sigma^2/2)T}{\sigma\sqrt{T}}\right)^2\right) dx \\
&= S^2 e^{(r+\sigma^2)T} \Phi\left(d_+ + \sigma\sqrt{T}\right) - 2KS\Phi(d_+) + K^2 e^{-rT}\Phi(d_-)
\end{aligned}$$

mit $d_+ = \dfrac{\ln(S/K) + (r + \sigma^2/2)T}{\sigma\sqrt{T}}$ und $d_- = d_+ - \sigma\sqrt{T}$.

Um von der „Kurzform" zur ausführlichen Darstellung zu kommen (Übung!) modifiziere man die Herleitung der Black-Scholes-Formel in Abschnitt 7.2.2. Um den Wert der Option zu einem beliebigen Zeitpunkt $t < T$ zu erhalten, ist die Formel dahingehend zu ändern, dass überall T durch $(T - t)$ ersetzt wird. Außerdem sei darauf hingewiesen, dass diese und viele andere Bewertungsformeln leicht auf den Fall erweitert werden können, in denen der Basiswert nicht wie hier angenommen dividendenfrei ist, sondern eine stetige Dividende abwirft (s. z.B. [61], dort enthalten aber in der uns vorliegenden 2. Auflage die Formeln 30.7 und 30.8 einen Fehler).

Übung 221 *Man benutze die Identität $(S-K)^2 = [(S-(K+M))+M]^2$, um eine Preisformel für den limitierten Power-Call $PowCM_e(0)$ zu ermitteln.*

Da die Charakteristika der Risikoparameter von Power-Optionen denen von Plain-Vanillas ähneln, lässt sich ein dynamischer Delta-Hedge auch ähnlich gut durchführen. Nähert man das Payoff-Profil der Power-Optionen über einen Polygonzug an, erkennt man, dass auch ein statischer Hedge mit Standardoptionen des gleichen Typs mit gleicher Laufzeit und verschiedenen Strikes vorgenommen werden kann.

Power-Optionen wurden in den letzten Jahren von verschiedenen Emissionshäusern verstärkt auf Devisenwechselkurse begeben, insbesondere auf den Euro/US-Dollar-Wechselkurs.

11.1.3 Compound-Optionen

Bei **compound options** (**Compound-Optionen, zusammengesetzte Optionen**) handelt es sich um Standardoptionen, deren Underlying aber selbst eine Option ist. Es gibt demzufolge eine äußere Option (Mutteroption) und eine innere Option (Kindoption), die das Underlying der äußeren Option darstellt. Mit dem Kauf einer Compound-Option erwirbt man das Recht, zu einem bestimmten Zeitpunkt T (Fälligkeit der Mutteroption) eine festgelegte andere Option, die Kindoption, mit Endfälligkeit T_1 ($T \leq T_1$) zum Basispreis K (Prämie der Kindoption = Basispreis der Mutteroption) zu kaufen oder zu verkaufen. Wie bei Standardoptionen erfolgt die Ausübung europäischer Compound-Optionen, falls diese bei Fälligkeit im Geld enden. Es lassen sich vier Varianten unterscheiden:

1. Call auf einen Call, kurz: $CaCall$

2. Call auf einen Put, kurz: $CaPut$

3. Put auf einen Call, kurz: $PuCall$

4. Put auf einen Put, kurz: $PuPut$

Bemerkung 222 *Da sich der Basispreis K_1 der Kindoption auf das Underlying S selbst bezieht und der Strike K der Mutteroption mit der Prämie der Kindoption verglichen wird, differieren die Basispreise von Mutter- und Kindoption i.a. beträchtlich.*

Bezeichnen wir mit $C_e(S_T, K_1, T_1)$ den Wert eines (inneren) Calls im Zeitpunkt T mit Basispreis K_1 und Endfälligkeit T_1 ($T_1 \geq T$), entsprechend mit $P_e(S_T, K_1, T_1)$ den Wert eines (inneren) Puts, mit Basispreis K_1 und Endfälligkeit T_1, ergeben sich die Payoffs der vier Varianten (europäischen Stils) wie folgt:

$$\begin{align} CaCall_e(T) &= \max(C_e(S_T, K_1, T_1) - K, 0) \\ CaPut_e(T) &= \max(P_e(S_T, K_1, T_1) - K, 0) \\ PuCall_e(T) &= \max(K - C_e(S_T, K_1, T_1), 0) \\ PuPut_e(T) &= \max(K - P_e(S_T, K_1, T_1), 0) \end{align}$$

11.1 Pfadunabhängige univariate exotische Optionen

Die analytische Bewertung von europäischen Compound-Optionen im Black-Scholes-Kontext erfolgt über den schon gewohnten Ansatz, der für den $CaCall$ für einen Zeitpunkt $t < T$ wie folgt aussieht:

$$\begin{aligned}
CaCall_e(t) &= e^{-r(T-t)}\mathbf{E_{Q^*}}\left[(C_e(S_T, K_1, T_1) - K)^+\right] \\
&= e^{-r(T-t)} \int_{S^*}^{\infty} (C_e(s, K_1, T_1) - K)\, f(s)\, ds \\
&= e^{-r(T-t)} \int_{S^*}^{\infty} \left(e^{-r(T_1-T)} \int_{K_1}^{\infty} (s_1 - K_1)\, f_1(s_1|s)\, ds_1 - K \right) f(s)\, ds
\end{aligned}$$

Hierbei ist S^* der Aktienkurs, für den die Mutteroption im Zeitpunkt T am Geld ist, d.h. im Fall eines CaCalls, dass S^* durch die Gleichung

$$C_e(S^*, K_1, T_1) = K$$

bestimmt ist. $f(s)$ und $f_1(s_1|s)$ sind die Dichten der Lognormalverteilungen, die die (risikoneutrale) Entwicklung von S im Zeitraum $[t, T]$ bzw. $[T, T_1]$ beschreiben. Obwohl Compound-Optionen univariate Exoten sind, führt die Bewertung also zu einem zweidimensionalen Integral. Es ist daher nicht weiter verwunderlich, dass die Bewertungsformel in der endgültigen Form die Verteilungsfunktion $\Phi_2(.,.;\rho)$ der bivariaten Standardnormalverteilung mit Korrelationskoeffizient ρ enthält:

$$\Phi_2(a, b; \rho) = \frac{1}{2\pi\sqrt{1-\rho^2}} \int_{-\infty}^{a} \int_{-\infty}^{b} \exp\left[-\frac{x^2 - 2\rho xy + y^2}{2(1-\rho^2)}\right] dy\, dx \tag{11.3}$$

Eine Herleitung der folgenden Formeln findet man z.B. in [50].

$$\begin{aligned}
CaCall_e(t) &= S \cdot \Phi_2\left(a_+, b_+; \sqrt{\frac{T-t}{T_1-t}}\right) \\
&\quad -K_1 e^{-r(T_1-t)} \Phi_2\left(a_-, b_-; \sqrt{\frac{T-t}{T_1-t}}\right) - K e^{-r(T-t)} \Phi(a_-)
\end{aligned}$$

wobei $a_+ = \dfrac{\ln(S/S^*) + (r + \sigma^2/2)(T-t)}{\sigma\sqrt{T-t}}$ $\quad a_- = a_+ - \sigma\sqrt{T-t}$

$b_+ = \dfrac{\ln(S/K_1) + (r + \sigma^2/2)(T_1-t)}{\sigma\sqrt{T_1-t}}$ $\quad b_- = b_+ - \sigma\sqrt{T_1-t}$

Mit den analogen Bezeichnungen ergibt sich für die anderen Varianten:

$$\begin{aligned}
CaPut_e(t) &= K_1 e^{-r(T_1-t)} \Phi_2\left(-a_-, -b_-; \sqrt{\frac{T-t}{T_1-t}}\right) \\
&\quad -S \cdot \Phi_2\left(-a_+, -b_+; \sqrt{\frac{T-t}{T_1-t}}\right) - K e^{-r(T-t)} \Phi(-a_-)
\end{aligned}$$

$$PuCall_e(t) = K_1 e^{-r(T_1-t)} \Phi_2\left(-a_-, b_-; -\sqrt{\frac{T-t}{T_1-t}}\right)$$

$$-S \cdot \Phi_2\left(-a_+, b_+; -\sqrt{\frac{T-t}{T_1-t}}\right) + K e^{-r(T-t)} \Phi(-a_-)$$

$$PuPut_e(t) = S \cdot \Phi_2\left(a_+, -b_+; -\sqrt{\frac{T-t}{T_1-t}}\right)$$

$$-K_1 e^{-r(T_1-t)} \Phi_2\left(a_-, -b_-; -\sqrt{\frac{T-t}{T_1-t}}\right) + K e^{-r(T-t)} \Phi(a_-)$$

Compound-Optionen waren in der Vergangenheit überwiegend im OTC-Markt zu sehen. Da sie deutlich günstiger sind als Standardoptionen, sind sie insbesondere immer dann sinnvoll einsetzbar, wenn aus heutiger Sicht noch nicht klar ist, ob ein bestimmtes Gut in der Zukunft wirklich benötigt wird oder nicht. Betrachten wir beispielsweise ein deutsches Unternehmen, das an einer Ausschreibung für ein in US-Dollar vergütetes Projekt teilnehmen möchte. Sollte unser Unternehmen den Zuschlag erhalten, würden aus dem Projekt nach 12 weiteren Monaten Rückflüsse an das Unternehmen in US-Dollar erfolgen. Den Zuschlag erhält das Unternehmen aber ggf. erst in drei Monaten. Als Kalkulationsbasis für die Rückflüsse aus dem Projekt soll jedoch der momentan gültige Wechselkurs dienen. Da ein gewöhnlicher At-The-Money-Put auf den US-Dollar teuer ist und auch noch gar nicht sicher ist, ob später tatsächlich Einnahmen in US-Dollar erfolgen werden, bietet sich der Kauf eines dreimonatigen Calls auf einen At-The-Money-Put mit Verfall in 15 Monaten an.

11.1.4 Chooser-Optionen

Bei dieser Optionsvariante darf der Käufer im Ausübungszeitpunkt T wählen, ob er einen (Standard-) Call oder einen Put haben möchte. Ähnlich wie bei Compound-Optionen gibt es eine äußere Option (Wahlrecht zwischen Call und Put) und zwei innere Optionen - nämlich einen Call und einen Put. Die inneren Optionen können im allgemeinen Fall mit verschiedenen Strikes und verschiedenen Laufzeiten ausgestattet sein, beziehen sich aber i.d.R. auf dasselbe Underlying.

Bezeichnen wir mit $C(S, T, K_C, T_C)$ den Wert des Calls mit Basispreis K_C und Endfälligkeit T_C ($T_C \geq T$) im Zeitpunkt T und entsprechend mit $P(S, T, K_P, T_P)$ den Wert des Puts mit Basispreis K_P und Endfälligkeit T_P ($T_P \geq T$), so ergibt sich der Payoff der Chooser-Option Chs_e wie folgt:

$$Chs_e(T) = \max(C(S, T, K_C, T_C), P(S, T, K_p, T_p))$$

Sind innerer Call bzw. Put europäische Optionen und stimmen deren Endfälligkeiten und Strikes überein, spricht man von einer **einfachen Chooser-Option** (**simple** oder **standard chooser option**), im allgemeinen Fall auch von einer **komplexen Chooser-Option**. Im Markt werden Chooser-Optionen auch mit **As-You-Like-It-Optionen** oder **preference options** bezeichnet.

Im Spezialfall $T = T_C = T_P$ entspricht die Chooser-Option einem Strangle, gilt zudem $K_C = K_P$, ergibt sich ein Straddle. Im allgemeinen Fall - d.h. für $T < T_C$ und $T < T_P$ - ist die Chooser-Option jedoch günstiger als der vergleichbare Strangle bzw. Straddle, da bei der Ausübung der Chooser-Option vor Fälligkeit der inneren Optionen die Entscheidung zwischen Call und Put fallen muss.

Die Bewertung einfacher Chooser-Optionen mit $K = K_C = K_P$ und $T_1 = T_C = T_P$ ist überraschend unkompliziert, da der Preis eines Puts mit Hilfe der Put-Call-Parität für Aktien ohne Dividende (s. Abschnitt 4.2.5) auf den des entsprechenden Calls zurückgeführt werden kann:

$$P_e(S,T,K,T_1) = C_e(S,T,K,T_1) + e^{-r(T_1-T)}K - S_T$$

Also gilt für den Payoff zum Zeitpunkt T:

$$Chs_e(T) = C_e(S,T,K,T_1) + \left(e^{-r(T_1-T)}K - S_T\right)^+$$

Der zweite Summand ist nun aber gerade der Payoff eines Puts mit Strike $e^{-r(T_1-T)}K$ und Fälligkeit T, woraus sich die Bewertungsformel zum Zeitpunkt $t < T$

$$Chs_e(t) = C_e(S,t,K,T_1) + P_e(S,t,e^{-r(T_1-T)}K,T)$$

ergibt, in der der europäische Call und der europäische Put nach der Black-Scholes-Formel bewertet werden können. Man beachte, dass Call und Put unterschiedliche Strikes und Laufzeiten haben.

Die Bewertung komplexer Chooser-Optionen lässt sich nicht auf eine solche Art vereinfachen, hier muss ähnlich wie bei Compound-Optionen integriert werden (s. [61]).

Chooser-Optionen können wie Straddles und Strangles immer dann gut eingesetzt werden, wenn keine Meinung zur Marktrichtung vorhanden ist, sondern lediglich mit einem Anstieg der Volatilität gerechnet wird. Somit sind sie insbesondere in Märkten mit stark schwankenden Volatilitäten von Interesse, wie z.B. im Aktiensegment. Sie treten i.d.R. jedoch nur im OTC-Markt auf.

11.2 Pfadabhängige exotische Optionen

11.2.1 Barrier-Optionen

Diese Gruppe pfadabhängiger Optionen beinhaltet eine ganze Reihe verschiedener Grundtypen, die alle über ein gemeinsames Charakteristikum verfügen: Der Zustand der Option ändert sich mit dem Erreichen eines bestimmten Niveaus des Underlyings - der sogenannten Barrier(e) (oder Schwelle) - weswegen diese Optionsgruppe auch unter dem Namen **trigger options** bekannt sind. Zunächst läßt sich die Optionsklasse in die Subgruppen der Knock-In-Optionen und Knock-Out-Optionen unterteilen. Unter einer **Knock-In-Option** versteht man eine Standardoption, die jedoch erst in Kraft tritt - sozusagen „eingeknockt" wird - wenn das Underlying die Barriere erreicht bzw. über- oder unterschreitet. Das Gegenstück hierzu sind **Knock-Out-Optionen**, im Markt meist kurz als

KOs bezeichnet, die außer Kraft gesetzt werden, also buchstäblich KO geschlagen werden, falls das Underlying die Barriere erreicht bzw. durchstößt. Sowohl Knock-In- als auch Knock-Out-Optionen können mit einer individuell vereinbarten **Rückvergütung**, auch **Rebate** (engl.) genannt, ausgestattet werden, die quasi als Trostpflaster zu verstehen ist. Hierbei wird bei den Knock-In-Varianten die Rebate-Zahlung am Ende der Laufzeit geleistet, falls die zugrunde liegende Standardoption während der gesamten Laufzeit nicht eingeknockt wurde. Bei Knock-Out-Optionen wird die Rückvergütung entsprechend gewährt, wenn die Option ausgeknockt wurde. Kann die Rebate-Zahlung bei Knock-In-Optionen sinnvollerweise nur am Ende der Laufzeit erfolgen, gibt es im Falle der KOs zwei mögliche Zeitpunkte: entweder direkt nach dem Ausknocken, was man mit **at hit** bezeichnet, oder am Ende der Optionslaufzeit, was mit **at expiry** oder **at expiration** ausgedrückt wird.

Single-Barrier-Optionen

In den ursprünglichen Varianten handelt es sich bei den Barrieren um **einseitige Grenzen**, womit man bei den Knock-In- und Knock-Out-Optionen noch zwischen **Up-** und **Down-Optionen** unterscheidet. Bei ersteren muss das zugrundeliegende Basisinstrument die Grenze von unten erreichen bzw. durchstoßen, damit die Option in bzw. außer Kraft gesetzt wird, bei letzteren von oben. Insgesamt ergeben sich also zunächst 8 Varianten:

- Up-and-Out-Call/Put

- Down-and-Out-Call/Put

- Up-and-In-Call/Put

- Down-and-In-Call/Put

Bei Up-Optionen setzt man sinnvollerweise voraus, dass der Underlyingkurs S zu Laufzeitbeginn noch unterhalb der Barriere B^O liegt, also $S < B^O$ gilt, da ansonsten die Option entweder sofort ausgeknockt wäre oder direkt einer Standardoption entspräche. Entsprechend geht man bei Down-Optionen davon aus, dass sich der Underlyingkurs zunächst oberhalb der Barriere B^U befindet, d.h. $S > B^U$ gilt.

Um eine einfache, konsistente Darstellung für die Payoff-Funktionen der verschiedenen Varianten zu erhalten, führen wir den Begriff der **Ersterreichungszeit** (engl. **first passage time**) ein. Wie der Name schon suggeriert, bezeichnet sie den zufälligen Zeitpunkt, an dem der Kurs des Underlyings die Barriere B zum ersten Mal erreicht bzw. durchstößt. Abhängig davon, ob die Barriere von oben oder unten erreicht wird, ergeben sich verschiedene Definitionen. Bezeichnen wir die Ersterreichungszeit im Fall einer oberen Barriere B^O mit T_{B^O} und im Fall einer unteren Barriere B^U mit T_{B^U}, gilt formal ($t_0 = 0$ und S_τ wie gewohnt als Kurzschreibweise für $S(\tau)$):

$$T_{B^O} = \inf\left\{\tau \in [0,T] \mid S_\tau \geq B^O\right\}$$
$$T_{B^U} = \inf\left\{\tau \in [0,T] \mid S_\tau \leq B^U\right\}$$

11.2 Pfadabhängige exotische Optionen

Knock-In-Optionen werden also nur dann wirksam, wenn die Ersterreichungszeit der entsprechenden Barriere kleiner ist als die Optionslaufzeit T. Knock-Out-Optionen hingegen bleiben nur dann gültig, wenn die Ersterreichungszeit größer ist als die Optionslaufzeit.

Bezeichnen wir wieder mit S_T den Settlementpreis und mit K den Strike, ergibt sich beispielsweise der Payoff eines Down-and-In-Puts $DownInP_e$ ohne Rückvergütung zu:

$$DownInP_e(T) = \begin{cases} \max(K - S_T, 0) & \text{falls } T_{B^U} \leq T \\ 0 & \text{falls } T_{B^U} > T \end{cases},$$

der eines Up-and-Out-Calls $UpOutR_{ex}C_e$ mit Rebate R „at expiry" zu

$$UpOutR_{ex}C_e(T) = \begin{cases} \max(S_T - K, 0) & \text{falls } T_{B^O} \geq T \\ R & \text{falls } T_{B^O} < T \end{cases}$$

und der eines Up-and-Out-Calls $UpOutR_{hit}C_e$ mit Rebate R „at hit" zu

$$UpOutR_{hit}C_e(\min(T, T_{B^O})) = \begin{cases} \max(S_T - K, 0) & \text{falls } T_{B^O} \geq T \\ R & \text{falls } T_{B^O} < T \end{cases}.$$

Die Payoff-Funktionen der beiden Up-and-Out-Calls unterscheiden sich also nur durch den Zeitpunkt, an dem die Rückvergütung gezahlt wird. Unterstellt man, dass der vorzeitig erhaltene Betrag bei rebate at hit zum risikolosen Zinssatz r angelegt wird, ergibt sich der Wert von $UpOutR_{hit}C_e$ zum Zeitpunkt T:

$$UpOutR_{hit}C_e(T) = \begin{cases} \max(S_T - K, 0) & \text{falls } T_{B^O} \geq T \\ e^{r(T - T_{B^O})} R & \text{falls } T_{B^O} < T \end{cases}$$

Die Abbildungen 11.3 und 11.4 zeigen anhand von Beispielpfaden die eben beschriebenen Payoffs.

Für das Triggerverhalten wurde bislang das Underlying als zeitstetige Zufallsgröße vorausgesetzt und beobachtet. Die zeitstetige Beobachtung liegt für Underlyings, die in elektronischen Handelssystemen rund um die Uhr gehandelt werden - wie alle Wechselkurse, die sich auf die bedeutendsten Währungspaare beziehen - auch nahe. Beziehen sich die Barriers jedoch auf einzelne Aktien, werden diese i.d.R. nicht 24 Stunden am Tag gekauft und verkauft, da sie meist nur an einigen Börsen des Heimatlands des Unternehmens und damit nur zu deren Öffnungszeiten gehandelt werden. Nicht zuletzt aus diesem Grund haben sich Barriervarianten entwickelt, bei denen nicht mehr die gesamte Optionslaufzeit das Triggerverhalten steuert, sondern nur Teile hiervon. Insbesondere im Zusammenhang mit Retailprodukten, d.h. Produkten, die speziell für Kleinanleger entwickelt wurden, haben sich **discrete barriers** (diskrete Barrier-Optionen) mehr und mehr durchgesetzt, die das Ein- oder Ausknocken nur noch zu bestimmten Zeitpunkten erlauben. Typisch sind hier Barriers auf Aktientitel, bei denen lediglich die Eröffnungs- oder Schlusskurse für das Triggern herangezogen werden. Eine weitere Spielart sind sogenannte **time window barriers**, die zwar noch von stetiger Monitoringperiode ausgehen können, diese aber verkürzen auf z.B. nur die ersten drei Monate statt der vollen Optionslaufzeit.

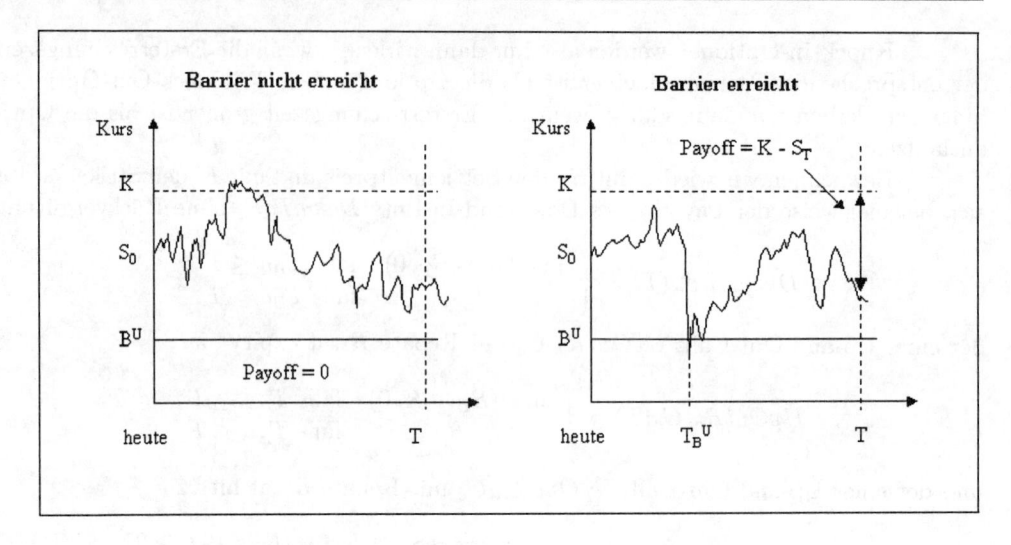

Abbildung 11.3 Down-and-In-Put ohne Rebate

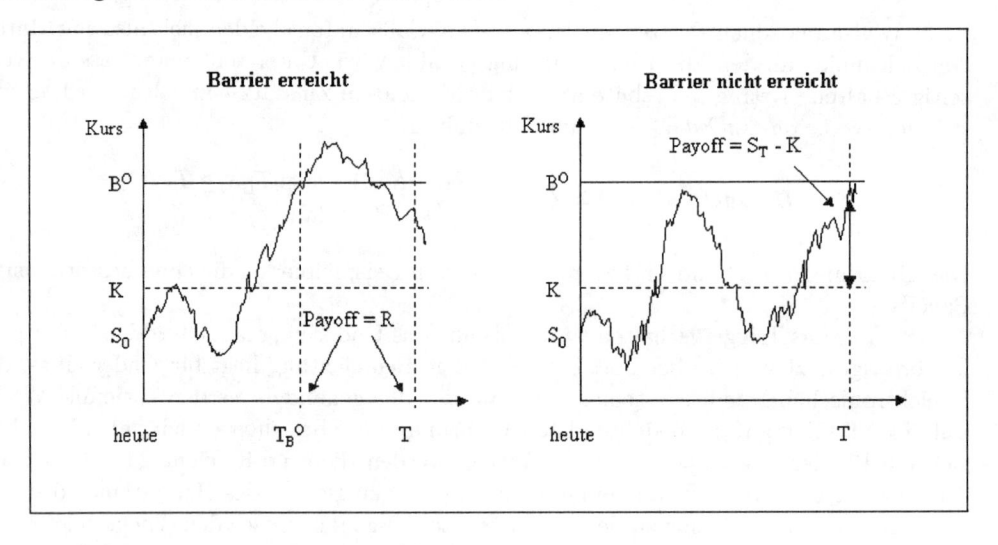

Abbildung 11.4 Up-and-Out-Call mit Rebate at hit bzw. at expiry

Kommen wir nun zur Frage der Bewertung von Barrier-Optionen und damit zur grundsätzlichen Frage nach der Bewertung pfadabhängiger Optionen. Bei einer pfadunabhängigen europäischen Option CC_e, deren Payoff zur Endfälligkeit T durch eine Funktion $G(S_T)$ in dem Kurs S_T des Underlyings zum Zeitpunkt T ausgedrückt werden kann, lässt sich die Bewertung im Black-Scholes-Kontext immer mit den beiden Gleichungen

11.2 Pfadabhängige exotische Optionen

$$\begin{aligned} CC_e(0) &= e^{-rT}\mathbf{E}_{Q^*}(CC_e(T)) \\ &= e^{-rT}\int_{-\infty}^{\infty} G(s)\,f(s)\,ds \end{aligned}$$

beginnen, wobei f die Dichte der Lognormalverteilung ist, die S_T aus Sicht von $t_0 = 0$ in der risikoneutralen Welt, d.h. unter dem Wahrscheinlichkeitsmaß $\mathbf{Q}^*$ beschreibt. Bei pfadabhängigen Optionen ist zwar nach Abschnitt 9.1 die erste Gleichung immer noch richtig, die zweite aber nicht mehr. Der Erwartungswert der Zufallsvariablen, die den Payoff angibt, lässt sich dann nicht mehr auf dies Weise beschreiben. Im Fall von Barrier-Optionen ist es aber dennoch häufig möglich, analytische Formeln anzugeben, denn die Situation bleibt überschaubar. Bezeichnet man mit $S_{max}(t)$ den maximalen Kurs des Underlyings bis zum Zeitpunkt t:

$$S_{max}(t) = \max\{S(\tau)|\, 0 \leq \tau \leq t\}$$

und definiert man entsprechend $S_{\min}(t)$, so stellt man fest, dass sich der Payoff vieler der bisher betrachteten Barriers (alle mit Ausnahme der diskreten oder Zeitfenster-Typen sowie der Rebate-at-hit-Varianten) mit Hilfe von $S(T)$ und $S_{max}(T)$ (bzw. $S_{\min}(T)$) beschreiben lässt, also von der Form $G(S(T), S_{max}(T))$ ist. Z.B. kann der Payoff des einfachen Up-and-In-Calls $UpInC_e$ auch so beschrieben werden:

$$UpInC_e(T) = \begin{cases} \max(S(T) - K, 0) & \text{falls } S_{max}(T) \geq B^O \\ 0 & \text{sonst} \end{cases}$$

Kennt man also die gemeinsame (risikoneutrale) Verteilung von $S(T)$ und $S_{max}(T)$ (bzw. $S_{\min}(T)$) und ist deren Dichte durch die Funktion $f(x,y)$ in zwei Variablen gegeben, so erhält man als Bewertungsansatz für diese Optionen CC_e:

$$CC_e(0) = e^{-rT}\int_{-\infty}^{\infty}\int_{-\infty}^{\infty} G(x,y)f(x,y)\,dxdy$$

Die gemeinsame Verteilung von $S(T)$ und $S_{max}(T)$ lässt sich im Black-Scholes-Modell tatsächlich bestimmen. Sie kann abgeleitet werden aus dem folgenden Resultat zu Wiener-Prozessen, das aus dem sogenannten „Spiegelungsprinzip" folgt (siehe [40] und [37]).

Satz 223 *W sei eine (Standard-)Brownsche Bewegung und W_{max} sei definiert als laufendes Maximum von W: $W_{max}(t) = \max\{W(\tau)|\, 0 \leq \tau \leq t\}$. Dann gilt für jeden Zeitpunkt $t > 0$ und alle Zahlen w, w_{max} mit $w_{max} \geq w \geq 0$*

$$\mathbf{P}(W(t) \leq w,\, W_{max}(t) \leq w_{max}) = \Phi\left(\frac{2w_{max} - w}{\sqrt{t}}\right) - \Phi\left(\frac{-w}{\sqrt{t}}\right)$$

Wir verzichten auf die weitere Herleitung, geben aber exemplarisch die Bewertungsformeln, die sich aus diesem Ansatz ergeben, in zwei Fällen an. Für den einfachen Up-and-In-Call $UpInC_e$ gilt zunächst, falls die Barriere $B = B^O$ größer als der Strike K ist, zum Zeitpunkt $t_0 = 0$:

$$UpInC_e(0) = S\left[\Phi(d_+(B)) + \left(\frac{B}{S}\right)^{\alpha+1}[\Phi(y_+(K)) - \Phi(y_+(B))]\right] \quad (11.4)$$

$$-e^{-rT}K\left[\Phi(d_-(B)) + \left(\frac{B}{S}\right)^{\alpha-1}[\Phi(y_-(K)) - \Phi(y_-(B))]\right]$$

$$\text{mit } d_+(x) = \frac{\ln(S/x) + (r + \sigma^2/2)T}{\sigma\sqrt{T}} \text{ und } d_-(x) = d_+(x) - \sigma\sqrt{T}$$

$$y_+(x) = \frac{\ln(B^2/(Sx)) + (r + \sigma^2/2)T}{\sigma\sqrt{T}} \text{ und } y_-(x) = y_+(x) - \sigma\sqrt{T}$$

$$\text{sowie } \alpha = 2r/\sigma^2$$

Ist der Strike K höher als B, ist der Wert des Up-and-In-Calls gleich dem des entsprechenden Plain-Vanilla-Calls, da die Option dann zwangsläufig eingeknockt ist, wenn sie im Geld endet.

Beispiel 224 *Anhand des Payoffs überlegt man sich, dass für Up-and-In-Calls $UpInC_e$ mit $B = B^O > K$ immer die folgenden Ungleichungen gelten müssen:*

$$C_e^{[B]}(0) + (B - K)\,CoNC_e^{[B]}(0) \leq UpInC_e(0) \leq C_e^{[K]}(0)$$

Hierbei ist $C_e^{[K]}$ der europäische Standard-Call zum Strike K und $C_e^{[B]}$ der zum Strike B. $CoNC_e^{[B]}$ ist der Digital-Call zum Strike B (mit Auszahlung 1). Wie liegt die Barrier-Option im Verhältnis zu den beiden Preisschranken? Bei einer niedrigen Volatilität ist die Wahrscheinlichkeit recht hoch, dass nach Erreichen der Barriere diese auch bei Fälligkeit nicht unterschritten wird. Das spricht also für einen Preis nahe an der unteren Grenze. Ist die Volatilität hingegen hoch, hat das einmalige Erreichen der Barriere ein viel geringeres Gewicht im Hinblick auf den Kurs im Zeitpunkt T. Da mit steigender Volatilität auch die Chance, die Barriere zu erreichen, insgesamt steigt, sollte bei einer hohen Volatilität der Preis eher in der Nähe der oberen Schranke liegen. So ist es auch, wie die folgenden Zahlenbeispiele mit $r = 0{,}05$, $S = 100$ und $T = 1$ Jahr zeigen. Die Volatilität muss allerdings sehr niedrig sein, damit die untere Schranke angenähert wird. Mit Hilfe von 11.4 und 11.1 ergeben sich die Werte in den nachstehenden Tabellen:

Call im Geld:

K	B	σ	$C_e^{[B]}(0) + (B-K)\,CoNC_e^{[B]}(0)$	$UpInC_e(0)$	$C_e^{[K]}(0)$
95	105	0,01	5,66	5,66	9,63
95	105	0,05	6,81	8,12	9,67
95	105	0,1	8,66	9,98	10,41
95	105	0,3	16,18	16,78	16,80

Call am Geld:

K	B	σ	$C_e^{[B]}(0) + (B-K)\,CoNC_e^{[B]}(0)$	$UpInC_e(0)$	$C_e^{[K]}(0)$
100	105	0,01	3,06	3,06	4,88
100	105	0,05	4,43	4,94	5,28
100	105	0,1	6,35	6,74	6,80
100	105	0,3	14,08	14,23	14,23

11.2 Pfadabhängige exotische Optionen

Call aus dem Geld:

K	B	σ	$C_e^{[B]}(0) + (B-K)\,CoNC_e^{[B]}(0)$	$UpInC_e(0)$	$C_e^{[K]}(0)$
105	110	0,02	0,06	0,08	0,86
105	110	0,05	1,34	1,61	2,05
105	110	0,1	3,64	3,95	4,05
105	110	0,3	11,84	11,97	11,98

Up-and-In-Calls, deren Barriere dicht beim Strike liegt, sind also nur bei niedriger Volatilität deutlich preigünstiger als der entsprechende Standard-Call. Liegt die Barriere dagegen weit entfernt vom Strike, besteht selbst bei „normalem" Volatilitätsniveau ($\sigma = 0{,}3$) ein großer Preisunterschied:

K	B	σ	$UpInC_e(0)$	$C_e^{[K]}(0)$
100	110	0,1	6,10	6,80
100	150	0,1	0,01	6,80
100	110	0,3	14,19	14,23
100	150	0,3	9,10	14,23

Up-and-In-Calls mit $B >> K$ können sehr unangenehm zu hedgen sein. Ist die Restlaufzeit nur noch gering und bewegt sich der Kurs des Underlyings knapp unterhalb der noch nicht überschrittenen Barriere, so hat die Option einen inneren Wert von null, der sich schlagartig auf $B-K$ erhöht, wenn die Barriere erreicht wird. In einer solchen Situation hat eine Barrier-Option also eine Charakteristik, die der einer Digital ähnelt, wenn auch nicht gleicht, da eine Digital bei einer späteren Unterschreitung von B ihren inneren Wert ja wieder verlieren würde.

Zwischen den verschiedenen Barrier-Typen bestehen Beziehungen. So ist eine Long-Position in einem Up-and-In-Call aufgrund des identischen Payoffs wertgleich mit einer Long-Position in dem entsprechenden Plain-Vanilla-Call zusammen mit einer Short-Position in dem Up-and-Out-Call mit gleicher Barriere B und Strike K:

$$UpInC_e(t) = C_e(t) - UpOutC_e(t)$$

Entsprechende **In-Out-Paritäten** gelten auch für die anderen Barrier-Grundtypen, wie man sich zur Übung überlege.

Nun zum angekündigten zweiten Fall, für den wir eine Bewertungsformel angeben: Der Wert eines Down-and-Out-Calls $DownOutC_e$ ohne Rebate-Zahlung mit $K > B^U = B$ (und natürlich $S > B$) ist

$$DownOutC_e(0) = S\left[\Phi(d_+(K)) - \left(\frac{B}{S}\right)^{\alpha+1}\Phi(y_+(K))\right]$$
$$-e^{-rT}K\left[\Phi(d_-(K)) - \left(\frac{B}{S}\right)^{\alpha-1}\Phi(y_-(K))\right]$$

mit α, $d_\pm$ und $y_\pm$ wie oben

Eine Standard-Barrier ohne Rebate kann nie mehr auszahlen als die zugehörige Plain-Vanilla-Option. Motiv für den Kauf einer solchen Barrier-Option kann also nur die geringere Optionsprämie sein. Diese Preisreduktion wird dadurch erreicht, dass bei bestimmten Marktentwicklungen auf die Auszahlung des Payoffs des Calls/Puts verzichtet wird. Sehen wir uns diesen Effekt in einem Beispiel an.

Beispiel 225 *Die Daten $S = 100$ (€), $\sigma = 0{,}3$ und $r = 0{,}05$ ergeben für einen europäischen Call mit Laufzeit $T = 1/2$ und Strike $K = 100$ den Black-Scholes-Preis $C_e(0) = 9{,}63$.*
Dieser Preis soll verglichen werden mit dem des Down-and-Out-Calls zu den Barrieren $B_1 = 95$, $B_2 = 90$ und $B_3 = 85$. Einsetzen in die obige Formel ergibt die Preise

$$DownOutC_e(0) = 4{,}85 \ (B_1) \ bzw. \ 7{,}68 \ (B_2) \ bzw. \ 9{,}02 \ (B_3).$$

Bei Barrier-Optionen mit Rebates kann die Bewertung der Rebates getrennt von der Bewertung der „Kern"-Option durchgeführt werden. Bei Zahlung des Trostpflasters bei Endfälligkeit benötigt man hierzu nur die (risikoneutrale) Wahrscheinlichkeit dafür, dass die Barriere erreicht wird, beim „at-hit"-Typ benötigt man die (risikoneutrale) Verteilung der Ersterreichungszeit T_B (siehe z.B. [61]). Die Zufallsvariable T_B ist übrigens wie der optimale Ausübungszeitpunkt einer amerikanischen Option eine sogenannte **Stoppzeit** (s. Abschnitt 12.2.3).

Preisformeln aller Standard-Barriers mit und ohne Rebates findet man z.B. in [52] oder [61]. Bei Barrier-Optionen, für die es keine analytischen Formeln gibt, ist natürlich - wie bei allen anderen Optionstypen auch - die Bewertung über diskrete Modelle möglich. Bei Barriers ist hier aber die Problematik einer hohen numerischen Instabilität zu beachten, die vor allem dann gegeben ist, wenn die Barriere nicht als Wert von Knotenpunkten vorkommt.

Double Barriers

Neben den eben beschriebenen Optionen mit einseitigen Barrieren sind auch Varianten mit zweiseitiger Barriere im Markt vertreten. Sie heißen **double** (oder **dual**) **barrier options**. Unterschieden werden analog zum letzten Abschnitt **Double-Knock-In-** und **Double-Knock-Out-**Optionen. Bei Double-Knock-In-Optionen hat man also ein Intervall (B^U, B^O), das vom Underlying verlassen werden muss, damit die Option einknocken kann. Umgekehrt muss sich bei Double-Knock-Out-Optionen das Basisinstrument während der gesamten Optionslaufzeit innerhalb des Bereiches (B^U, B^O) aufhalten, damit die Option nicht ausgeknockt wird. Um zu vermeiden, dass die Optionen nicht bereits zu Beginn ein- bzw. ausgeknockt sind, werden die Barrieren um den aktuellen Wert des Underlyings gelegt, d.h. es gilt anfänglich stets $B^U < S < B^O$. Auch bei diesen Barrier-Typen können wie bei Single-Barriers Rebate-Zahlungen vereinbart werden.

Bezeichnen wir mit $T_{\min}$ das Minimum der Ersterreichungszeiten der Barrieren B^U bzw. B^O, d.h. gilt: $T_{\min} = \min(T_{B^U}, T_{B^O})$, lassen sich die Payoffs der drei zweiseitigen Call-Typen formal wie folgt beschreiben:

11.2 Pfadabhängige exotische Optionen

$$DoubleInC_e(T) = \begin{cases} \max(S_T - K, 0) & \text{falls } T_{\min} \leq T \\ R & \text{falls } T_{\min} > T \end{cases}$$

$$DoubleOutR_{ex}C_e(T) = \begin{cases} \max(S_T - K, 0) & \text{falls } T_{\min} > T \\ R & \text{falls } T_{\min} \leq T \end{cases}$$

$$DoubleOutR_{hit}C_e(\min(T, T_{\min})) = \begin{cases} \max(S_T - K, 0) & \text{falls } T_{\min} > T \\ R & \text{falls } T_{\min} \leq T \end{cases}$$

Double barriers treten deutlich seltener auf als die Single-Varianten, was nicht zuletzt daraus resultiert, dass sie sich zur Sicherung bestehender Grundpositionen deutlich weniger eignen. Für die Konzeption strukturierter Produkte sind jedoch ihre digitalen Verwandten (vgl. nächsten Abschnitt) sehr gut geeignet.

Wie Single-Barriers lassen sich auch Double-Barriers analytisch bewerten, worauf wir hier aber nicht näher eingehen wollen (vgl. hierzu [61]). Es sei an dieser Stelle aber noch darauf hingewiesen, dass sich Double-Barrier-Optionen **nicht** als einfache Long-/Short-Kombination von Single-Barriers darstellen lassen. Dies wird auch an Hand der Preisformeln für die zweiseitigen Varianten deutlich, die im Gegensatz zu den Formeln für Single-Barrier-Optionen unendliche Reihen enthalten.

Digitale Barrier-Optionen

Betrachtet man die Rückvergütungen von Barrier-Optionen als eigenständige Optionen, gelangt man zu **digital barriers**. Im Fall der digitalen Knock-In-Optionen gibt es analog zu den Rebate-Varianten bei den Standard-Knock-Out-Optionen zwei Differenzierungsmöglichkeiten, da die Auszahlung entweder sofort bei Erreichen der Barriere erfolgen kann (at hit), oder erst am Ende der Optionslaufzeit (at expiry). Es lassen sich also sechs Grundformen einseitiger digitaler Barrier-Optionen unterscheiden, deren Payoffs sich bei Normierung des an den Optionskäufer zu zahlenden Festbetrags auf 1 mit den Bezeichnungsweisen von oben wie folgt darstellen:

$$UpOutCoN_e(T) = \begin{cases} 1 & \text{falls } T_{B^O} > T \\ 0 & \text{falls } T_{B^O} \leq T \end{cases}$$

$$DownOutCoN_e(T) = \begin{cases} 1 & \text{falls } T_{B^U} > T \\ 0 & \text{falls } T_{B^U} \leq T \end{cases}$$

$$UpIn_{ex}CoN_e(T) = \begin{cases} 1 & \text{falls } T_{B^O} \leq T \\ 0 & \text{falls } T_{B^O} > T \end{cases}$$

$$DownIn_{ex}CoN_e(T) = \begin{cases} 1 & \text{falls } T_{B^U} \leq T \\ 0 & \text{falls } T_{B^U} > T \end{cases}$$

$$UpIn_{hit}CoN_e(\min(T_{B^O}, T)) = \begin{cases} 1 & \text{falls } T_{B^O} \leq T \\ 0 & \text{falls } T_{B^O} > T \end{cases}$$

$$DownIn_{hit}CoN_e(\min(T_{B^U}, T)) = \begin{cases} 1 & \text{falls } T_{B^U} \leq T \\ 0 & \text{falls } T_{B^U} > T \end{cases}$$

Die digitalen KOs, Up-and-Out- bzw. Down-and-Out-CoN-Optionen, sind auch als **no touch options** bekannt und die Knock-In-Varianten mit sofortiger Auszahlung als **one touch options**. Da es die Differenzierung „Up" und „Down" gibt, ist bei obigen

Grundformen digitaler Barriers eine Unterscheidung hinsichtlich Call und Put hinfällig. Jedoch gibt es ein allgemeineres Konzept, bei dem der Festbetrag nur dann gezahlt wird, wenn zum einen die Option eingeknockt bzw. nicht ausgeknockt worden ist und zum anderen der Schlußkurs des Underlyings S_T über bzw. unter einem Strike K liegt. Diese Varianten treten jedoch sehr viel seltener auf, weswegen diesbezüglich auf [51] verwiesen sei.

Für beidseitige Barrieren erhält man analog zu den gewöhnlichen Double-Barriers die drei folgenden Varianten:

$$DoubleOutCoN_e(T) = \begin{cases} 1 & \text{falls } T_{\min} > T \\ 0 & \text{falls } T_{\min} \leq T \end{cases}$$

$$DoubleIn_{ex}CoN_e(T) = \begin{cases} 1 & \text{falls } T_{\min} \leq T \\ 0 & \text{falls } T_{\min} > T \end{cases}$$

$$DoubleIn_{hit}CoN_e(\min(T_{\min},T)) = \begin{cases} 1 & \text{falls } T_{\min} \leq T \\ 0 & \text{falls } T_{\min} > T \end{cases}$$

Zwischen digital barriers bestehen In-Out-Paritäten, die analog sind zu entsprechenden Put-Call-Paritäten bei pfadunabhängigen Standard-Digitals: Die Summe einer Up-and-In-CoN (at expiry) und einer Up-and-Out-CoN mit derselben Barriere zahlt den Festbetrag mit Sicherheit. Unabhängig von konkreten Verteilungsannahmen ist der Wert dieser Summe im Zeitpunkt 0 also der diskontierte Festbetrag. Gleiches gilt für ein Portfolio bestehend aus einer Down-and-In-CoN (at expiry) und der zugehörigen Down-and-Out-CoN. Für die „at hit" zahlenden Optionen gilt dieser Zusammenhang aufgrund der Zufälligkeit des Zahlungszeitpunktes jedoch nicht.

Manche Front- bzw. Backoffice-Systeme lassen die direkte Eingabe von digitalen Barrier-Optionen nicht zu, ermöglichen jedoch die Eingabe normaler Barrier-Optionen mit Rückvergütungen, weswegen wir noch kurz die am Anfang dieses Abschnitts schon angedeuteten Duplikationsmöglichkeiten digitaler Barriers mit Hilfe von Standard-Barriers erörtern. Kombiniert man beispielsweise den Kauf eines Up-and-In-Calls mit Rebate 1 mit dem Verkauf desselben Calls ohne Rückvergütung, bleibt bei Fälligkeit genau dann die Rebate-Zahlung übrig, wenn die Optionen nicht getriggert worden sind, d.h. man erhält eine Up-and-Out-CoN-Option, wie man anhand der nächsten Gleichung sofort sieht:

$$\begin{cases} \max(S_T-K,0) & \text{falls } T_{B^o} \leq T \\ 1 & \text{falls } T_{B^o} > T \end{cases} - \begin{cases} \max(S_T-K,0) & \text{falls } T_{B^o} \leq T \\ 0 & \text{falls } T_{B^o} > T \end{cases}$$
$$= \begin{cases} 0 & \text{falls } T_{B^o} \leq T \\ 1 & \text{falls } T_{B^o} > T \end{cases}$$

Aus dieser Gleichung geht ebenfalls hervor, dass der Auszahlung des zugrundeliegenden Calls keinerlei Bedeutung zukommt, d.h. weder spielt der Strike K eine Rolle, noch ist wesentlich, dass es sich überhaupt um einen Call und nicht um einen Put handelt. Dieselbe Struktur ergibt sich nämlich durch den Kauf eines Up-and-In-Puts mit Rückvergütung 1 und den Verkauf desselben Puts ohne Rebate.

Entsprechend lassen sich die restlichen binären Barriers wahlweise mit Barrier-Puts oder -Calls konstruieren. Zusammengefasst gilt:

11.2 Pfadabhängige exotische Optionen

$$\begin{aligned}
UpOutCoN_e &= UpInR_{ex}C_e - UpInC_e \\
DownOutCoN_e &= DownInR_{ex}C_e - DownInC_e \\
UpIn_{ex}CoN_e &= UpOutR_{ex}C_e - UpOutC_e \\
DownIn_{ex}CoN_e &= DownOutR_{ex}C_e - DownOutC_e \\
UpIn_{hit}CoN_e &= UpOutR_{hit}C_e - UpOutC_e \\
DownIn_{hit}CoN_e &= DownOutR_{hit}C_e - DownOutC_e \\
DoubleIn_{ex}CoN_e &= DoubleOutR_{ex}C_e - DoubleOutC_e \\
DoubleIn_{hit}CoN_e &= DoubleOutR_{hit}C_e - DoubleOutC_e \\
DoubleOutCoN_e &= DoubleInR_{ex}C_e - DoubleInC_e
\end{aligned}$$

11.2.2 Asiatische Optionen

Eine weitere Klasse pfadabhängiger Exoten stellen **asiatische Optionen (asian options)** dar, die auch unter dem Namen **Average-Optionen** firmieren. Hierbei handelt es sich um Standardoptionen, deren Wert aber nicht allein vom Underlying am Ende der Laufzeit abhängt, sondern von einem über vorab festgelegte Zeitpunkte $T_1, T_2, ...$ gebildeten Durchschnitt.

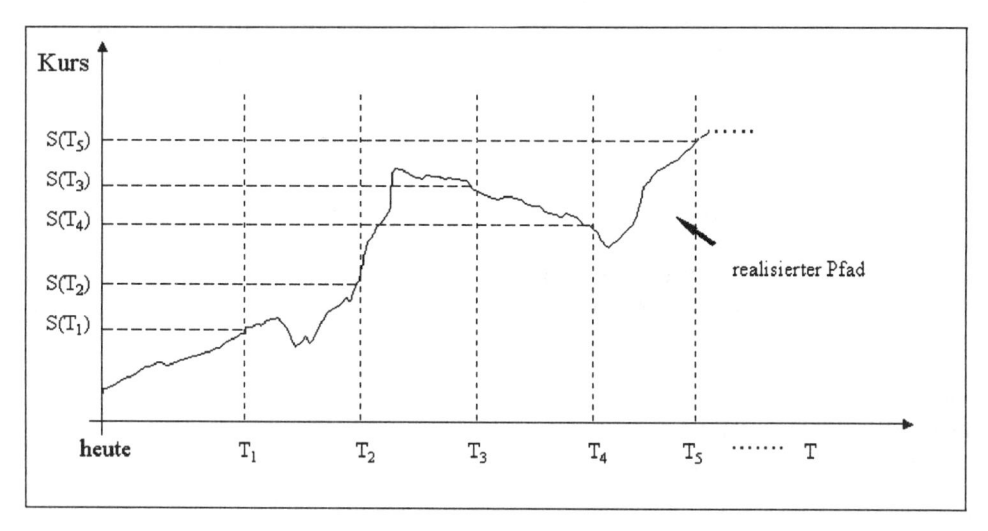

Die für die Durchschnittsbildung relevanten Zeitpunkte T_k ($T_k \leq T$) können wie in der Grafik äquidistant gewählt sein, müssen es aber nicht. Grundsätzlich wird bei asiatischen Optionen zwischen Average-Price- und Average-Strike-Optionen unterschieden.

Average-Price-Optionen

Unter einer **Average-Price-** oder auch **Average-Rate-Option** versteht man eine Standardoption, bei der anstelle des Settlementpreises S_T der Durchschnitt der Underlyingkurse zur Abrechnung herangezogen wird. Grundsätzlich können als Durchschnitt folgende Mittelbildungen herangezogen werden:

1. gewichtetes arithmetisches Mittel: $\sum_{k=1}^{n} g_k S(T_k)$

2. gewichtetes geometrisches Mittel: $\prod_{k=1}^{n} S(T_k)^{g_k}$

3. gewichtetes harmonisches Mittel: $\dfrac{1}{\sum_{k=1}^{n} \frac{g_k}{S(T_k)}}$

An die Gewichte g_k stellen wir hier nur die Forderung, dass sie alle positiv sind, d.h. $\sum_{k=1}^{n} g_k = 1$ muss nicht zwingend erfüllt sein. Bezeichnet $S(T_k)$ einen Aktien- oder einen Devisenkurs, wird zur Durchschnittbildung i.d.R. das gewichtete arithmetische Mittel herangezogen, wobei $g_k = 1/n$ gewählt werden kann aber nicht muss. Das geometrische Mittel tritt eher auf, wenn $S(T_k)$ als Bezeichnung für die jährliche Performance eines Underlyings wie z.B. eines Indexes gewählt wird. D.h. bezeichnen wir mit $I(T_k)$ den Indexstand im Zeitpunkt T_k, so ist die Performance des Indexes im Zeitraum $[T_{k-1}, T_k]$ durch $S(T_k) = (I(T_k) - I(T_{k-1}))/I(T_{k-1})$ definiert. Im Falle des harmonischen Mittels schließlich, das allerdings im Markt kaum zu sehen ist, spricht man auch von **inverse average price options**.

Bezeichnet S_A also den wie auch immer gebildeten Durchschnitt und K den Strike, so ist der Payoff eines Average-Price-Calls $AvPrC_e$ bzw. -Puts $AvPrP_e$ also:

$$AvPrC_e(T) = \begin{cases} 0 & \text{für } S_A \leq K \\ S_A - K & \text{für } S_A > K \end{cases}$$

und

$$AvPrP_e(T) = \begin{cases} K - S_A & \text{für } S_A < K \\ 0 & \text{für } S_A \geq K \end{cases}$$

Average-Price-Optionen dämpfen quasi die Schwankungen im Underlying und haben somit zwei Vorteile: Erstens können solche Optionen, wenn sie kurz vor Verfall im Geld sind, auch bei einem illiquideren Basisinstrument kaum gezielt aus dem Geld geschoben werden. Zweitens sind sie aufgrund der geringeren Volatilität um einiges günstiger als die entsprechende Standardoption, womit sie sich sehr gut zur Absicherung einer Serie gleichartiger Risiken eignen. Gehen beispielsweise in einem deutschen Unternehmen regelmäßig Zahlungen aus dem Ausland in fremder Währung ein, können diese über einen Average-Rate-Put auf den entsprechenden Währungskurs günstiger abgesichert werden, als wenn eine Serie von Standard-Puts gekauft würde, zumal dies aus Sicht des Unternehmens auch einer Überversicherung gleichkäme. Ist die Höhe der eingehenden Zahlungen in etwa bekannt, sollten die Gewichte in der arithmetischen Mittelbildung entsprechend den eingehenden Fremdwährungsbeträgen gewählt werden.

Average-Strike-Optionen

Wurde bei Average-Price-Optionen anstelle des Settlementpreises der Durchschnitt aus verschiedenen Werten des Underlyings benutzt, wird bei einer **Average-Strike-Option** nicht der Settlementpreis S_T sondern der Strike K ersetzt. Auch hier wird am häufigsten die arithmetische Mittelbildung verwendet. Bezeichnen wir also mit S_A wieder den irgendwie gebildeten Durchschnitt der Kurse $S(T_k)$, lassen sich die Payoffs der Average-Strike-Optionen ganz analog formulieren:

11.2 Pfadabhängige exotische Optionen

und
$$AvStrC_e(T) = \begin{cases} 0 & \text{für } S_T \leq S_A \\ S_T - S_A & \text{für } S_T > S_A \end{cases}$$

$$AvStrP_e(T) = \begin{cases} S_A - S_T & \text{für } S_T < S_A \\ 0 & \text{für } S_T \geq S_A \end{cases}.$$

Average-Strike-Optionen werden deutlich seltener gehandelt als Average-Price-Optionen, und wenn, dann überwiegend im OTC-Markt. Aber auch sie haben sinnvolle Einsatzmöglichkeiten, wie das folgende Beispiel zeigt: Ein inländisches Unternehmen schickt regelmäßig Fremdwährungsbeträge zur Projektfinanzierung ins Ausland. Nach Abschluß des Projekts ist mit einem deutlich größeren eingehenden Betrag in fremder Währung zu rechnen. Mit dem Kauf eines Average-Strike-Puts sichert sich das Unternehmen bei passender Wahl der Gewichte dagegen ab, dass der durchschnittliche Fremdwährungskurs, der für die laufenden Fremdwährungskäufe bezahlt werden muss, höher ist als der Kurs bei Projektende, wenn der hohe Fremdwährungsbetrag verkauft wird.

Zur Bewertung asiatischer Optionen im Rahmen des Black-Scholes-Modells gilt tendenziell Folgendes: Alles ist gut, wenn man die geometrische Form der Durchschnittsbildung wählt, wohingegen der arithmetische Durchschnitt problematisch ist. Grund hierfür ist, dass im Allgemeinen zwar das Produkt, nicht aber die Summe lognormalverteilter Größen wieder lognormalverteilt ist. Dies wiederum liegt an der fundamentalen Eigenschaft des Logarithmus

$$\ln(x \cdot y) = \ln(x) + \ln(y), \text{ aber } \ln(x+y) = (?).$$

Folgerichtig existieren für asiatische Optionen mit geometrischer Mittelbildung in vielen Fällen geschlossene Bewertungsformeln vom Black-Scholes-Typ, wohingegen bei der arithmetischen Mittelbildung neben der einfach zu implementierenden, bei hoher Genauigkeitsanforderung aber rechenintensiven Monte-Carlo-Simulation nur ein analytischer Näherungsansatz für die Bewertung zur Verfügung steht. Hierbei werden zunächst die ersten zwei Momente der exakten Verteilung des arithmetischen Mittels bestimmt. Dann wird mit der Lognormalverteilung als Näherung der exakten Verteilung weitergearbeitet, die die gleichen ersten beiden Momente hat. Details hierzu und Bewertungsformeln findet man in [61] oder [38] und [56].

Auf einen weiteren Aspekt von Average-Optionen sei an dieser Stelle hingewiesen: Liegt bereits mindestens einer der für die Durchschnittsbildung relevanten Zeitpunkte T_k in der Vergangenheit, so hat eine asiatische Option zu einem Zeitpunkt t während der Laufzeit einen anderen Wert als eine zu diesem Zeitpunkt frisch abgeschlossene asiatische Option gleicher Ausprägung mit gleicher Endfälligkeit, da ja das bereits vergangene Zeitintervall $[0,t]$ Einfluss auf den Payoff hat. In vergleichbarer Form ist diese Eigenschaft bei keinem der bisher besprochenen Optionstypen vorhanden, auch nicht bei den ebenfalls pfadabhängigen Barrier-Optionen, die sich ja lediglich beim Knock-In in eine Standardoption verwandeln bzw. im Fall eines Knock-Outs schlagartig wertlos werden.

11.2.3 Lookback-Optionen

Lookback-Optionen werden meist OTC gehandelt und treten überwiegend im Zusammenhang mit Aktien und Devisen auf. Diese letzte hier vorgestellte pfadabhängige Exotenklasse - im Markt auch als **Extremwert-Optionen**, als **no regret options** oder

best buy/sell options bezeichnet - ähnelt in gewisser Hinsicht der Gruppe der Asians. Lookbacks entsprechen nämlich ebenfalls Standardoptionen, bei denen entweder der Settlementpreis S_T oder der Strike K ersetzt wird. Allerdings wird nicht mehr der Durchschnitt S_A als Ersatz verwendet, sondern das Minimum $S_{\min}$ oder Maximum $S_{\max}$ der erreichten Underlyingkurse. Die Bestimmung des Extremums erfolgt während eines vorab festgelegten Zeitraumes, der sogenannten **Lookback-Periode**. Diese kann aus diskreten Zeitpunkten oder einem stetigen Zeitintervall bestehen. Abhängig davon, ob der Strike oder der Settlementpreis ersetzt wird, unterscheidet man **Floating-Strike-Lookbacks** und **Floating-Rate-Lookbacks**.

Floating-Strike-Lookbacks

Bei **Floating-Strike-Lookbacks**, die im Regelfall gemeint sind, wenn von Lookbacks gesprochen wird, handelt es sich um Standardoptionen, die anstelle des vorher festgelegten Strikes K ein Vielfaches des während der Lookback-Periode erreichten Minimums (Call) bzw. Maximums (Put) des Underlyings verwenden. Bezeichnen wir mit $\Theta \subseteq [0,T]$ die Lookback-Periode und mit V das Vielfache, ergeben sich also die Payoffs wie folgt:

$$FloStrC_e(T) = \begin{cases} 0 & f\ddot{u}r \ S_T \leq V \cdot S_{\min} \\ S_T - V \cdot S_{\min} & f\ddot{u}r \ S_T > V \cdot S_{\min} \end{cases}$$

und

$$FloStrP_e(T) = \begin{cases} V \cdot S_{\max} - S_T & f\ddot{u}r \ S_T < V \cdot S_{\max} \\ 0 & f\ddot{u}r \ S_T \geq V \cdot S_{\max} \end{cases}$$

wobei $S_{\min} = \min\{S(\tau), \tau \in \Theta\}$ und $S_{\max} = \max\{S(\tau), \tau \in \Theta\}$.

Wird das Vielfache $V = 1$ gesetzt und erstreckt sich die Lookback Periode auf die gesammte Optionslaufzeit, d.h. $\Theta = [0,T]$, handelt es sich um eine **Simple-Lookback-Option**. Simple-Lookbacks stellen die Urform der Lookbacks dar und basieren auf der charmanten Idee, das Underlying zum günstigsten Preis während der Optionslaufzeit zu erwerben (Call) bzw. zum höchten Preis zu verkaufen (Put), weswegen sie auch wie oben angegeben „no regret options" oder „best buy/sell options" genannt werden. Die Payoffs europäischer Simple-Lookback-Calls bzw. -Puts reduzieren sich also zu

$$\max(S_T - S_{\min}, 0) \ \ (\text{Call}) \quad \text{bzw.} \quad \max(S_{\max} - S_T, 0) \ \ (\text{Put}),$$

mit $S_{\min} = \min\{S(\tau), \tau \in [0,T]\}$ und $S_{\max} = \max\{S(\tau), \tau \in [0,T]\}$. Abbildung 11.5 zeigt die Payoffs an Hand eines Beispielpfades und gibt einen Hinweis auf die Namensgebung der Lookbacks. Ausgehend vom Settlementpreis S_T im Zeitpunkt T kann der Payoff, der das Extremum benötigt, nur bestimmt werden, indem man zurück in die Vergangenheit blickt.

Simple-Lookbacks enden nie aus dem Geld und sind dementsprechend teuer, weswegen ihr Einsatz nur dann sinnvoll ist, wenn außergewöhnlich große Marktbewegungen zu erwarten sind. Um die Kosten für eine Lookback-Option zu senken, kann entweder die Lookback-Periode verkleinert werden oder das Vielfache V im Falle des Calls über 100% bzw. im Falle des Puts unter 100% gewählt werden. Stellt die Lookback-Periode nur einen Teil der gesammten Optionslaufzeit dar, d.h. gilt $\Theta \subsetneq [0,T]$, handelt es sich um einen **partial (period) lookback**. Besteht die Lookback-Periode nur aus diskreten

11.2 Pfadabhängige exotische Optionen

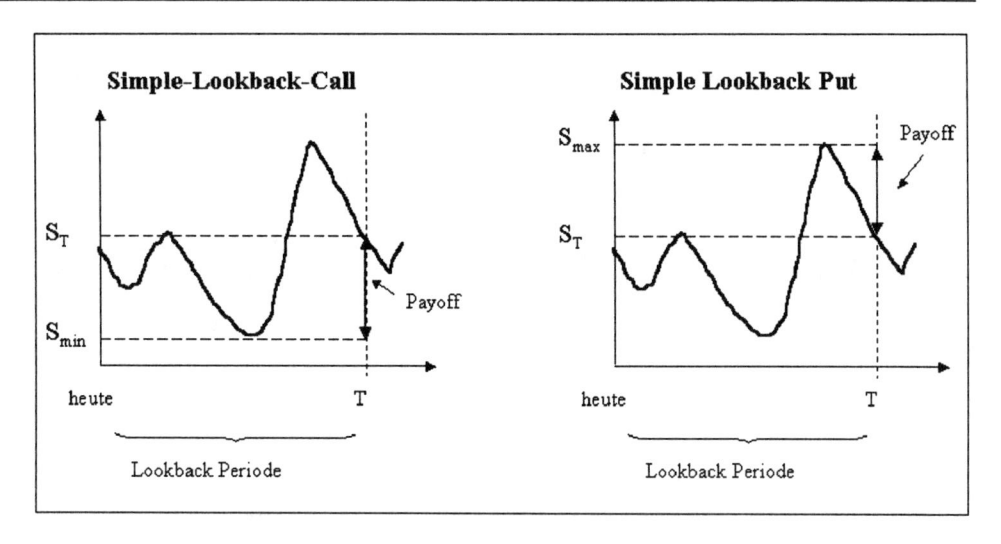

Abbildung 11.5 Payoff von Lookback-Optionen des Floating-Strike-Typs

Zeitpunkten statt aus einem stetigen Zeitintervall, spricht man auch von einer **diskreten** Lookback-Option. Unter **Percentage-Lookbacks** versteht man schließlich die Varianten, bei denen $V \neq 1$ gesetzt wird.

Floating-Rate-Lookbacks

Diese modifizierten Lookbacks, die auch **Fixed-Strike-Lookback-Optionen** oder **lookforward options** genannt werden, ersetzen nicht den Strike K sondern den Settlementpreis S_T in einer Standardoption durch $S_{\min}$ oder $S_{\max}$, d.h. für die Payoffs gilt:

$$FloRateC_e(T) = \begin{cases} 0 & für \quad V \cdot S_{\max} \leq K \\ V \cdot S_{\max} - K & für \quad V \cdot S_{\max} > K \end{cases}$$

und

$$FloRateP_e(T) = \begin{cases} K - V \cdot S_{\min} & für \quad V \cdot S_{\min} < K \\ 0 & für \quad V \cdot S_{\min} \geq K \end{cases},$$

wobei $S_{\min}$ und $S_{\max}$ wie oben definiert sind.

Auch in der Klasse der Floating-Rate-Lookbacks bzw. Lookforwards, wie wir sie ab jetzt zur einfacheren Unterscheidung nennen werden, treten die bei den Floating-Strike-Varianten, also den klassischen Lookbacks, angesprochenen Subtypen auf, die sich aus der Verkleinerung der Lookback-Periode oder einer entsprechenden Wahl des Vielfachen V ergeben. Vergleicht man die Payoffs

$$\max(S_{\max} - K, 0) \quad \text{(Call)} \quad \text{und} \quad \max(K - S_{\min}, 0) \quad \text{(Put)}$$

der beiden Simple-Lookforwards mit den Payoffs der Simple-Lookbacks, fällt eine gewisse „Überkreuzrelation" auf: Sowohl der Simple-Lookback-Call als auch der Simple-Lookforward-Put erlauben es, das Underlying am Laufzeitende zum günstigsten Preis

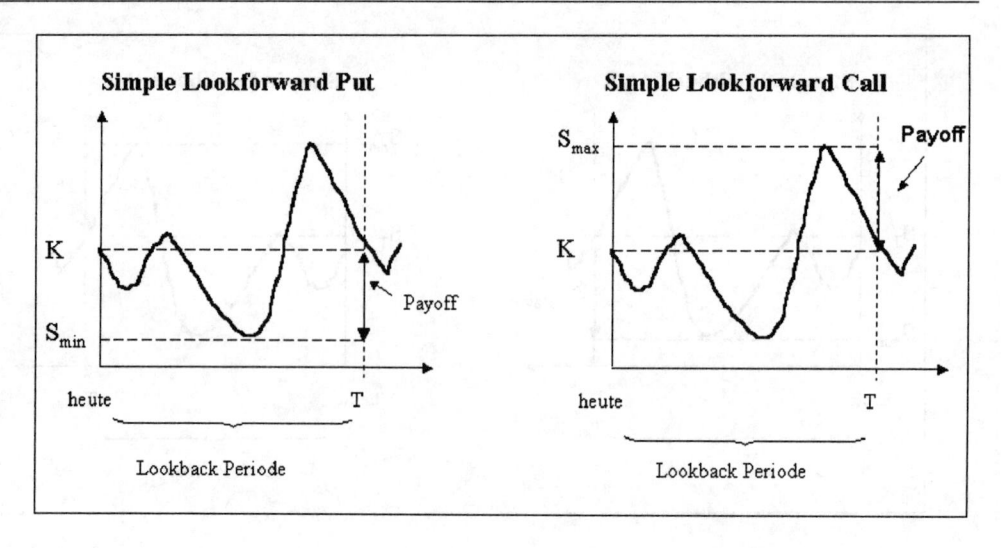

Abbildung 11.6 Payoffs von Lookforward-Optionen

$S_{\min}$ zu kaufen, wenn im Lookforward $K = e^{rT}S$ (S = aktueller Aktienkurs) gewählt wird und zusätzlich zu Periodenbeginn eine Aktie gekauft wird. Umgekehrt, ermöglichen sowohl der Simple-Lookback-Put als auch der Simple-Lookforward-Call (+ Short-Position in der Aktie) die Veräußerung des Underlyings zum höchsten Preis $S_{\max}$. Dies geht andeutungsweise auch aus dem Vergleich von Abbildung 11.6, die die Payoffs der Simple-Lookforwards an Hand des Beispielpfades von vorhin zeigt, mit der zu den Lookbacks gehörenden Grafik 11.5 hervor.

Unter Black-Scholes-Annahmen lassen sich für Simple-Lookbacks wie auch Lookforwards geschlossene analytische Lösungen herleiten. Das ist nicht überraschend, denn wir haben ja schon bei der Diskussion der Bewertung der Barrier-Optionen gesehen, dass es möglich ist, die gemeinsame Verteilung von $S(T)$ und $S_{max}(T)$ (bzw. $S_{min}(T)$) anzugeben (s. Satz 223 auf Seite 315 und die nachfolgenden Ausführungen). Für einen Simple-Lookforward-Call $SiLoFoC_e$ zum Strike $K \geq S = S(0)$ auf eine Aktie ohne Dividende lautet die Formel

$$SiLoFoC_e(0) = C_e(0) + \frac{S\sigma^2}{2r}\left[\Phi(d_+) - e^{-rT}\left(\frac{K}{S}\right)^{2r/\sigma^2}\Phi\left(d_+ - \frac{2r\sqrt{T}}{\sigma}\right)\right]$$

$$\text{mit } d_+ = \frac{\ln(S/K) + (r + \sigma^2/2)T}{\sigma\sqrt{T}}$$

Hierbei ist $C_e(0)$ der Black-Scholes-Preis des europäischen Standard-Calls mit dem gleichen Strike K und der gleichen Endfälligkeit T (s. z.B. [61], [21] und [18]). Man sieht an der Formel sehr schön, dass sich der Preis dieses Lookforwards zerlegen lässt in den zugehörigen Black-Scholes-Preis zuzüglich eines Aufschlags für das Recht der nachträglichen Wahl des Berechnungszeitpunkts.

Bemerkung 226 *Die angegebene Preisformel gilt auch noch während der Laufzeit, wenn man T durch $T-t$ ersetzt - allerdings nur, solange die Option nicht im Geld ist. Dann* *ist eine etwas kompliziertere Formel zu benutzen, in die auch das bis zum Zeitpunkt t erreichte Aktienkursmaximum eingeht (s. die oben angegebenen Quellen).*

Aufgrund ihrer Payoff-Höhe ist klar: Lookback-Optionen sind teuer. Aber wie teuer? Die angegebene Formel erlaubt den Vergleich mit Preisen von Standardoptionen:

Beispiel 227 *Volatilität und Laufzeit sollten die Komponenten sein, die eine Lookback-Option teuer machen. Die folgende Tabelle enthält daher zu den Werten $S = K = 100$ und $r = 0{,}05$ die Preise von Plain Vanilla Calls $C_e(0)$ und den jeweils zugehörigen Simple Lookforward Calls $SiLoFoC_e(0)$ zu verschiedenen Laufzeiten T und Volatilitäten σ:*

T	σ	$C_e(0)$	$SiLoFoC_e(0)$
3 Monate	0,15	3,64	6,74
3 Monate	0,30	6,58	13,10
6 Monate	0,15	5,53	9,95
6 Monate	0,30	9,63	19,13

11.3 Multivariate Optionen

Multivariate oder auch **Korrelations-Optionen** sind Optionen, die von mehreren Basiswerten abhängen. Dies ist nichts vollkommen Neues für uns, denn ein erstes multivariates Derivat haben wir in Form des Quanto-Forwards bereits in Abschnitt 9.5 kennengelernt.

Wir beginnen die Darstellung mit einer Erläuterung des Bewertungsansatzes, der grundsätzlich ausgehend von der gemeinsamen Verteilung der einzelnen Anlageformen durchgeführt wird. Dies ist im Gegensatz zu sehen zu dem vereinfachenden „klassischen" Ansatz, rechnerische Größen wie z.B. das Minimum der Kurse zweier Aktien als eigenständige univariate Prozesse zu modellieren - ungeachtet der Ausgangsverteilung der einzelnen Bestandteile. Diese herkömmlichen Modelle sind zwar einfacher zu handhaben, beinhalten aber - wie es schon bei den Zinsderivaten erläutert wurde - die Gefahr der logischen Inkonsistenz und damit versteckter Arbitragemöglichkeiten, deren Ausnutzung in der Praxis zwar schwierig, aber nicht grundsätzlich unmöglich ist.

11.3.1 Bewertungsansatz im Black-Scholes-Modell

Alle in diesem Abschnitt vorgestellten Bewertungen und Bewertungsansätze bewegen sich im Rahmen eines höherdimensionalen Black-Scholes-Modells. In einem solchen Modell wird der Kursverlauf jeder der betrachteten n Anlageformen $A_1,..., A_n$ als geometrische Brownsche Bewegung

$$dA_i = A_i \left(\mu_i \, dt + \sigma_i \, dW_i \right)$$

derart modelliert, dass für jeden Zeitpunkt $t > t_0$ die Größen

$$\ln(A_1(t)/A_1(t_0)), \ldots, \ln(A_n(t)/A_n(t_0))$$

gemeinsam normalverteilt sind mit konstanten paarweisen Korrelationskoeffizienten $\rho_{i,j}$. Die Größe $\rho_{i,j}$ ist dann auch der Korrelationskoeffizient von $W_i(t)$ und $W_j(t)$. In der risikoneutralen Welt, d.h. unter dem (in der beschriebenen Situation eindeutig bestimmten) äquivalenten Martingalmaß $\mathbf{Q}^*$ gilt dann Entsprechendes. Der Prozess der A_i ist dort gegeben durch

$$dA_i = A_i \left(r\, dt + \sigma_i\, dW_i^{\mathbf{Q}^*} \right).$$

Die Korrelationseigenschaften bleiben beim Übergang zum Martingalmaß die gleichen. Die über den Cashbond $B(t) = B(t_0)e^{r(t-t_0)}$ diskontierten Prozesse $\widetilde{A}_i$ der A_i sind dann wieder Martingale und die Bewertung europäischer Optionen CC_e ist wie in Abschnitt 9.1 beschrieben möglich:

$$CC_e(t_0) = B(t_0)\mathbf{E}_{\mathbf{Q}^*}\left(CC_e(T)/B(T) \right)$$

Setzen wir wieder um die Notation zu vereinfachen $t_0 = 0$ und $B(0) = 1$, so erhält man

$$CC_e(0) = \mathbf{E}_{\mathbf{Q}^*}\left(e^{-rT} CC_e(T) \right) \tag{11.5}$$

Dies ist in dem beschriebenen Modell die einzig mögliche arbitragefreie Optionsbewertung, aber nicht nur das. Auch die Überlegungen zu selbstfinanzierenden Handelsstrategien aus Abschnitt 9.1 übertragen sich auf das beschriebene Modell. Das bedeutet, dass die Wertentwicklung der Option durch eine selbstfinanzierende Handelsstrategie aus Cashbond und den Anlageformen A_i dupliziert werden kann, und das heißt, dass für solche Optionen eine Hedging-Strategie existiert. Allerdings: Je nach Gestalt des Payoffs $CC_e(T)$ kann es in der Praxis ausgesprochen schwierig sein, eine solche Hedging-Strategie umzusetzen. Dies haben wir aber ja auch schon bei den univariaten Digitals gesehen.

Bemerkung 228 *Das hier vorgestellte Modell für den Kursverlauf von n Anlageformen ist ein Spezialfall des z.B. in [40] oder [2] behandelten allgemeinen n-dimensionalen Modells. Dort bilden allerdings n unabhängige Wiener-Prozesse $W_1, ..., W_n$ den Ausgangspunkt und die Anlageformen werden über den Ansatz*

$$dA_i = \mu_i dt + \sigma_{i,1} dW_1 + ... + \sigma_{i,n} dW_n$$

modelliert, wobei die Koeffizienten μ_i und $\sigma_{i,j}$ zeit- und zustandsabhängig sein dürfen. Durch geeignete Wahl der Koeffizienten kann hieraus aber unser Ansatz konstruiert werden. Sind z.B. W_1 und W_2 zwei unabhängige Wiener-Prozesse und ist $-1 \leq \rho \leq 1$, so ist $\rho W_1 + \sqrt{1-\rho^2} W_2$ ebenfalls ein Wiener-Prozess und sein Korrelationskoeffizient mit W_1 ist gerade ρ.

Dass zur Modellierung der Kursentwicklung von n mehr oder weniger unabhängigen Anlageformen auch in dem allgemeinen Modell genau n Wiener-Prozesse eingesetzt werden, ist kein Zufall. Nimmt man weniger Wiener-Prozesse, besteht die Gefahr, dass das Modell nicht arbitragefrei ist, nimmt man mehr, so gibt es Derivate, die nicht gehedgt werden können und die Derivatepreise sind nicht mehr eindeutig (s. hierzu auch den Abschnitt 12.4.5).

Für europäische Optionen CC_e, deren Wert zum Zeitpunkt T durch eine Funktion G in den Anlagekursen $A_1(T),..., A_n(T)$ gegeben ist, also

11.3 Multivariate Optionen

$$CC_e(T) = G(A_1(T), ..., A_n(T))$$

berechnet sich der Wert von Gleichung 11.5 als n-dimensionales Integral

$$CC_e(0) = e^{-rT} \int_0^\infty ... \int_0^\infty G(a_1, ..., a_n) \cdot h(a_1,...,a_n) \, da_1...da_n$$

Hierbei ist h die gemeinsame $\mathbf{Q}^*$-Dichte von $A_1(T),..., A_n(T)$, also die Dichte einer n-dimensionalen Lognormalverteilung. Dieses Integral lässt sich über die Substitution $x_1 = \ln(a_1/A_1(0))$, ..., $x_n = \ln(a_n/A_n(0))$ in die Form

$$CC_e(0) = e^{-rT} \int_{-\infty}^\infty ... \int_{-\infty}^\infty G(e^{x_1} A_1(0), ..., e^{x_n} A_n(0)) \cdot f(x_1, ..., x_n) \, dx_1...dx_n \quad (11.6)$$

transformieren, wobei f die Dichte der entsprechenden multivariaten Normalverteilung ist. Die näherungsweise numerische Bestimmung dieses Integrals ist für moderne Computer kein Problem, sofern die Funktionswerte von G ohne großen Aufwand bestimmt werden können. Damit kann Formel 11.6 als Universalformel zur Bewertung multivariater europäischer Optionen des beschriebenen Typs angesehen werden. In Spezialfällen kann die Formel aber noch vereinfacht werden.

Wir wollen uns den bivariaten Fall, also $n = 2$ etwas genauer ansehen. Dann ist (bezgl. $\mathbf{Q}^*$) $X = \ln(A_1(T)/A_1(0))$ normalverteilt mit Erwartungswert $\mu_X = (r - \sigma_1^2/2)T$ und Varianz $\sigma_X^2 = \sigma_1^2 T$ und entsprechend $Y = \ln(A_2(T)/A_2(0))$ normalverteilt mit Erwartungswert $\mu_Y = (r - \sigma_1^2/2)T$ und Varianz $\sigma_Y^2 = \sigma_1^2 T$. Verwenden wir nun x und y an Stelle von x_1 und x_2 als Variablennamen und bezeichnen wir den einzigen vorkommenden Korrelationskoeffizienten $\rho_{1,2}$ kurz mit ρ, so ist die gemeinsame Dichtefunktion von X und Y gegeben durch

$$f(x, y) = \frac{1}{2\pi\sigma_X\sigma_Y\sqrt{1-\rho^2}} \exp\left(-\frac{u^2 - 2\rho uv + v^2}{2(1-\rho^2)}\right)$$

mit

$$u = \frac{x - \mu_X}{\sigma_X} \quad \text{und} \quad v = \frac{y - \mu_Y}{\sigma_Y}$$

Diese Dichtefunktion kann zerlegt werden in ein Produkt der Dichtefunktion der einen Variablen mit der bedingten Dichte der anderen, d.h.

$$f(x,y) = f_X(x) \cdot f_{Y|X}(x,y) = f_Y(y) \cdot f_{X|Y}(x,y)$$

mit

$$f_X(x) = \frac{1}{\sigma_X\sqrt{2\pi}} \exp\left(-\frac{u^2}{2}\right) = \frac{1}{\sigma_X}\varphi(u) \quad (11.7)$$

und

$$f_{Y|X}(x,y) = \frac{1}{\sigma_Y\sqrt{1-\rho^2}\sqrt{2\pi}} \exp\left(-\frac{(v-\rho u)^2}{2(1-\rho^2)}\right) = \frac{1}{\sigma_Y\sqrt{1-\rho^2}} \cdot \varphi\left(\frac{v-\rho u}{\sqrt{1-\rho^2}}\right).$$
$$(11.8)$$

Hierbei ist φ die Dichte der Standardnormalverteilung. $f_Y(y)$ und $f_{X|Y}(x,y)$ sind entsprechend definiert. Diese Zerlegungen sind hilfreich bei der Vereinfachung der Formel 11.6 für konkrete Payoff-Funktionen G.

Die Gestalt des Integranden der Bewertungsformel ist aber nicht die einzige Komponente, die darüber entscheidet, ob eine Vereinfachung möglich ist. Die zweite Komponente ist die Gestalt des Integrationsbereiches. Da die meisten Optionen nur bei bestimmten Werten der Anlageformen einen positiven Wert haben, ist der Integrationsbereich in der Regel nicht der gesamte $\mathbb{R}^n$, sondern nur ein Teilgebiet. Die Komplexität dieses Gebiets hat ebenfalls Einfluss darauf, ob sich des Integral vereinfachen lässt. Die „Zugänglichkeit" der Bewertungsformel hängt also von zwei Größen ab:

- der Gestalt der Funktion G
- der Gestalt des Integrationsbereichs.

11.3.2 Tauschoptionen

Tauschoptionen (**exchange options**) sind eines der einfachsten Beispiele multivariater Optionen und insofern bestens geeignet, den Ansatz des letzten Abschnitts zu illustrieren. Eine Tauschoption beinhaltet das Recht, zu einem Zeitpunkt T eine Anlageform gegen eine andere auszutauschen. Sie könnte also z.B. aus dem Recht bestehen, am 10. Oktober 2002 eine DaimlerChrysler-Aktie (S_2) gegen eine BMW-Aktie (S_1) zu tauschen. Der Besitzer einer solchen Option wird von diesem Recht natürlich nur Gebrauch machen, wenn zum Fälligkeitstag der Kurs $S_1(T)$ der Aktie, die er erhält, höher ist als der Kurs $S_2(T)$ der Aktie, die er besitzt. Es ergibt sich somit ein Payoff

$$G(S_1(T), S_2(T)) = \max(S_1(T) - S_2(T), 0) = (S_1(T) - S_2(T))^+$$

Bezeichnen wir die Tauschoption mit $CTausch_e$ und schreiben wir wie gewohnt S_1 und S_2 an Stelle von $S_1(0)$ bzw. $S_2(0)$ für den aktuellen Aktienkurs, so ergibt die Bewertungsformel 11.6 den folgenden Ausdruck.

$$CTausch_e(0) = e^{-rT} \int_{-\infty}^{\infty} \ldots \int_{-\infty}^{\infty} (e^x S_1 - e^y S_2)^+ \cdot f(x,y) \, dx \, dy$$

Der Integrationsbereich besteht also aus allen (x,y), für die $e^x S_1 \geq e^y S_2$ gilt, was aufgelöst nach x bzw. y gleichwertig ist mit

$$x \geq y - \ln(S_1/S_2) \text{ bzw. } y \leq x + \ln(S_1/S_2)$$

$CTausch_e(0)$ hat dann entsprechend der beiden Summanden von G eine naheliegende Zerlegung

$$CTausch_e(0) = I_1 - I_2 \tag{11.9}$$

mit

$$\begin{aligned} I_1 &= e^{-rT} \int_{-\infty}^{\infty} \int_{-\infty}^{x+\ln(S_1/S_2)} e^x S_1 f_X(x) f_{Y|X}(x,y) \, dy \, dx \\ &= S_1 \int_{-\infty}^{\infty} e^{-rT} e^x f_X(x) \int_{-\infty}^{x+\ln(S_1/S_2)} f_{Y|X}(x,y) \, dy \, dx \end{aligned}$$

und

11.3 Multivariate Optionen

$$I_2 = e^{-rT} \int_{-\infty}^{\infty} \int_{y-\ln(S_1/S_2)}^{\infty} e^y S_2 f_Y(y) f_{X|Y}(x,y) \, dx \, dy$$
$$= S_2 \int_{-\infty}^{\infty} e^{-rT} e^y f_Y(y) \int_{y-\ln(S_1/S_2)}^{\infty} f_{X|Y}(x,y) \, dx \, dy$$

Beschäftigen wir uns weiter mit I_1: Unter Verwendung der Gleichung 11.8 weist zunächst die Substitution

$$s = \frac{v - \rho u}{\sqrt{1-\rho^2}}$$

das innere Integral als den Wert $\Phi(u_1)$ aus mit

$$u_1 = \frac{(\ln(S_1/S_2) + \mu_X - \mu_Y)/\sigma_Y - (\rho - \sigma_X/\sigma_Y)u}{\sqrt{1-\rho^2}}$$

(Φ wie üblich die Verteilungsfunktion der Standardnormalverteilung). Anschließend kann das äußere Integral durch die Substitution von u für x unter Verwendung der Gleichung $\mu_X = rT - \sigma_X^2/2$ zu dem folgenden Ausdruck vereinfacht werden:

$$I_1 = S_1 \int_{-\infty}^{\infty} \varphi(u - \sigma_X) \cdot \Phi(u_1) \, du. \tag{11.10}$$

($\varphi = \Phi'$). Analog berechnet man

$$I_2 = S_2 \int_{-\infty}^{\infty} \varphi(u - \sigma_Y) \cdot \Phi(u_2) \, du \tag{11.11}$$

mit

$$u_2 = u_1 - \sqrt{1-\rho^2} \cdot \sigma_Y.$$

Die Formeln 11.9, 11.10 und 11.11 stellen gegenüber der Ausgangsbewertungsformel 11.6 bereits ein deutliche Verbesserung dar, denn sie reduzieren die Bestimmung eines zweidimensionalen Integrals auf eindimensionale Integrale mit einem „berechenbaren" Integranden. Es geht in dieser speziellen Situation aber noch besser. Die Integrale lassen sich weiter vereinfachen, so dass am Ende eine Formel herauskommt, die sehr große Ähnlichkeit mit der Black-Scholes-Formel hat (s. Übung 231 oder [61], Kapitel 13):

Satz 229 *Der Preis einer Tauschoption $CTausch_e$ von Aktie S_2 zu Aktie S_1 am Fälligkeitstag T beträgt im Black-Scholes-Modell*

$$CTausch_e(0) = S_1 \Phi(d_{X+}) - S_2 \Phi(d_{X-})$$

mit

$$d_{X+} = \frac{\ln(S_1/S_2) + T\sigma^2/2}{\sigma\sqrt{T}}$$

$$d_{X-} = \frac{\ln(S_1/S_2) - T\sigma^2/2}{\sigma\sqrt{T}}$$

und

$$\sigma = \sqrt{\sigma_1^2 - 2\rho\sigma_1\sigma_2 + \sigma_2^2}$$

Hierbei wird vorausgesetzt, dass die beiden Aktien bis zur Fälligkeit keine Dividende ausschütten.

Die Größe σ übernimmt in der Formel die Rolle der Volatilität im eindimensionalen Black-Scholes-Modell. Sie kann als eine Art gemeinsame, aggregierte Volatilität von S_1 und S_2 angesehen werden. Man beachte ferner, dass der Preis einer Tauschoption unabhängig vom risikolosen Zinssatz r ist.

Beispiel 230 *Die Aktie S_1 hat den Kurs 103,– €, S_2 steht bei 110,– €. Die Volatilitäten sind $\sigma_1 = 0{,}2$ und $\sigma_2 = 0{,}3$, der Korrelationskoeffizient hat den Wert $\rho = 0{,}6$. WelchenWert hat dann das Recht, in einem halben Jahr S_2 gegen S_1 auszutauschen, also S_2 herzugeben und S_1 zu erhalten?*
Antwort: Man berechnet zunächst: $\sigma = 0{,}2408$, woraus sich die Werte

$$d_{X+} = -0{,}30095 \text{ und } d_{X-} = -0{,}47126$$

berechnen, was einen Optionspreis

$$CTausch_e(0) = 4{,}257 \text{ €}$$

ergibt.

Als Konsequenz der Preisformel lassen sich leicht das Delta und andere griechische Buchstaben zu diesem Optionstyp bestimmen, worauf wir aber verzichten. Angemerkt sei jedoch, dass es bei Korrelationsoptionen einen weiteren griechischen Buchstaben gibt: χ (chi) misst die Sensitivität des Preises einer bivariaten Option bezüglich des Korrelationskoeffizienten ρ.

Übung 231 *Man leite die Preisformel aus Satz 229 her. Hierzu benutze man ohne Beweis die folgende Identität der Dichtefunktion φ und Verteilungsfunktion Φ der normierten Normalverteilung:*

$$\int_{-\infty}^{\infty} \varphi(z) \cdot \Phi(A + Bz)\, dz = \Phi\left(\frac{A}{\sqrt{1+B^2}}\right) \tag{11.12}$$

(A, B reelle Zahlen).

Übung 232 *Mathematisch Interessierten sei der Beweis von Formel 11.12 empfohlen. Er ist bei geschicktem Ansatz nicht schwer.*
Tipp: Es gilt zunächst

$$\int_{-\infty}^{\infty} \varphi(x) \cdot \Phi(A + Bx)\, dx = \frac{1}{2\pi} \int_{-\infty}^{\infty} \int_{-\infty}^{A+Bx} e^{-\frac{x^2+y^2}{2}}\, dy\, dx.$$

Die entscheidende Beobachtung ist nun, dass der Integrand auf der rechten Seite der Gleichung invariant ist unter Drehungen der xy-Ebene um den Ursprung. Durch eine solche Drehung kann erreicht werden, dass die Grenze des Integrationsbereichs eine Parallele zur x-Achse wird (durch den Punkt $(0, A/\sqrt{1+B^2})$).

11.3.3 Weitere multivariate Optionen

Wir stellen nun noch eine Reihe weiterer gebräuchlicher multivariater Optionen vor, wobei wir ausschließlich Optionen vom europäischen Typ diskutieren.

Die im vorigen Abschnitt vorgestellten Tauschoptionen sind Spezialfälle von **Spread-Optionen**. Dies sind ganz allgemein Optionen, deren Auszahlung von der Entwicklung der Kursdifferenz zweier (oder mehrerer) Größen abhängt. Spread-Optionen werden z.B. auf die Kursdifferenz zwischen Stamm- und Vorzugsaktien gehandelt oder im Zinsbereich auf die Differenz zwischen kurz- und langfristigen Zinsen abgeschlossen.

Modelliert man die fraglichen Größen im Black-Scholes-Modell – was bei Zinsspreads natürlich nur bedingt zu empfehlen ist - so kann Formel 11.6 zur Bewertung eingesetzt werden. Eine einfache Call-Option auf den mit den Faktoren $g_1 > 0$ und $g_2 > 0$ gewichteten Spread zweier Aktien S_1 und S_2 zum Strike K z.B. hat den Payoff

$$G(S_1(T), S_2(T)) = (g_1 S_1(T) - g_2 S_2(T) - K)^+.$$

Der Integrationsbereich in 11.6 reduziert sich dann auf den Bereich der (x, y) mit

$$g_1 e^x S_1 \geq g_2 e^y S_2 + K.$$

Preisformeln vom Typ der Gleichungen 11.10 und 11.11 können für diese Optionen hergeleitet werden, eine Black-Scholes-artige Formel wie in Satz 229 für $K > 0$ nicht. Dadurch ist der Rechenaufwand zur exakten Preisbestimmung von Spread-Optionen signifikant höher als bei Tausch-Optionen. Es gibt allerdings recht einfache und schnell zu berechnende Näherungsfunktionen (s. [61], Abschnitt 22.5).

Best/worst of n assets options, kurz **Best/Worst-Optionen** beinhalten das Recht, zum Zeitpunkt T die beste (=kurshöchste) bzw. schlechteste von n Anlageformen $A_1, ..., A_n$ zu erhalten. Der Payoff ist also

$$\max(A_1(T), ..., A_n(T)) \text{ bzw. } \min(A_1(T), ..., A_n(T)).$$

Zum Einsatz kommen Best/Worst-Optionen überwiegend im Aktienbereich, wobei die Anlageformen $A_1, ..., A_n$ dann entweder mit Gewichtungsfaktoren versehene einzelne Aktientitel oder gewichtete Indizes darstellen können. Betrachten wir den Fall $n = 2$ und nennen wir die Anlageformen wieder S_1 bzw. S_2 (und denken dabei an Aktien, die während der Laufzeit keine Dividende abwerfen). Dann erlauben es die Identitäten

$$\max(S_1(T), S_2(T)) = (S_1(T) - S_2(T))^+ + S_2(T)$$

und

$$\min(S_1(T), S_2(T)) = S_1(T) - (S_1(T) - S_2(T))^+,$$

die Bewertung (und weitere Behandlung) der Best/Worst-Optionen auf Tauschoptionen zurückzuführen. Der Besitz einer Best-of-Two-Assets-Option $CBest_e$ ist offenbar gleichwertig mit dem Besitz der Aktie S_2 und einer Tausch-Option, was die Preisformel

$$CBest_e(0) = S_2 + CTausch_e(0)$$

ergibt ($CTausch_e(0)$ wie in Satz 229). Analog ergibt sich als Preis für die Worst-of-Two-Assets-Option $CWorst_e$

$$CWorst_e(0) = S_1 - CTausch_e(0).$$

Beide Formeln können noch leicht vereinfacht werden, indem der zusätzliche Summand durch eine Modifikation des entsprechenden „d"-Ausdrucks der Formel aus Satz 229 ersetzt wird, aber diese Verbesserung ist eher unerheblich. Als (leichte) Übung im Umgang mit der Normalverteilung sei diese Umformung dennoch empfohlen. Weitaus lohnender - aber auch anspruchsvoller - ist jedoch die folgende

Übung 233 *Man leite die Preisformeln für Best-of-Two-Assets- und Worst-of-Two-Assets-Optionen direkt durch Anwendung der Formel 11.6 her. Für den letzten Schritt benutze man wie bei den Tauschoptionen Formel 11.12.*

Eine Erweiterung der Best/Worst-Optionen sind die **Best/Worst-or-Cash-Optionen**. Hier wird als weitere Größe bei der Maximum-/Minimum-Bildung ein fester Betrag K eingesetzt, d.h. der Payoff ist im bivariaten Fall mit den Anlageformen S_1 und S_2

$$\max(S_1(T), S_2(T), K) \qquad (11.13)$$

bzw.

$$\min(S_1(T), S_2(T), K).$$

Best/Worst-or-Cash-Optionen sind ebenfalls überwiegend im Aktienbereich zu finden, Worst-or-Cash-Optionen treten beispielsweise in Doppel-Aktienanleihen auf (s. Abschnitt 11.4.2). In der Regel sind auch hier die Assets mit entsprechenden Gewichten versehen. S_i meint also weniger einen Aktienkurs als einen mit einem Gewichtungsfaktor versehenen Aktienkurs. Entsprechend den drei Möglichkeiten für den maximalen/minimalen Wert zerfällt der Integrationsbereich für die Preisbestimmung in drei Teile. Dies führt zu einer Preisformel mit drei Summanden vom Typ 11.10 und 11.11. Alternativ zu dieser Integralform können die Summanden über die Verteilungsfunktion einer bivariaten Normalverteilung beschrieben werden. Beide Formeln findet man z.B. in [61]. Eine Formel, die auf Black-Scholes-Art mit einzelnen Werten einer univariaten Normalverteilung auskommt, ist nicht bekannt und existiert wohl auch nicht.

Während Best/Worst-Optionen einerseits auf Tauschoptionen zurückgeführt werden können, sind sie andererseits Spezialfälle von **Rainbow-Optionen**. Unter einer **Two-Colour-Rainbow-Option** versteht man eine Option, deren Payoff von zwei korrelierten, aber nicht gleichen Risikoanlageformen S_1 und S_2 abhängt. Eine solche Option ist z.B. ein Call $CMaxTCR_e$ zum Strike K auf das Maximum von S_1 und S_2. Der Payoff zum Zeitpunkt T ist dann

$$(\max(S_1(T), S_2(T)) - K)^+$$

Entsprechend hat ein Call $CMinTCR_e$ auf das Minimum von S_1 und S_2 zum gleichen Strike den Payoff

$$(\min(S_1(T), S_2(T)) - K)^+.$$

Der Standard-Bewertungsansatz dieses Abschnitts führt zu ähnlichen Preisformeln wie bei Best/Worst-or-Cash-Optionen (s. [61]). Bemerkenswert ist, dass zwischen den Preisen von $CMaxTCR_e$ und $CMinTCR_e$ ein Zusammenhang besteht, der mit Hilfe der Plain-Vanilla-Calls $C_e^{(S_1)}$ und $C_e^{(S_2)}$ auf S_1 bzw. S_2 zum gleichen Strike K beschrieben werden kann:

$$CMaxTCR_e(0) + CMinTCR_e(0) = C_e^{(S_1)}(0) + C_e^{(S_2)}(0).$$

Dieser Zusammenhang gilt völlig unabhängig von dem verwendeten Bewertungsmodell, denn er beruht ganz elementar darauf, dass die Optionskombinationen auf beiden Seiten der Gleichung ein identisches Payoff-Profil haben.

Als letzter Optionstyp sollen jetzt **Basket-Optionen** oder **Portfolio-Optionen** vorgestellt werden. Dies sind Optionen auf Portfolios risikobehafteter Anlageformen. Optionen auf Aktienindizes z.B. sind Basket-Optionen. Will man die Bewertung von Index- oder Basket-Optionen mit Hilfe der stochastischen Prozesse der Komponenten durchführen, so ist allerdings die Form der Indexberechnung wichtig. Häufig wird der Ansatz verwendet, einen Index als gewichtete Summe der Kurse der einzelnen Bestandteile A_i zu berechnen[1]

$$I(t) = \sum_{i=1}^{n} g_i A_i(t).$$

Hierbei sind die Gewichte $g_i > 0$ konstant. Normiert man sie so, dass ihre Summe 1 ergibt, so ist g_i gerade der prozentuale Anteil der Anzahl Stücke A_i im „Korb". Ein Portfolio bestehend aus z.B. 10 Siemens-Aktien (S_1), 20 Allianz-Aktien (S_2) und 70 Thyssen-Aktien (S_3) hat dann in dieser normierten Form die Darstellung

$$\frac{1}{10}S_1 + \frac{1}{5}S_2 + \frac{7}{10}S_3.$$

Für einen europäischen Call CI_e und einen europäischen Put PI_e zum Strike K zum Fälligkeitstag T erhält man die üblichen Payoffs

$$(I(T) - K)^+ \text{ bzw. } (K - I(T))^+.$$

Falls während der Laufzeit keine Dividendenausschüttungen der beteiligten Aktien stattfinden, erlaubt.Formel 11.6 wieder die Bewertung. Im bivariaten Fall erhält man ähnliche Formeln wie z.B. bei den Spread-Optionen. Der auffälligste Unterschied ergibt sich im Integrationsbereich, da bei einem Basket alle Gewichte positiv sind, ein Spread aber als Basket angesehen werden kann, bei dem auch negative Gewichte vorkommen.

Im Fall von mehr als zwei Anlageformen im Basket wird die numerische Bestimmung zusehends aufwendiger. Für diese Situation gibt es aber Näherungsformeln, die dem Ansatz sehr nahe kommen, die Kursentwicklung des Baskets/Indexes direkt als eindimensionale geometrische Brownsche Bewegung zu modellieren (anstelle der Herleitung aus dem Modell für die Bestandteile). Details hierzu und die Bewertungsformeln zu Basket-Optionen findet man in [61].

11.4 Strukurierte Produkte

Strukturierte Produkte setzen sich aus mehreren Anlageformen zusammen, die als ein Paket betrachtet werden. Typischerweise enthalten sie eine Kombination ein oder mehrerer Optionen mit klassischen Anlageformen wie Bonds oder Aktien, können aber

---

[1] Auf die Problematik von Dividendenausschüttungen und ihrer Berücksichtigung im Index (Kurs- vs. Performance-Index) gehen wir an dieser Stelle nicht ein.

auch ausschließlich aus Optionen bestehen. Aufgrund der bisherigen Ausführungen zu den unterschiedlichsten Derivaten ist klar, dass ihr kombinierter Einsatz der Finanzwelt ein außerordentlich reichhaltiges Instrumentarium zur Verfügung stellt, mit Hilfe dessen Payoff- und Risikoprofile fast nach Wunsch erzeugt werden können.

Der Einsatz dieser Instrumente konzentrierte sich zunächst vor allem auf Geschäfte innerhalb des Finanzbereichs und auf OTC-Geschäfte mit großen industriellen Kunden, aber es war es nur eine Frage der Zeit, bis sie auch eingesetzt wurden, um neue attraktive Anlageformen für ein breites Publikum zu kreieren. Seit Mitte der neunziger Jahre erfreuen sich strukturierte Produkte auch bei Privatanlegern einer großen Beliebtheit, was nicht zuletzt daraus resultiert, dass diese Anleger so zu Chance-/Risikoprofilen Zugang erhalten, die sie schwerlich selbst komponentenweise aufbauen könnten (s. z.B. Seite 340).

Die für die Privatkunden konzipierten Produkte werden von den Geldinstituten als Anlageformen mit einem von den klassischen Werten Aktie/Bond abweichenden Auszahlungsprofil angeboten. In den Verkaufsprospekten wird man das Wort „Option" in der Regel nicht finden, es wird nur das Gesamtpaket in seinen Eigenschaften beschrieben. Die in diesen Gesamtpaketen enthaltene Mischung aus klassischen Anlageformen und/oder Derivaten wird den Kunden also in der Regel nicht offen dargelegt. Mit den in diesem Buch erworbenen Kenntnissen wird es in den meisten Fällen aber leicht möglich sein, den Paketinhalt - zumindest in der logischen Struktur - zu entschlüsseln. Dies soll in den nächsten beiden Abschnitten anhand zweier populärer strukturierter Produkte der letzten Jahre illustriert werden. Den Abschluss des Kapitels bildet dann die Erörterung einer überwiegend im OTC-Bereich gängigen interessanten Struktur, die rein aus Derivaten besteht.

11.4.1 DAX-Garantiefonds

Eines der frühen in Deutschland einem breiten Publikum von Kleinanlegern offerierten strukturierten Produkte war der Garantiefonds der Commerzbank auf den DAX. Er wurde am 1. März 1996 in einem Volumen von 300.000.000 DM aufgelegt und hatte eine Laufzeit von vier Jahren. Den Anlegern wurde eine Verzinsung in Höhe von 55,8% der DAX-Entwicklung bis zum 29.2.2000, mindestens aber die Rückzahlung des Einsatzes (abzüglich einer Verwaltungskostenpauschale) in Aussicht gestellt. Die zugesicherte Auszahlung betrug also unter Vernachlässigung dieser Pauschale:

$$\text{Einzahlungsbetrag} \cdot \left[1 + 0{,}558 \frac{(DAX(29.2.2000) - DAX(1.3.1996))^+}{DAX(1.3.1996)}\right]$$

Das Angebot fand großes Interesse. Die Aktie gilt in Deutschland bei Kleinanlegern traditionell als riskante Anlageform, aber die Kursgewinne der vorangangenen Jahre waren ihnen nicht verborgen geblieben. Gleichzeitig wurde Mitte der neunziger Jahre das damalige Zinsniveau mit ca 5-6% p.a. für mittel- bis langfristige Rentenwerte als sehr niedrig empfunden (aufgrund der Vergangenheitswerte wurden 7-8% p.a. als normaler, 10% als guter Zinssatz für langfristige Anlagen angesehen). In dieser Situation präsentierte sich der Garantiefonds als Anlageform mit hohen Gewinnchancen bei nur geringem Risiko, das lediglich aus dem möglichen Ausfall der für damalige Verhältnisse

11.4 Strukturierte Produkte

niedrigen Verzinsung für vier Jahre bestand. Dieser drohende Verlust wirkte insbesondere auch wegen der niedrigen damaligen Inflationsrate nicht allzu abschreckend. Auf der anderen Seite lockte die Chance, zu mehr als 50% an den Aktienkursgewinnen teilzuhaben. In der Tat erwies sich der Fonds dann auch als sehr profitable Geldanlage. Die Anleger konnten ihr eingesetztes Vermögen in den vier Jahren ungefähr verdoppeln. Hätten sie auf die Absicherung verzichtet und direkt in den DAX investiert, hätten sie es allerdings sogar verdreifacht.

Analysieren wir das Angebot der Commerzbank. Die theoretische logische Struktur ist nicht kompliziert, sie entspricht offensichtlich der Kombination eines Zerobonds mit einer europäischen DAX-Call-Option. Die Aufgabe des Zerobonds ist hierbei, die garantierte Auszahlung sicherzustellen, wohingegen der Call für den variablen Teil der Auszahlung zuständig ist.

Zur Bewertung: Setzen wir für eine festverzinsliche Anlage mit einer Laufzeit von 4 Jahren den Zinssatz von 5,5% p.a. an, so wird für den Zerobond bereits ein Anteil von $1{,}055^{-4} = 80{,}722\%$ des Fondsvermögens benötigt. In absoluten Zahlen sind das ca. 242,17 Mio DM. Damit verbleiben ca. 57,83 Mio DM zur Erwirtschaftung des von der DAX-Performance abhängigen Anteils der Auszahlung.

Der DAX-Kurs am 1.3.1996 war näherungsweise 2.500, das ist also der zu berücksichtigende Strike K. Die einzusetzende Laufzeit beträgt 4 Jahre. Bei einer unterstellten Volatilität von $\sigma = 20\%$ und einem stetigen Zinssatz $r = \ln(1{,}055) = 0{,}00535$ ergibt das einen Black-Scholes-Preis von

$$C_e(1.3.1996) = 642{,}48 \text{ DM}$$

Benötigt werden

$$0{,}558 \cdot \frac{300.000.000}{2.500} = 66.960 \text{ Optionen,}$$

das ergibt einen erforderlichen Betrag von

$$66.960 \cdot 642{,}48 \text{ DM} = 43{,}69 \text{ Mio DM.}$$

Somit verbleibt der Ausgabebank ein rechnerischer Betrag von ca 14,14 Mio DM als Gewinn. Die angesetzte Volatilität in Höhe von 20% ist aus Sicht des Jahres 1996 recht hoch, rechnet man stattdessen mit $\sigma = 15\%$, so errechnet sich sogar ein theoretischer Gewinn von mehr als 19 Mio DM. Aus heutiger Sicht sind allerdings selbst 20% eher als zu niedrig anzusehen.

Diesen theoretischen Gewinn könnte die Emittentin dieses oder eines vergleichbaren Fonds schon zu Laufzeitbeginn sicherstellen, wenn sie die Call-Optionen an einer Börse oder in Form eines OTC-Geschäfts zum Black-Scholes-Preis kaufen könnte. Aber dem standen 1996 zwei Hindernisse entgegen: die Laufzeit und das erforderliche Volumen. Der Markt für Optionen langer Laufzeit war und ist deutlich weniger liquide als der für kurzfristige Optionen. An der Deutschen Terminbörse, der heutigen EUREX z.B. wurden früher nur Optionen mit einer maximalen Laufzeit von 9 Monaten gehandelt. Es ist also zum Management eines solchen Fonds eine dynamische Hedgingstrategie erforderlich, was bedeutet, dass der errechnete theoretische Gewinn unsicher ist und sich in der Praxis noch um den Hedgefehler (nach oben oder unten) verändert. Darüber hinaus ist eine dynamische Hedgingstrategie mit einem höheren Aufwand für die technische Durchführung verbunden.

Und wie wurde der Fonds nun real gemanagt? Das ist Betriebsgeheimnis der Ausgabegesellschaft. Laut Verkaufsprospekt[2] war überwiegend der Kauf von DAX-Partizipationsscheinen vorgesehen. Darüber hinaus sollte das Fondsvermögen in festverzinslichen Wertpapieren, Anleihen mit variablem Zins und Zerobonds angelegt werden. Ferner war der Einsatz weiterer „geeigneter Instrumente" wie Short-Forwards und Optionen vorgesehen.

11.4.2 Aktienanleihen

Angesichts eines historisch niedrigen Zinsniveaus erfreuen sich seit Ende der 90er Jahre **Aktienanleihen**, auch **reverse convertibles** genannt, bei einem breiten Anlegerspektrum großer Beliebtheit. Bei der Grundform dieser Produkte handelt es sich um festverzinsliche Wertpapiere mit einer Laufzeit von meist unter zwei Jahren und folgender Besonderheit: Die Emittentin - die das Wertpapier begebende Bank - kann am Laufzeitende entweder den Nominalbetrag zurückzahlen oder eine vorab festgelegte Anzahl Aktien eines bestimmten Unternehmens liefern. Diese „Freiheit" der Emittentin wird dem Anleger mit einem Zinssatz vergütet, der deutlich über den Sätzen gewöhnlicher festverzinslicher Wertpapiere gleicher Laufzeit liegt.

Betrachten wir als Beispiel die am 6. März 2002 von der BHF-BANK - einem der drei größten Anbieter in dieser Produktgruppe - begebene 12 % DaimlerChrysler-Anleihe. Die Anleihe läuft vom 12. März 2002 bis zum 12. September 2003 und ist mit einem Zinssatz von 12 % ausgestattet, der halbjährlich anteilig gezahlt wird. Die Stückelung (kleinste handelbare Einheit) beträgt 2.000,- € und die BHF-BANK wird bei Fälligkeit entweder 2.000,- € zurückzahlen oder 40 DaimlerChrysler-Aktien je Stückelung liefern. Ausschlaggebend für die Tilgungsmodalität ist bei dieser Anleihe ein vorab festgelegter Referenzkurs[3] der DaimlerChrysler-Aktie, der am 5. September 2003 ermittelt wird. Liegt dieser Referenzkurs unterhalb von 50,- € (=2.000,- € : 40) wird die Bank das Aktienpaket liefern. Bei einem Referenzkurs größer oder gleich 50,- € wird der Nennwert - also 2.000,- € - zurückgezahlt.

Für sich allein betrachtet sind aus der Sicht des 6. März 2002 (a-priori-Sicht) beide möglichen Varianten äußerst attraktiv. Die Rendite für eine festverzinsliche Anleihe vergleichbarer Emittenten für dieselbe Laufzeit liegt bei ca. 3,90% p.a und beträgt somit offensichtlich nur einen Bruchteil der Rendite von 12,44% p.a., die der Anleger bei Rückzahlung des Nominalbetrages erhält. Aber auch die Aktienvariante stellt sich günstig dar. Der Forwardpreis der DaimlerChrysler-Aktie am 6. März 2002 auf den Termin 12.9.2003 beträgt unter Berücksichtigung von Dividenden 49,90 €. Die auf den Laufzeitbeginn diskontierten Kuponzahlungen machen 17,39% des Nominalbetrages aus. Bei einem Ausgabekurs der Aktienanleihe von 99,90% beträgt die Differenz aus Ausgaben und Einnahmen bezogen auf den Laufzeitbeginn 82,51%. Verzinst man diese Differenz bis zum Laufzeitende, ergibt sich ein effektiv zu zahlender Betrag von 87,50%·2.000,- € für die 40 Aktien. Dies entspricht einem Preis von 43,75 € pro Aktie, womit man einen Abschlag von 12,33% auf den Terminpreis der Aktie erhält.

---

[2] A.L.S.A.-System D 3/2000: Verkaufsprospekt einschließlich Verwaltungsreglement, Ausgabe Januar 1996

[3] Referenzkurs ist in diesem Fall der von der Frankfurter Wertpapierbörse im XETRA-Handelssystem festgestellte erste untertägige Auktionskurs der DaimlerChrysler Aktie (WKN: 514 000).

11.4 Strukurierte Produkte

Obwohl a priori die beiden Rückzahlungsvarianten attraktiver sind als die vergleichbaren Einzelgeschäfte (Festgeld bzw. Aktienkauf), darf natürlich nicht übersehen werden, dass man am Laufzeitende die schlechtere der beiden Rückzahlungsvarianten erhält, weswegen wir die Aktienanleihen noch etwas genauer analysieren.

Die Renditen der Anleihe ergeben sich in Abhängigkeit vom Kurs der Daimler-Chrysler-Aktie am Fälligkeits- bzw. Referenztag. Nachstehende Abbildung vergleicht die Renditen der Aktienanleihe mit zwei Anlagealternativen: dem direkten Kauf der Daimler-Chrysler Aktie bzw. einer Anlage in ein festverzinsliches Wertpapier derselben Emittentin und gleicher Laufzeit. Ausgangspunkt für die Darstellung ist ein anfänglicher Verkaufspreis von 99,90% für die Aktienanleihe und ein Kurs von € 49,50 für die DaimlerChrysler-Aktie zu Verkaufsbeginn. Desweiteren wird zugunsten einer einfachen Darstellung unterstellt, dass die Aktienkurse am Fälligkeits- und Referenztag übereinstimmen.

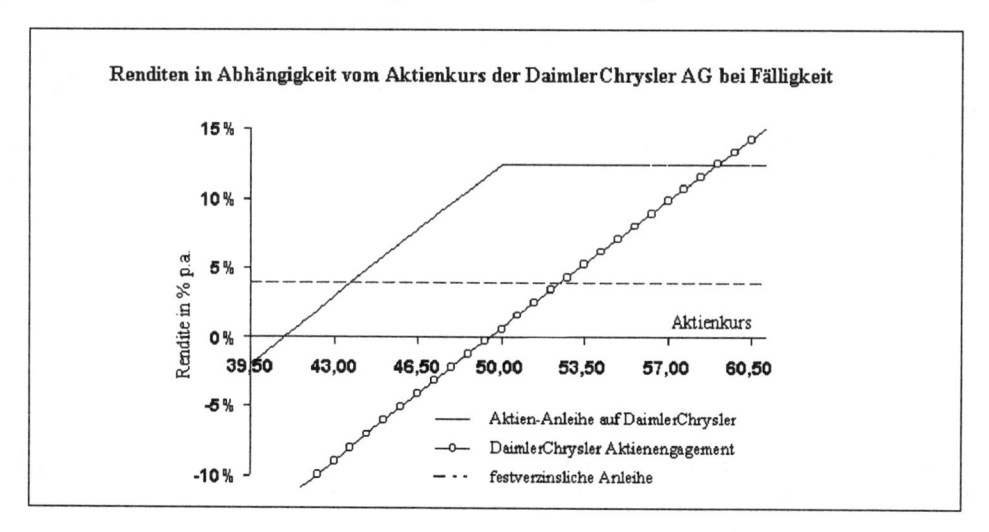

Abbildung 11.7 Rendite einer Aktienanleihe im Vergleich zu Anlagealternativen

Im Fall der Rückzahlung der Anleihe zum Nennbetrag erzielt der Investor die maximal erreichbare Rendite von 12,44% p.a. Werden Aktien der DaimlerChrysler AG geliefert, gilt bei sofortigem Verkauf der erhaltenen Aktien am Markt Folgendes: Die Rendite verringert sich mit fallendem Aktienkurs, wobei bei einem Kurs von € 40,93 die Rendite 0 % p.a. beträgt. Bei Aktienkursen der DaimlerChrysler AG unterhalb dieses Kurses erzielt der Investor eine negative Rendite, d.h. die erhaltenen Zinszahlungen kompensieren den Kapitalverlust nicht mehr. Die Rendite für eine festverzinsliche Anleihe vergleichbarer Emittenten beträgt für dieselbe Laufzeit wie schon oben erwähnt ca. 3,90% p.a. Notiert die Aktie der DaimlerChrysler AG am Fälligkeitstag unterhalb von € 43,71, wäre ex post[4] betrachtet eine Investition in die festverzinsliche Anleihe ertragreicher. Für Aktienkurse oberhalb von € 43,71 ist die Rendite der Aktienanleihe größer als 3,90% p.a. und oberhalb des Basispreises von € 50,00 wird die maximale Rendite von 12,44% p.a. erzielt, wodurch sich ein Renditevorteil gegenüber der festverzinslichen Anleihe von

---
[4] ex post = im Nachhinein

8,54% p.a. ergibt. Bei einem Vergleich mit einem reinen Aktieninvestment, d.h. Kauf von Aktien der DaimlerChrysler AG zu Laufzeitbeginn der Anleihe und Halten dieser Aktien bis zum 12. September 2003, ist der Käufer der Aktienanleihe bei Aktienkursen der DaimlerChrysler AG bis zu € 59,04 besser gestellt. Erst wenn die Aktie oberhalb dieses Kurses notiert, erweist sich die Anleihe ex post betrachtet als die schlechtere Alternative.[5]

Interessant sind Aktienanleihen somit für Anleger, die keine extremen Schwankungen in den Kursen der zugrunde liegenden Aktien erwarten. Unter der Annahme stark sinkender Aktienkurse wäre z.B. eine Anlage in Festgeld sinnvoller und bei stark steigenden Kursen würde der direkte Kauf der Aktie mehr Ertrag erwirtschaften. Im Fall seitwärts tendierender Aktienkurse hingegen profitiert der Anleger von dem üppigen Nominalzins und erzielt im Falle eines Kaufkurses von 100% eine Rendite, die in etwa dem Kupon entspricht.

Entgegen der Annahme mancher Kleinanleger, die Emittenten solcher Anleihen würden auf fallende Aktienkurse wetten, werden diese Strukturen natürlich in ihre einzelnen Bestandteile zerlegt und von professionellen Marktteilnehmer gehedgt. In unserem Beispiel besteht jede Stückelung der BHF-BANK-Anleihe aus einem 12% Kupon-Bond im Nennwert von 2.000,- € und 40 DaimlerChrysler-Puts short, die mit einem Basispreis von 50,- € und einer Laufzeit bis zum 5. September 2003 ausgestattet sind. Bezeichnen wir mit $S(T)$ den Referenzkurs der DaimlerChrysler-Aktie, erkennt man dies auch sofort an Hand folgender Gleichung:

$$\begin{aligned} \min(2000, 40 \cdot S(T)) &= 40 \cdot \min(S(T), 50) \\ &= 2000 + 40 \cdot \min(S(T) - 50, 0) \\ &= 2000 - 40 \cdot \max(50 - S(T), 0). \end{aligned}$$

Der Gegenwert der 40 Put-Optionen wird also benutzt, um den bei Emission gültigen Marktzins in Höhe von ca. 3,90% für gewöhnliche festverzinsliche Anleihen dieser Laufzeit auf 12% anzuheben.

Da es für Privatanleger nur in größerem Volumen möglich ist, Options-Short-Positionen einzugehen, stellen Aktienanleihen eine der Produktgruppen dar, die Kleinanlegern den Zugang zu Marktsegmenten eröffnen, der ihnen sonst verwehrt wäre.

Neben dieser eben besprochenen „klassischen" Variante hat sich eine ganze Reihe artverwandter Produkte entwickelt. Hierzu zählen

- Doppel-Aktienanleihen,

- Aktienanleihen mit Mindestrückzahlung,

- Aktienanleihen mit Aktivierungsschwelle,

- Aktienanleihen mit Deaktivierungsschwelle und

- Diskont-Varianten.

---

[5] Die Dividenden wurden bei dieser vereinfachten Analyse vernachlässigt.

11.4 Strukurierte Produkte

Doppel-Aktienanleihen

Das Konzept der Doppel-Aktienanleihen entspricht im Wesentlichen dem von normalen reverse convertibles. Der Unterschied besteht lediglich darin, daß die Emittentin von Doppel-Aktienanleihen das Recht hat, entweder den Nominalbetrag zurückzuzahlen oder Aktienpaket 1 oder Aktienpaket 2 zu liefern. Dieses erweiterte Wahlrecht wird dem Investor mit einem noch höheren Zinssatz vergütet, als dies bei den einfachen Aktienanleihen der Fall ist. Der erhöhte Zinskupon ermöglicht einerseits eine deutlich höhere Maximalrendite, andererseits verbessern sich für den Anleger die Einstandskurse, falls er statt der Rückzahlung des Nominalbetrages eines der beiden Aktienpakete erhält. Bezogen auf die einzelnen Aktientitel weisen Doppel-Aktienanleihen somit gegenüber den vergleichbaren einfachen reverse convertibles oder Engagements in die zugrundeliegenden Aktien ein reduziertes Verlustrisiko auf. Der Preis hierfür ist allerdings, dass die Risiken aus zwei Aktientiteln zu tragen sind. Betrachten wir als Beispiel die am 28. März 2002 von der BHF-BANK begebene 27% DaimlerChrysler/Nokia-Anleihe. Die Anleihe läuft vom 5. April 2002 bis zum 4. Oktober 2002 und ist mit einem Zinssatz von 27% ausgestattet, der am Ende der Laufzeit anteilig gezahlt wird. Die Stückelung beträgt 5.000,- € und die BHF-BANK wird bei Fälligkeit entweder 5.000,- € zurückzahlen oder 94 DaimlerChrysler Aktien oder 209 Nokia Aktien je Stückelung liefern. Entscheidend für die Tilgungsmodalität sind die Referenzkurse der beiden Aktien, die am 27. September 2002 ermittelt werden. Liegen beide Referenzkurse oberhalb des zur jeweiligen Aktie gehörenden Basispreises - d.h. für DaimlerChrysler oberhalb von 53,19 € (=5.000,- € : 94) bzw. für Nokia oberhalb von 23,92 € (=5.000,- € : 209) - werden 5.000,- € je Stückelung gezahlt. Liegt genau ein Referenzkurs unterhalb des zugehörigen Basispreises, erfolgt die Tilgung durch Lieferung dieses Aktienpaketes. Und falls beide Referenzkurse unterhalb des zugehörigen Basispreises liegen, wird die Doppel-Aktienanleihe durch Lieferung der Aktie getilgt, deren prozentualer Abstand zum Basispreis am größten ist.

Bezeichnen wir mit $S_1(T)$ den Referenzkurs der DaimlerChrysler-Aktie und mit $S_2(T)$ den Referenzkurs der Nokia-Aktie, lässt sich die Tilgung durch $\min(5000, 94 S_1(T), 209 S_2(T))$ beschreiben. Doppel-Aktienanleihen können also als Summe einer Worst-or-Cash-Option (s. S. 334) und den diskontierten Kuponzahlungen verstanden werden.

Wie auch die einfachen reverse convertibles sind Doppel-Aktienanleihen für Anleger geeignet, die mit stabilen Marktverhältnissen in den zugrunde liegenden Aktien rechnen.

Aktienanleihen mit Mindestrückzahlung

Bei Aktienanleihen mit Mindestrückzahlung handelt es sich um eine gegen Kursverluste abgesicherte Variante von Aktienanleihen. Ist der Aktienkurs drastisch gefallen, d.h. ist der Gegenwert des Aktienpaketes kleiner als der Mindestrückzahlungskurs (z.B. 75%), tilgt die Bank nicht mehr durch Lieferung des Aktienpaketes, sondern zahlt den Mindestrückzahlungskurs des Nominalen. Das „eingeschränkte Wahlrecht" der Emittentin wird dem Investor wieder in Form einer Überverzinsung vergütet, die jedoch geringer ist als bei der vergleichbaren Aktienanleihe.

Da Aktienanleihen mit Mindestrückzahlung das eingesetzte Kapital zu einem gewissen Prozentsatz garantieren, eignen sie sich für eher risikoaverse Anleger, die zwar grundsätzlich mit einem stabilen Markt rechnen, sich gleichzeitig aber vor deutlichen Verlusten schützen wollen.

Aktienanleihen mit Deaktivierungsschwelle

Gegenüber gewöhnlichen reverse convertibles haben Aktienanleihen mit Deaktivierungsschwelle folgende Besonderheit: Das Recht der Emittentin auf Aktienlieferung erlischt in dem Moment, in dem der Aktienkurs eine gewisse Schwelle, die sogenannte Deaktivierungsschwelle erreicht oder überschreitet, wobei die Deaktivierungsschwelle deutlich über dem bei Emission gültigen Aktienkurs gewählt wird[6]. Diese spezielle Variante mutiert also von einer Aktienanleihe zu einer gewöhnlichen hochverzinslichen Anleihe, wenn der Aktienkurs die Deaktivierungsschwelle erstmals erreicht. Unabhängig davon, ob die Aktie am Ende der Laufzeit über oder unter dem Basispreis notiert, ist dem Investor also ab diesem Zeitpunkt – wenn er denn eintritt – die aus dem hohen Kupon resultierende Rendite garantiert.

Das Recht auf Aktienlieferung entspricht bei gewöhnlichen Aktienanleihen einer Short-Position in Plain-Vanilla-Put-Optionen, weswegen leicht nachzuvollziehen ist, dass sich Aktienanleihen mit Deaktivierungsschwelle über eine Long-Position im Kuponbond und eine Short-Position in Up-and-Out-Puts replizieren lassen. Da die Barrier-Option weniger wert ist als die vergleichbare Standardoption, liegen die Zinskupons von Aktienanleihen mit Deaktivierungsschwelle unter denen vergleichbarer reverse convertibles. Der Investor profitiert im Gegenzug aber schon von Kurssteigerungen der Aktie, die lediglich vorübergehender Natur sind.

Aktienanleihen mit Aktivierungsschwelle

Im Gegensatz zu den Vertretern mit Deaktivierungsschwelle wird bei Aktienanleihen mit Aktivierungsschwelle das Recht auf Aktienlieferung erst in dem Moment aktiviert, in dem der Referenzkurs die Aktivierungsschwelle erreicht oder unterschreitet, wobei die Aktivierungsschwelle jetzt unterhalb des bei Emission gültigen Aktienkurses gewählt wird[7].

Diskont-Varianten

Diskont-Varianten gibt es als Anleihen und Zertifikate, wobei letztere aber den Großteil der begebenen Papiere darstellen. Bei Diskont-Aktienanleihen wird dem Investor das Wahlrecht der Emittentin mit einem Abschlag auf den Kaufpreis der Anleihe vergütet, statt mit einem hohen Zinssatz wie bei den kuponzahlenden Konstruktionen. Diskont-Zertifikate unterscheiden sich von Diskont-Anleihen lediglich dadurch, dass sie sich auf genau eine Aktie statt auf einen Nominalbetrag bzw. ein Aktienpaket beziehen. Am Ende der Laufzeit erhält der Investor also entweder eine Aktie oder den Basispreis.

---

[6] Die Deaktivierungsschwelle liegt meist bei ca. 130%-150% des im Emissionszeitpunkt gültigen Aktienkurses.

[7] Die Aktivierungsschwelle liegt meist bei ca. 60%-80% des im Emissionszeitpunkt gültigen Aktienkurses.

11.4 Strukurierte Produkte

Betrachtet man die Zerlegung von Diskont-Anleihen bzw. -Zertifikaten, unterscheiden sie sich von ihren kuponzahlenden Verwandten finanzmathematisch nur insofern, als die Put-Short-Positionen mit einer Long-Position in einem Zero- statt einem Kuponbond kombiniert werden. Dieses kleine Detail bewirkt aber erstens, dass die Diskont-Varianten für den Investor mit dem Risiko des totalen Kapitalverlustes behaftet sind, wohingegen die kuponzahlenden Vertreter dem Investor wenigstens das Trostpflaster der hohen Zinszahlungen lassen, falls die zugrunde liegende Aktie bis zum Laufzeitende wertlos geworden ist. Wichtiger ist allerdings der zweite Effekt, der sich aus dem derzeit - d.h. im Jahr 2002 - gültigen Steuerrecht ableitet. Da dem Investor für das eingesetzte Kapital nämlich keine Zinserträge zufließen und die Rückzahlung des eingesetzten Kapitals nicht garantiert ist, fallen die Diskont-Varianten steuerlich unter §23 EStG, weswegen alle außerhalb der Spekulationsfrist erzielten Gewinne und Verluste steuerlich irrelevant sind, im Gegensatz zu den kuponzahlenden Varianten. Dies ist auch der Grund für die zunehmende Beliebtheit von Diskont-Varianten, die sich inzwischen auch mit allen Sonderformen - außer der mit Mindestrückzahlung - im Markt etabliert haben.

11.4.3 Gap-Optionen

In diesem letzten Abschnitt des Kapitels beschäftigen wir uns mit einer Struktur, die in der gängigen Literatur als eigenständige exotische Optionsklasse behandelt wird. Tatsächlich lassen sich gap options jedoch als Kombination aus einer plain vanilla und einer digital option darstellen, weswegen wir sie auch erst in diesem Unterkapitel über strukturierte Produkte behandeln.

Da in einer Gap-Option eine Cash-or-Nothing-Option eingebunden ist, hat sie im allgemeinen Fall eine Unstetigkeitstelle, an der ihr Payoff-Profil springt. Bezeichnen wir wie üblich mit S_T den Kurs des Underlyings am Fälligkeitstag T, mit K den Strike der Option und mit X eine zunächst nicht näher präzisierte weitere Variable, stellt sich die Payoff-Funktion eines europäischen Gap-Calls $GapC_e$ folgendermaßen dar:

$$GapC_e(T) = \begin{cases} 0 & \text{falls } S_T \leq K \\ S_T - X & \text{falls } S_T > K \end{cases}$$

Wie man in Abbildung 11.8 leicht sieht, steuert die Variable X zusammen mit K die Sprunghöhe der Gap-Option, wobei wir zum leichteren Verständnis die Fälle $K \geq X$ und $K < X$ unterscheiden.

Ausgehend von der Payoff-Funktion ergibt sich die Zerlegung der Struktur ganz simpel wie folgt:

$$\begin{aligned} GapC_e(T) &= \begin{cases} 0 & \text{falls } S_T \leq K \\ S_T - X & \text{falls } S_T > K \end{cases} \\ &= \begin{cases} 0 & \text{falls } S_T \leq K \\ S_T - K & \text{falls } S_T > K \end{cases} + (K - X) \cdot \begin{cases} 0 & \text{falls } S_T \leq K \\ 1 & \text{falls } S_T > K \end{cases} \end{aligned}$$

Der Gap-Call setzt sich also aus einem gewöhnlichen Call mit Strike K (long) und $(K - X)$ CoN-Calls long im Falle $K \geq X$ bzw. $(X - K)$ CoN-Calls short im Falle

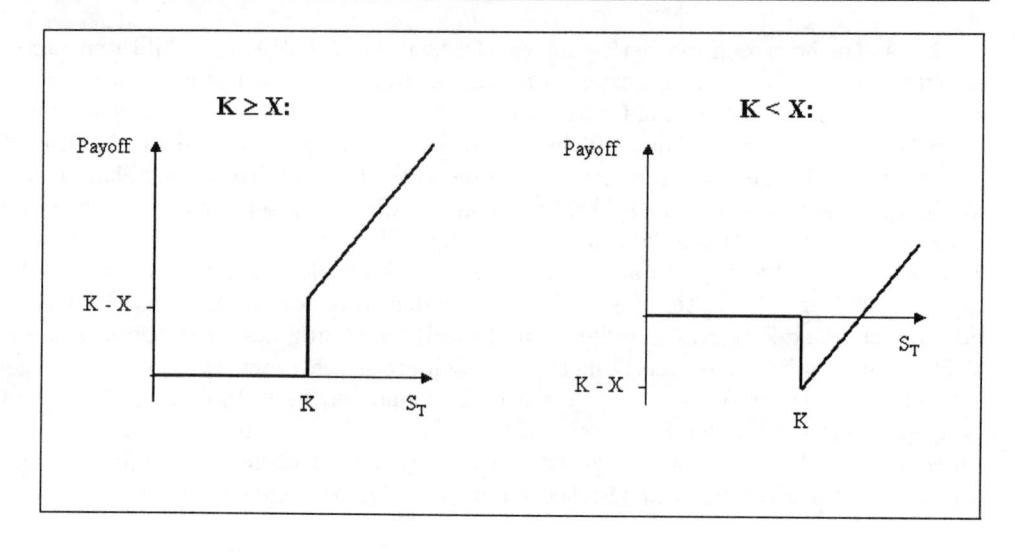

Abbildung 11.8 Payoff-Profil eines Gap-Calls

$K < X$ zusammen, wobei die CoN-Calls ebenfalls mit Strike K ausgestattet sind. Da im Falle $K \geq X$ die Gap-Option aus zwei Long-Komponenten besteht, sind Optionskäufer - bzw. verkäufer klar definiert und die vom Käufer der Option zu entrichtende Prämie ist immer positiv. Im Falle $K < X$ setzt sich die Gap-Option hingegen aus einer Long- und einer Short-Position zusammen, so dass die Rollen von Optionskäufer und -verkäufer der Struktur nicht mehr so klar zuzuordnen sind. In Analogie zum Fall $K \geq X$ betrachten wir jedoch im Folgenden denjenigen mit der Long-Position im Standard-Call als Optionskäufer. Ob jedoch der so definierte Optionskäufer eine Zahlung an seinen Counterpart zu entrichten hat, oder umgekehrt der Optionsverkäufer an ihn, hängt davon ab, ob der Standard-Call mehr oder weniger wert ist als die $(X - K)$ CoN-Calls. Im Falle $K < X$ ist die Gap-Option auch keine Option mehr im Sinne des reinen Rechts, sondern endet für den Optionskäufer bei Fälligkeit eventuell in einer Zahlungsverpflichtung.

Ausgehend von den Payoff-Profilen in Abbildung 11.8 ergeben sich die P&L-Profile (Abb. 11.9) unter Berücksichtigung der Gesamtprämie, die wir mit c_0 abkürzen wollen. Für den Fall $K < X$ sind wir in Abb 11.9 davon ausgegangen, dass der Standard-Call weniger wert ist als die $(X - K)$ CoN-Calls, d.h. die Gesamtprämie c_0 negativ ist, also der wie oben definierte Optionskäufer vom -verkäufer die Prämie $-c_0$ erhält.

Wird bei ansonsten festgelegten Variablen die Größe X so gewählt, dass $c_0 = 0$ gilt, ergibt sich ein berühmter Spezialfall der Gap-Option, die sogenannte **Pay-Later-Option** auch **contingent premium option** genannt. Sie hat für den Optionskäufer den Charme, dass zunächst keine Prämienzahlung für den Erwerb der Standard-Option aufgewendet werden muss. Diese zunächst prämienlose Absicherung wird aber sehr teuer, wenn die Standard-Option im Geld endet. Die Sprunghöhe der Pay-Later-Option entspricht nämlich der bedingten, aufgezinsten Prämie für die Standardoption, die insbesondere aufgrund der Bedingtheit in aller Regel deutlich größer ist als die Prämie, die upfront für die Standardoption zu entrichten gewesen wäre. Vor allem im Zinsoptionsbereich waren Pay-Later-Optionen eine Zeit lang stark gefragt. Da sich aber die

11.4 Strukurierte Produkte

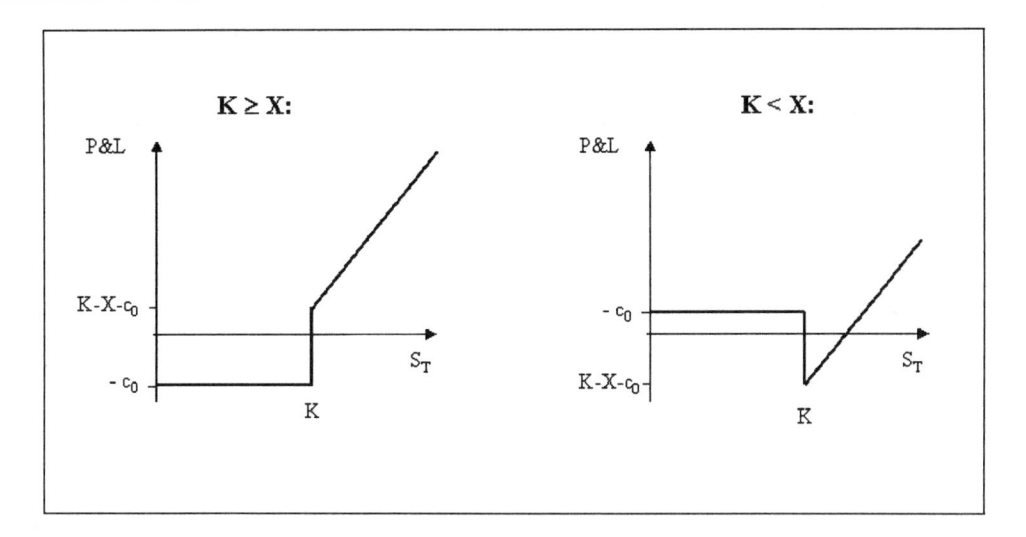

Abbildung 11.9 P&L-Profile von Gap-Calls

zunächst aufwandsneutrale Absicherung bei Fälligkeit insbesondere dann als nachteilig erweist, wenn die Standardoption nur leicht im Geld endet, hat sich der Bedarf für solche Konstrukte wieder zurückentwickelt.

12 Die mathematische Theorie stochastischer Finanzmarktprozesse

In diesem Kapitel sollen die mit stochastischen Prozessen verbundenen mathematischen Begriffsbildungen vorgestellt und erläutert werden, insofern sie für die Anwendungen in der Finanzmathematik, insbesondere der Bewertung von Derivaten, von Bedeutung sind. Dies ist nicht ganz unproblematisch, da es sich hierbei um recht abstrakte technisch anspruchsvolle und umfangreiche Konzepte handelt. Der Leser soll daher auch nicht gezwungen sein, dieses Kapitel zu lesen, es ist für das Verständnis der übrigen Kapitel nicht unbedingt erforderlich. Es ist durchaus möglich, die grundlegenden Ideen der Derivatebewertung zu vermitteln, ohne allzu tief in die mathematische Begriffsbildung einzudringen. Dies gelingt z.B. in dem Buch von Hull [29], das schon vielen den Einstieg in die Thematik ermöglicht hat, in ganz ausgezeichneter Weise, und die Autoren dieses Buches hoffen, dass das auch anhand der übrigen Kapitel dieses Werks einigermaßen möglich ist. Dennoch: Verzichtet man auf den Einstieg in die mathematische Begriffs- und Gedankenwelt, so wird man auf dem Gebiet der Derivatebewertung nur eingeschränkt aktiv und souverän agieren können. Die Probleme beginnen schon bei der Lektüre einer Reihe von Originalarbeiten, die die mathematische Terminologie völlig selbstverständlich voraussetzen. Das wäre nicht so schlimm, würde es nur dazu führen, dass man die Beweise nicht versteht. Viel problematischer ist, dass man Mühe haben wird, die Ergebnisse so weit zu verstehen, dass man sie korrekt verwenden kann. Hier liegt der Ansatzpunkt dieses Kapitels: Das Ziel ist es, die mathematischen Begriffsbildungen und Ergebnisse vorzustellen, zu erläutern und zu motivieren. An den Stellen, wo auf Beweise eingegangen wird, ist das Wesentliche die Vermittlung der Beweisidee und weniger die Darlegung einer vollständigen mathematisch rigorosen Beweisführung. Das wäre auf so wenigen Seiten auch gar nicht möglich. Es gibt inzwischen mehrere Bücher, die die Theorie stochastischer Prozesse unter dem speziellen Blickwinkel der Finanzmathematik darstellen ([40], [34] oder [15]) und sogar diese Werke kommen nicht ganz ohne Hinweise auf weiterführende Literatur zur Martingaltheorie aus. Das Ziel dieses Kapitels ist es nicht, mit diesen Büchern zu konkurrieren, vielmehr soll es ihre Lektüre (und die anderer Arbeiten) erleichtern und nicht ersetzen.

Dieses Kapitel ist also einerseits optional, andererseits aber auch ein Kernstück dieses Buches, dessen Aufbau durchaus so konzipiert ist, dass die Leser die Lektüre der folgenden Ausführungen gut vorbereitet in Angriff nehmen. Sehr hilfreich sollten die Abschnitte zu endlichen Mehrperiodenmodellen sein. Dort konnten die wesentlichen Ergebnisse ohne aufwendigen Begriffsapparat hergeleitet werden. Es ist sehr nützlich, sich bei den Begriffsbildungen dieses Kapitels immer wieder zu fragen, was sie für die Baummodelle bedeuten, denn es sind auf die überschaubaren endlichen Modelle die gleichen Begriffe mit der annähernd gleichen Bedeutung anwendbar wie bei den komplizierten und abstrakten stetigen Modellen. Im Gegensatz zu den endlichen Modellen, wo man wie gezeigt auch ohne diese Begriffswelt auskommt, steht man bei den stetigen Modellen ohne die mathematische Terminologie schnell auf verlorenem Posten.

12.1 Einige Grundbegriffe der Wahrscheinlichkeitstheorie

12.1.1 Das Axiomensystem von Kolmogorov, Filtrationen und äquivalente Wahrscheinlichkeitsmaße

Obwohl es auf der einen Seite überraschend viele Menschen gibt, denen Begriffe wie „Erwartungswert", „Varianz" oder „Normalverteilung" geläufig sind, gibt es auf der anderen Seite recht wenige, denen die Grundlagen der Wahrscheinlichkeitstheorie wie z.B. das Axiomensystem von Kolmogorov vertraut sind. Dies liegt zum einen daran, dass diese Grundlagen abstrakter sind als z.B. eine Glockenkurve, andererseits aber auch daran, dass in vielen Lehrveranstaltungen zur Wahrscheinlichkeitsrechnung und Statistik (aus gutem Grund) sehr rasch nicht mehr über Wahrscheinlichkeitsräume, sondern nur noch über Verteilungen gesprochen wird. Für die Theorie der stochastischen Prozesse ist es aber unumgänglich, sich in den Grundlagen gut auszukennen. Deshalb gehen wir hier auch noch einmal zur Gedächtnisauffrischung darauf ein, auch wenn wir in vorangegangenen Kapiteln schon ohne weitere Erläuterung eigentlich nachgelagerte Begriffe wie die oben angegebenen kommentarlos benutzt haben. Die Ausführungen dieses und der folgenden Abschnitte bilden also keine vollständige in sich abgeschlossene Einführung in die Wahrscheinlichkeitsrechnung, es wird lediglich auf die Punkte eingegangen, die für die Theorie der stochastischen Prozesse der Finanzmathematik besonders wichtig sind und von denen die Autoren annehmen, dass sie mehrere Jahre nach dem Absolvieren eines Einführungskurses in Wahrscheinlichkeitsrechnung und Statistik nicht unbedingt noch geläufig sind.

Also: Aus mathematischer Sicht kommen Wahrscheinlichkeiten nur in sogenannten **Wahrscheinlichkeitsräumen** vor, die meistens mit Ω bezeichnet werden. Wahrscheinlichkeitsräume sind Mengen, ihre Elemente heißen **Elementarereignisse**. Die Elementarereignisse beschreiben die Möglichkeiten, wie eine in der Regel unvorhersehbare Situation ausgehen kann. Ein häufig verwendetes einführendes Beispiel hierzu ist das Würfeln. Entsprechend den sechs Seiten eines Würfels gibt es sechs mögliche Elementarereignisse, d.h. der zugehörige Wahrscheinlichkeitsraum enthält sechs Elemente. Würfelt man nun tatsächlich, so wird eine (und nur eine) dieser sechs Möglichkeiten eintreten. Man sagt, sie wird **realisiert**. Im Vorhinein weiss man nicht, welche der Möglichkeiten es sein wird, da ein physikalisches Modell, das alle Einflussgrößen berücksichtigt, viel zu kompliziert wäre. Also beschreibt man die Situation vereinfacht dadurch, dass man den möglichen Versuchsausgängen **Wahrscheinlichkeiten** zuordnet. Im Würfelbeispiel ordnet man jedem möglichen Ergebnis die Wahrscheinlichkeit 1/6 zu, falls man es mit einem korrekten, d.h. nicht gezinkten Würfel zu tun hat.

Der nächste wichtige modellbilderische Schritt besteht darin, dass man **Ereignisse** als (bestimmte) Mengen von Elementarereignissen definiert. So lässt sich im Würfelbeispiel das Ereignis „Es wird eine gerade Zahl gewürfelt." durch die Menge $\{2, 4, 6\}$ von Elementarereignissen beschreiben. Diese Beziehung zwischen Ereignissen als (logische) Aussagen einerseits und Mengen von Elementarereignissen andererseits hat die schöne Eigenschaft, dass den üblichen logischen Operationen auf der einen Seite die üblichen mengentheoretischen auf der anderen Seite entsprechen. Der logischen Verneinung entspricht die mengentheoretische Komplementärmenge, der „oder"-Verbindung entspricht die mengentheoretische Operation der Vereinigung und der „und"-Verbindung entspricht die mengentheoretische Bildung der Durchschnittsmenge. Im Würfelbeispiel erhält man z.B. die der Aussage „Es wird eine ungerade Zahl geworfen, die kleiner als 4 ist" entsprechende Menge A wie folgt:

$$A = \overline{\{2,4,6\}} \cap \{1,2,3\} = \{1,3,5\} \cap \{1,2,3\} = \{1,3\}$$

Definition 234 *(Axiomensystem von Kolmogorov) Ein **Wahrscheinlichkeitsraum** (Ω, $\mathcal{F}$, **P**) besteht aus einer Menge Ω, deren Elemente ω **Elementarereignisse** heißen und einem System $\mathcal{F}$ von Teilmengen von Ω, den **Ereignissen** oder (F-)messbaren Mengen, sowie einer Abbildung $\mathbf{P}: \mathcal{F} \to [0,1]$, dem **Wahrscheinlichkeitsmaß**, so dass gilt:*
i) $\mathcal{F}$ bildet eine σ-Algebra (s.u.).
ii) $\mathbf{P}(\emptyset) = 0$ (die leere Menge (das unmögliche Ereignis) hat Wahrscheinlichkeit null)
iii) Für alle $A \in \mathcal{F}$ gilt: $\mathbf{P}(\overline{A}) = 1 - P(A)$ (Wahrscheinlichkeit komplementärer Ereignisse)
iv) Ist $(A_i)_{i \in \mathbb{N}}$ eine Folge paarweise disjunkter Ereignisse, d.h. gehören alle A_i zu $\mathcal{F}$ und gilt für $i \neq j$: $A_i \cap A_j = \emptyset$, so gilt

$$\mathbf{P}\left(\bigcup_{i \in \mathbb{N}} A_i\right) = \sum_{i=0}^{\infty} \mathbf{P}(A_i)$$

(Additivität der Wahrscheinlichkeit disjunkter Ereignisse)

Die Definition einer σ-Algebra wird sofort nachgeliefert, vorher sei aber noch angemerkt, dass Eigenschaft iv) auch für endliche Indexmengen gilt, denn man kann ja beliebig viele A_i gleich der leeren Menge wählen.

Definition 235 *Ein System $\mathcal{F}$ von Teilmengen einer Menge Ω heißt σ-**Algebra** (sprich „Sigma-Algebra", auch die Bezeichnung σ-**Körper** ist üblich), wenn gilt:*
i) $\emptyset \in \mathcal{F}$
ii) Gehört A zu $\mathcal{F}$, so auch die komplementäre Menge $\overline{A} = \Omega \setminus A$
iii) Ist $(A_i)_{i \in \mathbb{N}}$ eine Folge von Mengen $A_i \in \mathcal{F}$, so gehört auch deren Vereinigungsmenge zu $\mathcal{F}$:

$$\bigcup_{i \in \mathbb{N}} A_i \in \mathcal{F}$$

$\mathcal{F}$ ist also abgeschlossen bzgl. der Vereinigung von höchstens abzählbar unendlich vielen Mengen.

Auch zu dieser Definition ist anzumerken, dass Eigenschaft iii) automatisch auch für die Vereinigung von nur endlich vielen Elementen aus $\mathcal{F}$ gilt. Mit Hilfe der Komplementärmengenbildung überlegt man sich auch sofort, dass die Eigenschaft iii) auch für die Durchschnittsbildung gilt, d.h. die Durchschnittsmengen von (höchstens) abzählbar unendlich vielen Mengen aus $\mathcal{F}$ führt wieder zu einem Element aus $\mathcal{F}$. Über die Komplementärmengenbildung folgert man auch, dass $\Omega = \overline{\emptyset}$ zu $\mathcal{F}$ gehören muss, und aus den Eigenschaften ii) und iii) der Definition von Wahrscheinlichkeitsräumen folgt: $\mathbf{P}(\Omega) = 1$ (Wahrscheinlichkeit eines sicheren Ereignisses).

12.1 Einige Grundbegriffe der Wahrscheinlichkeitstheorie

Die Definition eines Wahrscheinlichkeitsraumes enthält einen unangenehmen technischen Teil, den man als Lehrender einer einführenden Veranstaltung zur Wahrscheinlichkeitsrechnung nur zu gerne überspielen würde: die σ-Algebra der Ereignisse. Nach den einführenden Worten vor Definition 234 liegt es eigentlich nahe, zu erwarten, dass jede Teilmenge von Ω ein Ereignis ist. Hat Ω nur endlich viele oder höchstens abzählbar unendlich viele Elemente, spricht auch nichts dagegen, so zu verfahren. Hat Ω allerdings überabzählbar viele Elemente, wie es z.B. bei $\Omega = \mathbb{R}$ der Fall ist, so führt die Forderung, dass jede Teilmenge von Ω messbar sein muss, dazu, dass es nur sehr wenige Wahrscheinlichkeitsmaße gibt. Auf $\mathbb{R}$ z.B. gäbe es dann keine stetigen Verteilungen. Besser sieht es aus, wenn man die folgende σ-Algebra wählt:

Definition 236 *Unter der **Borel-σ-Algebra** $\mathcal{B}$ versteht man die kleinste σ-Algebra von Teilmengen von $\mathbb{R}$, die alle Intervalle (egal ob offen, abgeschlossen oder halboffen, beschränkt oder unbeschränkt) enthält. Die Elemente von $\mathcal{B}$ heißen **Borel-Mengen**.*

Der Begriff „kleinste σ-Algebra" der Definition ist noch zu klären. Man sagt, dass eine σ-Algebra $\mathcal{F}_1$ **kleiner** ist als σ-Algebra $\mathcal{F}_2$, wenn jede Menge aus $\mathcal{F}_1$ auch zu $\mathcal{F}_2$ gehört, also wenn $\mathcal{F}_1 \subset \mathcal{F}_2$ gilt. Es gibt offensichtlich eine absolut kleinste σ-Algebra zu jeder Menge Ω, nämlich $\{\emptyset, \Omega\}$, und eine größte: die Potenzmenge 2^Ω von Ω, also die Menge aller Teilmengen von Ω. Jede andere σ-Algebra liegt zwischen diesen beiden Extremen. Man kann nun zu einem vorgegebenem System $\mathcal{G}$ von Teilmengen von Ω alle σ-Algebren betrachten, die alle Mengen aus $\mathcal{G}$ enthalten. 2^Ω ist immer eine solche σ-Algebra, aber es kann noch sehr viele mehr geben. Man kann zeigen, dass es unter diesen immer eine kleinste gibt. Sie besteht einfach aus den Mengen, die in all diesen σ-Algebren enthalten sind. Die Borel-σ-Algebra $\mathcal{B}$ ist also definiert über die Forderung, dass jede σ-Algebra, die alle Intervalle enthält, alle Mengen aus $\mathcal{B}$ enthält. $\mathcal{B}$ besteht aus allen Teilmengen der reellen Zahlen, die man durch Komplementär- und Vereinigungsmengenbildung von (höchstens abzählbar unendlich vielen) Intervallen erhält. So gut wie jede Teilmenge von $\mathbb{R}$, auf die man normalerweise stößt, ist eine Borel-Menge, auch z.B. die rationalen Zahlen $\mathbb{Q}$ oder die irrationalen Zahlen $\mathbb{R} \setminus \mathbb{Q}$ (Übung). Es ist gar nicht so leicht, eine Teilmenge von $\mathbb{R}$ zu konstruieren, die keine Borelmenge ist, aber es gibt solche Mengen.

Man ist also gezwungen, sich mit σ-Algebren zu beschäftigen, wenn man stetige Verteilungen untersuchen will. Für stochastische Prozesse spielen die σ-Algebren darüber hinaus aber auch eine wichtige Rolle für die Modellbildung, die auch bei endlichen Modellen gegeben ist. Hierzu führen wir zunächst einmal ein Beispiel ein, das wir in diesem Kapitel zur Illustration der Begriffsbildungen immer wieder heranziehen werden. Wir betrachten das folgende Modell eines Dreiperioden-Binomialbaums für den Kursverlauf einer Aktie:

$$
\begin{array}{cccc}
t_0 & t_1 & t_2 & t_3 = T
\end{array}
$$

$$
100 \begin{array}{c} \nearrow^{0,6} \\ \searrow_{0,4} \end{array} \begin{array}{c} 110 \\ \\ 90 \end{array} \begin{array}{c} \nearrow^{0,6} \\ \searrow_{0,4} \\ \nearrow^{0,6} \\ \searrow_{0,4} \end{array} \begin{array}{c} 120 \\ \\ 100 \\ \\ 80 \end{array} \begin{array}{c} \nearrow^{0,6} \\ \searrow_{0,4} \\ \nearrow^{0,6} \\ \searrow_{0,4} \\ \nearrow^{0,6} \\ \searrow_{0,4} \end{array} \begin{array}{c} 130 \\ \\ 110 \\ \\ 90 \\ \\ 70 \end{array} \qquad (12.1)
$$

Die Zahlen an den Pfeilen sollen hierbei reale Übergangswahrscheinlichkeiten darstellen. Passend dazu ist der folgende Wahrscheinlichkeitsraum: Ω besteht aus allen möglichen Kursentwicklungen der Aktie über die drei Perioden, also aus allen möglichen Pfaden. Somit hat Ω acht Elemente (=Elementarereignisse), nämlich

ω	u/d-Folge	Pfad	$\mathbf{P}(\omega)$
ω_1	uuu	$100 \to 110 \to 120 \to 130$	$0{,}6^3$
ω_2	uud	$100 \to 110 \to 120 \to 110$	$0{,}6^2 \cdot 0{,}4$
ω_3	udu	$100 \to 110 \to 100 \to 110$	$0{,}6^2 \cdot 0{,}4$
ω_4	udd	$100 \to 110 \to 100 \to 90$	$0{,}6 \cdot 0{,}4^2$
ω_5	duu	$100 \to 90 \to 100 \to 110$	$0{,}6^2 \cdot 0{,}4$
ω_6	dud	$100 \to 90 \to 100 \to 90$	$0{,}6 \cdot 0{,}4^2$
ω_7	ddu	$100 \to 90 \to 80 \to 90$	$0{,}6 \cdot 0{,}4^2$
ω_8	ddd	$100 \to 90 \to 80 \to 70$	$0{,}4^3$

(u/d-Folge= up/down-Folge). Als σ-Algebra $\mathcal{F}$ nehmen wir naheliegenderweise die Menge aller Teilmengen von Ω. Dann sind also die folgenden vier Aussagen Ereignisse:

A_1 : In der ersten Periode erfolgt eine Aufwärtsbewegung.
A_2 : In der dritten Periode erfolgt eine Aufwärtsbewegung.
A_3 : Nach zwei Perioden ist der Aktienkurs gleich 100.
A_4 : Der Kursverlauf in den ersten beiden Perioden ist $100 \to 90 \to 100$.

Die folgende Tabelle gibt die Darstellung der Ereignisse als Mengen von Elementarereignissen an. Die Tabelle enthält auch die Wahrscheinlichkeiten der Ereignisse, die sich als Summe der Wahrscheinlichkeiten der zugehörigen Elementarereignisse ergibt.

Ereignis	Elementarereignisse	Wahrscheinlichkeit
A_1	$\{\omega_1, \omega_2, \omega_3, \omega_4\}$	0,6
A_2	$\{\omega_1, \omega_3, \omega_5, \omega_7\}$	0,6
A_3	$\{\omega_3, \omega_4, \omega_5, \omega_6\}$	0,48
A_4	$\{\omega_5, \omega_6\}$	0,24

12.1 Einige Grundbegriffe der Wahrscheinlichkeitstheorie

Bemerkung 237 *Die in dem Beispiel schon exemplarisch gezeigte typische mathematische Modellbildung für stochastische Prozesse ist am Anfang etwas gewöhnungsbedürftig, denn sie kehrt in gewisser Weise das natürliche Verständnis von Teil und Ganzem um. Naheliegend wäre es eigentlich, die zu den einzelnen Zeitpunkten t_i festgestellten Aktienkurse als elementare Ereignisse anzusehen, durch deren Aneinanderreihung sich dann der Pfad ergibt, so wie eine reelle Funktion f aus der Gesamtheit der Paare $(x, f(x))$ besteht. Hier ist es aber umgekehrt. Die Pfade bilden als Elementarereignisse die kleinsten Einheiten. Die Punkte der Pfade hingegen stehen für eine größere Einheit, nämlich für alle Pfade, die durch sie verlaufen. Insofern ist das Ereignis A_1, das gleichbedeutend ist mit der Aussage „Zum Zeitpunkt t_1 hat der Aktienkurs den Wert 110", kein Elementarereignis, sondern ein Ereignis, das mit vier Elementarereignissen verbunden ist (siehe Abbildung 12.1).*

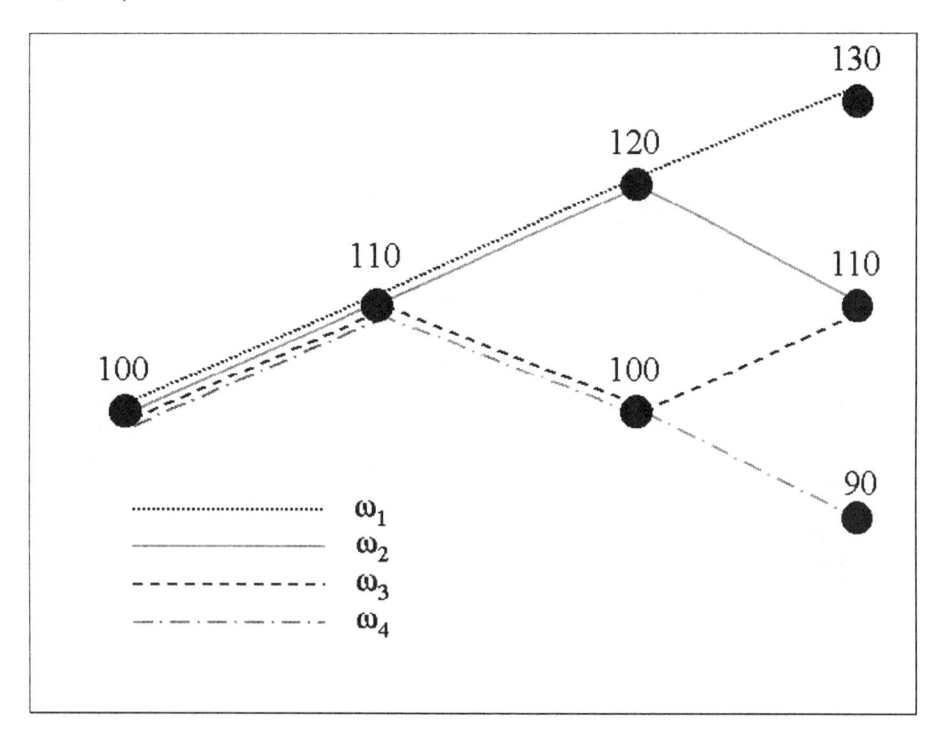

Abbildung 12.1 Die Pfade (=Elementarereignisse) des Ereignisses A_1

Nun zu der Bedeutung der σ-Algebren für die Modellbildung: Das betrachtete Modell für den Kursverlauf einer Aktie hat eine zeitliche Struktur. Zum Anfangszeitpunkt t_0 ist so gut wie nichts bekannt. Alle acht Möglichkeiten stehen noch offen. Zum Zeitpunkt t_1 sieht das schon anders aus. Dann weiss man, ob die erste Bewegung eine Aufwärts- oder eine Abwärtsbewegung war und kann somit entscheiden, ob A_1 wahr oder falsch ist. A_2 und A_3 kann man zu dem Zeitpunkt noch nicht beurteilen, bei A_4 ist die Situation unklar: Fand zunächst eine Aufwärtsbewegung statt, so ist es schon sicher, dass A_4 nicht eintritt. Erfolgt in der ersten Periode allerdings eine Abwärtsbewegung, so kann man zum Zeitpunkt t_1 über A_4 noch nicht entscheiden. Eine Periode später weiss man dann aber über A_4 und A_3, ob sie zutreffend sind oder nicht. A_2 allerdings kann man erst nach der dritten Periode beurteilen. Mit jedem Schritt von t_i zu t_{i+1} findet also ein Wissenszuwachs statt. Bezeichnet man nun mit $\mathcal{F}_{t_i}$ die Menge der Ereignisse, für die zum Zeitpunkt t_i *mit Sicherheit feststeht*, ob sie eintreffen oder nicht, so gilt also

$$\mathcal{F}_{t_0} \subset \mathcal{F}_{t_1} \subset \mathcal{F}_{t_2} \subset \mathcal{F}_{t_3} = \mathcal{F}$$

A_1 gehört zu $\mathcal{F}_{t_1}$, A_3 und A_4 gehören zu $\mathcal{F}_{t_2}$ (aber nciht zu $\mathcal{F}_{t_1}$) und A_2 liegt in $\mathcal{F}_{t_3}$, aber nicht in $\mathcal{F}_{t_2}$. Es ist nicht schwer, die einzelnen Systeme $\mathcal{F}_{t_i}$ zu bestimmen: $\mathcal{F}_{t_0}$ enthält nur die leere Menge $\emptyset$ sowie Ω, denn am Anfang steht nur mit Sicherheit fest, dass irgend eines der ω_i eintreten wird. $\mathcal{F}_{t_1}$ besteht aus vier Elementen: $\mathcal{F}_{t_1} = \{\emptyset, \{\omega_1, \omega_2, \omega_3, \omega_4\}, \{\omega_5, \omega_6, \omega_7, \omega_8\}, \Omega\}$. $\mathcal{F}_{t_2}$ enthält 16 Elemente, nämlich alle Teilmengen von Ω, die sich aus den Mengen $\emptyset$, $\{\omega_1, \omega_2\}$, $\{\omega_3, \omega_4\}$, $\{\omega_5, \omega_6\}$ und $\{\omega_7, \omega_8\}$ mit Hilfe der Vereinigungsmengenbildung konstruieren lassen. Alle $\mathcal{F}_{t_i}$ sind σ-Algebren. Abbildung 12.2 zeigt, wie die $\mathcal{F}_{t_i}$ mit wachsendem i eine immer feinere Untergliederung von Ω liefern.

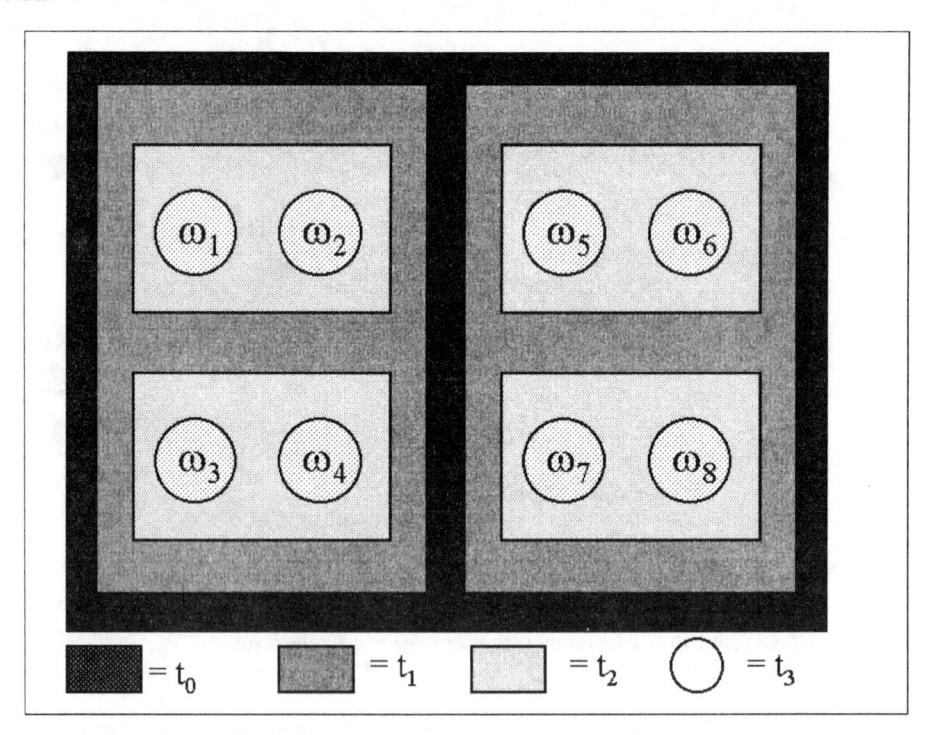

Abbildung 12.2 Atomare Mengen einer aufsteigenden Folge von σ-Algebren (=Filtration)

Noch eine Definition: Die σ-Algebra $\mathcal{F}_{t_2}$ wird oben durch eine Zerlegung von Ω in ein System von nichtleeren Teilmengen beschrieben, die paarweise disjunkt sind und die in $\mathcal{F}_{t_2}$ nicht weiter unterteilbar sind. Solche Teilmengen nennt man **atomar** bezüglich $\mathcal{F}_{t_2}$. Eine endliche σ-Algebra kann immer auf diese Weise beschrieben werden, d.h. jede endliche σ-Algebra besteht aus allen Mengen, die man mit Hilfe der Vereinigungsbildung aus den atomaren Elementen der σ-Algebra erhalten kann (zuzüglich der leeren Menge).

Exemplarisch hat das letzte Beispiel gezeigt, wie auch im Allgemeinfall der Wissenszuwachs über den Kursverlauf einer Aktie im Lauf der Zeit modelliert werden kann, nämlich über eine aufsteigende Kette von σ-Algebren. So wird es auch bei stetigen Modellen gemacht, nur ist dann das zugrundeliegende Ω sehr viel größer, z.B. gleich der Menge aller stetigen Abbildungen von einem Intervall $[0, T]$ in $\mathbb{R}$ mit einem festen Funktionswert an der Stelle 0.

Definition 238 *Es sei Ω eine Menge und I eine nichtleere Teilmenge der reellen Zahlen. Zu jedem $t \in I$ sei $\mathcal{F}_t$ eine σ-Algebra von Teilmengen von Ω. Gilt dann für alle $t, t' \in I$*

$$t < t' \Longrightarrow \mathcal{F}_t \subset \mathcal{F}_{t'}$$

so nennt man das System $(\mathcal{F}_t)_{t \in I}$ eine **Filtration**.

In allen Modellen, die wir betrachten, wird der Wissenszuwachs im Lauf der Zeit über eine Filtration modelliert. I ist dabei die Menge der Handelszeitpunkte, bei den endlichen diskreten Modellen also gleich der Menge $\{t_0, ..., t_n\}$ und bei stetigen Modellen gleich einem Intervall $[t_0, T]$, manchmal auch gleich $[t_0, \infty)$.

Bemerkung 239 *Wenn man sagt, dass eine σ-Algebra $\mathcal{F}_t$ den zum Zeitpunkt t vorhandenen Wissensstand darstellt, so darf das nicht in dem Sinne verstanden werden, dass $\mathcal{F}_t$ die Menge der Ereignisse ist, von denen zum Zeitpunkt t klar ist,* **dass** *sie eingetreten sind oder eintreten werden. $\mathcal{F}_t$ beschreibt die Voraussicht auf den Wissensstand zu dem Zeitpunkt t (von t_0 aus), ein in $\mathcal{F}_t$ enthaltenes Ereignis A kann auch nicht eintreten. Entscheidend ist allein, dass zum Zeitpunkt t feststehen wird,* **ob** *A eintritt (bzw. schon eingetreten ist) oder nicht.*

Wir benötigen noch einige Begriffe zu Wahrscheinlichkeitsräumen: $(\Omega, \mathcal{F}, \mathbf{P})$ sei ein Wahrscheinlichkeitsraum. Dann heißt eine messbare Teilmenge A von Ω eine **Nullmenge**, wenn $\mathbf{P}(A) = 0$ gilt. Eine Nullmenge ist also ein Ereignis mit Wahrscheinlichkeit null, also ein Ereignis, das zwar nicht unmöglich ist, mit dessen Eintreffen man aber nicht unbedingt rechnen muss. Eine Aussage, die auf alle Elemente von Ω mit Ausnahmen von denen einer Nullmenge zutrifft, wird daher als **fast sicher** (Abkürzung **a.s.**, abgeleitet aus dem Englischen „almost sure") angesehen. Anders ausgedrückt: Ein Ereignis B mit $\mathbf{P}(B) = 1$ ist fast sicher.

Die Definition eines Wahrscheinlichkeitsraums lässt nun die folgende Kuriosität zu: Wenn A eine Nullmenge ist, so bedeutet das, dass fast sicher keines der in A enthaltenen Elementarereignisse eintreten wird. Es sollte also auch jede Teilmenge von A die Wahrscheinlichkeit null haben. Das muss aber nicht sein, denn A kann Teilmengen enthalten, die nicht messbar sind, also überhaupt keine Wahrscheinlichkeit haben. Daher nennt man einen Wahrscheinlichkeitsraum **vollständig**, wenn jede Teilmenge einer Nullmenge messbar (und damit automatisch Nullmenge) ist. Hat man es mit einem unvollständigen Wahrscheinlichkeitsraum zu tun, so lässt sich dieser Makel durch Erweiterung der σ-Algebra immer beheben, indem man kurzerhand alle Teilmengen von Nullmengen zu messbaren Mengen vom Maß null erklärt. Man erhält so die **Vervollständigung** des ursprünglichen Wahrscheinlichkeitsraums.

Völlig unproblematisch ist diese Konstruktion aber nicht. Auf Grund der vorangegangenen Kapitel dieses Buches sollte es den Leser nicht verwundern, dass es manchmal sinnvoll sein kann, zu einem Raum Ω und einer σ-Algebra $\mathcal{F}$ mehrere Wahrscheinlichkeitsmaße **P** zu betrachten. Der Begriff der Nullmenge hängt aber hochgradig von **P** ab, d.h. eine Nullmenge bezüglich eines Maßes **P** muss noch lange keine Nullmenge bezüglich eines anderen Maßes $\mathbf{P}_1$ sein, und die Erweiterung von $\mathbf{P}_1$ auf nicht messbare Teilmengen von Nullmengen von **P** kann zu unüberwindlichen Schwierigkeiten führen. Unter anderem aus diesem Grund ist der zweite Teil der folgenden Definition sinnvoll:

Definition 240 *1.) Eine Menge Ω zusammen mit einer σ-Algebra $\mathcal{F}$ von Teilmengen von Ω heißt* **messbarer Raum**.
2.) Zwei auf dem gleichen messbaren Raum $(\Omega, \mathcal{F})$ definierte Wahrscheinlichkeitsmaße $\mathbf{P}_1$ und $\mathbf{P}_2$ heißen **äquivalent**, *wenn sie die gleichen Nullmengen haben.*

Beispiel 241 *Jede diskrete Verteilung definiert auf $(\mathbb{R}, \mathcal{B})$ ein Wahrscheinlichkeitsmaß, indem man die Wahrscheinlichkeit einer Borel-Menge als Summe der Verteilungswahrscheinlichkeiten der in ihr enthaltenen Punkte definiert*[1]. *Für die Binomialverteilung $B(3, 1/4)$ z.B. ist dieses Maß **P** gegeben durch*

$$\mathbf{P}(A) = \sum_{k=0}^{3} \binom{3}{k} \left(\frac{1}{4}\right)^k \left(\frac{3}{4}\right)^{3-k} \cdot \mathbf{1}_A(k),$$

wobei $\mathbf{1}_A$ die **Indikatorfunktion** *der Borel-Menge A ist:*

$$\mathbf{1}_A(x) = \begin{cases} 1 & x \in A \\ 0 & \text{sonst} \end{cases} \qquad (12.2)$$

*Welche Wahrscheinlichkeitsmaße sind äquivalent zu **P**? Wegen $\mathbf{P}(\mathbb{R} \setminus \{0, 1, 2, 3\}) = 0$ und $\mathbf{P}(k) \neq 0$ für $k \in \{0, 1, 2, 3\}$ sind es genau die Wahrscheinlichkeitsmaße, die man aus diskreten Verteilungen mit ebenfalls der Trägermenge $\{0, 1, 2, 3\}$ erhält. Dabei ist die* **Trägermenge** $\mathcal{T}$ *einer diskreten Verteilung mit Wahrscheinlichkeitsmaß $\mathbf{P}_1$ definiert durch*

$$\mathcal{T} = \{x \in \mathbb{R} | \, \mathbf{P}_1(\{x\}) \neq 0\}$$

Ersetzt man also beispielsweise den Parameter $p = 1/4$ in $B(3, 1/4)$ durch irgend eine andere Zahl q mit $0 < q < 1$, so erhält man ein äquivalentes Wahrscheinlichkeitsmaß. Offensichtlich gilt für beliebige diskrete Verteilungen, dass sie genau dann äquivalente Wahrscheinlichkeitsmaße definieren, wenn ihre Trägermengen gleich sind.
Übrigens sind alle in diesem Beispiel betrachteten Wahrscheinlichkeitsräume unvollständig. Erst wenn man die Borel-σ-Algebra durch die Menge aller Teilmengen von $\mathbb{R}$ ersetzt, erhält man einen vollständigen Wahrscheinlichkeitsraum (warum?).

Auch stetige Verteilungen induzieren durch

$$\mathbf{P}(A) = \int_A g(x)\, dx = \int_{-\infty}^{\infty} g(x) \cdot \mathbf{1}_A(x)\, dx$$

---
[1] Genau genommen *ist* die Verteilung dieses Wahrscheinlichkeitsmaß.

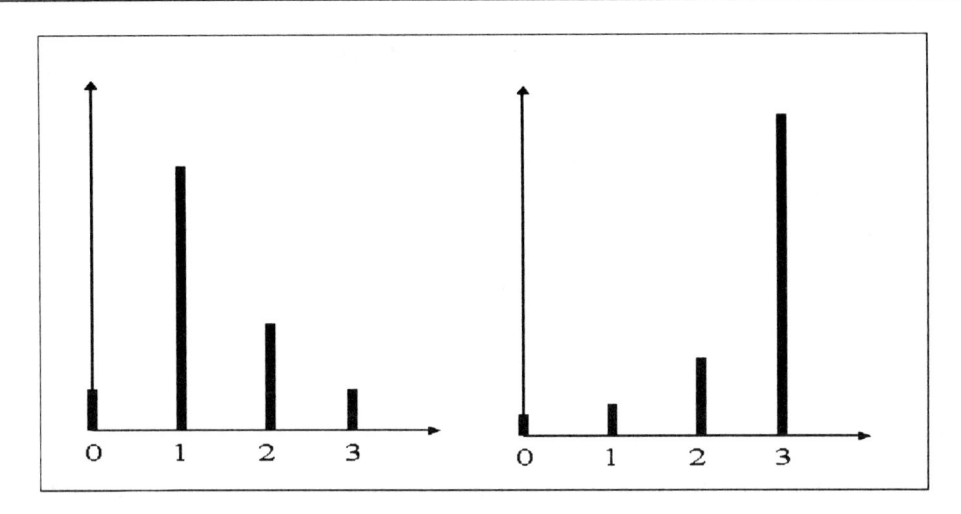

12.1 Einige Grundbegriffe der Wahrscheinlichkeitstheorie

Abbildung 12.3 Zwei äquivalente diskrete Wahrscheinlichkeitsverteilungen

(g = Dichte der Verteilung) ein Wahrscheinlichkeitsmaß auf den Borel-Mengen. Analog zu den diskreten Verteilungen sind zwei auf diese Art konstruierte Wahrscheinlichkeitsmaße genau dann äquivalent, wenn für zugehörige Dichten g_1 und g_2 fast sicher (bzgl. beider Wahrscheinlichkeitsmaße) gilt:

$$g_1(x) \neq 0 \iff g_2(x) \neq 0$$

Alle Normalverteilungen induzieren also z.B. äquivalente Wahrscheinlichkeitsmaße, die aber nicht äquivalent sind zu den von den χ^2-Verteilungen induzierten Maßen. Man sieht also in allen Fällen, dass die Äquivalenz von Wahrscheinlichkeitsmaßen in numerischer Hinsicht keine allzu enge Verwandtschaft bedeutet.

Dennoch gibt es eine enge Verwandtschaft zwischen äquivalenten Wahrscheinlichkeitsmaßen. Zunächst einmal hat der Begriff „a.s." die gleiche Bedeutung, d.h. wenn eine Aussage mit Wahrscheinlichkeit 1 bezüglich eines Wahrscheinlichkeitsmaßes $\mathbf{P}_1$ gilt, so tut sie das auch bezüglich jedes zu $\mathbf{P}_1$ äquivalenten Wahrscheinlichkeitsmaßes. Darüber hinaus gilt die folgende Aussage über absteigende Folgen von messbaren Mengen, deren Konsequenz es ist, dass äquivalente Wahrscheinlichkeitsmaße in gewissem Sinne den gleichen Konvergenzbegriff haben (siehe Abschnitt 12.1.3).

Proposition 242 $\mathbf{P}_1$ *und* $\mathbf{P}_2$ *seien äquivalente Wahrscheinlichkeitsmaße auf dem messbaren Raum* $(\Omega, \mathcal{F})$. *Ferner sei* $(A_n)_{n \in \mathbb{N}}$ *eine Folge messbarer Mengen in* Ω *mit*

$$A_0 \supset A_1 \supset A_2 \supset \dots$$

Dann gilt

$$\lim_{n \to \infty} \mathbf{P}_1(A_n) = 0 \iff \lim_{n \to \infty} \mathbf{P}_2(A_n) = 0$$

Beweis. Es sei $A = \bigcap_{n=0}^{\infty} A_n$. Dann gilt für $i = 1, 2$:

$$\lim_{n\to\infty} \mathbf{P}_i(A_n) = \mathbf{P}_i(A),$$

da

$$A_n = A \cup (A_n \backslash A_{n+1}) \cup (A_{n+1} \backslash A_{n+2}) \cup \ldots$$

eine Zerlegung von A_n in abzählbar unendlich viele paarweise disjunkte Teilmengen ist. Die Behauptung folgt nun aus

$$\mathbf{P}_1(A) = 0 \Longleftrightarrow \mathbf{P}_2(A) = 0$$

∎

12.1.2 Zufallsvariablen

Ein zentraler Begriff der Wahrscheinlichkeitsrechnung ist der der Zufallsvariablen. Mit ihrer Hilfe kann in der angewandten Statistik der abstrakte Begrifff des Wahrscheinlichkeitsraums weitgehend in den Hintergrund verdrängt werden und durch Untersuchungen über vergleichsweise anschaulichere Dinge wie Verteilungen ersetzt werden. Für die Untersuchung stochastischer Prozesse ist es aber erforderlich, sich wieder auf den mathematischen Kern des Begriffes zu besinnen und das heißt, man muss sich zunächst daran erinnern, dass eine Zufallsvariable nicht eine nach einem irgendwie gearteten Zufallsprinzip schwankende Variable ist, sondern eine Zuordnungsvorschrift, also eine Abbildung.

Definition 243 *1.) $(\Omega_1, \mathcal{F}_1)$ und $(\Omega_2, \mathcal{F}_2)$ seien messbare Räume. Dann heißt eine Abbildung $f: \Omega_1 \to \Omega_2$ **messbar**, wenn die Urbildmengen messbarer Mengen messbar sind, d.h. wenn für alle $A \in \mathcal{F}_2$ gilt: $f^{-1}(A) \in \mathcal{F}_1$. Messbare Abbildungen sind also strukturerhaltende Abbildungen zwischen messbaren Räumen.*
*2.) Eine (reellwertige) **Zufallsvariable** ist eine messbare Abbildung von einem Wahrscheinlichkeitsraum $(\Omega, \mathcal{F}, \mathbf{P})$ in $(\mathbb{R}, \mathcal{B})$.*

Wie vielfach üblich bezeichnen wir Zufallsvariablen mit Großbuchstaben und verwenden dabei bevorzugt Buchstaben, die üblicherweise für Variablen verwendet werden, wie z.B. X, Y und Z.

Bemerkung 244 *Will man von einer Abbildung $X: \Omega \to \mathbb{R}$ nachweisen, dass sie eine Zufallsvariable ist, so genügt es, zu zeigen, dass die Urbilder halboffener Intervalle $(a, b]$ zu $\mathcal{F}$ gehören.*

In der Anwendung werden Zufallsvariablen benutzt, um Größen zu beschreiben, die zufällig sind, deren Zufallsabhängigkeit sich aber auf die von Ω zurückführen lässt. D.h. weiss man, welches $\omega \in \Omega$ dasjenige ist, das schließlich eintritt (zur Erinnerung: Ω beschreibt alle Möglichkeiten, die eintreten können, nur eine davon tritt auch ein), so weiss man auch, welchen Wert X real annimmt. Man bezeichnet daher einen einzelnen Funktionswert $X(\omega)$ mit $\omega \in \Omega$ **Realisation** von X. Ist $A \subset \mathbb{R}$ eine Borel-Menge, so schreiben wir für $\mathbf{P}(X^{-1}(A))$ auch $\mathbf{P}(X \in A)$, denn $\mathbf{P}(X^{-1}(A))$ ist die Wahrscheinlichkeit des Ereignisses, dass X einen Wert aus A annimmt.

12.1 Einige Grundbegriffe der Wahrscheinlichkeitstheorie

Eine Zufallsvariable X induziert durch $\mathbf{P}_X(A) := \mathbf{P}(X \in A)$ ein Wahrscheinlichkeitsmaß $\mathbf{P}_X$ auf $(\mathbb{R}, \mathcal{B})$. Dies ist die erwähnte Konstruktion, die es erlaubt, Untersuchungen über Zufallsvariablen weitgehend auf Untersuchungen über Verteilungen zurückzuführen. Für unsere Zwecke ist allerdings der folgende Aspekt wichtiger: Wie im vorigen Abschnitt beschrieben werden wir die σ-Algebren benutzen, um den Wissens- oder Informationsstand der Marktteilnehmer zu modellieren. Sei also $X : \Omega \to \mathbb{R}$ eine Zufallsvariable und $\mathcal{F}_t \subset \mathcal{F}$ eine σ-Algebra, die den Wissensstand der Marktteilnehmer zu einem Zeitpunkt t darstellt. Was bedeutet es dann, wenn X (nicht nur $\mathcal{F}$-, sondern sogar) $\mathcal{F}_t$-messbar ist, d.h. wenn die Urbilder von Borel-Mengen in $\mathcal{F}_t$ liegen? Nun, alle Einpunktmengen $\{x\}$ mit $x \in \mathbb{R}$ sind Borel-Mengen, d.h. $X^{-1}(\{x\})$ liegt in $\mathcal{F}_t$, d.h. es ist zum Zeitpunkt t bekannt, ob das Ereignis $X^{-1}(\{x\})$ eintritt oder nicht. Das bedeutet aber nichts anderes, als dass zum Zeitpunkt t bekannt ist, welchen Wert X annimmt. Also gilt (aber siehe auch Bemerkung 271 auf S. 372):

Proposition 245 *X sei eine Zufallsvariable auf dem Wahrscheinlichkeitsraum $(\Omega, \mathcal{F}, \mathbf{P})$. $\mathcal{F}_t \subset \mathcal{F}$ repräsentiere den Wissensstand zum Zeitpunkt t. Dann gilt:*
X ist $\mathcal{F}_t$-messbar $\Longrightarrow$ Zum Zeitpunkt t ist der Wert bekannt, den X annimmt.

Beispiel 246 *In der Situation von Beispiel 12.1 sei X die Zufallsvariable „Wert der Aktie zum Zeitpunkt t_2" (Übung 1: Man zeige, dass X eine Zufallsvariable ist). Der Wert von X ist zum Zeitpunkt t_2 bekannt, früher nicht. Man überprüfe (Übung 2): X ist $\mathcal{F}_{t_2}$-, aber nicht $\mathcal{F}_{t_1}$-messbar.*

12.1.3 Folgen und Konvergenz

Hat man eine Folge $(X_n)_{n \in \mathbb{N}}$ von Zufallsvariablen, die auf dem gleichen Wahrscheinlichkeitsraum definiert sind, so liegt es nahe zu fragen, ob sich diese Zufallsvariablen einem Grenzwert annähern, der dann natürlich wieder eine Zufallsvariable sein sollte. Es gibt verschiedenen Konvergenzbegriffe, von denen wir zwei vorstellen:

Definition 247 *Eine Folge $(X_n)_{n \in \mathbb{N}}$ von Zufallsvariablen auf dem Wahrscheinlichkeitsraum $(\Omega, \mathcal{F}, \mathbf{P})$ **konvergiert a.s.** oder **konvergiert mit Wahrscheinlichkeit 1** gegen die ebenfalls auf $(\Omega, \mathcal{F}, \mathbf{P})$ definierte Zufallsvariable X, wenn die Menge der $\omega \in \Omega$, für die*

$$\lim_{n \to \infty} X_n(\omega) = X(\omega)$$

nicht gilt, eine Nullmenge ist.
Eine äquivalente Bedingung ist zu fordern, dass für jedes $\varepsilon > 0$ für die absteigende Folge $A_{\varepsilon, n}$ von Teilmengen von Ω

$$A_{\varepsilon, n} = \{\omega \in \Omega | \exists_{m \geq n} |X_m(\omega) - X(\omega)| > \varepsilon\}$$

gilt:

$$\lim_{n \to \infty} \mathbf{P}(A_{\varepsilon, n}) = 0.$$

Für die Konvergenz mit Wahrscheinlichkeit 1 muss also X_n außerhalb einer Nullmenge punktweise gegen X konvergieren.

Definition 248 *Eine Folge $(X_n)_{n \in \mathbb{N}}$ von Zufallsvariablen auf dem Wahrscheinlichkeitsraum $(\Omega, \mathcal{F}, \mathbf{P})$ **konvergiert nach Wahrscheinlichkeit** gegen die ebenfalls auf $(\Omega, \mathcal{F}, \mathbf{P})$ definierte Zufallsvariable X, wenn für jedes $\varepsilon > 0$ für die Folge $B_{\varepsilon,n}$ von Teilmengen von Ω*

$$B_{\varepsilon,n} = \{\omega \in \Omega \mid |X_n(\omega) - X(\omega)| > \varepsilon\}$$

gilt

$$\lim_{n \to \infty} \mathbf{P}(B_{\varepsilon,n}) = 0.$$

Da $B_{\varepsilon,n} \subset A_{\varepsilon,n}$ gilt, folgt aus der Konvergenz mit Wahrscheinlichkeit 1 offensichtlich die Konvergenz nach Wahrscheinlichkeit. Die Umkehrung gilt nicht, es lassen sich Folgen konstruieren, die nach Wahrscheinlichkeit konvergieren, nicht aber mit Wahrscheinlichkeit 1 (siehe z.B. [58]). Beide Konvergenzbegriffe sind aber stabil bei einem Wechsel zu einem äquivalenten Wahrscheinlichkeitsmaß:

Proposition 249 *$\mathbf{P}_1$ und $\mathbf{P}_2$ seien äquivalente Wahrscheinlichkeitsmaße auf dem messbaren Raum $(\Omega, \mathcal{F})$. Dann haben die Konvergenzbegriffe „Konvergenz mit Wahrscheinlichkeit 1" und „Konvergenz nach Wahrscheinlichkeit" in $(\Omega, \mathcal{F}, \mathbf{P}_1)$ und $(\Omega, \mathcal{F}, \mathbf{P}_2)$ die gleiche Bedeutung, d.h. bezüglich $\mathbf{P}_1$ sind die gleichen Folgen konvergent (mit den gleichen Grenzwerten) wie bezüglich $\mathbf{P}_2$.*

Beweis. Bezüglich der a.s.-Konvergenz folgt die Behauptung sofort aus Proposition 242. Für die Konvergenz nach Wahrscheinlichkeit ist die Behauptung nicht so klar, denn die Folgen $(B_{\varepsilon,n})$ sind nicht notwendig absteigend. Hierzu benötigt man noch das Ergebnis, dass eine Folge genau dann nach Wahrscheinlichkeit gegen X konvergiert, wenn jede Teilfolge eine Teilfolge hat, die a.s. gegen X konvergiert (siehe z.B. [58]). ∎

Abgesehen von den hier vorgestellten Konvergenzbegriffen gibt es weitere, z.B. die Konvergenz in Verteilung (siehe Seite 172). Für diese Konvergenz ist es nicht erforderlich, dass die Zufallsvariablen auf dem gleichen Wahrscheinlichkeitsraum definiert sind.

12.1.4 Integration von Zufallsvariablen

Die Integration reeller Funktionen $f : [a,b] \to \mathbb{R}$ wird üblicherweise dadurch eingeführt, dass man das Integral zunächst für (positive) Treppenfunktionen als Summe der Flächeninhalte der rechteckigen Kästchen zwischen dem Grafen der Funktion und der x-Achse definiert, und dann auf allgemeinere Funktionen überträgt, indem man diese durch Treppenfunktionen annähert. Je nachdem, wie man diese Annäherung durchführt, kommt man zu dem zunächst plausibleren Riemann-Integral oder mit etwas mehr Aufwand zu dem allgemeiner anwendbaren Lebesgue-Integral. Auf analoge Art lässt sich auch für Zufallsvariablen ein Integrationsbegriff einführen. Er entspricht dem Lebesgue-Integral. Für Zufallsvariablen T, die nur endlich viele Werte $x_1,\ldots, x_n$ annehmen, lässt sich die Definition für reelle Treppenfunktionen direkt übertragen:

$$\int_\Omega T \, d\mathbf{P} := \sum_{i=1}^{n} x_i \cdot \mathbf{P}(T = x_i) \qquad (12.3)$$

12.1 Einige Grundbegriffe der Wahrscheinlichkeitstheorie

Wir nennen solche Zufallsvariablen daher **verallgemeinerte Treppenfunktionen (VT)**. An Stelle von $\int_\Omega T\,d\mathbf{P}$ schreibt man auch $\int_\Omega T(\boldsymbol{\omega})\,d\mathbf{P}(\boldsymbol{\omega})$. Für allgemeine Zufallsvariablen lässt sich das Integral durch Annäherung durch verallgemeinerte Treppenfunktionen definieren. Unter der Voraussetzung, dass X integrierbar ist, kann man das Integral wie folgt beschreiben: X erfülle zunächst die zusätzliche Forderung, dass X keine negativen Werte annimmt, also $X : \Omega \to [0,\infty)$. Dann gilt

$$\int_\Omega X\,d\mathbf{P} = \int_\Omega X(\omega)\,d\mathbf{P}(\omega) = \sup\left\{\int_\Omega T\,d\mathbf{P}\,\Big|\,T \text{ ist VT und } T(\omega) \leq X(\omega) \text{ a.s.}\right\}$$

Das Integral von X ist also gleich dem Supremum der Integrale verallgemeinerter Treppenfunktionen, die „unterhalb von X" liegen. Nimmt X nun beliebige Werte an, so hat man eine Aufspaltung in einen positiven und einen negativen Teil

$$X = X^+ - X^- \text{ mit } X^+ = \max(X,0) \text{ und } X^- = \max(-X,0)$$

und es gilt

$$\int_\Omega X\,d\mathbf{P} = \int_\Omega X^+\,d\mathbf{P} - \int_\Omega X^-\,d\mathbf{P}$$

Ist $A \in \mathcal{F}$, so definiert man schließlich noch

$$\int_A X\,d\mathbf{P} = \int_\Omega X \cdot 1_A\,d\mathbf{P}$$

Offensichtlich gilt

$$\int_A 1\,d\mathbf{P} = \mathbf{P}(A)$$

Hierbei ist $1 = \mathbf{1}_\Omega$ die Zufallsvariable, die auf Ω konstant den Wert 1 annimmt.

Das Integral von X über ganz Ω ist unter einem anderen Namen viel bekannter, es ist nämlich nichts anderes als der **Erwartungswert** $\mathbf{E}(X)$ von X:

$$\mathbf{E}(X) = \int_\Omega X\,d\mathbf{P}$$

Dies gilt für alle Zufallsvariablen, also auch für stetige, für die man üblicherweise natürlich den Erwartungswert über die Dichtefunktion g bestimmt:

$$\mathbf{E}(X) = \int_{-\infty}^{\infty} x \cdot g(x)\,dx,$$

wobei hier das Integralzeichen das übliche reelle Lebesgue-Integral meint (= Riemann-Integral, wenn dieses definiert ist). Dies leitet schon zu unserem nächsten Thema über: Wieso existiert eigentlich zu stetigen Zufallsvariablen eine Dichte - und: Was ist überhaupt eine stetige Zufallsvariable?

Antwort: 1.) Eine reellwertige Zufallsvariable X ist genau dann stetig, wenn für alle $x \in \mathbb{R}$ gilt $\mathbf{P}(X = x) = 0$ und 2.) die Existenz der Dichte garantiert der Satz von Radon-Nikodym.

Um den Satz von Radon-Nikodym in der Form zu formulieren, die man benötigt, um die Existenz einer Dichte bei stetigen Verteilungen (und weitere Ergebnisse) nachzuweisen, müssen wir noch ein paar Begriffe definieren. Einen Spezialfall des Satzes können wir aber schon angeben:

Satz 250 *P und Q seien äquivalente Wahrscheinlichkeitsmaße auf der Menge Ω mit der σ-Algebra $\mathcal{F}$. Dann gibt es eine Zufallsvariable Y auf $(\Omega, \mathcal{F})$, so dass für alle $A \in \mathcal{F}$ gilt:*

$$\mathbf{Q}(A) = \int_A Y \, d\mathbf{P}$$

Y ist in dem folgenden Sinne eindeutig: Ist Z eine weitere Zufallsvariable mit obiger Eigenschaft, so gilt für alle $\omega \in \Omega$: $Z(\omega) = Y(\omega)$ a.s.

Völlig eindeutig kann Y natürlich nicht sein, denn wenn man eine Zufallsvariable auf einer Nullmenge abändert, verändert sich offensichtlich das Integral nicht. Da Wahrscheinlichkeitsmaße keine negativen Werte annehmen, kann man von Y zusätzlich verlangen, dass für alle $\omega \in \Omega$ $Y(\omega) \geq 0$ gilt. Dann nennt man Y eine **P-Dichte** von **Q**. Eindeutig ist Y damit aber natürlich immer noch nicht.

Was kann man sich unter Y vorstellen? Es ist sozusagen der lokale marginale Umrechnungsfaktor von **P** nach **Q**, d.h. es gilt (a.s.)

$$Y(\omega) = \lim_{A \to \{\omega\}} \frac{\mathbf{Q}(A)}{\mathbf{P}(A)}$$

Gemeint ist damit der Grenzprozess, der darin besteht, immer kleinerere Mengen A zu betrachten (d.h. $\mathbf{P}(A) \to 0$), die aber alle ω enthalten.

In der allgemeinen Formulierung stellt der Satz von Radon-Nikodym geringere Anforderungen an **P** und **Q**: **P** muss kein Wahrscheinlichkeitsmaß, sondern nur ein sogenanntes σ-endliches Maß sein, das wie folgt definiert ist: Wie ein Wahrscheinlichkeitsmaß ordnet ein σ-**endliches Maß** μ den Mengen $A \in \mathcal{F}$ eine nichtnegative Maßzahl $\mu(A) \in \mathbb{R}$ zu, aber diese Zahl darf auch größer als 1 sein. Es ist sogar erlaubt, dass es Mengen A mit $\mu(A) = \infty$ gibt, aber das darf nicht zu oft vorkommen: Es muss eine Folge $(A_i)_{i \in \mathbb{N}}$ von paarweise disjunkten Mengen $A_i \in \mathcal{F}$ geben mit $\mu(A_i) < \infty$ und $\bigcup_{i=0}^{\infty} A_i = \Omega$. Darüber hinaus muss μ eine σ-**additive Mengenfunktion** sein, d.h. μ muss die Eigenschaften ii) und iv) des Wahrscheinlichkeitsmaßes **P** in Definition 234 erfüllen. Ein Beispiel für ein solches σ-endliches Maß auf den Borel-Mengen ist das **Lebesgue-Maß**, das jedem Intervall als Maß seine Länge zuordnet: $\mu((a, b]) = b - a$ (genauso bei offenen und abgeschlossenen Intervallen). Bezüglich eines σ-endlichen Maßes lässt sich das Integral $\mathcal{F}$-messbarer Abbildungen genauso wie das Integral von Zufallsvariablen bezüglich eines Wahrscheinlichkeitsmaßes wie oben erläutert definieren.

Q muss ebenfalls kein Wahrscheinlichkeitsmaß sein. **Q** muss zwar auch eine σ-additive Mengenfunktion sein, darf aber sogar negative Werte annehmen. Wichtig ist aber, dass **Q** μ-**stetig** ist, was bedeutet, dass für alle Mengen $A \in \mathcal{F}$ mit $\mu(A) = 0$ gilt: $\mathbf{Q}(A) = 0$.

Satz 251 *(Satz von Radon-Nikodym) Sei μ ein σ-endliches Maß (z.B. $\mu = \mathbf{P}$ ein Wahrscheinlichkeitsmaß) und **Q** eine σ-additive μ-stetige σ-endliche Mengenfunktion über $(\Omega, \mathcal{F})$ Dann gibt es eine $\mathcal{F}$-messbare Abbildung $g : \Omega \to \mathbb{R}$, so dass für alle $A \in \mathcal{F}$ gilt:*

$$\mathbf{Q}(A) = \int_A g \, d\mu$$

*g heißt **Radon-Nikodymsche Ableitung** von **Q** bezüglich μ und wird auch mit $\mathbf{dQ}/\mathbf{d\mu}$ bezeichnet. Die Abbildung g ist im folgenden Sinne eindeutig: Ist h eine zweite Abbildung mit obiger Eigenschaft, so gilt für die Menge B der Punkte ω mit $h(\omega) \neq g(\omega)$: $\mu(B) = 0$.*

12.1 Einige Grundbegriffe der Wahrscheinlichkeitstheorie

Beweis. siehe irgendein Standardbuch der mathematischen Wahrscheinlichkeitsrechnung, z.B. [1] ∎

Wählt man nun für μ das Lebesgue-Maß auf den Borel-Mengen und für $\mathbf{Q}$ das durch eine stetige Zufallsvariable X auf $(\mathbb{R}, \mathcal{B})$ induzierte Wahrscheinlichkeitsmaß $\mathbf{P}_X$, so folgt aus dem Satz von Radon-Nikodym die Existenz einer Dichte für stetig verteilte Zufallsvariablen. Dazu muss man sich allerdings überlegen, dass jedes Wahrscheinlichkeitsmaß $\mathbf{Q}$ auf $(\mathbb{R}, \mathcal{B})$, das auf allen einpunktigen Mengen den Wert null annimmt, auch auf allen Null-Mengen bezüglich des Lebesgue-Maßes den Wert null annimmt.

Die Bezeichnung von g als „Ableitung" ist dadurch begründet, dass im Fall einer stetigen Zufallsvariablen X mit differenzierbarer Verteilungsfunktion

$$\mathbf{F}(x) = \mathbf{P}(X \leq x)$$

die „normale" Ableitung $g(x) = \mathbf{F}'(x)$ von $\mathbf{F}$ die Dichte von X ist (genau genommen nicht „die", sondern nur „eine" Dichte).

12.1.5 Der bedingte Erwartungswert

Der bedingte Erwartungswert ist der zentrale Begriff der Martingaltheorie und somit auch der finanzmathematischen Anwendungen. Durch Wissenszuwachs ändert sich die Einschätzung einer Entwicklung. Hat eine Aktie momentan z.B. den Kurs 100, so erwartet man vielleicht, dass sie in einem Jahr einen Kurs zwischen 80 und 130 haben wird. Den Wert 115 sieht man möglicherweise als Erwartungswert an. Diese Einschätzung wird man aber sicherlich revidieren, wenn die Aktie nach einem halben Jahr nur noch 50 (Euro) wert ist oder wenn sie auf 180 gestiegen ist. Dann liegt es nahe, die Erwartungen nach unten bzw. nach oben zu korrigieren.

In der Wahrscheinlichkeitsrechnung wird diese durch Wissenszuwachs geänderte Beurteilung einer Situation durch bedingte Wahrscheinlichkeiten und bedingte Erwartungswerte modelliert. Einfach ist die Situation, wenn dieser Wissenszuwachs durch ein Ereignis A mit $\mathbf{P}(A) \neq 0$ beschrieben werden kann. Der Erwartungswert einer Zufallsvariablen X ist ihr mittlerer Wert, wobei die Mittelung mit dem Wahrscheinlichkeitsmaß gewichtet erfolgt. Formal drückt sich das durch die Gleichung

$$\mathbf{E}(X) = \int_\Omega X \, d\mathbf{P}$$

aus. Weiß man, dass das Ereignis A eintritt (oder eingetreten ist), so muss man also X nur über A betrachten (X ist eine Abbildung!) und es ist daher naheliegend, den mittleren Wert von X auf A als Erwartungswert anzusehen, was zu der Definition des **bedingten Erwartungswerts von X unter A** führt:

$$\mathbf{E}(X|A) := \int_A X \, d\mathbf{P} \, / \, \mathbf{P}(A)$$

(Wieso ist das Integral durch $\mathbf{P}(A)$ zu teilen? Weil das Integral sozusagen das Volumen = „Grundfläche × Höhe" ermittelt. Will man also die durchschnittliche Höhe ermitteln, so muss man das Integral durch die Grundfläche dividieren.) Ist $\mathbf{P}$ ein endliches diskretes Wahrscheinlichkeitsmaß, so erhält man die gleiche Definition, wenn man in Gleichung 12.3

die Wahrscheinlichkeiten durch bedingte Wahrscheinlichkeiten ersetzt, wobei bekanntlich in der elementaren Wahrscheinlichkeitsrechnung die Wahrscheinlichkeit eines Ereignisses B unter der Bedingung A definiert ist durch

$$\mathbf{P}(B|A) = \frac{\mathbf{P}(B \wedge A)}{\mathbf{P}(A)}$$

($\wedge$ = logische „und"-Verbindung).

Gilt $\mathbf{P}(A) = 0$, so macht diese Definition keinen Sinn, da man nicht durch null teilen kann. Häufig interessiert es einen in der Wahrscheinlichkeitstheorie nicht sonderlich, was auf und mit Mengen vom Maß null passiert, aber hier ist die Situation anders. Bei stetig verteilten Zufallsvariablen hat jeder einzelne mögliche Wert die Wahrscheinlichkeit null. Verwendet man also z.B. stetige Zufallsvariablen zur Beschreibung des Kursverlaufs einer Aktie, so hat das Ereignis „Die Aktie hat am 15. März den Kurs 150" aus Sicht eines früheren Zeitpunkts, z.B. des 1. Januars, die Wahrscheinlichkeit null. Das gilt natürlich nicht nur für den Wert 150, sondern für jeden möglichen Wert, und es gilt erst recht für den tatsächlich eintretenden Kursverlauf vom 1. Januar bis zum 15. März. Dennoch erscheint es absolut wünschenswert, z.B. von dem Erwartungswert des Kurses einer Aktie am 15. Juni unter der Bedingung, dass der Kurs am 15. März 150 ist, sprechen zu können.

Ein naheliegender Ansatz, einen bedingten Erwartungswert auch für Mengen vom Maß null zu definieren, ist, diese durch Mengen positiven Maßes anzunähern. Zum Beispiel könnte man „Die Aktie hat am 15. März den Kurs 150" annähern durch „Die Aktie hat am 15. März einen Kurs nahe bei 150". So wird es letztlich auch gemacht, aber die Umsetzung der Idee ist recht subtil.

Die grundlegende Konstruktion zeigt schon das folgende einfache Beispiel, das auf den ersten Blick kaum subtil, sondern eher plump und wenig hilfreich erscheint. Wir betrachten wieder ein Ereignis A mit $\mathbf{P}(A) \notin \{0,1\}$. Dann kann man $\mathbf{E}(X|A)$ auch durch Integration der folgenden einfachen Zufallsvariablen erhalten, die wir $\mathcal{E}(X|A)$ nennen wollen:

$$\mathcal{E}(X|A)(\omega) = \begin{cases} \mathbf{E}(X|A) & \omega \in A \\ 0 & \omega \in \overline{A} = \Omega \setminus A \end{cases}$$

$\mathcal{E}(X|A)$ ist also auf A konstant und die Konstante ist gleich dem Durchschnittswert von X auf der Menge. Dann gilt

$$\int_A \mathcal{E}(X|A) \, d\mathbf{P} = \mathbf{E}(X|A) \int_A 1 \, d\mathbf{P} = \mathbf{E}(X|A)\mathbf{P}(A) = \int_A X \, d\mathbf{P}$$

Diese einfache Konstruktion (mit momentan noch unklarem Zweck) kann man noch etwas symmetrischer machen. A erzeugt eine σ-Algebra, nämlich die σ-Algebra $\mathcal{G} = \{\emptyset, A, \overline{A}, \Omega\}$. Definiert man nun eine Zufallsvariable $\mathcal{E}(X|\mathcal{G})$ durch

$$\mathcal{E}(X|\mathcal{G})(\omega) = \begin{cases} \mathbf{E}(X|A) & \omega \in A \\ \mathbf{E}(X|\overline{A}) & \omega \in \overline{A} \end{cases}$$

so hat diese Zufallsvariable, die nur zwei Werte annimmt, die Eigenschaft, dass für alle $B \in \mathcal{G}$ gilt:

$$\int_B \mathcal{E}(X|\mathcal{G}) \, d\mathbf{P} = \int_B X \, d\mathbf{P}.$$

12.1 Einige Grundbegriffe der Wahrscheinlichkeitstheorie

Außerdem - und das ist das Besondere - gilt: $\mathcal{E}(X|\mathcal{G})$ ist $\mathcal{G}$-messbar. Dies führt zu der folgenden Definition:

Definition 252 *X sei eine Zufallsvariable auf dem Wahrscheinlichkeitsraum $(\Omega, \mathcal{F}, \mathbf{P})$ und $\mathcal{G} \subset \mathcal{F}$ sei eine (Unter-)σ-Algebra. Dann heißt eine Zufallsvariable Y **bedingter Erwartungswert von X unter $\mathcal{G}$** (Schreibweise: $Y = \mathcal{E}(X|\mathcal{G})$), wenn die folgenden beiden Eigenschaften erfüllt sind:*
i) Y ist $\mathcal{G}$-messbar.
ii) Für alle $A \in \mathcal{G}$ gilt: $\int_A Y \, d\mathbf{P} = \int_A X \, d\mathbf{P}$

Setzt sich Ω aus endlich vielen $\mathcal{G}$-atomaren Teilmengen $A_1, ..., A_n$ zusammen mit $\mathbf{P}(A_i) > 0$, so kann $\mathcal{E}(X|\mathcal{G})$ genauso konstruiert werden wie oben, d.h. man legt zu $\omega \in A_i$ fest: $\mathcal{E}(X|\mathcal{G})(\omega) := \mathbf{E}(X|A_i)$. Anschaulich bedeutet das, dass man X auf den Teilmengen von Ω, die durch $\mathcal{G}$ nicht mehr weiter unterteilt werden können, quasi „flachklopft", d.h. durch den Durchschnittswert auf den Mengen ersetzt. Nur so kann man die $\mathcal{G}$-Messbarkeit erreichen.

Beispiel 253 *Im Beispiel zu Grafik 12.1 sei X die Zufallsvariable „Wert der Aktie zum Zeitpunkt t_3". X hat den Erwartungswert*

$$\mathbf{E}(X) = 0{,}6^3 \cdot 130 + 3 \cdot 0{,}6^2 \cdot 0{,}4 \cdot 110 + 3 \cdot 0{,}6 \cdot 0{,}4^2 \cdot 90 + 0{,}4^3 \cdot 70 = 106$$

Somit ist also $\mathcal{E}(X|\mathcal{F}_{t_0})$ die Zufallsvariable, die konstant 106 ist. $\mathcal{E}(X|\mathcal{F}_{t_0})$ muss konstant sein, denn nur konstante Zufallsvariablen sind bezüglich der trivialen σ-Algebra $\{\emptyset, \Omega\}$ messbar. $\mathcal{E}(X|\mathcal{F}_{t_1})$ nimmt zwei Werte an, die man zur Übung berechne, und $\mathcal{E}(X|\mathcal{F}_{t_2})$ nimmt drei verschiedene Werte an:

$$\mathcal{E}(X|\mathcal{F}_{t_2})(\omega) = \begin{cases} 122 & \omega \in \{\omega_1, \omega_2\} \\ 102 & \omega \in \{\omega_3, \omega_4, \omega_5, \omega_6\} \\ 82 & \omega \in \{\omega_7, \omega_8\} \end{cases}$$

Man überzeuge sich von der $\mathcal{F}_{t_2}$-Messbarkeit!

Der Clou der Definition des bedingten Erwartungswerts unter einer σ-Algebra ist, dass die Konstruktion in völliger Allgemeinheit funktioniert.

Satz 254 *X sei eine Zufallsvariable auf dem Wahrscheinlichkeitsraum $(\Omega, \mathcal{F}, \mathbf{P})$, deren Erwartungswert $\mathbf{E}(X)$ existiert. $\mathcal{G} \subset \mathcal{F}$ sei eine (Unter-)σ-Algebra. Dann existiert der bedingte Erwartungswert $\mathcal{E}(X|\mathcal{G})$ von X unter $\mathcal{G}$. $\mathcal{E}(X|\mathcal{G})$ ist im folgenden Sinne fast eindeutig: Sind Y_1 und Y_2 zwei bedingte Erwartungswerte unter $\mathcal{G}$, so gilt für alle $\omega \in \Omega$: $Y_1(\omega) = Y_2(\omega)$ a.s., also $\mathbf{P}(Y_1 = Y_2) = 1$.*

Beweis. Die Behauptung folgt aus dem Satz von Radon-Nikodym. $\mathbf{P}$ ist nicht nur ein Wahrscheinlichkeitsmaß auf $(\Omega, \mathcal{F})$, sondern auch auf $(\Omega, \mathcal{G})$. Durch

$$Q(A) := \int_A X \, d\mathbf{P}$$

ist eine σ-additive $\mathbf{P}$-stetige Mengenfunktion auf $\mathcal{G}$ definiert. ∎

Beispiel 255 *Es sei Ω das Rechteck $[-3/5, 2/5] \times [0,1]$ im $\mathbb{R}^2$, $\mathcal{F}$ sei die von den achsenparallelen Teilrechtecken von Ω erzeugte σ-Algebra und $\mathbf{P}$ sei das durch den üblichen Flächeninhalt gegebene Maß auf $(\Omega, \mathcal{F})$, also z.B.*

$$\mathbf{P}\left(\{(x,y)| -1/2 < x \leq 1/3 \wedge 1/4 \leq y < 1/2\}\right) = 5/6 \cdot 1/4 = 5/24.$$

Da Ω den Flächeninhalt 1 hat, ist $\mathbf{P}$ ein Wahrscheinlichkeitsmaß. Die Zufallsvariable X auf Ω sei definiert durch $X(x,y) = xy^2$. Dann hat X den Erwartungswert

$$\mathbf{E}(X) = \int_{-3/5}^{2/5} \int_0^1 3x^2 y^2 \, dy \, dx = \int_{-3/5}^{2/5} 3x^2/3 \, dx = \frac{7}{75}$$

$\mathcal{G}$ sei die von Mengen der Art $I \times [0,1]$ erzeugte Unter-σ-Algebra von $\mathcal{F}$, wobei I ein Teilintervall von $[-3/5, 2/5]$ ist. $\mathcal{G}$ kann also in y-Richtung keine Punkte separieren, hat aber in x-Richtung die gleiche Trennschärfe wie $\mathcal{F}$. $\mathcal{E}(X|\mathcal{G})$ erhält man also, indem man X auf den Parallelen zur y-Achse konstant durch den Durchschnittswert auf der jeweiligen Parallele ersetzt: $\mathcal{E}(X|\mathcal{G})(x,y) = x^2$. Die folgenden Grafiken zeigen X (links) und $\mathcal{E}(X|\mathcal{G})$:

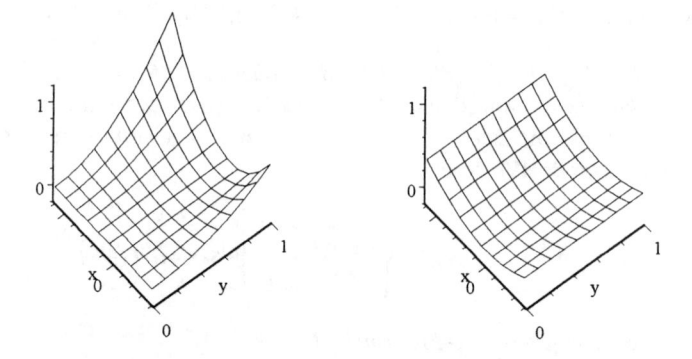

Um Missverständnisse zu vermeiden: Die Grafiken zeigen die Zufallsvariablen selbst, nicht ihre Dichten (die eindimensional sind).

Die Konstruktion des bedingten Erwartungswerts unter einer σ-Algebra nützt für eine Nullmenge A nichts, wenn man die σ-Algebra $\{\emptyset, A, \overline{A}, \Omega\}$ verwendet (warum?). Erst in einer σ-Algebra mit vielen Mengen mit positivem Maß tritt der gewünschte Effekt ein, dass man simultan auf allen Nullmengen, die durch diese Mengen mit positivem Maß angenähert werden können, (mit Wahrscheinlichkeit 1) aussagekräftige bedingte Erwartungswerte erhält.

Sind wir damit am Ziel? Der bedingte Erwartungswert nicht als von einem Ereignis abhängende Zahl, sondern als eine von einer σ-Algebra abhängende Zufallsvariable? Wie soll man das einem Praktiker erklären?

Egal wie feinsinnig die mathematischen Konstruktionen auch sein mögen, es wäre schon schön, wenn der bedingte Erwartungswert in irgendeiner Situation letztlich eine Zahl ist (s. Aktienbeispiel oben). Nun, jetzt ist es angebracht, sich daran zu erinnern, dass wir den Wissensstand zu einem Zeitpunkt t durch eine σ-Algebra $\mathcal{F}_t$ modellieren

12.1 Einige Grundbegriffe der Wahrscheinlichkeitstheorie

wollen. Dann ist der bedingte Erwartungswert einer Zufallsvariablen X unter $\mathcal{F}_t$ also eine $\mathcal{F}_t$-messbare Zufallsvariable Y. Diese Messbarkeit bedeutet aber, wie wir schon gesehen haben, dass man zum Zeitpunkt t weiß, welchen Wert Y annimmt und dieser Wert ist die gesuchte Zahl, der Erwartungswert von X unter Berücksichtigung des gesamten, zum Zeitpunkt t vorhandenen Wissens! Und wenn man es sich genau überlegt: Was anderes als eine Zufallsvariable sollte aus heutiger Sicht (z.B. 1. Januar) die Einschätzung des Kurses einer Aktie z.B. am 15. Juni zu einem dazwischen liegenden Zeitpunkt (15. März) sein?

Bemerkung 256 *Den einen oder anderen mag es vielleicht stören, dass der bedingte Erwartungswert als Zufallsvariable nicht völlig, sondern nur „fast sicher" bestimmt ist. Hiermit kann man aber leben, wie wir sehen werden. Die Situation ist ähnlich wie bei der Dichte einer stetigen Zufallsvariablen, die auch nicht völlig eindeutig festgelegt ist.*

Der bedingte Erwartungswert hat die folgenden, häufig benutzten Eigenschaften, die man sich im Falle endlicher σ-Algebren zur Übung klar mache. Besonders die dritte Eigenschaft ist für stochastische Prozesse sehr wichtig.

Proposition 257 *1.) (Linearität) $\mathcal{E}(\alpha X_1 + \beta X_2 | \mathcal{G}) = \alpha \mathcal{E}(X_1|\mathcal{G}) + \beta \mathcal{E}(X_2|\mathcal{G})$ für alle α, $\beta \in \mathbb{R}$ und alle Zufallsvariablen X_1, X_2, deren Erwartungswert existiert.*
2.) Ist eine Zufallsvariable Z $\mathcal{G}$-messbar, so gilt $\mathcal{E}(ZX|\mathcal{G}) = Z\mathcal{E}(X|\mathcal{G})$.
3.) (Iterierte Erwartungswerte sind Erwartungswerte) Ist $\mathcal{G}_1 \subset \mathcal{G}_2$, so gilt

$$\mathcal{E}\left(\mathcal{E}(X|\mathcal{G}_2)|\mathcal{G}_1\right) = \mathcal{E}(X|\mathcal{G}_1)$$

Die Punkte 2. und 3. sind hierbei so zu verstehen, dass die Gleichungen natürlich nur gelten, wenn die Ausdrücke definiert sind, wobei jeweils die linke Seite genau dann definiert ist, wenn es die rechte ist.

Beispiel 258 *Der Fundamentalsatz der Wertpapierbewertung für endliche diskrete Modelle (siehe S. 139) besagt, dass in einem arbitragefreien endlichen Modell der Erwartungswert der Rendite jeder Anlageform A in jeder Teilperiode gleich der risikolosen Rendite ist, wenn man das durch die q-Werte definierte Wahrscheinlichkeitsmaß zu Grunde legt. Dies kann auch so ausgedrückt werden:*

$$\mathcal{E}\left(A(k+1)|\mathcal{F}_{t_k}\right) = \frac{B(k+1)}{B(k)} A(k) = \mathcal{E}\left(\frac{B(k+1)}{B(k)} A(k) | \mathcal{F}_{t_k}\right) \quad (12.4)$$

(B = Cashbond, $\mathcal{F}_{t_k}$ = Wissensstand zum Zeitpunkt t_k). Die Aussage von Teil 2) des Fundamentalsatzes besagt, dass sich diese Beziehung auf zwei (und mehr) Perioden übertragen lässt, sofern die risikolose Rendite nicht stochastisch ist:

$$\mathcal{E}\left(A(k+2)|\mathcal{F}_{t_k}\right) = \mathcal{E}\left(\frac{B(k+2)}{B(k)} A(k) | \mathcal{F}_{t_k}\right) \quad (12.5)$$

Ist die risikolose Rendite zufallsabhängig, so ist $B(k+2)$ eine ($\mathcal{F}_{t_{k+1}}$-messbare) Zufallsvariable. Dann gilt 12.5 nicht ohne weiteres, denn

$$\begin{aligned}
\mathcal{E}(A(k+2)|\mathcal{F}_{t_k}) &= \mathcal{E}\left(\mathcal{E}\left(A(k+2)|\mathcal{F}_{t_{k+1}}\right)|\mathcal{F}_{t_k}\right) \\
&= \mathcal{E}\left(\frac{B(k+2)}{B(k+1)} A(k+1) | \mathcal{F}_{t_k}\right)
\end{aligned}$$

und andererseits

$$\mathcal{E}\left(\tfrac{B(k+2)}{B(k)}A(k)|\mathcal{F}_{t_k}\right) = \mathcal{E}\left(\tfrac{B(k+2)}{B(k+1)}\tfrac{B(k+1)}{B(k)}A(k)|\mathcal{F}_{t_k}\right)$$
$$= \tfrac{B(k+1)}{B(k)}A(k)\mathcal{E}\left(\tfrac{B(k+2)}{B(k+1)}|\mathcal{F}_{t_k}\right)$$
$$= \mathcal{E}\left(A(k+1)|\mathcal{F}_{t_k}\right)\mathcal{E}\left(\tfrac{B(k+2)}{B(k+1)}|\mathcal{F}_{t_k}\right)$$

Gleichheit gilt also nur, wenn $A(k+1)$ und $B(k+2)/B(k+1)$ sozusagen bezüglich $\mathcal{F}_{t_k}$ unkorreliert sind, d.h. aus Sicht jedes Zustands $s(k,j)$ die Zufallsgrößen $A(k+1)$ und $r_f(k+1)$ unkorreliert sind.
Anders sieht es bei der Martingalformulierung des Fundamentalsatzes aus (Satz 125) aus, die der folgenden Darstellung der Aussage von Gleichung 12.4 entspricht:

$$\mathcal{E}\left(\tfrac{A(k+1)}{B(k+1)}|\mathcal{F}_{t_k}\right) = \tfrac{A(k)}{B(k)}$$

Hier bestimmt man ohne Einschränkungen sofort

$$\mathcal{E}\left(\tfrac{A(k+2)}{B(k+2)}|\mathcal{F}_{t_k}\right) = \mathcal{E}\left(\mathcal{E}\left(\tfrac{A(k+2)}{B(k+2)}|\mathcal{F}_{t_{k+1}}\right)|\mathcal{F}_{t_k}\right)$$
$$= \mathcal{E}\left(\tfrac{A(k+1)}{B(k+1)}|\mathcal{F}_{t_k}\right)$$
$$= \tfrac{A(k)}{B(k)}$$

12.1.6 Unabhängigkeit

Zwei Ereignisse A und B heißen **unabhängig** voneinander, wenn das eine keine Rückschlüsse auf das andere erlaubt. Dies drückt sich in der elementaren Wahrscheinlichkeitstheorie durch die Gleichung

$$\mathbf{P}(A \wedge B) = \mathbf{P}(A)\mathbf{P}(B)$$

aus. Entsprechend nennt man zwei auf dem gleichen Wahrscheinlichkeitsraum definierte reellwertige Zufallsvariablen X und Y unabhängig voneinander, wenn für alle Borel-Mengen A und B die Ereignisse $X \in A$ und $Y \in B$ unabhängig voneinander sind. Äquivalent hierzu ist, dass für alle $x, y \in \mathbb{R}$ gilt:

$$\mathbf{P}(X \leq x \wedge Y \leq y) = \mathbf{F}_X(x) \cdot \mathbf{F}_Y(y),$$

wobei $\mathbf{F}_X$ und $\mathbf{F}_Y$ die Verteilungsfunktionen von X bzw. Y sind. Als naheliegende Erweiterung dieser Unabhängigkeitsbegriffe nennt man eine Zufallsvariable X **unabhängig von einer σ-Algebra** $\mathcal{G}$, wenn für alle $G \in \mathcal{G}$ die Zufallsvariablen X und $\mathbf{1}_G$ (die Indikatorfunktion von G) unabhängig sind. Repräsentiert $\mathcal{G}$ einen bestimmten Wissensstand, so bedeutet die Unabhängigkeit von X und $\mathcal{G}$, dass dieser Wissensstand keine Erkenntnisse über X liefert. Die folgende Aussage ist somit wenig überraschend:

Proposition 259 *Die auf dem Wahrscheinlichkeitsraum $(\Omega, \mathcal{F}, \mathbf{P})$ definierte Zufallsvariable X habe einen Erwartungswert und sei unabhängig von der σ-Algebra $\mathcal{G} \subset \mathcal{F}$. Dann gilt:*

$$\mathcal{E}(X|\mathcal{G}) = \mathcal{E}(X|\{\emptyset, \Omega\}) = \mathbf{E}(X) \quad (a.s.)$$

12.2 Stochastische Prozesse

Wir werden jetzt den allgemeinen Rahmen vorstellen, in dem die Entwicklung einer zufälligen Größe im Lauf der Zeit üblicherweise mathematisch modelliert wird. Dieser Rahmen gilt sowohl für diskrete als auch für stetige Modelle. Für endliche diskrete Modelle haben wir in Abschnitt 5.3 bereits alle Ergebnisse ohne aufwendigen Begriffsapparat hergeleitet. Inhaltlich kommt nichts Wesentliches mehr dazu. Es ist daher unbedingt zu empfehlen, sich bei allen allgemeinen Begriffbildungen dieses und der nächsten Abschnitte über die Verbindung zu Abschnitt 5.3 klar zu werden. Ebenfalls sehr nützlich ist es natürlich, bei stetigen Modellen immer die Verbindung zu den Ausführungen des Kapitels über das Black-Scholes-Modell im Auge zu behalten.

12.2.1 Grundlegendes

Definition 260 *Ein (reellwertiger) stochastischer Prozess* $\mathfrak{X} = (X_t)_{t \in I}$ *(kurz* (X_t)*) besteht aus einer Familie von Zufallsvariablen* X_t*, die alle auf dem gleichen vollständigen Wahrscheinlichkeitsraum* $(\Omega, \mathcal{F}, \mathbf{P})$ *definiert sind. Die Indexmenge* I *ist eine Teilmenge der reellen Zahlen.*

Die Indexmenge I modelliert hierbei die zeitliche Struktur. Soll $\mathfrak{X}$ z.B. den Kursverlauf einer Aktie im Lauf der Zeit darstellen, so ist I die Menge der Handelszeitpunkte. Für jeden solchen Zeitpunkt t wird der im Vorhinein unbekannte Kurs der Aktie zu diesem Zeitpunkt durch eine eigene Zufallsvariable X_t modelliert. Dies ist ein sehr allgemeiner Ansatz. Zu aussagekräftigen Ergebnissen kommt man erst, wenn zwischen den einzelnen Zufallsvariablen Beziehungen bestehen.

Noch ein paar Bezeichnungen: Ist I eine diskrete Teilmenge von $\mathbb{R}$, also z.B. $I = \{0, 1, ..., n\}$ oder $I = \mathbb{N}$, so spricht man von einem **zeitdiskreten** Prozess. Ist $I = [t_0, T]$ oder $I = [t_0, \infty)$ ein Intervall, so spricht man von einem **zeitstetigen** Prozess.

Vereinbarung 261 *Um die Bezeichnungen übersichtlich zu halten, werden wir für den Rest dieses Kapitels immer* $t_0 = 0$ *setzen.* T *ist dann also sowohl Endzeitpunkt als auch Länge des Zeitintervalls* $[t_0, T]$ *und das Intervall* $[t_0, \infty)$ *gleicht dann der Menge* $\mathbb{R}_+$ *der nichtnegativen reellen Zahlen.*

Bemerkung 262 *Zeitdiskrete und zeitstetige Prozesse kommen nicht aus völlig unterschiedlichen Welten. Die Grenzwertbetrachtungen zum CRR-Modell legen nahe, dass die konstruierte Folge von zeitdiskreten Prozessen gegen einen zeitstetigen Prozess konvergiert (was stimmt). Darüberhinaus kann man jeden zeitdiskreten Prozess* $\mathfrak{X}$ *zu einem zeitstetigen* $\mathfrak{Y}$ *machen, indem man zu* $t \in [t_i, t_{i+1})$ *(oder wahlweise auch* $t \in (t_i, t_{i+1}]$*) definiert:* $Y_t := X_{t_i}$ *(bzw.* $Y_t := X_{t_{i+1}}$*).*

Nützlich ist häufig die folgende Betrachtungsweise, die einen stochastischen Prozess als Ganzes erfasst: Da für jedes t aus der Menge I eine Zufallsvariable X_t vorhanden ist, kann man genauso gut sagen, dass $\mathfrak{X}$ nichts anderes ist als eine Abbildung

$$\mathfrak{X} : \Omega \times I \longrightarrow \mathbb{R} \text{ definiert durch } (\omega, t) \mapsto X_t(\omega)$$

Schränkt man diese Abbildung auf die Teilmenge $\Omega \times \{t\}$ ein, so erhält man gerade die Zufallsvariable X_t. Interessant ist aber auch die „Quersicht", d.h. die Einschränkung der Abbildung auf eine Teilmenge der Art $\{\omega\} \times I$ zu einem $\omega \in \Omega$. Dies liefert die durch die Zuordnungsvorschrift

$$t \mapsto X_t(\omega)$$

definierte Abbildung von I in $\mathbb{R}$, den **Pfad** (auch **Trajektorie** genannt) von ω bezüglich $\mathfrak{X}$.

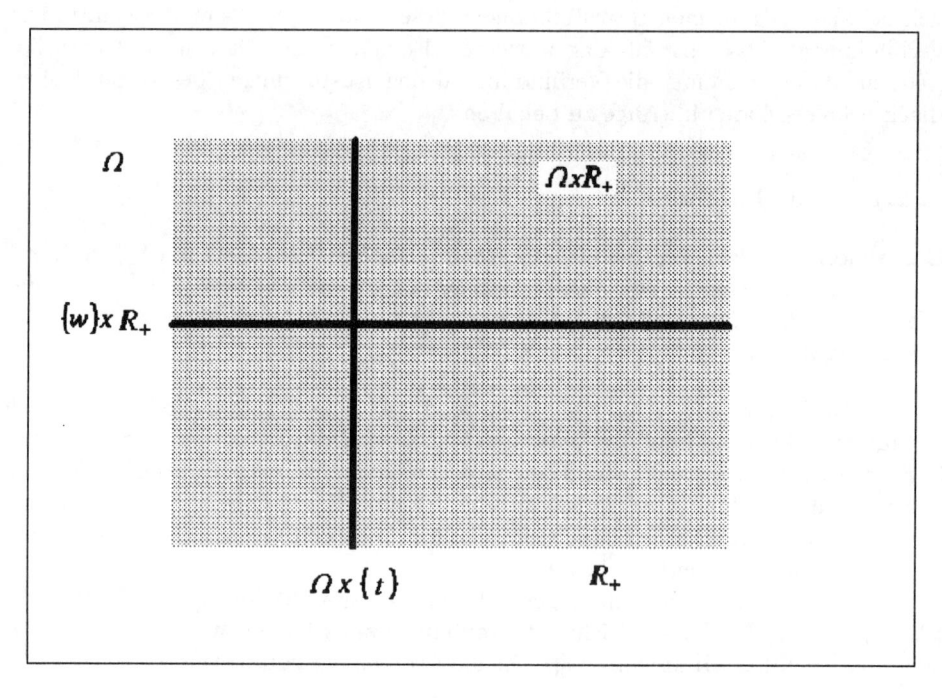

Abbildung 12.4 Die Einschränkung von $\mathfrak{X}$ auf $\{\omega\} \times \mathbb{R}_+$ ist der Pfad von ω und die Einschränkung von $\mathfrak{X}$ auf $\Omega \times \{t\}$ ist die Zufallsvariable X_t.

Der Pfad von ω beschreibt das „Schicksal" von ω im Lauf der Zeit. Denkt man daran, dass man mit $\mathfrak{X}$ den Verlauf einer zufälligen Größe im Lauf der Zeit modellieren will, so ist das wie folgt zu verstehen: Die einzelnen Pfade repräsentieren mögliche Kurvenverläufe der fraglichen zufälligen Größe im Lauf der Zeit. Der Schritt von den Möglichkeiten zur Realität besteht dann in der Auswahl eines $\omega \in \Omega$ und damit eines einzigen dieser (in der Regel unermeßlich vielen) möglichen Pfade, wobei die Auswahl beeinflußt wird durch das Wahrscheinlichkeitsmaß **P** auf Ω.

Für diskrete zeitdiskrete Modelle symbolisieren die grafischen Baumdarstellungen die Gesamtheit der Pfade, die eigentlich nur aus diskreten Punkten in der Ebene bestehen (s. Abschnitt 5.3). Bei zeitstetigen Prozessen mit z.B. $I = \mathbb{R}_+$ sind die Pfade ganz normale reellwertige Funktionen, wie man sie schon von der Schule her kennt. Allerdings sieht ein typischer Pfad eines stochastischen Prozesses, wie wir ihn betrachten wollen, etwas zackiger aus als z.B. die Sinuskurve.

12.2 Stochastische Prozesse

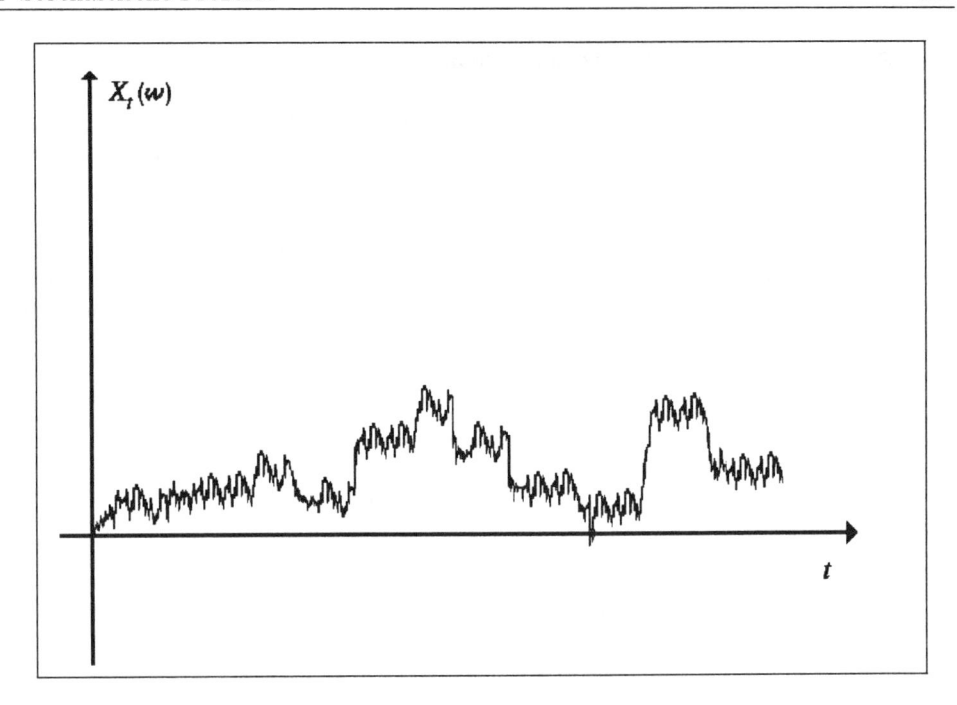

Abbildung 12.5 Pfad eines zeitstetigen Prozesses

Ein sehr wichtiger Aspekt bei stochastischen Prozessen ist der Wissenszuwachs im Lauf der Zeit, die sog. **Informationsstruktur** des Systems. Wie schon mehrfach angedeutet, wird diese Struktur durch eine aufsteigende Kette von σ-Algebren $\mathcal{F}_0 \subset ... \subset \mathcal{F}_T \subset \mathcal{F}$, eine Filtration $(\mathcal{F}_t)_{t \in I}$ modelliert, wobei $\mathcal{F}_t$ den Wissensstand zum Zeitpunkt t charakterisiert. Dies soll bedeuten, dass für jedes Ereignis $A \in \mathcal{F}_t$ mit $P(A) \neq 0$ zum Zeitpunkt t bekannt ist, ob A eintritt oder nicht.

Definition 263 *Ein stochastischer Prozess $(X_t)_{t \in I}$ auf $(\Omega, \mathcal{F}, \mathbf{P})$ heißt* **adaptiert** *zu der Filtration $(\mathcal{F}_t)_{t \in I}$, wenn für alle $t \in I$ die Zufallsvariable X_t $\mathcal{F}_t$-messbar ist.*

Modelliert (X_t) den Kursverlauf einer Aktie und steht $\mathcal{F}_t$ für das Wissen zum Zeitpunkt t, so garantiert die Forderung, dass (X_t) $(\mathcal{F}_t)$-adaptiert sein soll, dass zum Zeitpunkt t der Kursverlauf der Aktie bis zu diesem Zeitpunkt (einschließlich) vollständig bekannt ist (vgl. Proposition 245).

Übung 264 *Man überprüfe, dass das Modell aus Diagramm 12.1 (S. 350) mit $X_i =$ „Wert der Aktie zum Zeitpunkt t_i" einen zu der angegebenen Filtration $\mathcal{F}_{t_0} \subset \mathcal{F}_{t_1} \subset \mathcal{F}_{t_2} \subset \mathcal{F}_{t_3}$ adaptierten stochastischen Prozess darstellt. Man beachte, dass in diesem Beispiel Ω aus der Menge aller Pfade besteht. Es ist - wie wir auch weiter unten beim Wiener-Prozess sehen werden - eine durchaus übliche mathematische Konstruktionsmethode, das Modell ausgehend von den Pfaden aufzubauen.*

12.2.2 Eigenschaften zeitstetiger Prozesse

Zeitstetige Prozesse sind um einiges diffiziler als zeitdiskrete Prozesse, so dass wir um die Definition von einigen wenigen Begriffen nicht herumkommen. Einige dieser Begriffe sind auch bei zeitdiskreten Prozessen sinnvoll. Durchgehend sei in diesem Abschnitt $(\Omega, \mathcal{F}, \mathbf{P})$ ein vollständiger Wahrscheinlichkeitsraum mit Filtration $(\mathcal{F}_t)_{t \in I}$.

Es beginnt mit der Frage, wann wir zwei stochstische Prozesse eigentlich als gleich ansehen wollen. Im eigentlichen Sinne sind zwei auf dem Wahrscheinlichkeitsraum $(\Omega, \mathcal{F}, \mathbf{P})$ definierte stochastische Prozesse $\mathfrak{X} = (X_t)_{t \in I}$ und $\mathfrak{Y} = (Y_t)_{t \in I}$ natürlich nur dann gleich, wenn sie als Abbildungen $\Omega \times I \longrightarrow \mathbb{R}$ gleich sind. Dieser Begriff ist aber zu eng, denn in der Wahrscheinlichkeitsrechnung ist man ja in der Regel damit zufrieden, wenn eine Aussage nicht völlig sicher, aber mit Wahrscheinlichkeit 1 wahr ist. Es gibt daher zwei weitere „Gleichheitsbegriffe" für stochastische Prozesse:

Definition 265 $(X_t)_{t \in I}$ *und* $(Y_t)_{t \in I}$ *heißen* **Modifikationen** *voneinander, wenn für alle* $t \in I$ *gilt*

$$X_t = Y_t \text{ a.s.},$$

wenn also die Zufallsvariablen X_t *und* Y_t *sich höchstens auf einer (u. U. von t abhängigen) Nullmenge unterscheiden.*

Definition 266 $(X_t)_{t \in I}$ *und* $(Y_t)_{t \in I}$ *heißen* **ununterscheidbar***, wenn a.s. ihre Pfade komplett übereinstimmen, d.h. wenn die Menge der* $\omega \in \Omega$, *für die es ein* $t \in I$ *gibt mit* $X_t(\omega) \neq Y_t(\omega)$ *eine Nullmenge ist.*

Ununterscheidbarkeit ist eine stärkere Bedingung als Modifikation, wir werden in der Regel aber schon Prozesse, die nur Modifikationen voneinander sind, nicht auseinanderhalten können.

Die nächste Definition betrifft die Pfade zeitstetiger Prozesse. Sie sind ganz normale reellwertige Funktionen in einer Variablen (mit Definitionsbereich I) und können daher alle Eigenschaften solcher Funktionen haben oder nicht haben.

Definition 267 *Ein stochastischer Prozess heißt* **stetig (linksstetig, rechtsstetig)***, wenn alle seine Pfade stetig (linksstetig, rechtsstetig) sind.*

Der nächste Begriff ist nicht rein technisch zu sehen, er ist vielmehr durch Aspekte der Modellbildung motiviert. Es geht um den Begriff der Previsibilität, was wörtlich übersetzt Vorhersehbarkeit bedeutet. Dies soll nun nicht bedeuten, dass ein previsibler stochastischer Prozess im Vorhinein vollständig bestimmt ist (dann wäre er determiniert), sondern es soll bedeuten, dass man immer kurz vorher weiß, welchen Wert er haben wird. Die Bedeutung hiervon kann man an den diskreten Modellen gut erläutern: Wenn man ein Portfolio gemäß einer bestimmten Handelsstrategie führt, so weiß man zum Zeitpunkt t_i nicht, wieviel es zum nächsten Handelszeitpunkt t_{i+1} wert sein wird, man weiss aber, aus welchen Einheiten es sich dann zusammensetzen wird. Der Prozess, der die mengenmäßige Zusammensetzung des Portfolios beschreibt (H_t), ist also previsibel, der Prozess des Aktienkurses (S_t) ist es nicht. Im Modell wird das dadurch dargestellt, dass $H_{t_{i+1}}$ $\mathcal{F}_{t_i}$-messbar sein muss, $S_{t_{i+1}}$ aber nur $\mathcal{F}_{t_{i+1}}$-messbar.

Entsprechend geht man im zeitstetigen Fall vor. Eine Menge der Form

12.2 Stochastische Prozesse

$$A \times (s,t] \text{ oder } A \times [0,t]$$

mit $s < t \in I$ und $A \in \mathcal{F}_s$ bzw. $A \in \mathcal{F}_0$ nennt man ein **previsibles Rechteck** und die **previsible σ-Algebra** ist die kleinste σ-Algebra, die alle in $\Omega \times I$ enthaltenen previsiblen Rechtecke enthält.

Definition 268 *Ein zeitstetiger stochastischer Prozess $\mathfrak{X} = (X_t)_{t \in I}$ heißt **previsibel**, wenn $\mathfrak{X} : \Omega \times I \to \mathbb{R}$ bezüglich der previsiblen σ-Algebra auf $\Omega \times I$ und der Borel-σ-Algebra auf $\mathbb{R}$ messbar ist.*

Es gilt (s. [34] 9.4)

Satz 269 *Jeder linksstetige $(\mathcal{F}_t)$-adaptierte Prozess ist previsibel.*

Der Satz zeigt, dass bei zeitstetigen Prozessen dem Begriff „previsibel" nicht die gleiche Trennschärfe zukommt wie im diskreten Fall. Denn wir werden den Verlauf der Aktienkurse als stetige Prozesse modellieren, so dass also im Modell auch der Aktienkursverlauf previsibel ist. Dies mag man als störend empfinden, und in der Tat gibt es auch andere zeitstetige Modelle für den Aktienkursverlauf. Bevor man nun aber unseren Ansatz als realitätsfern abtut, möge man bedenken, dass previsibel wirklich nur bedeutet, dass man den Wert einen winzigen Moment im Voraus annähernd kennt.

Letztlich ist „previsibel" bei zeitstetigen Prozessen also doch ein eher technischer Begriff. Fast alle Prozesse, mit denen wir uns beschäftigen werden, sind previsibel, alle allgemeinen Konstruktionen werden zu previsiblen Prozessen führen.

Es gibt eine Reihe weiterer Eigenschaften, die Prozesse haben können, zum Beispiel können sie **messbar** oder **progressiv messbar** sein. Wir benötigen diese Begriffe nicht, geben aber als Hilfestellung für weiterführende Literatur die folgenden Beziehungen an:

- previsibel $\implies$ $(\mathcal{F}_t)$-adaptiert und progressiv messbar
- progressiv messbar $\implies$ messbar
- rechtsstetig $\implies$ progressiv messbar

Eine weitere technische Bedingung, die bei zeitstetigen Prozessen in der Regel gefordert wird, sind die sogenannten **üblichen Bedingungen**. Es sind Forderungen an die Filtration. Sie besagen, dass i) $\mathcal{F}_0$ alle Nullmengen von $\mathcal{F}$ enthält und dass ii) $(\mathcal{F}_t)_{t \in I}$ **rechtsstetig** ist, was bedeutet, dass für alle $t < T$ bzw. alle $t \in [0, \infty)$ gilt:

$$\mathcal{F}_t = \bigcap_{s > t} \mathcal{F}_s$$

gilt. Die erste Bedingung garantiert z.B., dass jede Modifikation eines $(\mathcal{F}_t)$-adaptierten Prozesses (X_t) auch $(\mathcal{F}_t)$-adaptiert ist.

Annahme 270 *Wir setzen ab jetzt stets voraus, dass die zu stetigen Prozessen betrachteten Filtrationen $(\mathcal{F}_t)$ die üblichen Bedingungen erfüllen.*

Diese Vereinbarung treffen wir eher aus Korrektheitsgründen, denn wir werden nirgends so tief in die technische Diskussion einsteigen, dass wir sie in Argumenten benutzen.

Bemerkung 271 *Die „übliche Bedingung" i) ist allerdings nicht rein technisch zu sehen, denn $\mathcal{F}_t$ soll ja den Wissensstand zum Zeitpunkt t repräsentieren. Da bei stetigen Zufallsvariablen X für jede reelle Zahl x $\mathbf{P}(X = x) = 0$ gilt, bedeutet das aber, dass X zum Kenntnisstand $\mathcal{F}_0$ schon bekannt ist. $\mathcal{F}_t$ kann also in einem solchen Modell nicht sinnvollerweise den Wissensstand zum Zeitpunkt t repräsentieren. Sinnvoll ist aber die Festlegung, dass $\mathcal{F}_t$ die kleinste σ-Algebra ist, die alle Nullmengen und die σ-Algebra $\mathcal{F}W_t$ enthält, die den Informationsstand zum Zeitpunkt t charakterisiert. Dann bedeutet die $\mathcal{F}_t$-Messbarkeit einer Zufallsvariablen X zwar nicht mehr, dass X zum Zeitpunkt t vollkommen bekannt ist, die Aussage von Proposition 245 lässt sich aber noch dahingehend retten, dass der Wert von X mit Wahrscheinlichkeit 1 bis auf einen beliebig kleinen Fehler $\varepsilon > 0$ bekannt ist (Übung), und das sollte genügen.*

12.2.3 Martingale und Stoppzeiten

Stochastische Prozesse modellieren Größen, die sich im Lauf der Zeit unvorhersehbar entwickeln. Das schließt nicht aus, dass auf ihre Entwicklung auch berechenbare Faktoren Einfluss nehmen. Die Prozesse, die wir jetzt betrachten wollen, unterliegen solchen Einflüssen aber nicht, sie werden allein vom Zufall gesteuert. Diskretes Paradebeispiel hierfür ist der **Random Walk**.

Beispiel 272 *Zwei Spieler (A und B) spielen n-mal ein Glücksspiel miteinander, das mit Wahrscheinlichkeit p von A und sonst von B gewonnen wird (z.B. Wurf einer Münze, dann $p = 1/2$). Gewinnt A, erhält er einen Euro von B, sonst erhält B einen Euro von A. Am Anfang besitzt A einen Betrag x_0. Definiert man nun die Zufallsvariable X_i durch $X_i :=$ „Kontostand von A nach i Spielen" ($i \in \{0,...,n\}$), dann ist (X_i) ein zeitdiskreter stochastischer Prozess, der den Verlauf des Kontostands von A modelliert. Offensichtlich handelt es sich um ein Binomialmodell.*

Sei jetzt $p = 1/2$, dann hat jedes einzelne Spiel für A den Erwartungswert $0 = 1/2 \cdot 1 + 1/2 \cdot (-1)$. Dies gilt zu jedem Zeitpunkt und in jeder Situation. Das bedeutet aber, dass auch eine Serie von mehreren Spielen eine Kontostandsveränderung von 0 Euro verspricht (im Sinne eines Erwartungswerts). Hat z.B. A das Startkapital 200 Euro und sind 100 Spiele vorgesehen, so ist vor dem ersten Spiel zu erwarten, dass A nach den 100 Spielen wieder 200 Euro besitzen wird. Sind 10 Spiele gespielt, wird man diese Einschätzung je nach Spielstand revidieren. Hat A dann den Kontostand 208, so ist zu erwarten, dass er nach den restlichen 90 Spielen auch den Kontostand 208 hat. Hat er hingegen nach 10 Spielen den Kontostand 194, so ist 194 sein Erwartungswert für den Kontostand nach den insgesamt 100 Spielen. Kurzum: Obwohl sich der Kontostand laufend ändert, ist doch immer zu erwarten, dass alles so bleibt, wie es ist. Hoffnungen auf eine ausgleichende Gerechtigkeit nach einer längeren Pechsträhne z.B. sind nicht gerechtfertigt. Mathematisch lässt sich das mit Hilfe des bedingten Erwartungswerts so ausdrücken:

$$\text{Für } i < j \text{ gilt: } \mathcal{E}(X_j | \mathcal{F}_i) = X_i$$

12.2 Stochastische Prozesse

Dies führt zu der folgenden Definition:

Definition 273 *Der reellwertige stochastische Prozess $\mathfrak{X} = (X_t)_{t \in I}$ auf dem vollständigen Wahrscheinlichkeitsraum $(\Omega, \mathcal{F}, \mathbf{P})$ sei adaptiert zu der Filtration $(\mathcal{F}_t)_{t \in I}$. Ferner gelte für alle $t \in I$ $\mathbf{E}(|X_t|) < \infty$. Dann nennt man $\mathfrak{X}$ ein **Martingal**, wenn für alle $s, t \in I$ mit $s \leq t$ gilt:*

$$\mathcal{E}(X_t | \mathcal{F}_s) = X_s \quad a.s.$$

Ein Martingal ist der Inbegriff eines fairen Glücksspiels. Ist in obigem Beispiel die Wahrscheinlichkeit $p \neq 1/2$, so ist das Spiel nicht mehr fair. Ist $p > 1/2$, so ist Spieler A im Vorteil, sonst Spieler B. Im ersten Fall ist der stochastische Prozess des Kontostands von Spieler A ein **Submartingal** ($\mathcal{E}(X_t | \mathcal{F}_s) \geq X_s$ a.s.) und im anderen Fall ein **Supermartingal**, ($\mathcal{E}(X_t | \mathcal{F}_s) \leq X_s$ a.s.).

Es gibt natürlich sehr viel mehr Martingale als das oben konstruierte Random-Walk-Beispiel. Der folgende Satz zeigt eine sehr elegante, wenn auch abstrakte Art, aus Zufallsvariablen Martingale zu konstruieren. Wir haben diese Konstruktion sogar schon benutzt, nämlich bei der Bewertung von Optionen in den Binomialmodellen (Möglichkeit 2 auf Seite 156).

Satz 274 *X sei eine Zufallsvariable auf dem vollständigen Wahrscheinlichkeitsraum $(\Omega, \mathcal{F}, \mathbf{P})$ mit $\mathbf{E}(|X|) < \infty$. $(\mathcal{F}_t)_{t \in I}$ sei eine Filtration. Dann ist der stochastische Prozess $\mathfrak{X} = (X_t)_{t \in I}$ mit*

$$X_t = \mathcal{E}(X | \mathcal{F}_t)$$

ein Martingal.

Beweis. *Offensichtlich ist $(X_t)_{t \in I}$ $(\mathcal{F}_t)$-adaptiert und aus der Iterationseigenschaft bedingter Erwartungswerte (Proposition 257) folgt für $s < t$*

$$\mathcal{E}(X_t | \mathcal{F}_s) = \mathcal{E}(\mathcal{E}(X | \mathcal{F}_t) | \mathcal{F}_s) = \mathcal{E}(X | \mathcal{F}_s) = X_s$$

∎

Bei der Untersuchung arbitragefreier Mehrperiodensysteme haben wir gesehen, dass ein System mit mehreren Anlageformen genau dann arbitragefrei ist, wenn durch Änderung des Wahrscheinlichkeitsmaßes die Entwicklung jeder Anlageform zu einem Martingal wird (äquivalentes Martingalmaß). Die dort betrachteten Systeme waren nicht nur Binomialbäume, es war jede endliche Verzweigungszahl erlaubt. Man kann sich ein derartiges Martingal auch vorstellen als einen perfekt ausbalancierten Baum, der kein bißchen wackelt, wenn man ihn an ein oder mehreren Verzweigungspunkten abkappt. Dieses Bild konkretisieren die mathematischen Begriffe „Stoppzeit" und „gestoppter Prozess".

Definition 275 *$(\mathcal{F}_t)_{t \in I}$ sei eine Filtration auf $(\Omega, \mathcal{F}, \mathbf{P})$. Dann heißt eine Zufallsvariable[2] $\tau : \Omega \to I \cup \{\infty\}$ eine **Stoppzeit**, wenn für alle $t \in I$ das Ereignis $\{\omega \in \Omega \,|\, \tau(\omega) \leq t\}$ $\mathcal{F}_t$-messbar ist.*

---
[2] Erlaubt man auch ∞ als Wert einer Zufallsvariablen, so müssen auch die Urbildmengen von Mengen der Art $(a, \infty) \cup \{\infty\}$ in $\mathcal{F}$ liegen.

Diese zunächst abstrakt wirkende Definition wird klar, wenn man sich an die Bedeutung der Filtration erinnert. Die aufgestellte Bedingung an τ bedeutet nämlich, dass zu jedem Zeitpunkt t bekannt ist, ob τ schon eingetreten ist oder nicht. In obigem Beispiel des Glücksspiels sind z.B. $\tau =$ „Spieler A hat kein Geld mehr" oder „Spieler A hat erstmalig einen Gesamtgewinn von +10 Euro" Stoppzeiten. Diese Beispiele zeigen auch, warum es erforderlich ist, ∞ als Funktionswert zuzulassen. Es kann nämlich vorkommen, dass das Ereignis nie eintritt, worüber sich Spieler A bei $\tau =$ „Spieler A hat kein Geld mehr" sicher freuen würde.

Keine Stoppzeiten sind z.B. „Spieler A hat den höchsten Saldo während des gesamten Spiels erreicht" oder „Spieler A hat letztmalig einen Gesamtgewinn von +10 Euro", denn hier kann man (von Ausnahmen abgesehen) immer nur im späteren Rückblick feststellen, wann das Ereignis eingetreten ist.

Eine leichte Übung zu σ-Algebren ist der Beweis von

Proposition 276 *Sind τ_1 und τ_2 Stoppzeiten, so auch ihr Minimum $\tau_1 \wedge \tau_2 := \min(\tau_1, \tau_2)$ und ihr Maximum $\tau_1 \vee \tau_2 := \max(\tau_1, \tau_2)$.*

Stoppzeiten erlauben es, einen stochastischen Prozess abzubrechen, d.h. sobald das Ereignis τ eingetreten ist, verändert sich nichts mehr.

Definition 277 $\mathfrak{X} = (X_t)_{t \in I}$ *sei ein stochastischer Prozess und τ eine Stoppzeit. Dann definiert man den **gestoppten Prozess** $(X_{t \wedge \tau})_{t \in I}$ durch*

$$X_{t \wedge \tau}(\omega) = \begin{cases} X_t(\omega) & \text{falls } t \leq \tau(\omega) \\ X_\tau(\omega) & \text{sonst} \end{cases}$$

Typisches Beispiel eines gestoppten Prozesses ist das „Glücksspiel mit begrenztem Budget". Damit ist das obige Glücksspiel gemeint, das beendet wird, wenn Spieler A kein Geld mehr hat oder einen bestimmten Betrag gewonnen hat. Ein triviales Beispiel eines gestoppten Prozesses liefert aber auch die Vorschrift „Nach 20 Spielen wird aufgehört".

Satz 278 *a) („Optional Stopping") $\mathfrak{X} = (X_t)_{t \in I}$ sei ein Martingal (oder Submartingal oder Supermartingal) mit rechtsstetigen Pfaden und τ eine Stoppzeit. Dann ist der gestoppte Prozess $(X_{t \wedge \tau})_{t \in I}$ ein Martingal (bzw. Submartingal bzw. Supermartingal).*
b) („Optional Sampling") Falls unter den Voraussetzungen von a) - mit $\mathfrak{X}$ ein Martingal - sogar zusätzlich gilt, dass τ beschränkt ist (d.h. es gibt $N \in \mathbb{N}$ mit $\tau \leq N$ (a.s.)), so wird durch die Vorschrift

$$X_\tau(\omega) := X_{\tau(\omega)}(\omega)$$

eine Zufallsvariable X_τ definiert, für die gilt

$$\mathcal{E}(X_\tau | \mathcal{F}_0) = X_0$$

Beweis. siehe [37] I. 3.22 und 3.24 bzw. [15] Theorem 5.2.9 ∎

Teil b) des Satzes besagt, dass es in dem Glücksspielbeispiel in der realen Welt unmöglich ist, durch irgendeine spezielle Strategie des Stoppens des Spiels seine Chancen (im Sinne eines Erwartungswerts) zu verbessern. Denn das Leben dauert nun einmal nicht ewig, d.h. es lässt sich nur eine Strategie umsetzen, die einer beschränkten Stoppzeit entspricht. Man beachte aber das folgende Beispiel.

12.2 Stochastische Prozesse

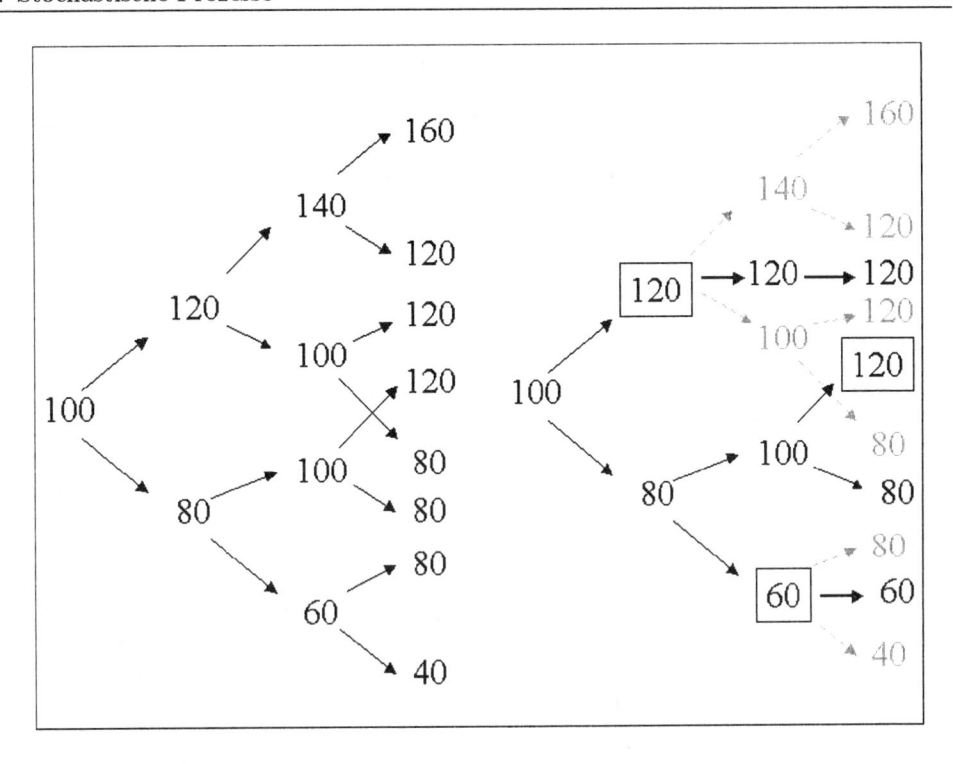

Abbildung 12.6 Originalprozess (links) und zur Stoppzeit „Der Kurs steigt auf 120 (oder mehr) oder fällt auf 60 (oder noch tiefer)" (Kästchen) gestoppter Prozess

Beispiel 279 *Die Verdopplungsstrategie im Roulette ist wie folgt definiert:„Man setze immer auf 'rot' und verdopple jedesmal seinen Einsatz. Sobald das erste Mal 'rot' kommt, beende man das Spiel". Viele Menschen glauben, dass man mit dieser Strategie mit Sicherheit gewinnt, und zwar den Einsatz des ersten Spiels. Stimmt das? Vereinfachend nehmen wir an, dass in jedem einzelnen Roulettespiel 'rot' die Wahrscheinlichkeit 1/2 hat.*

Betrachten wir zunächst die einfachere Strategie „Man setze immer auf 'rot' und verdopple jedesmal seinen Einsatz". Gespielt werde zu den Zeitpunkten $t = 1, 2, \ldots$. (X_t) beschreibe den Kontostand des Spielers zum Zeitpunkt $t \in [0, \infty)$. Dann ist (X_t) ein Martingal, wie aus der Eigenschaft iterierter Erwartungswerte folgt, denn in jedem einzelnen Spiel ist der Erwartungswert der Kontostandsveränderung gleich null.

Das zufällige Ereignis, dass das erste Mal 'rot' kommt, ist eine Stoppzeit τ. Die Verdopplungsstrategie entspricht also dem gestoppten Prozess $(X_{t \wedge \tau})$. Nach dem „Optional Stopping"-Satz ist dies auch ein Martingal, also gilt für jeden Zeitpunkt $t \geq 0$

$$\mathcal{E}(X_{t \wedge \tau} | \mathcal{F}_0) = X_0$$

Also lässt auch diese Strategie keinen sicheren Gewinn erwarten. Ist also gar nichts dran an der Idee, dass mit Sicherheit irgendwann 'rot' kommt und somit der Gewinn? Doch! Die Stoppzeit τ erfüllt nicht die Voraussetzung des „Optional Sampling"-Satzes, sie ist nicht beschränkt. Dennoch gilt

$$\mathbf{P}(\tau < \infty) = 1$$

d.h. die Zufallsvariable X_τ ist (a.s.)–wohldefiniert und ihr Erwartungswert ist tatsächlich

$$\mathcal{E}(X_\tau | \mathcal{F}_0) = X_0 + \text{ „Einsatz des ersten Spiels"}$$

Sicherer Gewinn ist also möglich! Allerdings nicht für Menschen, denn die leben nicht ewig und verfügen in der Regel auch nur über begrenzte finanzielle Mittel. Um die Strategie durchzustehen, muss man aber in der Lage sein, beliebig hohe Beträge zu setzen. Das Verführerische an der Verdopplungsstrategie ist, dass man bei Vorhandensein einer gewissen finanziellen Reserve lange danach spielen kann und dabei mit hoher Sicherheit kontinuierlich kleine Gewinne realisiert. Irgendwann wird man aber dann auf einen Schlag die gesamten Gewinne (und mehr) wieder verlieren. Ein paar Zahlen hierzu: Bei einer angenommenen Wahrscheinlichkeit $\mathbf{P}(\text{'rot'}) = 0{,}5$ kann man mit 90%iger Sicherheit 100mal spielen, ohne jemals 10× oder öfter verdoppeln zu müssen. Durchschnittlich wird man erst bei der 1024ten Spielserie gemäß der Strategie erleben, dass man nach neunmaligem Verdoppeln immer noch nicht gewonnen hat.

Neben der Bedeutung in den Anwendungen lässt sich die Technik des Stoppens eines Prozesses auch in der Theorie nützlich einsetzen. Die gestoppten Prozesse haben meistens gutmütigere Eigenschaften als die Originalprozesse. Dies macht man sich bei der folgenden Definition zunutze.

Definition 280 *Ein stochastischer Prozess $\mathfrak{X} = (X_t)_{t \in I}$ heisst* **lokales Martingal**, *wenn es eine aufsteigende Folge $\tau_1 \leq \tau_2 \leq \tau_3 \ldots$ von Stoppzeiten mit $\lim_{n \to \infty} \tau_n = \infty$ (a.s.) gibt, so dass die Prozesse $(X_{t \wedge \tau_i})_{t \in I}$ Martingale sind.*

Wir werden den Begriff des lokalen Martingals bei den folgenden Ausführungen nicht wirklich benötigen, in der weiterführenden Literatur wird man ihm aber andauernd begegnen. Jedes Martingal ist ein lokales Martingal, die Umkehrung gilt aber nicht, wie das folgende Beispiel zeigt.

Beispiel 281 *Aus der Verdopplungsstrategie im Roulette in Beispiel 279 lässt sich ein lokales Martingal konstruieren, das kein Martingal ist. Man muss hierzu nur die Zeitpunkte der einzelnen Spiele verlegen. Lässt man das n-te Spiel zum Zeitpunkt $1 - 1/(n+1)$ stattfinden, so ist unter der Annahme eines Ausgangskontostands von 0 und einem Einsatz von 1 im ersten Spiel zum Zeitpunkt $t = 1$ der Kontostand 1 erreicht (a.s.). $(X_{t \wedge \tau})$ ist also kein Martingal. Die Stoppzeiten τ_n mit*

$$\tau_n = \begin{cases} 1 - 1/(n+1) & \text{falls in den ersten } n \text{ Spielen nur 'schwarz' kommt} \\ n & \text{sonst} \end{cases}$$

weisen $(X_{t \wedge \tau})$ aber als lokales Martingal nach.

Übung 282 *Man zeige: Gibt es zu einem lokalen Martingal $\mathfrak{X} = (X_t)_{t \in I}$ eine aufsteigende Folge $\tau_1 \leq \tau_2 \leq \tau_3 \ldots$ von Stoppzeiten, die gleichmäßig gegen ∞ strebt (d.h. für alle $M \in \mathbb{N}$ gibt es ein $N \in \mathbb{N}$ mit $\tau_n \geq M$ (a.s.) für $n \geq N$), so ist $\mathfrak{X}$ ein Martingal.*

12.2 Stochastische Prezesse

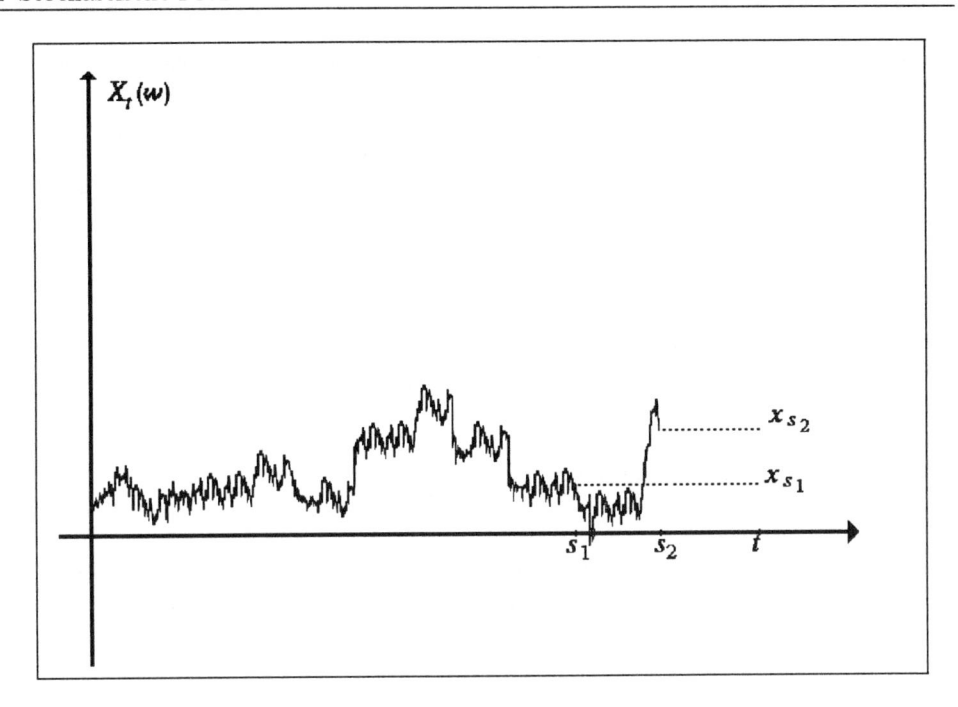

Abbildung 12.7 Möglicher Pfad eines stetigen Martingals. Zum Zeitpunkt s_1 ist x_{s_1} der Erwartungswert für den Wert zum Zeitpunkt t (und jedem anderen zukünftigen Zeitpunkt), zum Zeitpunkt s_2 ist es x_{s_2}.

12.2.4 Brownsche Bewegungen

Der Random Walk ist das Standard-Martingal unter den diskreten Prozessen. Bei den stetigen Prozessen fällt diese Rolle den Brownschen Bewegungen zu.

Definition 283 *Ein zu einer Filtration* $(\mathcal{F}_t)_{t \in \mathbb{R}_+}$ *auf einem Wahrscheinlichkeitsraum* $(\Omega, \mathcal{F}, \mathbf{P})$ *adaptierter stochastischer Prozess* $\mathfrak{W} = (W_t)_{t \in \mathbb{R}_+}$ *heißt (eindimensionale Standard)-Brownsche Bewegung, wenn gilt:*
i) *(Start bei 0)* $W_0 = 0$ *a.s.*
ii) *(Markov-Eigenschaft) Die Veränderungen von* $\mathfrak{W}$ *sind unabhängig von der Vergangenheit, d.h. für* $0 \leq s < t$ *gilt:* $W_t - W_s$ *ist unabhängig von* $\mathcal{F}_s$.
iii) *(Normalverteilung der Veränderungen) Für* $0 \leq s < t$ *ist* $W_t - W_s$ *normalverteilt mit Erwartungswert* 0 *und Varianz* $t-s$, *also* $N(0, t-s)$*-verteilt.*
iv) *(Stetigkeit) Die Pfade von* $\mathfrak{W}$ *sind stetig*[3].

Die einzelnen Punkte der Definition sind wie folgt zu interpretieren: i) besagt, dass es eine wohldefinierte (nicht stochastische) Startposition gibt, die auf null normiert wird. Zur Markov-Eigenschaft ii) ist zu betonen, dass nur die *Veränderungen* im Zeitraum $[s,t]$ unabhängig von der Vergangenheit sind, nicht die absoluten Werte W_t und

---
[3] In der Literatur wird häufig nur verlangt, dass diese Aussage nur a.s. gilt, d.h. es sind ein paar nichtstetige Pfade erlaubt. Der Unterschied zwischen beiden Definitionen ist eher unbedeutend.

W_s. Die gleiche Eigenschaft hat auch der Random Walk: Eine Pechsträhne berechtigt nicht zu der Hoffnung auf eine baldige Glückssträhne. ii) und iii) garantieren zusammen, dass $\mathfrak{W}$ ein Martingal ist (s.u.). Die Berechtigung der Normalverteilung liegt darin, dass nach dem Zentralen Grenzwertsatz der Wahrscheinlichkeitsrechnung eine Reihe zufälliger Einflüsse sich in vielen Situation zu einer Normalverteilung zusammenfügen. Dass die Varianz mit wachsender Länge des Zeitintervalls zunimmt, ist naheliegend. Dass sie genau proportional zur Intervalllänge wächst, stimmt überein mit dem Random Walk (Binomialverteilung, s. auch die Einführung des CRR-Modells). Man beachte, dass iii) auch für $s = 0$ gilt, d.h. für $t > 0$ ist W_t normalverteilt mit Erwartungswert 0 und Varianz t. iv) schließlich besagt, dass sich die Veränderungen im Lauf der Zeit nicht sprunghaft vollziehen. Wie wir sehen werden, vollziehen sie sich aber auch nicht so glatt wie z.B. bei einer Sinuskurve.

Die Bezeichnung „Brownsche Bewegung" geht auf den Botaniker Robert Brown zurück, der zu Beginn des 19. Jahrhunderts die Bewegungen von Blütenstaubkörnern unter bestimmten Bedingungen untersuchte. Er interpretierte diese chaotischen Bewegungen als Lebenszeichen der Pollen. Heute weiß man, dass sie auf zufällige Kollisionen auf Molekularebene zurückzuführen sind. Im Rahmen der physikalischen Fragestellung der Modellierung der Bewegung von mikroskopisch kleinen Teilen in Flüssigkeiten oder Gasen (*Diffusionsprozesse*) hat u.a. auch Albert Einstein Untersuchungen zu Brownschen Bewegungen durchgeführt.

Für den Mathematiker stellt sich zunächst die Frage: Gibt es überhaupt Brownsche Bewegungen, d.h. sind die Bedingungen i) - iv) überhaupt erfüllbar. Die positive Antwort auf diese Frage gab Norbert Wiener, dem im Jahr 1923 erstmals die Konstruktion eines solchen Prozesses gelang (was die Widerspruchsfreiheit der Bedingungen nachweist). Daher kommt auch unsere Bezeichnung $\mathfrak{W}$ für Brownsche Bewegungen, die auch **Wiener-Prozesse** genannt werden. Wir skizzieren im Folgenden eine Konstruktion einer Brownschen Bewegung:

Elementarereignisse des zugrundeliegenden Wahrscheinlichkeitsraumes Ω sind die stetigen Funktionen von $\mathbb{R}_+$ nach $\mathbb{R}$, die bei 0 beginnen:

$$\Omega = \mathcal{C}_0(\mathbb{R}_+) = \{f : \mathbb{R}_+ \to \mathbb{R} | \ f \text{ stetig}, f(0) = 0\}$$

und die Zufallsvariablen W_t sind definiert durch $W_t(f) = f(t)$. Die Elemente von Ω sind also identisch mit ihren Pfaden. Damit ist also schon einmal sichergestellt, dass $\mathfrak{W}$ die gewünschten Pfade hat. Die Eigenschaften i) und iv), die von Brownschen Bewegungen gefordert werden, sind damit erfüllt. Auf Ω muß aber noch das System $\mathcal{F}$ der messbaren Mengen und das Wahrscheinlichkeitsmaß definiert werden, das in diesem speziellen Fall nicht mit **P**, sondern mit **W** bezeichnet wird und **Wiener-Maß** heißt. $\mathcal{F}$ bereitet keine Probleme: Alle W_t müssen Zufallsvariablen, also messbare Abbildungen sein. Andererseits ist es in Hinblick auf die Konstruktion von **W** günstig, wenn $\mathcal{F}$ möglichst wenig Mengen enthält, also definiert man $\mathcal{F}$ als die *kleinste* Sigma-Algebra auf Ω, so dass alle W_t messbar sind. Das funktioniert ohne Probleme und man kann sich unter den Elementen von $\mathcal{F}$ sogar noch etwas vorstellen: die Menge $C_{f(t) \in [a, b]}$ aller Funktionen f aus $\mathcal{C}_0(\mathbb{R}_+)$, die an einer bestimmten Stelle t einen Funktionswert annehmen, der in dem Intervall $[a, b]$ liegt, ist z.B. ein typisches einfaches Element aus $\mathcal{F}$. Auch die Elemente $\mathcal{F}_t$ der Filtration kann man entsprechend auf die naheliegende Art definieren als kleinste σ-Algebra, so dass alle W_s mit $s \leq t$ $\mathcal{F}_t$-messbar sind (zuzüglich der noch zu bestimmenden **W**-Nullmengen, siehe Bemerkung 271).

12.2 Stochastische Prozesse

Es bleibt somit vor allem die Aufgabe, das Wahrscheinlichkeitsmaß $\mathbf{W}$ zu definieren. Auch hier zeigt das gewünschte Ergebnis den Weg: Wegen Eigenschaft iii) muß nämlich z.B. für die soeben definierte Menge $C_{f(t)\in[a,b]}$ gelten:

$$\mathbf{W}(f(t) \in [a,b]) := \mathbf{W}(C_{f(t)\in[a,b]}) = \mathbf{P}(N(0,t) \in [a,b]) = \frac{1}{\sqrt{2\pi t}} \int_a^b e^{\frac{-x^2}{2t}} dx$$

und wegen den Eigenschaften ii) und iii) muß für $0 < t_1 < ... < t_n$ und $a_i < b_i$ ($i=1,...,n$) gelten:

$$\mathbf{W}(f(t_1) \in [a_1,b_1],...,f(t_n) \in [a_n,b_n]) =$$

$$\frac{1}{\sqrt{2\pi(t_1-0)}...\sqrt{2\pi(t_n-t_{n-1})}} \int_{a_1}^{b_1} ... \int_{a_n}^{b_n} e^{\frac{-(x_1-0)^2}{2(t_1-0)}} \cdot ... \cdot e^{\frac{-(x_n-x_{n-1})^2}{2(t_n-t_{n-1})}} dx_n ... dx_1$$

Mengen der soeben beschriebenen Art (s. auch Abb. 12.8) erzeugen $\mathcal{F}$. Somit folgt, dass das Wiener-Maß eindeutig ist. Es folgt aber noch nicht, dass es auch existiert, d.h. dass sich diese Festlegung widerspruchsfrei zu einem Maß auf ganz $\mathcal{F}$ erweitern läßt, so dass alle geforderten Bedingungen erfüllt sind. Dies zu zeigen, würde an dieser Stelle zu weit führen und wir schließen die Skizze der Konstruktion des Wiener-Prozesses mit dem Hinweis, dass man in [37] gleich zwei Konstruktionen von Brownschen Bewegungen findet.

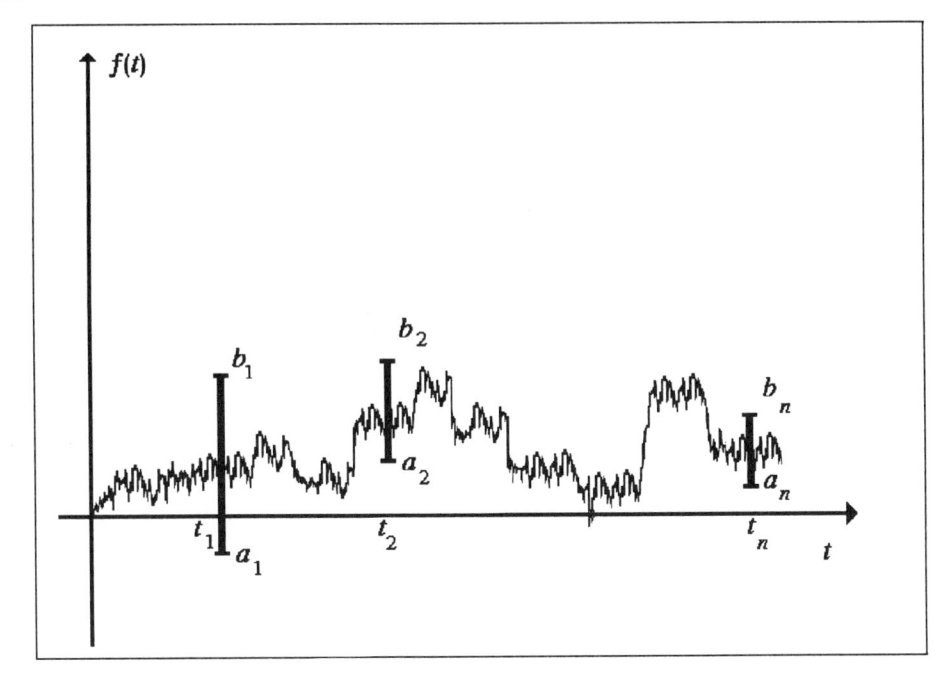

Abbildung 12.8 Die Pfade, die an den Stellen t_i zwischen a_i und b_i verlaufen, bilden eine messbare Menge.

Brownsche Bewegungen gibt es also! Um ein wenig vertraut mit ihnen zu werden, beweisen wir den folgenden Satz. Teil b) des Satzes gilt übrigens nicht für beliebige

Martingale, sondern nur für Brownsche Bewegungen (s. 6.4.15 in [15]).

Satz 284 $(W_t)_{t \in \mathbb{R}_+}$ *sei eine Brownsche Bewegung bezüglich der Filtration $(\mathcal{F}_t)_{t \in \mathbb{R}_+}$. Dann gilt:*
a) $(W_t)_{t \in \mathbb{R}_+}$ ist ein Martingal bezüglich $(\mathcal{F}_t)_{t \in \mathbb{R}_+}$.
b) $\left(W_t^2 - t\right)_{t \in \mathbb{R}_+}$ ist ein Martingal bezüglich $(\mathcal{F}_t)_{t \in \mathbb{R}_+}$.

Beweis. Für beide Teile des Satzes werden die Eigenschaften des bedingten Erwartungswerts benötigt (Propositionen 257 und 259)
a) Für $t > s$ gilt wegen der Unabhängigkeit von $W_t - W_s$ von $\mathcal{F}_s$:

$$\mathcal{E}(W_t - W_s | \mathcal{F}_s) = \mathcal{E}(W_t - W_s) = \mathbf{E}(W_t) - \mathbf{E}(W_s) = 0$$

Also:
$$\mathcal{E}(W_t | \mathcal{F}_s) = \mathcal{E}(W_s | \mathcal{F}_s) = W_s$$

b)
$$\begin{aligned}
\mathcal{E}(W_t^2 - W_s^2 | \mathcal{F}_s) &= \mathcal{E}\left((W_t - W_s)^2 + 2W_s(W_t - W_s) | \mathcal{F}_s\right) \\
&= \mathcal{E}\left((W_t - W_s)^2 | \mathcal{F}_s\right) + \mathcal{E}\left(2W_s(W_t - W_s) | \mathcal{F}_s\right) \\
&= \mathcal{E}\left((W_t - W_s)^2 | \mathcal{F}_s\right) + 2W_s \mathcal{E}\left((W_t - W_s) | \mathcal{F}_s\right) \\
&= \mathcal{E}\left((W_t - W_s)^2 | \mathcal{F}_s\right) + 2W_s \cdot 0 \\
&= \mathbf{E}\left((W_t - W_s)^2\right)
\end{aligned}$$

Aus dem nachfolgenden Hilfssatz folgt, dass $\mathbf{E}\left((W_t - W_s)^2\right) = t - s$ gilt, womit insgesamt gezeigt ist:
$$\mathcal{E}(W_t^2 - t | \mathcal{F}_s) = W_s^2 - s$$

∎

Lemma 285 *Y sei eine $N(0, \sigma^2)$-verteilte Zufallsvariable, d.h. Y sei normalverteilt mit Erwartungswert 0 und Varianz σ^2. Dann hat Y^2 den Erwartungswert $\mathbf{E}(Y^2) = \sigma^2$ und die Varianz $\mathbf{V}(Y^2) = 2 \cdot \sigma^4$.*

Beweis. Die Behauptung über den Erwartungswert folgt sofort aus der allgemeinen Beziehung zwischen Varianz und Erwartungswert: $\mathbf{V}(Y) = \mathbf{E}(Y^2) - \mathbf{E}^2(Y)$. Die Behauptung über die Varianz von Y^2 kann ebenfalls aus dieser Gleichung (jetzt für Y^2 formuliert: $\mathbf{V}(Y^2) = \mathbf{E}(Y^4) - \mathbf{E}^2(Y^2)$) hergeleitet werden, aber dazu muss erst die Größe $\mathbf{E}(Y^4)$ bestimmt werden:

$$\begin{aligned}
\mathbf{E}(Y^4) &= \frac{1}{\sqrt{2\pi\sigma^2}} \int_{-\infty}^{\infty} x^4 e^{\frac{-x^2}{2\sigma^2}} dx \\
&= 3\sigma^2 \frac{1}{\sqrt{2\pi\sigma^2}} \int_{-\infty}^{\infty} x^2 e^{\frac{-x^2}{2\sigma^2}} dx \\
&= 3\sigma^2 E(Y^2) = 3\sigma^4
\end{aligned}$$

Das mittlere Gleichheitszeichen erhält man hierbei durch partielle Integration mit $u(x) = x^3$ und $v(x) = \exp\left(-x^2/(2\sigma^2)\right)$, also $v'(x) = -xv(x)/\sigma^2$ (man beachte $\lim_{x \to \infty}(u(x)v(x)) = \lim_{x \to -\infty}(u(x)v(x)) = 0$). ∎

12.3 Stochastische Integration

12.3.1 Einführende Diskussion

Während es leicht ist, eine Vielzahl diskreter stochastischer Prozesse zu erzeugen (man darf ja beliebige Bäume nehmen, kann dann beliebige Wahrscheinlichkeiten an die Pfeile schreiben und muss dabei nur darauf achten, dass in der Summe eins herauskommt), hat schon die Diskusssion über Brownsche Bewegungen gezeigt, dass es gar nicht so einfach ist, stetige Prozesse mit gewünschten Eigenschaften zu konstruieren. Immerhin wissen wir jetzt, was Brownsche Bewegungen sind und dass sie (zumindest logisch widerspruchsfrei) existieren. In diesem Abschnitt werden wir nun sehen, dass es möglich ist, ausgehend von einer einzigen Brownschen Bewegung eine ganze Reihe stochastischer Prozesse zu konstruieren, deren Stochastik, d.h. Zufallsanteil, auf diese Brownsche Bewegung zurückgeht. Die Ausgangsidee ist hierbei, einen stochastischen Prozess durch die kurzfristige (infinitesimale) Weiterentwicklung in jeder möglichen Situation zu beschreiben, d.h. wie in Abschnitt 7.1 geschehen, eine **stochastische Differentialgleichung** aufzustellen:

$$dX = a(X,t)dt + b(X,t)dW \qquad (12.6)$$

(vorübergehend Notationen wie in 7.1). Diese Gleichung soll die "infinitesimalen" Veränderungen der Größe X beschreiben. a und b sind hierbei reellwertige Funktionen in zwei Variablen, dt beschreibt die Veränderung der Zeit und dW ist die Veränderung, die eine Brownsche Bewegung vollzieht. Die Gleichung soll bedeuten, dass sich die Größe X zu jedem Zeitpunkt t tendentiell (im Sinne eines Erwartungswertes) gemäß der „Driftrate" $a(X,t)$ (genauer $a(X(t),t)$) verändert, dass diese Veränderung aber auch zufälligen Einflüssen unterliegt, die durch die Brownsche Bewegung dW und den Faktor $b(X,t)$ (auch hier genauer $b(X(t),t)$) charakterisiert werden. Anders gesagt soll die Gleichung bedeuten, dass zu jedem Zeitpunkt t (wenn also $X(t)$ und somit auch $a(X(t),t)$ und $b(X(t),t)$ bekannt sind) die Veränderung ΔX von X in einem „kleinen" Zeitintervall Δt als Zufallsvariable näherungsweise durch eine Normalverteilung mit Erwartungswert $a(X(t),t)\Delta t$ und Varianz $b(X(t),t)^2 \Delta t$ beschrieben werden kann:

$$\Delta X \approx N(a(X,t)\Delta t; b(X,t)^2 \Delta t) \qquad (12.7)$$

Diese Näherung sollte umso besser sein, je kleiner Δt ist. Nichtsdestotrotz muß noch geklärt werden,

- was (12.6) *exakt* bedeuten soll und

- für welche Funktionen a und b überhaupt eine Lösung X existiert und ob diese eindeutig ist.

Greift man die Ähnlichkeit mit (normalen) Differentialgleichungen auf, so wäre es schön, wenn man die Gleichung (12.6) integrieren könnte, denn dann sollte natürlich X das Integral von dX sein und man erhielte

$$X(t) - X(0) = \int_0^t dX = \int_0^t a(X(s),s)ds + \int_0^t b(X(s),s)dW \tag{12.8}$$

Die Bedeutung dieser Gleichung ist vorläufig natürlich noch viel unklarer als die ursprüngliche Gleichung, aber sie zeigt den Weg, der zum Ziel führt: Gebraucht wird ein Integralbegriff für Größen, die sich (wie X) im Lauf der Zeit zufällig entwickeln, d.h. gesucht wird ein *Integralbegriff für stochastische Prozesse*.

Untersuchen wir zunächst die einfachsten Differentialgleichungen und passen dabei die Notation der dieses Kapitels an. Die Größe X soll natürlich ein stochastischer Prozess sein, wir schreiben also ab jetzt wieder $\mathfrak{X}$ oder $(X_t)_{t \in I}$ oder kürzer (X_t). Entsprechend schreiben wir auch X_t an Stelle von $X(t)$. Eine Brownsche Bewegung bezeichnen wir wieder mit $\mathfrak{W} = (W_t)$.

Wir stehen nicht mehr bei null, denn die allereinfachste Differentialgleichung

$$d(X_t) = d(W_t)$$

können wir lösen, nämlich durch $X_t = X_0 + W_t$. Wir können auch schon für Konstanten a und b die Gleichung der **Verallgemeinerten Brownschen Bewegung** mit **Driftrate** a und **Varianzrate** b^2

$$d(X_t) = a\,dt + b\,d(W_t) \tag{12.9}$$

durch $X_t(\omega) = a \cdot t + b \cdot W_t(\omega)$ ($\omega \in \Omega$) lösen. Denn fraglich ist nur, ob die X_t $(\mathcal{F}_t)$-messbare Zufallsvariablen sind, was der Fall ist, denn wenn man eine $(\mathcal{F}_t)$-messbare Zufallsvariable (W_t) mit einer Zahl (b) multipliziert und eine weitere Zahl $(a \cdot t)$ dazuaddiert, so erhält man wieder eine $(\mathcal{F}_t)$-messbare Zufallsvariable. (X_t) hat außerdem stetige, also insbesondere linksstetige Pfade, ist also previsibel.

Man könnte vielleicht sogar noch einen Schritt weiter gehen und zeitabhängige Driftraten $a(t)$ und Varianzraten $b^2(t)$ zulassen: Auch dann ist durch $\mathfrak{X} = (X_t)_{t \in \mathbb{R}_+}$ mit

$$X_t := \int_0^t a(s)\,ds + \left[\frac{1}{t}\int_0^t b^2(s)ds\right]^{1/2} W_t \tag{12.10}$$

ein stochastischer Prozess wohldefiniert, der obige Gleichung nach naivem Verständnis durchaus erfüllen könnte. Der kompliziert aussehende Koeffizient von W_t ergibt sich hierbei über eine Durchschnittsbildung im Zeitraum $[0,t]$. Sind a und b stetige Funktionen, so sind darüberhinaus offensichtlich die Pfade von $\mathfrak{X}$ stetig, da die Pfade von $\mathfrak{W}$ es sind.

Wir werden allerdings feststellen, dass diese Konstruktion nicht ganz das Gewünschte liefert, sie ist aber von der tatsächlichen Lösung nicht allzu weit entfernt. Sind nun allerdings a und b sogar von $X_t(\omega)$, und damit also außer von t auch von ω abhängig, so kommen wir momentan überhaupt nicht weiter. In der allgemeinen Gleichung (12.6) ist diese Abhängigkeit von ω aber erlaubt und schon in der Gleichung für den Kursverlauf einer Aktie ohne Dividende

$$dS = \mu S\,dt + \sigma S\,dW$$

ist sie auch gegeben. Um hier zu Ergebnissen zu kommen, wird ein „vernünftiger" Integralbegriff für stochastische Prozesse benötigt sowie eine „vernünftige" Klasse von stochastischen Prozessen, deren Elemente die Eigenschaft haben, dass ihre Integrale wieder in der Klasse liegen (so wie in der Analysis unbestimmte Integrale von stetigen Funktionen wieder stetig sind).

12.3.2 Das Lebesgue-Stieltjes-Integral für stochastische Prozesse

Bevor wir über Integrale von stochastischen Prozessen reden, ist es sinnvoll, zunächst das vertraute Integral von Funktionen zu betrachten. Das *Riemann-Integral* für eine reelle Funktion einer reellen Veränderlichen $g : [a, b] \to \mathbb{R}$ ist bekanntlich durch

$$\int_a^b g(t)dt = \lim_{\max |t_{i+1}-t_i| \to 0} \sum_{i=0}^{n-1} g(t_i)(t_{i+1} - t_i)$$

definiert, wobei $a = t_0 < ... < t_i < ... < t_n = b$ eine Zerlegung von $[a, b]$ ist. Diese Integral ist z.B. wohldefiniert, wenn g stetig ist. Man kann das Integral interpretieren als verallgemeinerte gewichtete Summe der Funktionswerte $g(x)$ zu $x \in [a, b]$, wobei die Gewichtung durch das Lebesgue-Maß erfolgt. Wie im Abschnitt über die Integration von Zufallsvariablen erörtert, kann man die Gewichtung aber auch durch ein anderes Maß vornehmen, z.B. durch ein Wahrscheinlichkeitsmaß $\mathbf{P}$ auf $(\mathbb{R}, \mathcal{B})$. Eine stetige Funktion g ist dann eine Zufallsvariable auf diesem Wahrscheinlichkeitsraum und als Ergebnis der Integration von g bezüglich dieses Maßes erhält man das Integral dieser Zufallsvariablen (über dem „Ereignis" $[a, b]$). Kann $\mathbf{P}$ durch eine Dichtefunktion f repräsentiert werden, so gilt

$$\int_a^b g\, d\mathbf{P} = \int_a^b g(t)f(t)dt$$

Im Allgemeinfall erhält man das Integral als sogenanntes **Lebesgue-Stieltjes-Integral**[4] von g bezüglich der Verteilungsfunktion $\mathbf{F_P}(x) = \mathbf{P}((-\infty, x])$ von $\mathbf{P}$:

$$\int_a^b g\, d\mathbf{P} = \int_a^b g\, d\mathbf{F_P} = \lim_{\max |t_{i+1}-t_i| \to 0} \sum_{i=0}^{n-1} g(t_i)(\mathbf{F_P}(t_{i+1}) - \mathbf{F_P}(t_i)) \qquad (12.11)$$

Falls eine Dichte existiert, stimmen beide Definitionen überein, was man im Fall einer stetig differenzierbaren Verteilungsfunktion mit Hilfe des Mittelwertsatzes der Analysis sofort sieht ($\mathbf{F_P}' = f$):

$$\int_a^b g\, d\mathbf{F_P} \approx \sum_{i=0}^{n-1} g(t_i)(\mathbf{F_P}(t_{i+1}) - \mathbf{F_P}(t_i)) \approx \sum_{i=0}^{n-1} g(t_i)f(t_i)(t_{i+1} - t_i) \approx \int_a^b g(t)f(t)dt$$

'$\approx$' gilt hierbei natürlich erst für große n (und kleine $|t_{i+1} - t_i|$). Im Grenzwert werden alle '$\approx$' zu '='.

Gleichung 12.11 zeigt also eine Möglichkeit auf, das Integral einer Funktion g „gemessen an den Veränderungen einer Funktion h" zu definieren:

$$\int_a^b g(t)dh(t) := \lim_{\max |t_{i+1}-t_i| \to 0} \sum_{i=0}^{n-1} g(t_i)(h(t_{i+1}) - h(t_i)) \qquad (12.12)$$

---

[4] So wie wir das Integral vorstellen, wäre die Bezeichnung Riemann-Stieltjes-Integral eigentlich passender.

Wie gesagt ist das das **Lebesgue-Stieltjes-Integral** von g bezüglich h. Es unterscheidet sich von dem „normalen" Integral von g dadurch, dass Stellen, an denen sich h stark verändert, mit großem Gewicht in das Integral eingehen, wohingegen Stellen, an denen h annähernd konstant ist, kaum eine Rolle spielen. Für stetig differenzierbare Funktionen h zeigt man wie oben:

$$\int_a^b g(t)dh(t) = \int_a^b g(t)h'(t)dt \qquad (12.13)$$

Das Lebesgue-Stieltjes-Integral ist wohldefiniert, wenn g stetig[5] ist und h **endliche Variation** auf $[a,b]$ besitzt, was bedeuten soll, dass die Summe $\sum_{i=0}^{n-1} |(h(t_{i+1}) - h(t_i)|$ nach oben beschränkt ist, d.h. dass gilt

$$\sup \left\{ \sum_{i=0}^{n-1} |(h(t_{i+1}) - h(t_i)| \;\bigg|\; a = t_0 < ... < t_n = b \text{ Zerlegung von } [a,b] \right\} < \infty$$

Stetig differenzierbare Funktionen haben endliche Variation auf endlichen abgeschlossenen Intervallen (Beweis als Übung), ist h aber nur stetig und nicht differenzierbar, so kann es sein, dass h keine endliche Variation hat, das Lebesgue-Stieltjes-Integral bezüglich h also nicht existiert. Dazu das folgende Beispiel einer Zick-Zack-Funktion (s. Abbildung 12.9):

Beispiel 286 $h : [0,1] \to \mathbb{R}$ *habe an der Stelle 0 und an allen Stellen* $1/n$ *mit* $n \in \mathbb{N}$ *den Funktionswert 0. An den Stellen* $t = \frac{1}{2}\left(\frac{1}{n} + \frac{1}{n+1}\right)$, *also den Mittelpunkten der Intervalle* $[\frac{1}{n+1}, \frac{1}{n}]$ *gelte* $h(t) = t$. *Zwischen diesen Punkten sei h linear. h ist auf ganz* $[0,1]$ *stetig (Übung). Als Zerlegung von* $[0,1]$ *nehmen wir nun die Stellen, an denen die Zacken der Funktion liegen, wobei wir bei einem Punkt* $\frac{1}{n}$ *beginnen, also* $t_0 = 0$, $t_1 = \frac{1}{n}$, $t_2 = \frac{1}{2}\left(\frac{1}{n} + \frac{1}{n-1}\right)$,..., $t_m = 1$ *mit* $m = 2n - 1$. *Es gilt dann*

$$\sum_{i=0}^{m-1} |h(t_{i+1}) - h(t_i)| = 2 \sum_{i=2}^{n} \frac{1}{2}\left(\frac{1}{i} + \frac{1}{i-1}\right) > 2\left(\frac{1}{2} + \frac{1}{3} + \frac{1}{4} + ... + \frac{1}{n}\right) \longrightarrow \infty$$

Betrachtet man nun unbestimmte Integrale

$$G(t) = \int_a^t g(\tau)dh(\tau), \qquad (12.14)$$

so besagt 12.12 übertragen in die Differentialschreibweise

$$dG = g\,dh \quad (\text{diskret } \Delta G \approx g\,\Delta h \text{ für kleine } \Delta t), \qquad (12.15)$$

d.h. G löst diese „Differentialgleichung" für eine recht große Klasse von Integranden g und Integratoren h.

Was hat das alles mit stochastischen Prozessen zu tun? Nun, stochastische Prozesse sind Ansammlungen von Funktionen, nämlich ihren Pfaden. Mit diesem Ansatz lässt sich das Lebesgue-Stieltjes-Integral unter bestimmten Bedingungen auf stochastische Prozesse übertragen. Wir wollen

---

[5] Die Forderungen an g können je nach Gestalt des Integrators abgeschwächt werden.

12.3 Stochastische Integration

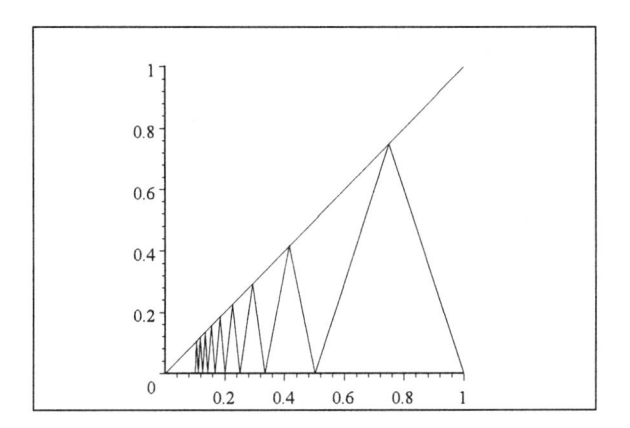

Abbildung 12.9 Die Zick-Zack-Funktion ist zwar stetig (auch bei 0), hat aber keine endliche Variation.

$$\int_0^t X_s \, d(G_s)$$

definieren, wobei $\mathfrak{X} = (X_s)_{s \in \mathbb{R}_+}$ und $\mathfrak{G} = (G_s)_{s \in \mathbb{R}_+}$ beide stochastische Prozesse sein sollen. Das Ergebnis dieser Integration soll eine Zufallsvariable sein, so dass also das unbestimmte Integral

$$\int_0^\bullet X_s \, d(G_s) = \left(\int_0^t X_s \, d(G_s) \right)_{t \in \mathbb{R}_+}$$

wieder ein stochastischer Prozess ist.

Unter den genannten Bedingungen sind also sowohl $\mathfrak{X}$ als auch $\mathfrak{G}$ Abbildungen von $\Omega \times \mathbb{R}_+$ in $\mathbb{R}$, d.h. für jedes $\omega \in \Omega$ sind die Einschränkungen von $\mathfrak{X}$ und $\mathfrak{G}$ auf $\{\omega\} \times \mathbb{R}_+$ ganz normale Abbildungen von $\mathbb{R}_+$ in $\mathbb{R}$ (die Pfade von ω bzgl. $\mathfrak{X}$ bzw. $\mathfrak{G}$). Also kann man es pfadweise mit dem Stieltjes-Integral versuchen:

$$\left[\int_0^t X_s \, d(G_s) \right](\omega) := \int_0^t \mathfrak{X}(\omega, s) \, d\mathfrak{G}(\omega, s)$$

Dies funktioniert, falls

- (X_t) stetige Pfade hat und

- die Pfade von $\mathfrak{G}$ von **lokal endlicher Variation** sind, d.h. bis zur Stelle t nur endlich variieren.

Diese Bedingungen können noch etwas abgeschwächt werden. Es reicht z.B. aus, dass die Pfade von (X_t) linksstetig sind und rechtsseitige Grenzwerte haben. (s. [37] 1.4). Wichtig ist, dass wir hiermit einen ersten Integralbegriff für stochastische Prozesse gefunden haben, mit dem wir dem ersten Summanden der rechten Seite der Gleichung 12.8

$$X_t - X_0 = \int_0^t a(X_s, s)\, ds + \int_0^t b(X_s, s)\, d(W_s)$$

schon eine Bedeutung zuweisen können. Zunächst aber zur Einordnung der Gleichung insgesamt: $\mathfrak{X} = (X_t)$ soll stochastischer Prozess sein (klar, was sonst?) und die reellwertigen Abbildungen a und b in zwei reellen Variablen sollen so sein, dass $\mathfrak{G} = (G_s)_{s \in \mathbb{R}_+} := a(X_s, s)$ (also $\mathfrak{G}(\omega,s) = a(\mathfrak{X}(\omega,s),s)$) und $\mathfrak{H} = (H_s)_{s \in \mathbb{R}_+} := b(X_s, s)$ (also $\mathfrak{H}(\omega,s) = b(\mathfrak{X}(\omega,s),s)$) ebenfalls stochastische Prozesse sind, und zwar solche, die sich integrieren lassen. Zu den Integratoren: $\mathfrak{W} = (W_t)_{t \in \mathbb{R}_+}$ soll eine Brownsche Bewegung sein und s steht für den Prozess $\mathfrak{A} = (A_s)_{s \in \mathbb{R}_+}$ mit $\mathfrak{A}(\omega,s) = A_s(\omega) = s$, der nur mit sehr großem Wohlwollen „stochastisch" genannt werden kann, denn alle Pfade sind gleich der Funktion $f(s) = s$. Die Gleichung selbst schließlich soll bedeuten, dass für alle $t \geq 0$ die folgende Identität zwischen Zufallsvariablen gilt:

$$X_t - X_0 = \int_0^t G_s\, d(A_s) + \int_0^t H_s\, d(W_s)$$

(zumindest a.s.). Da $\mathfrak{A}$ ganz offensichtlich nur Pfade mit lokal endlicher Variation hat, ist das erste Integral als Lebesgue-Stieltjes-Integral wohldefiniert, wenn $\mathfrak{G}$ z.B. stetige Pfade hat, und man erhält also

$$\left[\int_0^t G_s\, ds\right](\omega) = \left[\int_0^t G_s\, d(A_s)\right](\omega) = \int_0^t G_s(\omega)\, ds$$

Dies passt auch zu der intuitiven Bedeutung des Terms $a(X_t, t)dt$ in der als Ausgangspunkt formulierten stochastischen Differentialgleichung.

Beispiel 287 *Es sei $(X_s) = (W_s)$ der Wiener-Prozess (oder eine andere Brownsche Bewegung) und $a(x,s) = 2sx^2 + s$. Dann ist $G_s(\omega) = 2sW_s^2(\omega) + s$ und*

$$\int_0^t a(X_s, s)\, ds = \left[\int_0^t G_s\, ds\right](\omega) = \int_0^t (2sW_s^2(\omega) + s)\, ds = 2\int_0^t sW_s^2(\omega)\, ds + \frac{t^2}{2}$$

Welchen Erwartungswert hat diese Zufallsvariable?

$$\begin{aligned}
&\mathbf{E}\left[\int_0^t G_s\, ds\right] \\
&= \int_\Omega \left[2\int_0^t sW_s^2(\omega)\, ds + \frac{t^2}{2}\right] d\mathbf{P} \\
&= 2\int_0^t s \left(\int_\Omega W_s^2(\omega)\, d\mathbf{P}\right) ds + \frac{t^2}{2} \\
&= 2\int_0^t s \cdot s\, ds + \frac{t^2}{2} \\
&= \frac{2t^3}{3} + \frac{t^2}{2}
\end{aligned}$$

Denn W_s ist normalverteilt mit Varianz s (s. Satz 284) und die Integrationsreihenfolge darf nach einem allgemeinen Satz der Integrationstheorie (Satz von Fubini) vertauscht werden.

'ds' ist natürlich ein sehr spezieller Integrator, auf den aber in vielen Situationen Integrale bezüglich komplizierterer Prozesse zurückgeführt werden können. Gilt z.B.

12.3 Stochastische Integration

$$H_t = \int_0^t Y_s \, ds$$

dann hat (H_t) nur Pfade mit lokal endlicher Variation, falls (Y_t) stetige Pfade hat (warum?). Ist (G_t) ein weiterer stochastischer Prozess, so gilt nach der Definition des Lebesgue-Stieltjes-Integrals (s. Gleichung 12.13)

$$\int_0^t G_s \, d(H_s) = \int_0^t G_s Y_s \, ds$$

Es drängt sich schließlich die Frage auf, was herauskommt, wenn man ein Martingal, also z.B. eine Brownsche Bewegung als Integrator einsetzt. Hier stößt das pfadweise definierte Integral aber an seine Grenzen. Brownsche Bewegungen (und ganz allgemein nichttriviale stetige Martingale) haben leider nicht nur Pfade mit lokal endlicher Variation. Tatsächlich haben fast alle Pfade keine endliche Variation (siehe hierzu auch die Ausführungen im Anschluss an Proposition 306). Hier funktioniert also die Konstruktion des pfadweisen Integrierens nicht. Aber es gibt Ersatz.

12.3.3 Das Itô-Integral

Wer will, kann nun einfach glauben, dass es auch für eine Brownsche Bewegung als Integrator einen funktionierenden Integralbegriff gibt, der die Grundidee des Integrals umsetzt, eine Funktion (oder einen Prozess) gewichtet mit dem durch den Integrator gegeben Maß aufzuaddieren. Diese Leser können zu Satz 295 vorblättern. Es lohnt sich aber, etwas Zeit in diesen Integralbegriff zu investieren, denn man kann sehr schön sehen, wie mit Hilfe wahrscheinlichkeitstheoretischer Argumente und insbesondere unter Ausnutzung der Martingaleigenschaften die durch die unendliche Variation der Pfade Brownscher Bewegungen verursachten Schwierigkeiten überwunden werden.

Im Folgenden sei $(W_t)_{t \in [0, \infty)}$ eine Brownsche Bewegung bezüglich der Filtration $(\mathcal{F}_t)$ (die die „üblichen Bedingungen" erfülle) auf dem vollständigen Wahrscheinlichkeitsraum $(\Omega, \mathcal{F}, \mathbf{P})$. Wir betrachten ein Intervall $[0, T]$ mit $T > 0$ beliebig.

Wir beginnen damit, für sogenannte einfache Prozesse auch bei einer Brownsche Bewegung (W_t) als Integrator das Integral mit Hilfe von Summen nach Art des Lebesgue-Stieltjes-Integral zu definieren. Ein einfacher Prozess ist hierbei ein previsibler stochastischer Prozess, der pfadweise wie eine linksstetige Treppenfunktion aussieht[6]. Die Sprungstellen der Treppenfunktionen sind hierbei für alle Pfade gleich. Präziser:

Definition 288 *Ein stochastischer Prozess* $\mathfrak{X} = (X_t)_{t \in [0, T]}$ *heißt **einfacher Prozess**, wenn es reelle Zahlen* $0 = t_0 \leq t_1 < ... < t_n = T$ *und Zufallsvariablen* $H_i : \Omega \to \mathbb{R}$ *($i = 0,..., n - 1$) gibt mit* $X_0 = H_0$ *für* $t_0 \leq t \leq t_1$ *und* $X_t = H_i$ *für* $t_i < t \leq t_{i+1}$ *($i > 0$). Ferner müssen die* H_i *die folgenden Bedingungen erfüllen:*
a) Sie sind beschränkt (als Abbildungen, d.h. für die Werte $H_i(\omega)$ *gibt es eine obere und eine untere Schranke)*
b) Für $i = 0,..., n - 1$ *ist* H_i $\mathcal{F}_{t_i}$*-messbar.*

---

[6] Die Previsibilität folgt aus der Linksstetigkeit.

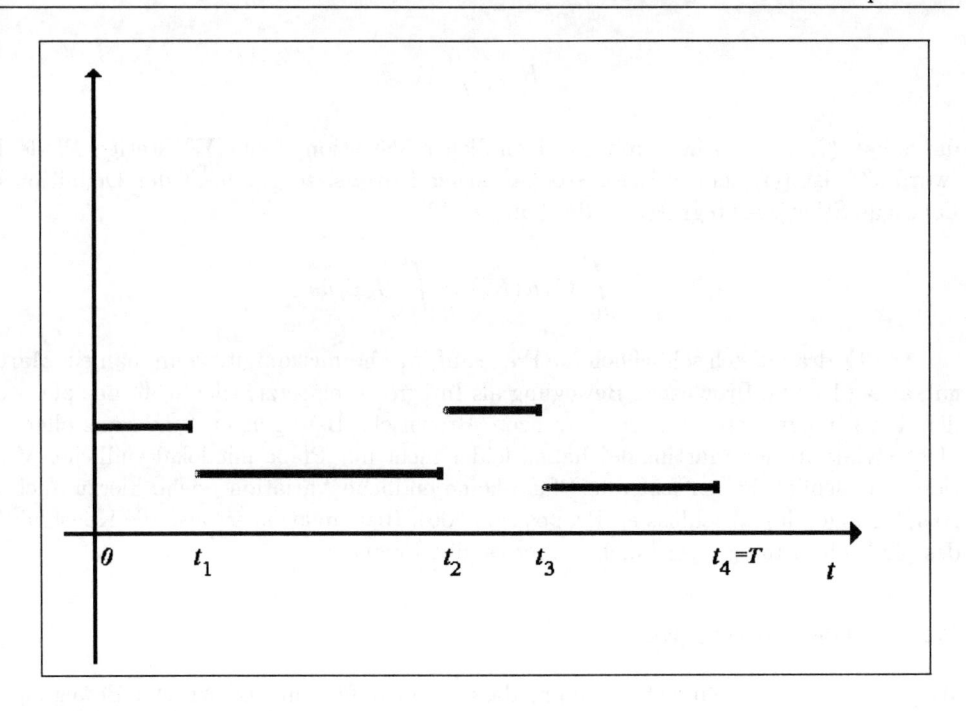

Abbildung 12.10 Eine linksseitig stetige Treppenfunktion mit Sprungstellen $t_1, ..., t_4$

Definition 289 *Das **stochastische Integral** eines einfachen Prozesses (X_t) bezüglich einer Brownschen Bewegung (W_t) ist der Prozess $(Y_t)_{t \in [0,T]}$ mit $Y_0 = 0$ (a.s.) und*

$$Y_t = \int_0^t X_s \, d(W_s) := \sum_{i=1}^k H_{i-1} \cdot (W_{t_i} - W_{t_{i-1}}) + H_k \cdot (W_t - W_{t_k}) \tag{12.16}$$

für $t \in (t_k, t_{k+1}]$.

Wie schon angekündigt liest sich das fast wie das pfadweise Lebesgue-Stieltjes-Integral, wobei allerdings nur eine einzige spezielle Zerlegung $0 = t_0 \leq t_1 < ... < t_n = T$ betrachtet wird. Das Integral ist aber in dem Sinne unabhängig von dieser Zerlegung, dass jede Verfeinerung das gleiche Ergebnis liefert. Nimmt man nämlich noch weitere Punkte $t_{...} \in (0, T)$ hinzu ($H_i = H_{i+1}$ ist nicht verboten!), so heben sich die zusätzlichen Summanden in Gleichung 12.16 gegenseitig exakt auf, wie man zur Übung überprüfe.

Man beachte auch, dass Y_t unsere Erwartungen an einen sinnvollen Integralbegriff erfüllt, denn für kleine Δt gilt

$$\Delta Y = Y_{t+\Delta t} - Y_t = H_k \cdot (W_{t+\Delta t} - W_t)$$

mit $H_k = X_\tau$ für alle $\tau \in (t, t+\Delta t]$.

Proposition 290 *Zu einem einfachen Prozess (X_t) ist der Prozess $\left(\int_0^t X_s \, d(W_s) \right)_{t \in [0,T]}$ ein $(\mathcal{F}_t)$-Martingal, dessen Pfade stetig sind (a.s.).*

12.3 Stochastische Integration

Beweis. [15] Theorem 6.3.3 a) oder [40] Satz 25 a). Der Beweis ist aber nicht übermäßig schwer, so dass er als Übung zu empfehlen ist. ∎

Die Idee für das weitere Vorgehen ist jetzt natürlich, das stochastische Integral für komplexere Integranden dadurch zu definieren, dass man sie durch einfache Prozesse annähert, genauso wie man das „normale" Integral durch Annäherung der zu integrierenden Funktion mit Treppenfunktionen erhält. Für diese Annäherung muss man in der Regel die Anzahl der Sprungstellen t_i erhöhen, will man ihre Güte verbessern. Hierbei heben sich die zusätzlichen Summanden natürlich nicht mehr gegenseitig auf und es wäre eigentlich zu befürchten, dass die Integrale der annähernden einfachen Prozesse mit zunehmender Genauigkeit der Annäherung aus dem Ruder laufen. Denn mit zunehmender Anzahl der Sprungstellen gewinnt die Variation der Brownschen Bewegung immer mehr Gewicht und typische Pfade einer Brownschen Bewegung haben keine lokal endliche Variation.

Pfadweise können diese Befürchtungen auch durchaus zutreffen, unter Berücksichtigung von Wahrscheinlichkeiten tun sie es aber nicht. Hierzu das folgende Schlüsselergebnis, das zeigt, dass die Anzahl der Sprungstellen t_i so gut wie keinen Einfluss auf die Varianz der Zufallsvariable Y_t hat.

Proposition 291 (X_t) *sei ein einfacher Prozess. Dann gilt für alle* $t \in [0,T]$:

$$\mathbf{E}\left[\left(\int_0^t X_s \, d(W_s)\right)^2\right] = \mathbf{E}\left(\int_0^t X_s^2 \, ds\right) \qquad (12.17)$$

Hierbei ist das Integral auf der rechten Seite das übliche pfadweise Integral.

Beweis. Der Beweis benutzt wesentlich die Martingaleigenschaften von (W_t) und ist eine sehr schöne Übung zum bedingten Erwartungswert, d.h. zu den Propositionen 257 und 259. Man beachte zunächst, dass mit $t_i \wedge t = \min(t_i, t)$ das stochastische Integral auch so geschrieben werden kann:

$$\int_0^t X_s \, d(W_s) = \sum_{i=1}^n H_{i-1} \cdot (W_{t_i \wedge t} - W_{t_{i-1} \wedge t})$$

Man berechnet dann

$$\left(\int_0^t X_s \, d(W_s)\right)^2$$
$$= \left[\sum_{i=1}^n H_{i-1} \cdot (W_{t_i \wedge t} - W_{t_{i-1} \wedge t})\right]^2$$
$$= \sum_{i=1}^n \sum_{j=1}^n H_{i-1} H_{j-1}(W_{t_i \wedge t} - W_{t_{i-1} \wedge t})(W_{t_j \wedge t} - W_{t_{j-1} \wedge t})$$

Wir betrachten die einzelnen Summanden gesondert. Die Summanden zu i und j mit $t \leq \min(t_{i-1}, t_{j-1})$ sind offensichtlich null. Sei also $t > \min(t_{i-1}, t_{j-1})$ und zunächst $i \neq j$. Sei oBdA $i < j$, dann gilt:

$$\mathcal{E}\left[H_{i-1}H_{j-1}(W_{t_i \wedge t} - W_{t_{i-1} \wedge t})(W_{t_j \wedge t} - W_{t_{j-1} \wedge t}) | \mathcal{F}_{t_0}\right]$$
$$= \mathcal{E}\left[\mathcal{E}\left(H_{i-1}H_{j-1}(W_{t_i \wedge t} - W_{t_{i-1} \wedge t})(W_{t_j \wedge t} - W_{t_{j-1} \wedge t}) | \mathcal{F}_{t_{j-1}}\right) | \mathcal{F}_{t_0}\right]$$
$$= \mathcal{E}\left[H_{i-1}H_{j-1}(W_{t_i \wedge t} - W_{t_{i-1} \wedge t})\mathcal{E}\left(W_{t_j \wedge t} - W_{t_{j-1} \wedge t} | \mathcal{F}_{t_{j-1}}\right) | \mathcal{F}_{t_0}\right]$$
$$= \mathcal{E}\left[H_{i-1}H_{j-1}(W_{t_i \wedge t} - W_{t_{i-1} \wedge t}) \cdot 0 | \mathcal{F}_{t_0}\right]$$
$$= 0$$

Die gemischten Terme sind also allesamt null. Für $i = j$ ermittelt man

$$\mathcal{E}\left[H_{i-1}^2(W_{t_i \wedge t} - W_{t_{i-1} \wedge t})^2 | \mathcal{F}_{t_0}\right]$$
$$= \mathcal{E}\left[\mathcal{E}\left(H_{i-1}^2(W_{t_i \wedge t} - W_{t_{i-1} \wedge t})^2 | \mathcal{F}_{t_{i-1}}\right) | \mathcal{F}_{t_0}\right]$$
$$= \mathcal{E}\left[H_{i-1}^2 \mathcal{E}\left((W_{t_i \wedge t} - W_{t_{i-1} \wedge t})^2 | \mathcal{F}_{t_{i-1}}\right) | \mathcal{F}_{t_0}\right]$$
$$= \mathcal{E}\left[H_{i-1}^2 (t_i \wedge t - t_{i-1} \wedge t) | \mathcal{F}_{t_0}\right]$$

Die letzte Gleichung gilt hierbei wegen Teil b) von Satz 284. Zusammenfassend gilt also (es sei $t_{k-1} < t \leq t_k$):

$$\mathbf{E}\left(\int_0^t X_s \, d(W_s)\right)^2$$
$$= \sum_{i=1}^n \mathbf{E}\left[H_{i-1}^2 \cdot (t_i \wedge t - t_{i-1} \wedge t)\right]$$
$$= \sum_{i=1}^{k-1} \mathbf{E}\left[H_{i-1}^2 \cdot (t_i - t_{i-1})\right] + \mathbf{E}\left[H_{k-1}^2 \cdot (t - t_{k-1})\right]$$
$$= \mathbf{E}\left[\sum_{i=1}^{k-1} H_{i-1}^2 \cdot (t_i - t_{i-1}) + H_{k-1}^2 \cdot (t - t_{k-1})\right]$$
$$= \mathbf{E}\left(\int_0^t X_s^2 \, ds\right)$$

Die letzte Gleichung gilt aufgrund der Definition des pfadweisen Integrals, das hier nur aus einfachen Riemann-Integralen über Treppenfunktionen besteht. ∎

Es stellt sich nun die Frage, auf welche Klasse von Prozessen man das stochastische Integral für einfache Prozesse ausdehnen kann und wie der passende Konvergenzbegriff aussieht. Die Antwort auf die erste Frage ist die folgende Klasse stochastischer Prozesse:

Definition 292 *Mit* $\mathbf{L}^2[0,T]$ *bezeichnen wir die Menge der previsiblen reellwertigen stochastischen Prozesse* $(X_t)_{t \in [0,T]}$ *mit*

$$\mathbf{E}\left(\int_0^T X_s^2 \, ds\right) < \infty$$

Beispiel 293 *Eine Brownsche Bewegung* (W_t) *liegt in* $\mathbf{L}^2[0,T]$. *Denn nach Lemma 285 gilt*

$$\mathbf{E}\left(\int_0^T W_s^2 \, ds\right) = \int_\Omega \left(\int_0^T W_s^2 \, ds\right) d\mathbf{P} = \int_0^T \left(\int_\Omega W_s^2 \, d\mathbf{P}\right) ds = \int_0^T s \, ds = \frac{T^2}{2}$$

Beispiel 294 *Ist* (W_t) *eine Brownsche Bewegung, so liegt auch* $(\exp(aW_t + bt + c))$ *in* $\mathbf{L}^2[0,T]$ (a, b, c *beliebige reelle Zahlen). Denn*

$$\int_\Omega \left(\int_0^T (\exp(aW_s + bs + c))^2 \, ds\right) d\mathbf{P}$$
$$= \int_0^T e^{2(bs+c)} \left(\int_\Omega \exp(2aW_s) \, d\mathbf{P}\right) ds$$
$$= \int_0^T e^{2(bs+c)} e^{2a^2 s} \, ds$$

Die untere Gleichung gilt nach der Formel für den Erwartungswert der Lognormalverteilung (s. S. 193).

12.3 Stochastische Integration

Man kann nun zeigen, dass jeder Prozess $\mathfrak{Y} = (Y_t)$ aus $\mathbf{L}^2[0,T]$ durch eine Folge $(X_t^{(n)})$ einfacher Prozesse so approximiert werden kann, dass gilt

$$\lim_{n\to\infty} \mathbf{E}\left(\int_0^T \left(X_s^{(n)} - Y_s\right)^2 ds\right) = 0$$

Aus Gleichung 12.17 kann dann geschlossen werden, dass für die stochastischen Integrale der $(X_t^{(n)})$ gilt:

$$\lim_{n,m\to\infty} \mathbf{E}\left[\left(\int_0^t X_s^{(n)} d(W_s) - \int_0^t X_s^{(m)} d(W_s)\right)^2\right] = 0$$

(für jedes $t \in [0,T]$). Daraus lässt sich ableiten, dass die Folge

$$\int_0^t X_s^{(n)} d(W_s)$$

nach Wahrscheinlichkeit gegen eine Zufallsvariable konvergiert, die wir mit

$$I_t(\mathfrak{Y}) = \int_0^t Y_s d(W_s)$$

bezeichnen. Es gilt also für jedes $\varepsilon > 0$

$$\lim_{n\to\infty} \mathbf{P}\left(\left|\int_0^t X_s^{(n)} d(W_s) - \int_0^t Y_s d(W_s)\right| > \varepsilon\right) = 0$$

$(I_t(\mathfrak{Y}))_{t\in[0,T]}$ ist dann ein stochastischer Prozess, von dem sich die in dem folgenden Satz angegebenen Eigenschaften zeigen lassen. Außerdem ist die durchgeführte Konstruktion im Wesentlichen unabhängig von der speziellen Wahl der Folge $(X_t^{(n)})$. Dies alles zu zeigen, erfordert noch einiges an Aufwand, Man findet es z.B. in [40], Exkurs 2. Der so konstruierte Prozess $(I_t(\mathfrak{Y}))_{t\in[0,T]}$ ist das **stochastische Integral** oder **Itô-Integral** von $\mathfrak{Y}$ bezüglich (W_t).

Satz 295 *Das Itô-Integral $(I_t(\mathfrak{Y}))_{t\in[0,T]}$ eines stochastischen Prozesses $\mathfrak{Y} = (Y_t)_{t\in[0,T]}$ aus $\mathbf{L}^2[0,T]$ ist ein quadratintegrierbares stetiges $(\mathcal{F}_t)$-Martingal, d.h. $(I_t(\mathfrak{Y}))$ hat stetige Pfade und es gilt für alle $t \in [0,T]$*

$$\mathbf{E}\left[\left(\int_0^t Y_s d(W_s)\right)^2\right] < \infty$$

Ferner gilt:
a) Das Itô-Integral ist für einfache Prozesse durch Gleichung 12.16 gegeben.
b) Das Itô-Integral ist linear, d.h. es gilt für Prozesse (X_t), (Y_t) und reelle α, β:

$$\int_0^t (\alpha X_s + \beta Y_s) d(W_s) = \alpha \int_0^t X_s d(W_s) + \beta \int_0^t Y_s d(W_s)$$

*c) Es gilt die **Itô-Isometrie**:*

$$\mathbf{E}\left[\left(\int_0^t Y_s\, d(W_s)\right)^2\right] = \mathbf{E}\left(\int_0^t Y_s^2\, ds\right)$$

Als einfachsten Fall eines Itô-Integrals erhält man

$$\int_0^t 1\, d(W_s) = W_t$$

denn '1' ist ein (sehr) einfacher Prozess. Bei diesem einen Beispiel wollen wir es an dieser Stelle belassen, es werden aber weitere folgen. Interessant ist z.B. die Frage, was wohl

$$\int_0^t W_s\, d(W_s)$$

sein mag. Die Varianz dieser Zufallsvariablen können wir immerhin schon ausrechnen, denn sie wird durch die Itô-Isometrie geliefert, da das Itô-Integral eines Prozesses als bei null startendes Martingal immer den Erwartungswert null hat:

$$\begin{aligned}\mathbf{V}\left(\int_0^t W_s\, d(W_s)\right) &= \mathbf{E}\left[\left(\int_0^t W_s\, d(W_s)\right)^2\right]\\ &= \mathbf{E}\left(\int_0^t W_s^2\, ds\right)\\ &= t^2/2\end{aligned}$$

(s. Beispiel 293)

Bemerkung 296 *Auf die approximierende Folge einfacher Prozesse soll noch einmal eingegangen werden. Sie wird nicht auf irgendeine geheimnisvolle Art konstruiert, sondern es gibt einen sehr natürlichen Kandidaten. Ist nämlich $0 = t_0 < ... < t_n = T$ eine Zerlegung von $[0,T]$, so ist durch $H_i := Y_{t_i}$ ein zu der Zerlegung passender einfacher und damit prävisibler Prozess definiert. Er verhält sich zu $\mathfrak{Y} = (Y_t)_{t\in[0,T]}$ etwa so wie eine Fernseh-Live-Übertragung zur Wirklichkeit. In den Zeitpunkten t_i wird die momentane Situation aufgenommen und unmittelbar danach auf den Bildschirm übertragen. Dort bleibt (bei modernen Fernsehern) dieses Bild bis zum Zeitpunkt t_{i+1} (einschliesslich) stehen. Man beachte, dass dies sowohl zur Linksstetigkeit der Treppenfunktionen als auch zur $\mathcal{F}_{t_i}$-Messbarkeit passt. Hat $\mathfrak{Y}$ stetige Pfade, so erhält man durch geringfügige Veränderung dieser Prozesse für $|t_{i+1} - t_i| \to 0$ tatsächlich die gesuchte approximierende Folge (s. [40], die Veränderungen bestehen darin, dass man „zu große" Werte der H_i abschneidet). Man beachte im Übrigen die Beziehung zum Lebesgue-Stieltjes-Integral.*

Bemerkung 297 *Das Itô-Integral kann für eine etwas größere Klasse von Integranden als $\mathbf{L}^2[0,T]$ definiert werden, nämlich für alle Prozesse $\mathfrak{Y} = (Y_t)_{t\in[0,T]}$ mit $\int_0^T Y_s^2\, ds < \infty$ a.s., $\mathbf{E}\left(\int_0^T Y_s^2\, ds\right)$ muss also nicht unbedingt existieren. Die Itô-Isometrie gilt natürlich nur, wenn die Erwartungswerte auch existieren. Darüberhinaus muss (Y_t) auch nicht unbedingt prävisibel sein. Es genügt $(\mathcal{F}_t)$-Adaptiertheit (vgl. [15] Theorem 6.3.10 oder [40], wo zusätzlich „progressive Messbarkeit" vorausgesetzt wird). Diese größere Klasse bezeichnen wir mit $\mathbf{H}^2[0,T]$. Das Itô-Integral eines Prozesses, der in $\mathbf{H}^2[0,T]$, aber nicht in $\mathbf{L}^2[0,T]$ liegt, ist in der Regel kein Martingal, sondern nur noch ein lokales Martingal.*

12.3 Stochastische Integration

Man mag nun rückblickend zu diesem Abschnitt stöhnen, was es doch für einen Aufwand bedeutete, um für einen einzigen neuen Integrator einen Integralbegriff zu bekommen! Ganz so schlimm ist es aber nicht. Man erhält sofort sehr viele weitere mögliche Integratoren, nämlich alle Martingale, die man als Ergebnis einer Itô-Integration darstellen kann. Gilt nämlich

$$X_t = \int_0^t Y_s \, d(W_s)$$

so definiert man für einen Prozess $\mathfrak{Z} = (Z_t)$

$$\int_0^t Z_s \, d(X_s) := \int_0^t Z_s Y_s \, d(W_s) \qquad (12.18)$$

sofern das Integral auf der rechten Seite definiert ist. Aufgrund der Nähe des Itô-Integrals zum Lebesgue-Stieltjes-Integral und Gleichung 12.13 ist diese Definition naheliegend und sinnvoll.

Das Lebesgue-Stieltjes-Integral und das Itô-Integral können zu einem Konzept verbunden werden:

Definition 298 *Ein reellwertiger stochastischer Prozess $(X_t)_{t \in I}$ ($I = [0, \infty)$ oder $I = [0, T]$) auf dem Wahrscheinlichkeitsraum $(\Omega, \mathcal{F}, \mathbf{P})$ mit der Filtration $(\mathcal{F}_t)$ heißt **Itô-Prozess**, wenn er eine Darstellung der Form*

$$X_t = X_0 + \int_0^t K_s \, ds + \int_0^t H_s \, d(W_s) \qquad (12.19)$$

besitzt, wobei (W_s) eine $(\mathcal{F}_t)$-Brownsche Bewegung ist, X_0 $\mathcal{F}_0$-messbar ist und die Prozesse (K_s) und (H_s) previsibel sind[7] und ferner gilt

$$\int_0^t |K_s| \, ds < \infty \text{ (a.s.) und } \int_0^t H_s^2 \, ds < \infty \text{ (a.s.)}$$

Das erste Integral in 12.19 ist ein Lebesgue-Stieltjes-Integral, das zweite ein Itô-Integral. Man beachte, dass von einem Itô-Prozess angenommen werden kann, dass er stetige Pfade hat. Die beiden Integralbedingungen in der letzten Zeile der Definition garantieren, dass die Integrale in Gleichung 12.19 existieren (s. [15], [40] oder [37]). Sehr viele Prozesse, denen man üblicherweise begegnet, erfüllen beide Bedingungen, z.B. eine Brownsche Bewegung oder eine differenzierbare Funktion in einer Brownschen Bewegung u.v.a. mehr. Die Prozesse (K_s) und (H_s) sind bei dieser Zerlegung i.w. eindeutig, das zweite Integral kann als der Martingalanteil von (X_t) angesehen werden, denn es gilt:

Satz 299 *Für einen Itô-Prozess $X_t = X_0 + \int_0^t K_s \, ds + \int_0^t H_s \, d(W_s)$ gilt:*
i) (X_t) ist Martingal $\Longrightarrow K_s \equiv 0$ a.s.
ii) $K_s \equiv 0$ a.s. und $H_s \in \mathbf{L}^2[0, T] \Longrightarrow (X_t)$ ist Martingal

---
[7] Es genügt $(\mathcal{F}_t)$-Adaptiertheit, s. [15]

Die Vorstellung, dass das zweite Integral die gesamte Stochastik von (X_t) enthält, ist allerdings falsch. Auch das erste Integral ist stochastisch, wenn (K_s) eine Zufallskomponente enthält. Ein zutreffenderes Bild erhält man, wenn man die Situation pfadweise betrachtet. Setzt man voraus, dass die Pfade von (K_s) stetig sind, so sind die Pfade von $\int_0^t K_s\,ds$ differenzierbar, also glatt. Der Summand $\int_0^t H_s\,d(W_s)$ enthält also sozusagen den „Zick-Zack"-Anteil von (X_t). Nun gibt es natürlich viele Möglichkeiten, stetige Funktionen (die Pfade von (X_t)) als Summe jeweils einer differenzierbaren und einer stetigen Funktion darzustellen. Durch die Anforderung, dass $\int_0^t H_s\,d(W_s)$ ein (zumindest lokales) Martingal sein soll, kann aber (a.s.-)Eindeutigkeit erreicht werden.

Gleichung 12.19 kann auch in der Differentialschreibweise ausgedrückt werden:

$$d(X_t) = K_t\,dt + H_t\,d(W_t) \tag{12.20}$$

Sei nun (Z_t) ein reellwertiger Prozess und (X_t) ein Itô-Prozess. Dann definiert man das Integral von (Z_t) bezüglich (X_t) durch

$$\int_0^t Z_s\,d(X_s) := \int_0^t Z_s K_s\,ds + \int_0^t Z_s H_s\,d(W_s) \tag{12.21}$$

sofern die Integrale auf der rechten Seite existieren. Diese Definition ist aufgrund der vorangegangenen Überlegungen zu den beiden Integraltypen und der Beziehung zum Stieltjes-Integral äußerst naheliegend. In Differentialschreibweise liest sie sich wie folgt:

$$d\left(\int_0^t Z_s\,d(X_s)\right) = Z_t K_t\,dt + Z_t H_t\,d(W_t)$$

Bemerkung 300 *Die Theorie der Integration von Itô-Prozessen ist ein Spezialfall der Semimartingal-Integration, wobei* **Semimartingale** *Verallgemeinerungen von Itô-Prozessen sind (s. [37] oder [59])*

12.3.4 Stochastische Differentialgleichungen

Mit Hilfe des Itô-Integrals und des Lebesgue-Stieltjes-Integrals wissen wir, was die Gleichung (12.6) bedeuten soll, es soll nämlich die zugehörige Integralgleichung

$$X_t - X_0 = \int_0^t a(X_s,s)\,ds + \int_0^t b(X_s,s)\,d(W_s)$$

gelten, deren Gültigkeit gleichzeitig nachweist, dass X_t ein Itô-Prozess ist mit $K_s = a(X_s,s)$ und $H_s = b(X_s,s)$. Wir wissen aber noch nicht, ob zu gegebenen Funktionen a, b eine Lösung existiert und ob sie eindeutig ist (die Eindeutigkeit folgt nicht aus der Eindeutigkeit der Zerlegung eines Itô-Prozesses). So ganz sicher sind wir auch noch nicht, dass eine Lösung tatsächlich die ursprüngliche Anforderung (12.7) erfüllt. Es gilt aber

Satz 301 $a, b : \mathbb{R} \times \mathbb{R}_+ \to \mathbb{R}$ *seien stetige Funktionen. Außerdem gebe es für jedes $t < \infty$ eine Zahl $c \in \mathbb{R}$, so dass für alle $s \in [0,t]$ und alle $x, x' \in \mathbb{R}$ gelte*[8]:

---
[8] Eine solche Bedingung nennt man auch **Lipschitz-Bedingung**

12.3 Stochastische Integration

$$|a(x,s) - a(x',s)| \leq c|x - x'|$$
$$|b(x,s) - b(x',s)| \leq c|x - x'|$$

Dann hat die stochastische Differentialgleichung

$$dX = a(X,t)dt + b(X,t)d(W_t)$$

für jeden konstanten Anfangswert X_0 eine eindeutige Lösung $X = (X_t)_{t \in \mathbb{R}_+}$. Ferner gilt für alle t:

$$\lim_{h \downarrow 0} \frac{\mathcal{E}(X_{t+h} - X_t \mid \mathcal{F}_t)}{h} = a(X_t, t) \text{ a.s.}$$

$$\lim_{h \downarrow 0} \frac{\mathcal{V}(X_{t+h} - X_t \mid \mathcal{F}_t)}{h} = b^2(X_t, t) \text{ a.s.}$$

Hierbei bedeutet $\lim_{h \downarrow 0}$ den rechtsseitigen Grenzwert und die bedingte Varianz $\mathcal{V}(X \mid \mathcal{F})$ einer Zufallsvariablen X bzgl. einer σ-Algebra $\mathcal{F}$ ist naheliegenderweise definiert durch $\mathcal{V}(X \mid \mathcal{F}) = \mathcal{E}(X^2 \mid \mathcal{F}) - \mathcal{E}^2(X \mid \mathcal{F})$. Die Größen $a(X_t, t)$ und $b^2(X_t, t)$ heißen daher auch **infinitesimaler Erwartungswert** *bzw.* **infinitesimale Varianz** *des Prozesses (X_t)*

Beweis. 12.0 sowie Theorem 12.1.8 in [59]; s. auch Kap. 5.2 in [37] ∎

Für den Kursverlauf S einer Aktie ohne Dividende hatten wir die stochastische Differentialgleichung $dS = \mu S \, dt + \sigma S \, dz$ mit $\sigma > 0$ aufgestellt, also $a(S,t) = \mu S$ und $b(S,t) = \sigma S$. Setzt man $c := \max(|\mu|, \sigma)$, so sind damit die Bedingungen des Satzes erfüllt und es gilt somit:

Korollar 302 *Die stochastische Differentialgleichung für den Kursverlauf einer Aktie ohne Dividende*

$$dS = \mu S \, dt + \sigma S \, d(W_t) \tag{12.22}$$

hat für alle Parameterwerte μ und σ ($\sigma > 0$) und jeden Anfangskurs S_0 eine eindeutige Lösung $(S_t)_{t \in \mathbb{R}_+}$, die die Eigenschaft hat, dass für alle t und „kleine" Zeiträume Δt für die relative Veränderung $\Delta S/S_t = (S_{t+\Delta t} - S_t)/S_t$ von S gilt:

$$\mathcal{E}(\Delta S/S_t \mid \mathcal{F}_t) \approx \mu \Delta t \text{ und } \mathcal{V}(\Delta S/S_t \mid \mathcal{F}_t) \approx \sigma^2 \Delta t$$

Es sei daran erinnert, dass $\mathcal{F}_t$ den Kenntnisstand zum Zeitpunkt t repräsentiert, es sind also bedingter Erwartungswert und bedingte Varianz zum Zeitpunkt t gemeint, wenn also S_t schon bekannt ist.

Mit Hilfe der Itô-Formel, die in den nächsten Abschnitten (erneut) diskutiert wird, lässt sich die uns ja schon bekannte Lösung der stochastischen Differentialgleichung 12.22 explizit bestimmen (Satz 157).

Bemerkung 303 *In Abschnitt 7.1 wurde dargelegt, dass es gute Argumente dafür gibt, anzunehmen, dass der stochastische Prozess (S_t) einer Aktie die Markov-Eigenschaft hat. Diese soll bedeuten, dass abgesehen vom aktuellen Kurs der vergangene Kursverlauf der Aktie keine Rückschlüsse auf den zukünftigen Verlauf ermöglicht. Diese Forderung kann formal so umgesetzt werden, dass man sagt, ein stochastischer Prozess (X_t) besitzt die* **Markov-Eigenschaft**, *wenn für jede beschränkte Borel-messbare reelle Funktion g und für alle $0 \leq s \leq t$ gilt:*

$$\mathcal{E}[g(X_t)|\mathcal{F}_s] = \mathcal{E}[g(X_t)|\mathcal{X}_s] \quad a.s.$$

Hierbei ist $\mathcal{X}_s$ *die kleinste vollständige σ-Algebra, so dass X_s eine messbare Abbildung ist. Es gilt nun, dass jede Lösung einer stochastischen Differentialgleichung gemäß Satz 301 die Markov-Eigenschaft hat, wenn man als Filtration die kleinste Filtration $(\mathcal{F}_t)$ nimmt, die die „üblichen Bedingungen" erfüllt und bezüglich der die Brownsche Bewegung (W_t) adaptiert ist (s. 6.6 in [15]).*

12.3.5 Die quadratische Variation

Vorbereitend zur Itô-Formel, die es in vielen Fällen ermöglicht, stochastische Integrale zu bestimmen (und nicht nur zu wissen, dass es sie gibt), benötigen wir den Begriff der quadratischen Variation.

Wir haben oben schon festgestellt, dass für eine Brownsche Bewegung (W_t) das Itô-Integral

$$\int_0^t W_s \, d(W_s)$$

existiert, aber was kann man sich darunter vorstellen? Wie bei der Herleitung der Integralbegriffe ist es sinnvoll, sich zunächst den analogen, aber einfacheren Fall einer Funktion an Stelle eines stochastischen Prozesses anzusehen. Sei also $f : [0,t] \to \mathbb{R}$ eine reelle Funktion einer reellen Veränderlichen. Ist f stetig differenzierbar, so gilt für das Stieltjes-Integral (s. Gleichung 12.13)

$$\int_0^t f(s) \, df(s) = \frac{1}{2} \left(f(t)^2 - f(0)^2 \right) \tag{12.23}$$

Diese Gleichung gilt auch noch, wenn f nur endlich variiert.

Gleichung (12.23) läßt sich auf stochastische Prozesse übertragen: Haben fast alle Pfade eines Itô-Prozesses $\mathfrak{X} = (X_t)_{t \in \mathbb{R}_+}$ auf beschränkten Intervallen endliche Variation, so gilt

$$\int_0^t X_s \, d(X_s) = \frac{1}{2} \left(X_t^2 - X_0^2 \right) \tag{12.24}$$

Haben die Pfade von X keine lokal endliche Variation, gilt diese Gleichung in der Regel nicht mehr. Man betrachte dann eine Zerlegung $0 = t_0 < t_1 < \ldots < t_n = t$ des Intervalls $[0,t]$ und die Identität

$$\begin{aligned} X_t^2 - X_0^2 &= \sum_{i=1}^n \left(X_{t_i}^2 - X_{t_{i-1}}^2 \right) \\ &= \underbrace{\sum_{i=1}^n \left(X_{t_i} - X_{t_{i-1}} \right)^2}_{(a)} + 2 \underbrace{\sum_{i=1}^n X_{t_{i-1}} \left(X_{t_i} - X_{t_{i-1}} \right)}_{2 \cdot (b)} \\ &= \end{aligned}$$

Ist nun X ein Itô-Prozess, so konvergiert der Ausdruck (b) für $\max(t_i - t_{i-1}) \to 0$ gegen $\int_0^t X_s \, dX_s$ (s. Bemerkung 296). Folglich konvergiert auch der Ausdruck (a). Der Grenzwert ist ein Maß dafür, inwieweit $\mathfrak{X}$ die Gleichung (12.24) verletzt.

12.3 Stochastische Integration

Definition 304 *Sei* $\mathfrak{X} = (X_t)_{t \in \mathbb{R}_+}$ *ein Itô-Prozess. Dann ist der* **quadratische Variationsprozess** $\langle \mathfrak{X} \rangle = \langle X \rangle_t$ *von* $\mathfrak{X}$ *definiert durch*

$$\langle X \rangle_t = X_t^2 - X_0^2 - 2 \int_0^t X_s \, d(X_s)$$

Nach obiger Gleichung gilt:

Proposition 305 $\langle X \rangle_t = \lim\limits_{\max(t_i - t_{i-1}) \to 0} \sum\limits_{i=1}^n \left(X_{t_i} - X_{t_{i-1}} \right)^2$.

Hierbei ist der Grenzwert im Sinne der Konvergenz nach Wahrscheinlichkeit (siehe Seite 358) zu verstehen, d.h. zu vorgegebenen $\varepsilon, \delta > 0$ gilt für n genügend groß und $\max |t_i - t_{i-1}|$ genügend klein die Beziehung $\mathbf{P}\left(\left| \langle X \rangle_t - \sum_{i=1}^n (X_{t_i} - X_{t_{i-1}})^2 \right| > \delta \right) < \varepsilon$.

Die Proposition ermöglicht es uns nun, den quadratischen Variationsprozess einer Brownschen Bewegung zu bestimmen, denn für diese haben wir die rechte Seite der Gleichung gut im Griff: Es ist eine Summe von Quadraten von normalverteilten Zufallsvariablen mit Erwartungswert 0, die darüberhinaus noch unabhängig sind. Sei $0 = t_0 < t_1 < \ldots < t_n = t$ die spezielle Zerlegung von $[0, t]$ mit $t_i = i \cdot t/n$, dann gilt also für eine Brownsche Bewegung $\mathfrak{W} = (W_t)$ nach Lemma 285:

$$\mathbf{E}\left(\sum_{i=1}^n \left(W_{t_i} - W_{t_{i-1}} \right)^2 \right) = \sum_{i=1}^n (t_i - t_{i-1}) = t$$

und

$$\mathbf{V}\left(\sum_{i=1}^n \left(W_{t_i} - W_{t_{i-1}} \right)^2 \right) = 2 \sum_{i=1}^n (t_i - t_{i-1})^2 = 2 \sum_{i=1}^n \frac{1}{n^2} = \frac{2}{n}$$

Durch Übergang zum Grenzwert für $n \to \infty$ folgt, dass $\langle W \rangle_t$ die Varianz 0 hat. Aber eine Zufallsvariable, deren Varianz null ist, verdient den Namen „Zufallsvariable" kaum, denn an ihr ist nicht viel Zufälliges: Mit Wahrscheinlichkeit 1 nimmt sie ihren Erwartungswert als Wert an.

Proposition 306 *Für eine Brownsche Bewegung* $\mathfrak{W} = (W_t)_{t \in \mathbb{R}_+}$ *gilt:* $\langle W \rangle_t = t$, *d.h. für ein* $\omega \in \Omega$ *gilt mit Wahrscheinlichkeit 1:* $\langle W \rangle_t (\omega) = t$.

Dieses Ergebnis zeigt nun einerseits, dass der quadratische Variationsprozess einer Brownschen Bewegung und damit insbesondere des Wiener-Prozesses eine überraschend einfache Gestalt hat, es zeigt aber auch, wie sehr typische Pfade einer Brownschen Bewegung sich von differenzierbaren Funktionen unterscheiden. Mit Wahrscheinlichkeit 1 gilt für einen Pfad ω eines Wiener-Prozesses an einer beliebigen Stelle t nämlich:

$$(\omega(t+h) - \omega(t))^2 \approx h \text{ für } h \to 0$$

also

$$\lim_{h \to 0} \frac{(\omega(t+h) - \omega(t))^2}{h} = 1$$

Für eine an der Stelle t differenzierbare Funktion f gilt aber

$$\lim_{h\to 0} \frac{(f(t+h)-f(t))^2}{h} = \lim_{h\to 0} \frac{f(t+h)-f(t)}{h} \lim_{h\to 0} (f(t+h)-f(t)) = 0$$

Dass Differenzierbarkeit für einen Pfad eines Wiener-Prozesses derart untypisch ist, kann zunächst verwirrend erscheinen. Schliesslich (vgl. Konstruktion des Wiener-Prozesses) kommt jede stetige, also auch jede differenzierbare Funktion $\omega : \mathbb{R}_+ \to \mathbb{R}$ mit $\omega(0) = 0$ als Pfad des Wiener-Prozesses vor. Dies zeigt aber nur, wie unterschiedlich wir mit unserer Schulbildung auf der einen und das Wiener-Maß auf der anderen Seite die Menge der stetigen Funktionen sehen: Dass die meisten Beispiele von Funktionen, denen man in der Mathematikausbildung begegnet, differenzierbare Funktionen sind, darf nicht zu der Ansicht verleiten, eine typische stetige Funktion sei auch differenzierbar. Aus Sicht des Wiener-Maßes stellt die Menge der differenzierbaren Funktionen nur ein kleines verlorenes Häuflein in der riesigen Menge der stetigen Funktionen dar.

Proposition 306 erlaubt es nun sofort, für eine Brownsche Bewegung die am Anfang dieses Abschnitts gestellte Frage zu beantworten:

Satz 307 *Für eine Brownsche Bewegung $\mathfrak{W} = (W_t)_{t\in\mathbb{R}_+}$ gilt*

$$\int_0^t W_s \, d(W_s) = \frac{1}{2}\left(W_t^2 - t\right)$$

Insbesondere folgt hieraus erneut, dass $\left(W_t^2 - t\right)$ ein Martingal ist (s. Satz 284). Für den nächsten Abschnitt benötigen wir den quadratischen Variationsprozess eines beliebigen Itô-Prozesses. Es gilt (ohne Beweis, aber s. [15] S. 120 und die dort angegebenen Quellen):

Satz 308 *Der Itô-Prozess $\mathfrak{X} = (X_t)_{t\in\mathbb{R}_+}$ habe die Zerlegung*

$$X_t = X_0 + \int_0^t K_s \, ds + \int_0^t H_s \, d(W_s)$$

Dann gilt für den quadratischen Variationsprozess von $\mathfrak{X}$:

$$\langle X \rangle_t = \int_0^t H_s^2 \, ds$$

was sich auch so schreiben lässt:

$$d\langle X \rangle_t = H_t^2 \, dt$$

12.3.6 Die Itô-Formel

Die sehr wichtige Itô-Formel erlaubt es, konkrete Berechnungen zu Itô-Prozessen durchzuführen. Es geht hierbei um die Situation, dass man sich für einen stochastischen Prozess interessiert, der sich aus einem anderen stochastischen Prozess durch Nachschaltung einer differenzierbaren Abbildung ergibt. Die Itô-Formel kann quasi als Übertragung der Substitutionsregel und des Hauptsatzes der Differential- und Integralrechnung auf stochastische Prozesse angesehen werden.

12.3 Stochastische Integration

Satz 309 *(Itô-Formel)* $\mathfrak{X}$ *sei ein Itô-Prozess und G eine zweimal stetig differenzierbare reellwertige Funktion, deren Definitionsbereich den Wertebereich von $\mathfrak{X}$ enthalte. Dann gilt für $G(\mathfrak{X})$ ($= G \circ \mathfrak{X}$):*

$$G(X_t) - G(X_0) = \int_0^t G'(X_s)\,d(X_s) + \frac{1}{2}\int_0^t G''(X_s)\,d\langle X\rangle_s.$$

insbesondere existieren die Integrale auf der rechten Seite.

Beweis. Exakt beweisen können wir die Formel nicht, aber uns zumindest klarmachen, dass sie sehr plausibel ist. Dazu müssen wir uns an die Taylorformel erinnern. Wir benötigen die Taylorentwicklung der zweiten Ordnung von G an einer beliebigen Stelle x_1. Dann gilt für alle x_2:

$$G(x_2) - G(x_1) = G'(x_1)(x_2 - x_1) + \frac{1}{2}G''(x_1)(x_2 - x_1)^2 + R_{x_1}(x_2)$$

wobei die Restgliedfunktion R_{x_1} die Eigenschaft hat:

$$\lim_{x_2 \to x_1} \frac{R_{x_1}(x_2)}{(x_2 - x_1)^2} = 0$$

Nun zu unserem stochastischen Prozess: Wir zerlegen das Intervall $[0,t]$ in n Teilintervalle $0 = t_0 < ... < t_n = t$ und wenden die Taylorformel auf jedes der Teilintervalle $[t_{i-1}, t_i]$ an. Es folgt

$$G(X_t) - G(X_0)$$
$$= \underbrace{\sum_{i=1}^n G'(X_{t_{i-1}})(X_{t_i} - X_{t_{i-1}})}_{(a)} + \underbrace{\frac{1}{2}\sum_{i=1}^n G''(X_{t_{i-1}})(X_{t_i} - X_{t_{i-1}})^2}_{(b)}$$
$$+ \underbrace{\sum_{i=1}^n \left[R_{X_{t_{i-1}}}(X_{t_i})/(X_{t_i} - X_{t_{i-1}})^2\right](X_{t_i} - X_{t_{i-1}})^2}_{(c)}$$

Der Ausdruck (a) konvergiert für $n \to \infty$ gegen $\int_0^t G'(X_s)\,dX_s$, (b) gegen $\frac{1}{2}\int_0^t G''(X_s)\,d\langle X\rangle_s$ und (c) schließlich gegen $\int_0^t 0\,d\langle X\rangle_s = 0$. Für einen rigorosen Beweis muss man sich allerdings noch deutlich intensiver mit diesen Konvergenzaussagen beschäftigen (s. [40]) ∎

Bemerkung 310 *Dass dieser „Beweis" nur eine Plausibilitätsbetrachtung ist und kein richtiger Beweis, kann man sich z.B. dadurch klarmachen, dass eine ähnliche Plausibilitätsbetrachtung (mit falschem Ergebnis) auch mit der Taylorentwicklung der 1. Ordnung möglich ist. Die oben angegebene Plausibiltätsbetrachtung ist nur deshalb zutreffend, weil $\langle \mathfrak{X}\rangle$ ein sehr viel harmloserer Integrator ist als der Prozess $\mathfrak{X}$, der bei der Taylorentwicklung der 1. Ordnung als Integrator des Restgliedes auftaucht. $\langle \mathfrak{X}\rangle$ hat nämlich Pfade mit lokal endlicher Variation, wie Proposition 308 zeigt.*

Beispiel 311 *Besitzt (X_t) Pfade lokal endlicher Variation, so ist $\langle X_t \rangle = 0$ und die Itô-Formel reduziert sich zu*

$$G(X_t) - G(X_0) = \int_0^t G'(X_s)\,d(X_s) = \int_0^t G'(X_s) K_s\,ds$$

und das ist pfadweise die Substitutionsregel (s. Stieltjes-Integral). Ist $X_t = t$, so reduziert sich die Itô-Formel auf den Hauptsatz der Differential- und Integralrechnung

$$G(t) - G(0) = \int_0^t G'(s)\,ds$$

Beispiel 312 *Ist $G(x) = a + bx$ eine lineare Funktion und $(X_t) = (W_t)$ eine Brownsche Bewegung, so gilt nach Einsetzen*

$$G(X_t) - G(X_0) = b(X_t - X_0)$$

und nach der Itô-Formel

$$G(X_t) - G(X_0) = \int_0^t b\,d(W_s) = b\int_0^t d(W_s) = b(W_t - W_0)$$

Für verallgemeinerte Brownsche Bewegungen liefert die Itô-Formel also das erwartete Ergebnis.

Beispiel 313 *Ist $G(x) = x^2$ und erneut $(X_t) = (W_t)$, so liefert die Itô-Formel*

$$W_t^2 = X_t^2 - X_0^2 = \int_0^t 2X_s\,d(X_s) + \frac{1}{2}\int_0^t 2\,ds = 2\int_0^t W_s\,d(W_s) + t$$

und damit erneut den Nachweis von Satz 307.

Leider ist die Itô-Formel in der oben angegebenen Form noch nicht für unsere Zwecke ausreichend. Die Funktionen G, die bei den finanzmathematischen Anwendungen vorkommen, sind meistens noch von der Zeit t abhängig, es sind also Funktionen in zwei Variablen. Aber auch dann gibt es eine Formel, in der (wie zu erwarten) die partiellen Ableitungen von G an die Stelle von G' treten. Diese Formel lautet

Satz 314 *(Itô-Formel für zeitabhängige Funktionen) G sei eine zweimal stetig differenzierbare Funktion in zwei Variablen und $\mathfrak{X}$ ein Itô-Prozess, so dass für alle ω und t $(X_t(\omega), t)$ im Definitionsbereich von G liegt. Dann gilt für $(G(X_t,t))_t$:*

$$G(X_t,t) - G(X_0,0) = \int_0^t \frac{\partial G}{\partial s}(X_s,s)\,ds + \int_0^t \frac{\partial G}{\partial x}(X_s,s)\,d(X_s) + \frac{1}{2}\int_0^t \frac{\partial^2 G}{\partial x^2}(X_s,s)\,d\langle X\rangle_s$$

Beispiel 315 *Es sei $(X_t) = (W_t)$ $(= \int_0^t 1\,d(W_s))$ und $G(x.t) = e^{\sigma x - \sigma^2 t/2}$ mit $\sigma \in \mathbb{R}\setminus\{0\}$. Dann gilt*

$$\frac{\partial G}{\partial t}(x,t) = -\frac{\sigma^2}{2}G(x.t) \quad \frac{\partial G}{\partial x}(x,t) = \sigma G(x.t) \quad \frac{\partial^2 G}{\partial x^2}(x,t) = \sigma^2 G(x.t)$$

12.3 Stochastische Integration

Dies ergibt nach der Itô-Formel

$$\begin{aligned} e^{\sigma W_t - \sigma^2 t/2} &= 1 + \int_0^t -\frac{\sigma^2}{2} G(W_s, s)\, ds + \int_0^t \sigma G(W_s, s)\, d(W_s) + \frac{1}{2} \int_0^t \sigma^2 G(W_s, s)\, ds \\ &= 1 + \sigma \int_0^t G(W_s, s)\, d(W_s) = 1 + \sigma \int_0^t e^{\sigma W_t - \sigma^2 t/2}\, d(W_s) \end{aligned}$$

Insbesondere ist $\left(e^{\sigma W_t - \sigma^2 t/2}\right)_{t \in [0, \infty)}$ *nach Satz 295 und Beispiel 294 ein stetiges Martingal. Darüber hinaus ist dieser Prozess die Lösung der stochastischen Differentialgleichung*

$$d(X_t) = \sigma X_t\, d(W_t)$$

mit der Anfangswertbedingung $X_0 = 1$.

Beispiel 316 *Ein reines Rechenbeispiel. Es sei*

$$X_t = -1 + \int_0^t s^2 W_s\, ds + \int_0^t \sin(s)\, d(W_s) \quad \text{und} \quad G(x,t) = tx^3 + 4t^2 x^2 + 5$$

Die benötigten partiellen Ableitungen von G sind dann

$$\frac{\partial G}{\partial t}(x,t) = x^3 + 8tx^2 \qquad \frac{\partial G}{\partial x}(x,t) = 3tx^2 + 8t^2 x \qquad \frac{\partial^2 G}{\partial x^2}(x,t) = 6tx + 8t^2$$

und der quadratische Variationsprozess von (X_t) ist

$$\langle X_t \rangle = \int_0^t \sin^2 s\, ds$$

Damit folgt:

$$\begin{aligned} G(X_t, t) &= 5 + \int_0^t X_s^3 + 8s X_s^2\, ds + \int_0^t \left(3s X_s^2 + 8s^2 X_s\right) s^2 W_s\, ds \\ &\quad + \int_0^t \left(3s X_s^2 + 8s^2 X_s\right) \sin s\, d(W_s) + \frac{1}{2} \int_0^t \left(6s X_s + 8s^2\right) \sin^2 s\, ds \\ &= 5 + \int_0^t X_s^3 + 8s X_s^2 + \frac{1}{2}\left(6s X_s + 8s^2\right) \sin^2 s + \left(3s X_s^2 + 8s^2 X_s\right) s^2 W_s\, ds \\ &\quad + \int_0^t \left(3s X_s^2 + 8s^2 X_s\right) \sin s\, d(W_s) \end{aligned}$$

Beispiel 317 *Es sei* $(X_t) = (W_t)$ *und* $G(x,t) = (T-t)x$ *mit* $T \in (0, \infty)$. *Dann gilt*

$$\frac{\partial G}{\partial t}(x,t) = -x \qquad \frac{\partial G}{\partial x}(x,t) = T - t \qquad \frac{\partial^2 G}{\partial x^2}(x,t) = 0$$

Dies ergibt nach der Itô-Formel

$$\begin{aligned} G(X_t, t) &= \int_0^t -W_s\, ds + \int_0^t (T-s)\, d(W_s) \\ &= \int_0^t -W_s\, ds + T W_t - \int_0^t s\, d(W_s). \end{aligned}$$

Andererseits gilt nach Definition

$$G(X_t, t) = (T-t) W_t$$

also $G(X_T, T) = 0$, d.h. die Summanden auf der rechten Seite heben sich gegenseitig auf. Also gilt für $t = T$

$$\int_0^t W_s\, ds = t \cdot W_t - \int_0^t s\, d(W_s)$$

und da T beliebig ist, gilt dies sogar für alle $t \geq 0$. Diese Gleichung ist umso bemerkenswerter, als der stochastische Prozess auf der linken Seite nur differenzierbare Pfade hat, wohingegen die Prozesse auf der rechten Seite beide (a.s.) Pfade mit unendlicher Variation haben. Wer angesichts dieser Gleichung Zweifel an der Richtigkeit des Beweisführung bekommt (sie wären unberechtigt), möge bedenken, dass auch bei der Addition von Zahlen ähnliche Phänomene auftreten (z.B. lässt sich jede natürlich Zahl als Differenz zweier transzendenter Zahlen darstellen) - oder die Gleichung einfacher direkt durch Anwendung der Itô-Formel auf $(X_t) = (W_t)$ und $G(x,t) = xt$ beweisen.

Beispiel 318 Bei der einführenden Diskussion stochastischer Differentialgleichungen haben wir gemutmaßt, dass eine solche Gleichung mit zeitabhängiger, aber nicht stochastischer Volatilität

$$dX_t = b(t) d(W_t)$$

als Lösung einen Prozess der Art $Y_t = B(t)W_t$ haben könnte. Die Itô-Formel angewandt auf (W_t) und $G(x,t) = x \cdot b(t)$ zeigt, dass die Mutmaßung nur bei konstanten Werten $b(t)$ richtig ist:

$$Y_t = Y_0 + \int_0^t b'(s)\, ds + \int_0^t b(t) d(W_t)$$

Ist b nämlich nicht konstant, so ist der mittlere Summand ungleich 0 und die Darstellung eines Prozesses als Itô-Prozess ist eindeutig. Setzt man allerdings

$$B(t) = \left[\frac{1}{t}\int_0^t b^2(s)\, ds\right]^{1/2}$$

so haben für jedes t X_t und Y_t den gleichen Erwartungswert (0) und die gleiche Varianz (s. Satz 295), die Prozesse sind aber nicht gleich. (X_t) ist ein Martingal, (Y_t) ist es bei nicht konstantem B nicht, wie man auch anhand der folgenden Gleichungen sieht ($0 < s < t$): $\mathcal{E}(Y_t|\mathcal{F}_s) = \mathcal{E}(B(t)W_t|\mathcal{F}_s) = B(t)\mathcal{E}(W_t|\mathcal{F}_s) = B(t)W_s$.

Wenden wir uns nun dem Fall zu, wo $\mathfrak{X}$ durch eine Differentialgleichung (12.6) gegeben ist, also

$$dX_t = a(X_t, t)\, dt + b(X_t, t)\, dW_t, \qquad (12.25)$$

so gilt nach Satz 308 für den quadratischen Variationsprozess von X:

$$d\langle X\rangle_t = b^2(X_t, t)\, dt.$$

Damit liest sich die Itô-Formel wie folgt:

$$\begin{aligned} G(X_t, t) - G(X_0, 0) &= \int_0^t \frac{\partial G}{\partial s}(X_s, s)\, ds + \int_0^t \frac{\partial G}{\partial x}(X_s, s)\, d(X_s) \\ &\quad + \frac{1}{2}\int_0^t \frac{\partial^2 G}{\partial x^2}(X_s, s)\, b^2(X_s, s)\, ds \end{aligned}$$

12.3 Stochastische Integration

Ersetzt man hierin noch $d(X_s)$ durch die rechte Seite von (12.25), so ergibt dies:

$$\begin{aligned}
& G(X_t, t) - G(X_0, 0) \\
&= \int_0^t \left[\frac{\partial G}{\partial s}(X_s, s) + \frac{\partial G}{\partial x}(X_s, s)\, a(X_s, s) + \frac{1}{2} \frac{\partial^2 G}{\partial x^2}(X_s, s)\, b^2(X_s, s) \right] ds \\
&\quad + \int_0^t \frac{\partial G}{\partial x}(X_s, s)\, b(X_s, s)\, d(W_s)
\end{aligned}$$

Durch Übergang zur Differentialschreibweise erhält man

$$\begin{aligned}
dG(X_t, t) &= \left[\frac{\partial G}{\partial t}(X_t, t) + \frac{\partial G}{\partial x}(X_t, t)\, a(X_t, t) + \frac{1}{2} \frac{\partial^2 G}{\partial x^2}(X_t, t)\, b^2(X_t, t) \right] dt \\
&\quad + \frac{\partial G}{\partial x}(X_t, t)\, b(X_t, t)\, d(W_t).
\end{aligned}$$

Lässt man hierin noch die achtmal immer gleich vorkommenden Argumente $...(X_t, t)$ weg, ersetzt (wie in Gleichung (12.6)) $d(W_t)$ durch dW und schreibt $G \circ X$ anstelle von $G(X_t, t)$, so ist man schließlich bei der Gleichung

$$d(G \circ X) = \left[\frac{\partial G}{\partial t} + \frac{\partial G}{\partial x} \cdot a + \frac{1}{2} \frac{\partial^2 G}{\partial x^2} \cdot b^2 \right] dt + \frac{\partial G}{\partial x} \cdot b\, dW \qquad (12.26)$$

angelangt. Dies ist die Form, in der die Itô-Formel in 7.1.3 angegeben ist und benutzt wird. Wichtig ist hierbei noch, dass der Wiener-Prozess W von $d(G \circ X)$ mit dem von dX übereinstimmt, d.h. es sind nicht nur gleichartige, sondern sogar **dieselben** Prozesse.

In der Analysis gibt es neben dem Hauptsatz der Differential- und Integralrechnung und der Kettenregel als weitere Standardformel die Produktregel der Differentiation, der die partielle Integration entspricht. Auch hierzu gibt es ein Analogon in der stochastischen Integration.

Satz 319 *(Produktregel, partielle Integration)* (X_t) *und* (Y_t) *seien Itô-Prozesse mit*

$$\begin{aligned}
X_t &= X_0 + \int_0^t K_s\, ds + \int_0^t H_s\, d(W_s) \\
Y_t &= Y_0 + \int_0^t L_s\, ds + \int_0^t G_s\, d(W_s)
\end{aligned}$$

Dann ist das Produkt $(X_t Y_t)$ *ein Itô-Prozess mit*

$$X_t Y_t = X_0 Y_0 + \int_0^t (X_s L_s + Y_s K_s + H_s G_s)\, ds + \int_0^t (X_s G_s + Y_s H_s)\, d(W_s)$$

In Differentialschreibweise:

$$d(X_t Y_t) = (X_t L_t + Y_t K_t + H_t G_t)\, dt + (X_t G_t + Y_t H_t)\, d(W_t)$$

Die Produktregel ist eine leichte Folgerung der mehrdimensionalen Itô-Formel (s. Satz 346).

12.4 Arbitragefreiheit und Vollständigkeit

Mit der Definition von Itô-Prozessen ist der allgemeine Rahmen gegeben, in dem zeitstetige Prozesse für Zwecke der Modellierung von Kursprozessen der Finanzmärkte eingesetzt werden können. Diese Modelle wollen wir jetzt untersuchen, wobei wir uns auf den eindimensionalen Fall und insbesondere das Black-Scholes-Modell konzentrieren. Erst im letzten Unterabschnitt wird die allgemeine Situation beschrieben. Es gibt eine große Übereinstimmung mit den Ergebnissen zu diskreten Mehrperiodenmodelle im Allgemeinen und Binomialmodellen im Besonderen.

12.4.1 Die Brownsche Filtration und der Martingal-Darstellungssatz

Wir haben gesehen, dass man ausgehend von einer einzigen Brownschen Bewegung $\mathfrak{W} = (W_t)_{t \in [0, \infty)}$ mit Hilfe der stochastischen Integration und der Itô-Formel eine ganze Reihe weiterer stochastischer Prozesse bilden kann, z.B.

$$X_t = \int_0^t W_s \, ds \quad \text{oder} \quad Y_t = \int_0^t (s^2 + 1) \, d(W_s) \quad \text{oder} \quad Z_t = \exp(W_t + 7t)$$

Von diesen so erhaltenen Prozessen kann man wieder Integrale bilden oder man kann sie in Funktionen einsetzen usw. usw. Es stellt sich die Frage, welche Prozesse man auf diese Art und Weise überhaupt erhalten kann, insbesondere welche Martingale. Diese Frage erscheint zunächst vielleicht von rein mathematischem Interesse, aber sie hat auch ganz wesentliche Aspekte der Anwendung.

Allen Prozessen, die auf die soeben geschilderte Art und Weise konstruiert werden können, ist eines gemeinsam: ihre Stochastik, also ihre Zufallskomponente, lässt sich auf die Stochastik von (W_t) zurückführen. Wird z.B. (W_t) benutzt, um die Entwicklungsmöglichkeiten einer Aktie S zu beschreiben, also etwa

$$d(S_t) = S_t(\mu dt + \sigma d(W_t))$$

so enthält (W_t) alle Unwägbarkeiten, die mit dem zukünftigen Kursverlauf der Aktie zusammenhängen (im Modell).

Ein wesentlicher Aspekt der Modellierung des Kursverlaufs der Aktie ist, wie schon mehrfach betont, der Wissenszuwachs im Lauf der Zeit, der durch die Filtration $(\mathcal{F}_t)$, zu der (W_t) adaptiert sein soll, modelliert wird. Was lernt man im Lauf der Zeit? Nun zunächst einmal kennt man immer rückblickend den Verlauf des Aktienkurses, aber es werden darüberhinaus auch eine ganze Reihe anderer Dinge bekannt, z.B. auch die Kursverläufe anderer Aktien bis zu diesem Zeitpunkt, die Entwicklung von Zinsen und Wechselkursen oder auch völlig andere Dinge wie z.B. Temperatur und Niederschlagsmenge auf der Zugspitze oder die Ergebnisse der zwischenzeitlich stattgefundenen Bundesligaspiele. Alles dies gehört zum Wissenszuwachs im Lauf der Zeit. Es ist nicht anzunehmen, dass (W_t) dieser Wissenszuwachs entnommen werden kann, denn (W_t) ist durch die Anforderung, den Verlauf der einen Aktie zu modellieren, bereits voll ausgelastet, wie die Gleichung

$$d(W_t) = \frac{-\mu}{\sigma} dt + \frac{d(S_t)}{\sigma S_t}$$

12.4 Arbitragefreiheit und Vollständigkeit

zeigt. Folglich ist kaum zu erwarten, dass durch irgendwelche mathematischen Konstruktionen aus (W_t) der stochastische Prozess des Kursverlaufs einer anderen Aktie (könnte vielleicht noch annähend sein) oder gar der Temperaturentwicklung auf der Zugspitze modelliert werden kann. Anders sieht es aber aus, wenn man sich auf die Dinge konzentriert, die direkt aus dem Aktienkursverlauf ableitbar sind. Hierzu die folgende Definition:

Definition 320 *Es sei $\mathfrak{W} = (W_t)_{t \in I}$ mit $I = [0, \infty)$ oder $I = [0,T]$ eine Brownsche Bewegung auf dem vollständigen Wahrscheinlichkeitsraum $(\Omega, \mathcal{F}, \mathbf{P})$. Dann ist die **Brownsche Filtration** $(\mathcal{F}_t)$ dadurch definiert, dass $\mathcal{F}_t$ die kleinste σ-Algebra ist, die die beiden Bedingungen*
i) $\mathcal{F}_t$ enthält alle Nullmengen und ii) $(W_t)_{t \in I}$ ist $\mathcal{F}_t$-messbar
erfüllt.

Bemerkung 321 *Man beachte, dass bei der Brownschen Filtration $\mathcal{F}_0$ ausser Ω nur Nullmengen enthält. Dies hat zur Folge, dass jede $\mathcal{F}_0$-messbare Abbildung a.s. konstant ist. Insbesondere gilt für jede Zufallsvariable X auf Ω die Gleichung*

$$\mathbf{E}(X) = \mathcal{E}(X|\mathcal{F}_0) \ (a.s.)$$

Denkt man an das Aktienbeispiel, so enthält die Brownsche Filtration also nur Ereignisse, die sich direkt vom Kursverlauf der Aktie ablesen lassen, $\mathcal{F}_t$ besteht also aus den Ereignissen, deren Wahrheitsgehalt zum Zeitpunkt t sicher feststeht und die nur vom Kursverlauf der Aktie abhängen und nicht vom Wetter auf der Zugspitze (mit Ausnahme der Nullmengen, zu denen Bemerkung 271 zu berücksichtigen ist). Betrachtet man nun nur Martingale, die $(\mathcal{F}_t)$-adaptiert sind, so gilt unter gewissen technischen Voraussetzungen tatsächlich, dass jedes solche Martingal aus (W_t) gewonnen werden kann.

Satz 322 *(Martingal-Darstellungssatz) Sei $(M_t)_{t \in [0,T]}$ ein zu der der Brownschen Filtration zu (W_t) adaptiertes Martingal mit $\mathbf{E}(M_T^2) < \infty$. Dann gibt es einen (bis auf Modifikation) eindeutig bestimmten previsiblen adaptierten Prozess $(H_t)_{t \in [0,T]}$ mit*

$$\mathbf{E}\left(\int_0^T H_s^2 \, ds < \infty\right)$$

so dass für alle $t \in [0,T]$ gilt:

$$M_t = M_0 + \int_0^t H_s \, d(W_s) \ a.s.$$

Beweis. [34] Satz 12.10 und Anmerkung 12.11 ∎

Man beachte, dass der Satz die Konsequenz hat, dass jedes zu einer Brownschen Filtration adaptierte Martingal eine stetige Modifikation besitzt. Martingale, die ihrem Wesen nach diskret sind (s. Beispiel 279), können also nicht zu einer Brownschen Filtration adaptiert sein.

12.4.2 Der Satz von Girsanov und das äquivalente Martingalmaß

Bei diskreten Modellen haben wir in Kapitel 5 gesehen, dass es bei Arbitragefreiheit möglich ist, die Wahrscheinlichkeiten der Pfade so zu verändern, dass alle Anlageformen und damit alle Handelsstrategien den gleichen Erwartungswert der Rendite haben, also in eine risikoneutrale Welt passen. Ein Wahrscheinlichkeitsmaß mit dieser Eigenschaft haben wir dort äquivalentes Martingalmaß genannt. Es soll nun untersucht werden, inwieweit das auch in unserem stetigen Modell mit einer risikolosen Anlageform und einer Aktie (und allgemeineren Situationen) möglich ist. Anschaulich ist es durchaus plausibel, dass man z.B. durch Erhöhung der Wahrscheinlichkeit von stark wachsenden Pfaden und Senken der Wahrscheinlichkeit von schwach wachsenden oder sogar fallenden Pfaden die Driftrate erhöhen kann. Aber stetige Prozesse sind sehr komplexe Gebilde, die man nicht einfach dadurch ändern kann, dass man an Pfeile nach Gutdünken neue Zahlen schreibt.

Glücklicherweise gibt es Satz 250 (S. 360), der aufzeigt, wie ein Maßwechsel von einem Wahrscheinlichkeitsmaß $\mathbf{P}$ zu einem äquivalenten Maß $\mathbf{Q}$ vollzogen werden kann: über eine Zufallsvariable

$$Z = \frac{d\mathbf{Q}}{d\mathbf{P}} \text{ mit } Z > 0 \text{ a.s. und } \int_\Omega Z \, d\mathbf{P} = 1$$

und die Festlegung, dass für alle messbaren Teilmengen $A \subset \Omega$ gelten soll

$$\mathbf{Q}(A) = \int_A 1 \, d\mathbf{Q} = \int_A Z \, d\mathbf{P}.$$

Z ist also die Radon-Nikodymsche Ableitung von $\mathbf{Q}$ bezüglich $\mathbf{P}$. Was auf diese Art möglich ist, sagt der folgende Satz.

Satz 323 *(Satz von Girsanov)* $(\mathcal{F}_t)_{t \in [0, T]}$ *sei die Brownsche Filtration der Brownschen Bewegung* $(W_t)_{t \in [0, T]}$ *auf dem Wahrscheinlichkeitsraum* $(\Omega, \mathcal{F}_T, \mathbf{P})$. $\mathfrak{Y} = (Y_t)$ *sei ein previsibler Prozess, der die* **Novikov-Bedingung** *erfüllt:*

$$\mathbf{E}\left[\exp\left(\frac{1}{2} \int_0^t Y_s^2 \, ds\right)\right] < \infty$$

für alle $t \leq T$. *Dann gibt es ein zu* $\mathbf{P}$ *äquivalentes Wahrscheinlichkeitsmaß* $\mathbf{Q}$ *auf* $(\Omega, \mathcal{F}_T)$, *so dass gilt*
i) $\mathbf{Q}$ *hat bezüglich* $\mathbf{P}$ *die Radon-Nikodymsche Ableitung*

$$\frac{d\mathbf{Q}}{d\mathbf{P}} = \exp\left(-\int_0^T Y_s \, d(W_s) - \frac{1}{2} \int_0^T Y_s^2 \, ds\right)$$

ii) Der Prozess $(W_t^Q)_{t \in [0, T]}$ *mit*

$$W_t^Q = W_t + \int_0^t Y_s \, ds$$

ist eine Brownsche Bewegung bezüglich $\mathbf{Q}$.

12.4 Arbitragefreiheit und Vollständigkeit

Zwei unmittelbare Anmerkungen: 1.) Eigenschaft i) besagt also, dass für alle $A \in \mathcal{F}_T$ gilt:
$$\mathbf{Q}(A) = \int_A Z_T(\mathfrak{Y})\, d\mathbf{P}$$
mit
$$Z_t(\mathfrak{Y}) = \exp\left(-\int_0^t Y_s\, d(W_s) - \frac{1}{2}\int_0^t Y_s^2\, ds\right).$$

2.) Durch den Wechsel von $\mathbf{P}$ nach $\mathbf{Q}$ ändert sich der Martingalbegriff. Wenn Y_t nicht identisch null ist, hat (W_t) bezüglich $\mathbf{Q}$ den Drift $-Y_t$, ist also insbesondere kein Martingal. Umgekehrt ist dann W_t^Q kein Martingal bezüglich $\mathbf{P}$.

Beweis. Für einen vollständigen Beweis des Satzes von Girsanov s. [37] oder [40]. An dieser Stelle soll nur darauf eingegangen werden, dass $\mathbf{Q}$ nicht von T abhängt, d.h. ist A $\mathcal{F}_t$-messbar mit $t < T$, so gilt $\mathbf{Q}(A) = \int_A Z_t(\mathfrak{Y})\, d\mathbf{P}$. Wendet man die Itô-Formel auf $X_t = \int_0^t Y_s\, d(W_s) + \frac{1}{2}\int_0^t Y_s^2\, ds$ und $G(x) = e^{-x}$ an, sieht man zunächst:
$$Z_t(\mathfrak{Y}) = 1 - \int_0^t Z_s(\mathfrak{Y})Y_s\, d(W_s)$$

Aus der Novikov-Bedingung lässt sich folgern, dass $(Z_t(\mathfrak{Y}))_t$ ein $\mathbf{P}$-Martingal ist (wüsste man, dass $(Z_s(\mathfrak{Y})Y_s)$ in $\mathbf{L}^2[0,T]$ liegt, so würde das bereits aus Satz 295 folgen). Es gilt nun
$$\begin{aligned}\mathbf{Q}(A) &= \int_\Omega 1_A Z_T(\mathfrak{Y})\, d\mathbf{P} = \mathbf{E}(1_A Z_T(\mathfrak{Y})) = \mathbf{E}\left(\mathcal{E}(1_A Z_T(\mathfrak{Y})|\mathcal{F}_t)\right)\\ &= \mathbf{E}\left(1_A \mathcal{E}(Z_T(\mathfrak{Y})|\mathcal{F}_t)\right) = \mathbf{E}\left(1_A Z_t(\mathfrak{Y})\right)\end{aligned}$$

∎

Bemerkung 324 *Die in dem „Beweis" hergeleitete Konsistenzformel kann man auch mit Hilfe des bedingten Erwartungswerts so ausdrücken:*
$$\mathcal{E}\left(\frac{d\mathbf{Q}}{d\mathbf{P}}\bigg|\mathcal{F}_t\right) = Z_t(\mathfrak{Y})$$

Den Spezialfall des Satzes von Girsanov mit konstantem $\mathfrak{Y} \equiv c > 0$ wollen wir uns genauer ansehen und teilweise auch überprüfen. Die Novikov-Bedingung ist offensichtlich erfüllt, $(Z_t(\mathfrak{Y}) \cdot c)_t$ liegt sogar in $\mathbf{L}^2[0,T]$. Somit sind die Voraussetzungen des Satzes erfüllt. Betrachten wir zunächst den Maßwechsel. Aufgrund allgemeiner Eigenschaften der e-Funktion und nach Beispiel 315 sieht man auch so, dass

$$Z_t = Z_t(\mathfrak{Y}) = \exp\left(-\int_0^t c\, d(W_s) - \frac{1}{2}\int_0^t c^2\, ds\right) = \exp\left(-cW_t - \frac{1}{2}c^2 t\right) \quad (12.27)$$

die Anforderungen
$$Z_t > 0 \text{ a.s.} \quad \text{und} \quad \int_\Omega Z_t\, d\mathbf{P} = 1$$

an die Radon-Nikodymsche Ableitung eines Maßwechsels erfüllt. Wenden wir uns jetzt dem gemäß des Satzes neuen Martingal
$$W_t^Q = W_t + ct$$

zu. Man sieht zunächst, dass **Q** tendentiell die richtigen Eigenschaften hat: Ist z.B. A das Ereignis „$W_t > x$", so gilt offenbar $\mathbf{Q}(A) < \mathbf{P}(A)$ für $x > -ct/2$, da dann der rechte Ausdruck in Gleichung 12.27 für alle $\omega \in A$ kleiner als 1 ist. Umgekehrt gilt entsprechend $\mathbf{Q}(W_t < x) > \mathbf{P}(W_t < x)$ für $x < -ct/2$. Um genauere Aussagen über die Verteilung von W_t^Q bezüglich **Q** machen zu können, benötigen wir den folgenden Hilfssatz (ohne Beweis, aber die '$\Longrightarrow$'-Richtung haben wir bereits bei der Diskussion der Lognormalverteilung gesehen).

Lemma 325 *Eine Zufallsvariable X ist genau dann $N(\mu, \sigma^2)$-verteilt bezüglich eines Wahrscheinlichkeitsmaßes **P**, wenn wenn für alle $\alpha \in \mathbb{R}$ gilt*

$$\mathbf{E_P}\left(e^{\alpha X}\right) = e^{\alpha \mu + \frac{1}{2}\alpha^2 \sigma^2}$$

Mit Hilfe des Lemmas lässt sich zeigen, dass W_t^Q bezüglich **Q** normalverteilt ist mit Erwartungswert 0 und Varianz t. Sei also $\alpha \in \mathbb{R}$. Dann gilt

$$\begin{aligned}
\mathbf{E_Q}\left[\exp\left(\alpha W_t^Q\right)\right] &= \mathbf{E_P}\left[\tfrac{d\mathbf{Q}}{d\mathbf{P}} \exp\left(\alpha W_t^Q\right)\right] \\
&= \mathbf{E_P}\left[\exp\left(-c W_t - \tfrac{1}{2}c^2 t\right) \cdot \exp\left(\alpha W_t + \alpha c t\right)\right] \\
&= \mathbf{E_P}\left[\exp\left((\alpha - c) W_t\right) \cdot \exp\left(\alpha c t - \tfrac{1}{2}c^2 t\right)\right] \\
&= \exp\left(\alpha c t - \tfrac{1}{2}c^2 t\right) \mathbf{E_P}\left[\exp\left((\alpha - c) W_t\right)\right] \\
&= \exp\left(\alpha c t - \tfrac{1}{2}c^2 t\right) \exp\left(\tfrac{1}{2}(\alpha - c)^2 t\right) \quad \text{(s. Lemma)} \\
&= \exp\left(\tfrac{1}{2}\alpha^2 t\right)
\end{aligned}$$

Bemerkung 326 *Auf ähnliche Art kann sogar gezeigt werden, dass für $s < t$ die Zufallsvariable $\left(W_t^Q - W_s^Q\right)$ unabhängig von $\mathcal{F}_s$ normalverteilt ist mit Erwartungswert null und Varianz $t - s$. Hierzu muss man sich zunächst überlegen, dass für jeden adaptierten stochastischen Prozess (X_t) die Identität*

$$\begin{aligned}
\mathcal{E}_{\mathbf{Q}}(X_t | \mathcal{F}_s) \cdot \mathcal{E}_{\mathbf{P}}\left(\tfrac{d\mathbf{Q}}{d\mathbf{P}} | \mathcal{F}_s\right) &= \mathcal{E}_{\mathbf{P}}\left[X_t \tfrac{d\mathbf{Q}}{d\mathbf{P}} | \mathcal{F}_s\right] \\
&= \mathcal{E}_{\mathbf{P}}\left[X_t \cdot \mathcal{E}_{\mathbf{P}}\left(\tfrac{d\mathbf{Q}}{d\mathbf{P}} | \mathcal{F}_t\right) | \mathcal{F}_s\right] \quad (a.s.)
\end{aligned}$$

gilt. Dies folgt aus der Eindeutigkeit des bedingten Erwartungswerts mit Hilfe der für alle $A \in \mathcal{F}_s$ gültigen Formel

$$\int_A X_t \, d\mathbf{Q} = \int_A \mathcal{E}_{\mathbf{Q}}(X_t | \mathcal{F}_s) \, d\mathbf{Q}.$$

Anschließend zeigt man analog zu der Argumentation oben, dass für alle $\alpha \in \mathbb{R}$ gilt:

$$\mathcal{E}_{\mathbf{Q}}(\exp\left[\alpha \left(W_t^Q - W_s^Q\right)\right] | \mathcal{F}_s) = \exp\left(\tfrac{1}{2}\alpha^2 (t - s)\right).$$

Da die rechte Seite der Gleichung konstant ist, bedeutet das, dass für jedes $A \in \mathcal{F}_s$ gilt:

$$\int_A \exp\left[\alpha \left(W_t^Q - W_s^Q\right)\right] d\mathbf{Q} = \exp\left(\tfrac{1}{2}\alpha^2 (t - s)\right) \cdot \mathbf{Q}(A).$$

12.4 Arbitragefreiheit und Vollständigkeit

Setzt man jetzt wieder Lemma 325 ein, so sieht man, dass für alle Ereignisse $A \in \mathcal{F}_s$ mit $\mathbf{Q}(A) > 0$ die Zufallsvariable $W_t^Q - W_s^Q$ gemäß der bedingten Wahrscheinlichkeit $\mathbf{Q}_A$ mit

$$\mathbf{Q}_A(B) = \frac{\mathbf{Q}(B \wedge A)}{\mathbf{Q}(A)} \quad (B \in \mathcal{F}_s)$$

normalverteilt ist mit Erwartungswert null und Varianz $t-s$. Die Ausführung der Details zu diesen Überlegungen ist eine sehr empfehlenswerte Übung, die im Grunde gradlinig durchgeführt werden kann, die aber doch ein wenig Vertrautheit mit den in diesem Kapitel entwickelten Begriffen verlangt.

Untersuchen wir weiter, welche Gestaltungsmöglichkeiten $\mathfrak{Y} \equiv c$ bietet. Es sei $\mathfrak{X} = (X_t)$ ein verallgemeinerter Wiener-Prozess (bezüglich $\mathbf{P}$)

$$d(X_t) = a\,dt + b\,d(W_t)$$

Dann gilt also

$$X_t = at + bW_t = (a - bc)t + bW_t^Q$$

d.h. bezüglich $\mathbf{Q}$ ist $\mathfrak{X}$ ebenfalls ein verallgemeinerter Wiener-Prozess, aber mit einer anderen Driftrate. Durch Übergang zu einem äquivalenten Wahrscheinlichkeitsmaß kann also die Driftrate beliebig verändert werden (denn c ist ja beliebig). Dies gilt sogar noch viel allgemeiner. Sei (X_t) mit

$$X_t = X_0 + \int_0^t K_s\,ds + \int_0^t H_s\,d(W_s)$$

ein Itô-Prozess mit $H_s(\omega) > 0$ für alle s, ω. Ist dann ein Prozess (L_t) derart, dass (Y_t) mit

$$Y_t = \frac{K_t - L_t}{H_t}$$

die Voraussetzungen des Satzes von Girsanow erfüllt, so hat (X_t) bezüglich des durch (Y_t) induzierten äquivalenten Wahrscheinlichkeitsmaßes $\mathbf{Q}$ die Darstellung

$$X_t = X_0 + \int_0^t L_s\,ds + \int_0^t H_s\,d(W_s^Q)$$

Die Argumentation hierzu ist exakt wie oben. Die Driftrate ist also durch einen Maßwechsel weitgehend manipulierbar. Für den Volatilitätsprozess (H_t) gilt das nicht. Er bleibt bei jeder derartigen Transformation der Gleiche.

Bemerkung 327 *Es wäre denkbar, dass es außer den beschriebenen weitere äquivalente Wahrscheinlichkeitsmaße auf $\mathcal{F}_T$ gibt, aber das ist nicht der Fall. Mit Hilfe des Martingal-Darstellungssatzes lässt sich zeigen, dass jedes zu $\mathbf{P}$ äquivalente Wahrscheinlichkeitsmaß durch eine Girsanov-Transformation mit einem geeigneten stochastischen Prozess (Y_t) erhalten werden kann, der aber nicht in allen Fällen die Novikov-Bedingung erfüllt (s. Proposition 31, S. 154 in [40]).*

Als nächstes untersuchen wir den angenommen stochastischen Prozess einer Aktie ohne Dividende, der in Differentialschreibweise lautet:

$$d(S_t) = S_t(\mu dt + \sigma d(W_t))$$

Wir setzen $\mathfrak{Y} \equiv c = (\mu - r)/\sigma$, wobei r der als konstant angenommene stetige risikolose Zinssatz ist. Dann hat (S_t) bezüglich **Q** die folgende Darstellung als Itô-Prozess:

$$d(S_t) = S_t \left[\mu dt + \sigma \left(d\left(W_t^Q\right) - \frac{\mu - r}{\sigma} dt\right)\right] = S_t(r\, dt + \sigma d\left(W_t^Q\right))$$

d.h. bezüglich dieses Maßes hat (S_t) die gleiche Driftrate wie der Cashbond B, der natürlich (da als nicht stochastisch angenommen) auch unter **Q** durch

$$d(B_t) = rB_t\, dt$$

beschrieben wird. Der diskontierte Prozess $\left(\widetilde{S}_t\right)$ zu (S_t):

$$\widetilde{S}_t = e^{-rt} S_t$$

genügt nach der Itô-Formel der Gleichung (unter **P**)

$$d\left(\widetilde{S}_t\right) = \widetilde{S}_t((\mu - r)\, dt + \sigma d(W_t))$$

hat also bezüglich **Q** die Darstellung

$$d\left(\widetilde{S}_t\right) = \widetilde{S}_t \sigma d\left(W_t^Q\right)$$

ist also nach Satz 295 ein **Q**-Martingal. Fassen wir zusammen:

Satz 328 *Der Prozess einer Aktie ohne Dividende sei gegeben durch*

$$d(S_t) = S_t(\mu dt + \sigma d(W_t))$$

r sei der als konstant angenommene stetige risikolose Zinssatz. Dann liefert die Girsanov-Transformation mit dem konstanten Prozess $\mathfrak{Y} \equiv c = (\mu - r)/\sigma$ ein Wahrscheinlichkeitsmaß **Q**, *bezüglich dessen der diskontierte Preisprozess $\left(\widetilde{S}_t\right)$ der Aktie ein Martingal mit konstanter Volatilität σ ist. Das Maß* **Q** *heißt* **äquivalentes Martingalmaß** *(zu* **P***) und wird ab jetzt mit* **Q*** *bezeichnet. Es ist das einzige äquivalente Wahrscheinlichkeitsmaß, das $\left(\widetilde{S}_t\right)$ zu einem Martingal macht.*

Beweis. Fraglich ist nur noch die Eindeutigkeit. Sie folgt aber aus der Umkehrung des Satzes von Girsanov. ∎

Bemerkung 329 *1. Die Eindeutigkeit von* **Q*** *gilt nur bezüglich der Brownschen Filtration.*
2. Der Satz gilt natürlich nicht nur für konstante r, μ und σ, sondern immer dann, wenn der analog definierte Prozess $\mathfrak{Y}$ die Voraussetzungen des Satzes von Girsanov erfüllt. Liegt $\left(\widetilde{S}_t \sigma\right)$ nicht für alle t in $\mathbf{L}^2[0,t]$, so kann es allerdings vorkommen, dass $\left(\widetilde{S}_t\right)$ nur ein lokales Martingal ist.

12.4 Arbitragefreiheit und Vollständigkeit

Wir haben mit dem letzten Satz also eine Situation hergestellt, die völlig analog zu den diskreten Modellen ist. Durch den Übergang zu einem äquivalenten Wahrscheinlichkeitsmaß kann eine Situation erzeugt werden, in der alle Anlageformen (es sind nur B und S) zu jedem Zeitpunkt, in jeder Situation und bezüglich jedes Zeitraums die gleiche Rendite erwarten lassen. Da erscheint es plausibel, dass man durch zwischenzeitlichen Handel seine Situation nicht verbessert (was die zu erwartende Rendite bestrifft) und somit auch keine Arbitragemöglichkeiten vorhanden sind. Mit dieser Fragestellung beschäftigen wir uns genauer im nächsten Abschnitt.

Bemerkung 330 *An verschiedenen Stellen in diesem Abschnitt haben wir benutzt, dass das stochastische Integral (und damit auch die Differentialschreibweise) sich nicht ändert, wenn man eine Girsanov-Transformation durchführt. Das ist richtig (s. 5.6 S. 196 in [37]), aber nicht selbstverständlich, denn zur Einführung des Itô-Integrals waren Wahrscheinlichkeitsargumente erforderlich. Darüberhinaus war das Itô-Integral in engem Bezug zu einer speziellen Brownschen Bewegung eingeführt worden. Ausschlaggebend ist letztlich, dass sich der Begriff der „Konvergenz nach Wahrscheinlichkeit" durch den Übergang zu einem äquivalenten Wahrscheinlichkeitsmaß nicht ändert (siehe Proposition 249).*

12.4.3 Handelsstrategien und Arbitragefreiheit

Auch in diesem Abschnitt bleiben wir im Rahmen eines Black-Scholes-Modells, d.h. es gibt eine Aktie S mit $d(S_t) = S_t(\mu dt + \sigma d(W_t))$ und eine risikolose Anlageform, den Cashbond B mit $d(B_t) = rB_t\, dt$ und $B_0 = 1$. Betrachtet wird das Zeitintervall $[0, T]$. $(\mathcal{F}_t)$ bezeichnet die Brownsche Filtration zu (W_t).

Als erstes soll definiert werden, was eine selbstfinanzierende Handelsstrategie ist. Die Vorstellung ist, dass es wie bei den endlichen diskreten Modellen eine planvolle Vorgehensweise sein soll, ausgehend von einem Ausgangsvermögen, der Grundausstattung V_0, je nach Entwicklung des Aktienkurses Aktien zu kaufen oder zu verkaufen.

Annahme 331 *Freie Geldbeträge werden zu dem risikolosen Zinssatz r angelegt, fehlende zu dem gleichen Zinssatz geliehen. Es sind auch Leerverkäufe erlaubt, also negative Bestände in der Aktie zulässig. Zu jedem Zeitpunkt darf gehandelt werden, Transaktionskosten gibt es keine, Steuern spielen keine Rolle. Es gibt beliebig kleine Aktienanteile. Ferner wird auch wieder angenommen, dass die Transaktionen den Aktienkurs nicht beeinflussen, dass der Ausführende der Strategie also ein „kleiner" Investor ist.*

Die Anzahl der Aktien, die der Investor zum Zeitpunkt t besitzt, bezeichnen wir mit H_t, der verfügbare (oder geliehenen) Geldbetrag betrage L_t Einheiten Cashbond (habe also den Wert $e^{rt}L_t$). L_t und H_t sind Zufallsvariablen, die $\mathcal{F}_t$-messbar sein müssen, denn hellseherische Fähigkeiten soll der Investor für die Strategie nicht besitzen müssen. Eine elementare Strategie könnte nun so aussehen, dass der Investor im Vorhinein n Zeitpunkte $0 = t_0 < ... < t_n = T$ auswählt, zu denen er aufgrund des Aktienkursverlaufs bis zu den Zeitpunkten t_i (einschließlich) sein Portfolio umschichten will (oder unverändert lässt). Unmittelbar nach den Zeitpunkten t_i verfügt er also über ein evtl. verändertes Portfolio, das bis zum Zeitpunkt t_{i+1} unverändert bleibt. Dies entspricht genau der Situation bei den diskreten Modellen und führt dazu, dass $\mathfrak{H} = (H_t)$ ein einfacher Prozess ist, wie wir sie bei der Einführung des Itô-Integrals definiert haben (es sei $H_i = H_{t_{i+1}}$ die Anzahl Aktien, die im Zeitintervall $(t_i, t_{i+1}]$ gehalten werden):

$$\mathfrak{H} = H_0 \cdot \mathbf{1}_{[t_0, t_1]} + \sum_{i=1}^{n-1} H_i \cdot \mathbf{1}_{(t_i, t_{i+1}]}$$

Entsprechend verhält es sich mit dem Prozess $\mathfrak{L} = (L_t)$:

$$\mathfrak{L} = L_0 \cdot \mathbf{1}_{[t_0, t_1]} + \sum_{i=1}^{n-1} L_i \cdot \mathbf{1}_{(t_i, t_{i+1}]}$$

Eine Handelsstrategie könnte aber auch sein, dass der Investor sich überlegt, dass er bei bestimmten Ereignissen, aber zu völlig beliebigen Zeitpunkten agieren will, z.B. gemäß „Verkaufe x Aktien, wenn der Aktienkurs den Wert y erreicht oder überschreitet". Dies kann dadurch im Modell abgebildet werden, dass man in den obigen Gleichungen die festen Zeitpunkte t_i durch Stoppzeiten τ_i ersetzt:

$$\mathfrak{H} = H_0 \cdot \mathbf{1}_{[0, \tau_1]} + \sum_{i=1}^{n-1} H_i \cdot \mathbf{1}_{(\tau_i, \tau_{i+1}]}$$

(entsprechend bei $\mathfrak{L}$). Ist n sehr groß (z.B. $t_{i+1} - t_i = 1$ Sekunde), so besteht zumindest in der Realität kein allzu großer Unterschied zwischen den beiden Ansätzen. Etwas anderes als diese beiden Ansätze dürfte in der Praxis kaum zu verwirklichen sein, aber wir bewegen uns in einem stetigen Modell. Daher erlauben wir konsequenterweise auch solche Prozesse, zu denen man durch Grenzübergänge der geschilderten elementaren Handelsstrategien gelangt, was zu der folgenden Definition führt:

Definition 332 *Eine **Handelsstrategie** (L_t, H_t) besteht aus previsiblen Prozessen (H_t) und (L_t), wobei H_t den Aktienbestand und L_t den Geldbestand in Einheiten Cashbond zum Zeitpunkt t angibt, die die folgenden Bedingungen erfüllen:*

$$\int_0^T |L_s|\, ds < \infty \ (a.s.) \text{ und } \mathbf{E}\left(\int_0^T \left(H_s S_s \sigma e^{-rs}\right)^2 ds\right) < \infty$$

Die beiden angegebenen Bedingungen sind in der Praxis in keiner Weise einschränkend. Sie sind z.B. erfüllt, wenn der verfügbare (oder geliehene) Geldbetrag niemals höher ist als das insgesamt auf der Welt vorhandene Geld und der Aktienbestand (long oder short) niemals die insgesamt vorhandene Anzahl Einheiten der Aktie übersteigt (s. auch Beispiel 294 auf S. 390). Dieser Spielraum sollte für einen „kleinen" Investor ausreichend sein.

Bemerkung 333 *Dennoch wird in der Regel in der Literatur die zweite Bedingung abgeschwächt zu*

$$\int_0^T H_s^2\, ds < \infty \ a.s.$$

Dies führt aber zu Komplikationen in der anschliessend folgenden Beweisführung und erfordert zusätzlich die Einführung des Begriffs der „zulässigen" Handelsstrategie, um zu den gewünschten Ergebnissen zu kommen (vgl. Bemerkung am Ende dieses Abschnitts).

12.4 Arbitragefreiheit und Vollständigkeit

Der **Vermögensprozess** (V_t) einer Handelsstrategie gibt an, welchen Wert das zu der Strategie gehörende Portfolio jeweils hat:

$$V_t = L_t B_t + H_t S_t$$

Die Handelsstrategien, die wir betrachten wollen, sollen nun selbstfinanzierend sein, d.h. es soll während des Prozesses von außen kein Geld hinzugefügt und es soll auch kein Geld entnommen werden. D.h. aber, dass sich das Vermögen zu jedem Zeitpunkt t aus dem Anfangsvermögen zuzüglich der Gewinne und abzüglich der Verluste bis zum Zeitpunkt t ergeben muss. Im Beispiel der einfachen Handelsstrategie heißt das, dass gelten muss

$$V_t = V_0 + \sum_{i=0}^{n-1} L_i \left[B_{t_{i+1} \wedge t} - B_{t_i \wedge t}\right] + \sum_{i=0}^{n-1} H_i \left[S_{t_{i+1} \wedge t} - S_{t_i \wedge t}\right]$$

$(t_i \wedge \tau = \min(t_i, \tau))$. Die beiden Summen sind aber gerade die stochastischen Integrale der einfachen Prozesse $\mathfrak{L}$ und $\mathfrak{H}$ bzgl. der Integratoren $d(B)$ bzw. $d(S_t)$. Folgerichtig definieren wir

Definition 334 *Eine Handelsstrategie* (L_t, H_t) *heißt* **selbstfinanzierend**, *wenn für den Vermögensprozess* (V_t) *gilt*

$$V_t = V_0 + \int_0^t L_t\, d(B_t) + \int_0^t H_t\, d(S_t)$$

Die interessante Frage ist nun, was man mit Hilfe einer solchen Strategie alles erreichen kann. Der Schlüssel zur Beantwortung dieser Frage ist das im vorigen Abschnitt beschriebene äquivalente Martingalmaß $\mathbf{Q}^*$. $\left(\widetilde{B}_t\right)$ und $\left(\widetilde{S}_t\right)$ sind Martingale bezüglich $\mathbf{Q}^*$, d.h. sie lassen in keiner Situation Gewinne oder Verluste erwarten. Da sollte man eigentlich auch vermuten, dass man durch Wechsel zwischen diesen beiden Anlageformen auch nicht mehr erreicht. Eine Handelsstrategie, die bezüglich des ursprünglichen Wahrscheinlichkeitsmaßes selbstfinanzierend ist, ist dies auch bezüglich $\mathbf{Q}^*$ und umgekehrt (s. Bemerkung 330). Der diskontierte Vermögensprozess $(\widetilde{V}_t)$ mit $\widetilde{V}_t = e^{-rt} V_t$ einer selbstfinanzierenden Handelsstrategie sollte also bezüglich $\mathbf{Q}^*$ weder Gewinne noch Verluste erwarten lassen. Und in der Tat:

Satz 335 *Der diskontierte Vermögensprozess* $(\widetilde{V}_t)$ *einer selbstfinanzierenden Handelsstrategie ist ein Martingal bezüglich* $\mathbf{Q}^*$. *Es hat die Darstellung*

$$d(\widetilde{V}_t) = H_t d(\widetilde{S}_t)$$

Beweis. Mit Hilfe der Produktregel erhält man

$$\begin{aligned}
d(e^{-rt} V_t) &= e^{-rt} d(V_t) - V_t r e^{-rt} dt \\
&= e^{-rt} \left(L_t d(B_t) + H_t d(S_t)\right) - V_t r e^{-rt} dt \\
&= e^{-rt} \left(L_t r B_t dt + H_t d(S_t)\right) - (L_t B_t + H_t S_t) r e^{-rt} dt \\
&= e^{-rt} \left(H_t d(S_t) - r H_t S_t dt\right) \\
&= H_t \left(e^{-rt} d(S_t) - r e^{-rt} S_t dt\right) \\
&= H_t d(e^{-rt} S_t) \\
&= H_t d(\widetilde{S}_t) \\
&= H_t \sigma e^{-rt} S_t d\left(W_t^{\mathbf{Q}^*}\right)
\end{aligned}$$

Die Behauptung folgt nun aus Satz 295. ∎

Bemerkung 336 *Satz 295 liefert über die Itô-Isometrie sogar die Varianz von $\widetilde{V}_t$, aber nur in der risikoneutralen Welt, also bezüglich des Maßes $\mathbf{Q}^*$. Diese Varianz unterscheidet sich in der Regel von der Varianz bezüglich $\mathbf{P}$.*

Der Satz zeigt die Arbitragefreiheit des Systems, wobei wir analog zu den diskreten Mehrperiodensystemen definieren:

Definition 337 *Eine **Arbitragemöglichkeit** besteht aus einer selbstfinanzierenden Handelsstrategie (L_t, H_t) mit Vermögensprozess (V_t), so dass gilt:*
i) $V_0 = 0$ a.s. (kein Kapitaleinsatz erforderlich)
ii) $V_T \geq 0$ a.s. (kein Risiko)
iii) $\mathbf{E}_\mathbf{P}(V_T) > 0$ (echte Chance auf Gewinn).
*Ein System heißt **arbitragefrei**, wenn es keine Arbitragemöglichkeit enthält.*

Korollar 338 *Das betrachtete System von Anlagemöglichkeiten bestehend aus einer Aktie S und dem Cashbond B ist arbitragefrei.*

Beweis. Satz 335 besagt, dass es in der risikoneutralen Welt, also bezüglich des äquivalenten Martingalmaßes $\mathbf{Q}^*$ anstelle von $\mathbf{P}$, keine Arbitragemöglichkeiten gibt. Mit Hilfe der Definition des Erwartungswerts sieht man aber unmittelbar, dass äquivalente Maße die gleichen Arbitragemöglichkeiten haben. ∎

Bemerkung 339 *Wie schon oben erwähnt, wird in der Literatur eine Handelsstrategie meistens etwas allgemeiner definiert (vgl. z.B. [40], [34] oder [15]). Das hat aber zur Konsequenz, dass $(\widetilde{V}_t)$ nicht mehr notwendigerweise ein Martingal ist, sondern nur noch ein lokales Martingal. Dann werden nämlich auch Strategien, die der klassischen Roulette-Verdoppelungsstrategie (siehe die Beispiele 279 und 281) entsprechen, selbstfinanzierende Handelsstrategien. Eine solche Strategie besteht darin, bei fallenden Kursen immer so viel nachzukaufen, dass mit einer kleinen Aufwärtsbewegung der angestrebte Gewinn erreicht wird. Solche Strategien ermöglichen Arbitrage, wenn unbeschränkter Kapitaleinsatz möglich ist. Mit Hilfe des Begriffs der Zulässigkeit von Handelsstrategien werden diese Strategien wieder ausgeschlossen. $(\widetilde{V}_t)$ ist dann zumindest ein Supermartingal, was zum Nachweis der Arbitragefreiheit ausreicht. Es gibt aber dann noch so etwas wie „negative Arbitrage". Denn dann bleibt immer noch sinngemäß die zu der Verdoppelungsstrategie inverse „Harakiri"-Strategie zugelassen (immer auf 'rot' setzen und Einsatz verdoppeln, wenn 'rot' kommt; aufhören, wenn das erstemal 'schwarz' kommt). Mit dieser Strategie schafft man es mit Wahrscheinlichkeit 1, den ursprünglichen Einsatz zu verspielen, muss dafür aber unangenehmerweise in Kauf nehmen, zwischenzeitlich möglicherweise unermesslich reich zu sein.*

12.4.4 Optionsbewertung und Vollständigkeit

Wir arbeiten weiterhin unter den Annahmen des vorigen Abschnitts, dessen Ergebnisse es ermöglichen, das bei den Binomialmodellen bereits angewandte Duplikationsprinzip zur Bewertung von Optionen auf das betrachtete stetige Modell zu übertragen. Hierzu definieren wir

12.4 Arbitragefreiheit und Vollständigkeit

Definition 340 *Eine europäische Option (oder europäischer Contingent Claim) CC_e ist eine $\mathcal{F}_T$-messbare Zufallsvariable.*

Dies ist die formale Umsetzung des Begriffs einer europäischen Option. Es ist ein bedingter Anspruch auf eine Zahlung $CC_e(T) = CC_e$ (zum Zeitpunkt T oder auf diesen Zeitpunkt diskontiert), der vom Kursverlauf der Aktie bis zum Zeitpunkt T abhängt. Eine europäische Call- oder Put-Option ist ein Beispiel, aber auch pfadabhängige Optionen - wie zum Beispiel der Anspruch auf Zahlung des maximalen oder des durchschnittlichen Werts des Aktienkurses im Zeitintervall $[0,T]$ - gehören dazu. Man beachte hierzu wieder, dass $(\mathcal{F}_t)$ die Brownsche Filtration ist, also nur Informationen beinhaltet, die unmittelbar mit dem Kursverlauf der Aktie zu tun haben.

Definition 341 *Eine europäische Option CC_e heißt* **absicherbar** *oder* **erreichbar**, *wenn es eine selbstfinanzierende Handelsstrategie (L_t, H_t) mit Vermögensprozess (V_t) gibt, so dass gilt*
$$CC_e(T) = V_T$$

CC_e ist also erreichbar, wenn die damit verbundenen Zahlungen durch eine selbstfinanzierende Handelsstrategie dargestellt werden können. Mit Hilfe dieser Handelsstrategie kann also ein Verkäufer von CC_e das damit verbundene Risiko (zumindest theoretisch) vollständig ausschalten (hedgen). Folgerichtig ist die zu dieser Handelsstrategie erforderliche Grundausstattung V_0 der Arbitragepreis von CC_e zum Zeitpunkt 0. Berücksichtigt man nun noch, dass der diskontierte Vermögensprozess $(\widetilde{V}_t)$ ein Martingal bezüglich $\mathbf{Q}^*$ ist, so folgt:

Satz 342 *Der Arbitragepreis $CC_e(0)$ eines absicherbaren europäischen Contingent Claims CC_e ist gleich*
$$CC_e(0) = \mathbf{E}_{\mathbf{Q}^*}\left(e^{-rT} CC_e(T)\right)$$
(sofern der Erwartungswert existiert). Es ist der einzige Preis, so dass das System von Anlagemöglichkeiten bestehend aus dem Cashbond B, der Aktie S und CC_e keine Arbitragemöglichkeiten enthält.

Die Behauptung des Satzes gilt natürlich auch, wenn die Option während der Laufzeit gehandelt wird, wobei sich zu jedem Zeitpunkt t der aktuelle Wert $CC_e(t)$ der Option durch Anwendung der Formel auf die Restlaufzeit ergibt.

Die verbleibende Frage ist nun, welche europäischen Optionen denn absicherbar sind. Dies ist die Frage nach der **Vollständigkeit** des Systems (vergleiche Abschnitt 5.4.1). Wir haben gesehen, dass die entsprechenden Binomialmodelle vollständig sind. Und in der Tat gilt auch hier:

Satz 343 *Jede europäische Option CC_e mit $\mathbf{E}_{\mathbf{Q}^*}\left(CC_e^2(T)\right) < \infty$ ist durch eine eindeutig bestimmte Handelsstrategie absicherbar. Ist (V_t) der Vermögensprozess dieser Handelsstrategie, so gilt für alle $t \in [0,T]$ die Gleichung $V_t = CC_e(t)$.*

Beweis. Wenn es eine Handelsstrategie mit den gesuchten Eigenschaften gibt, so gilt für deren diskontierten Vermögensprozess $(\widetilde{V}_t)$ die Beziehung $\widetilde{V}_T = e^{-rT}CC_e(T)$. Da $(\widetilde{V}_t)$ ein Martingal bezüglich $\mathbf{Q}^*$ ist, muss gelten:

$$\widetilde{V}_t = \mathcal{E}\left(\widetilde{V}_T | \mathcal{F}_t\right).$$

Damit ist $\widetilde{V}_t$ also schon (a.s.) eindeutig bestimmt, wenn der Prozess existiert. In jedem Fall ist der soeben beschriebene Prozess ein Martingal, so dass also nach dem Martingal-Darstellungssatz ein (a.s.) eindeutiger Prozess (Y_t) existiert mit

$$\widetilde{V}_t = V_0 + \int_0^t Y_s \, d(W_s^{\mathbf{Q}^*})$$

Es gilt also in Differentialschreibweise

$$d\left(\widetilde{V}_t\right) = Y_t d(W_t^{\mathbf{Q}^*})$$

Andererseits gilt nach Satz 335

$$d\left(\widetilde{V}_t\right) = H_t d(\widetilde{S}_t) = H_t \sigma \widetilde{S}_t d\left(W_t^{\mathbf{Q}^*}\right)$$

wobei H_t der „Aktienteil" einer etwaigen Handelsstrategie ist. Da die Darstellung eines Itô-Prozesses eindeutig ist, bleibt damit auch für H_t nur eine Möglichkeit:

$$H_t = \frac{Y_t}{\sigma \widetilde{S}_t}$$

Damit ist schließlich aber auch der „Bondanteil" L_t der Strategie über die Gleichung

$$L_t = \widetilde{V}_t - H_t \widetilde{S}_t$$

eindeutig bestimmt, denn es muss ja gelten

$$V_t = L_t B_t + H_t S_t \text{ (also } \widetilde{V}_t = e^{-rt} V_t = L_t + H_t \widetilde{S}_t\text{)}$$

Somit ist die Eindeutigkeit der Handelsstrategie (L_t, H_t) gezeigt. Der Nachweis, dass die konstruierte Strategie die gewünschten Eigenschaften tatsächlich hat, sei dem Leser zur Übung überlassen. Zum Nachweis der Selbstfinanzierung starte man mit

$$dV_t = d\left[e^{rt}\left(e^{-rt} V_t\right)\right]$$

und der Produktregel (s. auch [34] S.228 f). ∎

Bemerkung 344 *Die Bedingung* $\mathbf{E}_{\mathbf{Q}^*}\left(CC_e^2(T)\right) < \infty$ *ergibt sich aus* $\mathbf{E}_{\mathbf{Q}^*}\left(\widetilde{V}_T^2\right) < \infty$ *für den Vermögensprozess* (V_t) *jeder selbstfinanzierenden Handelsstrategie. Diese Ungleichung ist wiederum Konsequenz unserer technischen Anforderungen an die Prozesse (L_t) und (H_t), von denen wir festgestellt hatten, dass sie in der Praxis keine Einschränkung bedeuten. Wer also eine Option mit* $\mathbf{E}_{\mathbf{Q}^*}\left(CC_e^2(T)\right) = \infty$ *erfindet und verkauft ($\mathbf{E}_{\mathbf{Q}^*}\left(CC_e(T)\right) < \infty$ ist dabei noch möglich), sollte sich darauf einstellen, dass ihre Absicherung ihn möglicherweise überfordert.*

12.4 Arbitragefreiheit und Vollständigkeit

Die in der Bemerkung beschriebene Gefahr besteht bei Standardoptionen nicht. Ein europäischer Call C_e hat einen nichtnegativen Payoff, der niemals den Aktienkurs S_T überschreitet, also gilt

$$\mathbf{E}_{\mathbf{Q}^*}\left(C_e^2(T)\right) \leq \mathbf{E}_{\mathbf{Q}^*}\left(S_T^2\right)$$

S_T ist bezüglich $\mathbf{Q}^*$ lognormalverteilt, also ist auch S_T^2 lognormalverteilt und besitzt somit einen endlichen Erwartungswert. Für einen Put ist der Nachweis noch einfacher, denn hier ist der Payoff durch den Strike nach oben begrenzt.

Für den europäischen Call C_e und den europäischen Put P_e ergibt die arbitragefreie Bewertung nach dem Duplikationsprinzip also die Preise

$$C_e(0) = \mathbf{E}_{\mathbf{Q}^*}\left[e^{-rT}(S_T - K)^+\right] \text{ und } P_e(0) = \mathbf{E}_{\mathbf{Q}^*}\left[e^{-rT}(K - S_T)^+\right]$$

(K = Strike), was wie in 7.2.2 gezeigt zu den Black-Scholes-Preisen führt. Die duplizierende Handelsstrategie ist natürlich das Delta-Hedging, also für den Call

$$\begin{aligned} H_t &= \Phi(d_+(t)) \\ L_t &= -Ke^{-rt}\Phi(d_-(t)) \end{aligned}$$

(siehe Satz 176 und Satz 345). Für eine Einheit Option ist also in keiner Situation mehr als eine Aktie erforderlich.

Auch die Korrektheit der Bewertungsformal eines Forwards F auf die Aktie zum Basispreis K kann leicht nachvollzogen werden.

$$F(0) = \mathbf{E}_{\mathbf{Q}^*}\left[e^{-rT}(S_T - K)\right] = \mathbf{E}_{\mathbf{Q}^*}\left[\tilde{S}_T\right] - \mathbf{E}_{\mathbf{Q}^*}\left[e^{-rT}K\right] = S - e^{-rT}K$$

Die Hedgingstrategie ist die gleiche, die wir zum Nachweis der Formel in dem einführenden Kapitel über Derivate benutzt haben. Es wird während der gesamten Laufzeit eine Aktie gehalten.

Wir sind mit den Ergebnissen dieses Abschnitts jetzt auch in der Lage, den Beweis der Black-Scholes-Differentialgleichung aus Abschnitt 7.2.1 exakter darzustellen.

Satz 345 (*Black-Scholes-Differentialgleichung*) *Wenn der Preis einer absicherbaren europäischen Option als Funktion in t und S_t ausgedrückt werden kann*

$$CC_e(t) = G(S_t, t),$$

wobei die Funktion G die Differenzierbarkeitsvoraussetzungen der Itô-Formel erfüllt, so genügt G für alle $(S,t) \in (0,\infty) \times (0,T)$ der Differentialgleichung

$$rG(S,t) = \frac{\partial G(S,t)}{\partial t} + rS\frac{\partial G(S,t)}{\partial S} + \frac{1}{2}\frac{\partial^2 G(S,t)}{\partial S^2}\sigma^2 S^2.$$

Außerdem gilt für den Aktienanteil H_t der selbstfinanzierenden Handelsstrategie (L_t, H_t), deren Vermögensprozess den Preisprozess einer Einheit Option dupliziert, die Gleichung

$$H_t = \partial G(S,t)/\partial S.$$

Beweis. (V_t) sei der Preisprozess der Handelsstrategie. Dann gilt

$$(V_t) = (CC_e(t)) = (G(S_t, t))$$

und folglich sind auch die diskontierten Prozesse gleich. Nach Satz 335 gilt

$$d(\widetilde{V}_t) = H_t d(\widetilde{S}_t) = H_t \sigma e^{-rt} S_t d\left(W_t^{Q^*}\right)$$

Nach der Produktregel und der Itô-Formel gilt für die rechte Seite

$$\begin{aligned} d\left(\widetilde{G(S_t, t)}\right) &= e^{-rt} d\left(G(S_t, t)\right) - G(S_t, t) r e^{-rt} dt \\ &= e^{-rt} \left(\frac{\partial G(S_t, t)}{\partial t} + r S_t \frac{\partial G(S_t, t)}{\partial S} + \frac{1}{2} \frac{\partial^2 G(S_t, t)}{\partial S^2} \sigma^2 S_t^2 - r G(S_t, t)\right) dt \\ &\quad + e^{-rt} \frac{\partial G(S_t, t)}{\partial S} \sigma S_t d\left(W_t^{Q^*}\right) \end{aligned}$$

Koeffizientenvergleich von dt und $d\left(W_t^{Q^*}\right)$ liefert die beiden Formeln

$$0 = e^{-rt} \left(\frac{\partial G(S_t, t)}{\partial t} + r S_t \frac{\partial G(S_t, t)}{\partial S} + \frac{1}{2} \frac{\partial^2 G(S_t, t)}{\partial S^2} \sigma^2 S_t^2 - r G(S_t, t)\right)$$

und

$$H_t \sigma e^{-rt} S_t = e^{-rt} \frac{\partial G(S_t, t)}{\partial S} \sigma S_t,$$

woraus die Behauptung folgt. ∎

12.4.5 Mehrfaktormodelle

Wie die allgemeinen Resultate bei diskreten Prozessen vermuten lassen, können die Ergebnisse der letzten Abschnitte in vielfacher Hinsicht verallgemeinert werden, insbesondere können sie auf höherdimensionale Systeme übertragen werden. Diese allgemeinen Ergebnisse werden in diesem Abschnitt ohne Angabe technischer Details kurz skizziert. Für ausführlichere Darstellungen sei auf [40], [34] oder [15] verwiesen.

Es sind einige Begriffsbildungen erforderlich. Zunächst einmal definiert man eine **n-dimensionale Brownsche Bewegung** ($n \geq 1$) als Ansammlung von n eindimensionalen Brownschen Bewegungen $\mathfrak{W}_i = (W_i(t))_t$, die unabhängig voneinander ihre Zickzacklinien ziehen. Ein (eindimensionaler) **Itô-Prozess** ist dann ein stochastischer Prozess $\mathfrak{X} = (X(t))$ mit

$$X(t) = X(0) + \int_0^t K(s)\, ds + \sum_{j=1}^n \int_0^t H_j(s)\, d(W_j(s))$$

(aufgrund der jetzt erforderlichen zusätzlichen Indizes setzen wir die Zeitvariable (t oder s) in Klammern). Die Integranden $K(s)$ und $H_i(s)$ müssen hierbei die gleichen Bedingungen erfüllen wie K_s und H_s in Definition 298. Ein **m-dimensionaler Itô-Prozess** besteht aus m eindimensionalen Itô-Prozessen. Es gilt die **mehrdimensionale Itô-Formel**:

12.4 Arbitragefreiheit und Vollständigkeit

Satz 346 *Sei $(X_1(t),...,X_m(t))$ ein m-dimensionaler Itô-Prozess mit*

$$X_i(t) = X_i(0) + \int_0^t K_i(s)\,ds + \sum_{j=1}^n \int_0^t H_{i,j}(s)\,d(W_j(s)) \text{ für } i=1,...,m$$

Es sei weiter
$$f: \mathbb{R}^m \times [0,\infty) \to \mathbb{R}$$
eine zweimal stetig differenzierbare Funktion. Dann gilt:

$$\begin{aligned}f(X_1(t),...,X_m(t),t) &= f(X_1(0),...,X_m(0),0) + \int_0^t \frac{\partial f}{\partial s}(X_1(s),...,X_m(s),s)\,ds \\ &+ \sum_{i=1}^m \int_0^t \frac{\partial f}{\partial x_i}(X_1(s),...,X_m(s),s)\,d(X_i(s)) \\ &+ \frac{1}{2}\sum_{i,j=1}^m \int_0^t \frac{\partial^2 f}{\partial x_i \partial x_j}(X_1(s),...,X_m(s),s)\,d\langle X_i,X_j\rangle(s)\end{aligned}$$

Der Integrator des letzten Ausdrucks $\langle X_i, X_j\rangle$ ist hierbei die **quadratische Kovariation** von $(X_i(t))$ und $(X_j(t))$. Dies ist der folgende Prozess:

$$\langle X_i, X_j\rangle(t) = \sum_{k=1}^m \int_0^t H_{i,k}(s) H_{j,k}(s)\,ds$$

Für $i=j$ nennt man ihn die **quadratische Variation** von $(X_i(t))$. Für $m=1$ stimmt dies mit Definition 304 überein.

Übung 347 *Man leite aus der mehrdimensionalen Itô-Formel die eindimensinale Produktregel her.*

Das eindimensionale stochastische Integral lässt sich also ins Höherdimensionale übertragen. Somit sind dann im Höherdimensionalen auch stochastische Differentialgleichungen definiert, und man kann also ein Modell über den Kursverlauf von m Aktien $S_1,...,S_m$ als n-dimensionale Itô-Prozesse wie folgt erstellen:

$$d(S_i(t)) = S_i(t)\left[\mu_i(S_i(t),t)dt + \sum_{j=1}^n \sigma_{i,j}(S_i(t),t)\,d(W_j(s))\right] \quad (i=1,...,m) \quad (12.28)$$

Damit ein solches System eine Lösung hat, müssen die Koeffizienten μ_i und $\sigma_{i,j}$ natürlich gewisse Bedingungen erfüllen, konstant müssen sie aber nicht sein. Dieser Ansatz ist also auch im eindimensionalen Fall allgemeiner als das Black-Scholes-Modell. Auch für den Cashbond, die risikolose Anlageform B, muss nicht zwangsläufig ein konstanter risikoloser Zinssatz r angenommen werden, r darf zeitabhängig und in gewissem Grad auch stochastisch sein. Die Wertentwicklung wird dann durch das stochastische (Lebesgue-Stieltjes-)Integral

$$dB(t) = \exp\int_0^t r(s)\,ds \quad (12.29)$$

beschrieben, risikolos ist die Anlageform dann bei stochastischen r natürlich nicht mehr.

Noch allgemeiner ist der Ansatz, von $m+1$ Anlageformen $A_0, A_1,..., A_m$ auszugehen, deren Wertverläufe durch strikt positive Itô-Prozesse modelliert werden (strikt positiv = „keine Werte ≤ 0"). Der Anlageform A_0 ($=B$) kommt dabei die Rolle des Numeraire zu (s. 5.5.2), sie ist sozusagen die Rendite-Messlatte. Folglich nennt man dann

$$\widetilde{A}_i(t) = \frac{A_i(t)}{A_0(t)}$$

die **diskontierten** Kursprozesse von A_i.

Für n-dimensionale Brownsche Bewegungen definiert man die **Brownsche Filtration** ganz analog zum eindimensionalen Fall. Der **Martingal-Darstellungssatz** gilt auch im Höherdimensionalen. Auch der **Satz von Girsanov** gilt unter diesen allgemeineren Bedingungen, er eröffnet die Möglichkeit, durch Übergang zu einem äquivalenten Wahrscheinlichkeitsmaß Driftraten zu verändern. Gibt es ein äquivalentes Wahrscheinlichkeitsmaß $\mathbf{Q}^*$, so dass alle Prozesse $\left(\widetilde{A}_i(t)\right)$ bezüglich dieses Maßes zu Martingalen werden, so spricht man von einem **äquivalenten Martingalmaß**. Es lässt sich (wie bei den diskreten Modellen) ganz allgemein zeigen, dass die Existenz eines äquivalenten Martingalmaßes zur Folge hat, dass das System der Anlageformen $A_0, A_1,..., A_m$ keine **Arbitragemöglichkeiten** enthält. Hierzu definiert man eine Arbitragemöglichkeit in naheliegender Weise analog zum eindimensionalen Fall mit Hilfe des Begriffs der **selbstfinanzierenden Handelsstrategie**. Bei den diskreten Modellen gilt auch die Umkehrung, wie wir gesehen haben. Das ist mit einer kleinen Einschränkung auch bei zeitstetigen Modellen der Fall. Unter gewissen technischen Voraussetzungen lässt sich auch dann zeigen, dass aus der Arbitragefreiheit die Existenz eines äquivalenten Martingalmaßes folgt (s. [14]), somit gibt es also auch eine zeitstetige Version des **Fundamentalsatzes der Wertpapierbewertung**.

Wie im eindimensionalen Fall eröffnet der Begriff der selbstfinanzierenden Handelsstrategie auch in diesen allgemeinen Modellen den Weg zur Optionsbewertung über Arbitrageargumente. Für **erreichbare** europäische Optionen CC_e, d.h. Optionen, deren Auszahlungsprofil durch eine selbstfinanzierende Handelsstrategie nachgebildet werden kann, muss der Preis gleich der Grundausstattung dieser Handelsstrategie sein. Im Falle der Existenz eines äquivalenten Martingalmaßes $\mathbf{Q}^*$ führt dies wieder zur risikolosen Bewertung

$$CC_e(0) = \mathbf{E}_{\mathbf{Q}^*}\left(\frac{CC_e(T)}{A_0(T)}\right).$$

Ist die europäische Option nicht erreichbar und bewertet man sie dennoch nach dieser Formel, so erreicht man damit immerhin noch, dass durch diese Option keine Arbitragemöglichkeiten entstehen, eine Hedge-Strategie hat man dann aber nicht (es gibt keine!).

Auch im höherdimensionalen Fall nennt man einen durch die Anlageformen $A_0, A_1,..., A_m$ definierten Markt **vollständig**, wenn jede europäische Option CC_e (mit gewissen Beschränktheitsbedingungen) erreichbar ist. In einem vollständigen Markt hat also jede europäische Option einen eindeutigen Arbitragepreis. Wie im diskreten Fall gilt

Ein arbitragefreier Markt ist vollständig
$\iff$ Es existiert genau ein äquivalentes Martingalmaß

12.4 Arbitragefreiheit und Vollständigkeit

Schließlich sei noch angegeben, dass ein System für den Kursverlauf mehrerer Aktien wie in den Gleichungen 12.28 und 12.29 beschrieben unter sehr allgemeinen Bedingungen arbitragefrei und vollständig ist, wenn $m = n$ gilt, wenn also die Anzahl der Aktien gleich der Anzahl der „Unruheherde" ($W_i(t)$) ist (s. z.B. [40] S 64 und S. 74 ff).

Abschließend darf in diesem Abschnitt nicht der Hinweis fehlen, dass die soeben in Kurzform dargelegten Beziehungen zwischen Arbitragefreiheit, äquivalenten Martingalmaßen und Vollständigkeit zurückgehen auf zwei fundamentale Arbeiten von Harrison und Pliska ([22] und [23]).

... und noch ein allerletzter Hinweis: Blickt man auf das Buch zurück, so wird man feststellen, dass wir einen weiten Bogen gespannt haben, der mit der Portfolio-Selection in Einperiodensystemen beginnt und über die Derivatebewertung in Ein- und Mehrperiodenmodellen bis hin zur Derivatebewertung in stetigen Modellen führt. Es liegt nun nahe, sich zu fragen, ob denn auch in stetigen Modellen und nicht nur in Einperiodensystemen Verhaltensweisen (=Handelsstrategien) zur Portfolio-Optimierung existieren. Das ist in der Tat der Fall, sprengt aber den Rahmen dieses Buches. Es sei dazu auf [40] verwiesen.

Literaturverzeichnis

[1] Bauer H. *Wahrscheinlichkeitstheorie*, de Gruyter Berlin, 4. Auflage, 1991

[2] Baxter M. und Rennie A. *Financial calculus: An introduction to derivative pricing*, Cambridge Univ. Press Cambridge UK, 1996 (reprinted 2000)

[3] Black F. *The Pricing of Commodity Contracts*, Journal of Financial Economics 3, 167-79, März 1976

[4] Black F., Derman E. und Toy, W. *A One-Factor Model of Interest Rates and Its Application to Treasury Bond Options*, Financial Analysts Journal, 33-39, Jan-Feb 1990

[5] Black F. und Karasinski, P. *Bond and Option Pricing When Short Rates Are Lognormal*, Financial Analysts Journal, 52-59, Jul-Aug 1991

[6] Black F. und Scholes M. *The Pricing of Options and Corporate Liabilities*, Journal of Political Economy 81, 637-654, 1973

[7] Bollerslev T. *Generalized Autoregressive Conditional Heteroskedasticity*, Journal of Econometrics 31, 307-327, 1986

[8] Bosch K. *Elementare Einführung in die Wahrscheinlichkeitsrechnung*, Vieweg Braunschweig, 5. Auflage, 1986

[9] Bosch K. *Elementare Einführung in die angewandte Statistik*, Vieweg Braunschweig, 4. Auflage, 1987

[10] Brace A., Gatarek D. und Musiela M. *The Market Model of Interest Rate Dynamics*, Mathematical Finance 7, Bd. 2, 127-155, 1997

[11] Cox J. C., Ingersoll J. E. und Ross S. A. *A Theory of the Term Structure of Interest Rates*, Econometrica 53, 385-407, 1985

[12] Cox J. C., Ross S. A. und Rubinstein, M. *Option Pricing: A simplified Approach*, Journal of Financial Economics 7, 229-263, 1979

[13] Das S. *Exotic Options*, IFR Publishing, 1996

[14] Delbaen F. und Schachermayer W. *A general version of the fundamental theorem of asset pricing*, Math. Ann. 300, 463-520, 1994

[15] Elliott R. J. und Kopp P. E. *Mathematics of Financial Markets*, Springer New York, 1999

[16] Elton E. J., Gruber M. J. und Padberg M. D. *Simple Criteria for Optimal Portfolio Selection*, Journal of Finance 31(5), 1976, 1341-1357, 1976

[17] Faires J., D., Burden R. L. *Numerische Methoden*, Spektrum Akad. Verlag Heidelberg, 1994

[18] Garman M. *Recollection in Tranquility*, RISK, März 1989

[19] Gill P.E. und Murray W. *Numerically stable methods for quadratic programming*, Mathematical Programming 14, 349-372, 1978

[20] Goldfarb D. und Idnani A. *A numerically stable dual method for solving strictly convex quadratic programs*, Mathematical Programming 27, 1-33, 1983

[21] Goldman B., Sosin H. und Gatto M. A. *Path-Dependent Options: Buy at the Low, Sell at the High*, Journal of Finance 34, 1111-1127, Dezember 1979

[22] Harrison J. M. und Pliska S. R. *Martingales and stochastic integrals in the theory of continuous trading*, Stochastic Process. App. 11, 215-260, 1981

[23] Harrison J. M. und Pliska S. R. *A stochastic calculus model of continuous trading: Complete markets*, Stochastic Process. App. 15, 313-316, 1983

[24] Heath D., Jarrow R. und Morton A. *Bond Pricing and the Term Structure of Interest Rates: A Discrete Time Approximation*, Journal of Financial and Quantitative Analysis 25, Bd 4, 419-440, 1990

[25] Heath D., Jarrow R. und Morton A. *Bond Pricing and the Term Structure of Interest Rates: A New Methodology*, Econometrica 60, Bd 1, 77-105, 1992

[26] Heath D., Jarrow R., Morton A. und Spindel M. *Easier Done Than Said*, RISK, 77-80, Mai 1993

[27] Hillier F. S. und Lieberman G. J. *Operations Research: Einf.*, Oldenbourg München, 4. Auflage, 1988

[28] Ho T.S.Y. und Lee S.-B. *Term Structure Movements and Pricing Interest Rate Contingent Claims*, Journal of Finance 41, 1011-1029, 1986

[29] Hull J. C. *Options, Futures and Other Derivatives*, Prentice-Hall Upper Saddle River, third edition, 1997

[30] Hull J. C. und White A. *Pricing Interest Rate Derivative Securities*, Review of Financial Studies 3, Bd. 4, 573-592, 1990

[31] Hull J. C. und White A. *One-Factor Interest Rate Models and the Valuation of Interest Rate Derivative Securities*, Journal of Financial and Quantitative Analysis 28, 235-254, 1993

[32] Hull J. C. und White A. *Numerical Procedures for Implementing Term Structure Models I: Single-Factor Models*, Journal of Derivatives 2, Bd 1, 7-16, 1994

[33] Hull J. C. und White A. *Numerical Procedures for Implementing Term Structure Models II: Two-Factor Models*, Journal of Derivatives 2, Bd 2, 37-48, 1994

[34] Irle A. *Finanzmathematik: Die Bewertung von Derivaten*, Teubner Stuttgart, 1998

[35] Jarrow R. A. und Turnbull S. M. *Derivative Securities*, South Western Collage Publishing Cincinnati, 1996

[36] Käsler J. *Optionen auf Anleihen*, Dissertation Universität Dortmund, Deutschland, 1991

[37] Karatzas I. und Shreve S. E. *Brownian Motion and Stochastic Calculus*, Springer New York, second edition, 1991

[38] Kemna A. und Vorst A. *A Pricing Method for Options Based on Average Asset Values*, Journal of Banking and Finance, 14, 113-129, März 1990.

[39] Kim I. J. *The analytic valuation of American options*, Rev. Finan. Stud. 3, 547-572, 1990

[40] Korn R. und E. *Optionsbewertung und Portfolio-Optimierung*, Vieweg Braunschweig Wiesbaden, 1999

[41] Loistl O. *Computergestütztes Wertpapiermanagement*, Oldenbourg München, 4. Auflage, 1992

[42] Markowitz H. M. *Portfolio Selection*, Journal of Finance *7(1), 77-91, 1952*

[43] Markowitz H. M. *The Optimization of a Quadratic Function Subject to Linear Constraints*, Naval Research Logistics Quaterly 3(1-2), *111-133, 1956*

[44] Markowitz H. M. *Portfolio Selection: Efficient Diversification of Investments*, John Wiley New York, 1959 (aktuellerer Reprint von Basil Blackwell Cambridge USA, 1991)

[45] Merton R. C. *Theory of Rational Option Pricing*, Bell Journal of Economics and Management Science 4, 141-183, 1973

[46] Miltersen K.R., Sandmann K. und Sondermann, D. *Closed Form Solutions for Term Structure Derivatives with Log-Normal Interest Rates*, Journal of Finance 52(1), 409-430, 1997

[47] Pfeifer A. *Praktische Finanzmathematik*, Harri Deutsch Thun und Frankfurt am Main, 2000

[48] Pliska S. R. *Introduction to Mathematical Finance: Discrete Time Models*, Blackwell Malden Oxford, 1997

[49] Rendleman R. J. J. und Bartter B. J. *Two-State Option Pricing*, Journal of Finance 34(5), 1093-1110, 1979

[50] Rubinstein M. *Double Trouble*, RISK, Dezember 1991- Januar 1992

[51] Rubinstein M., Reiner E. *Unscrambling the Binary Code*, RISK, Oktober 1991

[52] Sandmann K. *Einführung in die Stochastik der Finanzmärkte*, Springer Berlin Heidelberg, 1999

[53] Schmidt M. *Derivative Finanzinstrumente - Eine anwendungsorientierte Einführung*, Schäffer-Poeschel Stuttgart, 1999

[54] Sharpe W. F., Alexander G. J. und Bailey J. V. *Investments*, Prentice Hall Englewood Cliffs, fifth edition, 1995

[55] Spremann K. *Wirtschaft, Investition und Finanzierung*, Oldenbourg München, 5. Auflage, 1996

[56] Turnbull S.M. und Wakeman L.M. *A Quick Algorithm for Pricing European Average Options*, Journal of Financial and Quantitative Analysis, 26, 377-389, September 1996

[57] Vasicek O. A. *An Equilibrium Characterization of the Term Structure*, Journal of Financial Economics 5, 177-188, 1977

[58] Vogel W. *Wahrscheinlichkeitstheorie*, Vandenhoeck & Ruprecht Göttingen, 1970

[59] von Weizsäcker H. und Winkler G. *Stochastic Integrals: An Introduction*, Vieweg Braunschweig, 1990

[60] Williams D. *Probability with Martingales*, Cambridge Univ. Press Cambridge, 1991

[61] Zhang P. G. *Exotic Options - A Guide to Second Generation Options*, World Scientific Singapore New Jersey London HongKong, 2nd ed., 1998

Index

a.s. (fast sicher), 353
absicherbar, 131, 415
Absicherungsstrategie, 152
adaptiert, 369
Adressausfallrisiko, 60
Aktienanleihe, 338
— Diskont-Variante, 342
— mit Aktivierungsschwelle, 342
— mit Deaktivierungsschwelle, 342
— mit Mindestrückzahlung, 341
am Geld, 89
amerikanisch, 86
Anlageform
— risikolose, 25, 114, 116, 134, 145, 157, 176
Anleihe-Futures, 273
APT (Arbitrage-Preistheorie), 49
Arbitrage, 49, 136, 414
Arbitrage-Preistheorie, 49
arbitragefrei, 136, 202, 414
Arbitragefreiheit
— eines Mehrfaktor-HJM-Modells, 297
— von HJM-Modellen, 294
Arbitragemöglichkeit, 414, 420
Arbitrageportfolio, 51, 122
Arbitragepreis, 152
Arbitrageur, 62
arithmetisches Mittel, 322
Arrow-Debreu-Security, 107, 123
As-You-Like-It-Option, 310
asiatische Option, 275, 321
at expiry, 312
at hit, 312
at the money, 89
atomare Menge, 352
aus dem Geld, 89
Ausübungspreis, 58
Auslieferungsbedingungen, 64
Auszahlungsprofil, 87
Auszahlungsvektor, 123
Average-Option, 321
Average-Price-Option, 321
Average-Rate-Option, 321
Average-Strike-Option, 322
Axiomensystem von Kolmogorov, 348

Barausgleich, 65, 87
Barrier-Option, 275, 311
— digitale, 319
— diskrete, 313
— Time-Window-, 313

Barwert, 71
Basisinstrument, 58, 86
Basispreis, 58, 86, 92
Basispunkt, 268
Basiswert, 58, 64, 86
Basket-Option, 335
Baumdarstellung, zugehörige, 143
Bear-Spread, 106
bedingte Dichte, 329
Bedingungen, übliche, 371
Beinahe-Arbitrage, 52
Bermuda-Option, 302
bermudan style option, 302
best buy/sell option, 324
Best/Worst-Option, 333
Best/Worst-or-Cash-Option, 334
Beta
— einer Anlageform im CAPM, 43
— eines Wertpapiers im Einfaktormodell, 34
Bewertung
— risikoneutrale, 121, 152
Bewertungsformeln
— Black-Scholes-Formel, 177
— des CRR-Modells, 164
— für amerikanische Puts im Black-Scholes-Modell, 243
— für einen amerikanischen Put (Baummodell), 231
Bezugspreis, 86
BGM-Modell, 299
Binäroption, 303
Binäroption, 275
binary option, 303
Binomialbaum, 143
— wiedervereinigender, 162
Binomialkoeffizient, 163
Binomialverteilung, 163
Black, Modell von, 280
Black-Dermon-Toy-Modell, 292
Black-Karasinski-Modell, 292, 296
Black-Scholes-Differentialgleichung, 200, 417
Black-Scholes-Formel, 177, 204
— für eine Fremdwährung, 255
Bobl-Future, 273
Borel-Menge, 349
Brace-Gatarek-Musiella-Modell, 299
Brownsche Bewegung, 185, 328, 377
— geometrische, 189
— n-dimensionale, 418
— Spiegelungsprinzip, 315

— verallgemeinerte, 186, 382
Brownsche Filtration, 405, 420
Bull-Spread, 105, 304
Bund-Future, 273
Butterfly-Spread, 107

Calendar-Spread, 107
Call, Call-Option, 86
Cap, 274
Capital Asset Pricing Model, 39
Capital Market Line, 41
Caplet, 274
CAPM, 39, 85
— Fundamentalgleichung des, 43
cash settlement, 87
Cash-or-Nothing-Option, 303
Cashbond, 74, 115, 134, 145, 150, 157, 163, 250, 252, 255, 276, 287
CBOT, 63
ceteris paribus, 91, 166, 205
Chartist, 183
chi (gr. Buchstabe), 332
Chooser-Option, 310
Clearingstelle, 65
CME, 63
Collateral, 63
commodities, 58
complete, 140
Compound-Option, 308
Condor, 109
constant maturity-Verzinsung, 275
Contingent Claim, 60, 86, 164, 199, 415
contingent premium option, 344
continuous compounding, 69
convenience yield, 84
convexity adjustment, 275
Cost-Of-Carry, 84
Covered Call, 212
Cox-Ingersoll-Ross-Modell, 291, 296
Cox-Ross-Rubinstein-Modell, 161
Credit-Swap, 269
CRR-Modell, 161

DAX, 63
DAX-Garantiefonds, 336
delivery option, 273
delivery price, 58
Delta, 215
— eines Portfolios, 219
Deltaneutralität, 219
deMoivre-Laplace, Satz von, 172
Derivat, 58
— symmetrisches, 59

Devise, 82
dicht (math. Begriff), 170
Dichte, 360
— der Lognormalverteilung, 192
— der Normalverteilung, 207
Diffusionsprozess, 378
Digital, 303
digitale Option, 275
diskontierter Wert, 71
Diskontierung, 71, 115, 145, 420
Diversifikation, 20
dividend yield, 77
Dividende, 75, 92, 94
Doppel-Aktienanleihe, 341
Double-Barrier-Option, 318
Down-Option (Barrier), 312
Driftrate, 186, 382
DTB, 63, 73
dual barrier option, 318
Duplizieren (eines Preisprozesses), 152, 415

early exercise premium, 236
Eckpunktlösung, 24, 30
effizientes Portfolio, 17
EGP-Algorithmus, 37
einfacher Prozess, 387
einseitige Grenze, 312
Elementarereignis, 347
Empfänger, 269
endliche Variation, 384
Ereignis, 347
erreichbar, 131, 251, 415, 420
Ersterreichungszeit, 312
Erwartungswert, 359
— bedingter, 183, 361, 363
— infinitesimaler, 395
EUREX, 63, 73, 273
EURIBOR, 26, 63, 267
EURO-LIBOR, 26, 81
europäisch, 86, 415
exchange option, 330
Extremwert-Option, 323

Fälligkeit, 86
Fälligkeitstermin, 58
fairer Preis (Spieltheorie), 85
fast sicher (a.s.), 353
Feynman-Kac-Darstellung, 203
Filtration, 353
Financial Future, 63
first passage time, 312
Fixed-Strike-Lookback-Option, 325
Fixing in Arrears, 275

Floating-Rate-Lookback, 324
Floating-Strike-Lookback, 324
Floor, 274
Floorlet, 274
Forward, 58
Forward Rate Agreement, 269
Forward-Zinssatz, 265
Forwardpreis, 59, 258, 265
— stochastischer Prozess, 191
Forwardrate, 266
FRA, 269
friktionslos, 90
Fundamentallemma d. Wertpapierbewertung
— eines endlichen Mehrperiodensystems, 136
— in einem Einperioden-Binomialmodell, 120
— in endlichen Einperiodensystemen, 122
Fundamentalsatz d. Wertpapierbewertung, 420
— in Mehrperiodensystemen, 139
— Martingalformulierung, 148
— technische Version, 137
Future, 60, 63
Futurepreis, 64, 79

Gamma, 221
Gammaneutralität, 221
Gap-Option, 343
GARCH-Modell, 220
gedeckter Call, 212
Geldmarkt-Future, 270
geometrische Brownsche Bewegung, 189
geometrisches Mittel, 322
gestoppter Prozess, 234, 374
Gewinn und Verlust, 88
Girsanov (Satz von), 406, 420
Gleichgewichtspreise, 201
Gleichungssystem
— lineares, 126
Grenzwertsatz, zentraler, 172
Grundausstattung (eines Investors), 134, 411

Handelsstrategie, 199, 412
— selbstfinanzierende, 114, 135, 251, 413, 420
— zulässige, 412
harmonisches Mittel, 322
Heath-Jarrow-Morton-Modell, 293
Hebelwirkung, 61
Hedge, 61, 152
— ... and Forget, 153
— mit Futures, 220
Hedge, Hedging, 131
Hedge-Performance, 214, 219
Hedge-Ratio, 152, 158
Hedgeportfolio, 152

Hedging
— eines FRA, 271
— multivariater Optionen, 328
— von Barrier-Optionen, 317
— von Digitals, 304
Hedgingstrategie, 152
— Quanto-Forward, 261
HJM-Modell, 293
Ho-Lee-Modell, 288, 296, 298
Hull-White-Modell, 289, 296, 298

im Geld, 89
IMM-Dates, 64
in the money, 89
In-Out-Paritäten (Barrier-Optionen), 317
Indifferenzkurve, 10
Indikatorfunktion, 303, 354
Informationsstruktur, 369
innerer Wert, 89, 90
interest rate, 69
Interest Rate Guarantee, 274
inverse average price option, 322
IRG, 274
Itô-Formel, 190, 399, 400
— mehrdimensionale, 419
Itô-Integral, 391
Itô-Isometrie, 392
Itô-Prozess, 189, 393, 418

Käsler, Modell von, 278
Käufer (eines FRA), 269
Kapitalmarkt, vollkommener, 39
Kapitalmarktlinie, 41
Kaufoption, 86
Kindoption, 308
kleiner Investor, 132, 411
Klumpenrisiko, 306
Knock-In-Option, 311
Knock-Out-Option, 311
Kolmogorov (Axiomensystem von), 348
Kombination, 109
Konkavität, 20
Kontraktgröße, 64
Konvergenz
— in Verteilung, 358
— mit Wahrscheinlichkeit 1, 357
— nach Wahrscheinlichkeit, 358
Konversionsfaktor, 274
Konvexitäts-Adjustierung, 275
Konvexitäts-Effekt, 272
Korrelations-Option, 327
Korrelationskoeffizient, 14, 262
Kovarianz, 14

Kovariation, 419
Kursindex, 81

Lambda, 225
Landau-Symbol, 174
Laufzeit, 64, 86, 92
Lebesgue-Maß, 360
Lebesgue-Stieltjes-Integral, 383
Leerverkauf, 72
Leverageeffekt, 61
LIBOR-Markt-Modell, 299
LIBOR-Raten, 300
Lieferoption, 273
Lognormalverteilung, 172, 192
— Verteilungsfunktion, 192
lokales Martingal, 376
Long-Position, 59, 88
Lookback-Option, 275, 323
— diskrete, 325
— Floating-Rate, 325
— Partial-, 324
— Percentage-, 325
Lookback-Periode, 324
Lookforward-Option, 325
LTCM, 57

Margin, 63
— Call, 67
— Initial, 66
— Maintenance, 67
— Variation, 66
Mark-To-Market, 66, 74
Market-Maker, 66
Markov-Eigenschaft, 183, 377, 395
Marktgerade, charakteristische, 41
Marktportfolio, 40
Marktpreis
— der Zeit, 41
— des Risikos, 41, 253, 254
Marktrisiko, 35
Martingal, 147, 234, 251, 373
— lokales, 376
Martingal-Darstellungssatz, 405, 420
Martingalmaß, äquivalentes, 125, 147, 156, 202, 210, 251, 282, 287, 410, 420
— des CRR-Modells, 163
Matrix
— positiv definite, 15, 31
— positiv semidefinite, 15
— symmetrische, 15
maturity, 58
Mean-Reversion, 290
Mehrperiodensystem

— arbitragefreies, 136
— vollständiges, 140
Menge
— effiziente, 17
— — bei risikolosem Leihen und Verleihen, 29
— — bei ungleichen Soll- und Habenzinsen, 32
— zulässige, 17
Merton (Satz von), 97
messbar, 371
messbare Abbildung, 356
messbare Menge, 348
messbarer Raum, 354
Mittel
— arithmetisches, 197, 322
— geometrisches, 197, 322
— harmonisches, 322
Modell, diskontiertes, 145, 155
Modifikation eines stochastischen Prozesses, 370
Monte-Carlo-Simulation, 323
multivariate exotische Option, 302
multivariate Option, 327
Mutteroption, 308

naked call, 212
negative Wahrscheinlichkeiten, 284
Netting, 62
no regret option, 323
no touch option, 319
Nordwestseite, 17
Novikov-Bedingung, 406
Nullkupon-Anleihe, 264
Nullmenge, 353
Numeraire, 145, 255, 287
Numerairewechsel, 149, 257, 299

one touch option, 319
optimale Ausübung, 234
Optimierungsproblem
— lineares, 126
— quadratisches, 25
Option, 60, 86
— amerikanische, 86
— asiatische, 321
Optional Sampling, 374
Optional Stopping, 374
Optionskäufer, 86
Optionsprämie, 60
Optionstyp, 86
Optionsverkäufer, 86
OTC-Geschäft, 60
out of the money, 89

p.a. (pro anno), 69

partial lookback option, 324
Pay-Later-Option, 344
payer, 269
Payoff, 59, 87
Payoff-Profil, 87
Performance, 7
Performance-Index, 81, 252
Pfad, 368
— eines stochastischen Prozesses, 182
— stetiger, 182
pfadabhängig, 113
pfadabhängige Option, 302
pfadabhängige Optionen, 311
physical delivery, 86
Plain-Vanilla-Optionen, 302
Portefeuille, 15
Portfolio, 15
— effizientes, 17
— Zusammensetzung
— — in absoluten Größen, 15
— — wertmäßig, 15
Portfolio-Optimierung, 421
Portfolio-Option, 335
Portfolio-Selection-Problem, 7
Power-Option, 306
— limitierte, 306
präferenzfrei, 94
preference option, 310
previsibel, 371
Produktregel, 403
profit and loss, 88
progressiv messbar, 371
pull to par, 276
Put-Call-Parität, 101, 208, 311
— bei Dividende, 102
Put-Call-Ungleichung
— für amerikanische Optionen, 102
Put-Option, Put, 86

Quanto, 257, 327
Quanto-Forward, 258
Quanto-Option, 258

Rückvergütung
— einer Barrier-Option, 312
Radon-Nikodym (Satz von), 360
Rainbow-Option, 334
Random Walk, 372
rate of return, 7
Ratio-Spread, 109
Realisation, 347
— einer Zufallsvariablen, 356
Rebate, 312
— at expiry, 312
— at hit, 312
receiver, 269
Rechtsschiefe, 193
Regenschirmgestalt, 17
Rendite, 7
— Erwartungswert der, 7
— Standardabweichung der, 8
— Streung der, 8
— Varianz der, 7
Retailprodukt, 313
reverse convertible, 338
reward-to-volatility ratio, 37
Rho, 225
Riemann-Integral, 383
Risiko
— Indifferenzkurve, 10
— individuelles, 35
— Marktpreis des, 41
— Streung der Rendite als Maß, 12
— systematisches, 35
risikobehaftete Anlageform, 7
risikoneutrale Bewertung, 202, 303, 328
Risikoneutralität, 11, 121
Risikopräferenz, 10, 93

Südost-Bereich, 10
Schatz-Future, 273
Schreiben (einer Option), 88
Schwelle, 311
SEC, 73
selbstfinanzierend, 413
selbstfinanzierende Handelsstrategie, 328
Semimartingal, 394
Separationstheorem, universelles, 39
Settlementpreis, 66, 87
short selling, 72
Short-Position, 59, 88
sigma-additive Mengenfunktion, 360
Sigma-Algebra
— kleinere, kleinste, 349
Sigma-Algebra, Sigma-Körper, 348
sigma-endliches Maß, 360
Simple-Lookback-Option, 324
Single-Barrier-Option, 312
Smile, 208
Snell-Einhüllende, 233
Snell-envelope, 233
SOFFEX, 63
Spiegelungsprinzip, 315
Spotrate, 263
Spread, 105
Spread-Option, 333

stetig, 370
Stillhalter, 86
stochastische Differentialgleichung, 189, 381
stochastischer Prozess, 367
— zeitstetiger, 182
stochastisches Integral, 391
Stop-Loss-Strategie, 213
Stoppzeit, 233, 318, 373
Straddle, 109
Strangle, 111, 158
Strike, 86
strukturiertes Produkt, 335
Submartingal, 373
Supermartingal, 233, 373, 414
Swap-Option, 274
Swap-Sätze, 263
Swaption, 274

Tangentialportfolio, 29
Tauschoption, 330
Teilnehmer, 66
Terminbörse, 63
Termingeschäft, 58
— bedingtes, 60, 86
Terminpreis, 59
Theta, 222
Time-Spread, 107
Trägermenge, 354
Trajektorie, 368
Treppenfunktion
— verallgemeinerte, 359
trigger option, 311
Two-Colour-Rainbow-Option, 334

Unabhängigkeit
— von einer Sigma-Algebra, 366
— von Ereignissen, 366
Underlying, 58, 86
ungedeckter Call, 212
univariate exotische Option, 302
ununterscheidbar, 370
Up-Option (Barrier), 312

value-at-risk, 192
Varianz
— bedingte, 183
— infinitesimale, 395
Varianz-Kovarianz-Matrix, 15, 31
Varianzrate, 186, 382
Variation
— endliche, 384
— lokal endliche, 385
— quadratische, 397, 419

Vasicek-Modell, 289, 296, 298
Vega, 225
Verdopplungsstrategie, 375, 414
Verkäufer (eines FRA), 269
Verkaufsoption, 86
Vermögensprozess, 251, 413
— diskontierter, 251
verspätete Zinsanpassung, 275
Verteilungsfunktion
— der Binomialverteilung, 164
— der Standardnormalverteilung, 172
Vervollständigung, 353
viable, 136
Volatilität, 35, 93, 169, 183, 261
— aggregierte, 332
— historische, 196, 208, 220
— implizite, 208
Volatilitätsfläche, 296
Volatility-Smile, 208
vollständig, 140, 353
Vollständigkeit, 115, 202, 415, 420
— eines Einperiodenwertpapiermarkts, 123
— eines Mehrfaktor-HJM-Modells, 298
— Erweiterbarkeit unvollständiger Systeme, 124

Währungsderivate, 253
Wachstumsrate, infinitesimale, 173, 183
Wahrscheinlichkeitsmaß, 348
— äquivalentes, 354
— induziertes, 357
Wahrscheinlichkeitsmaß, äquivalentes, 250
Wahrscheinlichkeitsraum, 347
— vollständiger, 353
Warentermingeschäft, 83
Wertpapier
— aggressives, 35
— defensives, 35
Wertpapiermarktgerade, charakteristische, 45
Wiener-Maß, 378
Wiener-Prozess, 185, 250, 287, 328, 378
— verallgemeinerter, 186

Zahler, 269
zeitdiskret, 367
zeitstetig, 182, 367
Zeitwert, 89, 90
Zerobond, 264
Zins-Future, 270
Zinsderivat, 281
Zinseszins, 69
Zinssatz
— effektiver, 69
— Forward-, 83

— kurzfristiger, 281, 287
— mit m-tel-jährlicher Verrechnung, 69
— nominal, 70
— stetiger, 69, 73, 77
Zinsspread, 333
Zinsspread-Option, 293
Zinsstrukturkurve, 263
— flache, 263
— inverse, 263
— normale, 263
Zinsswap, 62, 267
Zinstermingeschäft, 83
Zufallsfehler, 34
Zufallsvariable, 356
zusammengesetzte Option, 308
Zuschlag für das Recht der vorzeitigen Ausübung, 236
Zustand, 115, 132
Zustandswertpapier, 123